WHAT WE CANNOT KNOW

우리가 절대 알 수 없는 것들에 대해

우리가 절대 알 수 없는 것들에 대해

인간의 의식에서 우주까지, 과학지식의 한계는 어디까지인가

WHAT WE CANNOT KNOW

마커스 드 사토이 Marcus du Sautoy
영국 왕립학회 회원·군론 분야 권위자 | 박병철 옮김

반니

지식의 끝을 향한 여정,
그 출발점에 나를 세워주신 부모님께
이 책을 바칩니다.

차례

알려진 미지[未知]

WHAT WE CANNOT KNOW

무언가를 알려고 하는 것은 인간의 타고난 천성이다.
아리스토텔레스의 《형이상학》 중에서

과학은 왕이다.

우리는 거의 매주 "우주의 신비가 풀렸다"거나 "새로운 기술 덕분에 환경이 개선되었다"거나, "새로운 의료 기술이 개발되어 수명이 길어졌다"는 등의 과학과 관련된 뉴스를 접하면서 살고 있다. 과학은 인류가 오래전부터 품어왔던 질문의 답을 찾기 위해 부단히 노력해왔고, 이제 거의 핵심에 도달했다. 우리는 어디에서 왔는가? 우주는 어떤 운명을 맞이하게 될 것인가? 물리적 세계의 기본 단위는 무엇인가? 세포의 집단은 어떻게 의식을 갖게 되었는가?

지난 10년 사이에 과학자들은 우주선을 혜성에 착륙시켰고 스스로 언어를 만들어 구사하는 로봇과 생각만으로 작동하는 로봇을 만들었으며, 줄기세포를 이용하여 당뇨병 환자의 췌장을 치료했을 뿐만 아니라 5만 년 전에 죽은 한 소녀의 DNA 서열을 규명해냈다. 요즘 발행되는 과학 잡지는 전 세계 연구소에서 개발한 최신 과학 기술 관련 기사로 가득 차 있다. 그렇다. 우리는 정말로 많은 것을 알고 있다. 아무리 과학의 시대라지만 현대 과학은 혀를 내두를 정도로 빠르게 발전하고 있다.

과학은 운명을 극복하는 최상의 무기다. 소아마비나 에볼라 바이러스 등 치명적인 질병과 싸우는 백신이 없었다면 인류는 심각한 위협에 직면했을 것이다. 굳이 대형 사고를 논하지 않더라도 지금 당장 우리가 굶지 않는 것은 과학이 식량 생산을 꾸준히 늘려온 덕분이다. 2050년에 인류가 96억 명으로 늘어난다는 것을 뻔히 알면서도 이렇게 태평한 이유는 과학이 문제를 해결해줄 것이라고 굳게 믿기 때문이다. 환경 파괴를 사전에 감지하고 더 늦기 전에 조치를 취할 기회를 얻을 수 있었던 것도 과학 덕분이다. 과거에 소행성이 지구에 떨어져 공룡이 멸종했지만 앞으로 이와 비슷한 사고가 재발한다 해도 과학이 우리를 지켜줄 것이다. 과학은 죽음과 맞서 싸워온 인류의 역사에서 우리의 최고 동맹군이었다.

내가 과학을 '왕'으로 칭한 이유는 인류의 생존력뿐만 아니라 삶의 질까지 높여주기 때문이다. 우리는 지구 반대편에 있는 가족이나 친구와 언제든지 실시간으로 대화할 수 있고, 오랜 세월 동안 인류가 쌓아온 방대한 지식을 누구나 쉽게 찾아볼 수 있으며, 거대한 가상 세계를 구축하여 여가 시간을 즐길 수 있게 되었다. 옛날에는 음악을 들으려면 연주자를 직접 찾아가야 했지만, 요즘은 거실에 편안히 앉아서 단추 하나만 누르면 모차르트와 마일스, 메탈리카의 음악을 자신의 취향대로 골라서 감상할 수 있다.

무언가를 알려고 하는 것은 인간의 타고난 천성이다. 원시인들 중에서 새로운 지식을 추구했던 종족은 환경을 개선하면서 살아남았고, 그렇지 않은 종족은 경쟁에서 밀려나 멸종했다. '지식욕'이 강한 생명체가 진화 경쟁에서 절대적으로 유리했던 것이다. 새로운 지식을 획득했을 때 아드레날린이 솟구치는 것은 생존 경쟁에서 지식욕이 번식욕 못지않게 중요하다는 증거다. 아리스토텔레스Aristoteles는 그의 저서 《형이상학Metaphisics》에서 "이 세상의 이치를 이해하는 것은 인간의 기본적 욕구"라고 했다.

어린 시절, 나는 과학에 완전히 매료되어 과학책을 거의 끼고 살다시피 했다. 특히 우주의 비밀을 밝히는 과정에 각별한 흥미를 느꼈는데, 과학 선생님들이 들려준 우주 이야기는 내가 읽었던 어떤 소설보다 재미있었다. 그 후로 나는 과학의 마법에 푹 빠져서 동네의 모든 서점을 이 잡듯이 뒤지며 모든 과학책을 싹쓸이하고 다녔다.

그 무렵 나는 동네 도서관에 있는 과학 잡지 《뉴사이언티스트New Scientist》에 꽂혀서 부모님을 졸라 정기 구독권을 구입했고, 매주 TV에서 방영하는 과학 프로그램 〈호라이즌Horizon〉과 〈투모로 월드Tomorrow World〉를 알뜰하게 챙겨보았으며, 제이콥 브로노프스키Jacob Bronowski의 《인간 동정의 발자취Ascent of Man》와 칼 세이건Carl Sagan의 《코스모스Cosmos》, 조나단 밀러Jonathan Miller의 《미지의 몸Body in Question》을 수도 없이 읽었다. 매해 성탄절이 되면 식탁에 칠면조 요리를 올려놓고 온 가족이 함께 왕립과학연구소의 크리스마스 TV 강연을 듣곤 했다. 나는 조지 가모프George Gamow와 리처드 파인만Richard Feynman의 책을 제일 좋아했는데, 때마침 그 무렵은 매주 새로운 발견이 이뤄지면서 과학계에 새 바람이 불던 시기였다.

나는 이미 알고 있는 과학적 발견보다 세간에 알려지지 않은 뒷이야기를 훨씬 더 좋아했다. 우리가 알고 있는 것은 과거사이지만 우리가 모르는 것은 미래에 속한다. 나는 학창 시절에 수학 선생님이 주신 마틴 가드너

Martin Gardner의 퍼즐 책을 아주 좋아했다. 이 책에는 다양한 종류의 수학 문제가 난이도별로 수록되어 있었는데, 특정 문제에 매달려 골머리를 앓다가 어느 순간 해답이 떠오르면 이 세상 그 무엇과도 바꿀 수 없는 성취감을 만끽하곤 했다. 특히 이 책의 뒷부분에 첨부된 '아직 해결되지 않은 수학의 미스터리' 편은 나를 과학의 길로 인도하는 원동력이 되었다.

이미 알고 있는 것들

내가 학생이었던 1970년대에 알려진 내용과 지금 알고 있는 내용을 비교하다 보면, 지난 반세기 동안 우주에 대해 얼마나 많은 사실이 새롭게 밝혀졌는지 실감하게 된다. 기술의 발달과 함께 가시 범위가 훨씬 넓어지면서, 요즘은 일반인들도 50년 전의 전문 과학자들보다 더 많은 것을 볼 수 있게 되었다.

수십 년 전부터 첨단 천체 망원경으로 태양계 바깥에서 지구와 비슷한 행성을 발견하기 시작했고, 이와 함께 외계인에 대한 관심도 한층 고조되었다. 게다가 천문학자들은 우주가 현재 수명의 3/4에 해당하는 기간 동안 빠른 속도로 팽창해왔다는 놀라운 사실을 알아냈다. 내가 어릴 적에는 빅 크런치$^{Big\ Crunch}$•가 대세였는데, 그 반대로 우주가 가속 팽창을 해왔다면 우리는 완전히 다른 종말을 맞이하게 된다.

유럽입자물리연구소^{CERN}에서 가동 중인 '대형 강입자 가속기$^{Large\ Hadron\ Collider,\ LHC}$'는 물질의 깊은 속을 들여다보는 기계로서, 1994년에

• 우주가 중력의 영향으로 수축되면서 최후를 맞이한다는 가설이다.

톱쿼크top quark를 발견했고 2012년에는 입자 물리학의 최대 관심사였던 힉스 입자를 발견하여 해묵은 논쟁에 마침표를 찍었다. 그 옛날 학창 시절에 읽었던 《뉴사이언티스트》에는 힉스 입자가 '모든 입자에 질량을 부여하는 가상의 입자'로 소개되어 있었는데, 그 존재가 사실로 확인된 것이다.

또한 1990년대 초에 '기능성 자기 공명 영상 장치functional MRI, 또는 fMRI'가 등장하면서 뇌 과학도 장족의 발전을 이루었다. 1970년대만 해도 과학자들은 인간의 뇌가 너무 복잡하여 연구 대상이 될 수 없다고 생각했으나 지금은 가장 활발한 연구 분야로 떠올랐다. 과거에 뇌는 철학자와 신학자의 전유물이었지만, 지금은 당신에게 아무런 질문도 하지 않고 오직 첨단 장비만 사용하여 당신이 배우 제니퍼 애니스턴Jennifer Aniston을 생각하고 있다는 것을 알아낼 수 있으며, 당신이 알아채기도 전에 잠시 후에 당신이 어떤 행동을 취할지까지 예측할 수 있다.

생물학의 발전도 가히 상상을 초월한다. 지난 2003년에 과학자들은 30억 개의 유전자 서열로 이루어진 인간의 DNA를 해독해냈고(세간에는 '게놈 프로젝트'로 알려져 있다), 2011년에는 302개의 뉴런으로 이루어져 있는 예쁜꼬마선충의 신경망 구조를 완벽하게 규명해냈다.

그사이에 화학자들도 새로운 영역을 개척했다. 1985년에 '버키볼 buckyball(C_{60})'이라는 새로운 탄소 화합물의 분자 구조를 밝혀냈고, 2003년에는 그래핀graphene*이라는 나노 물질을 개발하여 벌집 모양의 시트를 원자 하나 두께로 만들 수 있게 되었다.

* 강철보다 200배 이상 강하고 열전도성과 탄성도 뛰어나서 차세대 신소재로 부상하고 있다.

내 전공 분야인 수학에서도 커다란 진전이 있었다. 수학 역사상 가장 어려운 수수께끼로 군림해왔던 페르마의 마지막 정리Fermat's Last Theorem 와 푸앵카레의 추측Poincaré conjecture이 증명되었으며, 새로 등장한 수학 은 물리학과 우주론을 종횡무진 누비면서 우주의 비밀을 밝히는 데 핵심 역할을 하고 있다.

과학이 이토록 급변하고 있으니, 새로운 발견은 고사하고 이미 알려진 내용을 따라가는 것만도 벅찰 지경이다.

뭐든지 다 아는 교수자리

몇 해 전부터 내 명함에 한 줄이 추가되었다. '과학 대중화를 위한 찰스 시 모니 석좌교수Charles Simonyi professorship for the public understanding of science' 라는 직함이다. 시모니 석좌교수가 된 이후 각계각층의 사람들이 나에게 숱한 질문을 퍼부었는데, 마치 '과학의 대중화를 선도하는 사람은 모든 것을 알고 있다'고 생각하는 것 같았다. 내가 시모니 석좌교수가 된 지 얼 마 되지 않아 노벨 의학상 수상자가 발표되었을 때, 한 기자가 전화를 걸 어 텔로미어telomere의 발견에 대한 과학사적 의미를 설명해달라고 부탁 했다. 이 얼마나 웃기는 일인가? 과학의 대중화를 선도하는 사람은 만물 박사여야 하는가?

생물학에 대하여 아는 것이 별로 없는 나는 때마침 컴퓨터 창에 떠 있 던 위키피디아로 텔로미어를 검색하여 번갯불에 콩 볶아먹듯 대충 읽은 후, 권위에 찬 말투로 "텔로미어는 염색체 끝에 달려 있는 일종의 유전 암호로서 노화에 관여하는 중합체입니다"라고 차분하게 설명해나갔다.

사실 이 정도의 답은 컴퓨터를 다룰 줄 아는 사람이라면 누구나 할 수 있다. 텔로미어뿐만이 아니다. 요즘은 어떤 질문이든 자판 몇 번만 두드리면 원하는 답을 찾을 수 있고, 답이 스크린에 뜨지 않는다 해도 어디에서 답을 찾을 수 있는지는 알 수 있다.

그러나 사실을 나열하는 것과 그것을 이해하는 것은 완전히 다른 문제이다. 한 사람의 과학자가 모든 과학을 이해하는 것이 과연 가능할까? 비선형 편미분 방정식을 술술 풀고, SU(3) 대칭군과 기본 입자의 관계를 파악하고, 우주 급팽창 이론으로 우주가 안정화된 이유를 설명하고, 아인슈타인A. Einstein의 장방정식과 슈뢰딩거E. Schrödinger의 파동 방정식을 풀고, 뉴런과 시냅스의 작동 원리를 이해할 수 있을까? 턱도 없는 소리다. 당대에 통용되는 과학을 모두 알았던 사람은 아마도 뉴턴I. Newton, 라이프니츠G. W. Leibniz, 갈릴레오Galileo가 마지막이었을 것이다.

솔직히 말해서 나는 젊은 시절에 '마음만 먹으면 모든 것을 이해할 수 있다'고 믿었다. 다른 사람이 이해하는 내용이라면 나라고 이해하지 못할 이유가 없기 때문이다. 시간만 충분히 주어진다면 수학뿐만 아니라 우주의 모든 미스터리를 풀 수 있다고 생각했다. 다소 건방지게 들리겠지만 딱히 틀린 생각도 아니었다. 그러나 시간이 흐르면서 나의 확신은 조금씩 흔들리기 시작했다. 내가 평생을 살아도 도저히 도달할 수 없는 분야가 있을 것 같았다. 지금도 나는 과학 전반을 이해하기 위해 나름대로 최선을 다하고 있지만 모든 것을 이해하기에는 시간이 턱없이 모자란다.

나의 머리는 수학을 이해하기도 버겁다. 지난 10년 동안 골치 아픈 수학적 추론을 증명하기 위해 애써왔는데, 시모니 석좌교수가 된 이후로는 친숙한 수학의 세계를 벗어나 복잡다단한 신경 과학과 종잡을 수 없는 철학, 아직 결론이 나지 않은 이론 물리학의 세계에 발을 들여놓게 되었다. 그러나 엄밀한 증명에 기초한 수학과 달리 생물학과 철학, 물리학 등은 사고방식 자체가 완전히 달랐다. 과학의 모든 것을 이해하겠다고 덤볐다가 이해력의 한계에 부딪힌 것이다.

다량의 지식을 습득하려면 뉴턴이 말한 대로 '거인의 어깨' 위에 서 있어야 한다. 나는 지식의 한계를 탐험하기 위해 다른 사람이 쓴 책을 읽고 전문가의 강의와 강연을 들었으며, 관심사가 비슷한 사람들과 대화를 나누거나 모순된 이야기에 질문을 던졌다. 그리고 과학 잡지에 수록된 증거와 데이터를 분석하고 가끔은 위키피디아를 뒤지기도 했다. 학생들에게는 구글의 검색 결과를 액면 그대로 믿지 말고 항상 의문을 가지라고 당부하고 있지만, 사실 위키피디아에 실린 과학과 관련된 내용(논쟁의 여지가 별로 없는 주제에 한해서)은 과학 논문이나 교과서에 수록된 내용과 별로 다를 것이 없다.

그렇다면 현재 통용되는 지식은 어디까지 믿을 수 있을까? 과학계가 수용한 이론이라고 해서 반드시 옳다는 보장은 없다. 과학의 역사를 돌아보면 사람들이 하늘처럼 떠받들던 지식이 정반대의 내용으로 대체된 경우를 쉽게 찾아볼 수 있다. 그러므로 과학적 지식은 불변의 진리가 아니라 언제든지 교체될 수 있는 '임시변통 이론' 정도로 간주하는 것이 안전하다. 단, 수학적 지식은 예외이다. 수학에서 한 번 진실로 판명된 것은 영원한 진실이며, 더욱 영원한 지식을 쌓는 토대가 된다(이 내용은 6장과 7장에서 자세히 다루겠다).

이미 알려진 지식의 전당에 안주하는 과학자는 별로 매력이 없다. 과학자의 진정한 소명은 거칠고 험난한 미지의 세계를 탐험하는 것이다. 내가 이 책을 쓰게 된 것도 이 때문이다.

우리가 모르는 것들

지난 세기에 수많은 과학적 발견이 이루어졌지만 우주에는 아직도 수많은 미스터리가 남아 있다. 지난 수천 년 동안 인간이 쌓아온 지식의 양은 실로 방대하지만 아직도 '아는 것'의 목록보다 '모르는 것'의 목록이 훨씬 길고 그 목록의 증가 속도도 훨씬 빠르다. 그렇다고 실망할 필요는 없다. '모르는 것'이야말로 과학을 견인하는 원동력이기 때문이다. 과학자들은 이미 알려진 내용을 설명할 때보다 이해할 수 없는 대상을 연구할 때 훨씬 강한 흥미를 느낀다. 과학이 살아서 숨을 쉴 수 있는 것은 대답할 수 없는 질문이 존재하기 때문이다.

한 가지 예를 들어보자. 우주에 존재하는 물질 중에서 우리가 알고 있는 것은 고작 4.9%에 불과하다. 나머지 95.1%는 암흑 물질dark matter과 암흑 에너지dark energy인데, 그렇다면 이들은 도대체 무엇으로 구성된 물질들일까? 우주의 팽창 속도가 점점 빨라지고 있다면 가속에 필요한 에너지는 대체 어디에서 충당하고 있을까?

우주는 무한할까? 우리 우주와 평행하는, 또 다른 수많은 무한한 우주가 존재할까? 다른 우주들은 우리의 우주가 빅뱅으로 태어나기 전부터 존재했을까? 빅뱅 전에도 시간이 흘렀을까? 시간은 존재하는 실체일까, 아니면 더욱 심오한 개념의 단면일까?

기본 입자는 왜 구성원이 비슷한 세 개의 족族, family 또는 세대generation로 존재하는 것일까? 우주에는 아직도 발견되지 않은 입자가 있을까? 기본 입자는 과연 11차원 공간에서 진동하는 작은 끈일까?

거시 세계에 적용되는 아인슈타인의 일반 상대성 이론과 미시 세계에 적용되는 양자 역학을 어떻게 통합할 수 있을까? 이것이 바로 그 유명한 양자 중력quantum gravity으로 빅뱅의 비밀을 푸는 데 반드시 필요한 이론이다.

인간의 육체로 관심을 돌리면 상황은 훨씬 복잡해진다. 어찌나 복잡하고 어려운지, 양자 역학이 고등학생용 연습 문제처럼 보일 정도다. 유전자 발현과 환경은 어떤 관계인가? 암 치료법은 개발될 수 있을까? 노화를 극복할 수 있을까? 인간의 수명은 몇 년까지 연장할 수 있을까?

인간은 어디에서 왔는가? 진화가 돌연변이의 결과라면 진화의 주사위는 지금도 어디선가 눈이 달린 생명체를 탄생시키고 있을까? 인간이 지능을 갖게 된 것은 진화의 필연적인 결과일까, 아니면 순전히 운이었을까? 우주 어딘가에 지능을 가진 외계 생명체가 존재하고 있을까? 컴퓨터는 의식을 가질 수 있을까? 나의 의식을 컴퓨터에 다운로드하여 육체가 죽은 후에도 작동하도록 만들 수 있을까?

수학도 마찬가지다. 일반인들의 생각과 달리 페르마의 마지막 정리는 실제로 '마지막' 정리가 아니며 수학적 미지는 도처에 널려 있다. 소수素數, prime number에는 어떤 규칙이 있을까, 아니면 완전히 무작위일까? 언젠가는 난류亂流 turbulence 방정식이 풀릴까? 큰 수를 효율적으로 소인수분해하는 방법은 언제쯤 개발될까?

모르는 것을 일일이 나열하자면 한도 끝도 없지만 과학자들은 별로 개의치 않는다. 과거의 사례로 미루어볼 때, 아무리 어려운 수수께끼도 결국은 풀리지 않았던가. 과학자들이 지금 이 시대를 '과학의 황금기'라 부르는 데는 그럴 만한 이유가 있다. 지난 수십 년 동안 과학은 거의 지수 함수적으로 발전해왔다. 2014년에 과학 잡지 《네이처Nature》에 실린 기사에 따르면 2차 세계대전이 끝난 후 전 세계 학술지에 발표된 과학 논문의 수는 9년마다 두 배씩 증가했고, 무어의 법칙Moore's law에 따르면 컴퓨터의 성능은 2년마다 두 배씩 향상되고 있다. 공학자 레이 커즈와일Ray Kurzweil은 이 법칙이 모든 기술에 적용된다고 주장한다. 그의 주장이 옳다면 인류는 지난 2만 년 동안 겪은 기술적 변화를 향후 100년 안에 겪게 될 것이다.

미래에도 과학은 지수 함수적 성장을 계속할 수 있을까? 커즈와일은 기계의 지능이 인간의 지능을 능가하는 시점을 '특이점Singularity'이라 불렀다. 미래의 과학은 과연 이 특이점을 맞이하게 될까? 이 특별한 순간은 우리가 모든 것을 이해했을 때 찾아올 것이다. 정확한 시기는 알 수 없지만 우주의 모든 특성을 서술하는 방정식을 언젠가는 풀 수 있을 것이다. 그때가 되면 물리적 우주를 구성하는 모든 입자와 그들의 상호 작용을 이해하게 될 것이다.

일부 과학자들은 '과학이 지금과 같은 속도로 발전한다면 만물의 이론도 곧 완성될 것'이라며 장밋빛 미래를 꿈꾸고 있다.

스티븐 호킹Stephen Hawking은 그의 저서 《시간의 역사A Brief History of Time》에서 "나는 자연의 궁극적 법칙이 곧 발견되리라 믿는다. 그때가 되면 인간은 신의 마음을 읽을 수 있을 것이다"라고 적었다.

우주의 모든 섭리를 이해하는 것이 과연 가능한 일일까? 가능성은 차치하고 우리는 정말 모든 것을 알게 되기를 원하는 걸까? 인간이 모든 것을 알게 되면 과학은 박물관으로 가야 한다. 과학자와 미지未知의 관계는 매우 역설적이다. 모르는 게 있어야 관심과 흥미가 생기고 과학자가 탄생하기 마련인데, 또 미지를 파헤쳐서 흥미를 반감시키는 것이 과학자의 역할이기 때문이다.

그렇다면 우리가 절대로 풀 수 없는 문제도 있을까? 물리적 우주에서 발견 가능한 대상에 어떤 한계가 있지 않을까? 수학과 과학의 예측 능력

자체에 한계가 있지는 않을까? 빅뱅 이전의 시기는 접근 불가 영역인가, 아니면 인간이 이해할 수 있는 범주를 넘어선 영역인가? 인간은 자신의 뇌를 분석할 수 있는가, 아니면 무한 반복 맴돌이에 빠져 아무런 결론도 내리지 못할 것인가? 수학적 추론 중 영원히 증명할 수 없는 것도 있을까?

우리가 결코 알 수 없는 것들

과학으로 답을 구할 수 없는 문제가 존재한다면 어떻게 될까? 사람들 앞에서 "영원히 풀 수 없는 문제가 존재한다"고 주장하면 패배주의자로 찍히기 십상이다. 미지는 과학을 발전시키는 원동력이지만 '영원히 알 수 없는 미지'는 과학의 적이다. 나는 학회 명부에 등록된 과학자의 한 사람으로서 "아무리 어려운 질문도 언젠가는 답이 주어진다"고 믿고 싶다. 중요한 것은 지식을 추구하는 나의 여정이 미지의 영역에 도달할 수 있는가 하는 점이다. 그 근처에 가지 못한다면 아무리 떠들어도 소용없다.

내가 이 책을 쓰게 된 것도 지식의 한계, 즉 '알 수 있는 것과 절대로 알 수 없는 것의 경계'를 명확하게 정의하기 위해서이다. 나는 인간의 능력으로는 절대로 이해할 수 없는 무언가가 정말로 존재하는지 알고 싶다. 과학이 아무리 빠르게 발전해도 세계 최고의 석학조차 이해할 수 없는 무언가가 항상 존재할까? 과학이 최고 정점에 도달한 순간에도 끝까지 베일을 벗지 않는 미스터리가 과연 존재할까?

'우리가 알 수 없는 것들Things We Cannot Know'의 목록을 나열하는 것은 예나 지금이나 매우 위험한 시도이다. 어느 날 문득 번뜩이는 영감이 떠올라 도저히 알 수 없는 것을 알게 될지 누가 알겠는가? 그래서 우리는 수시로 과거를 되돌아봐야 한다. 인간의 사고가 지식의 한계점에 도달했을 때 올바른 길을 찾아가는 비법이 그 안에 들어 있기 때문이다.

1835년에 프랑스의 철학자 오귀스트 콩트Auguste Comte는 "우리는 별의 화학 성분이나 광물학적 구조를 결코 알 수 없을 것"이라고 장담했다. 물질의 구성 성분을 파악하려면 가까이 접근하여 눈으로 봐야 하는데, 별은 너무나 멀리 떨어져 있어서 도저히 갈 수 없다고 생각했기 때문이다. 물론 콩트의 주장은 옳다. 예나 지금이나 인간은 별에 가까이 접근할 수 없다. 그러나 그는 '별이 스스로 자신의 정체를 드러낼 수도 있다'는 가능성을 고려하지 않았다. 별에서 방출된 빛에 중요한 정보가 담겨 있다는 생각을 떠올리지 못한 것이다.

그로부터 수십 년 후, 과학자들은 태양에서 날아온 빛의 스펙트럼을 분석하여 화학 성분을 알아냈다. 19세기 영국의 천문학자 워런 드 라 루Warren de la Rue는 "태양까지 날아가 샘플을 채취한 후 지구로 돌아와서 성분을 분석한다 해도, 지금의 스펙트럼 분석법만큼 정확한 결과를 얻을 수 없을 것"이라고 했다.

그 후로 과학자들은 우리가 결코 갈 수 없는 수많은 별의 성분을 분석하여 우주 미스터리의 상당 부분을 해결했고, 가까운 미래에 우주의 모든 비밀을 풀 수 있다는 희망도 싹트기 시작했다.

1900년, 당대 최고의 물리학자로 알려진 켈빈 경Lord Kelvin은 영국과학협회의 정기회의에서 "이제 물리학은 완성 단계에 접어들었으며, 우리에게 남은 일은 관측값을 더욱 정확하게 다듬는 것뿐"이라고 단언했다. 미국의 물리학자 앨버트 에이브러햄 마이컬슨Albert Abraham Michelson도 여기에 전적으로 동의하면서 "물리학의 중요한 법칙은 모두 발견되었다.

앞으로 과학이 할 일이라곤 지금까지 얻어진 값에 소수점 이하 자릿수를 채워나가는 것뿐이다. …… 미래의 과학자들은 우리가 알아낸 값을 소수점 이하 여섯 번째 자리까지 채워줄 것이다"라고 말했다.

그러나 바로 그해에 독일의 물리학자 막스 플랑크Max Planck가 훗날 양자 역학의 초석이 될 양자 가설을 제안했고, 1905년에 알베르트 아인슈타인은 특수 상대성 이론을 발표하여 시간과 공간에 대한 기존의 관념을 완전히 뒤집어놓았다. 물론 사람의 예측은 얼마든지 틀릴 수 있지만, 켈빈 경과 마이컬슨의 예측은 '과학의 역사를 통틀어 가장 크게 벗어난 예측'으로 역사에 남게 되었다.

제아무리 번뜩이는 영감을 떠올려도 지식의 한계를 초월하는, 절대로 풀 수 없는 문제가 이 세상에 존재할까? 나는 과학자의 한 사람으로서 그런 문제는 존재하지 않는다고 믿고 싶다. 아직 풀리지 않은 문제에 직면했을 때 일찍 포기해버리는 것은 바람직한 자세가 아니다. 그런데 정말로 풀 수 없는 문제가 존재한다면, 시간을 낭비하기 전에 '해결 불가능성'을 미리 알아챌 수 있을까?

'알려진 미지known unknowns'는 과학에서 그다지 반가운 손님이 아니다. 미국의 정치가 도널드 럼스펠드Donald Rumsfeld는 지식의 종류에 대해 다음과 같은 말을 남겼다.

'알려진 지식known knowns'은 알고 있다는 사실이 이미 알려진 지식이고, '알려지지 않은 미지known unknowns'는 모른다는 사실이 알려진 지식이다. 그러나 이것이 전부가 아니다. 이 세상에는 우리가 모른다는 사실조차 모르는 지식, 즉 '알려지지 않은 미지unknown unknowns'도 존재한다.

럼스펠드는 미국 국방부의 한 브리핑 석상에서 "이라크 정부가 대량 살상무기를 보유하고 있다는데, 증거가 부족한 것 아니냐"는 질문에 위와 같이 암호 같은 대답을 했다가 엄청난 비난에 시달렸다. 당시 각종 매체의 기자와 인터넷 블로거들은 일제히 럼스펠드를 성토하면서 "쉬운 말쓰기 협회에서 그에게 실언상失言賞을 수여해야 한다"고 주장했다. 그러나 럼스펠드의 말을 면밀히 분석해보면 지식을 세 가지 형태로 분류한 것에 불과하다. 다만 누구나 알고 있지만 알고 있다는 사실을 인정하지 않는 지식, 즉 '알려지지 않은 지식unknown known'을 고려하지 않은 것뿐이다.

슬로베니아의 철학자 슬라보예 지젝Slavoj Zizek은 이것(알려지지 않은 지식, 또는 인정하기 싫은 사실)이 유력한 정치가에게 가장 위험한 요소라고 지적했다. 이것은 프로이트가 말한 '억압된 무의식'의 영역으로, 정치가뿐만 아니라 모든 사람에게 부정적 영향을 미친다.

물론 나의 관심사는 정치적 논쟁이 아니라 '알려지지 않은 미지'이다. 그런데 이것을 언급하면 그 순간부터 '알려진 미지'가 된다!《블랙 스완Balck Swan》의 저자 나심 탈렙Nassim Taleb은 "알려지지 않은 미지가 부각되었을 때 사회는 가장 큰 도전에 직면하게 된다"고 주장했다. 물리학자 켈빈 경에게 알려지지 않은 미지는 양자 역학이었기에, 곧 다가올 양자 혁명을 예측하지 못했다. 그래서 나는 이 책을 통해 알려진 미지를 최대한 자세히 서술하고 영원한 미지의 존재 가능성을 타진해볼 참이다. 지식이 아무리 발전해도 절대로 답을 찾을 수 없는 질문이 과연 존재할 것인가?

나는 미지가 존재하는 영역을 '지식의 경계edges of knowledge'라고 불러왔다. 지식의 지평선 너머 우리가 볼 수 없는 영역이라는 뜻이다. 지식의 경계를 향한 나의 여정은 '알려진 지식'의 영역을 지나 '알려진 미지'의 영역으로 진행될 것이며, 이 과정에서 과거에 우리가 지식의 한계라고 생각했던 영역을 뛰어넘게 될 것이다. 또한 이 여정은 나 자신의 이해 능력을 시험하는 기회이기도 하다. 이미 알려진 지식을 습득하는 것만도 결코 만만한 과제가 아니기 때문이다.

이 책의 주제는 '우리가 알 수 없는 것What we cannot know'이지만, 이미 알고 있는 것을 올바르게 이해하고 알아내는 방법을 습득하는 것도 그 못지않게 중요하다. 지식의 경계를 탐사하다 보면 과학자들이 이미 알아낸 지식을 거쳐 최첨단 현대 과학에 도달하게 될 텐데, 이 영역에 진입하면 모르는 것이 너무 많아서 길을 잃기 쉽다. 그래서 나는 과거에 과학자들이 너무 어렵다는 이유로 후대의 과학자들에게 떠넘겼던 문제가 나올 때마다 잠시 발걸음을 멈추고, 그 문제가 해결된 과정을 자세히 살펴볼 것이다.

그러면 현재 '해결 불가능'으로 분류된 난제를 새로운 각도에서 바라볼 수 있을지도 모른다. 이 여행이 끝나면 독자들은 '알 수 없는 것'뿐만 아니라 '이미 알고 있는 것'에 대해서도 이해가 더욱 깊어질 것이다. 그렇게 되기를 진정으로 바란다.

내 전공이 아닌 분야를 탐험할 때에는 다른 전문가들의 도움을 받았다. 그들의 도움을 받지 않으면 내가 무식해서 모르는 건지, 전문가들도 모르는 난제인지 구별하기가 어렵기 때문이다.

답할 수 없는 질문에 직면하면 어떻게 해야 할까? 내가 결코 이해할 수 없는 문제가 이 세상에 존재한다는 것을 인정해야 할까? 모르는 것에는 어떻게 대처해야 할까? 인간은 지난 수천 년 동안 이런 상황을 수없이 겪으면서 그럴듯한 개념을 창조해냈다. 내가 무언가를 몰라도 불안감을 덜어주는 존재, 모든 것을 알면서 무식한 인간을 보살펴주는 '신^神'의 개념이 바로 그것이었다.

초월적 존재

내가 미지의 세계를 탐험하기로 작정한 데에는 또 하나의 이유가 있다. 얼마 전까지 과학 대중화 사업Public Understanding of Science을 이끌었던 리처드 도킨스Richard Dawkins●가 물러나면서 나에게 그 직책을 물려줬고, 그후로 나는 사방에서 쏟아지는 질문에 답하느라 정신이 하나도 없었다. 그나마 과학과 관련된 질문은 자료를 찾아서 답을 줄 수 있었지만 종교적 질문은 정말로 난처했다. 리처드 도킨스도 《만들어진 신God Delusion》을 출간한 후 창조론자들과 논쟁을 벌이느라 연구할 겨를이 거의 없었다.

사람들은 과학 대중화 사업을 맡은 내가 어떤 종교관을 가지고 있는지 알고 싶어 했지만, 나는 과학자의 본분을 지키기 위해 종교와 관련된 논쟁을 가능한 한 피해왔다. 과학 발전에 기여하고 그 내용을 일반 대중에게 소개하는 것이 나의 직업이자 본분이었기에, 종교보다는 과학과 관련된 주제를 다루는 것이 안전하다고 생각했다.

그러나 종교와 관련된 질문을 피해 다니던 와중에 나 자신이 매우 종교적인 사람이라는 사실을 깨달았다. 과학의 대중화를 선도한다는 사람이 무슨 종교냐고? 내 말을 끝까지 들어보라. 나의 종교는 아스널이고 사원은 런던 북부에 있는 에미레이트 스타디움이다. 나는 매주 이곳을 방문

● 《이기적 유전자Selfish Gene》의 저자이다.

하여 나의 영웅들을 찬양하고 그들을 위해 노래 부른다(과거에는 하이버리 스타디움이었는데, 2006년에 아스널의 홈구장이 에미레이트로 바뀌었다). 매년 시즌이 시작될 때마다 올해는 아스널이 우승하기를 간절히 기원하며 열성 팬으로서 각오를 다지곤 한다. 런던에서는 축구가 곧 종교이다. 사람들이 축구를 통해 단합하고 응원하는 팀을 위해 우승 기원제를 지내며, 목이 터져라 스타플레이어를 찬양하고 있으니 종교와 다를 것이 없다.

내가 청소년기에 배웠던 과학은 어린 시절에 주입된 모호한 종교관을 송두리째 날려버렸다. 당시 나는 집 근처 교회의 주일 예배에 참석하여 찬송가를 열심히 부르면서 '기독교를 열심히 믿으면 우주를 이해할 수 있을 것'이라고 생각했다. 1970년대에 영국의 초등 교육은 수업 시간에 〈주님이 지으신 솜씨All Things Bright and Beautiful〉를 부르거나 주기도문을 외우는 등 살짝 종교적 색채를 띠고 있었는데, 중학교에 진학하여 과학을 배우고 보니 복잡다단한 세상에서 살아남는 데 종교가 별로 도움이 될 것 같지 않았다. 나에게는 교회보다 과학과 축구가 훨씬 매력적이었다.

물론 나의 종교관에 대한 질문을 이런 경박한 대답으로 때울 수는 없다. 언젠가 북아일랜드 BBC의 일요일 아침 방송에 출연하여 "신은 존재하는가?"라는 주제를 놓고 열변을 토하다가 프로듀서에게 경고를 받은 적이 있다. 북아일랜드 사람들 대부분이 교회에 가는 일요일 아침에 신의 존재 여부를 따지다니, 다소 불경하다고 생각한 것 같았다.

수학을 연구하다 보면 새로운 수학적 구조가 존재한다거나 존재할 수 없다는 것을 증명해야 하는 경우가 종종 발생한다. 일부 철학자들도 신의 존재를 증명할 때 이와 유사한 수학적 논리를 사용해왔는데, 사실 이 방법에는 심각한 문제가 있다. 수학적 논리로 무언가의 존재를 증명하려면 그 대상을 완벽하게 정의해야 하는데, 신의 개념을 정의하기가 결코 쉽지 않기 때문이다.

내가 기자들과 가장 자주 나눴던 대화는 대충 다음과 같다.

기자: 교수님은 어떤 종교관을 가지고 계십니까?

나: 질문을 좀 더 구체적으로 해주세요.

기자: 신이 존재한다고 생각하십니까?

나: 그 질문에 답하려면 '신'을 정확하게 정의해야 합니다. 당신이라면 어떤 정의를 내리시겠습니까?

기자: 그야 뭐……, 인간의 이해력을 초월한 존재겠지요.

나: 정말 황당하네요. 그런 초월적 존재가 있는지 없는지, 제가 어떻게 알겠습니까? 저는 취급 가능한 대상의 존재 여부만 알 수 있답니다!

그런데 똑같은 질문에 계속 시달리다 보니 언제부터인가 그 '모호한 정의'에 관심이 가기 시작했다.

신을 '우리가 결코 알 수 없는 것'으로 정의하면 어떨까? 고대인들은 이해할 수 없는 무언가를 설명할 때마다 상습적으로 신을 개입시키곤 했다. 화산 분출이나 일식, 전염병 등 원인을 알 수 없는 일련의 자연 현상은 신이 일으킨 사건이었고, 전염병과 같이 인간에게 직접 피해를 입히는 현상은 인간에 대한 신의 분노로 해석했다. 물론 과학을 통해 자연 현상의 원인이 밝혀지면서 신과 결부된 설명은 슬그머니 사라졌다.

신을 인간의 이해력을 넘어선 존재로 정의하면 '틈새의 신God of gaps'이라는 함정에 빠지기 쉽다. 이 신은 과학 앞에 한없이 무력하면서 과학으로 설명할 수 없는 부분만 책임지는 기회주의적 신이다. 틈새의 신이라는 용어를 처음 도입한 사람은 옥스퍼드대학교의 수학자이자 감리교 교단을 이끌었던 찰스 쿨슨Charles Coulson이었는데, 생전에 그는 "과학이 실패한 곳에서 모자란 부분을 메워주는 틈새의 신은 절대 존재하지 않는다"고 강력하게 주장했다.

틈새의 신은 신의 존재를 논하는 사람들을 잘못된 길로 이끌기도 한다. 리처드 도킨스는 그의 저서 《만들어진 신》에서 "인간이 무언가를 모르거나 이해하지 못할 때, 빈 간극을 메워주는 신이 존재한다"고 했다. 그러나 나의 관심은 틈새의 신을 도입하는 것이 아니라 '신'과 '알 수 없는 것'을 동일시하는 것이다. 나는 지금 당장 모르는 것보다 세월이 아무리 흘러도 절대로 알 수 없는 것에 더 큰 매력을 느낀다.

종교는 현대 사회에 널리 퍼져 있는 고정관념보다 훨씬 복잡하다. 고대 인도와 중국, 중동에서는 종교의 목적이 초자연적 존재를 숭배하는 것이 아니라 인간의 이해력과 언어의 한계를 정확하게 인식하는 것이었다.

영국의 신학자 허버트 맥케이브Herbert McCabe는 "신이 존재한다는 주장은 우주에 답할 수 없는 문제가 존재한다는 주장과 같다"고 했다. 그러나 현대 과학은 대부분의 문제에 명확한 답을 제시하면서 인간의 한계를 크게 확장시켰다. 이런 상황에서 아직도 무언가가 남아 있을까? 인간의 한계를 넘어선 그 무엇이 여전히 존재하고 있을까? 다시 말해서 맥케이브의 신은 과연 존재하는가?

이것이 바로 이 책의 주제이다. 아직 알려지지 않은 것들 중에서 우리의 지식으로 결코 답할 수 없는 질문이나 물리적 현상을 골라낼 수 있을까? 항상 '지식의 맹점'에 존재하는 것들을 골라낼 수 있다면 거기 대응하는 신은 어떤 신이며, 어떤 능력을 가지고 있을까? 우리가 알 수 없는 것들이 우리의 현재와 미래에 영향을 줄 수 있을까? 그것들은 과연 숭배할 가치가 있을까?

이 질문에 답하기 전에 제일 먼저 답을 구해야 할 질문이 있다

"이 우주에는 우리가 절대로 알 수 없는 것이 정말로 존재하는가?"

지식의 첫 번째 경계
카지노 주사위

1

이 세상은 예측할 수 없는 것과 이미 결정된 것들이 한데 어우러진 채 굴러간다.
눈의 결정에서 눈보라에 이르기까지 자연은 모든 영역에서
이런 식으로 자신을 창조하고 있다. 그래서 나는 행복하다.
시작점으로 되돌아가면 아무것도 알 필요가 없기 때문이다.
톰 스토파드의 《아르카디아》 중에서

내 연구실 책상 위에는 라스베이거스에서 가져온 붉은색 주사위가 하나 놓여 있다. 너무나 멋진 주사위여서 처음 본 순간 한눈에 반해버렸다. 이 주사위는 모서리가 칼날처럼 선명하고 표면은 거의 완벽하게 매끄러워서 직접 보지 않는 한 손으로는 아무리 조몰락거려도 숫자를 절대 알아낼 수 없다. 주사위의 눈금은 몸체를 파낸 후 페인트를 메워 넣는 식으로 새겨져 있는데, 페인트와 주사위 몸체의 밀도가 똑같아서 이질감이 전혀 느껴지지 않는다. 면에 홈을 판 후 페인트로 점을 그려 넣은 보통 주사위는 6이 새겨진 면과 1이 새겨진 면의 부분 질량이 달라서 손 감각이 예민한 사람은 그 차이를 감지할 수 있다. 그러나 이 주사위는 모든 면이 완벽하게 같아서 속임수를 부릴 여지가 없다. 그야말로 '완벽하면서 아름다운 도박 도구'이다.

그러나 나는 이 주사위가 싫다.

지금은 주사위의 눈금 3이 위를 향하고 있지만 손으로 집어서 굴리면 어떤 눈금이 나올지 전혀 알 수 없다. 던져진 주사위의 눈금은 '우리가 결코 알아낼 수 없는' 지식의 상징이다. 주사위의 미래는 완벽한 미지이며 결과를 알려면 어딘가에 안착할 때까지 기다려야 한다.

나는 오래전부터 '절대로 알 수 없는 것'이나 '절대로 할 수 없는 일'을 접할 때마다 마음이 몹시 불편했다. 지금 당장 모른다 해도 알아낼 방법이 있으면 별로 심란하지 않다. 시간만 투자하면 언젠가는 알아낼 수 있기 때문이다. 그러나 아무리 노력해도 알 수 없는 것들은 나의 자존심을 사정없이 구겨놓는다. 허공에 던져진 주사위의 눈금을 미리 알아낼 방법은 정말로 없을까? 충분한 정보가 주어진다면 예측이 가능할 수도 있지 않을까? 올바른 물리 법칙을 적용하여 방정식을 푼다면 가능할 수도 있다. 그렇다면 주사위의 눈금은 '알 수 있는 것'에 속한다.•

나의 전공인 수학은 인간에게 닥칠 일을 미리 예견하기 위해 개발되었다. 수학은 미래를 들여다보는 수단이며, 우리를 운명의 노예가 아닌 지배자로 만들어주는 학문이다. 우리의 우주는 명확한 법칙에 따라 운영되고 있으므로(아직 확인되지 않은 부분도 있지만 지금까지 알려진 바로는 그렇다) 법칙을 알면 우주를 이해할 수 있다. 인간은 패턴을 감지하고 인식하는 능력 덕분에 진화 경쟁에서 막강한 우위를 점유할 수 있었다. 미지의 대상에서 어떤 패턴을 찾아내면 미래를 예측하고 대상을 이해하기가 쉬워진다. 나는 해가 뜨고 지는 패턴을 알고 있기에 내일 아침에 동쪽 지평선에서 태양이 뜰 것이고, 이런 사건이 28번 반복되면 달의 위상이 지금과

• 이론적으로는 그렇지만 실행에 옮기는 것은 불가능하다.

같아진다고 단언할 수 있다. 수학은 바로 이런 과정을 통해 개발되었다. 간단히 말해서 수학이란 '패턴의 과학'이다. 지금으로부터 약 1만 5,000년 전에 그려진 라스코 동굴의 벽화에는 "밤하늘에 플레이아데스Pleiades가 뜨는 첫겨울을 시작으로 달의 위상이 1/4씩 13번 변하면 말이 임신을 하고 사냥이 쉬워진다"는 사실이 그림으로 표현되어 있다. 미래를 예측하는 능력은 생존을 위해 절대적으로 필요하다.

그러나 자연에는 패턴이 아예 없거나 너무 복잡한 것도 있고, 깊은 곳에 숨어 있어서 인간의 지식으로는 도저히 알아낼 수 없는 패턴도 있다. 각 주사위의 거동 방식은 태양이 뜨고 지는 것과 완전히 달라서 어떤 눈금이 나올지 미리 예측할 수 없다. 그래서 주사위는 옛날부터 타협하기 어려운 논쟁에 판결을 내리고, 놀이를 하고, 내기를 거는 수단으로 사용되었다.

하얀 점이 박힌 붉은색 주사위의 미래를 예측할 방법은 정말로 없는 것일까? 독자들은 별것도 아닌 일에 심란해한다며 나를 나무랄지도 모르지만, 사실 정육면체의 동역학 때문에 골머리를 앓은 사람은 내가 처음이 아니다.

신의 뜻을 간파하다

최근에 우리 아이들을 데리고 이스라엘로 여행을 갔다가 베이트 구브린Beit Guvrin에 있는 고고학 발굴 현장을 구경한 적이 있다. 이곳은 고대의 집단 거주지로서 커다란 지하 도시가 몇 층에 걸쳐 건설되어 있으며, 다량의 유적이 발견되어 고고학자들 사이에서는 성지로 통한다. 안으로 들어가니 현장에 파견된 고고학자들이 아무런 거리낌 없이 나와 아이들에게 발굴 작업을 도와달라며 도구를 쥐어주었다. 관광객들이 모종삽으로 바닥을 파다가 접시 같은 유물을 깨뜨려도 별로 개의치 않는 것 같았다. 얼마 후 우리는 다양한 도자기 조각과 함께 동물의 뼈를 여러 개 발견했는데, 처음에는 고대인들이 식사를 하고 남긴 흔적인 줄 알았으나 가이드의 설명에 따르면 그것은 원시적 형태의 주사위였다.

집단 거주지의 역사는 신석기 시대까지 거슬러 올라간다. 사람의 흔적이 남아 있는 유적지에서는 양을 비롯한 동물의 발꿈치뼈가 유난히 자주 발견되는데, 고고학자들은 이것이 원시적 형태의 주사위일 것으로 추정하고 있다. 이 뼈에는 네 종류의 문자(숫자로 추정)가 새겨져 있고 허공에 던지면 넷 중 하나가 위를 향하게 된다. 원시 주사위는 도박용이 아니라 앞날을 점치는 '예언용'이었을 것이다. 주사위의 눈금에 신의 뜻이 담겨 있다는 생각은 꽤 오랜 세월 동안 전수되어왔다. 인간의 능력으로는 주사위의 눈금을 절대로 예측할 수 없다고 굳게 믿은 것이다.

그 후 주사위는 인류의 여가 문화권으로 침투하여 누구나 가질 수 있는 일상적인 물건이 되었다. 정육면체형 주사위가 처음 사용된 것은 기원전 3,000년경으로 추정된다. 인류 문명의 발상지로 알려진 파키스탄의 하라파Harappa 유적지에서 현대식 주사위와 거의 똑같이 생긴 물건이 발견되었으며, 고대 메소포타미아의 도시였던 우르Ur에서는 정사면체(피라미드 모양) 주사위가 발견되었다.

고대 로마와 그리스인들은 주사위 게임을 매우 좋아했다. 또한 십자군 전쟁에서 살아 돌아온 중세 시대의 군인들은 세간에 '해저드hazard'라는 새로운 게임을 퍼뜨렸는데, 이 명칭은 아랍어로 주사위를 뜻하는 '알자르alzhar'의 변형이었다. 해저드는 라스베이거스의 카지노에서 성행 중인 현대식 주사위 도박인 크랩crap의 초기 버전에 해당한다.

인간이 주사위의 눈금을 미리 예측할 수 있다면 주사위를 이용한 도박은 애초에 생기지도 않았을 것이다. 백개먼backgammon이나 해저드, 크랩이 재미있는 이유는 어느 누구도 결과를 예측할 수 없기 때문이다. 그러므로 만일 내가 온갖 방정식을 총동원하여 '주사위 눈금 예측법'을 알아낸다면 수많은 사람들에게 공공의 적이 될 것이다.

주사위의 눈금을 미리 예측하는 것은 오랜 세월 동안 불가능한 일로 여겨졌다. 안전한 항해를 위해 수학을 개발한 고대 그리스의 수학자들에게도 주사위의 눈금만은 완전한 미지의 세계였다. 그들에게 수학이란 정적靜的이면서 확고한 기하학이었기에 바닥을 어지럽게 굴러다니는 주사위는 수학적 대상이 될 수 없었다. 그들은 기하학을 이용하여 주사위의 형태를 완벽하게 서술할 수 있었지만 손을 떠난 주사위는 더는 분석 가능한 대상이 아니었다.

그래도 누군가는 주사위의 눈금을 미리 알려는 시도를 하지 않았을까? 고대 그리스의 철학자들은 반경험주의적 사고를 가지고 있었기에, 주사위의 데이터를 과학적으로 분석하여 결과를 예측하려는 시도를 하지 않았다. 다들 알다시피 주사위의 눈금은 이전의 시행 결과에 아무런 영향도 받지 않는다. 즉, 주사위의 눈금은 완전히 무작위로 나타난다. 그래서 고대 그리스인들은 주사위의 눈금을 절대로 예측할 수 없다고 생각했다.

아리스토텔레스는 이 세상에서 일어나는 모든 사건을 세 가지로 분류했다. 자연의 법칙에 따라 일어나는 '확실한 사건certain event'과 대부분이 동일한 패턴으로 일어나지만 가끔 예외가 존재하는 '있음직한 사건probable event', 우연히 일어나는 '미지의 사건unknowable event'이 바로 그것이다. 주사위는 이들 중 마지막 부류에 속한다.

그러나 고대 그리스 철학에 기독교 신학이 유입되면서 의미가 다소 모호해졌다. 주사위의 미래는 신의 영역에 속하므로 인간이 추구할 대상이 아니었다. 성 아우구스티누스St. Augustine는 "우연히 일어나는 사건의 원인은 보이지 않는 곳에 숨어 있다. 이런 사건이 발생하는 시간과 장소는 오로지 신의 뜻에 따라 결정되며, 인간은 그 원인을 영원히 알 수 없다"라고 하였다.

그러므로 우연은 존재하지 않는다. 자유 의지도 끼어들 틈이 없다. 미지의 근원은 주사위의 결과를 결정하는 신만이 알고 있다. 주사위의 눈금을 예측하고자 하는 것은 신의 마음을 읽으려는 불경한 행동이다. 프랑스의 왕 루이 11세는 여기서 한 걸음 더 나아가 "우연에 기초한 도박은 신을 부정하는 이단적 행위"라며 주사위의 제작과 판매를 법으로 금지했다. 그러나 주사위는 온갖 박해 속에서도 서서히 자신의 가치를 드러내 왔으며, 16세기에는 신의 영역에서 벗어나 사람들의 손안에서 온갖 기구한 이야기를 만들어냈다.

주사위 눈금 예측하기

내 책상에는 라스베이거스에서 가져온 주사위 외에 또 다른 주사위 두 개가 놓여 있다. 이제 세 개의 주사위를 한꺼번에 던져서 눈금의 합을 알아맞히는 도박을 한다고 가정해보자. 가능한 눈금의 합은 최소 3부터 최대 18까지 16가지이므로, 그 중간에 해당하는 9나 10이 나올 확률이 제일 클 것 같다. 하지만 돈이 걸려 있는데 어림짐작으로 찍을 수는 없다.

자, 9와 10 중 어느 쪽에 거는 게 유리할까? 16세기 전만 해도 이런 유형의 문제를 체계적으로 푸는 방법은 존재하지 않았다. 도박을 많이 해본 사람들은 주사위 두 개를 던졌을 때 9가 나올 확률이 10이 나올 확률보다 크다는 것을 경험적으로 알고 있겠지만, 주사위가 세 개인 경우에는 9와 10이 거의 동일한 확률로 나오기 때문에 경험만으로는 정확한 답을 알기 어렵다. 당신이라면 어느 쪽에 걸겠는가?

주사위의 눈금에서 특정한 패턴을 최초로 감지한 사람은 16세기 초 이탈리아의 전문 도박사 지롤라모 카르다노Girolamo Cardano였다. 물론 주사위를 단 한 번 던지는 경우에는 이 패턴이 아무런 도움이 되지 않지만 카르다노처럼 도박판에서 몇 시간 동안 주사위를 던지는 사람에게는 매우 유용한 정보이다. 그는 자기 부인을 판돈으로 걸 정도로 심각한 도박 중독자였다.

카르다노는 모든 가능한 경우의 수를 일일이 따져보았다. 예를 들어 주사위 두 개를 던졌을 때 나올 수 있는 경우의 수는 총 36가지이며, 자세한 내용은 아래 그림과 같다.

아래 그림에서 보다시피 눈금의 합이 10인 경우는 세 가지이며, 합이 9인 경우는 네 가지다. 그래서 카르다노는 "10에 거는 것보다 9에 거는

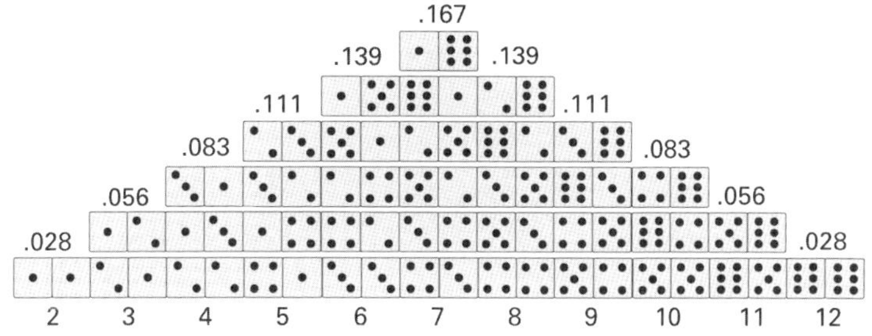

것이 유리하다"라고 결론지었다. 게임을 단 한 번 한다면 별 도움이 되지 않지만 밤새워 도박을 한다면 이 데이터에 따라 돈을 거는 사람이 절대적으로 유리하다. 사실 카르다노는 유능한 의사이자 약사였고 수학에도 발군의 실력을 가진 천재였다(레오나르도 다빈치와도 친분이 두터웠다). 그러나 도박판에서는 상대를 압도하지 못하여 부친에게 물려받은 재산을 모두 탕진했고, 주사위 눈금이 원하는 대로 나오지 않으면 상대방과 칼싸움을 벌이곤 했다.

카르다노는 1576년 9월 21일에 세상을 떠났다. 그는 자신이 죽는 날짜를 미리 예견한 후 그 날짜에 스스로 목숨을 끊었다. 자신의 예견이 옳다는 것을 증명하기 위해 자살을 시도했을까? 자신의 죽음을 예측하는 것만도 꺼림칙한데, 날짜에 맞춰 스스로 목숨을 끊을 정도로 승부욕이 강했던 걸까? 나로서는 전혀 상상이 가지 않지만 어쨌거나 카르다노는 자신의 목숨을 건 도박에서 최후의 승리를 거두었다.

카르다노는 죽기 전에 역사상 최초로 주사위에 대한 책을 집필했다. 이 책의 원고는 《주사위 놀이에 대하여Liber de Ludo Aleae》라는 제목으로 1564년에 탈고되었으나, 그가 죽은 후 한동안 잊혔다가 1663년에 발견되어 뒤늦게 출간되었다.

카르다노는 세 개의 주사위를 던졌을 때 9보다 10에 거는 쪽이 유리하다는 것을 알고 있었다. 그러나 주사위의 통계를 체계적으로 분석한 사람은 이탈리아의 위대한 물리학자 갈릴레오 갈릴레이였다. 그는 "주사위 세 개 눈금의 합은 $6 \times 6 \times 6 = 216$가지가 가능한데, 그중 9가 나오는 경우는 25가지이고 10이 나오는 경우는 27가지이므로 10이 나올 확률이 더 크다"고 결론지었다. 둘 사이의 차이가 미미하기 때문에 경험을 통해 알기는 어렵지만, 도박판에서 10에 계속 걸다 보면 결국은 돈을 따게 된다.

중단된 게임

주사위에 숨어 있는 수학적 비밀은 이탈리아에서 주로 연구되다가 17세기 중반쯤 블레즈 파스칼Blaise Pascal과 피에르 드 페르마Pierre de Fermat가 관심을 보이면서 프랑스로 옮겨오게 된다. 파스칼은 당대 최고의 도박사인 슈발리에 드 메레Chevallier de Méré를 만난 직후부터 주사위 분석에 본격적으로 뛰어들었다. 드 메레는 파스칼에게 몇 가지 흥미로운 문제를 제시했는데, 그중 하나는 갈릴레오가 이미 해결한 문제였고 다른 하나는 "주사위를 네 번 던져서 눈금 6이 적어도 한 번 이상 나와야 이기는 게임이 있다면, 여기에 돈을 거는 것이 좋은가?"였다. 그리고 훗날 '점수 문제 problem of points'로 알려지게 될 문제도 거기 포함되어 있었다.

당시 파스칼은 프랑스의 위대한 수학자이자 법률가인 페르마와 가까운 사이였기에 둘은 함께 드 메레가 내준 문제를 풀기 위해 공략했다. 주사위를 네 번 던졌을 때 나올 수 있는 경우의 수는 $6 \times 6 \times 6 \times 6 = 1296$가지다. 따라서 6이 적어도 한 번 이상 나오는 경우의 수가 1296의 절반인 648보다 크면 돈을 거는 게 유리하고(이길 확률이 50%를 넘으므로), 그렇지 않으면 안 하는 게 낫다. 그런데 이기는 경우의 수를 어떻게 계산해야 할까?

파스칼은 몇 번의 시행착오를 겪은 후 거꾸로 계산하는 게 훨씬 쉽다는 사실을 깨달았다. 주사위를 네 번 던졌을 때 6이 한 번도 나오지 않을 확률은 $5/6 \times 5/6 \times 5/6 \times 5/6 = 625/1296 = 48.2\%$이므로 6이 적어도 한 번 이상 나올 확률이 $100 - 48.2 = 51.8\%$이다. 즉, 이길 확률이 절반을 조금 넘기 때문에 돈을 거는 것이 유리하다.

점수 문제는 좀 더 복잡하다. 예를 들어 페르마와 파스칼이 주사위 게임을 한다고 가정해보자. 주사위의 눈금이 4 이상일 때 페르마가 1점을 얻고 3 이하일 때 파스칼이 1점을 얻는다면, 두 사람의 승률은 똑같이 50%이므로 공정한 게임이 될 수 있다. 두 사람은 판돈으로 64파운드를 걸어놓고 이 게임을 실행하여 3점을 먼저 얻는 쪽이 돈을 갖기로 했다. 그런데 페르마가 2점, 파스칼이 1점을 얻은 상황에서 중요한 손님이 찾아오는 바람에 게임을 더 진행할 수 없게 되었다. 그렇다면 페르마와 파스칼은 판돈을 어떻게 나눠 가져야 할까?

그전까지만 해도 수학자들은 이런 문제를 풀 때 '지금까지 쌓아온 전적', 즉 과거의 데이터에 기초하여 답을 유추해왔다. 위와 같은 경우 페르마와 파스칼의 승률이 2:1이므로 상금도 2:1로 나눈다는 식이다. 하지만 당신이 파스칼의 입장이라면 동의하기 어려울 것이다. 게임을 계속 진행하면 역전승을 거둘 수도 있는데 고작 1/3만 가져가라니, 왠지 억울하다. 게다가 게임을 단 한 번 진행하여 페르마가 이긴 후 갑자기 중단되었을 때 이 논리를 적용하면 승률이 1:0이므로 모든 상금을 페르마가 가져가게 된다. 성질 급한 두 사람이 이런 상황에 처하면 칼부림이 날 수도 있다. 카르다노와 동시대에 살았던 나콜로 폰타나 타르탈리아^{Niccolò Fontana Tartaglia}는 이 문제를 심사숙고한 끝에 "도박이 도중에 중단되면 상금을 어떤 식으로 나눠도 분쟁이 발생한다. 따라서 이것은 수학적 문제라기보다 법적 문제에 가깝다"라고 결론지었다.

물론 대다수의 수학자들은 여기에 동의하지 않았다. 그들은 상금을 공정하게 나누려면 지나간 과거뿐만 아니라 미래에 일어날 일도 고려해야 한다고 생각했다. 주사위의 미래를 예측할 수는 없지만 게임을 계속 진행했을 때 나올 수 있는 모든 경우의 수를 분석하여 판돈을 나눠야 한다는 것이다.

그러나 미래를 고려한다 해도 자칫 잘못하면 오류를 범하기 쉽다. 중단된 게임을 계속했을 경우, 가능한 시나리오는 세 가지가 있다. (1) 페르마가 이겨서 최종 승리를 거두는 경우, (2) 파스칼이 이겨서 2:2로 동점이 되었다가 마지막 판에 페르마가 이기는 경우, (3) 파스칼이 이겨서 2:2로 동점이 되었다가 마지막 판에 또 파스칼이 이겨서 최종 승자가 되는 경우이다. 그런데 세 가지 경우 중 페르마가 이기는 시나리오는 두 개이므로 페르마가 판돈의 2/3를 가져야 할 것 같다. 이 문제를 생각해냈던 드 메레도 2/3가 정답이라고 생각했다. 그러나 파스칼은 드 메레의 논리에서 결정적인 오류를 찾아내고는 "슈발리에가 제시한 답은 완전히 틀렸다. 그는 똑똑하긴 했지만 역시 수학자는 아니었다!"라고 말했다. 정말로 그랬다. 드 메레는 중요한 사실을 놓치고 있었다.

파스칼은 수학의 대가답게 정확한 답을 제시했다. 게임이 계속 진행되었을 때 페르마가 이겨서 64파운드를 독차지할 확률은 1/2이다. 그러나 파스칼이 이겨서 2:2가 된 후에 게임이 중단되었다면 마지막 판에서 이길 확률은 둘 다 1/2이므로 상금을 똑같이 32파운드씩 나눠야 한다. 둘 중 어떤 경우에도 페르마는 32파운드라는 상금을 이미 확보한 셈이므로, 나머지 32파운드를 반으로 나눠 갖는 것이 이치에 맞는다. 즉, 페르마는 48파운드, 파스칼은 16파운드를 갖는 것이 정답이다.

툴루즈 근처에 살았던 페르마는 파스칼의 논리에 동의하면서 "당신의 답이 맞습니다. 역시 툴루즈에서 진실인 것은 파리에서도 진실로 통하는군요"라는 편지를 보냈다.

파스칼과 페르마의 점수 문제 분석법은 훨씬 복잡한 경우에도 적용할 수 있다. 파스칼은 판돈을 분할하는 일반 법칙을 발견했는데, 그 원리는 오늘날 '파스칼의 삼각수Pascal's triangle'라고 부르는 수의 배열 속에 숨어 있다.

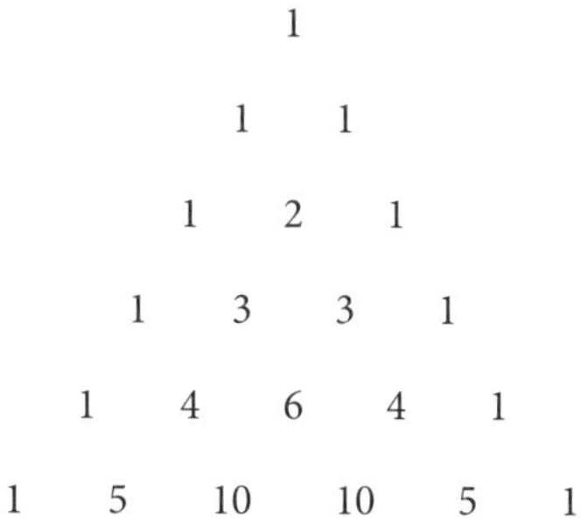

규칙은 간단하다. 윗줄에 있는 이웃한 두 수의 합을 아랫줄에 적어 내려가면 된다(단, 각 줄의 처음과 끝은 항상 1이다). 여기 등장하는 수들은 '도중에 끝난 게임'의 판돈을 나누는 데 중요한 정보를 제공하고 있다. 예를 들어 페르마가 이기는 데 2점이 필요하고 파스칼은 4점이 필요한 상황이라면, $2+4=6$번째 줄의 처음 네 수의 합과 마지막 두 수의 합을 기준으로 배분한다. 즉, $1+5+10+10=26$이고 $1+5=6$이므로 페르마는 $26/32 \times 64 = 52$파운드를 갖고 파스칼은 $6/32 \times 64 = 12$파운드를 갖는 식이다. 일반적으로 페르마에게 남은 승수가 m이고 파스칼에게 남은 승수가 n이라면, 파스칼의 삼각수에서 $(n+m)$번째 줄을 기준으로 위와 동일한 계산을 수행하면 된다.

프랑스에는 수천 년 전부터 삼각수에 의거하여 도박판의 돈을 나누었던 증거 자료가 남아 있다. 주사위를 유난히 좋아했던 중국인들은 거의 3000년 전에 집필된《역경易經》에 기초하여 앞날을 예측했는데, 파스칼의 삼각수와 동일한 방법으로 육각형의 각 모서리에 숫자를 배열한 후 무작위로 숫자를 골라 점을 치는 식이었다. 그러나 오늘날 삼각수의 원조는 중국인이 아니라 파스칼로 알려져 있다.

파스칼의 관심사는 주사위뿐만이 아니었다. 그는 확률의 개념을 이용하여 '신을 믿는 것이 안 믿는 것보다 낫다'는 것을 증명했다.

> 신은 존재할 수도, 존재하지 않을 수도 있다. 둘 중 어느 쪽을 믿어야 할까? 논리적 사고로는 결론을 내릴 수 없다. 이것은 동전을 던져서 앞면과 뒷면을 알아맞히는 게임과 비슷하다. '제3의 관점'이라는 것이 아예 존재하지 않으니, 좋건 싫건 둘 중 하나를 반드시 선택해야 한다……. 자. 어느 쪽을 선택할 것인가? 둘 중 하나를 선택하려면 '이성(지식)'과 '의지(행복)'를 판돈으로 걸어야 하고, 선택이 틀린 것으로 판명되면 '진실'과 '선善'을 잃는다. 또한 인간은 본능적으로 오류와 불행을 피하려는 경향이 있다……. 신이 존재한다는 쪽에 걸었을 때 득과 실을 따져보자. 당신의 판단이 옳다면 죽은 후에 구원을 받아 영원히 살 것이니 최고의 보상이 주어지는 셈이고, 판단이 틀렸다면 심판이라는 것이 아예 존재하지 않으니 손해 볼 것이 없다. 그러므로 어떤 경우에도 "신은 존재한다"는 쪽에 거는 것이 현명하다.

흔히 '파스칼의 내기Pascal's wager'로 알려진 이 논리를 통해, 그는 "신을 믿는 사람에게는 믿지 않는 사람보다 많은 보상이 주어진다"고 결론지었다. 신이 존재한다는 쪽에 내기를 걸었다가 이기면 영생을 얻고 진다고 해도 잃을 것이 없다. 반면에 "신은 존재하지 않는다"는 쪽에 걸었다가 이기면 신은 존재하지 않는다는 지식 외에 얻는 것이 전혀 없지만, 지면 영원한 지옥으로 떨어진다. 물론 신이 존재할 확률이 애초부터 0이라면 파스칼의 논리는 타당성을 잃는다. 하지만 0이 아니라면 신의 부재不在에 걸었다가 틀린 경우에 치러야 할 대가가 너무 크다.

페르마와 파스칼과 같은 수학자들이 개발한 확률 이론은 실로 막강한 위력을 발휘했다. 인간의 능력으로는 도저히 알 수 없어서 신의 영역으로 치부했던 문제들이 확률 이론 덕분에 분석 가능한 대상으로 영입된 것이다. 오늘날 확률 이론은 기체의 분자 운동에서 주식 시장의 동향 분석에 이르기까지, 다양한 시스템의 거동을 예측하는 막강한 도구로 자리 잡았다. 실제로 모든 물질은 근본적인 단계에서 수학적 확률의 지배를 받는다. 이 내용은 '지식의 세 번째 경계'에서 기본 입자의 양자적 거동을 다룰 때 자세히 설명하겠다. 그러나 확률 이론은 정확성을 추구하는 사람들에게 실망스러운 결과를 안겨주기도 한다.

페르마와 파스칼을 비롯한 여러 수학자들이 지적으로 위대한 도약을 이룬 것은 분명한 사실이다. 그러나 나는 확률 이론을 알고 있지만 여전히 주사위의 눈금을 예측할 수 없다. 주사위를 수천, 수만 번 던져서 얻은 통계 자료를 아무리 열심히 분석해도 바로 그다음에 나올 눈금을 알아맞힐 재간이 없다.

주사위의 눈금을 정확하게 예측하는 방법은 과연 존재할까? 아니면 주사위의 눈금은 인간의 지식으로 도저히 도달할 수 없는 영역일까?

자연의 수학

'알 수 없는 것'과 전쟁을 치러 온 여정에서 아이작 뉴턴은 나의 영원한 영웅이었다. 내가 우주에 대해 이미 알고 있거나 앞으로 알게 될 모든 지식은 1687년에 뉴턴이 발표한《자연 철학의 수학적 이해: 프린키피아 Philosophiae Naturalis Principia Mathematica》에 담겨 있다고 해도 과언이 아니다. 1747년에 프랑스의 물리학자 알렉시 클레로Alexis Clairaut는《프린키피아》를 두고 "추론과 가정으로 가득 찬 어두운 과학에 밝은 빛을 드리운 명저"라고 극찬했다. 종교적 선입관과 철학에 얽매여 있던 구시대의 과학은 역사의 뒤안길로 사라지고 수학을 언어로 사용하는 새로운 자연 과학이 탄생한 것이다.

또한 과학자들은 천체와 지구, 큰 것과 작은 것을 하나의 논리로 서술하는 통일 이론을 구축해왔다. 17세기 독일의 천문학자 요하네스 케플러 Johannes Kepler는 스승 티코 브라헤Tycho Brahe로부터 물려받은 방대한 양의 데이터를 분석하여 행성의 운동 법칙을 발견했고, 갈릴레오는 허공에서 날아가는 포사체의 궤적을 수학 방정식으로 표현했다. 그런데 뉴턴의 이론에 따르면 행성과 포사체의 운동은 동일한 자연 현상, 즉 중력으로 나타난 결과였다.

1643년에 영국 링컨셔주의 작은 도시 울소프에서 태어난 뉴턴은 어린 시절부터 물리적 세계에 경이감을 느껴 평생을 과학과 함께 살아온 천재였다. 그는 어린 나이에 역학 시계와 해시계, 쥐로 작동되는 제분기를 만들었고 수많은 건물과 선박의 설계도를 제작했으며, 틈날 때마다 동물을 정밀하게 스케치하기도 했다. 심지어 자신이 만든 소형 기구氣球에 집에서 기르던 고양이를 태운 채 띄웠다가 가족들이 고양이를 찾는 바람에 한바탕 난리를 치른 적도 있었다. 그러나 그의 생활 기록부에는 '부주의하고 태만한 학생'이라고 적혀 있었다.

사실 태만함은 수학자에게 별로 심각한 단점이 아니다. 어려운 문제에 직면했을 때 필사적으로 파고드는 것도 중요하지만, 느슨한 상태에서 기발한 아이디어가 섬광처럼 떠올라 문제가 해결되는 경우도 종종 있기 때문이다. 물론 교사의 입장에서는 이런 학생들이 별로 예쁘게 보이지 않을 것이다.

뉴턴은 학교 성적이 별로 좋지 않았다. 그래서 그의 어머니는 아들이 공부를 계속하는 것보다 울소프의 가족 농장을 관리하는 편이 낫다고 생각했다. 그런데 막상 일을 시켜보니 공부보다 훨씬 서툴렀고 낙담한 어머니는 뉴턴을 다시 학교로 보낼 수밖에 없었다. 전하는 소문에 따르면 뉴턴은 학교 불량배에게 머리를 세게 얻어맞은 후 갑자기 '공부 잘하는 학생'으로 돌변했다고 한다. 어쨌거나 그는 정신을 차리고 학업에 정진하여 1662년에 영국의 전통 명문인 케임브리지대학교에 입학했다.

그러나 유럽 전역을 휩쓸었던 흑사병이 1665년 영국 본토에 상륙하면서 케임브리지대학교는 임시 휴교에 들어갔고, 뉴턴은 흑사병을 피해 울소프로 돌아왔다.* 과학자들 중에는 외부와 단절된 상태에서 새로운 아이디어를 떠올리는 사람이 의외로 많다. 뉴턴도 자신의 방에 칩거하며 깊은 생각에 잠겼다.

진실은 침묵과 명상의 산물이다. 해결해야 할 문제를 눈앞에 놓고

---

* 다른 학생과 교수들은 고향에도 전염병이 퍼져서 딱히 피신할 곳이 없었으나, 뉴턴의 고향인 울소프는 운 좋게도 흑사병 피해자가 거의 발생하지 않았다.

조용히 기다리면 첫 번째 스케치가 떠오르고, 그 후로 빛이 서서히 밝아지면서 모든 것이 분명해진다.

뉴턴은 고향에 칩거하면서 유체의 운동을 표현하는 새로운 수학 도구를 개발했다. 현대 과학의 금자탑이라 할 만한 '미적분학calculus'이 바로 그것이다. 당시에는 뉴턴도 미처 몰랐지만 미적분학은 향후 수백 년 동안 우주의 비밀을 파헤치는 최상의 도구로 자리 잡았다. 주사위의 눈금이 예측 가능하다는 희망을 갖는 것도 우리에게 미적분학이 있기 때문이다.

수학적 스냅샷

미적분학은 수학적 난센스인 '0 나누기 0($0/0$)'에 의미를 부여한다. 손을 떠난 주사위의 순간 속도를 계산하려면 이 계산을 반드시 수행해야 한다.

허공을 가르는 주사위는 중력 때문에 아래로 떨어지고 바닥에 가까워질수록 속도가 빨라진다. 즉, 주사위의 속도가 수시로 변하고 있는 것이다. 이런 경우 임의의 한순간에 해당하는 주사위의 속도를 어떻게 알 수 있을까? 예를 들어 손을 떠나고 1초 후에 주사위는 어느 방향으로 얼마나 빠르게 날아갈 것인가? 원래 속도란 물체의 진행 거리를 시간으로 나눈 값이다. 주사위를 손으로 잡고 있다가 아래쪽으로 가만히 놓은 경우(즉, 주사위가 자유 낙하한 경우), 처음 출발해서 바닥에 닿을 때까지 이동한 거리를 낙하 시간으로 나누면 주사위의 평균 속도를 알 수 있다. 그러나 내가 알고 싶은 것은 평균 속도가 아니라 특정한 순간의 속도이다. 이 값을 계산하려면 아주 짧은 시간 동안 주사위가 이동한 거리를 측정하여 그 시간 간격에서 속도를 구해야 한다. 시간 간격은 0.1초, 0.01초, 0.001초 … 등 짧으면 짧을수록 좋다. 특정한 순간에서 주사위의 속도를 구하려면 무한히 짧은 이동 거리를 무한히 짧은 시간 간격으로 나눠야 하고, 정확성을 추구할수록 이 값은 0/0에 가까워진다.

미적분학을 이용하면 이 계산에 명확한 의미를 부여할 수 있다. 뉴턴은 "물체의 순간 속도를 구하려면 시간 간격을 무한히 짧게 줄여나가야 한다"는 사실을 간파했고, 이 개념은 훗날 역학 세계의 변화를 서술하는 혁명적 언어가 되었다. 고대 그리스의 기하학은 움직임이 전혀 없는 정적 세계를 다뤘지만 미적분학은 끊임없이 움직이는 역동적 세계를 다룬다. 중세 르네상스 시대의 정적인 예술이 역동적인 바로크 시대로 이전한 것처럼, 수학은 뉴턴의 미적분학을 통해 정적인 세계에서 동적인 세계로 진출할 수 있었다.

이 모든 아이디어는 뉴턴이 흑사병을 피해 고향집에 칩거했던 1666년에 탄생했다. 그래서 역사학자들은 이 해를 '기적의 해annus mirabilis'라 부른다. 훗날 뉴턴 자신도 "1666년은 나의 수학 및 철학적 사고력이 최고조에 달했던 해"라고 회상했다.

우리 주변을 에워싸고 있는 대부분의 물질은 유동 상태flux이므로 미적분학의 영향은 실로 막대하다. 그러나 뉴턴에게 미적분학은 중력 법칙과 운동 법칙을 서술하는 수단이었다. 이 모든 내용은 1687년에 출판된 최고의 과학 도서《프린키피아》에 수록되어 있다.

흥미롭게도 뉴턴은《프린키피아》를 제3자의 관점에서 집필했다. 책에는 "뉴턴 씨가 개발한 새로운 계산법을 이용하면《프린키피아》에 수록된 모든 명제를 증명할 수 있다"고 적혀 있는데, 새로운 계산법에 대해서는

미적분학:
0/0에 의미를 부여하다

정지 상태에서 출발하는 자동차를 생각해보자. 운전자가 가속 페달을 밟는 순간에 초시계도 함께 작동하기 시작했다. 출발 후 t초 동안 자동차가 $t \times t$미터만큼 이동했다면, 출발 10초 후 자동차의 속도는 얼마인가? 10~11초 사이에 이동 거리를 알면 대략적인 답을 얻을 수 있다. 이 시간 동안 자동차의 평균 속도는 $(11 \times 11 - 10 \times 10)/1 = 21$m/s이다.

좀 더 정확한 답을 얻으려면 시간 간격을 줄여야 한다. 예를 들어 10~10.5초 사이의 평균 속도는

$(10.5 \times 10.5 - 10 \times 10)/0.5 = 20.5$m/s이다.

앞의 계산보다 속도가 느리게 나온 이유는 자동차의 속도가 빨라지고 있기 때문이다. 속도가 점점 빨라지는 경우에는 10~10.5초 사이의 평균 속도보다 10.5~11초 사이의 평균 속도가 더 빠르다. 그런데 우리가 원하는 것은 '출발 10초 후의 속도'이므로 정확한 답을 구하려면 시간 간격을 더 좁혀야 한다.

출발 후 10~10.25초 사이의 평균 속도는 $(10.25 \times 10.25 - 10 \times 10)/0.25 = 20.25$m/s이다.

이쯤 되면 어떤 패턴이 눈이 띌 것이다. 시간 간격을 x라 했을 때, 이 시간 동안 평균 속도는 $20 + x$(m/s)가 된다. 즉, 시간 간격을 짧게 잡을수록 자동차의 속도가 20m/s에 가까워지는 것이다. 이런 식으로 줄여나가다 보면 '10초 후의 평균 속도'는 0/0의 형태가 되지만, 미적분학은 여기에 명확한 의미를 부여하고 있다.

구체적인 설명이 없고 따로 출판하지도 않았다. 그는 가까운 동료들과 수시로 토론을 벌이면서 미적분학의 체계를 확립했으나 그 내용을 별도로 출판할 생각은 없었던 것 같다.•

다행히도 지금은 마음만 있으면 누구나 미적분학을 접할 수 있다. 나 역시 학창 시절 수학 시간에 미적분학을 배웠는데 자유롭게 사용할 수 있을 때까지 몇 년을 고생해야 했다. 그러나 주사위의 눈금을 예측하려면 뉴턴의 수학뿐만 아니라 '물체의 운동 법칙'으로 알려진 그의 물리학까지 고려해야 한다.

게임의 법칙

뉴턴의 《프린키피아》에는 세 가지 운동 법칙이 명시되어 있다. 이 법칙은 우주 모든 곳에 똑같이 적용되며 우리의 일상생활을 지배하는 고전 물리학의 근간을 이룬다.

> **뉴턴의 제1법칙**: 모든 물체는 외부에서 힘이 작용하지 않는 한 현재의 운동 상태를 그대로 유지한다. 즉, 외부의 힘이 없으면 정지 상태의 물질은 계속 정지해 있고 움직이는 물체는 이동 방향과 속도가 그대로 유지된다.

• 비슷한 시기에 독일의 수학자 라이프니츠도 미적분학 체계를 완성했다. 훗날 두 사람은 우선권을 놓고 치열한 논쟁을 벌였는데 라이프니츠가 먼저 사망하는 바람에 모든 상황이 뉴턴에게 유리해졌다. 그러나 지금 사용하고 있는 미분 기호 dy/dx는 뉴턴이 아닌 라이프니츠의 표기법이다.

아리스토텔레스의 우주관에 익숙한 사람에게는 선뜻 와 닿지 않는 내용이다. 평평한 면에서 공을 굴리면 서서히 느려지다가 결국 멈추지 않던가? 오히려 외부에서 힘을 가해줘야 공이 일정한 속도로 굴러간다. 그러나 공의 속도가 느려지는 것은 공 자체의 특성이 아니라 공과 바닥 사이의 '마찰력friction' 때문이다. 무중력 상태의 텅 빈 우주 공간에서 주사위를 던진다면 처음 출발한 속도를 그대로 유지한 채로 직선을 따라 영원히 날아갈 것이다.

물체의 속도나 진행 방향을 바꾸려면 힘을 가해야 한다. 뉴턴의 두 번째 법칙은 외부의 힘이 물체의 운동에 변화를 주는 양상을 서술하는 법칙으로, 미적분학을 통해 답을 구할 수 있다. 앞서 말한 대로 중력 때문에 가속되는 주사위의 순간 속도는 미적분학으로 계산 가능하다. 그런데 여기에 똑같은 계산(미분)을 반복하면 '속도가 변하는 비율(가속도)'까지 알 수 있다. 뉴턴의 제2법칙에 따르면 물체에 작용하는 힘과 가속도 사이에는 명확한 관계가 성립한다.

뉴턴의 제2법칙: 운동이 변하는 비율, 즉 가속도는 물체에 작용한 힘에 비례하고 물체의 질량에 반비례한다.

주사위와 같은 물체의 운동을 이해하려면 거기에 어떤 힘이 작용하는지 알아야 한다. 가장 흔한 힘은 사과나무에서 사과를 떨어뜨리고 태양계의 행성을 공전시키는 힘, 즉 만유인력(중력)이다. 뉴턴이 발견한 만유인력 법칙에 따르면 질량이 m_1, m_2인 두 물체가 거리 r만큼 떨어져 있을 때, 둘 사이에는 다음과 같은 크기의 인력이 작용한다.

$$\frac{G \times m_1 \times m_2}{r^2}$$

여기서 G는 중력의 세기를 좌우하는 상수로서, 우주 어디서나 같은 값을 갖는다(흔히 '중력 상수'라 한다).

위의 법칙을 이용하면 날아가는 야구공과 공전하는 행성, 손을 떠난 주사위의 궤적을 계산할 수 있다. 그러나 문제는 주사위가 탁자 위에 떨어진 후부터 발생한다. 과연 어떤 눈금이 나올 것인가? 뉴턴의 세 번째 법칙에서 실마리를 찾아보자.

뉴턴의 제3법칙: 물체 A가 다른 물체 B에 힘을 가하면 B는 크기가 같고 방향이 반대인 힘을 A에게 되돌려준다. 단, 두 힘의 교환은 동시에 일어난다.

뉴턴은 세 번째 법칙을 태양계에 적용하여 행성의 궤적을 알아낸 후 자신의 저서에 "나는 이제 세상이 돌아가는 이치를 확인했다"고 적어놓았다. 그는 계산의 편의를 위해 행성을 '자신의 중심에 위치한 점'으로 간주하고 행성의 모든 질량이 이 점에 집중되어 있다고 가정했다. 그리고 여기에 자신이 발견한 운동 법칙과 미적분학을 적용하여 케플러가 발견한 행성의 운동 법칙과 동일한 결과를 얻어냈다.

또한 뉴턴은 행성과 태양의 질량 비율을 알아냈고 태양 때문에 일어나는 달의 불규칙한 운동을 자신의 이론으로 설명했으며, 자전으로 생긴 원심력 때문에 지구의 외형이 위아래로 조금 납작한 타원이라는 것도 알아냈다. 당시 프랑스의 과학자들은 지구가 좌우로 납작하다고 생각했으나, 1733년의 탐사 여행 결과 뉴턴이 옳다는 게 확인되었다. 이는 뉴턴의 승리이자 수학의 승리이기도 했다.

뉴턴이 제안한 만물의 이론

뉴턴의 운동 법칙은 과학 역사상 최고로 꼽히는 위대한 업적이었다. 이 법칙을 적용하면 우주에 존재하는 모든 입자의 운동을 (원리적으로) 알아낼 수 있으니 '만물의 이론'이라 할 만하다. 단, 뉴턴은 거대한 행성을 점으로 간주했으므로 정확한 답은 아니었다. 복잡한 계의 운동을 정확하게 알아내려면 다양한 물성物性을 고려해야 한다. 예를 들어 뉴턴의 운동 법칙을 탄성체, 유체 등 변형 가능한 물체에 그대로 적용하면 옳은 결과를 얻을 수 없다. 뉴턴의 운동 방정식을 일반화시킨 사람은 18세기 스위스의 수학자 레온하르트 오일러Leonhard Euler였다. 그가 유도해낸 방정식은 진동하는 끈이나 단진자 등 다양한 역학계에 적용할 수 있다.

물론 모든 자연 현상이 뉴턴의 방정식만으로 서술되는 것은 아니다. 오일러는 비점성 유체의 거동을 서술하는 방정식을 유도했고, 19세기 말에 프랑스의 수학자 조제프 푸리에Joseph Fourier는 열의 이동을 서술하는 열방정식을 유도했다. 또 이와 비슷한 시기에 피에르 시몽 라플라스Pierre-Simon Laplace와 시메옹 드니 푸아송Siméon-Denis Poisson은 뉴턴의 중력 방정식을 수정하여 유체 역학과 정전기학에 작용할 수 있는 방정식을 유도했다. 그 외에 점성 유체의 거동은 나비어-스톡스 방정식Navier-Stokes equation으로, 전자기학은 맥스웰 방정식Maxwell's equation으로 서술된다.

뉴턴의 미적분학과 운동 방정식이 알려지면서 신비와 경이로 가득 찼던 우주는 '태엽을 감아놓은 역학적 시계'로 돌변했고, 과학자들은 만물의 이론이 완성되었다고 믿었다. 라플라스는 1812년에 출간된 자신의 저서 《확률에 관한 철학적 소고Philosophical Essay on Probabilities》에 다음과 같이 적어놓았다.

> 현재의 우주는 과거의 결과이며 미래의 원인이다. 앞으로 우리는 자연을 지배하는 모든 힘과 우주에 존재하는 모든 물체의 위치를 알 수 있을 것이다. 게다가 이 모든 데이터를 분석하는 능력까지 주어진다면 우주에서 가장 큰 천체와 가장 작은 입자에 이르기까지, 모든 만물의 거동 방식을 하나의 방정식으로 서술할 수 있다. 이때가 되면 우주에는 불확실한 것이 하나도 없으며, 모든 미래는 과거처럼 자신의 모습을 분명하게 드러낼 것이다.

라플라스의 관점에 따르면 우주의 과거와 미래는 '알 수 있는 대상'이다. 뉴턴의 《프린키피아》가 출판된 후로 대부분의 과학자들은 우주의 미래가 이미 결정되어 있다고 생각했다. 신이 우주라는 시계의 태엽만 감아놓고 더는 간섭을 하지 않았다는 것이다. 태엽이 감긴 우주는 어느 누구의 보살핌도 필요 없이 오직 물리 법칙과 수학 방정식에 따라 지금까지 작동되어왔으며 앞으로도 그럴 것이다.

그렇다면 주사위는 어떻게 되는가? 정육면체의 기하학적 특성과 초기 조건(손을 떠날 때의 위치와 속도), 향후 일어나는 상호 작용에 운동 법칙을 적용하여 최종 눈금을 정확하게 예측할 수 있을까? 필요한 정보와 방정식을 정리하여 컴퓨터 스크린에 띄워놓고 보니 눈이 돌아갈 지경이다.

뉴턴도 주사위와 인연이 있다. 영국 왕립학회의 회장이었던 새뮤얼

피프스Samuel Pepys가 뉴턴에게 보낸 편지에서 다음과 같은 질문을 제기한 것이다.

(1) 주사위 6개를 던졌을 때 6이 하나 이상 나오면 이기는 게임

(2) 주사위 12개를 던졌을 때 6이 둘 이상 나오면 이기는 게임

(3) 주사위 18개를 던졌을 때 6이 셋 이상 나오면 이기는 게임

피프스는 판돈 10파운드(요즘 시세로 1,000파운드)짜리 주사위 게임을 즐겼는데, 위 세 가지 중에 가능하면 이길 확률이 높은 게임을 선택하기 위해 뉴턴에게 조언을 구했다. 그는 직관적으로 (3)번에서 이길 확률이 가장 높다고 생각했으나 뉴턴은 (1)번 게임에서 이길 확률이 가장 높다고 했다. 물론 이것은 운동 법칙이나 미적분학으로 얻은 답이 아니라 페르마와 파스칼의 논리를 따라 내린 결론이었다.

주사위의 궤적을 구하는 데 필요한 방정식을 뉴턴이 모두 풀었다 해도 눈금 예측을 방해하는 또 다른 요인이 있다. 파스칼은 종교를 일종의 내기 도박에 비유하여 "신을 믿는 것이 유리하다"고 결론지었지만, 미래를 예측하는 문제에 직면하면 그의 논리는 더는 힘을 쓰지 못한다. 파스칼 자신도 "미래와 현재 사이에는 무한대의 혼돈이 존재하기 때문에 논리(이성적 사고)만으로는 미래를 예측할 수 없다"고 했다.

태양계의 운명

미래 예측에 대한 한 뉴턴은 나의 최고 영웅이고 프랑스의 수학자 앙리

푸앵카레Henri Poincaré는 최악의 훼방꾼이다. 푸앵카레는 미래를 예측하려는 인간의 노력을 한순간에 무용지물로 만들었다. 물론 그렇다고 그를 무조건 비난할 수는 없다. 푸앵카레 자신도 그 맥 빠지는 사실을 발견하기 위해 적지 않은 돈을 투자했기 때문이다.

푸앵카레는 100여 년 전에 활동했던 라플라스와 마찬가지로 우주가 일련의 수학 법칙에 따라 움직이고 있으며, 근본적으로 예측 가능하다고 믿었다. 그는 "우주의 초기 상태와 운영 법칙을 알면 임의의 시간에 우주의 상태가 어떠한지 알 수 있다"고 주장했다.

푸앵카레가 수학에 관심을 가진 이유는 수학이 우주를 이해하는 최선의 도구라고 생각했기 때문으로, "물리 법칙은 수학적이다. 수학적 사실만 충실하게 따라가면 이 세상을 관장하는 물리 법칙에 도달할 수 있다"라고 했다.

뉴턴의 운동 법칙은 물리적 세계를 서술하는 수많은 방정식을 낳았지만 대부분 지나치게 복잡하여 현실적으로 답을 구하기가 불가능하다. 용기 안에 들어 있는 기체를 예로 들어보자. 개개의 기체 분자들은 작은 당구공처럼 이리저리 부딪히면서 전체적으로 일정한 압력을 유지한다. 여기에 뉴턴의 운동 방정식을 적용하면 임의의 시간에 각 분자의 상태를 알 수 있다. 그러나 분자의 수가 너무나 많기 때문에 방정식을 일일이 푸는 것은 현실적으로 불가능하다. 이런 경우에는 기체 분자의 거동을 통계적(또는 확률적)으로 서술하는 수밖에 없다.•

태양계처럼 구성원의 수가 적으면 시도해볼 만하다. 푸앵카레의 최고

• 0℃, 1기압에서 22.4리터(22,400cm³)의 기체 안에는 약 6.022×10^{23}개의 분자가 들어 있다. 이것을 '아보가드로수'라 한다.

관심사는 행성의 궤적을 정확하게 계산하는 것이었다.

두 행성 사이에 작용하는 힘(중력)은 모든 질량이 질량 중심에 집중되어 있는 두 개의 점 사이에 작용하는 힘과 같다. 따라서 모든 행성을 점으로 간주하면 태양계의 미래를 예측할 수 있다. 이것이 바로 350년 전에 뉴턴이 사용했던 방법이다. 그러므로 태양계의 운동은 행성 하나당 위치를 나타내는 세 개의 좌표(질량 중심의 좌표)와 3차원 공간에서 속도를 나타내는 세 개의 숫자로 서술할 수 있다. 물론 행성들 사이에 작용하는 힘은 중력이다. 이 모든 정보가 주어지면 뉴턴의 제2법칙을 적용하여 모든 행성의 미래를 예측할 수 있다.

문제는 계산이 너무 복잡하다는 것이다. 뉴턴이 답을 구한 것은 행성이 두 개인 경우(또는 태양과 하나의 행성)뿐이었다. 이 경우 두 천체는 공통의 질량 중심인 초점을 중심으로 타원 운동을 하며, 새로운 힘이 개입되지 않는 한 똑같은 운동을 영원히 반복한다. 그런데 뉴턴은 여기에 세 번째 행성을 도입했다가 좌절하고 말았다. 태양과 지구로 이루어진 초간단 시스템에 달을 도입했을 뿐인데, 방정식의 변수가 무려 열여덟 개(아홉 개의 위치 변수와 아홉 개의 속도 변수)로 늘어나 도저히 답을 구할 수가 없었다. 인간의 한계를 실감한 뉴턴은 자신의 저서에 "이 모든 운동의 원인을 동시에 고려하여 정확한 궤적을 계산하는 것은 결코 쉬운 일이 아니다. 내가 실수를 하지 않았다면, 이것은 인간의 능력을 벗어나 있는 게 분명하다"라고 적어놓았다.

한편, 이 문제는 한 왕실의 후원 덕분에 세간의 관심을 끌게 된다. 노르웨이와 스웨덴의 왕 오스카르 2세가 자신의 60번째 생일에 일련의 수학 문제를 공포하고 답을 구한 사람에게 상금을 주겠다고 나선 것이다. 한 나라의 왕이 자신의 생일을 기념하기 위해 수학 경시 대회를 열었다는 것이 다소 생소하게 들리겠지만, 오스카르 2세는 웁살라대학교에 다닐 때부터 수학에 남다른 재능을 보였고 즉위 후에도 줄곧 수학 문제를 가까이 해온 특이한 군주였다.

> 평소 수학 발전에 힘써온 우리의 군주 오스카르 2세께서 1889년 1월 21일자로 고등 수리 분석 분야에서 중요한 발견을 이룩한 사람에게 상을 수여하기로 했다. 수상자에게는 왕의 얼굴이 새겨진 1,000프랑 상당의 금메달과 함께 2,000프랑의 상금을 수여할 것이다.

문제를 제출하고 당선자를 선발하기 위해 세 명의 저명한 수학자가 소집되었는데, 이들이 제출한 문제 중에는 태양계의 안정성을 규명하는 문제도 포함되어 있었다. 태양계는 시계처럼 안정된 시스템인가? 아니면 미래의 어느 날 지구를 비롯한 행성들이 나선 궤적을 그리며 사라질 것인가?

이 질문에 답하려면 뉴턴이 포기한 방정식을 풀어야 했다. 당시 서른다섯 살의 젊은 수학자였던 푸앵카레는 이 엄청난 일을 자신이 해낼 수 있다고 믿었다. 복잡한 수학 문제를 풀 때 흔히 사용하는 방법 중 하나는 공략 가능한 수준으로 문제를 단순화시켜서 답을 구한 후 원래 문제에 맞도록 수정해나가는 것이다. 푸앵카레도 이 방식에 따라 세 개의 천체로 이루어진 태양계에서 출발했는데, 이것도 너무 복잡해서 문제를 한 단계 더 단순화시켰다. 굳이 태양, 지구, 달에 집착할 필요가 어디 있는가? '두 개의 행성과 먼지 한 톨'도 세 개의 천체가 아닌가? 이런 계에서 두 천체는 먼지의 영향을 거의 받지 않으므로 뉴턴이 구한 답을 그대로 쓸 수 있다. 즉, 두 행성은 서로 상대방에 대하여 타원 운동을 한다. 그러나 먼지 알갱이는 두 행성의 영향을 받아 격렬하게 움직일 것이다. 푸앵카레는 3체 문제three-body problem의 특성을 파악하기 위해 먼지 알갱이의 궤적을 집중적으로 분석했다.

푸앵카레는 완벽한 답을 구하지 못했지만 주기적으로 반복되는 주기 궤도periodic orbits가 존재한다는 흥미로운 사실을 증명하여 오스카르 2세가 내건 상금의 주인공이 되었다. 주기 궤도는 두 천체가 그리는 타원 궤도처럼 영원히 유지되기 때문에 태생적으로 안정된 궤도였다.

프랑스의 수학자들은 자국민이 상을 받았다며 대단히 기뻐했다. 프랑스는 18세기까지 수학 최강국으로 군림해오다가 19세기에 독일에게 주도권을 빼앗기고 한동안 침체기를 겪고 있었다. 이런 상황에서 독일의 수학자를 누르고 프랑스인이 상을 받았으니 프랑스 전체가 흥분한 것도 무리는 아니었다. 당시 프랑스 과학아카데미의 사무차관이었던 가스통 다르부Gaston Darboux는 푸앵카레의 수상 소식을 듣고 다음과 같은 말을 남겼다.

> 수상자가 발표된 후로 앙리 푸앵카레라는 이름은 프랑스 전역에 알려졌다. 얼마 전까지만 해도 그는 뛰어난 수학자이자 나의 동료였지만, 앞으로는 단순한 수학자를 넘어 프랑스가 낳은 위대한 학자로 기억될 것이다.

사소하지만 의미심장한 실수

시상식이 끝난 후, 스웨덴 왕립아카데미에서 수학 학술지《수학 동향Acta

Mathematica》의 특별판을 준비하던 중 심각한 문제가 발생했다. 그것은 수학자가 상상할 수 있는 최악의 악몽이었다. 푸앵카레는 모든 논리와 계산이 완벽하다고 자신했는데, 왕립아카데미의 전문 편집자들이 그의 논문을 검토하다가 문제점을 제기한 것이다.

푸앵카레는 행성의 위치를 조금 수정해도 결과는 크게 달라지지 않는다고 가정했다. 과거의 사례로 미루어볼 때 그다지 무리한 가정은 아니었지만 사실 그렇게 믿을 만한 근거도 없었다. 수학적 증명을 확신하려면 모든 단계에서 모든 가정을 철저하게 검증해야 한다.

편집자는 푸앵카레에게 "당신의 증명에서 논리상의 공백이 발견되었으니 분명하게 메워달라"는 편지를 보냈다. 푸앵카레는 가벼운 마음으로 지적받은 부분을 보완하다가 심각한 실수를 발견했고, 자신의 명성이 실추되는 것을 막기 위해 시상 위원회의 의장인 예스타 미타그-레플레르Gösta Mittag-Leffler에게 황급히 답장을 보냈다.

그 오류는 생각보다 훨씬 심각한 결과를 초래하는 것으로 확인되었습니다. 정말 난감하군요. 저는 지금 너무 당혹스러워서 제정신이 아닙니다……. 이런 오류가 있는데도 제가 상을 계속 가지고 있어야 할지 판단이 서지 않습니다(어떤 결과가 나오든 제 친구들에게 솔직하게 고백할 생각입니다). 우선은 좀 더 면밀히 검토해보고 추후 서신을 통해 자세한 내용을 알려드리겠습니다.

미타그-레플레르는 다른 편집자들에게도 편지를 보냈다.

제가 볼 때 푸앵카레의 논문은 해석학과 천문학의 새로운 장을 열었다고 평가됩니다. 그러나 완전한 논문이 되려면 좀 더 자세한 서술이 필요하기 때문에, 저자에게 몇 가지 문제에 대해 추가 설명을 요청해놓은 상태입니다.

푸앵카레는 자신의 논문을 확인하던 중 심각한 오류를 발견했다. 초기 조건을 조금만 바꿔도 행성의 궤적이 크게 달라진 것이다. 원래 논문에는 "근사적인 해를 구할 수 있다"고 적어놓았지만 막상 계산을 해보니 뜻대로 되지 않았다. 그는 심각한 오류를 범했다고 결론짓고, 곧바로 미타그-레플레르에게 전보를 쳐서 논문 출판을 취소해달라고 했다.

제가 확인을 해보니 초기 조건을 조금만 변형시켜도 최종 결과가 크게 달라지는 것으로 확인되었습니다. 약간의 오차가 완전히 다른 결과를 낳을 수도 있다는 뜻입니다. 태양계의 미래를 예측하는 것은 아무래도 불가능한 것 같습니다.

미타그-레플레르는 전보를 받고 크게 당황했다.

당신의 논문은 천체 역학의 새로운 장을 열었습니다. 대다수의 기하학자들도 당신이 천재라는 데 이의를 달지 않습니다. 나는 당신에게 상을 수여한 것을 결코 후회하지 않습니다……. 그러나 안타깝게도 전보가 너무 늦게 도착했군요. 논문집은 이미 출간되었습니다.

푸앵카레의 실수를 사전에 잡아내지 못하고 그를 수상자로 선정한 미타그-레플레르는 진퇴양난에 빠졌다. 게다가 다른 날도 아닌 왕의 생일에 이런 일이 벌어졌으니 자칫하면 그의 명성에 치명타를 입을 수도 있었다. 그는 관계자들에게 "이 일은 다른 사람에게 말하지 말아주세요. 자세한 이야기는 내일 들려드리겠습니다"라며 급히 진화 작업에 나섰다.

그 후 몇 주 동안 미타그-레플레르는 자세한 이유를 설명하지 않은 채 이미 배포된 논문집을 회수하느라 바쁜 나날을 보냈다. 그는 푸앵카레에게 "논문집이 무용지물이 되었으니 출판 비용을 부담해달라"고 요청했고, 푸앵카레는 떨떠름한 마음으로 3,500크라운을 송금했다. 자신이 받은 상금보다 1,000크라운이나 많은 액수였다.

푸앵카레는 논문의 오류를 수정하기 위해 필사적으로 매달렸고 다음 해인 1890년에 후속 논문을 발표했다. 논문의 골자는 "겉보기에 안정된 행성계도 약간의 변화를 가하면 극도로 혼란스러워질 수 있다"는 것이었다.

20세기 수학의 가장 중요한 발견으로 꼽히는 '혼돈chaos'의 개념은 이렇게 탄생했다. 사소한 실수로 여러 사람을 난처하게 만들었다가 그것을 만회하는 과정에서 우연히 발견한 것이다. 그리고 이 개념이 탄생하면서 '알 수 있는 것'의 목록이 크게 줄어들었다. 주사위의 운명을 좌우하는 방정식은 얼마든지 써 내려갈 수 있다. 그러나 주사위의 거동 방식이 태양

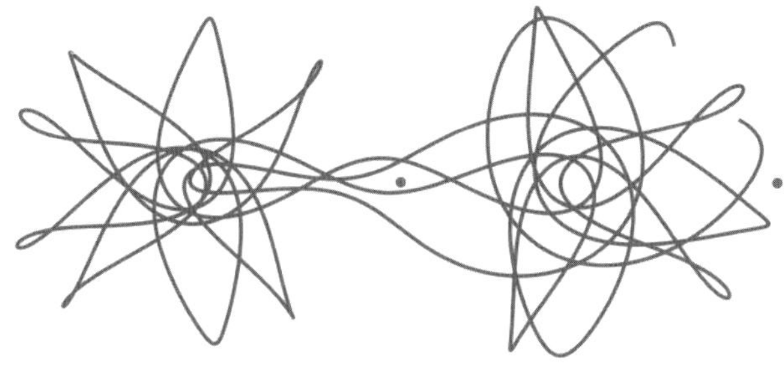

두 개의 태양 주변을 공전하는 행성의 혼란스러운 궤도

계의 행성과 비슷하다면 어쩔 것인가? 초기 조건을 조금만 틀리게 입력해도 주사위가 탁자 위에 안착할 때쯤에는 엄청난 차이가 나타날 수 있다. 주사위의 미래는 정녕 수학적 혼돈에 가려져 있는 것일까?

2

자연이 아름답지 않다면 굳이 알 가치가 없고,
알 만한 가치가 없다면 우리의 삶도 가치를 상실한다.
앙리 푸앵카레

우리 학교의 학생 회관에는 당구대가 설치되어 있다. 사용자는 주로 학생들이지만 당구를 좋아하는 나는 그곳에서 꽤 많은 시간을 보내는 편이다. 학생들은 내가 공의 입사각과 반사각을 측정하고 궤적을 분석하는 등 연구 활동의 일환으로 당구를 친다고 생각하겠지만, 사실은 그냥 머리를 식히려는 것뿐이다. 일주일 내내 골치 아픈 수학 문제와 씨름을 벌이다가 당구장을 찾으면 만사를 잊고 자유를 만끽할 수 있다. 그러나 사실 당구공의 궤적에는 흥미로운 수학이 숨어 있다. 주사위의 눈금을 예측하는 데 필요한 수학이 당구에도 적용되는 것이다.

당구공을 임의의 위치에 놓고 큐로 가격하면 특정한 궤도를 그리며 굴러간다. 그 후 똑같은 위치에 공을 다시 놓고 이전과 비슷한 힘으로 가격하면 역시 이전과 비슷한 궤적을 따라간다. 푸앵카레는 태양계에도 이와 동일한 원리를 적용할 수 있다고 생각했다. 태양계 생성 초기에 행성이 조금 다른 방향으로 움직였어도 결국은 지금과 비슷한 형태로 진화했을 것이라는 이야기다. 이것은 우리의 직관과도 일치한다. 행성의 초기 조건(초기 상태의 위치와 속도)을 조금 바꿔도 전체적인 궤적은 크게 달라지지 않을 것 같다. 그러나 태양계에서는 평범한 당구보다 훨씬 흥미로운 '우주적 당구 게임'이 진행되고 있다.

다들 알다시피 당구대는 가로와 세로의 비율이 2:1인 직사각형이다. 그런데 당구대의 모양을 조금만 바꾸면 당구공은 우리의 직관에서 크게 벗어난 궤적을 그리게 된다. 예를 들어 육상 트랙처럼 네 귀퉁이를 둥그렇게 다듬은 당구대에서 공을 치면 처음 출발한 방향이 조금만 달라져도 궤적에 커다란 차이가 생긴다. 이것이 바로 혼돈의 징표이다. 초기 조건이 조금만 달라져도 엄청나게 다른 결과가 초래되는 것이다.

그러므로 나의 질문은 다음과 같이 요약할 수 있다.

"주사위의 눈금은 전통적인 당구처럼 예측 가능한가? 아니면 둥그런 당구대처럼 혼돈스러운가?"

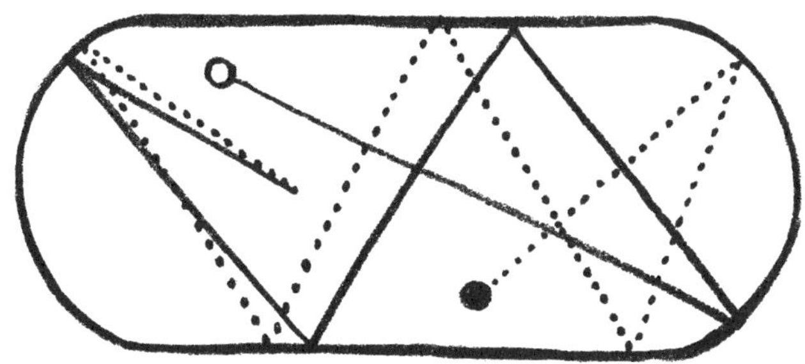

육상 트랙처럼 생긴 당구대에서 공을 치면 초기 방향이 조금만 달라져도
공의 궤적에 심각한 차이가 발생한다.

혼돈 이론은 19세기 말에 푸앵카레의 실수를 통해 처음 등장했지만, 작은 변화에 민감한 역학계의 특성은 그 후 수십 년이 지나도록 거의 알려지지 않았다. 그러다가 이 이론을 세상에 널리 알린 사람은 미국의 수학자 에드워드 로렌츠Edward Lorenz로, 그도 푸앵카레처럼 사소한 실수를 통해 혼돈의 중요성을 깨닫게 되었다.

1963년의 어느 날, 매사추세츠공과대학MIT의 기상학자였던 로렌츠는 날씨 예측 모형의 신뢰도를 확인하기 위해 유체의 온도 변화 방정식을 컴퓨터로 실행하고 있었다. 그는 이미 실행한 프로그램에서 얻은 결과(출력)를 초기 데이터(입력)로 삼아 프로그램을 다시 실행시키고, 컴퓨터가 작동하는 동안 머리를 식히기 위해 산책을 나갔다.

로렌츠는 재실행한 결과가 처음 얻은 결과와 거의 같을 것이라고 생각했다. 그런데 잠시 후 연구실로 돌아온 그는 모니터를 보고 기절할 뻔했다. 이전과 완전히 다른 결과가 떠 있었기 때문이다! 입력 데이터를 아주 조금 바꿨을 뿐인데, 온도가 천지 차이로 변한 것이다. 말도 안 된다! 방정식에 같은 값을 입력하면 답도 당연히 같아야 한다. 이런 일이 어떻게 가능하단 말인가? 한참이 지난 후, 로렌츠는 간신히 정신을 차리고 모든 상황을 처음부터 점검하다가 두 번째 입력값이 첫 번째 입력값과 같지 않다는 사실을 깨달았다. 처음 얻은 값은 소수점 이하 여섯 번째 자리까지 명시되어 있었는데, 이것을 네 번째 자리에서 반올림하여 입력한 것이다.

두 값이 다르다 해도 그 차이는 0.0005보다 작았으므로 결과가 크게 다르지 않을 것 같았다. 그러나 로렌츠가 확인한 두 결과는 위의 그래프

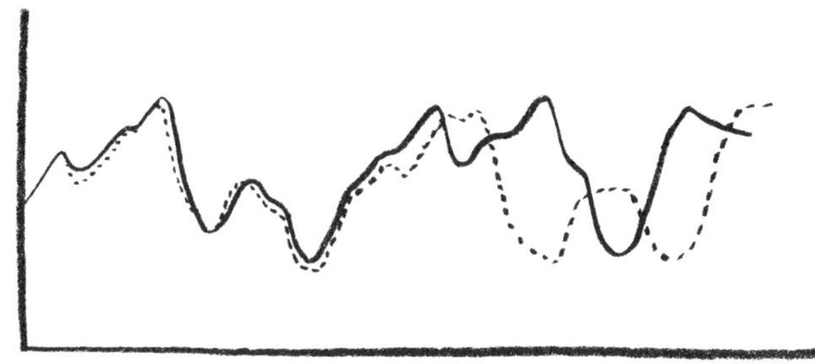

처럼 완전히 딴판이었다. 실선은 입력값이 0.506127인 경우이고, 점선은 이 값을 0.506으로 반올림한 결과이다. 두 그래프는 처음에는 거의 비슷하지만 시간이 흐르면서 완전히 다른 움직임을 보였다.

로렌츠가 실행한 프로그램은 온도가 다른 공기층이 유입되었을 때 날씨에 미치는 영향을 분석하는 단순 버전의 일기 예보 모형이었다. 그런데 입력값을 조금만 바꿔도 결과가 이토록 크게 달라진다면, 방정식으로 미래를 예측하려는 모든 시도가 무의미해졌다. 로렌츠는 연구 노트에 다음과 같이 적어놓았다.

두 물리계의 초기 상태가 구별할 수 없을 정도로 거의 똑같다 해도 결과는 크게 다를 수 있다. 현 상태의 측정값에 약간의 오차만 있어도 (측정 장비가 아무리 정밀해도 오차는 발생하기 마련이다) 결과를 신뢰할 수 없다는 뜻이다. 그러므로 물리계의 먼 미래를 예측하는 것은 현실적으로 불가능하다.

메뚜기의 복수

로렌츠가 이 결과를 연구 동료에게 말했더니 이런 대답이 돌아왔다.

"에드워드, 자네 말이 옳다면 갈매기 한 마리의 날갯짓이 인류의 역사를 통째로 바꿀 수도 있겠네?"

로렌츠는 자신의 연구 결과를 1972년에 미국과학진흥회AAAS의 연구논문집에 〈브라질 나비의 날갯짓이 텍사스에 태풍을 일으킬 수 있는가? Does the Flap of a Butterfly's Wings in Brazil Set Off a Tornado in Texas?〉라는 제목으로 발표했다.

그러나 혼돈의 상징으로 제일 먼저 거론된 생물은 갈매기도, 나비도 아닌 메뚜기였다. 1898년에 프랭클린W. S. Fralklin 교수가 출간한 책에는 곤충 떼가 날씨에 미치는 영향에 대해 다음과 같이 기록되어 있다.

> 지극히 작은 원인에서 무한히 큰 결과가 초래될 수 있다. 그러므로 먼 훗날의 날씨를 정확하게 예측하는 것은 현실적으로 불가능하다. 우리는 처음 형성된 폭풍의 관측 데이터를 근거로 앞으로의 위력과 특성을 대충 짐작할 수 있을 뿐이다. 이 예측의 정확도는 몬태나주에서 일어난 메뚜기 떼의 날갯짓이 필라델피아와 뉴욕에 폭풍을 일으킬 확률과 비슷하다!

과학자들이 발견한 방정식을 풀면 다양한 역학계의 미래를 예측할 수 있다. 물론 날씨도 역학계 중 하나이다. 그런데 바람을 구성하는 입자의 위치나 속도를 측정할 때 오차가 필연적으로 개입되기 때문에 정확한 예측은 현실적으로 불가능하다.

그래서 미국 기상청에서는 전국의 기상관측소에서 보내온 데이터를 방정식에 곧바로 입력하지 않고 데이터를 조금씩 바꿔서 날씨 예측 프로그램을 수천 번 돌린 후 가장 확률이 높은 경우를 골라서 예보하고 있다. 그런데도 장기 예보의 신뢰도는 별로 높지 않다. 하루나 이틀 후의 예보는 잘 맞는 편이지만 5일 후의 예보는 하도 자주 틀려서 믿는 사람이 거의 없다. 특정 기상도에 기초하여 '5일 후 영국에 찜통더위 예상'이라는 결과가 나왔다 해도, 데이터의 끝자릿수를 반올림하여 똑같은 프로그램을 돌리면 '5일 후 영국 전역에 폭우 예상'이라는 정반대 결과가 나오기 일쑤다.

스코틀랜드의 위대한 물리학자 제임스 클러크 맥스웰James Clerk Maxwell은 1877년에 출간한 그의 저서 《물질과 운동Matter and Motion》에

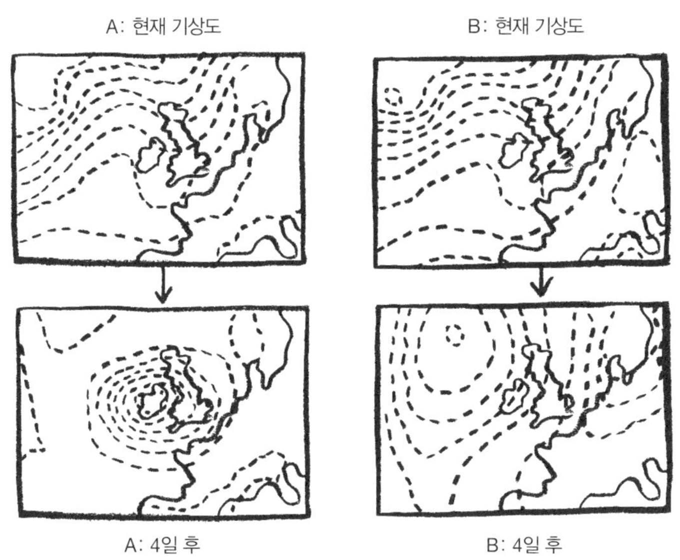

거의 동일한 초기 조건에서 출발했는데도 '일기 예보 A'는 영국 전역에 강풍을 동반한 폭우를 예견했고 '일기 예보 B'는 대서양 고기압이 영국에 상륙한다고 예견했다.

서 '결정 가능하지만 알 수 없는 계'를 논하면서 "동일한 원인은 동일한 결과를 낳는다"는 격언을 강조했다. 역학계를 서술하는 수학 방정식이라면 반드시 그래야만 한다. 방정식의 변수에 똑같은 값을 대입하면 당연히 같은 결과가 나와야 한다. 그 뒤로 맥스웰은 "그 외에 '비슷한 원인은 비슷한 결과를 낳는다'는 격언도 있다. 이것을 앞의 격언과 혼동하면 안 된다. 두 번째 격언은 초기 상태에 약간의 수정을 가했을 때 나중 상태도 조금만 달라지는 계에 한하여 적용된다"라고 글을 이었다. 그 후 20세기에 출현한 혼돈 이론은 맥스웰이 인용한 두 번째 격언이 적용되지 않는 역학계가 존재한다는 것을 확실하게 입증했다.

초기 조건의 미세한 변화에 민감한 계는 앞에서 내가 주사위의 미래를 예측하기 위해 나열했던 방정식을 무용지물로 만든다. 방정식은 분명히 주어져 있다. 그러나 주사위가 손을 떠나는 순간, 위치와 선속도, 진행 방향, 회전각 속도, 탁자와 주사위의 거리를 정확하게 측정할 수 있을까?

물론 희망이 아예 없는 것은 아니다. 직사각형 당구대 위를 굴러가는 공처럼 초기 조건의 작은 변화가 결과에 큰 영향을 주지 않는 경우도 있다. 중요한 것은 '더 이상 알 수 없는 시점'을 알아내는 것이다. 계의 미래를 더는 예측할 수 없는 시점을 간파하여 성공을 거둔 대표적 사례로는 수학자 로버트 메이Robert May의 인구 증가 방정식을 들 수 있다.

알 수 없는 시점을 알아내다

1938년에 오스트레일리아에서 태어난 메이는 원래 초전도체를 연구하던 물리학도였다. 그러나 1960년대 말에 과학의 사회적 책임을 강조하는 캠페인에 참여한 후로, 전자 집단의 거동 대신 동물 집단의 개체수 변화를 연구하는 인구동역학population dynamics에 관심을 갖게 되었다. 당시만 해도 생물학은 수학과 거리가 먼 학문이었으나 메이의 연구가 학계에 알려지면서 분위기가 크게 달라졌다. 물리학자로서 익힌 수학 능력과 생물학적 감각이 한데 어우러져 새로운 분야가 탄생한 것이다.

1976년 메이는《네이처》에 기고한 〈매우 복잡한 역학계의 단순한 수학 모형Simple Mathematical Models with Very Complicated Dynamics〉이라는 논문에서 개체수의 변화를 예측하는 수학 방정식을 제안했다. 이것은 하나의 번식기 동안 생명체의 개체수가 증가하는 양상을 서술하는 방정식으로, 복잡한 미분 방정식이 아니라 계산기만 있으면 누구나 풀 수 있는 간단한 불연속 피드백 방정식feedback equation•이었다.

메이는 각 시즌(세대)의 끝에 살아남는 개체수가 시즌 초기의 개체수에 번식률 r을 곱한 값이라고 가정했다. 그렇다면 다음 세대는 '이전 세대의 개체수×r'이라는 개체수로 시작될 것이다. 그러나 개체수가 늘어나면 먹이 경쟁이 더욱 치열해지기 때문에, 방정식에는 한 세대의 끝에 살아남는 비율까지 고려해야 한다. 여기서 얻은 개체수에 다시 r을 곱하면 다음 세대가 시작될 때의 개체수를 알 수 있다. 이 방정식이 흥미로운 이유는 개체수의 변화가 번식률 r에만 관계하기 때문이다. r을 적절히 선택하면 향후 개체수가 증가하는 양상을 정확하게 예측할 수 있다. 그러나 r이 어떤 임계값을 초과하면 한 마리의 차이가 엄청나게 다른 결과를 초래하여 예측이 거의 불가능해진다.

간단한 예를 들어보자. 메이는 $1 \leq r \leq 3$이면 개체수가 안정화된다는

• 방정식의 해를 다시 방정식에 대입하여 정확도를 높여가는 형태의 방정식이다.

인구동역학의 피드백 방정식

임의의 종種의 개체수가 0보다 크면서 최댓값 N을 초과할 수 없다는 가정하에, 이들의 개체수가 증가하는 양상을 생각해보자. 주어진 비율 $Y(0 \leq Y \leq 1)$에 적절한 방정식을 적용하면 번식과 식량 경쟁을 겪으면서 다음 시즌(세대)까지 살아남는 개체수를 계산할 수 있다. 각 세대의 개체 번식률을 r이라 하고 한 세대의 끝까지 살아남는 생존율을 Y라 하면 다음 세대의 개체수는 $r \times Y \times N$으로 늘어날 것이다.

그러나 새로 태어난 개체들이 모두 살아남을 수는 없다. 방정식에 따르면 생존에 실패하는 비율도 Y로 주어진다. 그러므로 한 세대가 $r \times Y \times N$이라는 개체수로 시작했다면 다음 세대가 시작되기 전까지 죽는 개체수는 $Y \times (r \times Y \times N)$이며, 살아남는 개체수는 $(r \times Y \times N) - (r \times Y^2 \times N) = [r \times Y \times (1-Y)] \times N$이다. 즉, 지금 세대가 끝날 무렵에 예상되는 최대 생존율은 $r \times Y \times (1-Y)$이다.

사실을 깨달았다. 이런 경우 개체수는 초기 조건에 상관없이 r을 통해 결정되는 값으로 수렴된다. 이것은 마치 가운데에 배수구가 뚫려 있는 당구대에서 공이 굴러가는 것과 비슷하다. 내가 공을 어떤 방향으로 어떻게 치든지 당구공은 결국 배수구로 빠지게 된다.

$r > 3$인 경우에도 개체수를 예측할 수 있는 r의 영역이 존재하지만 증가하는 양상이 조금 다르다. $3 < r \leq 1 + \sqrt{6}$ (약 3.44949)이면 개체수는 r을 통해 결정되는 두 값 사이를 탁구공처럼 오락가락한다. $1 + \sqrt{6} < r \leq 3.54409$ (12차 방정식의 해)이면 개체수는 네 개의 값을 주기적으로 반복하고 r이 커지면 반복되는 값이 여덟 개, 열여섯 개 등으로 늘어난다.

여기서 r이 더 커지면 반복되는 값이 두 배씩 많아지다가 어떤 임계값을 넘어서면 주기성을 상실하고 예측 불가능한 혼돈 모드로 접어들게 된다.

메이는 이 방정식을 처음 연구하던 무렵에 "혼돈 모드로 접어든 후에는 개체수가 어떻게 변할지 짐작조차 할 수 없다"고 솔직하게 털어놓았다. 그는 시드니에 있는 자신의 연구실 바깥에 걸려 있는 칠판에 "개체수의 혼란스러운 변화 양상을 설명하는 사람에게 10달러 걸겠음. 너무 엉망진창이어서 손을 쓸 수가 없음"이라고 적어놓았다.

그 후 메이는 미국 메릴랜드대학교를 방문했다가 문제를 해결했고, 이때부터 '혼돈'이라는 용어가 정식으로 사용되기 시작했다. 메이가 메릴랜드대학교의 세미나에서 인구동역학 방정식을 소개하고 현재 상황을 설명했는데, 좌중에 앉아 있던 짐 요크Jim Yorke라는 수학자가 문제 해결의 결정적인 실마리를 제공해주었다. 짐 요크는 "반복되는 주기점이 두 배로 증가한다는 이야기는 처음 듣지만, r 값이 클 때 나타나는 현상에 대해서는 나도 연구한 적이 있다"면서 메이의 궁금증을 풀어주었다. 요크

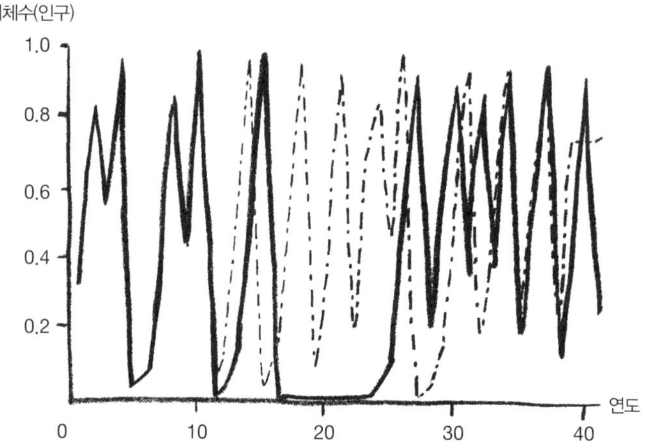

$r=4$일 때 초기 개체수가 1,000마리인 집단과 1,001마리인 집단의 개체수 변화를 비교한 그래프이다. 처음 몇 년 동안은 거의 비슷하게 변하다가 15년이 지나면 완전히 다른 거동을 보이게 된다.

는 그 현상을 '혼돈'이라고 불렀다.

$r \geq 3.56995$(방정식의 차수를 점차 높여갈 때 해가 도달하는 한계값)이면 개체수는 초기 조건이 조금만 달라져도 큰 차이를 보이게 된다. 즉, 한 세대의 초기에 개체수가 한두 마리만 달라져도 완전히 다른 결과가 초래되는 것이다.

r을 계속 증가시키면 규칙적인 변화가 다시 찾아온다(이 사실을 발견한 사람이 짐 요크였다). 예를 들어 $r=3.627$에 도달하면 개체수가 다시 주기적으로 변하면서 여섯 개의 값 사이를 오락가락한다. 여기서 r 값을 계속 키우면 반복되는 값이 여섯 개에서 열두 개, 스물네 개 등 두 배씩 증가하다가 어느 시점부터 다시 혼돈의 양상을 보이기 시작한다.

아무리 단순한 계라 해도 초기 조건에 따라 의외의 거동을 보일 수 있다. 이것이 바로 로버트 메이가 남긴 가장 큰 교훈이다.

"겉보기에 단순한 계가 역학적으로도 단순하다는 보장은 어디에도 없다. 이 사실을 깨닫는 사람이 많을수록 정치와 경제 등 우리의 일상생활은 더 좋은 방향으로 개선될 것이다."

혼돈의 정치

현재 메이는 자신의 주장을 실천에 옮기고 있다. 상원의 중립 의원으로 정계에 진출한 그는 최근 몇 년 동안 과학적 연구 결과를 정치에 접목시켜왔다. '사회'라는 혼돈계에 혼돈 이론을 적용하여 안정한 상태를 도모하자는 것이다. 얼마 전 나는 그의 원대한 계획이 얼마나 진척되었는지 직접 듣기 위해 점심을 같이하기로 약속했다.

약속 당일 날 의사당 방문객 전용 입구에 도착하니 자동 소총을 멘 경찰이 절도 있는 자세로 나를 안내했다. 약간 긴장된 마음으로 X-선과 금속 탐지기 검색대를 통과하자 마중 나온 메이가 건너편에서 환하게 웃고 있었다. 공식 직함에 얽매이지 않고 소탈한 성격으로 소문난 그는 '의원님'보다 '밥Bob'이라는 애칭을 더 좋아했다.

"죄송합니다. 제가 점심을 일찍 먹는 바람에 식사를 같이 못할 것 같네요. 하지만 교수님께서 식사를 하시는 동안 저는 후식으로 케이크를 먹으면 되겠지요."

내가 생선 요리를 먹는 동안 그는 커다란 초콜릿 케이크를 두 개나 먹어치웠다. 일흔아홉 살의 고령이었지만 항상 활력에 넘치는 그는 한 끼나 다름없는 후식을 먹은 후 런던과 영국 북서부를 잇는 철도 공사의 영향 평가 회의에 참석해야 한다며 황급히 자리를 떴다.

로버트 메이는 상원 의원으로 선출되기 전에 존 메이저John Major 총리의 보수당 내각과 토니 블레어Tony Blair 총리의 노동당 내각에서 과학 분야 수석 자문 위원으로 활동했다. 그토록 소탈하고 담백한 사람이 두 정당에서 균형 잡힌 자세를 유지하기란 결코 쉽지 않았을 것이다.

"한 신문사의 기자가 저에게 묻더군요. 총리의 결정을 지지해달라는 요청을 받을 때 어떤 느낌이 드냐고요. 그래서 어떤 상황에서도 사실을 부정하지 않는 게 제 소신이라고 했습니다. 하지만 필요할 때는 논쟁도 할 줄 알아야죠. 저는 그쪽에 소질이 있는 것 같아요. 주제가 무엇이건 저는 총리를 찬성하는 쪽에 서서 논쟁을 벌일 수도 있고 반대하는 쪽을 지지할 수도 있습니다. 총리가 중요한 사안을 결정하면 저는 사람들에게 그의 결정이 옳은 이유를 설득하면서 큰 보람을 느꼈습니다. 물론 옳지 않은 결정이라고 판단되면 절대 나서지 않았지요."

총리의 주장을 공리로 간주하여 타당성을 증명하고, 옳은 것으로 판명되면 그로부터 일련의 결론을 도출한다. 과연 수학자다운 태도다. 이런 자세를 고수한다면 굳이 남의 눈치를 볼 필요가 없다. 그렇다고 메이의 주관적 관점이 부족하다는 뜻은 아니다.

누구나 국가의 정책에 대해 개인적인 의견을 갖고 있다. 하나의 정책을 바라보는 국민의 관점은 혼돈계를 방불케 할 정도로 복잡다단하다. 이런 상황에서 정부는 어떻게 정책을 결정하는 것일까? 정치가들은 자신이 분석하는 계에 대하여 부분적인 지식밖에 없는 상태에서 어떤 식으로 미래를 예견하고 있을까?

메이는 "대부분의 정치가들은 지극히 자기중심적이고 야심이 큰 사람들입니다. 그들은 대중의 이익보다 자신의 경력과 평판을 더 중요하게 생각하기 때문에, 민감한 사안에 직면하면 직언을 피하고 입에 발린 말로 넘어가곤 하지요"라고 말한다.

그럼, 메이는 개인적으로 어떤 관점을 갖고 있을까? 그가 발견한 수학 이론은 '사회에 대한 과학의 역할'에 어떤 영향을 미쳤을까?

"뉴턴주의자들의 오랜 꿈을 한 방에 날려버렸다고 할 수 있지요. 그다지 유쾌한 기분은 아니었습니다. 제가 대학원에 다닐 때만 해도 '앞으로 컴퓨터의 성능이 향상되면 날씨를 정확하게 예측할 수 있다'가 학계의 중론이었습니다. 방정식은 이미 주어져 있으니 계산 문제만 남았다고 생각한 거죠."

그러나 메이는 지구 온난화를 부정하는 사람들이 혼돈 이론을 도입하여 논쟁의 초점을 흐리는 것을 못마땅하게 생각하고 있다.

"일기 예보를 믿을 수 없다는 이유로 온난화를 부정하는 것은 본다이 비치*에 밀물이 언제 들어올지 알 수 없으므로 조수 현상을 믿을 수 없다고 주장하는 것과 같습니다."

메이는 정확한 지식을 제공하는 과학과 지식을 부정하는 혼돈 이론의 대립 관계를 설명할 때 톰 스토파드Tom Stoppard의 희곡《아르카디아 Arcadia》의 구절을 즐겨 인용한다. 거기 등장하는 주인공 발렌타인의 대사 한 구절을 잠시 음미해보자.

이웃집 아줌마가 가든파티를 열기로 한 3주 후 일요일의 날씨를 예측하는 것보다 은하수의 변방이나 원자핵 안에서 일어나는 사건을 예측하는 것이 훨씬 쉽다. 지금의 과학은 대충 이런 수준이다.

• 시드니 남동쪽에 있는 해변 관광지다.

메이는 농담 삼아 말했다.

"제가 쓴 글 중 사람들에게 제일 많이 읽힌 것은《네이처》와 같은 유명 학술지에 실린 논문이 아니라, 스토파드의 연극이 런던 극장에서 초연될 때 팸플릿에 실린 제 해설문이었습니다. 인용 횟수로 과학 논문의 가치를 평가하는 게 과연 믿을 만한 기준인지 의심스럽다니까요!"

인간 방정식

메이가 생각하는 최대의 과학적 난제는 무엇일까? 인간의 의식? 무한한 우주?

"그런 것은 제게 별로 대단한 문제가 아닙니다. 다양한 연구 과제의 하나일 뿐이죠. 우연이기는 하지만 요즘 저는 은행 업무와 관련된 문제에 집중하고 있습니다."

은행이라니, 좀 생뚱맞은 답이다. 최적의 은행 운영 방식은 지역마다 다르지만, 얼마 전부터 메이는 전염병의 확산과 생태학적 먹이그물food web의 역학에 대한 자신의 이론을 은행 시스템에 적용하여 2008년 금융 위기의 원인을 분석해왔다. 그는 잉글랜드 은행의 앤드류 홀데인Andrew Haldane과 함께 금융 네트워크와 자연 생태계를 비교-연구한 끝에 "위험 부담이 적고 수익률이 높은 금융 상품에 개인 투자자가 몰리면 전체 금융계에 위험이 닥칠 수 있다"고 경고했다.

메이의 주장에 따르면 금융 시장 자체의 역학적 특성은 문제의 핵심이 아니다. 그는 시장에 영향을 미치는 작은 요인들이 인간과 상호 작용을 하면서 증폭되거나 왜곡될 수 있다면서, 금융 시스템의 가장 큰 위험 요소로 '위기감'을 꼽았다. 금융가에 퍼지는 위기의식을 조기에 제어하지 못하면 걷잡을 수 없는 파국이 초래된다는 것이다.

"모든 것은 인간의 행동을 예측하는 문제로 귀결됩니다. 그런데 과연 그런 모형을 만들 수 있을까요? 인간의 심리는 수학 방정식으로 표현할 수 없습니다. 우리는 미래를 향해 수시로 주사위를 던지고 있지만, 결과를 예측하려면 주사위를 가진 사람이 어떤 환경에 처해 있는지도 알아야 합니다."

나는 주사위의 눈금을 예측하기 위해 다양한 방법을 고려해왔지만 이런 생각은 한 번도 해본 적이 없었다. 정확한 답을 구하려면 어쩌면 나에게 주사위를 팔았던 사람까지 조사해야 할지도 모른다.

"지금 우리 사회가 직면하고 있는 문제의 대부분은 수학이나 과학으로 해결할 수 없습니다. 문제의 핵심에 도달하려면 행동 과학을 알아야 합니다. 행동 과학이야말로 인류가 의지할 수 있는 마지막 희망입니다."

국회 의사당의 구내식당에 가면 인간사의 천태만상을 한눈에 볼 수 있다. 사람 수는 100여 명에 불과하지만 이들이 주고받는 복잡다단한 상호작용을 수학 방정식으로 표현하기란 도저히 불가능하다. 프랑스의 역사학자 페르낭 브로델Fernand Braudel은 2차 세계대전에 참전했다가 독일 뤼베크 근처에 있는 포로수용소에 5년 동안 갇혀 있었는데, 같이 수감되어 있던 동료들에게 역사 강의를 하던 중 "매순간 무수히 많은 주사위가 굴러가면서 각 개인의 운명을 좌우하고 있다"며 서툰 짐작으로 절망에 빠지지 말라고 권했다. 물론 각 주사위의 미래를 예측할 수는 없다. 그러나 주사위를 여러 번 던져서 얻은 누적 데이터에는 인식 가능한 패턴이 존재한다. 브로델은 이런 패턴이 있기 때문에 역사를 연구할 수 있고 "한 개인의 역사는 추측성 과학일 뿐이지만, 집단의 역사는 훨씬 논리적이어서 어느 정도 예측이 가능하다"라고 하였다.

그러나 메이는 브로델과 달리 인류의 운명을 좌우하는 주사위 집단의 기원과 역사를 이해하는 것이 결코 쉽지 않다고 강조했다. 인류가 오랜 진화를 거쳐 지금 여기까지 오게 된 경위를 추적할 수 있을까?

"제가 특별히 관심을 갖는 문제는 지구에서 인간이 겪어온 진화 과정을 이해하는 겁니다. 진화는 지구 전체, 또는 대부분에 걸쳐서 일괄적으로 진행되었는가? 아니면 진화 초기에 국지적으로 발생한 요동 때문에 지금과 같은 경로를 가게 되었는가? 우리가 다가오는 재앙을 피할 수 없는지, 〈스타트랙〉의 스팍*처럼 우리보다 훨씬 냉정하고 이성적인 생명체가 사는 외계 행성이 존재하는지 등을 물을 정도로 우리는 많은 것을 알게 될 것인가?"

환경 파괴는 진화의 필연적 결과인가? 지구에서 얻은 한정된 데이터만으로는 알 수 없다. 답을 구하려면 생명체가 사는 외계 행성을 발견하여 그들의 진화 과정을 우리와 비교해야 한다.

"지금 인류가 가고 있는 길이 모든 생명체의 필연적인 운명인가? 아니면 우리와 다른 길로 가고 있는 생명체가 존재할 것인가? 그 답은 영원히 알 수 없을 겁니다."

메이는 이 말을 끝으로 마지막 남은 초콜릿 케이크 조각을 한입에 털어 넣고 혼돈의 상징인 웨스트민스터**로 돌아갔다.

나는 메이가 남긴 마지막 말을 곱씹으며 혼자 생각에 잠겼다. 혼돈 이론을 이용하여 계의 과거와 미래를 알 수 있을까? 방정식을 풀지 못하더

---

* 귀가 뾰족한 혼혈 외계인으로 아픈 과거를 가지고 있지만 감정을 드러내지 않는 것으로 유명하다.
** 영국의 국회 의사당이다.

라도 가만히 앉아서 기다리면 미래는 알 수 있다. 그러나 과거를 추적하여 지금과 같은 생태계를 초래한 초기 상태를 알아내는 것은 완전히 다른 이야기다. 우리가 정말로 알 수 없는 것은 미래가 아니라 과거이다.

생명: 주사위를 던질 기회?

메이는 세대에 따라 인구가 변하는 양상을 연구하여 인구동역학의 선구자가 되었다. 그런데 새로운 번식기가 찾아오기 전에 어떤 개체는 죽고 어떤 개체는 살아남는다. 무엇이 이들의 생사를 좌우하는가? 다윈은 살아남은 개체가 "진화의 주사위를 통해 선택된 운 좋은 개체"라고 했다.

지구 생명체의 진화 모형은 DNA에 기초하고 있다. 종의 특성은 DNA를 통해 후손에게 전달된다. 그러나 DNA에 들어 있는 유전 암호 중 일부는 무작위로 변이를 일으킬 수 있으며 변이가 일어날 때마다 진화의 주사위가 허공에 던져진다. 그리고 다윈의 진화론에는 변이 외에 또 다른 중요한 요소로 '자연 선택natural selection'이 있다.

변이는 생존에 유리한 쪽으로 일어날 수도 있고 불리한 쪽으로 일어날 수도 있다. 이것은 완전히 운수소관이다. 생존에 유리한 변이가 일어나면 자연 선택에서 살아남을 확률이 높아지고 후손도 번창하게 된다.

예를 들어 과거에 기린의 목이 모두 짧았다고 가정해보자. 기린의 먹이는 아카시아와 포도 등 주로 나무에 달려 있으므로 목이 긴 기린이 생존에 유리하다. 이제 기린의 변이가 주사위로 결정된다고 가정하자. 눈금이 1, 2, 3, 4, 5가 나오면 목 길이가 그대로이거나 짧은 쪽으로 변이가 일어나고 6이 나오면 목이 긴 쪽으로 변이가 일어난다. 운이 좋아서 긴 목을 갖고 태어난 기린은 충분한 식량을 확보할 것이고, 목이 짧은 기린은 생존과 번식의 기회가 그만큼 줄어들게 된다. 그러므로 한 세대 동안 끝까지 살아남아서 자신의 DNA를 후손에게 전달한 기린 중에는 목이 긴 기린이 압도적으로 많을 것이다.

이런 현상은 다음 세대에도 똑같이 반복된다. 주사위 눈금이 1, 2, 3, 4, 5인 기린은 목의 길이가 부모와 비슷하고 6이 나온 기린은 부모보다 더 크게 자란다. 즉, 다음 세대에도 목이 긴 기린이 생존에 유리하다. 자연 환경이 1, 2, 3, 4, 5보다 6을 선호하는 것이다. 이런 식으로 세대가 반복되면 기린의 목은 점점 길어지고 긴 목으로 이득을 볼 수 있는 한계점에 도달하면 기린의 목은 더는 길어지지 않는다. 이때부터는 주사위 눈금 6이 생존에 불리한 쪽으로 작용하여 자연적으로 도태되기 때문이다.

지금 지구에 서식하는 기린의 조상들 중에는 주사위를 던져서 6이 나온(목이 길어지는 쪽으로 변이를 일으킨) 기린이 압도적으로 많았을 것이다. 이런 우연과 자연 선택이 복합적으로 작용하여 지금과 같이 목이 긴 기린만 남게 된 것이다. 주사위를 여러 번 던져서 6이 연속적으로 나올 확률이 매우 작은 것처럼, 목이 길어지는 변이가 여러 세대에 걸쳐 연속적으로 일어날 확률은 거의 0에 가깝다. 그런데도 현재 목이 긴 기린만 존재하는 이유는 자연 선택이 진화에 적극적으로 개입했기 때문이다. 목이 짧은 기린은 개체수가 아무리 많다 해도 생존 확률이 낮기 때문에 여러 세대를 거치면서 도태되었다. 언뜻 보면 가짜 확률을 내세운 사기도박 같지만, 우연과 자연 선택이 복합적으로 작용하여 지금과 같은 결과가 초래된 것이다. 이 현상을 설명하기 위해 '지적 설계'나 '정해진 운명' 같은 것을 도입할 필요는 없다. 진화의 주사위가 계속해서 6만 나온 것이 아니라 1, 2, 3, 4, 5도 거의 같은 확률로 나왔지만 이들은 불리한 신체

조건을 극복하지 못하여 생태계에서 사라진 것뿐이다.

진화를 설명하는 이론치고는 매우 단순하다. 그러나 환경에 따른 확률의 변화와 발생 가능한 변이의 다양성을 고려할 때, 이 단순한 모형은 엄청나게 복잡한 결과를 낳을 수 있다. 현재 지구상에 존재하는 다양한 종이 이 사실을 입증한다. 내가 생물학자가 되지 않은 이유 중 하나는 이 진화 모형으로는 '지구에 고양이와 얼룩말 같은 특이한 생명체가 존재하면서 또 다른 쪽으로 특이한 생명체가 존재하지 않는 이유'를 설명할 수 없기 때문이다. 모든 것이 임의적이고 무작위적이다. 과연 이것을 공정하다고 할 수 있을까?

변이와 자연 선택을 통해 나올 수 있는 종의 수는 모두 몇 가지나 될까? 지금 진화 생물학자들은 이 문제를 놓고 열띤 토론을 벌이는 중이다. 진화의 시계를 과거의 한 시점으로 되돌려놓고 그때부터 주사위를 다시 던진다면 지금과 같은 결과가 나올 것인가? 아니면 완전히 다른 세상이 될 것인가? 이것은 의사당 구내식당에서 점심 식사가 끝날 무렵에 메이가 던졌던 질문이다.

진화 중에는 필연적으로 일어나는 것도 있다. 예를 들어 사람의 눈은 다른 기관과 무관하게 50~100회에 걸쳐 진화를 겪어왔는데, 이것은 여러 종에 걸쳐 일어나는 다양한 변이가 주변 환경에 상관없이 '눈을 가진 생명체'를 탄생시켰다는 강력한 증거이다. 시력 이외의 다른 기능(생존에 유리한 기능)도 이와 비슷한 과정을 거쳐 나타난 것으로 추정된다. 서로 무관해 보이는 종들이 비슷한 능력을 보유하고 있는 것을 보면 아마도 사실일 것이다. 예를 들어 돌고래와 박쥐는 초음파로 주변 상황을 탐지하는데, 이 능력은 진화 나무의 서로 다른 지점에서 각기 독립적으로 개발되었다.

그러나 위에서 언급한 진화 모형이 지금과 같은 결과를 낳는다는 보장은 없다. 다른 행성에 생명체가 살고 있다면 그들의 신체 구조는 지구에서 진화해온 생명체와 비슷할까? 이것은 진화 생물학의 최대 화두이다. 아직은 답을 알 수 없지만, 나는 이 질문이 '절대 알 수 없는 것'에 속한다고 생각하지 않는다. 앞으로 한동안은 '모르는 것'으로 남아 있겠지만 답을 알아내지 못할 이유는 어디에도 없다.

우리는 어디에서 왔는가?

진화 생물학에 우리가 결코 답을 알아낼 수 없는 질문이 또 있을까? 예를 들어 캄브리아기의 초기에 해당하는 5억 4,200만 년 전에 생명체의 종류가 폭발적으로 증가한 이유는 무엇인가? 그전까지만 해도 지구의 생태계는 단세포 생물의 군집이 점령하고 있었다. 그러나 5억 4,200만 년 전부터 약 2,500만 년 동안(진화론적 관점에서 볼 때 비교적 짧은 시간이다) 다세포 생물이 우후죽순처럼 등장하여 오늘날과 비슷한 다양성을 갖추게 되었다. 이 시기에 진화가 그토록 빠르게 진행된 이유는 아직도 오리무중인데 주된 이유는 데이터가 태부족하기 때문이다. 그렇다면 앞으로 데이터를 충분히 확보하여 의문을 풀 수 있을까? 아니면 영원히 수수께끼로 남게 될까?

대부분의 경우 혼돈 이론은 미래 예측을 방해하는 요인이지만 과거를 추적할 때에도 걸림돌로 작용한다. 과거의 결과인 현재는 그냥 눈으로 볼 수 있지만 원인을 추적하려면 방정식을 시간의 역방향으로 풀어야 한다. 그러므로 데이터가 완벽하지 않으면 과거와 미래를 모두 볼 수 없다.

일반적으로는 서로 다른 원인들이 동일한 결과를 낳을 수 있는데, 실제로 인간의 기원을 추적하다 보면 다양한 가능성에 직면하게 된다. 그러나 충분한 데이터가 확보되지 않는 한, 그들 중 어떤 것이 우리의 진정한 기원인지 결코 알 수 없을 것이다.

최초의 생명은 어떻게 태어났을까? 이것은 진화 생물학의 최대 미스터리다. 생명 게임에서 이기려면 진화 주사위를 굴렸을 때 '6'이라는 눈금이 여러 번 나와야 한다. 그런데 게임 자체는 어떤 과정을 거쳐 진화해왔을까? 모든 원자가 적절하게 배열되어 자기 복제가 가능한 분자가 만들어질 확률은 주사위를 36번 던져서 모두 6이 나올 확률(약 $1/10^{28}$)과 비슷하다. 그래서 일부 사람들은 "이토록 작은 확률이 실현되려면 누군가의 의지가 개입되어야 한다"며 지적 설계론•을 주장하고 있다. 그러나 '장구한 시간'을 고려하면 확률이 작은 것은 큰 문제가 되지 않는다.

시간이 충분히 길면 기적은 얼마든지 일어날 수 있다. 오히려 비정상 변이가 일어나지 않는 것이 기적이다. 여기서 중요한 것은 비정상 변이가 대부분 눈에 띄는 쪽으로 일어나는 반면, 평범한 주사위 눈금은 무시된다는 점이다.

무작위 과정에서 기적이 일어나는 대표적 사례가 바로 복권이다. 2009년 9월 6일에 불가리아 정부에서 발행한 복권의 1등 당첨 번호는 다음과 같았다.

4, 15, 23, 24, 35, 42

• 지적 설계자가 만물을 디자인하고 창조했다는 설이다. 제안자들은 창조론을 대체하는 과학 이론이라고 주장하지만 창조주를 도입했다는 점에서 종교적 창조론과 크게 다르지 않다.

그런데 그로부터 4일 후에 실시된 차기 복권 추첨에서 똑같은 번호가 또다시 1등으로 당첨되었다! 말도 안 된다. 어떻게 이런 일이 있을 수 있단 말인가? 불가리아 정부는 무슨 속임수가 있을 것으로 짐작하고 대대적인 수사를 벌였지만 아무런 증거도 찾지 못했다. 범인이 정부보다 똑똑했던 것일까? 아니다. 불가리아 정부는 지구 곳곳에서 매주 복권이 발행되고 있다는 사실을 간과했다. 게다가 복권 추첨은 지난 수십 년 동안 전 세계에서 매주 실행되었으니, 누적 시행 횟수는 가히 천문학적이다. 구체적인 값은 계산을 해봐야 알겠지만 그동안 지구에서 실행된 총 복권 추첨 횟수를 감안할 때 이런 기적이 일어나지 않는 것이 오히려 이상하다.

먼 옛날, 생명체가 등장하기 전에 원시 지구는 끈적끈적한 무기물 수프로 덮여 있었다. 여기서 자가 복제가 가능한 분자가 태어났다는 것은 그야말로 기적 중의 기적이다. 그러나 위에서 말한 논리를 적용하면 굳이 '기적'이라는 불편한 용어를 도입하지 않아도 당시의 상황을 이해할 수 있다. 다량의 수소와 물, 이산화탄소, 다양한 유기 가스의 혼합물에 번개가 내리치면 살아 있는 유기물이 생성될 수 있다. 이는 실험을 통해서도 확인된 사실이다. 물론 DNA처럼 복잡한 구조를 만들어낸 사례는 없지만 시행 횟수가 충분히 많으면 안 될 이유가 없다.

바로 여기가 핵심이다. 우주에 존재하는 수십억×십억 개의 행성에서 이와 같은 실험을 수십억 년 동안 실행한다면, DNA와 같은 유기체가 생성되지 않는 것이 오히려 이상하다. 수십억×십억 개의 행성에서 수십억 년 동안 주사위를 줄기차게 굴린다면, 6이 연속해서 36번 나오는 사건이 어디선가 일어날 것이다. 자가 복제가 가능한 유기 분자가 생성되기만 하면 개체수가 증가하는 것은 별로 어렵지 않다. 주변 환경이 이들의 진화를 방해하지만 않으면 된다.

문제는 우리 인간에게 큰 숫자를 인지하는 능력이 부족하다는 것이다. 먹이를 확보하고 후손을 낳아 기르는 생존 경쟁에서 상상을 초월할 정도로 큰 수를 인지하는 능력은 별로 도움이 되지 않는다. 그래서 우리의 직관은 아주 작은 확률을 무시하는 쪽으로 진화해왔다.

생명의 프랙털 나무

진화에 영향을 미치는 요인은 수학적 확률뿐만이 아니다. 진화의 계보를 그림으로 나타낸 '진화 나무evolutionary tree'의 전체적인 외형은 혼돈 이론에 등장하는 프랙털fractal과 비슷하다.

진화 나무는 지구 생명체의 진화 과정을 일목요연하게 표현한 초대형

프랙털 진화 나무

족보라 할 수 있다. 나무의 아래쪽은 원시 조상에 해당하고 위쪽으로 갈수록 현대에 가까워진다. 처음에 하나의 줄기에서 출발했다가 위로 올라가면서 곳곳에 가지가 뻗어 나와 있는데, 이것은 바로 그 시점에 새로운 종이 탄생했다는 의미다. 도중에 뻗어 나온 가지의 끝에 대응되는 종은 이미 멸종한 종이며, 인간을 비롯하여 현재까지 살아남은 종은 나무의 제일 위쪽에 자리 잡고 있다. 진화 나무의 또 한 가지 특징은 전체적인 형태가 작은 부분에서 비슷하게 재현된다는 점이다. 수학자들은 이런 도형을 프랙털(자기닮음도형)이라 부른다. 나무의 작은 부분을 확대하면 전체적인 구조와 매우 비슷하다. 그러므로 누군가가 당신에게 자기닮음도형의 한 부분을 보여준다면 그것이 도형의 전체인지, 아니면 아주 작은 부분을 확대한 그림인지 판별할 수 없을 것이다.

프랙털은 대부분의 혼돈계에 나타나는 기하학적 특성이다. 유전자 암호의 극히 일부가 바뀌어도 진화에 엄청난 변화가 초래될 수 있다. 그렇다고 해서 프랙털이 수렴 진화convergence evolution●의 개념에 위배되는 것은 아니다. 혼돈계에도 하나의 결과를 향해 수렴하는 점들이 존재하기 때문이다. 이런 점들을 '끌개attractor'라 한다. 그러나 과거로 돌아가 진화를 처음부터 다시 시작했을 때 지금과 같은 결과에 도달할지는 여전히 미지수다. 진화 생물학자 스티븐 제이 굴드Stephen Jay Gould는 "완전히 다른 세상이 될 것"이라고 주장했는데 이것이 바로 혼돈계의 특성이다. 예를 들어, 날씨를 좌우하는 수많은 변수 중 한두 개만 바꿔도 결과는 크게 달라질 수 있다.

●　다른 조상에서 유래한 생물들이 비슷한 신체 구조로 진화하는 현상이다. 바다표범(포유류)과 상어(어류), 펭귄(조류)의 유선형 신체가 대표적 사례이다.

굴드는 단속 평형斷續平衡, punctuated equilibrium이라는 개념을 제안했다. 간단히 말해서, 생명체의 진화는 점진적으로 꾸준하게 진행되지 않고 오랜 세월 동안 안정된 상태를 유지하다가 어느 시점부터 단시간에 속전속결로 이루어진다는 것이다. 이것도 혼돈계의 특징 중 하나이다. 진화 생물학은 '혼돈'의 수학과 밀접하게 연관되어 있기 때문에, 여기서 제기된 수많은 질문은 '알 수 없는 것'이라는 우산에 가려져 있다.

한 가지 예를 들어보자. 인간은 지금 제기된 모형에 따라 계속 진화할 것인가? 여러 동물의 DNA를 분석하면 이들이 과거에 진화해온 길을 대략적으로나마 알 수 있고, 화석을 분석하면 우리의 기원을 추적할 수 있다. 그러나 진화의 역사가 너무나 길기 때문에 모든 과정을 다시 실행하여 다른 결과가 나오는지 확인하는 것은 불가능하다. 외계의 다른 행성에서 생명체가 발견되지 않는 한, 결론을 내리기는 어려울 것이다. 그렇다고 희망이 전혀 없는 것은 아니다. 기상청에서 날씨를 예보할 때 실제 날씨를 시뮬레이션하지 않듯이, 모든 진화 과정을 낱낱이 분석하지 않고 중요한 정보만 입력하여 컴퓨터를 돌리면 몇 가지 다른 결과를 도출해낼 수 있다. 그러나 이 모형은 몇 가지 가정에 입각한 가설일 뿐이다. 모형이 틀렸다면 실제로 자연에서 어떤 일이 일어났는지 결코 알 수 없다.

푸앵카레는 혼돈계를 발견한 직후 다음과 같은 질문을 떠올렸다.

"주사위를 계속 던져도 여전히 안정된 상태를 유지하는 지구 궤도가 존재할까? 변덕스러운 혼돈의 와중에서 우리 태양계는 얼마나 안전할까? 우리 태양계는 지금처럼 안정적이고 주기적인 상태를 영원히 유지할까? 아니면 메뚜기의 날갯짓 때문에 언젠가 궤도를 이탈하게 될까?"

그 답은 위에서 언급한 컴퓨터 모형과 밀접하게 관련되어 있다.

수성Mercury이라는 이름의 나비

스웨덴의 왕이 푸앵카레에게 물었다.

"그대의 고견을 듣고 싶소. 우리 태양계는 안정된 평행 상태를 영원히 유지할 수 있겠는가? 아니면 미래의 어느 날 균형을 잃고 산산이 흩어지겠는가?"

푸앵카레는 아무런 답도 하지 못했다. "일부 역학계는 데이터 변화에 매우 민감하게 반응한다"는 의외의 사실이 알려진 후로, 태양계의 미래는 누구도 예측할 수 없는 블랙박스가 되어버렸기 때문이다. 소행성이나 혜성이 기존의 행성과 충돌하는 대형 사고가 일어나지 않아도 태양계는 얼마든지 불안정해질 수 있다.

인구동역학에서 번식률이 낮은 계는 안정된 상태가 비교적 길게 유지된다. 이런 점에서 보면 우리의 태양계도 안정된 영역에 속할 것 같다. 그러나 안타깝게도 지금까지 수집된 데이터는 별로 희망적이지 않다. 최근에 실행한 컴퓨터 시뮬레이션에 따르면 태양계는 수학적으로 혼돈스러운 영역에 속한다.

리야푸노프 지수Lyapunov exponent(발산 지수)를 이용하면 미세한 변화가 얼마나 심각한 결과를 초래하는지 대충 가늠할 수 있다. 예를 들어 외형을 바꾼 당구대에 리야푸노프 지수를 적용하면 직접 공을 굴리지 않아도 당구대의 미세한 변화가 공의 궤적에 미치는 영향을 예측할 수 있다. 리야푸노프 지수가 양수이면 초기 조건을 조금 바꿨을 때 나타나는 궤적의 차이가 지수 함수적으로 발산한다. 이 값을 기준으로 혼돈계를 정의할 수도 있다.

일부 연구팀은 정밀 계산을 통해 태양계가 혼돈계라는 사실을 확인했는데, 초기에 가까이 붙어 있던 두 행성의 궤도 간격이 1000만 년마다 10배씩 멀어진다는 사실을 증명한 것이다. 1000만 년이면 일기 예보로 예측 가능한 미래보다 훨씬 먼 훗날이다. 그러나 앞으로 50억 년 후에 태양계가 어떻게 변할지는 아무도 알 수 없다.

미래를 예측할 수 없어서 절망에 빠졌다면 수학에 희망을 걸어볼 것을 권한다. 혼돈계는 예측할 수 없지만 그래도 수학은 미래에 대해 완전히 무력하지 않다. 물리학 방정식을 이용하면 50억 년 후의 태양계를 예측할 수 있는데, 그 결과는 그리 반가운 내용이 아니다. 앞으로 50억 년이 지나면 태양은 핵융합 반응에 필요한 수소 원료를 몽땅 소진하고 적색 거성이 되어 지구를 비롯한 행성들을 집어삼킬 것이다. 그러나 나는 혼돈 방정식을 풀어서 과연 어떤 행성이 최후의 순간에도 적색 거성 주변을 공전하고 있을지 알고 싶다.

태양계의 미래를 예측하려면 날씨를 예측할 때처럼 행성의 위치와 속도를 조금씩 바꿔가면서 시뮬레이션을 하는 수밖에 없다. 물론 이 작업은 과학자들이 이미 해놓았는데, 그중 눈에 띄는 결과 하나를 여기 소개하겠다. 2009년에 프랑스의 천문학자 자크 라스카Jacques Laskar와 미카엘 가스티노Mickael Gastineau는 수천 개의 태양계 모형을 상정하여 컴퓨터 시뮬레이션을 실행했다가 의외의 결과를 얻었다. 베이징의 나비가 남미에 태풍을 일으킨다면 태양계에 혼돈을 초래하는 나비는 과연 무엇일까? 그 주인공은 바로 수성이었다.

이들의 시뮬레이션은 최신 관측으로 얻은 행성의 위치와 속도 데이터를 컴퓨터에 입력하는 것으로 시작했다. 물론 위치와 속도를 100% 정확하게 알 수는 없으므로 시뮬레이션을 실행할 때마다 데이터에 약간의 수정을 가했고, 이 변화는 혼돈 이론의 영향을 받아 완전히 다른 결과를 낳았다.

수성이 돌고 있는 타원형의 공전 궤도는 몇 미터의 오차 범위 안에서 그 크기가 정확하게 알려져 있다. 라스카와 가스티노는 수성의 공전 궤도 크기를 수 밀리미터 간격으로 조금씩 바꿔가면서 총 2501회의 시뮬레이션을 실행했는데, 시뮬레이션이 한 번 끝날 때마다 태양계의 미래는 완전히 다르게 나타났다.

태양계가 산산이 흩어진다면 핵심 용의자는 목성이나 토성처럼 덩치가 큰 행성일 것 같지만 사실 가스형 행성의 궤도는 매우 안정적이다. 오히려 문제를 일으키는 것은 주로 바위형 행성들이다. 시뮬레이션의 1% 가 진행되었을 때, 라스카와 가스티노는 태양계를 위협하는 최대 골칫거리가 수성이라는 것을 깨달았다. 이 모형에 따르면 수성이 목성과 일종의 공명共鳴, resonance을 일으켜 공전 궤도가 점차 커지다가 가장 가까운 행성인 금성과 충돌할 가능성이 있었다. 또 두 행성이 직접 충돌하지 않는다 해도 가까운 간격으로 스쳐 지나가면 금성이 공전 궤도를 이탈하여 지구와 충돌할 수도 있었다. 수성뿐만 아니라 다른 행성이 스쳐 지나가기만 해도 지구의 생태계는 끔찍한 종말을 맞이하게 된다.

이것은 단순한 이론이 아니다. 얼마 전에 안드로메다자리의 쌍성인 업실론Upsilon 근처에서 행성의 충돌 흔적이 관측되었다. 현재 이 행성의 궤도는 사방으로 분출되는 파편을 통해 추측할 뿐이다. 그렇다고 당장 지구를 떠날 필요는 없다. 시뮬레이션으로 봤을 때, 수성이 태양계를 망치는 사건은 앞으로 수십억 년 후에나 일어날 것이다.

다시 내 책상 위에 놓인 주사위로 눈길을 돌려보자. 나는 과연 주사위의 눈금을 예측할 수 있을까? 라플라스에게 물으면 한 치의 망설임 없이 "Yes!"라고 외칠 것이다. 주사위의 크기와 구성 원자의 배열 상태, 날아가는 속도, 주변 환경(공기, 탁자 등)과 일으키는 상호 작용에 대해 알고 있으면 이론적으로 예측하지 못할 이유가 없다.

푸앵카레와 그의 추종자들은 주사위를 던져서 6이 나올 확률과 2가 나올 확률이 소수점 끝자리의 숫자 몇 개밖에 차이가 나지 않는다는 사실을 확인했다. 주사위의 면은 단 여섯 개뿐이지만 주사위의 위치와 속도 등 입력 데이터는 연속적인 값이기 때문에 경우의 수는 무한대이다. 따라서 입력 데이터의 범위 안에는 변수가 조금만 달라져도 최종값이 6에서 2로 변하는 임계점이 존재할 것이다. 그럼, 이 지점에서 일어나는 갑작스러운 변화는 어떤 특성을 가지고 있을까?

컴퓨터 그래픽을 이용하면 초기 조건에 민감한 여러 역학계의 거동을 눈으로 확인할 수 있다. 내 책상 위에는 라스베이거스에서 가져온 주사위 옆에 몇 시간을 가지고 놀아도 싫증나지 않는 고전적 장난감이 하나 놓여 있다. 이 장난감은 금속으로 만든 진자와 이것을 끌어당기는 세 개의 자석(하얀색, 검은색, 회색)으로 이루어져 있는데, 진자의 출발점과 최종 도착점의 관계를 분석하면 한 폭의 추상화 같은 그림을 얻을 수 있다(뒤의 그림 참조). 하얀색으로 칠한 영역은 이곳에서 출발한 진자가 하얀색 자석에 달라붙으면서 운동이 끝나는 영역이고, 검은색과 회색은 각각 검은색 자석과 회색 자석에 들러붙으면서 끝나는 영역이다.

인구동역학의 경우와 마찬가지로, 이 그림에는 진자의 운동을 완벽

하게 예측할 수 있는 영역이 존재한다. 예를 들어 자석에 가까운 곳에서 진자를 출발시키면 진동할 새도 없이 바로 그 자석에 들러붙는다. 그러나 진자의 출발점이 그림의 네 귀퉁이에 가까워질수록 운동을 예측하기가 어려워진다. 사실 이 그림은 프랙털의 한 사례이다.

이 그림에는 검은색과 하얀색의 경계가 불분명한 영역이 존재한다. 이 영역을 아무리 크게 확대해도 하나의 색으로 칠해진 영역이 나타나지 않고 처음과 비슷한 패턴이 반복되는데, 이것이 바로 프랙털의 특성이다.

프랙털의 1차원 사례는 다음과 같은 방법으로 만들 수 있다. 길이가 1인 직선을 그리되, 절반은 검은색 잉크로 나머지 절반은 하얀색 잉크로 그린다. 그다음 0.25부터 0.75까지 선의 절반을 취하여 검은색은 하얀색으로, 하얀색은 검은색으로 색을 바꾼다. 그 후 방금 전에 취한 선의 절반을 취하여 동일한 조작을 가하고, 이런 과정을 무한히 반복하면 0.5 근처에 있는 점들은 위치가 조금만 달라도 색의 변화가 완전히 다른 패턴으로 나타난다. 또한 0.5를 포함하는 어떤 영역도 한 가지 색으로 되어 있지 않다.

좀 더 복잡한 버전도 있다. 먼저 길이가 1인 직선을 그린 다음, 가운데 1/3에 해당하는 영역을 지우개로 지운다. 그러면 길이가 1/3인 검은색 줄과 1/3짜리 빈 공간(또는 하얀색 줄) 그리고 다시 길이가 1/3인 검은색 줄이 남을 것이다. 이제 두 검은색 줄의 가운데 1/3을 지우면 길이가 1/9인 검은색 줄과 1/9짜리 하얀색 줄, 다시 길이가 1/9인 검은색 줄, 길이가 1/3인 하얀색 줄 그리고 그 뒤로 검은색 줄과 하얀색 줄이 처음과 같은 패턴으로 반복된다(아래 그림 참조).

앞으로 할 일은 독자들도 짐작할 것이다. 남아 있는 검은색 줄의 가운데 1/3을 계속해서 지워나가면 된다. 이 과정을 무한히 반복하여 얻은 결과를 '칸토어 집합Cantor set'이라 한다. 이것은 독일의 수학자 게오르그 칸토어Georg Cantor의 이름에서 따온 용어로, 이 책의 마지막 장인 '지식의 일곱 번째 경계'에서 무한대를 다룰 때 다시 언급할 것이다. 앞에서 말한 진자 장난감의 거동이 칸토어 집합에 좌우된다고 가정해보자. 그러면 이 선을 따라 진자를 움직일 때 일부 영역에서 나타나는 복잡한 거동을 예측할 수 있을 것이다.

여기서 한 가지 질문. 선의 가운데 1/3을 지워나가는 과정을 무한히 반복했을 때, 지워진 부분의 총 길이는 얼마일까? 무한 등비수열을 더해보면 '1'이라는 답이 나온다. 그러나 지우는 과정을 아무리 많이 반복해도 검은색 점은 여전히 남아 있다. 예를 들어 왼쪽 끝에서 1/4인 지점과 3/10인 지점은 영원히 지워지지 않는다. 게다가 이 점들은 혼자 고립되어 있지 않다. 검은 점을 중심으로 임의의 영역을 취하여 확대해보면 무한히 많은 하얀색 점과 검은색 점이 나타난다.

주사위의 거동을 지배하는 실제 역학은 어떤 종류일까? 지식의 한계를 넘어선 프랙털 구조일까? 처음에 나는 주사위가 혼돈계라고 생각했으나 최근 발표된 연구 결과를 보면 반드시 그렇지도 않은 것 같다.

주사위 파악하기

몇 년 전, 폴란드의 토마쉬 카피타니야크Tomasz Kapitaniak와 그의 아들 마르친 카피타니야크Marcin Kapitaniak, 야로스와프 스트르잘코Jaroslaw Strzalko와 율리우시 그랍스키Juliusz Grabski는 주사위의 운동을 수학적으로 분석한 후 그 결과를 고속 촬영 사진과 비교하여 "주사위의 미래는 완전히 혼돈스럽지 않다"는 결론에 도달했다. 2012년에 《카오스Chaos》라는 학술지에 실린 이들의 논문에는 위에 소개한 자석 진자와 비슷한 그림이 실려 있는데, 진자의 경우와 달리 주사위는 출발 위치뿐만 아니라 속도와 출발 각도에 따라 결과가 달라지기 때문에 2차원보다 높은 고차원 좌표를 사용하였다. 이 그림을 보면 주사위는 초기 조건을 조금 바꿔도 같은 눈금이 나오는 영역이 존재하며, 주사위가 이런 영역에서 출발한 경우에는 눈금을 정확하게 예측할 수 있다(모든 영역은 주사위의 최종 눈금에 따라 여섯 가지 색으로 구별된다). 그런데 그림에서 아주 미세한 영역을 임의로 골라 확대해보면 최소 두 가지 이상의 색이 존재한다. 즉, 주사위의 역학적 구조는 프랙털이다. 주사위의 눈금을 안정적으로 예측하려면 프랙털이 나타나지 않아야 한다.

폴란드의 연구팀은 주사위가 완전하게 균형 잡힌 대칭형이라는 가정하에 논리를 진행시켰다. 공기 저항은 주사위의 운동에 큰 영향을 미치지 않기 때문에 고려하지 않았다. 주사위가 탁자 면과 충돌하면 운동 에너지가 마찰과 열, 소리 에너지로 변환되면서 에너지가 감소한다. 이런 식으로 탁자 면과 여러 번 충돌하다 보면 결국 모든 에너지를 잃고 운동을 멈춘다. 바로 주사위의 눈금이 결정되는 순간이다.

주사위가 탁자와 충돌한 후 완전히 정지할 때까지 n번 튕겼다고 하자. $n = 1, 2, 3$일 때에는 주사위와 탁자 면 사이의 마찰력이 향후 운동에 큰 영향을 미치지만 n이 커질수록 영향력이 줄어든다. 그러나 마찰이 개입되면 문제가 너무 복잡해지기 때문에, 폴란드 연구팀은 마찰의 영향을 고려하지 않았다. 간단하게 말하자면 미끄러운 얼음판 위에서 주사위를 던진 셈이다.

허공을 날아가는 주사위의 궤적은 뉴턴의 운동 방정식을 이용하여 쉽게 알아낼 수 있다(이 내용은 나도 연구한 적이 있다). 폴란드 연구팀의 논문에서도 이 부분은 별로 복잡하지 않다. 문제가 복잡해지는 것은 주사위가 탁자에 충돌한 후부터다. 이들의 논문에 제시된 충돌 후의 운동 방정식은 무려 열 줄이나 된다.

폴란드팀의 논문에 따르면 주사위가 탁자와 충돌하면서 다량의 에너지를 잃어버린 경우, 주사위의 눈금은 프랙털의 양상을 띠지 않았다. 그러므로 초기 조건을 정확하게 세팅하여 주사위를 던지면 결과를 예측할

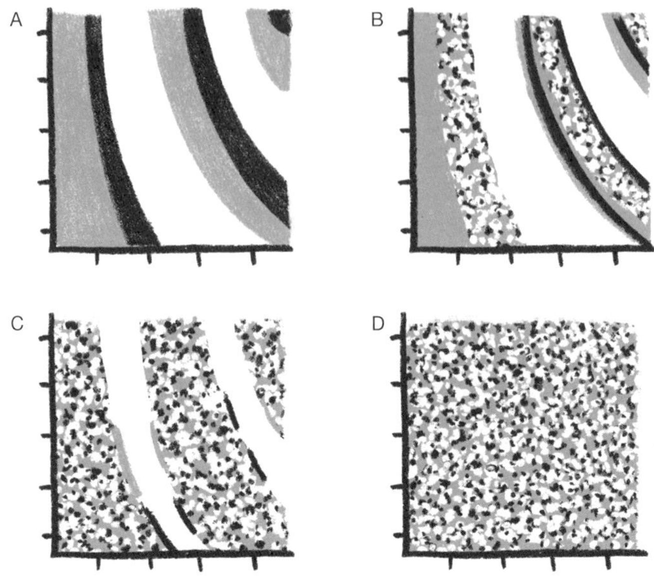

A는 충돌로 발생한 에너지 손실이 많은 경우이고, 뒤로 갈수록 에너지 손실이 적은 경우이다. 에너지 손실이 많으면 주사위 눈금을 예측하기 쉽고, 에너지 손실이 적을수록 프랙털 패턴이 드러나면서 예측이 어려워진다.

수 있고 원하는 눈금이 나오게 할 수도 있다. 예를 들어 주사위가 처음 출발할 때 가장 아래쪽 면의 눈금이 3이었다면, 최종 결과로 3이 나올 확률이 비교적 높다. 정지 상태에서는 완벽하게 대칭적이었던 주사위가 역학적 과정을 거치면서 어느 한쪽을 선호하게 되는 것이다.

그러나 탁자 면이 딱딱해서 충돌로 발생한 에너지 손실이 적은 경우에는 주사위가 여러 번 충돌하면서 프랙털 패턴을 보이게 된다.

주사위가 허공으로 던져진 초기 높이와 그때의 각 운동량을 조금씩 바꾸면 위와 같은 그림이 얻을 수 있다. 보다시피 에너지 손실이 적을수록 혼돈에 가까운 양상을 띠면서 주사위의 눈금이 신의 손에 달려 있는 듯한 느낌을 갖게 된다.

신은 주사위 노름을 하고 있는가?

신을 '우리가 알 수 없는 그 무엇'으로 정의할 수 있을까? 우리는 일련의 방정식으로 서술되는 혼돈계의 미래를 예측할 수 없다. 혼돈계는 변수의 미세한 변화에도 매우 민감하게 반응하기 때문이다. 고대인들이 섬겼던 신은 이 세상을 초월하여 존재하는 초자연적 지성체가 아니었다. 그들은 강이나 바람, 불, 용암 등 인간이 제어할 수 없는 자연 현상 자체를 신으로 간주했다. 간단히 말해서 '혼돈 = 신'이었다. 그 후 20세기 수학은 고대의 신이 여전히 우리와 함께 있다는 것을 보여주었다. 우리의 능력으로 알 수도, 제어할 수도 없는 자연 현상은 아직도 도처에 존재한다. 혼돈 이론에서 보면 우리의 미래는 지식의 한계를 넘어서 있다. 현재 상태를 나타내는 변수가 아주 조금만 달라져도 완전히 다른 미래가 초래되기 때문이다. 현재 상태를 아무리 정밀하게 관측해도 오차가 수반될 수밖에 없으니 혼돈계의 미래를 예측할 수 없는 것이다. 미래를 확인하는 방법은 단 하나, 그 미래가 현재로 바뀔 때까지 기다리는 수밖에 없다.

그렇다고 해서 모든 미래가 예측 불가능하다는 뜻은 아니다. 작은 변화가 결과에 큰 영향을 미치지 않는 경우도 종종 있다. 이런 영역에서는 수학이 미래를 예측하고 계획을 세우는 데 막강한 위력을 발휘한다. 그러나 이 세상에는 미래를 제어할 수 없는 경우도 많고, 알 수 없는 미래가 어떤 시점에서 우리의 삶에 중요한 영향을 미치기도 한다.

과학을 전공한 일부 종교인들은 초자연적 존재가 이 세상에 개입하는 방식을 과학적으로 설명하면서, 혼돈 이론과 현실 사이의 간극을 '초자연적 존재가 미래를 좌우하는 방식'으로 해석하고 있다.

종교적 과학자를 대표하는 인물로는 영국의 양자 물리학자 존 폴킹혼

John Polkinghorn을 꼽을 수 있다. 그는 케임브리지대학교를 졸업하고 그곳에서 물리학과 교수로 재직했는데, 양자 이론을 연구하면서 성공회 사제가 되기 위해 몇 년 동안 신학 공부를 병행하기도 했다. 나는 사적인 자리에서 폴킹혼과 대화를 나눈 적이 있는데, 자세한 내용은 '지식의 세 번째 경계'에서 양자 역학을 다룰 때 소개하겠다. 그는 혼돈 이론의 수학에 존재하는 지식의 빈칸이 "신이 인간의 미래에 영향을 미치는 영역"이라고 주장했다.

폴킹혼의 주장은 간단하게 "신은 물리 법칙을 위배하지 않으면서 혼돈 이론의 비결정성非決定性, indeterminacy을 통해 이 세상을 좌우하고 있다"라고 요약할 수 있다. 혼돈 이론에 따르면 우리는 현재의 세팅 상태를 정확하게 알 수 없기 때문에 결정론적 방정식으로는 미래를 예측할 수 없다. 그러므로 이 세상에는 "우리가 알고 있는 부분적 지식에 위배되지 않으면서 세상사에 적극적으로 개입하여 결과에 영향을 주는 신"이 끼어들 여지가 분명히 존재한다.

폴킹혼은 "데이터의 미세한 차이로 큰 변화가 초래되려면 완전한 '하향식 간섭top-down intervention'이 개입되어야 한다"고 주장했다. '신'을 직접 언급하지는 않았지만 전지전능한 신 외에 딱히 다른 대체물이 없는 것도 사실이다. 혼돈 이론에서는 우주 반대편에 있는 전자 하나가 우주 전체에 영향을 줄 수도 있으므로, 만물을 제어하려면 우주 전체를 완벽하게 파악하고 있어야 한다. 하지만 이런 엄청난 과업을 수행할 수 있는 존재는 전지전능한 신밖에 없다. 우리는 우주의 일부를 따로 떼어서 고립시킬 수 없고 떼어낸 일부분을 기초로 미래를 예측할 수도 없다. 그러므로 우리가 모르는 틈새를 통해 영향력을 행사하려면 모든 것을 알고 있어야 한다.

혼돈 이론은 뉴턴의 고전 역학처럼 결정론적 이론이며 양자 역학의 무작위성과는 아무런 관계도 없다. 그렇다면 결정론이 계에 미치는 영향을 어떻게 이해해야 할까? 폴킹혼은 이 난제를 해결하기 위해 인식론(알고 있는 것)과 존재론(사실) 사이의 틈을 이용했다. 인간은 우주의 상태를 완전하게 알 수 없으므로 인간의 관점에서 볼 때 '확정된 것'이란 존재하지 않는다. 우주의 구조에 대하여 우리가 알고 있는 내용을 일관성 있게 서술하는 시나리오는 여러 가지가 있다. 폴킹혼은 신이 아무 때나 우주에 개입하여 우리가 모르는 사이에 현재 적용되고 있는 시나리오를 다른 시나리오로 바꿀 수 있다고 주장한다. 그러나 앞서 말한 대로 혼돈 이론에서 미세한 변화는 커다란 차이를 낳을 수 있다. 그래서 폴킹혼은 "시나리오 사이의 전이轉移는 에너지가 아닌 정보의 수준에서 일어난다"고 덧붙였다. 그래야 물리 법칙에 위배되지 않기 때문이다. 그는 계절이 바뀌고 낮과 밤이 반복되는 것은 전이 대상이 아니라고 했다.

폴킹혼의 주장은 흥미롭기는 하지만(나도 매우 재미있게 들었다) 다른 식으로도 얼마든지 설명이 가능하다. 자유 의지에 대한 문제는 궁극적으로 환원주의 철학에서 제기되는 질문과 밀접하게 연관되어 있다. 이 세계를 원자론적 관점에서 서술하면 인간의 자유 의지는 발붙일 곳이 없어진다. 그러므로 "인간은 우주의 섭리에 직접 관여하고 있으므로 자유 의지가 존재한다"는 시나리오도 가능하다. 모든 것이 이미 결정되어 있고 초기 조건의 작은 변화가 결과에 별다른 영향을 미치지 않는다면, 우리는 자유 의지를 갖고 있다고 주장하기 어렵다.

우주를 '태엽이 감긴 시계'로 간주했던 뉴턴도 신의 개입을 서술할 수 있는 방정식이 존재한다고 생각했다. 그는 자신의 저서에 "세상이 잘못된 길로 접어들면 신이 개입하여 우주의 판을 다시 짠다"고 적어놓았다.

그러나 독일의 수학자이자 뉴턴의 라이벌이었던 고트프리트 라이프니츠는 "전지전능한 신이 왜 처음부터 우주를 완벽하게 만들지 않고 고장 날 때마다 일일이 수선하는 번거로움을 택했는가?"라며 뉴턴의 주장을 강하게 반박했다.

> 아이작 뉴턴 경과 그의 추종자들은 신에 대해 매우 이상한 믿음을 가지고 있다. 그들의 주장에 따르면 전지전능한 신은 자신이 창조한 시계의 태엽을 처음에 다 감아놓지 않고 중간에 시도 때도 없이 나타나 조금씩 감고 있다. 신이 개입하지 않으면 시계가 멈춘다. 아마도 뉴턴의 신은 우주라는 시계를 창조할 때 영구적으로 작동하도록 만든다는 생각을 떠올리지 못했나 보다.

혼돈의 경계

뉴턴의 수학은 분명히 미래를 예측하고 있다. 자연 현상에 그의 방정식을 적용하면 미래가 현실로 다가올 때까지 기다리지 않아도 앞으로 벌어질 상황을 알아낼 수 있다. "전능한 존재는 운동 방정식을 통해 모든 것을 알아내고 있다"는 라플라스의 말은 이론적으로 우주를 이해할 수 있다고 믿는 과학자들 사이에 하나의 계명처럼 자리 잡았다.

20세기 수학은 이론과 실제가 반드시 같을 필요가 없다는 사실을 보여주었다. "우주의 현재 상태를 완벽하게 알고 있으면 수학 방정식을 이용하여 미래를 완벽하게 알 수 있다"는 라플라스의 주장이 사실이라 해도 현재 상태를 완벽하게 파악하는 것은 어차피 불가능하다. 게다가 20세기에 등장한 혼돈 이론에 따르면 현재 상태를 '대충' 아는 것은 아무런 도움도 되지 않는다. 변형된 당구대 위에서 공이 그리는 혼돈스러운 궤적들 중 지금 우리가 어떤 궤적을 따라가고 있는지 알 방법이 없기 때문에 어느 누구도 미래를 예측할 수 없다.

혼돈 이론은 '우리가 결코 알 수 없는 것'의 존재를 시사하고 있다. 지난 수천 년 동안 우리에게 완벽한 지식을 제공하면서 탄탄한 신뢰를 쌓아왔던 수학이 이제 와서 우리를 배신한 것이다. 그러나 희망이 전혀 없는 것은 아니다. 운동 방정식이 초기 조건의 미세한 변화에 민감하지 않은 경우도 많고 이런 경우에는 미래를 안정적으로 예측할 수 있다. 과학자들이 날아가는 혜성에 탐사선을 착륙시킬 수 있었던 것은 수학을 통한 예측이 그만큼 정확했기 때문이다. 뿐만 아니라 우리는 로버트 메이의 인구동역학을 통해 "수학은 알 수 없는 것도 알게 해준다"는 사실을 깨닫게 되었다.

그러나 1990년대 초에 당시 박사과정 학생이었던 시아치홍夏志宏, Zhihong Xia이 놀라운 사실을 발견한 후로 이론의 예측 능력을 강조했던 라플라스의 신조에 암울한 그림자가 드리우기 시작했다. 다섯 개의 행성으로 이루어진 계에 중력이 복합적으로 작용하면 행성 하나가 궤도를 이탈하여 유한한 시간 내에 무한대의 속도로 날아갈 수 있다는 사실이 입증된 것이다. 이런 대형 사고는 행성끼리 직접 충돌하지 않아도 얼마든지 일어날 수 있으며 그 후의 상황은 어떤 방정식으로도 예측할 수 없다.

시아치홍은 "과거를 완벽하게 알면 미래를 알 수 있다"는 라플라스의 관점에 정면으로 도전한 셈이다. 행성의 속도가 무한대에 도달하면 그 후에 어떤 일이 일어날지 아무도 알 수 없기 때문이다. 이 시점에서 물리학 이론은 특이점에 도달하게 되고 그 후로는 모든 예측이 의미를 상실하게 되었다. 앞으로 보게 되겠지만 상대성 이론에 따르면 이 불운한 행성은 우주의 한계 속도인 광속(빛의 속도)을 초과할 수 없다. 그런데 물체의 속도가 광속에 가까워지면 뉴턴의 물리학은 더는 적용되지 않는다. 사실 뉴턴의 고전 역학은 상대성 이론의 근사적인 서술에 불과하지만, 상대성 이론도 궤도에서 이탈한 행성의 미래를 예측하기에는 역부족이다.

라플라스가 이 소식을 듣는다면 무덤에서 벌떡 일어날 것이다. 그는 "알고 있는 것이 적기 때문에 우리의 무식함은 하늘을 찌른다"고 했는데, 사실 알고 있는 것이 많아도 우리의 무식함은 계속 하늘을 찔러왔다.

그러나 예측할 수 없는 것은 행성과 주사위의 겉보기 운동만이 아니다. 카지노 주사위의 깊은 내부로 들어가도 결정론적 우주론에 위배되는 사실이 속속 발견된다. 과학자들은 주사위의 구성 성분을 알기 위해 내부 구조를 추적하다가, 구성 입자의 위치와 속도를 정확하게 알아내는 것이 이론적으로 불가능하다는 사실을 알게 되었다. 이어서 다룰 두 번째 경계와 세 번째 경계에서는 주사위의 구성 입자의 거동을 좌우하는 진정한 게임의 법칙을 알아보겠다.

지식의 두 번째 경계
첼로

3

모든 인간은 각자의 한계 안에서 이 세상의 한계를 바라보고 있다.
아르투르 쇼펜하우어

내가 중학교에 갓 입학했을 무렵, 음악 선생님이 우리 반 학생들에게 "누구 악기 배워볼 사람 없나?"라고 물었다. 그때 나를 포함한 세 학생이 손을 들었고 선생님은 우리를 데리고 음악실 창고로 갔다. 그런데 악기가 들어 있다는 벽장을 열어보니 선반 위에 트럼펫 세 개만 덩그러니 놓여 있는 게 아닌가!

"이런…… 너희는 트럼펫을 배울 운명인가 보다."

다른 선택의 여지가 없었지만, 지금까지 나는 트럼펫을 배운 것을 한 번도 후회하지 않았다. 우리는 학교 밴드를 결성하여 신나게 놀았고, 나중에는 지역 오케스트라의 트럼펫 연주자가 되어 음악과 함께 풍성한 삶을 누릴 수 있었다. 그러나 현악기의 은은하고 아름다운 선율을 듣고 있노라면 살짝 부러운 마음이 들기도 한다. 몇 년 전 한 라디오 프로그램에 출연하여 인터뷰를 했는데, 사회자가 "다른 악기를 배울 기회가 온다면 어떤 악기로 어떤 곡을 연주하고 싶습니까?"라고 물었다. 나는 잠시도 주저하지 않고 큰 소리로 외쳤다.

"첼로요! 바흐의 무반주 첼로 모음곡을 연주하고 싶습니다!"

그날 이후로 첼로가 계속해서 내 머릿속을 맴돌았다. 내가 과연 첼로를 배울 수 있을까? 새 악기를 배우기에 너무 늦지 않았을까? 이런저런 생각을 하다가 어느 날 그냥 질러버렸다. 악기점을 찾아가 커다란 첼로를 구입한 것이다.

주사위의 미래를 논하며 원고를 써 내려가는 지금, 그 첼로는 내 등 뒤에 조용히 서 있다. 주사위의 거동을 서술하는 방정식과 씨름을 벌이다가 수세에 몰리면 잠시 연필을 놓고 바흐의 첼로 모음곡 1번의 여섯 번째 곡인 〈지그Gigue〉를 내 멋대로 연주한다(사실 연주가 아니라 '명곡 학살'에 가깝다). 내 첼로 소리를 들으면 바흐가 무덤 속에서 돌아눕겠지만 아무래도 상관없다. 나만 즐거우면 그만이니까.

첼로의 매력 중 하나는 첼로 지판 위에서 손가락을 미끄러지듯 옮기면 그사이에 해당하는 모든 음이 연속적으로 재현된다는 것이다(이런 연주 기법을 글리산도glissando라 한다). 트럼펫은 밸브 세 개의 개폐 상태를 바꾸는 조작밖에 할 수 없기 때문에 정해진 음 외에는 낼 수 없다. 그런데 놀랍게도 첼로의 연속적인 글리산도와 트럼펫의 불연속적인 음계는 주사위의 움직임을 예측하려는 시도와 밀접하게 연관되어 있다.

주사위의 눈금을 예측하려면 우선 주사위의 재질부터 알아야 한다. 한쪽 구석의 아세테이트의 밀도가 다른 곳보다 높으면 주사위는 특정 면을 선호하게 된다. 그러므로 뉴턴의 운동 방정식을 이용하여 탁자 위를 구르는 주사위의 움직임을 알아내려면 주사위의 내부 구조도 알아야 한다. 주사위는 연속체인가? 아니면 작은 조각들이 빽빽하게 들어찬 불연속체인가?

이번 장의 머리글에서 쇼펜하우어가 말했던 것처럼, 바깥 세계를 인지하는 우리의 능력에는 분명히 한계가 있다. 최고의 시력을 가진 사람이 주사위를 제아무리 뚫어지게 노려봐도 투명하고 붉은 아세테이트로 만들어졌다는 것 외에는 아무것도 알아낼 수 없다. 여기에 배율 1,500배짜리 현미경을 들이대면 주사위가 커다란 건물 크기로 확대되지만, 미세한 먼지와 작은 흠집만 눈에 띌 뿐 주사위의 표면은 여전히 매끄럽고 연속적이다.

20세기의 과학자들은 가시광선 대신 다른 탐색자(전자)를 이용하여 현미경의 배율을 150만 배까지 향상시켰다. 이것이 바로 '과학자의 눈'으로 알려진 전자 현미경이다. 이 도구를 통해서 보면 주사위는 런던만큼 확대되어 작은 알갱이 구조가 희미하게 드러나기 시작한다. 연속체로 보였던 주사위가 사실은 작은 알갱이로 이루어진 불연속체였던 것이다. 최신 전자 현미경은 배율이 무려 1,500만 배에 달하여 탄소 원자와 산소 원자까지 볼 수 있다. 아세테이트의 구성 성분에 탄소와 산소가 포함되어 있다는 뜻이다.

우리 수학과 건물에는 현미경이 없다. 첨단 현미경을 구경하려면 수학과 건물을 나와 길을 건너서 반대편 건물의 실험실로 가야 한다. 그러나 과학자들은 내가 현미경으로 주사위를 들여다보기 훨씬 전부터 원자에 대한 이론을 연구해왔다. 그들은 물리학적 관점에 수학 이론을 접목하여 내 주사위를 포함한 만물의 구성 성분을 알아냈다.

그러나 수소 원자와 탄소 원자는 궁극적인 기본 단위가 아니다. 즉, 이들은 더 작은 요소로 분해될 수 있다. '원자atom'라는 말은 원래 '최소 단위의 구성 성분'을 뜻하는 용어였으니, 엄밀히 말하면 잘못 붙여진 이름이다. 지금의 전자 현미경으로는 원자 이하의 작은 세계를 볼 수 없지만 그 안에는 더욱 세밀한 미세 구조가 교묘하게 숨어 있다. 가상의 현미경으로 원자를 더 크게 확대하면 전자electron와 양성자proton, 중성자neutron가 모습을 드러낸다. 그리고 양성자와 중성자를 더 크게 확대하면 쿼크quark라는 소립자가 눈에 들어올 것이다. 2013년에 과학자들은 양자 현미경을 이용하여 수소 원자의 핵(양성자) 주변을 돌고 있는 전자를 카메라에 담는 데 성공했다. 그렇다면 한 가지 의문이 자연스럽게 떠오른다. 주사위의 기본 단위는 전자와 쿼크로 끝날까? 그 안에 더 미세한 구조가 숨어 있지는 않을까? 현미경의 성능은 한계가 있으니 그렇다 치더라도, 이론적으로는 과연 어느 단계까지 파고들어 갈 수 있을까?

주사위를 계속 반으로 쪼개나가면 어떤 상태에 도달하게 될까? 이 작업은 몇 번이나 반복할 수 있을까? 나의 수학적 마음은 코웃음을 치면서 "당연히 무한정 쪼갤 수 있지! 넌 중학교 다닐 때 등비수열도 안 배웠냐? 1에서 시작해서 계속 반으로 줄여나가면 아래와 같은 수열이 되잖아!"라고 말한다.

$$1, \frac{1}{2}, \frac{1}{4}, \frac{1}{8}, \frac{1}{16}, \cdots$$

정말 그렇다. 숫자를 반으로 줄여나간다면 도중에 멈출 이유가 없다. 그러나 주사위와 같은 물리적 실체를 반으로 자르는 것은 완전히 다른 문제다. '주사위 반 토막 내기' 프로젝트는 과연 언제까지 계속할 수 있을까?

연속과 불연속, 또는 수학적 가능성과 물리적 실체는 지난 수천 년 동안 팽팽하게 대립해왔다. 우리의 우주는 트럼펫의 불연속적 선율에 맞춰 앞으로 나아가고 있는가? 아니면 첼로의 우아한 글리산도에 맞춰 춤을 추고 있는가?

구球의 음악

주사위를 이루는 가장 작은 단위의 입자가 전자와 쿼크라는 것을 어떻게 확인할 수 있을까? 물론 나는 전자나 쿼크를 본 적이 없다. 그런데 이 사실을 어떻게 알았냐고 누군가가 묻는다면, "글쎄요……. 옛날에 누구한테 듣거나 책에서 읽었겠죠. 같은 내용을 하도 자주 접하다 보니 어떻게 알게 됐는지도 까맣게 잊어버렸어요"라고 답할 수밖에 없다. 가만, 내가 학교에서 이 내용을 처음 배울 때, 과학자들이 이 사실을 어떻게 알게 됐는지 선생님이 설명을 해줬던가? 나는 히말라야에 가본 적이 없지만 세계에서 제일 높은 산이 에베레스트라는 사실은 귀가 아프게 들어서 너무나 잘 알고 있다. 전자와 쿼크에 대한 나의 지식도 이렇게 주입된 것은 아닐까? 그렇다면 내가 알고 있는 내용은 지식이 아니라 믿음에 가깝다. 그러므로 주사위의 내부 구조를 추적하기 전에, 과학자들이 소립자의 존재를 확신하게 된 이유부터 알고 넘어가는 게 순서일 것이다.

주사위와 같은 일상적인 물질이 불연속의 입자로 이루어져 있다는 증거가 발견된 것은 불과 100년 전이다. 그러나 '물질의 최소 단위'라는 개념의 역사는 수천 년을 거슬러 올라간다. 고대 인도인들은 모든 만물이 맛과 향, 색, 촉감이라는 네 종류의 기본 원자로 이루어져 있다고 믿었다. 이들 중에는 무한히 작아서 공간을 차지하지 않는 것도 있고 덩치가 커서 공간을 채우는 것도 있다. 이제 곧 알게 되겠지만 고대 인도의 원자론은 현대의 원자론과 매우 비슷하다.

서양에서 원자에 입각한 자연 철학이 처음 탄생한 곳은 고대 그리스였다. 그리스 철학자들이 신봉했던 원자론은 "모든 물리적 실체는 최소 단위로 분해될 수 있다"는 환원주의와 맥을 같이한다. 그들이 생각했던 원자는 더 작은 단위로 분해될 수 없으며, 원자의 특성은 물질의 복잡한 내부 구조와 무관하다. 우주가 눈에 보이지 않는 작은 알갱이로 이루어져 있다는 믿음의 기원은 피타고라스의 철학에서 찾을 수 있다. 그에게 숫자는 우주의 비밀을 밝혀주는 궁극의 기본 단위였다.

피타고라스는 지인의 부탁을 받고 보청기를 설계하던 중 우연한 기회에 정수의 위력을 깨닫게 된다. 어느 날 그는 대장간 앞을 지나가다가 망치로 쇠를 두드리는 소리를 듣고 깊은 생각에 빠져들었다(피타고라스와 관련된 일화들은 대체로 신빙성이 떨어진다. 심지어는 그가 실존 인물이었는지조차 의심스럽다. 그가 쓴 책이 단 한 권도 남아 있지 않기 때문이다. 피타고라스에 대한 대부분의 이야기는 4세기경에 이암블리코스Iamblichos가 집필한 《피타고라스학파의 삶에 대하여Peri tou Puthagoricou Biou》 등 9권의 전기를 통해 세상에 알려졌다).

어쨌거나 이야기는 다음과 같이 계속된다. 망치 소리에 영감을 떠올린 피타고라스는 소리의 수학적 원리를 밝히기 위해 팽팽한 줄을 퉁기는 실험에 돌입했다. 앞서 말한 대로 첼로 지판의 한 지점을 손가락으로 누르고 활을 그으면서 손가락의 위치를 미끄러지듯 옮기면 음의 높이가 연속적으로 변한다(이때 손가락의 처음 위치와 나중 위치 사이에 해당하는 '모든 음'이 생성될까? 그 답은 다음 장에서 생각해보겠다). 그리고 손가락으로 지판의 특정 위치를 눌렀을 때 생성되는 음과 개방현(지판에서 손가락을 뗀 상태)의 음이 화성적으로 조화를 이루면 두 줄의 길이(진동하는 부분의 길이) 사이에 간단한 정수비가 성립한다.

예를 들어 전체 줄 길이의 1/2 지점을 손가락으로 눌렀을 때 나는 음은 개방현의 음과 화성적으로 가장 잘 어울린다. 이 두 음 사이의 간격을 '옥타브octave'라 하는데, 사람의 귀는 옥타브 간격으로 떨어진 두 음을 비슷하게 인식하는 경향이 있다. 그래서 음의 높이를 계명(도, 레, 미……)으로 표기할 때에는 옥타브에 상관없이 같은 이름을 사용한다. 또 전체 줄 길이의 1/3인 지점을 손가락으로 누르고 활을 그어도 개방현의 음과 화성적으로 잘 어울리는 소리가 난다. 이 음이 바로 화성의 기본인 '완전 5도'이다.● 기본음과 한 옥타브 위의 기본음 사이의 길이 비율이 2:1이고 기본음과 '완전 5도' 사이의 길이 비율이 3:1이니, 우리의 잠재의식은 소리를 들을 때에도 파장의 정수 관계를 인식하고 있는 것이 분명하다.

화음과 정수 사이의 밀접한 관계를 발견하고 몹시 흥분한 피타고라스와 그의 추종자들은 내친 김에 눈에 보이는 형상과 귀에 들리는 소리 등 모든 만물의 기본 요소를 정수로 간주한 우주 모형을 만들기 시작했다. 그 후로 등장한 고대 그리스의 우주론은 수학적 조화에 특히 집착하는 경향을 보였고, 그들의 우주 모형은 각 행성의 궤도가 수학적으로 완벽

● 기본음을 '도'라 했을 때, 1/2 지점에서 나는 음은 한 옥타브 위의 '도'이고, 1/3 지점에서 나는 음은 '솔'에 해당한다.

한 조화를 이루면서 '구球의 음악music of the sphere'을 구현하고 있다.

더욱 중요한 것은 주사위의 구성 요소를 추적할 때 글리산도처럼 연속적 개념이 아닌 불연속적 숫자가 문제의 핵심이라는 점이다. 피타고라스는 만물의 기본 단위인 원자가 숫자처럼 서로 더해져서 새로운 물질이 생성된다는 아이디어를 떠올렸고, 그리스의 철학자이자 수학자인 플라톤은 피타고라스의 철학을 한 단계 더 발전시켜서 원자를 불연속의 기하학적 객체로 간주했다.

플라톤은 원자가 정사각형이나 정삼각형이라고 생각했다. 왜냐하면 이미 그전부터 화학 원소들이 기하학적 형태라고 믿어왔기 때문이다. 그는 물질의 4대 원소인 불과 흙, 공기, 물이 기하학적 3차원 도형이라고 믿었다.

플라톤은 불이 네 개의 정삼각형 면으로 이루어진 피라미드형, 또는 정사면체이고 흙은 주사위처럼 생긴 정육면체라고 생각했다. 공기는 여덟 개의 정삼각형으로 이루어진 정팔면체였는데, 이것은 밑면이 정사각형인 피라미드 두 개를 이어 붙인 형태이다. 그리고 물은 스무 개의 정삼각형으로 이루어진 정이십면체였다. 그는 이 모든 원소가 기하학적 상호작용을 주고받으면서 모든 화학 물질을 만들어낸다고 믿었다.

물론 고대의 모든 철학자들이 원자론을 수용한 것은 아니다. 가장 큰 걸림돌은 원자가 눈에 보이지 않는다는 점이었다. 이 세상 어느 누구도 원자를 직접 볼 수는 없다. 그래서 아리스토텔레스는 원자론을 부정하고 "모든 물질은 연속체이며, 아무리 잘게 분해해도 더 분해할 수 있는 여지가 남아 있다"고 믿었다. 그가 불, 흙, 공기, 물을 여전히 4대 원소로 인정한 이유는 다른 형태로 분리될 수 없기 때문이었다. 물이나 공기는 아무리 분해해도 물성物性이 달라지지 않는다. 그리고 컵에 담긴 물을 아무리 자세히 들여다봐도 불연속체라는 증거를 찾을 수 없고 연속적으로 늘어나는 고무줄도 마찬가지다. 이리하여 학자들은 연속체 지지파와 불연속체 지지파로 나뉘어 서로 상대방의 허점을 지적하면서 치열한 논쟁을 벌였다. 글리산도와 피치카토, 첼로와 트럼펫이 대립각을 세운 것이다.

피타고라스는 원자의 개념을 처음 떠올린 사람으로 알려져 있지만 아이러니하게도 그가 발견한 새로운 수는 원자론의 입지를 뿌리째 흔들었다. 그리고 그 후로 오랜 세월 동안 "모든 물질은 무한정 분해될 수 있다"는 믿음이 세상을 지배하게 된다.

경계에서 찾은 수

종이 위에 두 개의 직선을 그려보자. 원자론의 관점에서 볼 때 개개의 직선은 더는 분할할 수 없는 원자로 이루어져 있으므로 두 직선의 길이 비율은 직선을 구성하는 원자 개수의 비율, 즉 두 정수의 비율로 표현할 수 있다. 그러나 현실은 그리 녹록치 않다. 피타고라스와 그의 제자들은 직각삼각형에 대한 피타고라스의 정리를 이리저리 응용하다가 분수로 표현할 수 없는 수가 존재한다는 사실을 알게 되었다. 수에서만큼은 신이나 다름없었던 피타고라스조차 모르는 수가 존재한다니, 청천벽력이 따로 없었다.

책상 위에 놓인 내 주사위도 원자론의 입지를 위협하고 있다. 주사위의 모든 모서리는 꼭짓점에서 직각으로 만나고 길이는 모두 같다. 그렇다면 주사위의 한 면에서 대각선의 길이는 얼마일까?

피타고라스의 정리에 따르면 직각삼각형에서 직각을 낀 두 변을 각각 제곱하여 더한 값은 나머지 한 변(빗변)의 길이를 제곱한 값과 같다. 이제 직각을 낀 두 변, 즉 주사위의 모서리 길이를 1이라 하면 대각선의 길이는 "자기 자신을 제곱했을 때 2가 되는 수"이다. 1의 제곱은 1이고 2의 제곱은 4이니, 1과 2 사이에 있는 수일 것이다. 오케이, 연설은 그만하면 됐다. 정확한 값은 얼마인가?

바빌로니아의 수학자들은 이 값을 계산하는 데 각별한 관심을 가지고 있었다. 고대 바빌로니아 시대(BC 1800~1600)에 만들어진 서판(현재 예일대학교 박물관에 보관되어 있다)에는 60진수를 이용하여 다음과 같이 적혀 있다.

$$1 + \frac{24}{16} + \frac{51}{60^2} + \frac{10}{60^3} = \frac{30,547}{21,600}$$

십진 표기법으로 쓰면 1.41421296296…이며, 끝자리의 296은 무한히 반복된다. 모든 분수는 십진 표기법으로 썼을 때 특정 자릿수 이하가 무한히 반복된다.[*] 역으로 특정 자릿수 이하로 무한히 반복되는 십진수는 분수로 쓸 수 있다. 바빌로니아인의 계산은 매우 정확하여 여섯 번째 자리까지 들어맞지만, 이 값을 제곱하면 2에서 아주 조금 벗어난다. 고대 그리스인들도 정확한 값은 몰랐지만 바빌로니아인들이 아무리 노력해도 항상 2에서 조금 벗어난다는 사실만은 알고 있었다.

이 희한한 수를 처음으로 발견한 주인공은 피타고라스의 제자 중 한 명인 히파수스Hippasus였다. 그는 정사각형의 대각선 길이가 분수로 표현될 수 없다는 사실을 증명했다.

직각삼각형에 대한 피타고라스의 정리에 따르면, 정사각형의 대각선

• 1은 1.0000…이므로 0이 무한히 반복된다.

길이는 한 변의 길이에 2의 제곱근을 곱한 값과 같다. 히파수스는 수학 논리의 전통적 기법인 귀류법歸謬法, proof by contradiction을 이용하여 자기 자신을 제곱해서 2가 되는 분수는 존재하지 않는다는 사실을 증명했다. 즉, 자기 자신을 제곱하여 2가 되는 분수가 존재한다고 가정한 후 후속 논리를 전개하여 모순을 찾아내는 식이다. 2의 제곱근이 분수라는 가정 하에 논리를 펼치다 보면 '짝수인 동시에 홀수인 수'가 존재하게 된다. 수 의 세계가 제아무리 넓고 기이하다 해도 이런 수는 결코 존재할 수 없으 므로, 처음에 세웠던 가정이 틀렸다고 결론지을 수밖에 없다. 따라서 2의 제곱근은 분수가 아니다.

피타고라스는 제자들과 함께 공동생활을 했다. 요즘 말로 하면 일종 의 사교 집단과 비슷했다. 흔히 '피타고라스 형제단', 또는 '피타고라스학 파'로 알려진 이 단체는 모든 재산과 지식을 공유했고 내부에서 알게 된 사실을 외부에 발설하지 않는 것으로 유명했다. 히파수스가 새로운 수를 발견하고 동료들에게 알렸을 때, 피타고라스는 별로 유쾌하지 않았을 것 이다. 아름다움과 조화의 상징인 등변직각삼각형에 그런 흉측한 수가 숨 어 있다니, 수를 숭배해온 집단의 수장으로서 결코 용납할 수 없었다. 전 하는 말에 따르면 히파수스가 이 사실을 외부에 발설하여 스승의 노여움 을 샀고, 결국 산 채로 바다에 수장되었다고 한다. 그러나 히파수스가 발 견한 수(무리수irrational number라고 한다)를 끝까지 비밀로 지키기에는 피 타고라스도 역부족이었다.

나는 무리수의 존재를 매일같이 몸으로 느끼며 살고 있다. 그 흔한 삼 각자에도 무리수가 숨어 있고 주사위 면의 대각선 길이도 무리수이다. 그러나 이 수를 노트에 적으려면 무한대의 시간이 걸린다. 십진 표기법 으로 쓰면 1.414213562…인데, 아무리 길게 늘어놓아도 반복되는 부분이

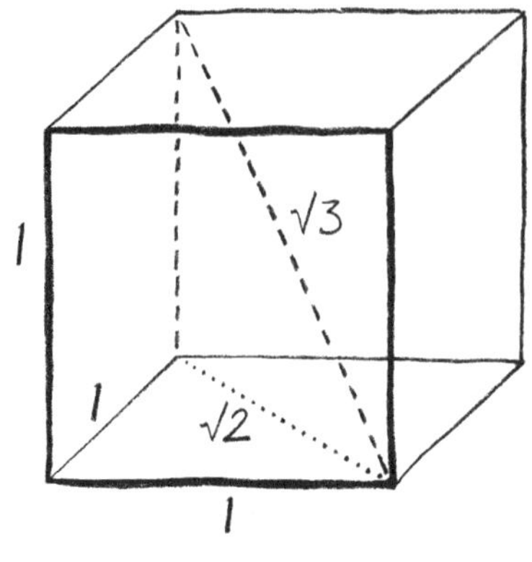

정육면체 안에 숨어 있는 무리수

없다. 제곱근 기호를 도입하여 $\sqrt{2}$로 쓸 수도 있지만 그래봐야 '눈 가리고 아웅'일 뿐이다.

넘쳐나는 무리수

고대 그리스인들이 '분수로 표현할 수 없는 길이'를 발견한 후, 당대의 수학자들은 무리수를 집중적으로 파고들기 시작했다. 원의 지름에 대한 원주 길이의 비율, 즉 원주율 π도 분수로 표현할 수 없는 무리수이다. 2의 제곱근이 무리수라는 것은 2000년 전에 그리스에서 발견되었지만, π가 무리수라는 것은 18세기 스위스의 수학자 요한 하인리히Johann Heinrich가 증명할 때까지 거의 3000년 이상 기다려야 했다.

앞에서도 말했지만 나는 알 수 없는 것들을 체질적으로 싫어한다. 그런데 아이러니하게도 내가 수학을 좋아하게 된 계기 중 하나가 바로 무리수였다. 학창 시절 수학 시간에 "간단한 정수 비율, 또는 분수로 표현할 수 없는 수가 존재한다"는 사실을 알게 된 후로 수학을 향한 열정에 불이 붙었기 때문이다. 바로 그해에 음악 선생님은 나에게 트럼펫을 가르쳐주었고 수학 선생님은 공부를 더욱 열심히 하라며 책 한 권을 추천해주었다. 그리고 그 책에서 2의 제곱근이 무리수라는 증명을 읽고 받은 충격은 지금도 생생하다. 정사각형의 대각선 길이를 숫자로 쓰려면 무한대의 시간이 걸리지만, 그것이 무리수라는 사실을 증명하는 논리는 단 몇 줄로 충분했다. 이 얼마나 위대한 발견인가! 무리수를 숫자로 표기할 수 없다면 차선책은 '표기할 수 없는 이유'를 알아내는 것이다.

어린 시절 책에서 증명을 읽은 후, 나는 무리수를 표기하는 새로운 방법을 알게 되었다. 그러므로 무리수는 이제 '알 수 없는 대상'이 아니다. 무한히 긴 것은 여전하지만 아무런 규칙도 없는 숫자를 길게 나열한 것보다는 훨씬 깔끔하다. 예를 들면 다음과 같이 쓸 수 있다.

$$\sqrt{2} = 2 \times \left(1 - \frac{1}{3}\right) \times \left(1 + \frac{1}{5}\right) \times \left(1 - \frac{1}{7}\right) \times \left(1 + \frac{1}{9}\right) \times \cdots$$

$$\pi = 4 \times \left(1 - \frac{1}{3} + \frac{1}{5} - \frac{1}{7} + \frac{1}{9} - \cdots\right)$$

이 표기법이 발견된 후로 무리수는 미지未知에서 기지既知로 바뀌었다. 분수는 십진법으로 표기했을 때 특정 위치부터 숫자가 반복된다. 그렇다면 위의 표현을 일종의 '반복'으로 간주할 수도 있지 않을까? 분수의 경우에는 반복되는 숫자의 개수가 유한하지만 $\sqrt{2}$나 π는 비슷한 패턴이 반복될 뿐, 정확한 크기를 나타내려면 무한히 많은 숫자가 필요하다. 그런데 무한히 긴 숫자를 과연 안다고 할 수 있을까? 이것은 내가 미지의 영역을 탐험하면서 항상 떠올렸던 질문이다.

　물론 현실적인 계산을 하면서 무한히 긴 수를 달고 다닐 수는 없다. 대부분의 공학자들은 22/7(=3.1485714857⋯)이라는 분수를 π의 근삿값으로 사용하고 있다. 그 옛날 아르키메데스는 정구십육각형의 둘레를 원주의 길이로 사용했다. 실제로 우주의 크기에서 원자에 이르기까지 물리학에 필요한 모든 계산은 π의 39번째 자리까지 고려하는 것으로 충분하다. 심지어 중간에 어떤 수가 등장하는지 알 필요 없이 π의 100만 번째 자릿수만 알아내는 공식도 있는데, 이것도 π의 부분적인 정보만 제공할 뿐이다(기발하긴 하지만 별로 알고 싶지 않다).

　이 세상에 무리수가 존재한다면 공간은 무한히 분할될 수 있지 않을까? 주사위의 대각선 길이를 정확하게 측정하려면 공간을 무한히 분할할 수 있어야 한다. 그리하여 모든 것이 연속적이라는 아리스토텔레스의 물질관은 중세 르네상스 시대까지 과학계의 정설로 통용되었다.

작은 구球의 화음

뉴턴의 시대 이후로 모든 만물이 유한한 크기의 최소 단위로 이루어져 있다는 생각이 과학계에 퍼지기 시작했다.[*] 무려 2000년 동안 전수되어 온 아리스토텔레스의 물질관에 최초로 이의를 제기한 사람은 뉴턴과 동시대에 살았던 로버트 보일Robert Boyle이었다. 그는 1661년에 출간된 《의심 많은 화학자The Skeptical Chemist》라는 저서에서 "불, 흙, 공기, 물은

● 여기서 '유한하다'는 말은 무한대보다 작다는 뜻이 아니라 무한히 작은 점보다 크다는 뜻이다.

물질의 상태를 나타낼 뿐, 구성 성분은 아니다"라며 4대 원소를 대신할 새로운 화학 원소 명단을 제시했다.

보일은 4대 원소에 정면으로 도전장을 내밀면서 다소 이단적인 주장을 펼쳤다. 자신이 제안한 새로운 원소들이 '크기, 모양, 운동 방식, 구조'가 각기 다른 작은 덩어리(또는 원자)라고 주장한 것이다. 사실 이것은 신학적 관점에서 볼 때 매우 위험한 발상이었다. 아리스토텔레스의 물질관에 익숙한 성직자들에게는 '신의 존재를 부정하는 유물론'처럼 들렸기 때문이다. 일부 사람들은 보일을 가리켜 '화학계의 갈릴레오'라 부르기도 했다.

뉴턴은 "모든 만물이 유한한 크기의 최소 단위로 이루어져 있다"는 보일의 물질관에 동의했지만, 그가 개발한 미적분학은 '무한정 분할할 수 있는 시간과 공간'에 기초하고 있었다. 미적분학은 무한소無限小의 시간 동안 일어나는 무한소의 움직임을 계산하는 도구이므로, 시간과 공간이 무한정 분할 가능해야 의미가 있다.

시간과 공간은 무한정 분할될 수 있는가? 이 질문을 최초로 떠올린 사람은 고대 그리스의 사상가 '엘레아의 제논Zeno of Elea'이었다. 그는 "화살이 과녁에 도달하려면 일단 사수와 과녁 사이의 1/2 지점을 지나야 하고, 1/2 지점을 지나려면 1/4 지점을 지나야 하고…… 이런 식으로 무한히 많은 점을 지나야 하므로, 화살은 결코 과녁에 도달할 수 없다"고 주장했다. 말 그대로 화살의 무용론을 펼친 것이 아니라 무한 분할이 가능하다는 공간의 개념에 문제를 제기한 것이다. 그 후 뉴턴의 미적분학이 등장하면서 제논의 역설이 또다시 도마 위에 올랐고 일부 과학자들은 공간의 연속성에 회의를 품기 시작했다.

18세기 아일랜드의 철학자 조지 버클리George Berkeley는 그의 유명한 책《분석가The Analyst》에서 "유한한 수를 0으로 나누는 것은 바보짓이다. 이 책의 부제는 이 점을 강조하기 위해 달아놓았다"고 했는데,《분석가》의 부제는 '믿음이 부족한 수학자에게 고함Addressed to an Infidel MATHEMATICIAN'이었다.

종교적 교리에 개의치 않는 수학자들은 뉴턴의 미적분학을 최고의 업적으로 떠받들었다. 그러나 뉴턴이 이루어낸 또 다른 업적은 "시공간은 무한히 분할할 수 있지만 물질은 그렇지 않다"는 것을 강하게 시사하고 있었다. 이 세계가 더는 쪼갤 수 없는 최소 단위 물질로 이루어져 있다는 그의 생각은 얼마 후 과학계의 정설로 자리 잡게 된다. 그러나 당시만 해도 뉴턴의 원자론은 증거가 전혀 없는 가설에 불과했다.

뉴턴의 중력 이론은 행성이나 사과처럼 규모가 큰 물체에는 기가 막힐 정도로 잘 들어맞았다. 그래서 뉴턴은 "나의 이론이 큰 물체나 중간 크기의 물체에 잘 맞는다면 아주 작은 물체에도 적용할 수 있을 것"이라고 생각했다. 하긴 그렇다. 큰 물체에 적용되는 법칙과 작은 물체에 적용되는 법칙이 다를 이유가 없지 않은가? 그는 중력과 미적분학으로 행성의 운동을 서술할 때, 행성의 질량이 '질량 중심center of mass'이라는 한 점에 집중되어 있다고 가정했다. 그렇다면 모든 물체가 초미세 행성 같은 작은 입자로 이루어져 있어서 크기에 상관없이 뉴턴의 운동 법칙을 따르고 있을지도 몰랐다. 뉴턴은《프린키피아》에서 "개개의 작은 입자에 운동 법칙을 적용하면 모든 물체의 운동을 알아낼 수 있을 것"이라고 했다.

빛에 대한 뉴턴의 이론도 원자론에 가깝다. 그가《광학Optiks》에서 언급한 자연 현상을 설명하려면 빛을 입자로 간주하는 것이 가장 편리한 선택이었을 것이다. 실제로 빛의 경로를 분석해보면 쿠션에 부딪혀 튕겨 나오는 당구공과 매우 비슷하다. 그러나 과학적 관점에서 볼 때 우주가 최소 단위 입자로 이루어져 있다는 증거는 어디에서도 찾을 수 없었다.

17세기에 현미경이 발명된 후에도 원자론을 입증할 만한 증거는 발견되지 않았다. 가끔 현미경을 통해 불연속적인 구조가 발견된 적도 있지만 그것이 더는 분할되지 않는다고 확신할 수가 없었다. 그럼에도 당시 과학계의 분위기는 원자론 쪽으로 기울고 있었다. 1691년에 니콜라스 브래디Nicholas Brady가 가사를 쓰고 헨리 퍼셀Henry Purcell이 곡을 붙인 〈성 세실리아 송가Ode to Saint Ceclila〉를 잠시 음미해보자.

당신에게 영감을 얻은 이 세상의 영혼이여!
삐걱대는 물질의 씨앗들이 입을 모아 외치니
당신은 흩어진 원자들을 하나로 묶고
법칙으로 정해진 진실의 비율을 따라
모든 부분이 모여 완벽한 조화를 이루게 하셨나니……

물질이 결합하여 새로운 물질이 된다는 실험적 증거가 처음 발견된 후 원자론이 입증될 때까지는 거의 100년이 걸렸다. 브래디가 은유적으로 말했던 '완벽한 조화'가 기어이 현실로 나타난 것이다.

원자대수학

19세기가 시작될 무렵, 영국의 화학자 존 돌턴John Dalton은 역사상 최초로 모든 물질이 원자로 이루어져 있다는 사실을 보여주는 실험적 증거를 발견했다. 다양한 화학의 기본 재료들이 특정한 정수 비율로 결합하여 화합물이 만들어진다는 사실을 직접 확인한 것이다. 그의 발견은 학계에 일대 혁명을 불러일으켰고, 대다수의 과학자들은 그 기본 재료들이 불연속의 덩어리로 존재한다고 믿었다.

한 가지 예를 들어보자. 산소는 질소 기체와 1:1, 또는 2:1의 비율로 결합한다. 1.5:1이나 2.3:1로 결합하는 경우는 없다. 물론 이것은 물질이 불연속적이라는 증거가 될 수 없고 연속체 지지자들의 생각을 바꾸기에도 역부족이지만 정황 증거는 될 수 있다. 정확한 답을 얻으려면 산소와 질소가 일정한 비율로 반응하는 이유를 알아야 한다.

이렇게 탄생한 것이 바로 화학 반응식이다. 산소와 질소의 결합은 대수학적 표기를 흉내 내어 $N+O$, 또는 $N+2O$로 쓸 수 있다. 앞서 말한 대로 $N+1.5O$라는 결합은 일어나지 않는다. 그런데 자세히 보니 산소와 질소뿐만 아니라 모든 화합물이 기본 원소의 정수 비율로 결합하는 것 같다. 예를 들어 황화알루미늄은 $2Al+3S=Al_2S_3$로 표현된다. 알루미늄과 황의 비율이 2:3이라는 뜻이다. 종류를 불문하고 정수로 표현할 수 없는 비율로 결합하는 경우는 없다. 마치 화학의 심장부에서 음악적 화성이 들려오는 것 같지 않은가? 나는 이것을 '작은 구球가 만들어낸 음악'이라 부르고 싶다.

분자를 이루는 구성 성분의 목록을 최초로 작성한 사람은 러시아의 화학자 드미트리 멘델레예프Dmitri Mendeleev였다. 요즘 각 급 학교의 과학실 벽에 붙어 있는 주기율표가 바로 그것이다. 여기 등장하는 원소들은 1에서 시작하여 번호가 1씩 증가하는데, 가만히 보고 있노라면 피타고라스가 하늘같이 믿었던 수의 위력이 되살아난 듯한 느낌이 든다. 멘델레예프는 일부 선배 과학자들이 그랬던 것처럼 원소의 상대적 질량이 가벼운 것부터 차례로 나열했지만, 자신이 원하는 패턴이 드러나도록 하기 위해 약간의 융통성을 발휘했다.

멘델레예프는 원소의 화학적 특성을 규명하기 위해 그때까지 알려진 원소를 카드에 적어놓고 솔리테어solitaire●와 비슷한 카드 게임을 여러 번 반복했지만 별 소득이 없었다. 어느 날 그는 스스로를 인내의 한계까지 몰아붙이다가 결국 탈진하여 쓰러졌는데, 꿈속에서 독특한 카드 배열을 본 후 해결의 실마리를 찾았다고 한다. 중요한 것은 그가 배열한 카드에 빈자리가 있다는 것이었다. 심증으로는 존재해야 하는데 아직 발견되지 않은 원소가 여러 개 있었던 것이다.

멘델레예프가 창안한 주기율표의 핵심은 원자 번호atomic number이다. 원자의 무게는 양성자와 중성자가 대부분을 차지하고 있지만 원자 번호는 오직 양성자의 수로 결정된다. 그러나 당시는 양성자와 중성자가 발견되기 전이었기에, 멘델레예프는 원자들이 그와 같이 배열되는 이유를 나름대로 찾아야 했다.

원소를 배열해놓고 보니 독특한 규칙이 눈에 띄었다. 그것은 카드 한 벌 중 무늬가 다르면서 숫자가 같은 카드가 여러 장(4장) 존재하는 것과 비슷했다. 예를 들어 스페이드(♠) A에서 시작하여 숫자가 낮은 순서로 카드를 가로줄로 나열하다가 K에 도달하면, 다음 무늬(예를 들어 다이아몬드)의 A부터 숫자가 반복되는 것과 같다. 즉, 카드 배열은 '13(A, 2, 3, …, Q, K)'이라는 주기를 갖고 있다. 멘델레예프는 원소 카드가 '8'이라는 주기로 반복된다는 사실을 알아냈고, 각 주기의 첫 번째, 두 번째, …, 여덟 번째에 해당하는 원소들이 화학적으로 비슷한 성질을 가지고 있다는 사실도 알아냈다. 예를 들어 각 주기의 첫 번째에 해당하는 원소들은 리튬(Li),

● 혼자 하는 카드놀이로 윈도우 운영 체계에 기본으로 깔려 있다.

나트륨(Na), 칼륨(K) 등인데, 이들은 모두 부드럽고 밝으면서 반응성이 높은 고체이다. 그리고 여덟 번째에 해당하는 헬륨(He), 네온(Ne), 아르곤(Ar) 등은 모두 기체로서 다른 원소와 거의 반응을 하지 않는다는 공통점을 가지고 있다.

사실 원소 목록이 8이라는 주기로 반복된다는 것은 멘델레예프 이전부터 '옥타브 법칙law of octave'이라는 이름으로 알려져 있었다. 피아노의 흰건반을 '도' 음부터 시작하여 한 칸씩 올라가다 보면 같은 계명이 반복되는 것과 같은 이치다. 원자의 옥타브 법칙을 처음 제안한 사람은 영국의 화학자 존 뉴랜즈John Newlands였는데, 왕립학회에서 이 내용을 발표했다가 동료 학자들에게 웃음거리가 되고 말았다. 그때 자리에 앉아 있던 한 동료는 "이봐, 다음에는 원소를 알파벳 순서로 늘어놓고 새로운 규칙을 찾았다고 우길 건가?"라며 비아냥거렸다. 그러나 멘델레예프는 옥타브 법칙이 존재하는 이유를 논리적으로 설명해냈고 주기율표의 창시자로 역사에 남게 되었다.

멘델레예프는 주기율표의 목록 중에 기대했던 특성과 실제 원소의 특성이 일치하지 않으면 애써 끼워 넣지 않고 빈칸으로 남겨두었다. 나중에 발견될 원소를 위해 미리 자리를 마련해둔 것이다. 이가 빠진 주기율표는 다소 어설프게 보였지만, 사실 이것은 그의 천재성과 선견지명이 돋보이는 '신의 한 수'였다. 예를 들어 멘델레예프가 비워두었던 주기율표의 서른한 번째 칸은 훗날 프랑스의 화학자 르코크 부아보드랑Lecoq Boisbaudran이 발견한 갈륨(Ga)으로 자연스럽게 채워졌다. 주기율표에 빈칸이 없었다면 화학자들은 한동안 큰 혼란을 겪었을 것이다.

주사위의 재료

이로써 만물을 구성하는 원소 목록이 완성되었다. 예를 들어 내 책상 위에 놓인 주사위는 탄소 원자와 산소 원자, 수소 원자가 복잡하게 결합된 셀룰로즈 아세테이트cellulose acetate로 이루어져 있다. 내 몸을 구성하는 원자의 목록도 주사위와 비슷하지만 결합 방식이 달라서 별로 딱딱하지 않다. 셀룰로즈 아세테이트는 내부에 거품이 없는 등방형 구조물로서 표면이 매끄럽고 견고하여 다양한 목적으로 사용된다. 이 재료가 개발되기 전에는 1868년에 웨슬리 하이엇Wesley Hyatt이 질산과 황산, 무명 섬유와 장뇌camphor*를 섞어서 만든 질산염 기반 셀룰로즈nitrate-based cellulose를 사용했는데, 인장 강도가 높고 물, 기름, 산에 강한 재질로 유명했다.

셀룰로즈는 하이엇의 형이 붙인 이름이다. 이 재료를 사용하면 상아나 사슴뿔로 만들었던 장식품을 싼값에 거의 비슷하게 만들 수 있었으므로 중산층에게 인기가 좋았다. 요즘은 당구공과 탈부착용 옷깃, 피아노 건반, 주사위 등에 이 합성 플라스틱을 주로 사용하고 있다. 20세기 초에는 질산 셀룰로즈cellulose nitrate로 만든 주사위를 널리 사용했으나, 수십 년이 지나면 결정화 현상이 일어나 쉽게 부서지면서 독한 질산 가스를 배출하곤 했다.

1940년대 말에 생산된 질산 셀룰로즈 주사위는 결정화가 일어나지 않도록 특수 처리가 되어 있어서 주사위 수집가들이 가장 선호하는 모델이다. 내 주사위도 그중 하나로서 내부 구조를 화학식으로 표현하면 다음 그림과 같다.

* 녹나무에서 채취한 백색의 유연한 고체이다.

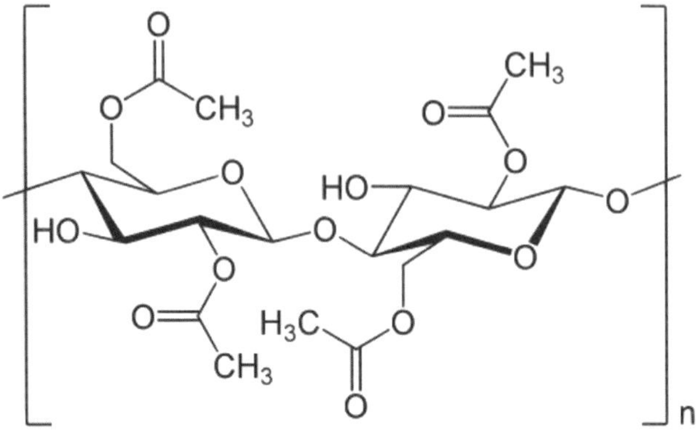

이런 식으로 구성 원소를 낱낱이 규명한다 해도 주사위가 불연속체라는 증거는 될 수 없다. 연속적인 물질도 이와 같은 화학식으로 표현할 수 있기 때문이다. 어쨌거나 19세기 말 화학계의 대세는 원자론 쪽으로 기울었지만 물리학자들은 여전히 회의적이었고, 독일의 물리학자 루트비히 볼츠만Ludwig Boltzman을 비롯한 원자론 추종자들은 한쪽 구석에서 조용히 웃고 있었다.

볼츠만이 원자론을 지지한 이유는 열의 개념을 물리적으로 해석하는 데 유리했기 때문이다. 기체가 작은 분자 알갱이로 이루어져 있다고 가정하고 기체의 운동을 '여러 개의 미세한 공으로 진행되는 초대형 당구 게임'으로 해석하면 열을 다루기가 쉬워진다. 볼츠만은 열을 작은 당구공들의 운동 에너지가 결합된 양으로 해석하고, 이 모형에 확률 및 통계 이론을 적용하여 기체의 거시적 거동을 정확하게 설명했다. 그러나 대부분의 물리학자들은 볼츠만의 이론을 비난하면서 연속체 이론을 끝까지 고집했다.

연일 쏟아지는 비판에 지친 볼츠만은 자신의 당구공 이론이 "논문 게재용으로 쓴 가설일 뿐"이라며 한 걸음 뒤로 물러났다. 그의 최대 라이벌이 었던 에른스트 마흐Ernst Mach는 원자론을 놓고 볼츠만과 논쟁을 벌이다가 산뜩 비웃는 듯한 표정으로 "자네, 원자를 본 적은 있나?"라고 물었다.

볼츠만의 삶은 고난과 불운의 연속이었다. 주변 사람들의 증언을 보면 조울증을 심하게 앓았다고 한다. 그는 1906년에 가족과 함께 이탈리아의 트리에스테 근처로 휴가를 갔는데, 아내와 딸이 해수욕을 하는 동안 숙소에서 스스로 목숨을 끊었다. 학계에서 철저하게 외면당한 것이 가장 큰 이유였을 것이다.

더욱 안타까운 것은 그 무렵에 볼츠만의 이론이 옳다는 증거가 도처에서 발견되고 있었다는 점이다. 몇 년만 더 참았다면 원자론을 입증한 물리학자로 학계의 칭송을 한 몸에 받았을 것이다. 그 후 아인슈타인을 비롯한 일부 물리학자들이 브라운 운동Brownian motion[•]의 원리를 규명하면서, 마흐를 비롯한 원자론 반대자들의 입지는 더욱 좁아지게 된다.

꽃가루 핑퐁

평범한 현미경으로는 원자를 볼 수 없다. 그러나 19세기 과학자들은 현미경을 통해 원자 주변에서 일어나는 특이한 현상을 관측하는 데 성공했다. 1827년에 로버트 브라운Robert Brown이 물의 표면에 떠다니는 작은 꽃가루 입자의 무작위 운동을 발견한 후로, 이 현상은 '브라운 운동'으로 불리게 된다. 처음에 브라운은 꽃가루가 수면에서 무작위로 점프를 일으키

[•] 액체나 기체 안에서 일어나는 작은 입자의 불규칙한 운동이다.

는 것이 일종의 생명 활동이라고 생각했다(꽃가루는 유기체이다). 그러나 1785년에 네덜란드의 과학자 얀 잉엔하우스Jan Ingenhousz가 알코올에 떠 있는 석탄 가루에서 이와 비슷한 운동을 발견한 적이 있으며, 브라운 역시 수면에 떠다니는 무기물 가루도 무작위 점프를 일으킨다는 사실을 확인하고 크게 당황했다.

기원전 60년에 로마의 시인 루크레티우스Lucretius는 〈사물의 본질On the Nature of Thing〉이라는 교훈시에서 원자의 운동이 큰 물체의 운동으로 나타나는 과정을 다음과 같이 묘사했다.

> 건물 안으로 햇살이 들어와 어둠을 밝히면 수많은 먼지 알갱이가 서로 엉겨서 어지럽게 날아다닌다……. 이들의 춤에는 보이지 않는 곳에서 일어나는 운동이 반영되어 있다……. 먼지 알갱이의 운동은 스스로 움직이는 원자에서 비롯된 것이다. 원자가 움직이면 그 영향을 받아 작은 혼합물이 운동을 시작하고, 이들이 다시 큰 물체(먼지 알갱이)에 부딪혀 후속 운동이 야기된다. 원자에서 시작된 작은 운동이 점차 누적되어 우리가 감지할 수 있는 운동으로 나타나는 것이다. 햇살 속에 드러난 물체의 운동은 눈에 보이지 않는 (원자의) 운동에 그 뿌리를 두고 있다.

훗날 아인슈타인은 루크레티우스의 햇살과 브라운의 꽃가루에서 일어나는 무작위 운동을 수학적으로 분석하여 원자의 개념을 한층 더 구체화시켰다.•

아인슈타인의 목적은 수면에서 일어나는 꽃가루의 비정상적인 움직임을 설명하는 것이었다. 수면 위에 바둑판 모양의 보조선을 그려놓고

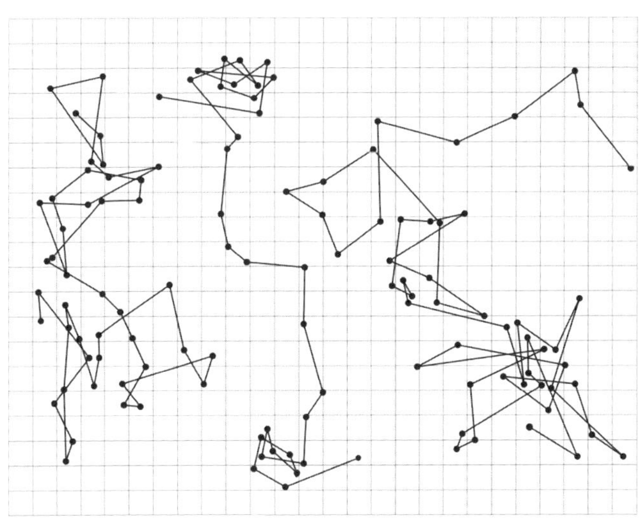

꽃가루의 운동을 분석해보면, 임의의 위치에서 입자가 왼쪽-오른쪽-위-아래로 움직일 확률이 모두 같다는 것을 알 수 있다. 사면체 주사위를 던져서 나오는 눈금에 따라 동서남북 중 한 방향으로 한 걸음씩 걸어가면서 얻은 결과와 비슷하다. 위 그림은 프랑스의 물리학자 장 바티스트 페랭Jean Baptiste Perrin의 저서 《원자Les Atomes》에서 발췌한 것으로, 네 개의 꽃가루 입자를 물 위에 띄워놓고 일정 시간 동안 이동 궤적을 추적하여 얻은 결과이다.

20세기 초에 한 젊은 과학자가 "꽃가루의 무작위 운동은 꽃가루보다 훨씬 작은 물 분자를 통해 일어난다"고 주장했다. 그는 박사 학위를 받고 일자리를 구하지 못해 임시직을 전전하다가 지인의 도움을 받아 스위스

● 브라운 운동에 대한 아인슈타인의 논문은 1905년에 그 유명한 '특수 상대성 이론'과 함께 발표되었다.

특허청 말단 직원으로 간신히 취직한 무명의 물리학자인 알베르트 아인슈타인이었다.

그는 작은 물체가 무작위로 움직이다가 큰 물체와 충돌하여 운동을 야기하는 과정을 수학적으로 풀어서, 실험실에서 관측된 브라운 운동을 이론적으로 정확하게 재현해냈다. 예를 들어 아이스하키 경기장 한가운데 퍽이 놓여 있고, 그 주변을 여러 개의 조그만 퍽들이 무작위 방향, 무작위 속도로 움직인다고 가정해보자. 큰 퍽은 작은 퍽에 얻어맞을 때마다 특정 방향으로 미세하게 움직일 것이다. 그러나 큰 퍽이 눈에 보일 정도로 많이 움직이려면 작은 퍽에 여러 번 얻어맞아야 한다. 과연 몇 번을 때려야 관측 가능한 운동이 일어날까? 이것이 바로 문제의 핵심이다(물론 큰 퍽과 작은 퍽의 상대적 크기도 알아야 한다).

꽃가루의 무작위 운동을 설명한 아인슈타인의 수학 모형은 액체가 연속체라고 하늘같이 믿어왔던 사람들에게 청천벽력이나 다름없었다. 개중에는 완벽한 논리를 애써 무시하고 아리스토텔레스의 연속체 이론을 끝까지 고집하는 학자도 있었다.

아인슈타인의 이론에 입각하여 자세한 계산을 해보면 꽃가루와 물 분자의 상대적 크기를 알 수 있다. 그의 이론은 물질이 불연속 단위로 이루어져 있다는 확실한 증거였지만, 그 작은 단위를 더 작은 단위로 분해할 수 있는지는 아무도 알 수 없었다.

그러나 원자는 더는 분해할 수 없는 최소 단위가 아니었다. 얼마 후 수소와 탄소 원자를 구성하는 더 작은 요소들이 발견되었기 때문이다. 알고 보니 원자는 전자와 양성자, 중성자라는 더 작은 입자로 이루어진 복합체였으며 특히 전자는 아인슈타인의 논문이 발표되기 8년 전에 이미 발견된 상태였다.

원자 분해하기

과학자들은 무언가 새로운 것이 발견되지 않는 한, 현재의 이론을 결코 버리지 않는다. 고집이나 독선이 아니라 과학이 진행되는 방식이 원래 그렇다. 현재의 이론으로 설명할 수 없는 현상이 발견되면 그때서야 이론을 수정하거나 새로운 이론으로 갈아탄다. 주기율표에 등장하는 원자들이 더 작은 입자로 구성된 복합체라면, 단어의 정의로 봤을 때 원자는 더는 원자가 아니다.[•] 그러나 원자의 구성 입자 중 하나인 전자가 발견된 후에도 원자는 자신의 이름을 빼앗기지 않았다. 과학자들이 새로운 용어를 만들지 않고 기존 단어의 뜻을 현대적 의미로 수정했기 때문이다.

19세기가 끝날 무렵, 영국의 물리학자 톰슨J. J. Thomson은 기체를 통해 전기가 흐르는 현상을 연구하던 중 원자 내부에 존재하는 아주 작은 입자를 발견했다. 기체가 들어 있는 유리관의 양쪽 끝에 전극을 달아놓고 고전압을 걸어주면 유리관 안에 전류가 흐른다. 그런데 신기하게도 이때 흐르는 전류는 눈으로 확인할 수 있다. 두 전극 사이(유리관의 내부)에 아크 방전이 일어나 선명한 빛줄기가 생성되기 때문이다.

유리관 내부의 공기를 빼서 진공 상태로 만들면 더욱 신기한 현상이 나타난다. 톰슨이 진공 상태의 유리관(진공관)의 양끝에 전압을 걸었더니 아크가 사라지는 대신 유리관의 한쪽 끝이 형광색으로 변한 것이다. 그리고 진공관의 중앙 부위에 십자가 모양의 금속판을 설치해놓고 같은 실험을 했더니 유리관 한쪽 끝에 십자가 모양의 그림자가 선명하게 나타

• 원자의 원어명인 'atom'은 더는 분할할 수 없는 최소 단위를 뜻하는 그리스어 'atomos'에서 유래했다.

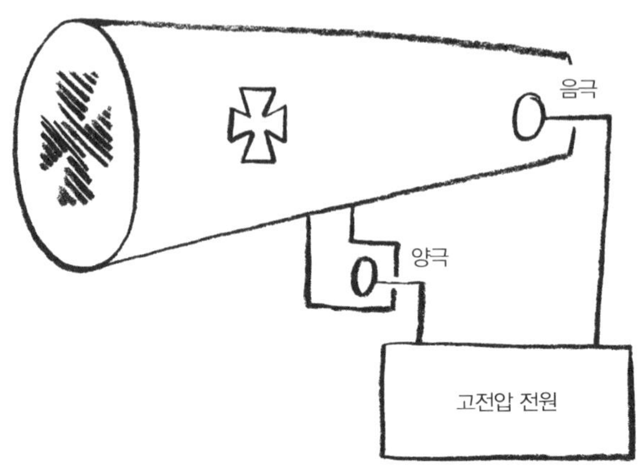

음극에서 방출된 전자가 반대쪽 끝에 도달하면 유리가 형광색으로 변한다.

났다(위의 그림 참조).

그림자는 항상 음극의 반대편에 형성되었다. 왜 이런 현상이 생기는 걸까? "음극에서 방출된 모종의 선線, ray이 물질과 상호 작용을 하면서 빛을 발한다"는 설명이 제일 그럴듯하다. 유리관에 기체가 가득 차 있을 때에는 기체와 상호 작용을 하고, 진공인 경우에는 유리관 자체와 상호 작용을 주고받은 것이다.

흔히 '음극선cathode ray'으로 알려진 이 현상은 한동안 미스터리로 남아 있었다. 진공관의 중간에 얇은 금박을 매달아서 경로를 막아놓아도 음극선은 금박을 가뿐하게 통과했다. 빛의 파동적 성질이 발현된 것일까? 일부 물리학자들은 음극에서 음전하를 띤 입자가 방출되어 양극으로 끌려간다고 생각했다. 그렇다면 이들은 어떻게 금박을 통과하는 것일까?

톰슨은 한 가지 아이디어를 떠올렸다. 아크 방전의 원인이 하전 입자(전하를 띤 입자) 때문이라면 진공관 안에 자기장을 걸었을 때 경로가 변할 것이다. 독일의 물리학자 하인리히 헤르츠Heinrich Hertz가 전에 이런

138

실험을 했지만 유리관 내부를 완벽한 진공으로 만들지 못하여 실패한 적이 있었다. 톰슨은 고성능 펌프를 동원하여 유리관 내부를 거의 진공 상태로 만든 후 전류를 흘려주었고, 예상했던 대로 음극선은 자기장 안에서 눈에 띌 정도로 크게 휘어졌다.

톰슨은 휘어진 정도와 전하량에서 음극에서 방출된 입자의 질량을 계산하다가 깜짝 놀랐다. 뉴턴의 운동 법칙에 따르면 물체에 힘을 가했을 때 이동하는 거리는 질량에 따라 달라진다. 따라서 자기장을 걸었을 때 경로가 휘어지는 정도도 입자의 질량에 따라 다르게 나타나야 한다.

물론 입자의 전하량도 계산에 영향을 미친다. 톰슨은 또 다른 실험을 통해 입자의 전하를 알아낸 후 이 값을 토대로 질량을 계산했는데, 결과는 매우 충격적이었다. 주기율표에서 가장 가벼운 원자인 수소 원자의 질량보다 2,000배나 가벼웠던 것이다.

이 입자는 음극이라는 '금속'에서 방출되었으므로 원자를 구성하는 입자일 가능성이 높았다. 즉, 원자의 내부에 더 작은 입자가 존재한다는 뜻이므로 원자는 이제 물질의 최소 단위가 아니었다. 과학자들은 이 입자를 '전자'라고 불렀는데, 전자의 원어명인 'electron'은 그리스어로 호박^{琥珀}•을 뜻하는 'elektron'에서 따왔다. 이리하여 전자는 전하를 띤 입자들 중 최초로 입자 명단에 오르게 된다.

원자에 내부 구조가 존재한다는 사실이 알려지면서 전 세계 과학자들은 커다란 충격에 빠졌고, 개중에는 톰슨의 연구 결과를 믿지 않는 사람도 있었다. 전자의 존재가 알려진 후 한 강연장에서 톰슨이 한 말은 당시의 분위기를 잘 보여주고 있다.

• 나무의 진이 땅속에 묻혀 굳어진 광물이다.

음극선 실험이 마무리되고 한참이 지난 후, 한 저명한 과학자가 제 강연에 참석하여 이렇게 말했습니다.

"나는 자네가 우리를 놀리고 있다고 생각했다네."

한 단계 더 안으로

그 후 톰슨은 다양한 재질로 음극을 만들어서 동일한 실험을 반복했으나 음극에서 방출되는 입자의 질량은 달라지지 않았다. 이는 곧 전자가 모든 원자에 공통적으로 존재한다는 뜻이었고 톰슨은 수소 원자가 2000여 개의 전자로 이루어져 있다고 생각했다. 그렇다면 수소 원자보다 네 배쯤 무거운 헬륨 원자는 약 8,000개의 전자로 이루어져 있어야 한다. 이상하지 않은가? 전자의 개수가 왜 2,000개에서 8,000개로 갑자기 많아질까? 3,000개나 5,000개의 전자로 이루어진 원자는 왜 존재하지 않을까? 주기율표에 등장하는 원자의 질량 사이에는 예외 없이 정수비가 성립한다. 수소와 헬륨의 질량비는 $1:4$이고 수소와 리튬은 $1:6$, 탄소와 산소는 $3:4$이다. 원자의 질량비는 왜 항상 정수로 떨어질까? $1.736:3.104$ 같은 질량비는 왜 존재하지 않을까? 의문점은 또 있었다. 전자는 음전하를 띠고 있는데 왜 모든 원자는 전기적으로 중성일까? 전자의 음전하는 무엇으로 상쇄되는가? 원자에서 양전하를 띤 입자가 방출될 수도 있을까?

실험 데이터에는 양전하를 띤 입자가 반대 방향으로 방출된다는 증거도 있었다. 단, 이 입자들은 자기장으로 궤적을 바꾸기가 매우 힘들어서 질량이 전자보다 훨씬 클 것으로 예상되었다. 또 한 가지 특이한 것은 이 입자의 질량이 유리관 안에 들어 있는 기체의 종류에 따라 달라진다는 점이었다. 수소 원자의 경우, 양전하를 띤 입자의 질량은 수소 원자 자체의 질량과 같은 것으로 나타났다. 유리관 속의 수소 원자가 전자 몇 개를 빼앗기고 양전하를 띠게 되어 음극 쪽으로 끌려온 것 같았다.

톰슨은 헬륨과 질소, 산소 등 다른 기체를 유리관에 주입하고 동일한 실험을 실행하여 거의 비슷한 결과를 얻었다. 기체의 종류에 상관없이 음극에 도달한 입자의 질량은 수소 원자에서 생성된 양전하 입자의 정수 배였다. 원자의 화음이 여기서도 나타난 것이다. 주기율표에는 수십 종류의 원자가 수록되어 있으므로 양전하를 띤 입자의 종류가 많다고 해서 이상할 것은 없었다. 톰슨은 여러 가지 가능성을 고려한 끝에 원자의 구조를 설명하는 모형으로 '건포도가 박힌 푸딩'을 제안했다. 원자에서 양전하를 띤 부분은 질량의 대부분을 차지하므로 푸딩의 몸체에 해당하고, 거기에 음전하를 띤 전자가 건포도처럼 군데군데 박혀 있다는 것이다.

그로부터 약 20년 후, 원자를 표적으로 삼아 가속된 입자를 충돌시키는 입자 가속기의 시대가 본격적으로 막을 올렸고 뉴질랜드 출신의 영국 물리학자 어니스트 러더퍼드Ernest Rutherford가 이 장치를 이용하여 최초로 양성자를 발견했다. 톰슨이 생각했던 푸딩은 하나의 덩어리가 아니라 양전하를 띤 양성자의 집합체였다.

러더퍼드는 그 무렵에 발견된 방사능에 각별한 관심을 가지고 있었다. 우라늄 원자에서 방출된 입자를 사진 건판●에 받아서 분석해보면 알파 입자(α)와 베타 입자(β)라는 두 종류의 입자로 분류되며, 둘 중 알파 입자가 더 쉽게 검출된다. 톰슨이 자기장을 이용하여 전자의 궤적을 변형시킨 것처럼 러더퍼드는 자기장으로 알파 입자의 궤적을 바꿔서 사진 건판

● 유리판으로 만들어진 사진 감광 재료로 훗날 필름과 인화지로 대치되었다.

으로 받아냈고, 자세한 계산을 통해 알파 입자의 질량이 헬륨 원자의 질량과 같다는 사실을 확인했다. 그렇다면 알파 입자는 전자가 제거된 헬륨 원자가 아닐까? 답은 'Yes'였다. 일단의 과학자들이 알파 입자 빔에 다량의 전자를 투입하니 안정한 기체가 생성되었고, 이 기체는 화학적 분석을 통해 헬륨으로 판명되었다.

화장지에 튕겨 나온 총알

어느 날, 러더퍼드의 실험실에서 그의 제자인 한스 가이거Hans Geiger가 알파 입자의 방출원과 감지판 사이에 금으로 된 얇은 박막을 설치했다. 사격장에 비유하면 알파 입자는 총알이고 금박 막은 과녁에 해당한다 (감지판은 과녁 뒤에 있는 총알받이 역할을 한다). 알파 입자가 금박 막에 도달하면 금 원자와 충돌하면서 여러 방향으로 산란될 것이다. 그런데 막상 실험을 해보니 기존의 원자 모형으로는 도저히 설명할 수 없는 산란 패턴이 나타났다. 알파 입자가 금박 막 속의 금 원자에 접근하면 전기적 척력

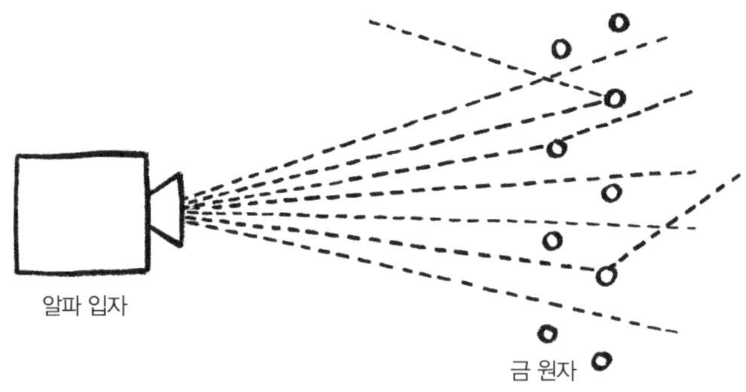

금 원자와 부딪쳐 산란되는 알파 입자

이 작용하여 경로가 변하는데, 건포도 푸딩 모형에 따르면 원자의 양전하는 원자 전체에 걸쳐 골고루 분포되어 있으므로 산란각은 별로 크지 않아야 했다.

그러나 결과는 예상과 완전 딴판이었다. 금박 막을 향해 발사된 알파 입자 중 상당수가 큰 각도로 산란되었고, 개중에는 아예 뒤로 튕겨 나오는 것도 있었다. 러더퍼드는 "허공에 화장지 한 장을 매달아놓고 직경 40cm짜리 대포를 쐈는데, 포탄이 화장지에 튕겨 나한테 되돌아온 것과 같다"고 했다.

실험 결과가 모형과 맞지 않으면 당연히 모형을 수정해야 한다. 모형이란 원래 그런 것이다. 원자가 실제로 어떻게 생겼는지 알 수 없으니 일단 모형을 상정하고 실험을 통해 잘못된 부분이 발견되면 수정하고, 완전히 틀린 경우에는 모형을 통째로 교체하면 된다. 러더퍼드의 산란 실험이 알려지면서 기존의 '건포도가 박힌 푸딩 모형'은 수정이 불가피해졌는데, 이때 새로운 모형을 창출한 일등 공신은 단연 수학이었다. 경로가 변한 알파 입자의 개수와 산란 각도를 관측하여 이론적으로 계산해보니, 원자의 모든 양전하와 대부분의 질량이 원자 중심부의 작은 지역에 밀집되어 있다는 결과가 도출된 것이다(이 부분을 원자핵이라 한다). 그러나 원자핵이 더는 분해될 수 없는 최소 단위인지는 아직 분명치 않았다.

러더퍼드는 다양한 원자를 대상으로 알파 입자 산란 실험을 수행한 끝에, 원자핵이 하나의 덩어리가 아니라 여러 개의 입자로 이루어진 복합체라는 것을 확인했다. 그는 안개상자^{cloud chamber}•에 나타난 알파 입자

• 상자나 유리 속에 기체를 채워놓고 그 안에서 움직이는 하전 입자의 궤적을 탐지하는 장치다.

의 궤적을 추적하던 중 길이가 예상보다 네 배나 긴 궤적을 발견했는데, 이는 알파 입자와 충돌하면서 방출된 입자들 중 알파 입자보다 네 배 가벼운 입자가 섞여 있다는 의미였다. 게다가 이 현상은 기체의 종류를 바꿔도 똑같이 나타났다. 또한 러더퍼드는 순수한 질소 원자가 산소 원자로 바뀔 수 있다는 것도 알아냈다. 충돌 과정에 이 입자가 더해지거나 유실되면서 다른 원소로 변하는 것이다.

러더퍼드는 자신이 발견한 입자를 양성자라 불렀다. 양성자는 전자를 잃어버린 수소 원자와 거동 방식이 비슷하며, 여러 개의 양성자가 모여서 원자핵을 형성하는 것으로 추정되었다. 한 가지 문제는 원자의 총 전하가 모형과 일치하지 않는다는 점이었는데, 예를 들어 헬륨 원자핵은 수소 원자보다 네 배 무겁지만 전하는 두 배밖에 되지 않았다. 혹시 원자핵 속에서 전자가 양성자에 들러붙어 전하를 상쇄시키는 것은 아닐까? 그러나 전자와 양성자가 그 정도로 가까이 접근하는 것은 이론적으로 불가능하기 때문에 그것이 답이 될 수는 없었다.

러더퍼드는 1920년대에 과감한 가정을 세웠다. 원자핵 안에 양성자와 질량이 거의 같으면서 전기적으로 중성인 중성자가 함께 존재한다는 가정이 바로 그것이었다. 그는 연구 동료인 제임스 채드윅James Chadwick과 함께 중성자를 찾는 방법을 모색했지만 별다른 수확이 없었다. 그 후 1930년대에 독일과 프랑스의 물리학자들이 다양한 원자핵에 알파 입자를 때렸을 때 방출되는 입자를 분석했는데, 이 입자는 양성자와 달리 전하를 띠고 있지 않았다. 당시 실험에 참여했던 사람들은 그것이 입자가 아니라 감마선 같은 전자기 복사의 일종이라고 생각했다(감마선은 20세기 초에 프랑스의 물리학자 폴 빌라드Paul Villard가 발견했다).

그러나 채드윅은 그것이 과거에 러더퍼드와 논의했던 중성자라는 믿음 아래에 후속 실험을 강행했고, 그 결과 새로운 입자의 질량이 양성자보다 조금 무거우면서 전기 전하가 0이라는 사실을 확인했다. 원자핵의 전하와 관련된 수수께끼가 드디어 풀린 것이다. 채드윅이 중성자를 발견하면서 물질의 최소 기본 단위가 마침내 드러난 것처럼 보였다.

이로써 아리스토텔레스 4대 원소(불, 흙, 공기, 물)는 전자, 양성자, 중성자로 대치되었다. 개수는 하나 줄었지만 몇 개의 기본 단위가 모여서 다양한 만물을 생성한다는 기본 철학은 변하지 않았으니 그다지 파격적인 모형은 아니었다. 산소 원자(O)는 양성자 여덟 개와 중성자 여덟 개, 전자 여덟 개로 이루어져 있고, 나트륨 원자(Na)는 양성자 열한 개와 중성자 열두 개, 전자 열한 개로 이루어져 있다. 그리고 이 입자들이 '정수 개'만큼 모여서 우주에 존재하는 모든 만물을 형성한다. 이 얼마나 단순하고 아름다운가! 양성자와 중성자, 전자를 음계로 삼아 구의 음악이 우주 전역에 울려 퍼지고 있는 셈이다.

이것이 전부일까? 혹시 양성자와 중성자, 전자를 구성하는 더 작은 입자가 존재하지는 않을까? 만일 그렇다면 주기율표의 이웃한 원소들 사이에 또 다른 원소가 존재해야 할 것 같다.

그 후로 주기율표에 등록되지 않은 새로운 원소가 발견된 적은 없지만 분해 작업은 여기서 끝나지 않았다. 양성자와 중성자에 세부 구조가 존재한다는 수학적, 실험적 증거가 속속 등장했기 때문이다. 그런데 양성자와 중성자를 구성하는 작은 입자는 정말로 희한한 특성을 가지고 있다. 이들은 외로움을 많이 타는지 절대로 혼자 돌아다니지 않으며, 한데 어울려서 양성자나 중성자 같은 형태로만 존재한다. 간단히 말해서 이들의 모토는 "뭉치면 살고 흩어지면 죽는다"이다. 이들은 낱개로 존재하지 않는데, 과학자들은 왜 양성자와 중성자를 더 분해할 수 있다고 우기는 것일까?

4

우리가 '현실'이라 부르는 모든 것은
비현실적인 것들로 이루어져 있다.
닐스 보어

1920년대 말에 과학자들은 물질의 기본 단위를 모두 찾아냈다고 생각했다. "모든 원자는 양성자와 중성자, 전자로 이루어져 있으며, 이들을 적절한 개수만큼 섞으면 주기율표에 등록된 모든 원소를 만들어낼 수 있다"는 것이 당시 과학계의 중론이었다. 그 후 수십 년이 지나도록 전자는 무슨 수를 써도 더는 분해되지 않았지만, 양성자와 중성자는 여러 가지 증거로 미루어볼 때 아무래도 세부 구조를 가지고 있는 것 같았다.

과학자들이 이런 심증을 가지게 된 것은 실험을 통해서가 아니라 '대칭symmetry'이라는 수학적 당위성 때문이었다. 주사위의 내부 구조를 보여주는 가장 강력한 도구는 역시 수학이었다. 양성자와 중성자를 서술하는 수학 모형이 분해 가능한 개념에 기초하고 있기 때문에, 실제 입자도 분해될 수 있다고 생각한 것이다.

당시 물리학자들은 연이어 발견되는 입자들 때문에 골머리를 앓고 있었다. 모든 물질은 원자로 이루어져 있고 원자는 양성자와 중성자, 전자로 이루어져 있다고 믿었는데, 이들과 아무런 관계도 없어 보이는 희한한 입자들이 실험실에서 속속 발견된 것이다. 이런 난처한 상황에서 물리학자들은 양성자와 중성자의 분해 가능성을 시사하는 수학 모형에 관심을 가질 수밖에 없었다.

새로운 입자는 대부분 충돌 실험을 통해 발견되었다. 개중에는 인간이 만든 대형 강입자 가속기에서 발견된 것도 있고, 우주에서 대기로 유입된 입자 소나기, 즉 우주선cosmic ray에서 발견된 것도 있다.

입자 동물원

전자와 양성자, 중성자 외에 새로운 입자가 존재한다는 최초의 증거는 입자의 궤적을 관측하는 안개상자에서 발견되었다. 밀폐된 용기에 수증기나 알코올 기체를 과포화 상태로 채워 넣고 그 속으로 하전 입자를 통과시키면 기체가 응축되면서 입자의 궤적을 따라 안개 같은 흔적이 남는다.

1932년에 영국의 물리학자 폴 디랙Paul Dirac은 '반물질antimatter'이라는 신비한 물질의 존재를 이론적으로 예견했고, 그다음 해에는 칼텍(캘리포니아공과대학)의 물리학자 칼 앤더슨Carl Anderson이 1933년에 안개상자를 이용하여 반물질을 관측하는 데 성공했다. 디랙은 고전 전자기학에 양자역학을 적용하여 전자의 여러 가지 특성을 정확하게 설명했는데, 그가 유도한 전자의 운동 방정식은 정상적인 해 외에 또 하나의 이상한 해를 가지고 있었다.

디랙의 방정식은 $x^2 = 4$라는 이차 방정식과 비슷하다. 이 방정식의 해는 $x = 2$와 그 파트너에 해당하는 $x = -2$이다. 음수의 제곱은 양수이므로 $(-2 \times -2 = 4)$ -2도 방정식의 해가 될 수 있다. 그런데 디랙의 방정식에 음수해가 존재한다는 것은 자연에 '양전하를 띤 전자'가 존재한다는 것을 의미했다. 대부분의 물리학자들은 디랙의 음수해가 무연근無緣根•일 것으로 생각했으나, 1년 후에 앤더슨이 양전하를 띤 전자를 발견하면서 반물질의 존재가 수면 위로 떠올랐다. 훗날 '양전자positron'로 명명된 이 입자는 지구 대기의 상층부에서 자연적으로 생성되며, 자신의 짝인 전자와 만나면 다량의 에너지를 방출하면서 무無로 사라진다. 그러나 새로 발견된 입자는 전자와 전하량이 아니었다.

안개상자에는 이론적으로 예측된 적이 없는 입자들까지 흔적을 남기기 시작했고, 앤더슨은 1936년부터 박사과정 제자인 세스 네더마이어Seth Neddermeyer와 함께 본격적인 분석에 착수했다. 이들의 관심을 끈 것은 음전하를 띤 입자였는데, 전하는 전자와 같았지만 질량은 전자보다 훨씬 클 것으로 예상되었다. 자기장이 걸려 있는 안개상자 속에서 경로가 휘어진 정도를 관측하면 입자의 질량을 알 수 있는데, 새로 발견된 입자는 전자와 전하량이 같았지만 경로 변화는 훨씬 작았기 때문이다.

오늘날 '뮤온muon'으로 알려진 이 입자는 우주선과 대기의 상호 작용을 통해 생성되며, 상태가 매우 불안정하여 생성되자마자 곧바로 전자와 뉴트리노neutrino(중성미자)로 분해된다. 뉴트리노는 중성자가 양성자로 변할 때 방출될 것으로 예견되었지만 전하가 없고 질량도 거의 0에 가깝

• 수학적으로는 방정식을 만족하지만 현실과 무관한 해이다.

기 때문에 1950년대가 되어서야 비로소 발견되었다. 뉴트리노는 뮤온과 중성자의 붕괴 현상을 이론적으로 설명하는 데 반드시 필요한 입자이다. 뮤온의 반감기(수명)는 약 2.2마이크로초(2.2µs, 100만 분의 2.2초)로 매우 짧지만, 속도가 거의 광속에 가깝기 때문에 10km 이상의 높은 고도에서 생성된 후 붕괴되기 전에 지표면까지 도달할 수 있다.

뮤온은 특수 상대성 이론의 시간 지연 효과를 입증한 일등 공신이다. 2.2마이크로초 동안 광속으로 내달린다 해도 660m밖에 갈 수 없다. 그런데 10km 상공에서 생성된 뮤온이 어떻게 지표면에서 발견된다는 말인가? 그 비밀은 특수 상대성 이론의 '시간 지연 효과'에서 찾을 수 있다. 아인슈타인의 특수 상대성 이론에 따르면 움직이는 물체는 시간이 느리게 흐르고 이 효과는 속도가 빠를수록 크게 나타난다. 뮤온이 시계를 차고 있다면 초침이 느리게 움직여서 지면까지 도달할 시간을 벌어줄 것이다. 바로 이 현상 덕분에 뮤온이 지상에서 발견될 수 있었으며 아인슈타인의 이론도 검증될 수 있었다. 특수 상대성 이론의 자세한 내용은 '지식의 다섯 번째 경계'에서 자세히 다루겠다.

뮤온의 거동 방식은 전자와 매우 비슷하지만 질량이 훨씬 크고 상태가 불안정하다. 미국의 물리학자 이시도어 라비Isidor Rabi는 새로운 입자가 발견되었다는 소식을 듣고 이맛살을 찌푸리며 "아니, 그건 또 누가 주문한 거야?"라고 외쳤다. 가벼운 입자는 전자 하나로 충분할 것 같은데, 이상하게도 자연에는 물리적 특성이 전자와 거의 비슷하면서 훨씬 무겁고 불안정한 입자가 몇 개 더 존재한다. 라비는 입자의 종류가 예상보다 많다고 투덜거렸지만 그 정도는 새 발의 피에 불과했다. 앞으로 발견될 입자 목록을 그가 미리 알았다면 물리학을 포기했을지도 모른다.

대기 상층부에서 우주선의 상호 작용을 통해 새로운 형태의 물질이 생성된다는 사실이 밝혀진 후로, 과학자들에게는 효율적인 관측법이 절실해졌다. 뮤온이 지표면에 도달하여 안개상자에 들어올 때까지 하릴없이 기다려야 할까? 지표면에 도달하기 전에 붕괴되는 입자는 어떻게 관측해야 할까? 당시의 최선책은 안개상자를 가능한 한 높은 곳에 설치하는 것이었다.

칼텍의 연구팀은 본교에서 가까운 윌슨산 꼭대기에 안개상자를 설치하여 몇 종류의 입자를 새로 발견했고, 다른 연구팀은 피레네 산맥과 안데스 산맥에 사진 건판을 설치해놓고 희소식을 기다렸다. 또한 브리스틀대학교와 맨체스터대학교의 연구팀이 설치한 사진 건판에서는 새로운 입자가 무더기로 발견되어 상황이 더욱 혼란스러워졌다. 물리학자들이 말하는 '입자 동물원'이 본격적으로 문을 연 것이다.

새로 발견된 입자 중에는 질량이 양성자(또는 중성자)의 약 1/8인 입자도 있었다. 처음에는 전하가 +와 −인 것만 발견되어 파이온pion(π^+, π^-)으로 명명되었고, 얼마 후에는 전하가 없는 버전(π^0)도 발견되었다. 맨체스터대학교에서 설치한 두 개의 사진 건판에서는 질량이 양성자의 거의 절반에 달하면서 파이온으로 붕괴되는 중성 입자가 검출되었으며, 윌슨산 정상에 설치한 칼텍의 안개상자는 네 종류의 케이온kaon(K 중간자, K^0, K^+와 각각의 반입자)을 발견하는 데 결정적인 역할을 했다.

시간이 흐를수록 입자 목록은 길어졌고 물리학자들의 입지는 점점 더 좁아졌다. 미국의 물리학자 윌리스 램Willis Lamb은 1955년에 노벨상 수상 연설을 하면서 "지금까지 새로운 입자를 발견한 사람에게는 노벨상이 주어졌지만, 앞으로 또다시 입자를 발견하여 물리학을 위태롭게 만드는 사람에게는 1만 달러의 벌금을 물려야 할 것"이라고 했다. 과거에 양성자와 중성자, 전자가 발견되었을 때 과학자들은 이들만으로 주기율표에 등록된 모든 원소의 특성을 설명할 수 있다고 생각했으나 사실 이들은 빙산의 일각에 불과했다. 동물원에 입주한 입자의 수가 100종을 훌쩍 넘어섰으니, 과학자들이 얼마나 난감했을지 짐작이 가고도 남는다. 이탈리아의 물리학자 엔리코 페르미Enrico Fermi는 한 학생이 새로 발견된 입자에 대한 의견을 묻자, "이보게 젊은이, 내가 그 많은 입자의 이름을 외울 수 있다면 진작 식물학자가 되었을 걸세"●라고 말했다.

멘델레예프가 주기율표를 작성하면서 원자를 특성에 따라 분류했던 것처럼, 물리학자들은 뮤온, 파이온, 케이온 등 중구난방으로 난립한 입자를 어떻게든 분류해야 했다. 그러나 동물을 동물원에 입주한 순서로 분류할 수 없듯이, 입자를 분류하려면 근본적인 특성을 설명하는 원리가 반드시 필요했다.

물리학자들은 필사의 노력을 기울인 끝에 드디어 동물원의 지도를 완성했다. 그리고 이번에도 그들의 길을 안내한 것은 다름 아닌 수학이었다.

동물원 지도 만들기

무언가를 분류할 때 가장 먼저 할 일은 여러 개의 대상을 몇 개의 작은 소그룹으로 나눌 수 있는 특징을 찾는 것이다. 동물의 경우에는 종種이라는 개념이 매우 유용하고, 입자를 분류할 때에는 전하를 1차 분류의 기준으로 삼는 것이 좋다. 입자는 전자기력에 어떤 식으로 반응하는가?

● 질문을 던진 학생은 1988년에 노벨 물리학상을 수상한 리언 레더먼Leon Lederman이었다.

전자는 한쪽 방향으로 궤적이 휘어지고 양성자는 반대 방향으로 휘어진다. 그리고 중성자는 전자기력의 영향을 받지 않는다.

입자가 새로 발견되면 일단 전자기적 테스트를 거친다. 이들을 전자기 통로에 주입하면 전자 우리electron cage에 갇히는 것도 있고, 양성자를 향해 다가가거나 그냥 통과하는 경우도 있다. 이로써 입자 동물원의 전자기적 특성이 분류된다.

그러나 전자기력은 우주에 작용하는 네 가지 기본 힘 중 하나일 뿐이다. 나머지는 행성을 궤도에 붙잡아놓거나 사과를 나무에서 떨어지게 하는 중력과 원자핵 안에서 양성자와 중성자를 단단히 결합시키는 강한 핵력(강력), 방사능 붕괴를 포함하여 모든 종류의 붕괴 현상에 관여하는 약한 핵력(약력)이다.

입자의 전하를 기준으로 전자기적 특성을 분류했던 것처럼, 다른 특성도 나머지 기본 힘에 반응하는 방식을 기준으로 분류할 수 있다. 예를 들어 질량도 입자를 분류하는 기준 중 하나로서, 파이온과 케이온은 일상적 물질을 이루는 양성자와 중성자보다 가벼운 입자에 속한다. 그리고 시그마 입자(Σ)와 크시 입자(Ξ), 람다 입자(Λ)는 양성자보다 무거워서 종종 양성자나 중성자로 붕괴된다.

질량이 같은 입자에 동일한 이름을 부여하는 경우도 있다. 예를 들어 양성자와 중성자는 질량이 매우 비슷하기 때문에 독일의 물리학자 베르너 하이젠베르크Werner Heisenberg는 두 입자를 하나로 묶어서 핵자nucleon라 불렀다(하이젠베르크의 이론은 '지식의 네 번째 경계'에서 다룰 예정이다). 그러나 질량은 피상적인 특성에 불과하다. 입자를 정확하게 분류하려면 멘델레예프가 원자에서 발견했던 패턴처럼 좀 더 근본적인 특성을 기준으로 삼아야 한다.

입자를 분류하는 기준으로 새롭게 떠오른 것이 바로 '기묘도strangeness'라는 개념이다. 이 용어는 일부 입자들이 붕괴될 때 나타나는 기묘한 거동 방식에서 유래되었다. 질량과 에너지는 아인슈타인의 그 유명한 공식 $E=mc^2$을 통해 서로 연결되어 있고, 자연은 에너지가 낮은 상태를 선호하기 때문에 질량이 큰 입자는 질량이 작은 입자로 붕괴되려는 경향이 있다.

입자의 붕괴는 작용한 기본 힘에 따라 몇 가지로 분류된다. 각 과정은 어떤 기본 힘이 작용했는지를 알려주는 고유의 특징을 가지고 있으며, 임의의 붕괴 과정에서 힘은 에너지를 통해 결정된다. 입자를 붕괴시키는 가장 강한 힘은 강력이다. 강력이 개입된 붕괴는 대략 10^{-24}초 안에 마무리된다. 그다음으로 강한 힘은 전자기력으로 붕괴 과정에서 광자photon를 방출하고, 약력은 에너지 가성비가 가장 낮은 붕괴로서 시간이 제일 오래 걸린다(약 10^{-11}초). 따라서 붕괴에 소요된 시간을 측정하면 어떤 힘이 개입되었는지 알 수 있다.

예를 들어 델타 입자(Δ)는 강력을 통해 6×10^{-24}초 안에 양성자와 파이온으로 붕괴된다. 시그마 입자도 양성자와 파이온으로 붕괴되지만 붕괴가 완료될 때까지 무려 10^{13}배의 시간이 소요된다(약 8×10^{-11}초). 시간이 오래 걸린다는 것은 붕괴 과정에 약력이 개입되었다는 뜻이다. 중성 파이온은 전자기력을 통해 두 개의 광자로 붕괴되는데, 이 과정에 소요되는 시간은 약 8.4×10^{-17}초이다.

산골짜기에 놓여 있는 공을 상상해보자. 여기서 공을 오른쪽으로 살짝 밀면 작은 봉우리를 넘어 더 낮은 골짜기로 떨어지는데, 이 경로가 바로 강력에 해당한다. 왼쪽에는 약력이라는 더 높은 봉우리가 있어서 이곳을 넘어도 낮은 골짜기에 도달한다.

델타 입자는 빠르고 쉬운 길을 찾아가는데, 시그마 입자는 왜 굳이 어려

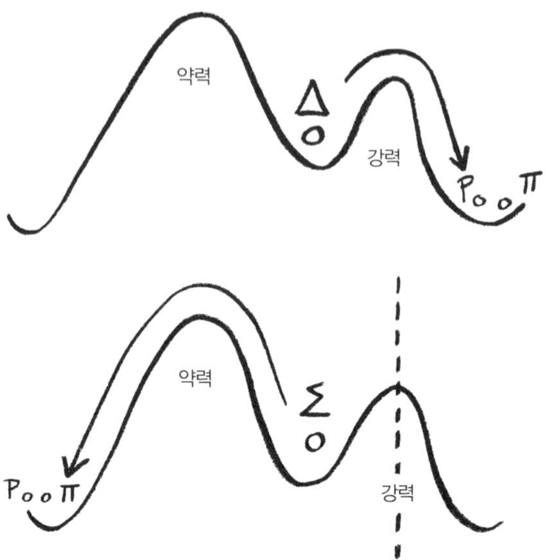

델타 입자(Δ)는 강력을 통해 양성자(p)와 파이온(π)으로 붕괴된다.
시그마 입자(Σ)도 양성자와 파이온으로 붕괴되지만, 이 경우에 작용하는 힘은
강력이 아니라 약력이다.

운 길로 가는 걸까? 대충 말하자면 강력으로 가는 봉우리에 어떤 입자가
존재하여(그림에서 점선으로 표현된 부분) 시그마 입자가 쉬운 길로 가는 것
을 방해하기 때문이다.

기묘함이 없으면 아름다움도 없다

물리학자 에이브러햄 파이스Abraham Pais와 머리 겔만Murray Gell-Mann,
니시지마 카주히토西島和彦는 입자의 붕괴 규칙을 연구하다가 '기묘도'라
는 기발한 아이디어를 떠올렸고, 그 후로 이 개념은 새로 발견된 입자를

분류하는 확실한 기준으로 자리 잡게 되었다. 입자는 붕괴에 소요되는 시간에 따라 고유한 기묘도를 갖고 있다.

강력은 입자의 기묘도를 바꾸지 않는다. 그러므로 임의의 입자가 강력을 통해 붕괴되었다면 붕괴 전과 붕괴 후의 기묘도는 같아야 한다. 낮은 골짜기로 가려면 장애물을 넘어야 하는데 약력은 기묘도를 변화시키기 때문에 의외의 결과가 나올 수 있다. 델타 입자는 강력을 통해 양성자로 붕괴되며 이들의 기묘도는 모두 0이다. 반면에 시그마 입자가 양성자로 붕괴되는 과정에는 약력이 작용하기 때문에 기묘도가 −1이다(1이 아닌 −1을 부여한 것은 편의를 위한 선택이다).

고에너지 충돌 과정에서 생성된 입자들 중에는 두 단계에 걸쳐 붕괴되는 것도 있는데, 이들을 캐스케이드 입자cascade particle라 한다. 이런 입자는 '두 배로 이상하다'는 의미에서 기묘도가 −2이다. 이들은 첫 번째 붕괴를 거치면서 기묘도가 −1로 변하고, 두 번째 붕괴를 거치면 기묘도가 0인 양성자와 파이온이 된다. 언뜻 보기에는 마술 모자에서 토끼를 꺼내는 것 같지만 과학은 원래 마술 같은 속성을 갖고 있다. 과학의 모자에서는 이상한 것들이 시도 때도 없이 튀어나온다. 물론 이들 중 대부분은 휴지통에 버려지지만 인내심을 갖고 기다리다 보면 가끔은 토끼가 나올 때도 있다. 겔만은 "언젠가 동료에게 잘못된 개념을 설명하다가 결정적인 실언을 했는데, 바로 그 순간 기묘도라는 아이디어가 섬광처럼 떠올랐다"고 했다. 기묘도는 모자에서 튀어나온 토끼들 중 가장 신기한 토끼였다.

겔만은 기묘도를 처음 도입할 때 입자의 붕괴 패턴을 추적하는 일종의 부기簿記용 도구로 생각했기 때문에 별다른 물리적 의미를 부여하지 않았다. 그에게 기묘도는 입자 동물원에서 입자를 분리 수용하는 또 하나

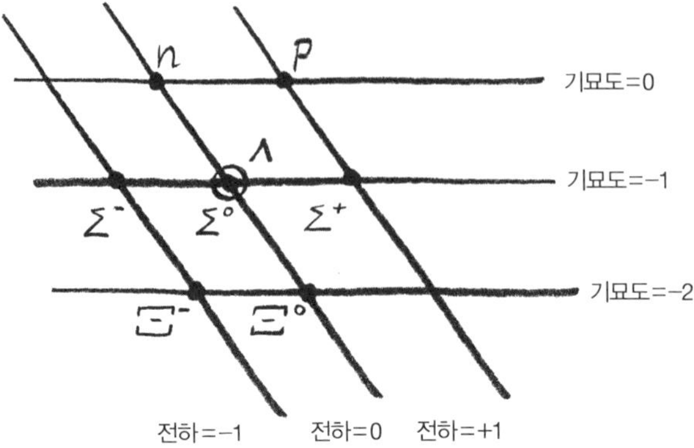

의 우리일 뿐이었다. 그러나 모든 입자의 저변에 숨어 있는 물리적 실체가 바로 이 새로운 개념에 함축되어 있었다. 질량이 비슷한 입자를 전하와 기묘도에 따라 나열하니 기막히게 아름다운 그래프가 나타난 것이다. 그 아름다움의 핵심은 바로 '대칭'이었다!

입자들은 육각형 격자를 따라 나열되었고, 격자의 중심부에는 두 개의 입자가 겹쳐서 대응되었다. 기묘도와 전하를 기준선으로 갖는 격자에 파이온과 케이온을 대응시켜도 위와 비슷한 그림이 얻어진다. 이 정도로 규칙적인 배열이 나타났다는 것은 무언가 올바른 길로 가고 있다는 뜻이다. 입자들이 만든 육각형 패턴이 왠지 낯익지 않은가? 그렇다. 이것은 수학에서 말하는 대칭의 전형적 패턴이다.

대칭으로 깨어나다

수학적 대칭에 익숙한 사람은 중심에 두 개의 점이 대응된 육각형 배열이 낯설지 않을 것이다. 이 배열은 SU(3)이라는 매우 특별한 대칭을 가지고 있다.

수학자인 나의 눈에는 더 없이 아름답게 보인다. 내가 다른 건 몰라도 대칭에 대해서는 좀 아는 편이다. 책상 위의 주사위도 대칭과 각별한 인연이 있다. 사실 주사위(정육면체)는 수학적 대칭을 설명하기에 가장 적절한 도형이기도 하다. 정육면체의 모든 면은 기하학적으로 동일한 정사각형이어서(눈금은 없다고 가정한다), 특정 축을 중심으로 특정 각도만큼 회전시키면 처음과 동일한 상태로 되돌아온다. 이처럼 정육면체를 움직였을 때 모양이 변하지 않는 경우는 총 스물네 가지이다. 예를 들어 정육면체의 한 면에 수직한 축을 중심으로 90° 돌리면 모양이 원래대로 돌아오고, 대각선(두 개의 대척점을 잇는 직선. 아래 두 번째 그림 참조)을 중심으로

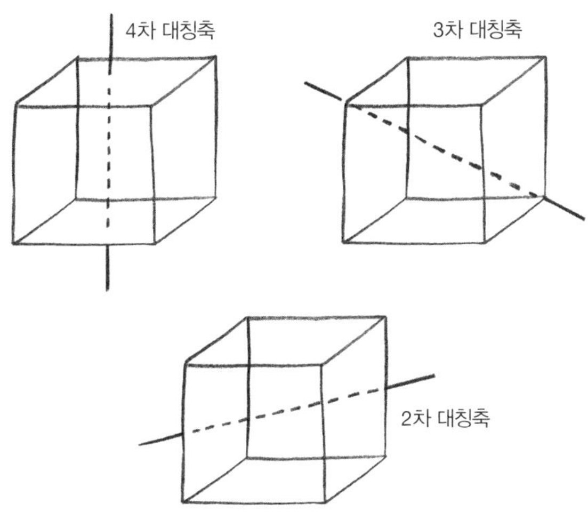

$120°$ 돌려도 원래대로 돌아온다.

이와 같은 변환을 대칭 변환이라 한다. 정육면체의 대칭 변환은 총 스물네 가지인데, 그중 하나는 아무런 변환도 가하지 않는 변환, 즉 '항등변환'이다. 수학에서는 이들을 하나로 묶어서 S4, 또는 '4차 대칭군symmetric group of degree 4'이라 한다. 여기에 정육면체의 좌우를 뒤집는 거울 대칭 변환까지 고려하면 주사위의 대칭은 총 마흔여덟 가지로 늘어난다.

정육면체는 S4 대칭군이 작용하는 3차원 도형으로 간주할 수 있다. 그러나 S4 대칭을 갖는 도형은 정육면체뿐만이 아니다. 예를 들어 정팔면체도 S4 대칭군이 적용되는 3차원 도형이며, 3차원보다 높은 고차원 도형도 가능하다. 즉, 하나의 대칭군에는 여러 개의 기하학적 도형이 대응될 수 있다.

입자를 배열하여 얻은 육각형의 대칭군은 S4가 아니라 SU(3)이다. 정확히 말하면 '3차원 특수 유니터리군the special unitary group in dimension 3'으로, 다양한 차원의 다양한 도형들이 여기 해당하는 대칭을 갖고 있다. 입자 배열로 만들어진 육각형 격자는 수학자들이 'SU(3)가 8차원 공간에 적용되는 방식'을 서술할 때 사용하는 그림과 동일하다. 육각형 격자에 할당된 여덟 개의 입자들은 SU(3) 대칭 도형이 존재하는 공간의 각 차원에 하나씩 대응된다.

이 육각형 도표는 입자 물리학의 판도를 바꾸는 역사적 이정표가 되었다. 겔만은 여덟 개의 입자와 군의 8차원 표현representation의 대응 관계를 '팔정도八正道, eightfold way'라 불렀다. 붓다가 말했던 '열반의 세계로 가기 위해 실천해야 할 여덟 가지 덕목'을 입자 물리학에 적용한 것이다.

SU(3) 대칭군은 다른 차원의 도형에도 적용된다. 흥미로운 것은 SU(3)가 적용되는 다른 차원의 도형도 입자 동물원의 다른 입자를 분류하는

데 사용될 수 있다는 점이다. 다른 차원에서 SU(3) 대칭군의 표현이 달라지는 것은 우주를 구성하는 입자의 종류가 그만큼 다양하기 때문이라고 해석할 수도 있다.

나는 물리적 세계와 시간이 수학으로 표현된다는 사실에 수시로 감탄을 내지르곤 한다. 이것은 물리적 우주를 하나로 묶는 방편에 불과할까? 아니면 물리적 우주가 가장 깊은 단계에서 수학과 불가분의 관계라는 뜻일까? 이로써 물질의 기본 입자는 기하학적 공간에 작용하는 대칭군을 통해 안정된 상태를 유지하는 기하학적 객체가 되었다.

하이젠베르크는 자신의 저서에 "현대 물리학은 많은 면에서 플라톤의 우주관과 일맥상통한다. 물질의 최소 단위는 물리적 객체가 아니라 오직 수학을 통해 표현되는 하나의 형태나 개념으로 이해되어야 한다"라고 적어놓았다. 그러나 플라톤이 물의 최소 단위로 제안했던 정이십면체와 불의 최소 단위인 정사면체는 SU(3)라는 이상한 대칭군으로 대치되었다.

물리적 세계가 수학으로 판명될 때마다 나는 그것이 '이해할 수 있는 대상'이라고 느끼곤 한다. 대칭의 수학은 내가 주로 사용하는 언어이다. 그러나 기본 입자가 수학적 객체로 판명되면 대부분의 사람들은 이미 알고 있는 것에서 멀어진 것처럼 느낀다. 차라리 입자를 당구공이나 파동에 비유하는 것이 훨씬 현실적이다. 주변 세계와 물리적으로 접촉할 수 없다면, 그것을 무슨 수로 이해한다는 말인가? 8차원 대칭을 가진 물체를 추상적 언어로 표현할 수 있는 것도 우리가 그것을 이미 물리적으로 이해했기 때문이다. 물론 라스베이거스에서 가져온 나의 주사위도 마찬가지다.

앞서 말한 대로 여러 개의 기하학적 도형은 하나의 대칭군에 대응될 수 있다. 역으로 말하면 하나의 대칭군에 여러 개의 물리적 객체가 대응되며, 이들의 대칭은 해당 대칭군으로 서술할 수 있다. '세 개의 사과'나 '세 개의 주사위'가 3이라는 추상적 개념의 물리적 현시顯示, manifestation인 것처럼, 위와 같은 객체를 추상적 군의 '표현'이라 한다. 예를 들어 정육면체를 회전시키는 방법은 총 스물네 가지가 있는데, 이들은 정육면체의 가장 긴 대각선 네 개의 순서를 바꾸는 변환에 해당한다.•

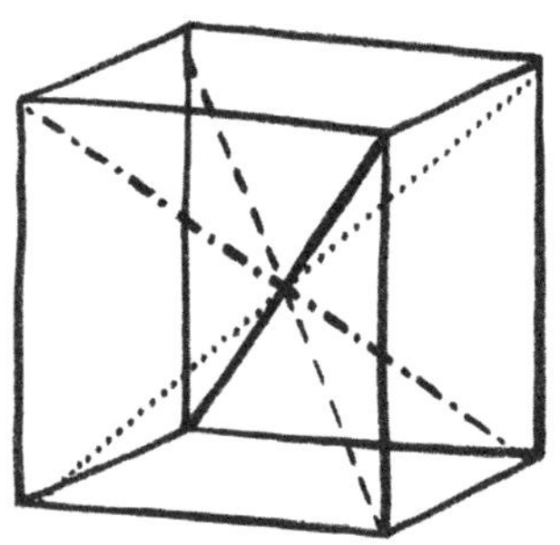

각 대각선의 한쪽 끝에 카드 네 장(A, K, Q, J)을 붙여놓고 주사위를 회전시키는 것은 이 카드를 섞는 것과 같다. 네 장의 카드를 섞는 방법은 총 스물네 가지이므로(4!=24), 정육면체를 회전시키는 방법의 수와 일치한다. 이 대칭군을 다른 식으로 표현할 수도 있다. 정사면체의 대칭은 회전 대칭과 반전 대칭을 포함하여 총 스물네 가지다. 각 면에 카드를

• 네 개의 대각선을 a, b, c, d라 했을 때 이들의 순서를 바꾸는 방법은 총 스물네 가지다.

한 장씩 붙이고 나름대로 순서를 매긴 후 스물네 가지 변환을 가하면, 카드의 순서가 바뀌는 모든 가능한 경우가 재현된다. 즉, S4 대칭군은 두 개의 기하학적 도형을 통해 3차원에서 구현될 수 있다. 하나는 정육면체의 회전 대칭이고 다른 하나는 정사면체의 회전 및 반전 대칭이다. 이와 비슷하게 SU(3) 대칭군은 모든 기본 입자를 적절히 나열한 기하학적 도형의 대칭을 나타내는 대칭군에 해당한다. 즉, 기본 입자의 적절한 배열이 SU(3)라는 추상적 대칭군의 '표현'인 것이다.

1961년에 머리 겔만과 유발 니만Yuval Ne'eman은 각자 독립적으로 연구를 수행하여 기본 입자에서 위와 같은 패턴을 찾아냈다. 니만은 사실 이스라엘 방위군IDF에서 군 생활을 하면서 물리학을 연구하고 있었는데, 이스라엘 런던 대사관의 무관으로 근무하게 되었다. 그는 킹스칼리지런던에서 아인슈타인의 일반 상대성 이론을 공부하고 싶었으나, 켄싱턴에 있는 이스라엘 대사관과 거리가 너무 멀어서 5분 거리에 있는 임페리얼칼리지런던으로 눈을 돌렸다. 임페리얼칼리지에서는 입자 물리학을 연구하고 있었다. 니만은 아주 큰 상대성 이론에서 아주 작은 입자 물리학으로 관심을 돌렸다.

양성자(p)와 중성자(n), 람다 입자와 시그마 입자, 크시 입자는 SU(3)의 8차원 대칭에 잘 부합되었지만, 여기에는 케이온과 파이온이 누락되어 있다. 이는 곧 이론이 틀렸거나 아직 발견되지 않은 입자가 존재한다는 뜻이었다. 겔만은 1961년 초에 누락된 입자의 존재를 예견했고, 그로부터 몇 달 후에 버클리의 물리학자들이 실험실에서 에다 입자(η)를 발견했다.

이로써 새로운 이론의 시나리오가 완성되었다. 여기서 예견된 입자가 현실 세계에서 발견된다면 이론은 정설로 등극하게 된다. 1962년에 겔만

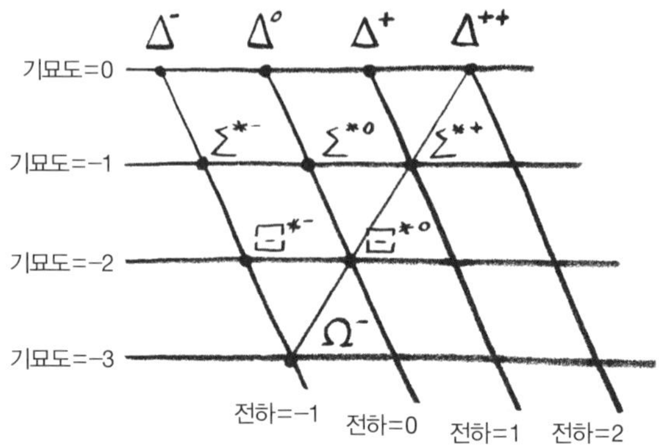

과 니만이 CERN를 방문했을 때 바로 이런 일이 일어났다. 학술회의장에서 CERN의 연구원들이 "기묘도가 −1인 세 개의 시그마-스타 입자(Σ*)와 기묘도가 −2인 두 개의 크시-스타 입자(Ξ*)가 새로 발견되었다"고 발표한 것이다. 이 입자들은 SU(3) 대칭군이 적용되는 또 다른 고차원 대칭체 중 하나일 것으로 예측되었다.

청중석에서 멀리 떨어져 앉아 있던 겔만과 니만은 재빨리 연필을 꺼내 들고 각자 종이 위에 그림을 그려나가기 시작했다. 아니나 다를까, 새로 발견되었다는 입자를 격자에 끼워 맞췄더니 SU(3)이 적용되는 또 다른 대칭 도형이 10차원에서 모습을 드러냈다. 그러나 안타깝게도 입자가 할당되어야 할 구석 자리 하나가 비어 있었다. 네 개의 델타 입자를 포함하여 입자가 모두 아홉 개뿐이었기 때문이다. 겔만과 니만은 아직 발견되지 않은 입자가 하나 더 있다는 결론에 도달했고, 겔만이 먼저 손을 번쩍 들어 "기묘도가 −3인 입자가 하나 더 있어야 합니다!"라고 큰 소리로 외쳤다. 이 입자는 그로부터 2년 후인 1964년 1월에 발견되어 '오메가 입자(Ω)'로 명명되었다.

입자의 저변에 숨어 있는 패턴은 알겠는데 퍼즐 조각 중 일부를 아직 찾지 못했으니, 멘델레예프가 주기율표를 완성했을 때와 거의 똑같은 상황이었다. 누락된 원자가 발견되면서 멘델레예프의 모형이 학계의 인정을 받았던 것처럼, 누락된 입자가 발견되면서 과학자들은 입자 동물원이 수학적 패턴을 통해 분류된다는 확신을 가지게 되었다.

멘델레예프의 주기율표에 확실한 규칙이 존재하는 이유는 모든 원자가 양성자와 중성자, 전자라는 세부 요소로 이루어져 있기 때문이다. 그렇다면 수백 종의 입자에 내재된 대칭도 더 작은 기본 단위의 존재를 시사하는 것은 아닐까?

최후의 단위: 쿼크

그 후 몇 명의 물리학자들이 흥미로운 사실을 알아냈다. SU(3)의 다차원 표현에 대응되는 패턴들을 여러 층으로 쌓았더니, 제일 꼭대기 층이 누락된 피라미드 형태가 된 것이다. 꼭대기에 간단한 삼각형이 놓이면 그림이 완성될 것 같았다. 삼각형은 3차원에 적용되는 SU(3) 대칭군의 가장 간단한 물리적 표현에 해당한다. 이 피라미드를 대칭의 관점에서 바라보면 누락된 층으로부터 다른 층들을 순차적으로 만들어나갈 수 있다. 그러나 여기에 어떤 입자를 할당해야 하는지, 그것이 문제였다.

맨해튼 프로젝트*에서 로버트 오펜하이머Robert Oppenheimer의 오른팔 역할을 했던 로버트 서버Robert Seber는 누락된 층에 해당하는 세 개의 입자

• 2차 세계대전 중에 진행된 미국의 원자폭탄 제조 계획이다.

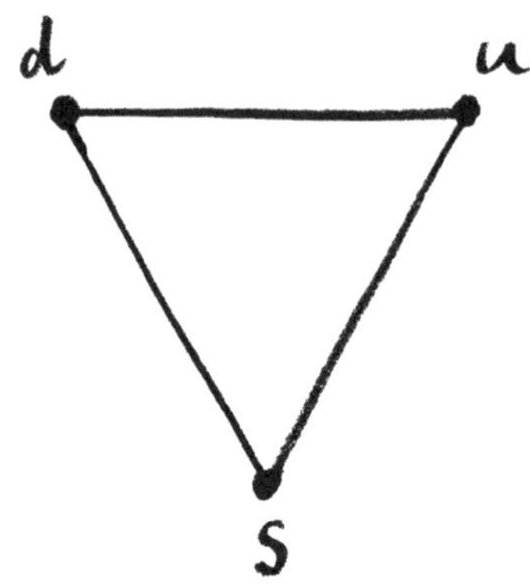

삼각형은 세 개의 새로운 입자가 존재한다는 것을 시사하고 있다.
그 새로운 입자는 업쿼크 u와 다운쿼크 d, 스트레인지쿼크 s이다.

들이 다른 층의 모든 입자를 구성하는 궁극적 기본 단위일 것으로 예측했다. 1963년의 어느 날, 그는 겔만과 점심 식사를 함께하면서 자신의 아이디어를 설명했고 겔만은 정곡을 찌르는 질문을 던졌다.

"그 입자의 전하가 얼마나 될 것 같습니까?"

"글쎄……. 그건 나도 잘 모르겠는데?"

겔만은 냅킨을 탁자에 펼쳐놓고 몇 줄 끼적이더니 곧바로 답을 알아냈다. 그 입자의 전하는 양성자의 2/3이거나 −1/3이 되어야 했다. 겔만이 픽 웃으며 말했다.

"정말 희한한 입자네요. That would be a funny quirk."

그도 그럴 것이 그때까지 발견된 그 어떤 입자도 전하가 분수인 사례는 단 한 번도 없었다. 기본적으로 모든 입자의 전하는 양성자나 전자의 전하의 정수 배여야 했다.

당시의 상황은 고대 그리스의 피타고라스를 연상시킨다. 피타고라스는 모든 만물이 정수로 표현된다고 하늘같이 믿었다가 정수가 아닌 분수를 발견했고, 정수와 분수가 전부라고 생각했다가 무리수와 마주치지 않았던가. 20세기의 물리학자들도 모든 입자의 전하가 어떤 기본 단위의 정수 배라고 믿었다가 '분수 전하'라는 복병과 마주친 것이다. 처음에 겔만은 분수 전하에 회의적이었으나 그날 저녁부터 생각이 서서히 바뀌고 있었다. 그리고 몇 주 후에는 서버의 아이디어를 집중적으로 파고들면서 자신이 진행 중인 연구를 '쿼크kworks'라고 불렀다. 이것은 그가 예전부터 '작고 흥미로운 것'을 칭할 때 즐겨 쓰던 그만의 은어였는데, 서버도 희한한 입자를 표현하는 데 적절한 용어라고 생각했다.

얼마 후 겔만은 제임스 조이스James Joyce의 실험적 소설 《피네간의 경야Finnegans Wake》를 읽다가 자신이 연구 중인 가상의 입자에 어울리는 이름을 발견했다. 이 책에는 트리스탄 신화의 바람둥이 마크 왕을 조롱하는 시가 등장하는데, 그중 한 구절이 눈에 띈 것이다.

"마크 대왕에게 세 번의 쿼크를!Three quarks for Muster Mark!"•

여기 나오는 '쿼크quark'는 자신이 만든 신조어 '쿼크kwork'와 발음도 비슷하고, 게다가 '3'이라는 숫자까지 명시되어 있으니 겔만에게는 더 없이 적절한 이름이었다. 오늘날 쿼크는 물질의 궁극적 최소 단위로 널리 알려져 있지만, 이 개념이 정립되는 데는 꽤 오랜 시간이 필요했다. 어느 날 겔만은 과거에 자신의 박사 학위 논문을 심사했던 지도 교수와 전화 통화를 하면서 쿼크의 개념을 열심히 설명하다가 도중에 저지를 당하기까지 했다.

"이봐, 정신 좀 차려. 이건 국제 전화라고!"

겔만이 보기에 입자의 패턴은 너무나 아름다웠다. 심오한 진리가 담겨

• 여기서 '쿼크quark'는 갈매기의 울음소리를 뜻하는 의성어이다.

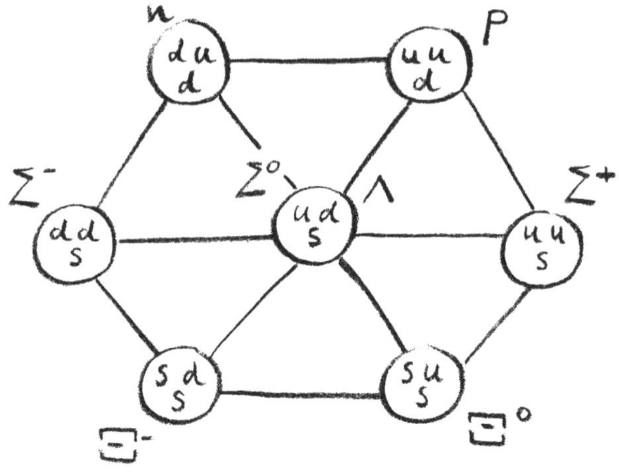

쿼크가 도입된 팔정도

있지 않고서는 그토록 아름다울 수 없다고 확신했다. 피라미드의 꼭대기 층에 할당된 입자는 업쿼크up quark와 다운쿼크down quark, 스트레인지 쿼크strangeness였으며 이들의 전하는 각각 2/3, −1/3, −1/3로 추정되었다. 그 외의 입자들은 쿼크의 조합으로 만들어진다(케이온과 파이온에는 쿼크의 반입자인 반쿼크anti-quark도 포함되어 있다). 쿼크로 이루어진 복합 입자에서 그 안에 들어 있는 스트레인지쿼크의 수를 입자의 '기묘도'라 한다. 따라 서 양성자와 중성자, 시그마 입자, 크시 입자, 람다 입자로 이루어진 팔정 도에 쿼크를 도입하면 위와 같은 그림이 완성된다.

위 그림의 제일 아래 줄에서 위로 한 단계씩 올라갈 때마다 기묘도가 하나씩 줄어든다. 그리고 임의의 위치에서 전하가 증가하는 쪽으로 나 아가면 한 칸 전진할 때마다 업쿼크가 하나씩 많아진다(업쿼크의 전하는 2/3이다). 물론 다운쿼크의 개수가 하나씩 많아지는 제3의 방향도 있으며 다른 층에 할당된 입자들도 이와 비슷한 특성을 가지고 있다.

물질의 최소 단위로 쿼크 모형을 떠올린 사람은 겔만뿐만이 아니었다. 미국의 물리학자 조지 츠바이크George Zweig도 이 패턴의 중요성을 깨닫고 가장 작은 단위의 입자를 '에이스ace'라고 불렀다. 그는 서버나 겔만과 달리 에이스(쿼크)가 물리적 실체라고 믿었다. 츠바이크는 이 내용을 정리하여 예비 논문으로 발표했으나, CERN의 물리학자들은 완전 쓰레기라며 거들떠보지도 않았다. 심지어는 그와 비슷한 아이디어를 떠올렸던 겔만조차도 입자 도표에서 찾은 단순한 규칙을 수학적으로 표현한 것에 불과하다고 생각했다. 입자의 이름을 외우는 데 도움이 될 뿐, 구체적 사실이 결여되어 있다고 판단한 것이다. 겔만은 '멍청이나 떠올릴 수 있는 모형'이라며 에이스가 물리적 실체라는 츠바이크의 주장을 일축해버렸다.

환상에서 현실로

1960년대가 끝날 무렵, 스탠퍼드선형가속기센터Stanford Linear Accelerator Cennter, SLAC의 물리학자들이 새로운 실험 결과를 발표하면서 전 세계 입자 물리학계가 술렁거리기 시작했다. 그전까지만 해도 물리학자들은 양성자가 약 10^{-15}m의 영역 안에 균일하게 분포되어 있다고 생각했다. 다시 말해서, 양성자라는 덩어리가 좁은 영역 안에 균일한 밀도로 퍼져 있다는 뜻이다. 그러나 SLAC의 연구원들이 전자를 빠른 속도로 가속시켜 양성자를 향해 발사한 후 산란 패턴을 분석해보니, 현실은 완전 딴판이었다. 과거에 러더퍼드가 원자에 알파 입자를 발사했다가 원자 내부가 대부분 텅 비어 있는 것을 발견하고 깜짝 놀랐던 것처럼, 이들도 양성자를 대상으로 똑같은 경험을 했다. 양성자 내부가 대부분 텅 빈 공간이었던 것이다!

산란 실험 결과를 이치에 맞게 설명하려면 양성자가 세 개의 작은 입자로 이루어져 있다는 것을 인정할 수밖에 없었다. 러더퍼드의 산란 실험에서 그랬던 것처럼, 양성자를 향해 발사된 전자 중 일부는 양성자 내부의 점입자와 정면으로 충돌하여 $180°$ 뒤로 튕겨 나왔다. 그리고 뒤로 튕겨 나온 전자의 빈도를 감안할 때, 이와 같은 점입자는 한 개도 아니고 두 개도 아닌 세 개가 존재해야 했다. 이로써 양성자는 세 개의 쿼크로 이루어진 복합체라는 사실이 입증되었다. 양성자에서 쿼크를 따로 떼어내지는 못했지만, 산란 패턴으로 미루어볼 때 이 작은 세 개의 입자들이 모여서 양성자를 구성한다는 것만은 분명한 사실이었다.

이로써 '멍청이나 떠올릴 수 있는 모형'은 사실로 판명되었고 각 입자에는 수학이 아닌 물리적 의미에 따라 '업쿼크'. '다운쿼크', '스트레인지 쿼크'라는 이름이 붙었다. 그러나 쿼크로 이루어진 모든 입자•를 설명하려면 총 여섯 개의 쿼크가 필요했고, 이들은 훗날 입자 가속기에서 각 쿼크의 반입자와 함께 발견되었다. 나중에 추가된 세 개의 쿼크는 참쿼크charm quark와 톱쿼크top quark, 보텀쿼크bottom quark이다.

수학적 대칭을 이용하여 입자 동물원을 정리한 것은 20세기 과학이 이룩한 최고의 업적이었다. 기본 입자의 물리적 특성이 수학적 대칭에 따라 나열되어 있다니, 온몸에 전율이 느껴진다. 만일 누군가가 나에게 물리학의 위대한 발견에 순위를 매기라고 한다면, 입자의 대칭을 1~3위 안에 꼽을 것이다. 그것은 마치 고고학자가 지구 반대편에서만 볼 수 있

• 이들을 통칭하여 하드론hadron, 또는 강입자라 한다.

었던 유물의 패턴을 자신의 홈그라운드에서 발견한 것과 비슷했다. 두 유물에 공통점이 있다면 두 문화는 과거에 어떻게든 연결되어 있었다는 의미다.

신기한 것은 삼각형, 또는 육각형으로 쌓은 피라미드의 SU(3) 표현이 무한히 많다는 것이다. 이는 곧 쿼크를 계속 붙여나가면 신기한 입자를 얼마든지 만들어낼 수 있다는 것을 의미한다. 물리학적 모형에 따르면 세 개의 쿼크로 층 쌓기가 마무리된 것 같지만, 2015년에 CERN의 강입자 가속기 연구팀은 다섯 개의 쿼크로 이루어진 입자의 흔적이 발견되었다고 공식적으로 발표했다. 흔히 '펜타쿼크pentaquark'로 알려진 이 입자는 처음에 입자 가속기에서 발생한 배경 잡음으로 간주했으나, 연구원들이 잡음을 제거하려다가 오히려 더욱 강한 신호를 감지하면서 대칭 탑에 또 하나의 층이 존재할 수도 있다는 심증을 품게 되었다. CERN의 한 연구원은 "우리가 펜타쿼크를 찾은 것이 아니라 펜타쿼크가 우리를 찾은 것"이라고 했다.

앞으로 수학은 강입자 가속기에서 발견될 입자를 어디까지 예측할 수 있을까? 수학에는 업, 다운, 스트레인지, 참, 톱, 보텀의 여섯 가지 쿼크를 모두 포함하는 커다란 대칭군이 존재한다. 바로 SU(6)이라는 대칭군이다. 앞에서는 2차원 그림을 통해 입자를 하나의 가족으로 묶을 수 있었지만 SU(6)으로 묶으려면 그림을 5차원 공간에 그려야 한다. 쿼크들 사이의 질량 차이는 뒤로 갈수록 커지기 때문에 이상한 조합을 굳이 만들려면 불가능할 것도 없지만, 구성이 복잡해질수록 대칭의 아름다움은 사라지고 현실성도 크게 떨어진다. 실제로 톱쿼크는 상태가 매우 불안정하여 빠른 시간 안에 붕괴되기 때문에 다른 쿼크와 결합할 기회가 거의 없으며, 쿼크의 질량이 제각각인 이유도 아직 미스터리로 남아 있다. 수학적 관점에서 보면 쿼크는 현실보다 훨씬 다양한 방식으로 결합할 수 있다. 수학적 가능성이 현실 세계에 극히 일부만 구현되어 있는 것이다. 그러나 우리는 그 현실조차 완전히 이해하지 못하고 있다.

나는 입자 물리학을 이해하기 위해 그와 관련된 수학을 몇 년 동안 연구해왔지만, 쿼크의 실체가 무엇인지 아직도 잘 모르겠다. 지금 내 책상 위에는 서드베리Sudbury의《양자 역학과 자연의 입자들Quantum Mechanics and Particles of Nature》을 비롯하여 인터넷에서 내려받은《옥스퍼드 대학원생들을 위한 대칭과 입자 물리학》강의 노트 등 관련 서적이 즐비하게 널려 있다. 주사위의 내부 구조를 설명하는 책들과 한바탕 씨름을 벌이다 보면 가끔씩 절망에 빠지기도 한다. 이 동네에는 내가 모르는 것이 너무 많다. 입자의 미래를 서술하는 경로 적분path integral이나 클라인-고든 방정식Klein-Gordon equation도 잘 모르겠고, 물리학자들이 장난감처럼 가지고 노는 파인만 다이어그램Feynman diagrma도 피부에 와 닿지 않는다. 최근에 물리학으로 대학원에 진학한 아들 녀석이 그저 부러울 따름이다. 내가 평생을 수학과 함께 살아왔듯이, 그 녀석도 물리학의 세계에 푹 빠져서 난해한 개념을 이해하기 위해 사투를 벌일 것이다.

첼로도 마찬가지다. 지금 나는 어설픈 실력으로 바흐의 첼로 모음곡을 연주하고 있지만, 트럼펫을 배웠던 지난날을 돌이켜보면 연주 실력이 오랜 기간에 걸쳐 아주 천천히 그리고 꾸준히 향상되어왔다. 이번 달에 나는 첼로 레슨 3급 과정을 끝낼 예정인데 아직도 활을 다루는 기술이 서툴러서 왼손과 오른손이 따로 놀고 있다. 레슨실에 가면 1급 과정을 이수 중인 열한 살 아이들 틈에 끼어 주눅이 들곤 하지만 그래도 실력이 조금씩 향상되고 있으니 나름대로 보람을 느낀다.

첼로와 마찬가지로 충분히 긴 시간 동안 입자 물리학을 공부하다 보면 건너편 건물에서 파인만 다이어그램을 갖고 노는 물리학자들처럼 나도 입자 물리학이 익숙해질 것이다. 물론 투자 가능한 시간에 한계가 있으므로 모든 것을 다 알 수는 없다. 그러나 첨단 물리학에 통달한 현역 물리학자들조차도 자신이 모든 것을 알 수 없다는 사실을 잘 알고 있다.

카우보이와 쿼크

나는 입자 물리학의 현주소와 입자 물리학자들의 사고방식을 좀 더 생생하게 접하기 위해 쿼크의 마지막 퍼즐을 푸는 데 핵심적 역할을 했던 한 과학자를 직접 만나보기로 했다. 현재 하버드대학교의 교수로 재직중인 멜리사 프랭클린Melissa Franklin이 바로 그 주인공이다. 그녀는 미국의 페르미연구소에서 여러 연구팀 중 하나를 이끌며 톱쿼크를 발견하는 데 중요한 역할을 했다. 세간에 알려진 것과 달리 새로운 입자는 어느 순간 갑자기 발견되지 않는다. 잃어버린 물건을 찾다가 어느 날 창고 한구석에서 우연히 발견하고 '유레카'를 외치는 게임이 아니라는 이야기다. 과학자들은 아주 긴 시간 동안 대규모 실험을 수행하고 입자의 증거를 수집, 분석하여 누구나 수긍할 수 있는 결론이 내려졌을 때 비로소 새로운 입자의 존재를 '아주 조심스럽게' 선언한다. 그러나 프랭클린은 이런 방식이 좋다고 했다. 그녀는 "한 방에 끝나는 일이라면 그것만큼 허무한 일이 없죠. 수많은 사람들이 15년 동안 장비를 만들고 실험을 하느라 그 고생을 했는데, 단 몇 분 만에 결과가 나온다고요? 생각만 해도 끔찍하네요"라고 말했다. 톱쿼크는 페르미연구소에서 1994년 한 해 동안 관련 데이터를 분석한 후 1995년에 공식 입자로 인정되었다.

실험 물리학자인 프랭클린은 펜을 놀릴 때보다 핸드드릴을 들고 있을 때 훨씬 생기가 넘친다. 그녀는 페르미연구소에서 톱쿼크 감지기를 설계할 때에도 중요한 일을 담당했다.

나는 '미지未知, Unknowable'라는 주제로 로마에서 개최된 '로마과학축제 Rome Science Festival'에서 그녀를 만났는데, 더 많은 이야기가 듣고 싶어서 외국인 참가자들이 주로 묵고 있던 호텔의 로비에서 다시 만나기로 했다 (그 호텔은 폴로 선수들에게 특화된, 좀 이상한 호텔이었다). 약속 시간이 거의 다 되었을 무렵, 카우보이 부츠를 신은 프랭클린이 내가 있는 쪽으로 성큼성큼 걸어왔다. 호텔 벽이 온통 말 그림과 사진으로 도배되어 있어서 그랬는지, 그녀는 마치 집에 있는 것처럼 편안해 보였다.

그런데 계단을 거의 다 내려왔을 무렵에 극적인 장면이 연출되었다. 발을 헛디디면서 남은 계단을 요란하게 굴러 내려온 것이다! 하지만 프랭클린은 벌떡 일어나 옷을 털고는 아무 일도 없었다는 듯이 내 앞으로 걸어와 의자에 앉았다. 그 후로 그녀와 나눴던 대화를 정리하면 대충 다음과 같다.

나: (아무것도 못 봤다는 듯이) 쿼크는 우리가 발견할 수 있는 마지막 입자입니까? 그 안에 더 작은 세부 구조가 존재할 수도 있지 않을까요?

프랭클린: (덤덤한 표정으로) 우리가 확인한 영역은 10^{-18}m까지입니다. 그보다 천만 배, 또는 일억 배 이상 작은 영역은 탐사하기가 아주 어려워요. 물론 그런 곳에서도 우리가 모르는 일이 수시로 벌어지고 있겠지요. 더 많은 사실을 알아내기 전에 죽어야 한다는 현실이 안타깝네요. 특히 방금 전처럼 계단에서 자꾸 구르면 오래 버티

지 못할 것 같아요.

나: 우리가 알아낼 수 있는 지식에 어떤 한계가 있을까요?

프랭클린: 제가 살아 있는 동안은 한계가 있겠지만, 시간 외에 다른 한계가 또 있는지는 잘 모르겠네요. 실험 물리학자들에게는 "이제 우리가 할 수 있는 일이 없다"는 말이 가장 큰 자극제랍니다. 그런 말을 들으면 오기가 발동해서 무언가 해내고 말겠다는 의지에 불타거든요. 제가 살아 있는 동안은 10^{-22}초 안에 붕괴되는 입자를 관측할 수 없겠지만 언젠가는 가능할 테니 '절대로 알 수 없다'고 단정지을 수는 없겠지요. 과거의 과학자들도 레이저나 원자시계 같은 장비가 상용화되리라고는 꿈에도 생각 못했잖아요? 우리의 연구 대상은 원자이기 때문에, 물리학의 모든 한계는 결국 원자의 한계로 귀결됩니다. 이상하게 들리겠지만 입자를 감지하는 장치도 원자로 이루어져 있으니 그 한계를 극복하는 게 급선무겠지요.

나: 아인슈타인이 꽃가루나 석탄 가루처럼 눈에 보이는 물체에서 원자의 존재를 유추했다는 점이 참 흥미롭습니다. 또 요즘은 작은 입자가 양성자에 부딪혀 산란되는 패턴을 분석해서 쿼크의 존재를 입증하고 있지요. 그렇다면 더 깊이 파고들어 갈 수 있는 여지가 남아 있지 않을까요?

프랭클린: 하이젠베르크와 보어는 지금 우리가 보고 있는 것을 상상조차 못했을 거예요. 이런 상황은 앞으로도 계속될 겁니다……. 물론 우리가 그들보다 훨씬 똑똑해지긴 했지만요. (웃음)

이 문제는 앞으로 모든 세대가 공통적으로 직면하게 될 문제이다. 후대의 과학자들은 어떤 기발한 방법으로 우주의 깊은 곳을 들여다보게 될까? 프랭클린은 현재 수집된 데이터에서 우리가 놓친 부분이 있을지도 모른다고 했다.

프랭클린: 이 분야에서 일하는 젊은 과학자들은 이론적으로 예견되지 않은 무언가를 발견하는 것은 애초부터 불가능하다고 생각하는 것 같아요. 안타까운 일이죠. 이론에 없던 것이 실험실에서 발견되면 잘못된 데이터나 배경 잡음으로 여기고 기록에서 지워버릴 거예요. 자신이 원하는 부분만 주의 깊게 살피고 나머지는 대충 넘어가는 거죠. 지금 우리가 눈앞에 놓인 증거를 놓치고 있는 건 아닌지, 몹시 걱정됩니다.

나: 맞습니다. CERN에서 발견한 펜타쿼크도 처음에는 잡음으로 간주하여 기록에서 거의 지워질 뻔했다죠? 참, 그건 그렇고 제가 요즘 '알 수 없는 것들What we cannot know'을 주제로 책을 쓰고 있습니다만······.

프랭클린: 그거 재미있겠네요. 단추 하나만 누르면 무엇이든 알 수 있는 장치가 있다면 그걸 사용할 의향이 있으신가요?

나: 단추 하나를 눌러서 제가 연구해온 모든 수학 정리를 증명할 수만 있다면 악마에게 영혼이라도 팔 겁니다. 그 정도면 남는 장사죠.

프랭클린: 그래요? 저는 생각이 다른데······.

나: 왜요?

프랭클린: 재미가 하나도 없잖아요. 그 단추가 완벽한 이탈리아어를 구사할 수 있게 만들어준다면 얼마든지 누를 거예요. 하지만 과학은 경우가 다르죠. 과학적 지식을 얻으려면 그에 합당한 노력을 해야 합니다. 무언가를 측정하고 분석하면서 새로운 사실을 알아가

는 것이 과학이니까요.

나: (잠시 당황하며) 단추 하나만 누르면 쿼크의 내부에 세부 구조가 존재하는지 알 수 있다고 해도 안 누르실 겁니까?

프랭클린: 그걸 알아내는 방법을 알려준다면 기꺼이 누를 거예요. 하지만 우리가 과학에 빠져 사는 이유는 아이디어를 떠올리는 순간에 더할 나위 없는 희열을 느끼기 때문이잖아요. 원하는 것을 얻기 위해 노력하는 과정도 흥미롭지요. 과학의 단추는 작동 원리가 아주 복잡해요.

나의 짐작대로 프랭클린은 타고난 실험 물리학자였다. 그녀는 책상 앞에 앉아 있는 것보다 지게차를 몰거나 드릴로 콘크리트에 구멍을 뚫는 게 어울릴 것이다. 역시 입자 사냥꾼은 뭐가 달라도 다른 것 같았다.

프랭클린: 어떤 면에서 보면 실험 물리학자들은 카우보이와 비슷합니다. 멀리 있는 것에 올가미를 걸어서 자신이 있는 곳으로 끌어오지요. 구석에 홀로 앉아서 생각에 잠기는 건 체질에 안 맞아요. 제가 육십이 넘으면 비판적인 태도가 다소 누그러지면서 지금보다 열린 마음을 갖게 되겠지요. 그때가 되면 카우보이 기질이 사라질지도 모르는데⋯⋯. 아니, 그래도 저는 끝까지 카우보이로 남고 싶어요. 물론 쉽진 않겠지만⋯⋯. 깊이 파고들어 가려면 카우보이가 되어야 하거든요. 제가 카우보이 부츠를 신고 다니는 것도 그런 이유랍니다. "나는 영원히 카우보이로 남을 거야!"라고 나 자신에게 외치는 거죠.

그녀는 호텔 앞에서 택시를 잡아타고 로마의 석양을 향해 사라졌다. 그 모습이 마치 과학의 미지를 찾아 올가미를 휘두르며 달려가는 카우보이 같았다.

첼로인가, 트럼펫인가?

프랭클린이 발견에 일조했던 쿼크는 궁극의 최소 단위일까? 아니면 원자가 전자, 양성자, 중성자로 이루어진 것처럼 쿼크의 내부에 더 작은 세계가 존재하고 있을까?

대부분의 물리학자들은 실험적 증거와 수학 이론에 근거하여 더는 쪼갤 수 없는 최소 단위를 알아냈다고 믿고 있다. 아니, 믿는다기보다 '그와 비슷한 느낌'을 갖고 있다. 118개의 원소로 이루어진 주기율표가 '전자, 양성자, 중성자의 다양한 조합'이라는 한마디로 요약되는 것처럼, 우주선과 입자 가속기에서 발견된 수백 종의 입자들도 단순한 구성 성분의 조합으로 요약할 수 있다. 무질서하고 복잡했던 야생의 입자 세계가 제어 가능한 동물원으로 정리된 것이다. 하지만 더 깊은 단계에 또 다른 야생의 세계가 존재하지 않는다고 어떻게 장담할 수 있을까? 쿼크는 과연 물질을 구성하는 궁극의 최소 단위일까? 이 질문에는 물리학자들도 함구하고 있다.

입자의 특성을 설명하는 대칭 모형에 따르면 쿼크에 해당하는 삼각형은 더는 분할되지 않는 마지막 층으로서, SU(3) 대칭군의 다양한 물리적 표현을 서술하고 있다. 이 정도면 마지막 단계에 도달했다고 생각할 만하다. 쿼크에 해당하는 삼각형은 다른 모든 층을 만들 수 있는 최후의 층이며 더는 작은 조각으로 분할될 수 없다. 수학적 관점에서 보면 더는 갈 곳이 없는 마지막 단계에 도달한 듯하다. 물론 의외의 결과는 얼마든지 나올 수 있다. 과거에 겔만도 쿼크의 전하가 분수라는 이유로 쿼크 모형을 부인하지 않았던가. 그러나 쿼크와 전자가 최후의 단위라는 증거는 또 있다. 이들은 모든 질량이 한 점에 집중된 점입자처럼 거동한다. 즉, 쿼크와 전자는 분명히 존재하지만 공간을 전혀 점유하지 않는다는 뜻이다.

기하학의 대상은 3차원 입체 도형과 2차원 평면 도형, 1차원 선과 0차원의 점으로 이루어져 있다. 하지만 이들은 추상적인 객체일 뿐, 현실 세계에는 존재하지 않는다. 1차원 선을 예로 들어보자. 선이란 무엇인가? 종이 위에 펜으로 그린 선은 분명한 두께를 가지고 있다. 두께가 있는 한, 그것은 기하학적 선이 아니다. 뿐만 아니라 현미경으로 들여다보면 높이까지 있다. 잉크나 흑연 가루가 그 부위에 쌓여서 위로 돌출되어 있기 때문이다. 그러므로 종이 위에 그린 선은 사실 선이 아니라 가늘고 기다란 직육면체이다.

공간상의 한 점은 GPS 좌표를 통해 결정된다. 그러나 우리는 가까운 식당을 찾기 위해 핸드폰으로 GPS 좌표를 읽을 때, 식당이 한 점에 집중되어 있다고 생각하지 않는다. 점은 크기가 없기 때문에 눈으로 볼 수 없다. 그런데 희한하게도 전자는 모든 질량이 한 점에 집중되어 있는 것처럼 거동한다. 양성자와 중성자 안에 갇혀 있는 쿼크도 마찬가지다. 전자와 쿼크를 점입자로 간주하지 않으면 전자와 전자, 또는 전자와 (양성자 내부의) 쿼크를 충돌시켜서 얻은 산란 데이터를 설명할 길이 없다. 이들이 조금이라도 크기를 가지고 있다면 산란 데이터는 완전히 다르게 나왔을 것이다. 그리고 이들이 점입자라면 더는 분해할 수 없는 궁극의 최소 단위라는 것을 인정할 수밖에 없다.

　오케이, 실험 결과가 그렇다는데 어쩌겠는가? 그냥 믿는 수밖에. 하지만 도저히 이해할 수 없는 게 하나 있다. 크기가 없는데 어떻게 질량이 존재한다는 말인가? 쿼크와 전자는 분명히 질량을 가지고 있다. 그렇다면 전자의 밀도는 얼마인가? 유한한 질량을 0(부피)으로 나누면 무한대가 된다. 밀도가 무한대라고? 모든 전자가 작은 블랙홀이라도 된다는 말인가? 이 질문을 떠올리는 순간부터 우리는 양자 역학의 세계로 들어가게 된다. 양자 세계에서는 입자의 위치를 명확하게 결정할 수 없는데, 자세한 내용은 잠시 후에 이어질 '지식의 세 번째 경계'에서 다루겠다.

　불연속적 음계를 만들어내는 트럼펫이 첼로의 글리산도를 이긴 것일까? 아직은 장담할 수 없다. 과거의 과학자들은 원자가 '무게의 정수 비율'을 따른다는 이유로 원자를 모든 만물의 최소 단위로 간주했지만, 이후 새로운 실험 결과를 설명하기 위해 어쩔 수 없이 세부 구조를 받아들였다. 이런 일이 전자와 쿼크에서 다시 일어나지 않는다는 보장은 어디에도 없다. 작은 것을 발견하면 그보다 더 작은 것이 발견되고……, 이런 과정을 반복해서 겪다 보면 만물의 근원에 도달하게 될까? 이것은 앞으로도 계속 마주치게 될 문제이다. 여기서 문득 재미있는 일화가 떠오른다. 한 과학자가 강연장에서 우주론을 강의하고 있는데, 청중석에 앉아 있던 한 노파가 이의를 제기했다.

　"우주는 커다란 거북이 등에 얹혀 있답니다. 아직도 모르시겠어요?"

　과학자는 말도 안 된다며 빅뱅과 인플레이션 등 최신 우주론을 열심히 설명했다. 그랬더니 그 노파가 "젊은이, 아주 똑똑하네요. 정말 기발하고 똑똑해. 하지만 계속 파고들어 가다 보면 결국 거북이 등에 도달한다니까!"라고 말했다.

전자와 쿼크가 하나의 점에 집중되어 있다 해도 점을 잡아 늘여서 두 개의 점으로 분리할 수도 있다. 또는 우리가 모르는 '숨은 차원'이 존재할지도 모른다. 이것이 바로 1980년대 중반에 등장한 '끈 이론string theory'의 주제이다. 끈 이론에 따르면 전자와 쿼크는 점이 아니라 특정한 진동수frequency•로 진동하는 가느다란 1차원 끈이며, 끈의 진동 패턴에 따라 다양한 입자로 나타난다. 수천 년 동안 우여곡절을 겪은 끝에 결국 피타고라스의 우주 모형으로 되돌아간 듯한 느낌이다. 한동안 트럼펫이 우세한 듯싶더니 이번에는 진동하는 끈, 즉 첼로가 뜨고 있다.

나의 목적이 '절대로 알 수 없는 것'을 찾는 것이라면 주사위의 최소 단위에 대한 질문은 조금 수정되어야 한다. 주사위에 대해 지금까지 우리가 알아낸 내용은 경고로 가득 차 있다. 과연 우리는 더는 파헤칠 것이 없는 마지막 단계에 도달할 수 있을까? 최신 이론이 최후의 이론이라는 것을 어떻게 알 수 있을까?

그러나 여기에는 또 다른 문제가 도사리고 있다. 미시 세계를 다루는 지금의 이론(양자 역학)에 따르면 우리가 알아낼 수 있는 지식에는 분명한 한계가 있다. 이것은 인간의 능력이나 관측 장비의 성능이 부족해서가 아니라 이론 자체에 내재되어 있는 한계이다. 주사위를 계속 분해해 나가다가 어떤 지점에 도달하면 도저히 극복할 수 없는 장벽이 모습을 드러낸다. 이것이 바로 다음 장의 주제이다.

• 1초 사이에 마루와 골이 반복되는 횟수이다.

지식의 세 번째 경계
우라늄 한 덩어리

5

과학이 진보하려면
불확정성을 우리의 천성으로 받아들여야 한다.
리처드 파인만

인터넷의 위력은 가히 상상을 초월한다. 어떤 물건이든 인터넷으로 주문만 하면 며칠 안에 배달된다. 심지어는 소량의 방사능 우라늄$^{U\text{-}238}$도 택배로 받을 수 있다. "소규모 핵실험에 유용하다"는 것이 판매자의 설명이다. 우라늄을 구입한 사람들도 "마트 주차장에서 몰래 리비아 사람을 만날 필요가 없으니 여러 모로 편리하다"고 입을 모은다. 그런데 한 구매자는 별로 만족스럽지 않은지 "이 상품을 44억 7000만 년 전에 샀는데, 오늘 상자를 열어보니 절반이 사라지고 없더라고요"라고 했다.

우라늄은 인공물이 아닌 천연 원소이며 책상 위에 장식품으로 진열해도 별로 위험하지 않다. 포장지에는 "먹지 말라"고 적혀 있는데 먹으면 안 되는 것이 어디 우라늄뿐이던가? 또한 "우라늄은 1분당 766회의 비율로 복사를 방출한다"는 경고문도 적혀 있다. 다시 말해서 알파 입자(헬륨 원자의 핵)와 베타 입자(전자), 감마선(고에너지 광자)이 수시로 방출된다는 뜻이다. 그러나 하나의 입자가 정확하게 '언제' 방출될지는 아무도 알 수 없다.

현재 통용되는 양자 물리학의 법칙에 따르면 이것은 '절대로 알 수 없는 지식'에 속한다. 지금까지 개발된 그 어떤 이론을 동원해도 우라늄에서 복사가 방출되는 정확한 시간을 알아낼 수는 없다. '지식의 첫 번째 경계'에서 다뤘던 뉴턴의 고전 물리학에 따르면 우주 만물의 미래는 일련의 수학 방정식으로 이미 결정되어 있다. 그러나 20세기 초에 등장한 젊은 물리학자들(하이젠베르크, 슈뢰딩거, 보어, 아인슈타인 등)은 우주에 대한 새로운 관점을 제시하면서 과학계에 일대 혁명을 일으켰다. 우주를 지배하는 것은 결정론이 아니라 '무작위성'이라는 것이다.

무작위성의 원리를 이해하려면 과학 역사상 가장 어려우면서 직관과 가장 동떨어진 양자 물리학을 마스터해야 한다. 물리학자들이 양자 역학을 공부하면서 겪었던 고생담을 듣고 있노라면 나 같은 비전공자들은 주눅이 들 수밖에 없다. 하이젠베르크는 양자 물리학을 지배하는 기본 원리를 발견한 후 "원자를 대상으로 한 실험 결과가 어찌 이토록 황당할 수 있단 말인가? 자연이라는 것이 원래 황당한 존재였던가? 나는 이 질문을 수도 없이 떠올렸다"라는 말을 남겼다. 아인슈타인은 "양자 물리학이 옳다면 과학은 끝난 것이나 다름없다"고 했고, 슈뢰딩거는 "내가 이런 이상한 이론에 일조했다는 게 후회스럽다"고 했다. 이처럼 세계적인 거장들이 강한 거부감을 느꼈는데도 양자 물리학은 과학 역사상 가장 정확하면서 가장 엄밀하게 검증된 이론으로 입지를 굳혔다. 단언컨대 양자 물리학은 20세기 과학이 이룬 최고의 업적이다. 물리학자들이 그토록 신봉하는 이론이니, 물가에서 발만 꼼지락거리지 말고 과감하게 다이빙을 하는 게 최선이다. 양자 물리학의 대가인 리처드 파인만은 양자 세계로 탐험을 떠나는 사람들에게 다음과 같은 말로 용기를 북돋아주었다.

> 지금부터 양자 세계의 거동 방식을 여러분에게 설명하려고 합니다. 제 설명을 듣고 "오케이, 자연은 원래 그런 것이로구나"라며 단순하게 받아들인다면 정말로 매혹적이고 아름다운 경치를 음미할 수 있을 겁니다. 그러나 "아니, 어떻게 그럴 수 있지?"라고 의문을 품기 시작하면 얼마 가지 않아 막다른 길에 봉착하게 됩니다. 그리고 노파심에서 하는 말인데, 지금까지 그 막다른 길에서 빠져나온 사람은 단 한 명도 없습니다. 자연이 그토록 기이한 방식으로 거동하는 이유는 아무도 모릅니다.

무작위 복사

양자 물리학의 원리는 내가 가지고 있는 우라늄 덩어리에 고스란히 함축되어 있다.

시간이 충분히 흐르면 우라늄의 방사성 붕괴율이 거의 일정해지면서 '평균적 예측'이 가능해진다. 이것은 주사위를 던졌을 때 6이 나올 확률이 1/6이라는 것을 미리 아는 것과 비슷하다. 그러나 20세기 물리학에 따르면 주사위와 우라늄 사이에는 근본적인 차이가 있다. 주사위의 경우, 충분히 많은 데이터가 주어지면 특정 시기에 눈금을 어느 정도 예측할 수 있지만 우라늄이 알파 입자를 '언제' 방출할지는 알 길이 없다. 정보가 아무리 많아도 마찬가지다. 양자 물리학에서 입자의 방출은 완전히 무작위로 일어난다. 우주를 '태엽이 감긴 시계'에 비유했던 라플라스의 관점과 달라도 너무 다르다!

정확한 지식을 추구하는 사람에게 양자 물리학은 참으로 불편한 이론이다. 이 세상 어떤 계산법, 어떤 도구를 동원해도 우라늄 덩어리에서 알파 입자가 방출되는 시간을 예측할 수 없다니, 청천벽력이 따로 없다. 정말로 알 길이 없는 것일까? 가능성은 두 가지다. 알파 입자의 방출이 완전 무작위로 일어나서 원리적으로 예측이 불가능하거나, 입자의 방출 여부를 좌우하는 역학이 있긴 있지만 우리가 그것을 아직 알아내지 못했거나 둘 중 하나이다. 과학자들은 이 두 가지 가능성을 놓고 수십 년 동안 논쟁을 벌여왔지만 아직도 결론을 내리지 못하고 있다.

결론이 나지 않는 이유는 작은 스케일의 우주가 미지의 장막에 가려져 있기 때문이다. 뉴턴의 운동 방정식을 이용하여 우주의 미래를 예측하려면 우주를 구성하는 모든 입자의 위치와 운동량(또는 속도)을 알아야 한다. 물론 이것은 현실적으로 불가능할 뿐만 아니라 양자 물리학의 입장에서 볼 때 더 심각한 문제가 있다. 바로 우주 전체는 고사하고 전자 하나의 위치와 운동량조차 정확하게 알 수 없다는 것이다. 이는 관측 장비가 부정확하거나 장비를 다루는 솜씨가 서툴러서가 아니라 이론 자체에 내재되어 있는 한계 때문이다. 우리는 입자의 위치와 운동량을 '동시에 정확하게' 알아낼 수 없다. 이것이 그 유명한 하이젠베르크의 '불확정성 원리uncertainty principle'이다.

'지식의 첫 번째 경계'에서 논한 바와 같이, 주사위의 눈금이 무작위처럼 보이는 이유는 주사위와 주변 환경의 상호 작용에 대한 지식이 부족하기 때문이다. 그러나 미시 세계에 존재하는 무작위성은 정보 부족 때문이 아니라 이론 자체의 특성에서 비롯된 결과이다. 내 카지노 주사위

옆에 놓여 있는 우라늄 덩어리의 미래는 '눈금을 절대로 예측할 수 없는' 불확정성의 주사위를 통해 좌우되고 있다.

우리가 주사위의 눈금을 예측할 수 없다 해도 주사위의 미래는 뉴턴의 운동 방정식으로 결정된다. 단지 방정식을 푸는 데 필요한 정보를 모두 알 수 없기 때문에 '알 수 없는 것'으로 분류되는 것뿐이다. 그러나 우라늄 덩어리가 알파 입자를 방출하는 사건은 완전히 무작위로 일어나기 때문에 "앞으로 1시간 동안 알파 입자 xx개가 방출될 확률은 yy이다"라는 식의 확률적 통계만 알 수 있을 뿐, 정확하게 어느 시간에 입자가 방출될지는 절대로 알 수 없다. 과연 내가 이 양자적 불가지론不可知論에 익숙해질 수 있을지 의문이다. 하이젠베르크의 불확정성 원리는 절대로 극복할 수 없는 한계인가? 아니면 20세기 초에 그랬던 것처럼 또 한 차례 과학 혁명이 불어닥쳐서 불확정성을 극복하게 될 것인가?

파동인가, 입자인가?

양자 혁명은 과학자들이 빛의 속성을 이해하면서 시작되었다. 빛은 파동인가, 아니면 입자인가? 뉴턴은 1704년에 출간한 명저《광학》에서 빛을 입자로 묘사했다. 빛을 입자의 흐름으로 간주하면 뉴턴의 설명이 매우 자연스럽게 이해된다. 빛의 반사를 예로 들어보자. 유리같이 매끈한 면에 빛이 입사되었다가 표면에 충돌한 후 반사될 때 입사각과 반사각을 알고 싶다면 쿠션을 향해 비스듬한 각도로 부딪혔다가 튕겨 나가는 당구공의 입사각과 반사각을 계산하면 된다. 빛을 다룰 때 필요한 기하학은 직선 하나로 충분하기 때문에, 뉴턴은 "빛을 입자로 간주하면 빛의 거동을 이해할 수 있다"고 믿었다.

그러나 뉴턴의 경쟁자들은 빛을 파동으로 간주해야 그 특성을 이해할 수 있다고 주장했다. 예를 들어 간섭干涉, interference이나 회절回折, diffraction을 이해하려면 빛을 파동으로 간주해야 한다. 영국의 물리학자 토머스 영 Thomas Young은 1800년대 초에 그 유명한 '이중 슬릿 실험'을 실행하여 빛이 입자라고 주장하는 사람들에게 KO 펀치를 날렸다.

세로 방향으로 슬릿slit•이 하나 나 있는 불투명 스크린 뒤에 사진 건판을 설치해놓고 스크린 앞에서 빛을 쪼였다고 해보자. 대부분의 빛은 스크린에 막히고 슬릿을 통과한 빛만 사진 건판에 도달하여 흔적을 남길 것이다. 광원과 슬릿을 연결하는 직선의 연장선상에 밝은 줄무늬가 형성되고 가장 밝은 곳에서 양옆으로 갈수록 점점 어두워질 것이다.

이 결과는 빛을 입자로 간주해도 설명이 가능하다. 슬릿을 무사통과한 빛 입자는 광원과 슬릿을 연결한 직선의 연장선상에 도달하고, 슬릿을 통과하면서 약간의 방해를 받은 빛 입자는 연장선에서 약간 벗어난 곳에 도달할 것이다. 그 결과 옆의 그림과 같은 광도intensity 분포를 보이게 된다(슬릿의 가느다란 폭이 빛의 파장보다 작으면 사진 건판의 가장 밝은 부분에서 멀리 벗어날수록 파동과 유사한 패턴이 나타난다. 이것이 바로 '회절'이라는 현상으로, 빛의 파동성을 보여주는 증거 중 하나이다).

그러나 스크린에 슬릿 두 개를 나란히 뚫어놓고 똑같은 실험을 하면 빛의 입자설로 설명할 수 없는 결과가 얻어진다. 빛이 입자라면 통과할 수 있는 슬릿이 두 개이므로 사진 건판에는 두 개의 밝은 줄무늬가 형성되어야 한다. 그런데 토머스 영이 사진 건판을 확인해보니, 밝은 줄과 어

• 가늘고 긴 구멍이다.

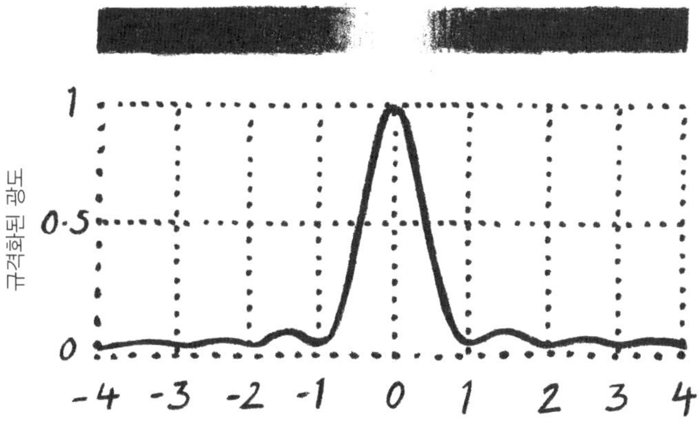

하나의 슬릿을 통과한 후 사진 건판에 기록된 빛의 광도

두운 줄이 촘촘한 간격으로 번갈아 형성되어 있었다. 더욱 신기한 것은 슬릿을 하나만 열었을 때 밝아졌다가 슬릿 두 개를 다 열면 어두워지는 영역이 사진 건판에 존재한다는 점이었다. 슬릿이 두 개면 빛의 입장에서 볼 때 스크린을 통과할 여지가 더 많아진 셈인데, 슬릿이 한 개일 때는 빛이 도달했다가 슬릿이 두 개일 때는 도달하지 못하는 영역이 있다는 것은 말이 되지 않았다. 빛을 입자로 간주한 뉴턴의 이론에 문제가 있는 것이 분명했다.

결국 사진 건판의 얼룩무늬를 설명하려면 빛을 파동으로 간주하는 수밖에 없었다. 잔잔한 연못에 돌멩이 두 개를 동시에 던지면 두 개의 파동이 동시에 생성되는데, 이들이 서로 교차할 때 파동의 마루와 마루, 또는 골과 골이 만나면 진폭振幅, amplitude이 두 배로 커지고(보강 간섭) 마루와 골이 만나면 파동이 상쇄된다(소멸 간섭). 이때 연못가에 기다란 나무토막을 눕혀놓으면 물과 닿은 곳에 마루와 골이 번갈아 반복되는 간섭무늬가 만들어진다. 따라서 간섭은 오직 파동에서만 볼 수 있는 현상이다.

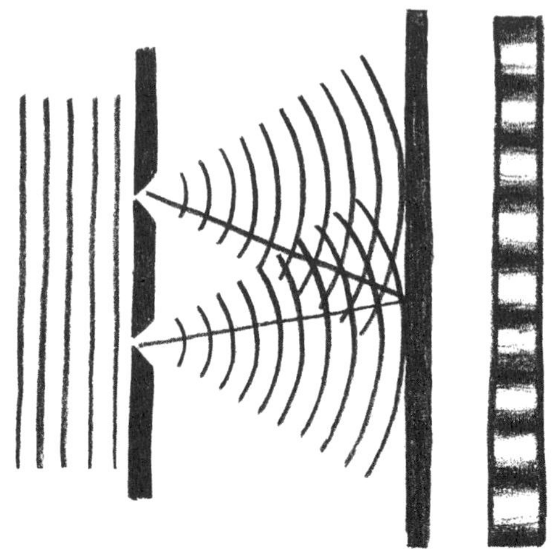

그림의 왼쪽에서 방출된 빛이 이중 슬릿 스크린을 통과하면
사진 건판에 어둡고 밝은 줄이 번갈아 나타나는 간섭무늬를 만든다.

두 개의 슬릿을 통과한 빛이 사진 건판에 만드는 무늬는 두 개의 파동이 만드는 간섭무늬와 거의 동일했다. 광파가 보강 간섭을 일으킨 곳은 밝아지고, 소멸 간섭을 일으킨 곳은 어두워지면서 밝고 어두운 무늬가 번갈아 나타난 것이다. 빛이 입자라면 결코 이와 같은 무늬를 만들 수 없었다.

명백한 실험 결과가 나왔는데도 일부 과학자들은 빛의 입자설을 포기하지 않았다. 그러나 1860년대 초에 실험으로 확인된 빛의 속도가 파동설에 기초한 제임스 클러크 맥스웰의 전자기 복사 이론에서 예견된 값과 일치한다는 사실이 알려지면서 빛의 입자설은 더는 발붙일 곳이 없게 되었다. 맥스웰의 이론에 따르면 빛(가시광선)이란 전자기 복사(전자기파)의 한 형태로서 일련의 방정식으로 서술할 수 있는데, 방정식의 해는 진동수가 각기 다른 전자기 복사이다.

그러나 얼마 후, 또 한 번의 반전이 일어난다. 토머스 영의 실험이 알려진 후 빛의 파동설이 대세로 떠올랐지만, 19세기가 끝날 무렵에 실행된 두 건의 실험에서 빛이 일종의 '덩어리'처럼 거동한다는 강력한 증거가 발견된 것이다.

파동이 만들어낸 불협화음

빛의 파동설에 반하는 증거가 처음 발견된 곳은 산업혁명의 견인차 역할을 했던 석탄 용광로였다. 음전하를 띤 전자를 위아래로 빠르게 진동시키면 전자기 복사가 방출된다. 이것은 맥스웰의 전자기학에서 자연스럽게 유도되는 결과이다. 뜨겁게 달궈진 물체가 밝은 빛을 발하는 것은 바로 이런 이유 때문이다. 진동하는 전자는 전자기 복사를 방출한다. 전자를 '줄의 한쪽 끝을 손에 쥐고 있는 사람'에 비유해보자. 이 상태에서 손을 위아래로 흔들면 줄이 파동처럼 진동하기 시작한다(줄의 다른 쪽 끝은 벽에 고정되어 있다고 가정하자). 개개의 파동은 고유의 진동수를 갖고 있으며, 손을 빠르게 흔들수록 진동수가 커진다. 진동하는 전자에서 방출된 전자기파도 고유의 진동수를 가지고 있어서, 바로 이 진동수로 전자기파의 색이 결정된다(붉은빛은 진동수가 작고 푸른빛은 진동수가 크다). 또한 진동수는 파동이 실어 나르는 에너지와도 밀접하게 관련되어 있는데, 간단히 말하면 진동수가 클수록 에너지도 크다. 그 외에 파동 마루의 높이(또는 골의 깊이)를 나타내는 진폭도 에너지와 관련되어 있다. 벽에 매달려서 진동하는 끈의 경우, 손을 격하게 흔들수록(즉, 에너지를 많이 투입할수록) 파동의 진폭이 커진다. 지난 수백 년 동안 과학자들은 물체에서 방출되는 복사 중 가장 우세한 진동수가 온도를 결정한다고 생각했다. '레드 핫 Red hot'이나 '화이트 핫White hot'은 여기서 유래된 용어이다. 물체의 온도가 높을수록 방출되는 빛(복사)의 진동수도 크다.

나는 노팅엄 근처에 있는 패플윅 펌프장에서 격렬하게 타고 있는 석탄 용광로를 본 적이 있다. 빅토리아 양식의 아름다운 건물 안에 자리 잡고 있는 이 용광로는 한 달에 한 번 돌아오는 '증기의 날steaming day'에만 가동된다. 모르긴 몰라도 용광로 유지비보다 건물 유지비가 몇 배는 더 비쌀 것이다. 사실 이 용광로는 산업혁명을 견인했던 과학과 현장 노동자들의 노고를 기리는 일종의 기념물인데, 아직도 뜨거운 증기를 뿜으며 가동되는 모습이 매우 인상적이었다.

패플윅 펌프장의 용광로에 불을 붙이면 내부 온도는 1,000°C까지 올라간다. 19세기 말의 과학자들은 특정 온도의 용광로에서 방출되는 빛이 전자기파의 어떤 진동수에 해당되는지 알기 위해 다양한 실험을 수행했다. 용광로가 방출된 열을 재흡수하여 열적 평형 상태에 도달하면 전자기 복사는 손실되지 않고 일정한 양을 유지하게 된다.

용광로가 평형 상태에 도달했을 때, 내부에 갇힌 복사의 진동수는 얼마나 될까? 첼로의 현에 비유해보자. 진동하는 현의 총에너지는 진동수와 진폭의 함수로 표현할 수 있다. 현이 빠르게 진동하려면 그만큼 많은 에너지가 투입되어야 하지만 진폭이 작으면 소량의 에너지로도 높은 진동수를 유지할 수 있다. 고전 물리학에 따르면 현의 에너지가 일정한 값으로 고정되어 있을 때 진동수에는 아무런 제한이 없다. 단, 진동수가 클수록 진폭은 작아진다.

빛스펙트럼을 설명하는 이론을 보면, 용광로 내부에서는 모든 진동수의 전자기 복사가 발생할 수 있다. 그러나 나는 패플윅 펌프장의 용광로

안을 들여다보면서 X−선에 노출되지 않았다. 파동설에 기초한 이론에 따르면 X−선뿐만 아니라 감마선까지 발생해야 하는데 현실은 그렇지 않다. 게다가 이 이론에 입각하여 평형 상태에 도달한 용광로 내부의 총에너지를 계산하면 무한대라는 결과가 얻어진다. 용광로는 지금 유한한 온도를 유지하고 있는데 그 안에 저장된 에너지가 무한대라니, 난센스도 이런 난센스가 없다. 에너지가 무한대라면 패플웍의 용광로는 진작 결딴났을 것이다.

용광로(또는 임의의 뜨거운 물체)의 온도가 얼마이건, 거기에는 진동하는 파동이 더는 생성되지 않게 하는 차단 진동수cut-off frequency가 존재한다. 이 현상을 고전적으로 해석하면 다음과 같다. 빛이 첼로의 끈과 비슷한 속성을 가지고 있다면 화덕에서는 모든 진동수의 파동이 생성되고, 생성된 파동의 수는 진동수에 비례한다. 진동수가 낮을 때는 이 이론이 관측 결과와 잘 들어맞지만, 진동수가 커질수록 이론과 실험이 큰 차이를 보

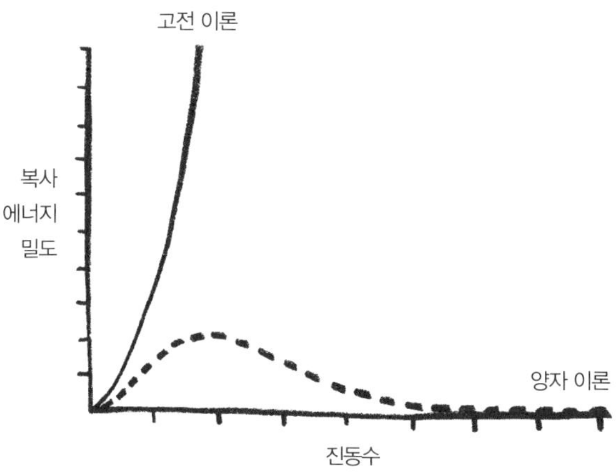

밀폐된 화덕의 내부에서 발생한 복사 에너지의 진동수에 따른 분포
(실선＝고전 이론, 점선＝양자 이론)

이게 된다. 이론적으로는 진동수가 클수록 파동의 총에너지도 대책 없이 커져야 하는데, 실제로는 차단 진동수보다 진동수가 큰 파동은 거의 생성되지 않는다(차단 진동수의 값은 물체의 온도에 따라 다르다).

1900년에 독일의 물리학자 막스 플랑크는 용광로에서 방출되는 복사의 진동수 분포를 이론적으로 분석하던 중 빛의 파동설에 기초한 고전 이론의 문제점을 해결하고 관측 결과를 재현하는 기발한 아이디어를 떠올렸다.

그는 각 진동수에 해당하는 전자기 복사가 최소 단위의 에너지 덩어리로 이루어져 있다고 가정했다. 즉, 특정 진동수로 진동하는 파동의 에너지를 연속적으로 줄여나갈 수 없다는 뜻이다. 에너지를 줄이다가 특정 값에 도달하면 파동은 더 이상 진폭이 줄어들지 않고 그냥 사라져버린다. 플랑크의 이론에는 연속적 거동이라는 개념이 존재하지 않으며, 복사 에너지가 증가하면 '양자 점프quantum jump'가 일어난다. 단, 점프하는 폭이 아주 작기 때문에 불연속적 특성을 감지하기가 쉽지 않을 뿐이다. 그러나 이 가정을 받아들이면 화덕에서 방출된 전자기 복사의 에너지 밀도가 진동수에 따라 변하는 양상을 이론적으로 정확하게 계산할 수 있다(파동설에 입각한 고전 복사 이론의 문제점도 말끔하게 해결된다).

19세기 말까지만 해도 과학자들은 우주가 매끈한 연속체라고 생각했다. 그러나 플랑크의 가설이 옳다면 우주는 불연속으로 가득 찬 세상이 된다. 모든 물질이 유한한 크기의 최소 단위로 이루어져 있다고 믿는 원자론자들도 원자론을 에너지에 적용할 수 있다고는 생각하지 못했다. 내가 첼로를 연주할 때 활에 서서히 힘을 가하여 소리가 점점 커지면 듣는 사람은 음량이 연속적으로 증가했다고 느끼겠지만, 사실은 매순간 '점프'가 일어나면서 소리가 커진 것이다. 다만, 점프를 일으키는 간격이 너무 작아서 마치 연속적으로 변한 것처럼 느낄 뿐이다. 전자기 복사의 진동수를 v라 했을 때 에너지는 $h \times v$가 된다. 여기서 h는 플랑크 상수 Planck constant로서, 소수점 이하 서른네 번째 자리까지 내려가야 비로소 0이 아닌 수가 등장할 정도로 작은 수이다.

$$h = 0.00000000000000000000000000000006626 \text{ joule.sec}$$
$$= 6.626 \times 10^{-34} \text{ joule.sec}$$

처음에는 플랑크 자신도 이 상수의 물리적 의미를 깨닫지 못했다. 그러나 전자기 복사의 에너지가 $h \times v$라는 최소 단위 알갱이(이것을 '양자'라 한다)로 이루어져 있다고 가정하면 패플웍 용광로에서 방출되는 전자기 복사의 관측 결과(복사의 진동수에 따른 에너지의 변화)를 이론적으로 정확하게 재현할 수 있다. 플랑크가 양자 가설로 전자기 복사를 설명한 지 5년 후에, 젊은 아인슈타인은 빛의 입자설에 힘을 실어주는 또 하나의 이론을 발표했다. 그의 이론에 따르면 빛은 $h \times v$라는 에너지를 갖는 작은 입자의 집합이었다.

전자 걸어차기: 광전 효과

대부분의 금속은 전기가 잘 통하는 도체이다. 금속 내부에서는 수많은 전자가 자유롭게 돌아다닐 수 있기 때문이다(이들을 자유 전자라 한다). 그래서 금속에 전자기 복사를 쪼여서 전자가 금속 표면을 이탈하게 만들 수 있다. 파동의 에너지가 전자에 충분히 전달되면 전자가 자신을 금속에 붙잡아두는 결합력을 이기고 외부로 탈출하는 것이다. '지식의 두 번째 경계'에서 J. J. 톰슨이 전자를 발견한 것도 바로 이 현상 덕분이었다.

전자기 복사가 파동이라면, 금속에서 전자가 튀어나올 때까지 에너지를 점점 키워나갈 수 있어야 한다. 다시 말해서 처음에는 아무런 반응이 없더라도 전자기 복사의 강도를 점점 키우다 보면 언젠가는 전자가 튀어나와야 한다는 뜻이다. 파동의 에너지가 클수록 튀어나온 전자의 속도도 빠를 것이다. 앞 절에서 말한 대로 파동의 에너지를 키우는 방법은 두 가지가 있는데, 그중 하나는 진동수를 높이는 것이다. 이 경우 탈출에 성공한 전자의 속도는 전자기 복사의 진동수에 비례한다.• 그러나 진동수를 일정하게 유지한 상태에서 에너지를 높이려면 파동의 진폭을 키워야 한다. 이것은 빛의 광도를 높이는 것과 같고, 첼로에 비유하면 '더 큰 소리로' 연주하는 것과 같다. 그런데 이상한 것은 진폭을 아무리 키워도 금속에서 튀어나오는 전자의 개수만 많아질 뿐, 속도가 전혀 빨라지지 않는다는 점이다.

이뿐만이 아니다. 전자기 복사의 총에너지가 변하지 않도록 진동수를 줄이면서 진폭(광도)을 적절히 키우면 달라지는 게 없을 것 같은데, 실제로는 수시로 튀어나오던 전자가 어느 순간부터 하나도 튀어나오지 않는다. 전자를 이탈시키는 데 필요한 진동수에 어떤 '하한값'이 존재한다는 뜻이다. 그러나 진동수가 충분히 높으면 진폭을 아무리 작게 줄여도 전자가 튀어나온다. 다만 이 경우에는 튀어나오는 전자의 개수가 줄어들 뿐이다. 왜 그럴까? 소위 '광전 효과photoelectric effect'로 알려진 이 신기한

• 정확히 말해서 전자기 복사의 진동수에 비례하는 것은 전자의 속도가 아니라 운동 에너지다.

현상을 어떻게 설명해야 할까?

방법은 하나뿐이다. 전자기 복사를 파동이 아닌 입자로 간주해야 한다. 앞에서 나는 광전 효과를 '파동을 입력해서 입자가 출력되는 과정'이라고 했으나, 이것을 '입자를 입력해서 입자가 출력되는 과정'으로 이해하면 모든 것이 분명해진다. '전자기 복사와 전자의 상호 작용'을 '전자기 복사의 최소 단위 입자와 전자의 상호 작용'으로 바꾸고, 이 입자의 에너지가 진동수에 비례한다는 플랑크의 양자 가설($E = h\nu$)을 도입하면 앞에 언급한 신기한 현상을 깔끔하게 설명할 수 있다.

광전 효과는 '기적의 해'로 불리는 1905년에 아인슈타인이 발표한 논문 중 하나이다. 바로 그해에 그는 시간과 공간의 개념을 송두리째 바꾼 특수 상대성 이론과 원자의 존재를 입증하는 브라운 운동 이론을 함께 발표하여 일약 세계적인 스타로 떠올랐다.

아인슈타인은 과거에 뉴턴이 주장했던 것처럼 전자기 복사(또는 빛)를 파동 대신 '총에서 발사된 작은 당구공'으로 간주할 것을 제안했다. 입자 하나의 에너지는 복사의 진동수에 따라 달라진다. 이 아이디어를 수용하면 과학자들이 실험실에서 얻은 데이터를 완벽하게 설명할 수 있다. 아인슈타인의 모형에서 개개의 당구공은 플랑크가 용광로의 복사를 설명하기 위해 임기응변으로 도입했던 최소 에너지를 가지며, 진동수가 ν인 전자기 복사는 에너지가 $h\nu$인 작은 당구공에 해당한다. 처음에 아인슈타인은 작은 당구공을 '광양자light quanta'라 불렀으나, 1920년대 중반에 '광자'로 이름을 바꿔 지금에 이르고 있다.

빛(전자기 복사)의 입자 모형을 이용하여 광전 효과를 설명하는 방법은 다음과 같다. 빛과 전자의 상호 작용을 충돌하는 당구공에 비유해보자. 빛의 입자인 광자가 금속 표면에 충돌하면 표면에 있는 전자에 에너지가 전달되어 밖으로 튀어나온다. 그러나 전자는 금속에 속박되어 있기 때문에, 외부로 탈출하려면 광자로부터 전달받은 에너지의 일부를 '속박 상태를 푸는 데' 사용해야 한다. 그리고 남은 에너지가 전자의 운동 에너지로 변환되어 특정 속도로 튀어나오는 것이다.

입사된 광자의 에너지는 오직 빛의 진동수로 결정되므로, 진동수가 너무 낮으면 에너지가 부족하여 전자를 탈출시킬 수 없다. 이런 광자는 아무리 많이 입사시켜봐야 결과가 똑같다. 광자의 에너지가 전자의 속박을 푸는 데 필요한 '커트라인'을 넘지 못하기 때문에, 진동수가 낮은 빛은 아무리 강하게 쪼여도 전자가 튀어나오지 않는다. 광자를 많이 쪼이면(즉, 광도를 높이면) 전자와 충돌할 확률은 높아지지만, 광자의 에너지 함량이 기준 미달이어서 전자를 탈출시키지 못하는 것이다. 빛의 파동설에 기초한 복사 이론에 따르면 전자는 속박 상태에서 풀려날 때까지 자신에게 쏟아지는 에너지를 마냥 흡수할 수 있다. 빛의 진동수가 낮아도, 오랫동안 흡수하면 속박을 푸는 데 필요한 에너지가 누적되어 결국은 탈출에 성공한다. 그러나 빛을 입자로 간주한 이론에서 빛과 전자의 상호 작용은 두 당구공의 충돌과 비슷하기 때문에, 전자를 아무리 자주 걸어차도 차는 힘이 부족하면(진동수가 낮으면) 전자를 탈출시킬 수 없다. 이것은 누군가를 손가락으로 부드럽게 찌르는 것과 같다. 약한 힘으로는 아무리 여러 번 찔러도 절대 쓰러지지 않는다.

그러나 금속에 쪼인 빛의 진동수가 커트라인을 넘으면 드디어 전자가 튀어나오기 시작한다. 입사된 광자의 에너지가 전자의 속박을 풀어줄 정도로 충분히 크기 때문이다. 옆에 있는 친구를 손가락으로 살살 찌르다가 커다란 베개로 후려친 것과 같다. 이 정도면 누구라도 중심을 잃고 쓰러질 것이다. 개개의 광자가 충분한 에너지를 가지고 있으면 전자와 충돌할 때마다 이 에너지가 고스란히 전달되어 금속에 속박되어 있던 전자를 허공으로 날려 보낸다. 그리고 입사 광자의 진동수가 클수록 튀어나온 전자의 속도가 빨라진다. 여기서 빛의 진동수 대신 광도를 높이면 에너지를 그대로 유지한 채 입사 광자의 수만 많아지므로 튀어나오는 전자의 속도는 변하지 않고 개수만 많아지게 된다.

아인슈타인의 모형에 따르면 금속 표면을 탈출한 전자의 속도는 쪼여준 빛의 진동수에 비례한다.[*] 흥미로운 것은 어느 누구도 이 간단한 사실을 실험실에서 관측하거나 이론적으로 예측하지 못했다는 점이다. 아인슈타인의 광전 효과는 기존의 실험 데이터를 설명한 논문이 아니라 "앞으로 이러이러한 실험을 하면 저러저러한 결과가 얻어질 텐데, 그 이유는 그러그러하다"라며 모든 것을 싹쓸이한 '원맨쇼 논문'이었다. 그 덕분에 빛의 파동설을 신봉하던 과학자들은 잠시나마 가던 길을 멈추고 다시 생각해볼 기회를 가질 수 있었다. 당시만 해도 빛의 파동적 성질에 기초한 맥스웰의 고전 전자기 이론이 엄청난 성공을 거두었기 때문에, 대부분의 과학자들은 결정적인 증거가 발견되지 않는 한 파동설을 포기할 생각이 눈곱만큼도 없었다.

광전 효과를 회의적 시각으로 바라보았던 미국의 물리학자 로버트

---

[*] 앞에서도 말했지만 정확하게는 '탈출한 전자의 운동 에너지'가 진동수에 비례한다.

앤드루스 밀리컨Rober Andrews Millikan은 아인슈타인의 모형이 틀렸다는 것을 입증하기 위해 특별히 고안된 실험을 수행하다가 "금속에서 방출된 전자의 운동 에너지는 금속에 쪼여준 빛의 진동수에 비례한다"는 결과에 도달했다. 광전 효과의 오류를 찾으려다가 오히려 타당성을 입증한 것이다. 그전에 밀리컨은 전자의 전하량을 측정하는 데 성공했고, 우주에서 날아온 복사가 지표면의 감지기에서 검출된다는 사실을 최초로 간파하여 '우주선cosmic ray'이라는 신조어를 만들기도 했다. 그는 이 공로를 인정받아 1923년에 노벨 물리학상을 수상했다.

아인슈타인은 그보다 2년 앞선 1921년에 노벨 물리학상을 받았다. 내막을 모르는 사람들은 그가 상대성 이론으로 상을 받았다고 생각하겠지만, 그에게 노벨상을 안겨준 논문은 상대성 이론이 아니라 광전 효과였다. 빛의 입자설을 주장하던 과학자들은 맥스웰의 전자기학에 백기 투항했다가 아인슈타인의 광전 효과 덕분에 다시 목소리를 키웠고, "전자와 같은 입자는 파동적 성질도 함께 가지고 있다"는 증거가 발견되면서 물리학계에 심상치 않은 기운이 감돌기 시작했다. 광자와 전자가 입자처럼 행동하다가도 가끔은 파동처럼 행동한다는 것이다! 만일 이것이 사실이라면 입자론자와 파동론자는 모두 승자가 될 수 있다. 하지만 그런 일이 어떻게 가능하다는 말인가?

아인슈타인이 빛에 대한 통념에 수정을 가했지만 빛의 파동설은 조금도 위축되지 않았다. 빛을 파동으로 간주해야만 설명되는 현상이 도처에 널려 있었기 때문이다. 빛은 파동인가? 아니면 입자인가? 이상하게도 그 답은 실험 환경에 따라 달라지는 것 같았다.

빛이 입자가 아닌 파동이라는 것을 보여준 가장 확실한 증거는 토머스 영의 이중 슬릿 실험이었다. 그로부터 약 100년 후, 아인슈타인은 빛이 입자라는 가정하에 광전 효과를 멋지게 설명했다. 이렇게 입자설과 파동설이 오락가락하는 와중에 "전자는 입자일 수도 있고 파동일 수도 있다"는 희한한 절충안이 등장했다. 대체 어느 쪽이 맞는지 갈피를 잡을 수가 없다……. 잠깐! 영의 실험을 빛 대신 전자로 바꿔서 실행해보면 어떨까? 슬릿 두 개가 나란히 뚫려 있는 스크린을 향해 전자를 난사한 후, 스크린 뒤의 감지판에 새겨진 전자의 분포를 보면 결론이 날 것 같다. 빛이 입자라는 주장도 당혹스럽지만 전자가 파동이라는 주장은 당혹한 수준을 넘어 황당무계하게 들린다. 과연 어떤 결론이 내려질 것인가?

전자를 이용한 이중 슬릿 실험

양자 물리학의 가장 희한한 특성 중 하나는 하나의 입자가 동시에 여러 곳에 존재할 수 있다는 것이다. 이런 상태에서 누군가가 사실을 확인하기 위해 관측을 시도하면 입자의 위치가 하나로 결정되는데, 어느 곳에서 입자가 관측될지는 아무도 알 수 없다. 우리가 알 수 있는 것은 각 위치에서 입자가 발견될 확률뿐이다. 지금 과학자들은 이 '무작위성'이 정보 부족에 기인한 현상이 아니라 자연의 본성이라고 믿고 있다. 완벽하게 같은 조건에서 동일한 실험을 반복해도 입자는 매번 다른 곳에서 발견된다. 이런 불확정성 때문에 내 책상 위의 용기 안에 들어 있는 우라늄이 어느 순간 갑자기 밖으로 옮겨갈 수도 있다.

빛 대신 전자를 대상으로 토머스 영의 이중 슬릿 실험을 해보면 이 신기한 현상을 눈으로 확인할 수 있다. 나는 옥스퍼드대학교의 동료 교수이자 친구인 한 물리학자의 실험실에서 전자의 괴상망측한 거동을 생생하게 목격한 적이 있다. 물론 전자의 양자적 특성은 그전부터 들어서 알고 있었지만, 내 눈으로 직접 보는 것은 완전히 다른 경험이었다. 그래서 임마누엘 칸트Immanuel Kant는 "모든 지식은 오감에서 시작된다"고 했나 보다.

실험을 시작하기 전, 나는 친구에게 "이봐, 내가 실험 체질이 아니라는 건 잘 알지? 난 원래 기계랑 안 친하다고!"라고 말하며 분명히 경고했다. 학창 시절에도 나는 실험 시간만 되면 같은 반 친구들에게 기피 대상 1호였다. 의도는 전혀 그렇지 않았지만 실험을 망치는 것이 나의 주특기였기 때문이다. 그래서 나는 전공을 정할 때도 장비를 직접 다루지 않는 수학을 택했다. 그러나 물리학과의 그 친구는 태평한 표정으로 "걱정 마. 이 실험은 누가 해도 같은 결과가 나올 거야. 장비 위로 넘어지지만 않으면 돼"라고 나를 위로했다.

우리는 전자 방출 장치(전자총)의 발사 속도를 설정하고, 두 개의 슬릿이 뚫려 있는 스크린을 전자총과 감지판 사이에 설치했다. 첫 번째 실험은 두 개의 슬릿 중 하나를 막은 채로 실행했는데, 전자총의 스위치를 켜고 잠시 기다렸더니 감지판에 특정한 패턴이 나타나기 시작했다.

감지판에는 전자가 도달했다는 사실을 알리는 밝은 선이 전자총과 슬릿을 연결한 연장선을 따라 형성되어 있었다. 선에서 조금 벗어난 곳에도 전자가 도달한 흔적이 남아 있었는데, 중심에서 벗어날수록 급하게 희미해지다가 완전히 사라졌다. 전자가 슬릿을 통과하는 와중에 이런저런 이유로 교란되어 도착 지점이 조금 달라질 수는 있지만, 전자총과 슬릿을 연결한 연장선에서 크게 벗어난 경우는 없었다. 전자가 입자라면 당연히 이런 결과가 나와야 한다. 우리는 1차 실험의 성공을 가볍게 자축한 후 막아놓았던 슬릿을 열고 곧바로 2차 실험에 들어갔다.

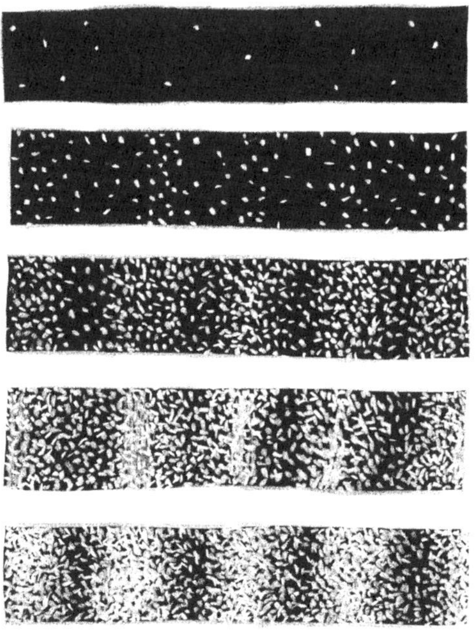

감지판에 전자가 많이 도달할수록 간섭무늬는 더욱 선명해진다.

전자가 고전적인 입자처럼 행동한다면 감지판에는 두 개의 밝은 줄이 형성될 것이다. 왼쪽 슬릿을 통과한 전자들은 감지판의 왼쪽에 도달하여 이전과 비슷하게 밝은 줄을 만들 것이고, 오른쪽 슬릿을 통과한 전자들은 오른쪽에 밝은 줄을 만들 것이다. 그러나 현실은 그렇지 않았다. 놀랍게도 감지판에는 밝은 줄과 어두운 줄이 번갈아 나타났다. 가만, 이런 패턴을 어디선가 본 것 같은데……. 맞아, 생각났다. 토머스 영이 두 개의 슬릿에 빛을 통과시켜서 얻었던 간섭무늬가 바로 이렇게 생기지 않았던가. 그런데 빛을 물결파로 바꿔서 두 개의 슬릿을 통과시켜도 이와 동일한 간섭무늬가 생기기 때문에 토머스 영은 빛이 파동이라고 결론지었었다.

그렇다면 전자가 파동처럼 행동한다는 뜻인데, 아무리 생각해도 이해되지 않는 부분이 있다. 우리가 사용한 전자총은 전자를 '한 번에 한 개씩' 발사하도록 세팅되어 있었다. 전자를 충분히 많이 쏘긴 했지만 두 개 이상의 전자가 동시에 발사된 경우는 한 번도 없었다. 이건 내가 보증한다. 그러므로 감지판에 나타난 간섭무늬는 두 개 이상의 전자가 동시에 간섭을 일으키면서 만들어낸 것이 아니었다. 슬릿 두 개를 모두 열었을 때에도 임의의 한순간에 슬릿을 통과한 전자는 단 한 개뿐이었다. 백 번 양보해서 전자가 파동이라 쳐도, 시간차를 두고 발사된 전자들이 무슨 수로 간섭을 일으킨다는 말인가? 그러나 전자는 분명히 그와 같은 방식으로 거동하고 있었다. 이상한 것은 이뿐만이 아니다. 두 슬릿을 모두 열어놓았을 때 감지판에는 전자가 단 한 개도 도달하지 않은 영역이 곳곳에 있었는데, 그중 일부는 슬릿을 하나만 열어놓았을 때 전자가 분명히 도달한 곳이었다. 이건 또 무슨 영문인가? 두 슬릿을 모두 열어놓으면 전자의 입장에서 볼 때 스크린을 통과할 확률이 그만큼 높아진 셈인데, 확률이 적을 때는 잘 도달하다가 확률이 커지면 절대로 도달하지 못한다니, 이게 말이 되는가?

칸트는 말했다. "모든 지식은 오감에서 시작된다. 무언가를 느끼면 그 원인을 추적하여 더는 새로 발견할 것이 없는 지점에 도달했을 때 논리적 결론을 내리면 된다"라고. 그렇다면 과학자들은 스크린을 통과한 전자의 희한한 거동에서 어떤 결론을 내렸을까?

방금 말한 대로 슬릿이 한 개만 열린 경우와 두 개 모두 열린 경우, 감지판에는 각기 다른 무늬가 형성되었다. 그러나 전자는 '한 번에 한 개씩' 슬릿을 통과했다. 슬릿을 통과하는 전자는 나머지 슬릿의 개폐 상태를 어떻게 아는 것일까? 두 슬릿은 전자의 입장에서 볼 때 천리만리 떨어져 있고, 하나의 전자가 갑자기 둘로 쪼개져서 두 슬릿을 동시에 통과할 리도 없다. 그렇다면 이 상황을 이해하는 길은 단 하나뿐이다. 전자가 누군가에게 관측되지 않는 한 "공간에서 하나의 점을 점유하고 있다"는 기존의 관념을 포기하고, 각 지점에서 전자가 발견될 확률을 수학적으로 나타낸 '파동 함수wave function'로 전자를 표현하는 것이다. 이 혁명적인 관점을 처음으로 제안한 사람은 오스트리아의 물리학자 에르빈 슈뢰딩거였다. 특정 위치에서 파동의 진폭은 그 지점에서 전자가 발견될 확률을 의미한다.

독자들은 "그 파동이라는 것이 대체 '무엇'의 파동인가? 무엇이 진동하고 있다는 말인가?"라고 묻고 싶을 것이다. 당연한 질문이다. 파동이라고 하면 으레 진동하는 물체를 떠올리기 마련이다. 그러나 파동 함수의 파동은 물리적 실체가 아니라 일종의 정보이다. '범죄의 파동'이 범죄자들이 팔짝팔짝 뛰면서 만드는 파동이 아니라 특정 지역에서 범죄가 발생할 확률을 의미하는 것처럼 파동 함수는 특정 위치에서 입자가 발견될 확률을 나타낸다. 양자 이론에 등장하는 파동은 단순한 수학적 함수로서 작동 방식이 기계나 컴퓨터와 비슷하다. 정보를 입력하면 계산을 거쳐 답을 출력하는 식이다. 전자의 경우, 파동 함수의 입력은 임의의 영역이고 출력은 그 영역에서 전자가 발견될 확률이다. 놀랍게도 전자는

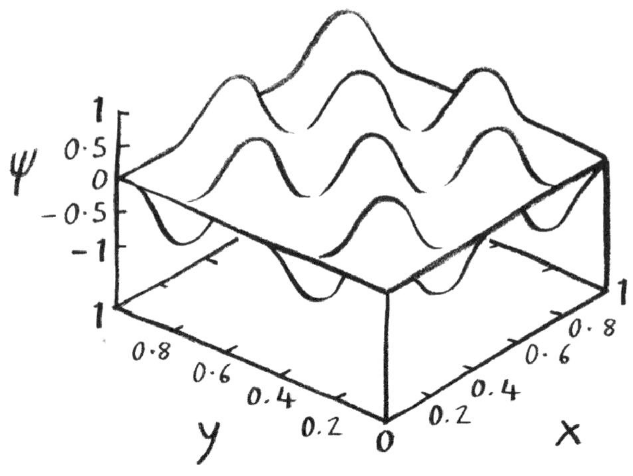

양자적 파동이다. 파동이 높을수록 그 지점에서 전자가 발견될 확률이 크다.

물리적 실체가 아니라 시간에 따라 변하는 수학적 객체로 간주되어야 한다. 이것을 '파동'이라 부르는 이유는 확률을 나타내는 함수가 여러 면에서 고전적 파동 함수와 동일한 특성을 가지고 있기 때문이다. 함수의 마루와 골에는 전자의 위치에 대한 정보가 담겨 있다. 파동의 진폭이 클수록 그곳에서 전자가 발견될 확률도 높아진다.

전자의 거동을 서술하는 파동이 전자총에서 발사되어 이중 슬릿 스크린에 도달하면 스크린과 상호 작용을 하면서 모종의 영향을 받아 감지판에 간섭무늬를 만든다. 전자는 '감지판에 도달하는 순간'에 자신이 어느 위치에 놓일지 마음을 정한다. 바로 이 순간에 관측이 이루어지는 것이다. 파동 함수는 감지판의 각 위치에 전자가 도달할 확률을 말해주지만, 하나의 전자가 정확하게 어느 위치에 도달할지는 아무도 알 수 없다. 감지판에 도달하는 순간이 곧 '주사위의 눈금이 결정되는 순간'이다. 전자가 감지판에 도달하면 파동은 사라지고, 감지판에 하나의 점으로 자신의 흔적을 남긴다. 전자가 다시 우리에게 익숙한 입자로 되돌아온 것이다. 그러나 똑같은 실험을 계속 실행하면 전자는 매번 다른 곳에 도달한다. 실행 횟수가 많을수록 감지판의 간섭무늬가 더욱 뚜렷해지면서 파동의 통계적 특성이 분명하게 드러난다. 그러나 단 한 번의 실행에서 전자가 감지판의 어느 위치에 도달할지는 아무도 알 수 없다.

그렇다면 토머스 영과 아인슈타인의 상반된 주장은 어떻게 해석해야 할까? 영의 이중 슬릿 실험에 따르면 빛은 분명히 파동이었고, 아인슈타인의 광전 효과를 설명하려면 빛은 '광자'라는 입자로 이루어져 있어야 한다. 영의 실험에서 빛의 광도를 서서히 줄여나가면 광원에서 방출되는 에너지가 조금씩 감소할 것이고, 기계가 충분히 정밀하다면 한순간에 단 한 개의 광자가 이중 슬릿 스크린에 도달하는 수준까지 줄일 수 있다.

전자와 마찬가지로, 이 광자가 감지판에 도달하면 입자성을 드러내면서 하나의 점을 남긴다. 그렇다면 영의 실험에서는 왜 간섭무늬가 나타났을까? 그 내막은 이렇다. 이중 슬릿 스크린을 향해 충분히 긴 시간 동안 한 번에 한 개씩 광자를 발사하면 감지판에는 간섭무늬가 서서히 모습을 드러낼 것이다. 영은 감지판에 도달한 빛이 물결 같은 실체적 파동이라고 생각했지만 그것은 환상이었다. 실제로 감지판에 도달한 것은 파동이 아니라 수십억×수십억 개로 이루어진 광자였다. 예를 들어 100와트짜리 전구를 광원으로 사용하면 1초당 약 10^{20}개(1000억×10억 개)의 광자가 감지판에 도달한다.

전자와 마찬가지로 광자도 파동적 성질을 가지고 있으며, 이 파동에는 광자의 도착점을 알려주는 수학적 정보가 담겨 있다. 빛이 파동이라는 것은 물결처럼 넘실대는 실체적 파동을 의미하는 것이 아니라, '광자의 위치 정보를 담고 있으면서 파동을 닮은 수학적 함수'라는 뜻이다. 전자가

그랬던 것처럼 광자도 두 개의 슬릿을 '동시에' 통과한 후 감지판에 또달
하는 순간(관측되는 순간)에 자신이 놓일 위치를 결정한다.

양자 물리학은 이토록 기이한 원리에 기초하고 있다. 입자는 '확률 파
동'이라는 수학적 객체로 존재하다가 관측이 행해지는 순간에 실체로 둔
갑한다. 간단히 말해서, 관측 행위가 실체를 만들어내는 것이다. 전자가
감지판에 도달하여 자신의 위치를 드러내지 않는 한, 전자는 공간에 퍼
져 있는 확률 분포로 간주되어야 하며, 이 분포는 파동적 특성을 갖는 함
수로 표현된다. 그리고 감지판에 전자가 단 하나도 도달하지 않는 '금지
영역'이 존재하는 이유는 수학적 파동 함수가 두 개의 슬릿과 상호 작용
을 교환하면서 그렇게 되도록 영향을 받았기 때문이다. 그러나 일단 입
자가 감지판에 도달하면(관측되면) 확률 파동이 붕괴되면서 하나의 위치
가 결정된다. 마치 탁자 위를 구르던 주사위가 한 자리에 멈추면서 눈금
이 결정되는 것과 같다.

어느 해인가 나는 크리스마스에 '하나의 물체가 여러 곳에 동시에 존
재한다'는 내용으로 점철된 이상한 책을 선물받은 적이 있다. 크리스마
스 전날 양말을 벽에 걸어놓고 잠이 들었는데, 다음 날 아침에 일어나 양
말 속을 확인해보니 장난감과 사탕 외에 조지 가모프라는 물리학자가 쓴
《미지의 세계로의 여행Tompkins in Paperback》이 들어 있었다. 톰킨스라는
사람이 물리학을 공부하기 위해 유명한 물리학자의 강연을 들으러 갔다
가 강연 도중에 수시로 졸면서 이상한 꿈의 나라로 빠져든다는 내용이다.

그는 꿈속에서 미세한 양자 세계로 들어선다. 그곳은 전자를 비롯한
기본 입자들이 야구공만큼 컸고 한 마리의 사자나 원숭이가 동시에 여
러 곳에 존재하는 세계였다. 톰킨스는 마냥 신기한 표정으로 이곳저곳
을 둘러보고 다녔는데, 어느 순간 크고 희미한 호랑이가 그를 향해 뛰어

드는 것이 아닌가! 절체절명의 순간, 톰킨스와 동행했던 한 교수가 호랑이에게 총알 세례를 퍼부었고, 그중 하나가 명중하여 희미했던 호랑이는 한 마리의 또렷한 호랑이(관측된 호랑이)로 변신한다.

나는 톰킨스의 모험담에 커다란 흥미를 느꼈고, 그것이 허구가 아니라 사실이라는 것을 알고 난 후로는 그 세계에 완전히 매료되었다. 그 무렵 나는 산타가 단 하룻밤 사이에 수십억 명의 어린아이들에게 선물을 배달할 수 있을지 살짝 의심하기 시작했는데, 가모프의 책을 읽고 그냥 믿기로 했다. 산타를 직접 관측한 사람이 없는 한, 그는 한 번에 여러 집의 굴뚝으로 들어갈 수 있다고 생각했기 때문이다.

양자 인류학

관측의 역할을 이해하기 위해 이중 슬릿 실험을 조금 변형시켜보자. 스크린에 나 있는 두 슬릿 중 하나에 전자의 통과 여부를 판단하는 초소형 감지기를 설치하는 것이다. 이제 우리는 전자가 어느 쪽 슬릿을 통과했는지 알 수 있게 되었다. 감지기가 작동하면 '파동도 아닌 입자가 간섭을 일으켰다'는 황당한 증거를 포착하는 셈이다. 그런데 웬걸? 전자총의 스위치를 켰더니 소형 감지기는 잘 작동하는데 감지판의 간섭무늬가 사라져버렸다! '전자가 슬릿을 통과하는 현장'을 관측하는 행위 자체가 전자의 파동 함수를 바꿔놓은 것이다. 감지판에는 간섭무늬 대신 두 개의 밝은 줄이 선명하게 나 있다. 무언가를 알려고 하는 나의 행위가 전자의 거동에 영향을 준 것이 분명하다.

무슨 속임수가 있는 건 아닐까? 전자가 우리를 갖고 노는 것일까?

잠시 마음을 진정시키고, 아마존을 탐험하다가 세상에 알려지지 않은 부족을 발견한 인류학자를 상상해보자. 무언가를 관측하는 행위는 관측 대상에 변화를 초래하기 마련이다. 그 인류학자는 원시 부족의 자연스러운 모습을 관찰하고 싶겠지만 어림도 없는 소리다. 외지인을 처음 본 부족사람들은 잔뜩 긴장하여 집 안으로 숨거나 공격성을 드러낼 것이고, 이런 모습은 그들의 본래 생활 습관과 아무런 관련도 없다. 전자도 마찬가지다. 아니, 전자의 경우는 이 차이가 훨씬 크게 나타난다. 전자가 둘 중 어느 슬릿을 통과했는지 알려면 도구를 통해 들여다봐야 하고, 이 과정에서 필연적으로 상호 작용이 일어나기 때문이다. 일단 실험실이 완전히 깜깜하면 관측 자체가 불가능하므로, 슬릿 근처에 최소한의 조명을 비춰야 한다. 그런데 빛은 광자로 이루어져 있고 광자는 에너지를 가지고 있으므로, 이들이 전자에 부딪히면 전자의 에너지나 운동량, 또는 위치가 변할 수밖에 없다. 한마디로 '교란 없는 관측'이란 원리적으로 불가능하다. 그러나 여기에는 미묘한 진실이 숨어 있다. 전자가 어느 슬릿을 통과했는지 알기 위해 반드시 전자를 들여다봐야 할까? 굳이 그럴 필요는 없다. 내가 슬릿 1, 2번 중 1번을 들여다봤는데 아무것도 감지되지 않았다면, 전자는 분명히 2번 슬릿을 통과했을 것이다. 게다가 2번 슬릿을 통과한 전자는 광자의 '공격'을 받지 않았으니 교란될 일도 없다. 이렇게 하면 아무런 상호 작용 없이 전자의 위치(지금의 경우는 통과한 슬릿)를 결정할 수 있다.

슬릿을 통과하는 순간에 전자를 관측하는 행위와 관련된 흥미로운 '사고 실험thought experiment'•이 하나 있다. 전자 하나가 충돌하면 곧바로

• 현실적으로 실행이 불가능하여 상상 속에서 이루어지는 실험이다.

터지는 폭탄을 만들었다고 하자. 그런데 센서의 성능이 다소 떨어져서 반드시 폭발한다는 보장이 없다. 이 폭탄이 과연 터져줄지 확인하려면 전자를 충돌시키는 수밖에 없다(적어도 고전적으로는 그렇다). 폭탄이 터지면 성공이고, 터지지 않으면 불발탄이다. 문제는 어떤 경우이건 애써 만든 폭탄이 무용지물이 된다는 점이다.

그러나 이중 슬릿 실험을 이용하면 폭탄을 터뜨리지 않고서도 불발탄인지 아닌지 확인할 수 있다. 전자를 사용한 이중 슬릿 실험에서, 전자가 두 개의 슬릿을 정말로 동시에 통과했다면 절대로 도달할 수 없는 영역이 존재했다. 그러므로 이 '금지된 영역'에서 전자가 감지되었다면, 그전에 실험자가 전자를 들여다보면서 전자가 두 슬릿 중 하나를 선택하도록 강요한 것이 분명하다. 우리의 아이디어는 감지판의 금지된 영역을 '폭탄 감지 영역'으로 활용하는 것이다. 우선 폭탄의 센서를 두 슬릿 중 한 곳에 설치해놓는다. 만일 폭탄이 불발탄이었다면 센서는 작동하지 않을 것이고, 우리는 아무런 관측도 하지 않은 셈이 된다. 즉, 전자가 두 개의 슬릿을 동시에 통과했으므로 폭탄 감지 영역에 도달하지 않을 것이다.

불발탄이 아니라면 어떻게 되는가? 센서를 달아놓은 슬릿에 전자가 도달하면 폭탄은 터진다. 물론 바람직한 상황은 아니다. 그러나 폭탄이 터짐으로써 어느 슬릿을 통과했는지 들통 났으니, 전자는 둘 중 하나의 슬릿을 통과하여 폭탄 감지 영역에 도달할 기회를 얻게 된다. 따라서 감지판의 폭탄 감지 영역에 전자가 도달했다면 폭탄은 불발탄이 아니다. 폭탄이 이미 터졌는데 무슨 소용이냐고? 아니다. 아직 이야기가 끝나지 않았다. 실험을 여러 번 반복하면 그중 절반은 센서가 달려 있는 슬릿에 전자가 도달하여 폭탄이 터지겠지만, 나머지 절반은 폭탄 센서가(최첨단 인공 지능이 탑재되어 있다면) "어이쿠, 다행이다. 전자가 다른 슬릿을 통과했어!"라며 안도의 한숨을 내쉴 것이다. 그러나 이 경우에도 전자는 자신의 경로를 들켰으므로 간섭무늬를 만들지 않고 폭탄 감지 영역에 도달한다. 자, 상황을 정리해보자. 불발탄인 경우는 전자가 감지판에 간섭무늬를 만들었고, 불발탄이 아니면서 터지지 않은 경우에는 전자가 폭탄 감지 영역에 도달했다. 자, 어떤가? 폭탄을 낭비하지 않고 불발탄이 아니라는 것을 확인하지 않았는가? 전자는 자신이 어떤 슬릿을 통과했는지 들켜버렸지만, 이 과정에서는 실험자가 전자를 들여다보지 않았고 전자가 센서를 건드리지도 않았으며 폭탄도 터지지 않았다.

관측 행위의 기이한 특성은 내 책상 위에서 붕괴되고 있는 우라늄에도 적용된다. 우라늄에서 복사(알파 입자)가 방출되는 순간을 잡아내기 위해 초미세 감지기를 짧은 간격으로 계속해서 들이대면 우라늄은 마치 얼어붙은 얼음처럼 붕괴를 멈추고 현 상태를 유지하게 된다. "물이 담긴 주전자를 불 위에 올려놓고 계속 바라보면 절대로 끓지 않는다"는 옛 속담에서 주전자를 우라늄으로 바꾼 양자 버전이라 할 수 있다.

"불안정한 입자를 계속 관찰하면 그 자리에 얼어붙은 채 움직이지 않는다"는 사실을 처음으로 깨달은 사람은 2차 세계대전 때 독일군의 암호를 해독하여 연합군을 승리로 이끌었던 천재 수학자 앨런 튜링Alan Turing이었다. 이 현상은 고대 그리스의 철학자 제논의 이름을 따서 '양자적 제논 효과'라 한다. 제논은 "날아가는 화살의 한순간을 포착한 스냅샷(정지 영상)은 움직이지 않으므로, 화살은 움직일 수 없다"고 주장했다.

놓일 수 있는 상태가 'H^{Here}'와 'T^{There}', 두 개로 한정되어 있는 입자를 상상해보자. 이 입자가 아무에게도 관측되지 않았다면 H와 T가 섞인 상태에 놓여 있을 것이다. 그러나 누군가가 이 입자를 관측하면 입자는 둘 중 하나를 선택해야 한다. 입자가 H를 선택했다면, 관측이 행해진 후 입자는 다시 H와 T가 섞인 상태로 이동할 것이다. 그러나 한 번 관측을 실행하고 아주 짧은 시간 후에 또다시 관측을 시도하면 입자는 H와 T가 (글자 크기 비율대로) 섞인 상태에서 관측을 당했으므로 다시 H를 선택할 가능성이 높다(관측 사이의 시간 간격이 짧을수록 H를 선택할 확률이 높아진다). 이런 식으로 관측을 계속하면 입자에게는 T로 갈 기회가 주어지지 않으므로 매번 H에서 발견될 것이다. 즉, 입자는 H라는 상태에 '동결된다.' 이것은 유리컵 두 개(A, B)에 물을 절반씩 채워 넣고 당신이 컵을 관측할 때마다 한쪽에서 다른 쪽으로 물을 옮겨 담는 게임과 비슷하다. 어느 순간 당신이 유리컵을 관측하여 B에 담긴 물을 A로 옮겨서 A는 물로 가득 차고 B는 텅 비었다. 이 상태에서 다시 관측이 이루어지면 A에서 B로 물을 옮겨 담아야 하는데, 아주 짧은 시간 간격으로 관측을 자주 시도하면 A와 B 사이를 오락가락하는 물의 양이 너무 작아서 A는 물이 '거의' 가득 찬 상태로 유지될 것이다.

우리 아이들은 TV 과학 드라마 〈닥터 후Doctor Who〉의 광팬이다. 나 역시 어렸을 때 이 드라마의 열렬한 팬이었다.[*] 거기 등장하는 외계인 중 가장 무서운 것을 꼽는다면 위핑 에인절Weeping Angel이 단연 챔피언이다. 이들은 한적한 묘지에 서 있는 '천사의 모습을 한 사람 크기의 석상'인데, 누군가가 보고 있을 때는 평범한 석상이지만 보는 사람이 없으면 움직이기 시작한다. 심지어는 눈을 깜박이는 짧은 순간에도 팔다리를 조금씩 움직여서 보는 사람으로 하여금 극단의 공포를 자아낸다. 그런데 양자 물리학에서 보면 내 책상 위의 우라늄도 위핑 에인절과 비슷하다.

---

[*] 〈닥터 후〉는 1963년에 BBC에서 첫 방영된 후 지금까지 계속되고 있으며, 가장 오래 방영된 SF 드라마로 기네스북에 등재되었다.

우라늄을 계속 바라보고 있으면 복사를 방출하지 않지만 잠시라도 한눈을 팔면 알파 입자가 튀어나온다. 왠지 기분이 오싹하다.

튜링은 양자적 제논 효과가 수학으로 유도된 이론적 결과일 뿐이라며 대충 얼버무렸지만 사실은 현실 세계에서도 매우 중요한 개념이다. 과학자들은 지난 수십 년 동안 다양한 실험을 수행하여 "관측을 계속 실행하면 양자계의 변화를 막을 수 있다"는 주장이 사실이라는 것을 확인했다.

여러 개의 과거

이중 슬릿 실험에서 보면, 전자는 누군가에게 관측되기 전까지 여러 개의 가능한 미래를 가지고 있는 것 같다. 이 상태에서 누군가가 양자 주사위를 굴리면(전자를 관측하면) 여러 개의 미래 중 하나가 선택된다. 이는 곧 시간이 흘러 미래가 현재로 구현되기 전까지는 어느 누구도 미래

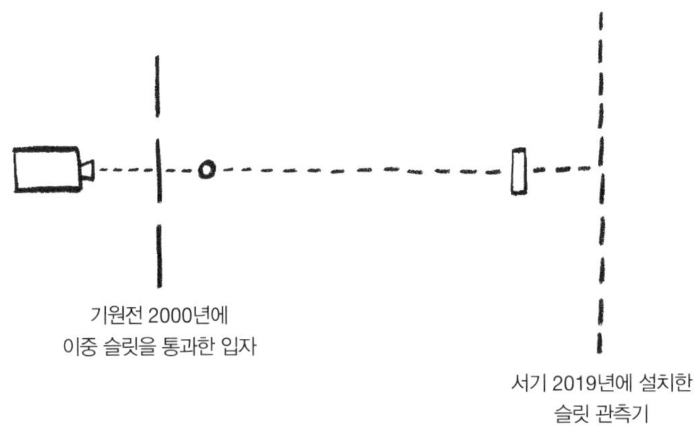

서기 2019년에 슬릿 관측기를 설치한 행동이 기원전 2000년의 입자 상태를 바꿀 수 있다.

를 알 수 없다는 뜻이기도 하다. 주사위를 세 번 던졌을 때 가능한 미래는 6×6×6=216가지인데 세 번 던지고 나면 결국 하나의 미래가 결정되므로, 주사위를 던지는 나의 행동이 216개의 미래 중 하나를 선택하는 셈이다. 전자를 관측하여 전자가 놓일 수 있는 수많은 위치 중 하나를 결정하는 것도 마찬가지다. 그러나 이중 슬릿 실험을 조금 변형시키면 전자의 미래뿐만 아니라 과거까지도 하나로 결정되지 않는다는 놀라운 사실이 드러난다.

독자들은 믿기 어렵겠지만 과거는 지금 어떤 행동을 취하느냐에 따라 달라질 수 있다. 이중 슬릿 실험에서 스크린과 감지판 사이의 거리를 엄청나게 벌려놓고, 전자가 슬릿을 통과한 후 감지판에 거의 다 왔을 때 '전자가 어느 쪽 슬릿을 통과했는지' 알아내는 관측 장비를 설치해놓았다고 가정해보자. 그리고 편의상 이 관측 장비를 '슬릿 관측기'라 부르기로 하자.

이중 슬릿 실험 장치는 우주적 스케일로 크게 만들 수도 있다. 이제 전자를 발사하는 전자총을 우주의 한쪽 구석에 가져다놓고 바로 그 앞에 이중 슬릿 스크린을 설치한 후, 우주 반대편으로 날아가서 감지판을 설치했다고 상상해보자. 그러면 전자가 슬릿을 통과한 후 감지판에 도달할 때까지 꽤 긴 세월이 걸릴 것이다. 그러므로 전자가 이중 슬릿을 통과한 시점에는 훗날 내가 감지판 앞에 슬릿 관측기를 설치할 것인지, 아니면 전자가 그냥 감지판에 도달하도록 놔둘 것인지 나조차도 알 수 없다.

전자가 이중 슬릿을 통과하고 여러 해가 지난 후, 나는 감지판 앞에 슬릿 관측기를 설치했다. 이 장치를 통과하면 전자가 과거에 어느 쪽 슬릿을 통과했는지 알게 된다. 즉, 전자는 여러 해 전에 둘 중 하나의 슬릿을 통과했다는 뜻이다. 그러나 만일 내가 슬릿 관측기를 설치하지 않는다면 과거에 전자는 두 슬릿을 동시에 통과한 것이 분명하다. 이 경우에는 감지판에 간섭무늬가 나타날 것이기 때문이다. 이상하지 않은가? 21세기 초에 행해진 나의 행동이 수천 년 전에 이미 지나온 전자의 경로를 바꿔놓았으니 말이다. 가능한 미래가 여러 개인 것처럼 과거도 여러 개인 것 같다. 그리고 지금 내가 어떤 관측을 실행하느냐에 따라 여러 개의 과거 중 하나가 선택된다. 그래서 양자 물리학자들은 미래를 묻는 마음으로 과거를 묻는다. 미래를 알 수 없다면 과거도 알 수 없지 않은가? 양자적 과거도 미래와 마찬가지로 여러 개의 가능한 상태가 중첩되어 있다가 관측이 일어나는 순간에 하나로 결정되는 것이다.

이중인격

매우 흥미롭지만 많은 사람들이 간과하는 사실이 하나 있다. 관측이 실행되기 전까지 양자 물리학은 완전히 결정론적 이론이라는 점이다. 슬릿을 통과할 때 전자의 거동을 서술하는 파동 함수는 이미 알려져 있다. 1926년에 슈뢰딩거는 파동 함수의 거동을 서술하는 편미분 방정식을 유도했는데(이것이 바로 그 유명한 슈뢰딩거의 파동 방정식이다!), 양자 물리학의 근간인 이 방정식은 뉴턴의 운동 방정식 못지않게 결정론적이었다.

그러나 입자를 관측하여 고전적인 정보를 끄집어내려고 하면 그때부터 확률과 불확정성 등 비결정론적인 모습을 드러내기 시작한다. 그 중에서도 고전적 개념과 가장 크게 다른 점은 연속적이었던 확률 파동이 '관측'이라는 행위를 기점으로 갑자기 불연속적 특성을 가지게 된다는 것이다. 관측 행위가 개입하는 순간 결정론적 성질은 사라지고 전자가 놓일 수 있는 위치는 공간 속에서 무작위로 결정된다. 각 위치에서 전자가 발견될 확률은 슈뢰딩거의 파동 함수를 통해 알 수 있지만, 단 한 번의 관측에서 전자가 어느 곳에서 발견될지는 아무도 알 수 없다(단, 동일한 관측을 여러 번 실행하여 각 위치에서 전자가 발견될 확률을 계산해보면 파동 함수에서 얻은 확률과 정확하게 일치한다). 대체 뭐가 어떻게 돌아가는 것일까? 관측을 하기 전에는 전자의 위치를 알아낼 방법이 정말로 없단 말인가?

내가 입자를 측정하거나 관측하면 이상한 파동 함수에 점프•가 일어나 입자의 위치가 하나의 값으로 결정된다. 그러나 관측이 끝난 직후부터 다음 관측이 행해지기 전까지, 입자의 위치는 다시 파동 함수로 서술된다. 양자 물리학이 끝내 못마땅했던 슈뢰딩거는 "미시 세계에서 정말로 양자 점프가 일어난다면 이 분야에 투신한 것을 두고두고 후회할 것"이라고 했다.

그런데 관측이라는 행위로 파동 함수를 붕괴시키는 것은 오직 인간만이 가지고 있는 능력일까? 아니다. 그럴 리가 없다. 지렁이도 촉각을 통해 주변 환경을 느끼고 있으니, 그들도 파동 함수를 붕괴시킨다. 그러나 파동 함수가 붕괴되는 데 반드시 생명체가 필요한 것은 아니다. 우주 저 멀리 생명체가 전혀 존재하지 않는 곳에서도 수많은 무생물들이 상호 작용을 주고받으면서 파동 함수를 붕괴시키고 입자의 특성을 결정하고 있다. 이 상호 작용은 실험실에서 내가 수행하는 관측과 별반 다르지 않다. 우리의 우주는 복사로 가득 차 있다. 다시 말해서 모든 만물이 빛에 노출되어 있다는 뜻이다. 물론 그중에는 가시광선 영역을 벗어난 빛도 있지만 모든 빛은 광자로 이루어져 있으니 우주에 존재하는 그 어떤 물체도

• 사실 '점프'보다는 '붕괴'라는 말이 더 어울린다.

상호 작용을 피할 수 없다. 이런 것을 볼 때 우주가 불확정한 상태에 놓여 있지 않다면 고전적인 방식으로 과연 이해 가능한 것일까? 이 질문은 물리학자들이 말하는 '결어긋남decoherence'과 관련되어 있다.

전자는 '파동 함수로 서술되는 결정론적 전자'와 '순전히 확률에 의거하여 위치가 갑자기 결정되는 불확실한 전자'라는 두 가지 속성을 가지고 있다. 내가 제아무리 열린 사고를 가지고 있다 해도 이것만은 정말 받아들이기 어렵다. 우주 전체가 미쳐 돌아가는 것 같다. 하지만 이 말도 안 되는 원리에 입각하여 계산을 수행하면 모든 것이 정확하게 맞아 들어간다. 그래서 물리학자 데이비드 머민David Mermin은 양자 물리학을 불편하게 여기는 사람들에게 이런 명언을 남겼다.

"그냥 닥치고 계산이나 해!"

위의 원리는 주사위의 확률 이론에도 똑같이 적용된다. 주사위는 뉴턴의 운동 방정식을 따르지만, 눈금을 예측할 때에는 뉴턴 역학보다 확률이론이 훨씬 유용하다.

그러나 머민의 충고에 따라 입을 닫는다고 해도 속은 여전히 불편하다. 내가 관측에 사용한 도구는 관측 대상인 전자처럼 양자 물리학 법칙을 따르는 입자로 이루어져 있고, 도구를 조작한 나의 몸뚱이도 마찬가지다! 나의 육체는 양자 법칙을 따르는 입자의 집합체일 뿐이다. 감지판이건 사람이건, 모든 관찰자와 관측 도구는 양자 세계의 일부로서 예외 없이 파동 함수로 서술되며, 전자의 파동 함수와 관측자 사이의 상호 작용도 파동으로 서술된다. 그렇다면 '관측'과 '측정'은 어떤 요소로 이루어져 있는가?

관측 도구와 관측자, 슬릿을 통과하는 입자가 모두 파동 함수로 서술된다는 것은 모든 미래가 결정되어 있다는 뜻 아닌가? 이렇게 생각하니 갑자기 불확정성이 사라졌다. 그런데 물리학자들은 전자와 관측 도구, 관측자를 모두 포함하는 거대 파동 함수가 존재하는데도 왜 자꾸 "관측 행위는 파동 함수를 붕괴시킨다"고 주장할까? 불확실한 양자 세계와 모든 것이 결정되어 있는 고전 세계(고전 물리학이 적용되는 세계)의 경계선은 어디인가? 우주가 미시적 스케일의 양자 세계와 거시적인 고전 세계로 양분되어 있다는 것도 매우 의심스럽다. 스케일에 무관하게 모든 만물이 파동 함수로 서술되어야 하지 않을까? 마음에 안 드는 부분이 한두 개가 아니지만 대부분의 물리학자들은 머민의 충고대로 조용히 앉아서 계산에 전념하고 있다. 나의 동료인 필립 캔들러스Philip Candelas는 장래가 촉망되는 한 대학원생이 어느 날 갑자기 사라져서 이리저리 수소문을 한 적이 있다. 집안에 불상사가 생겨서? 몸이 아파서? 빚에 쪼들려서? 아니다. 그 학생은 도서관에 처박혀 양자 역학과 사투를 벌이고 있었다.

아무래도 내가 파인만의 충고를 잊은 모양이다.

"'어떻게 그럴 수 있지?'라는 의문을 품지 마라. 그런 식으로 자문해봐야 탈출이 불가능한 막다른 길에 도달할 뿐이다. 이 세계가 그토록 희한한 법칙으로 운영되는 이유를 아는 사람은 어디에도 없다."

태초부터 자연에 내재되어 있는 불확정성을 어떻게 이해해야 할까? 여기 몇 가지 방법을 소개하겠다. 첫째, 관측이 행해지는 순간에 파동 함수가 붕괴되지 않고 모든 가능성이 각기 다른 현실 세계에 구현된다고 가정하면 된다. 다시 말해서 무언가를 관측할 때마다 우주가 여러 개로 분리된다는 것이다. 개개의 우주에는 광자나 전자가 각기 다른 위치에서 발견되므로 파동 함수는 붕괴되지 않으며 각기 다른 우주를 계속 서술해 나간다. 지금 우리는 여러 개의 가능한 우주 중 하나에 살고 있으며, 광자나 전자가 다른 위치에서 발견된 우주와는 완전히 단절되어 있다.

다소 황당하게 들리겠지만 물리학적으로는 아무런 문제가 없는 가설이다. 1957년에 미국의 물리학자 휴 에버렛Hugh Everette은 이런 내용을 골자로 하는 '다중 세계 해석many world interpretation'을 발표하여 학계에 신선한 바람을 불러일으켰다. 과연 그는 다른 우주의 존재를 확신했을까? 아니면 오직 골치 아픈 문제를 피해가기 위해 이런 황당한 아이디어를 떠올렸을까? 다중 우주가 존재한다 해도 그 존재를 입증할 방법이 없으니 답답할 뿐이다. 에버렛의 가설에 따르면 우주의 진화 과정은 결정론적 논리에 따라 '절대로 붕괴되지 않는' 단 하나의 파동 함수로 서술된다. 방정식 자체는 달라졌지만 기본적인 우주관은 뉴턴과 라플라스 시대로 되돌아간 셈이다.

문제는 우리가 범우주적 파동 함수의 일부이지만 파동 함수의 다른 부분에 접근할 수 없다는 점이다. "우리는 다른 우주를 경험할 수 없다"는 인식 자체가 파동 함수의 특성일지도 모른다. 현실은 그렇다 쳐도 수학을 이용하면 다른 우주에서 일어나는 일을 간접적으로 알아낼 수 있지 않을까? 나는 지금 이중 슬릿 실험을 수행하면서 감지판에 도달한 전자를 관측하고 있지만 파동 함수가 서술하는 다른 현실도 알고 있다. 물론 그들을 직접 볼 수는 없지만 수학적으로 서술하는 것은 가능하다. 우리에게는 슈뢰딩거의 파동 방정식이 있기 때문이다. 전자가 모든 가능한 우주에 존재하듯이, '나'라는 인간도 모든 우주에 존재하면서 감지판의 다른 곳에 도달한 전자를 관측하고 있다.

다중 우주 가설은 흥미롭기는 하지만 인간의 의식과 관련하여 심각한 문제를 야기한다. 의식에 대해서는 '지식의 여섯 번째 경계'에서 집중적으로 다룰 예정인데, 파동 함수 이야기를 하다 보니 어쩔 수 없이 '의식과 파동 함수의 관계'를 논하지 않을 수 없게 되었다. 나는 왜 감지판에 도달한 전자밖에 인식할 수 없을까? 혹시 나의 의식은 감지판의 다른 곳에 도달한 전자까지 인식하고 있는데, 나의 뇌가 다중 우주에서 획득한 정보를 동시에 처리하지 못해서 하나의 우주만 인식하는 것은 아닐까? 지금도 창밖을 바라보면 맞은편 아파트에서 방출된 광자가 나의 눈으로 들어와 망막에 도달하고 있다. 창밖으로 보이는 풍경은 어제나 10년 전이나 똑같다. 모든 가능한 우주 중에는 아파트 14호와 16호가 뒤바뀐 우주도 있을 텐데, 나의 눈에는 왜 항상 똑같은 풍경만 보일까?

이 상황을 논리적으로 이해하려면 관측의 순간에 일어나는 점프를 현실이 아니라 '마음속에서 일어나는 사건'으로 간주하는 수밖에 없다. 우리는 무언가가 점프했다고 느끼지만 그것은 실제로 일어난 사건이 아니다. 그렇다면 '과학적 설명'이란 대체 무엇인가?

결국 우리는 가장 근본적인 질문으로 되돌아왔다. 과학이란 무엇인가? 우주와 우리의 상호 작용은 어떤 관점에서 설명되어야 하는가? 우리가 할 수 있는 최선은 뭔가를 관찰하고 관측하는 것뿐이다. 수학 방정식을 이용하면 결과를 예측할 수 있지만 직접 관측을 하기 전까지는 하나의 이야기일 뿐이다. 뭔가를 알려는 우리의 행위가 입자와 빛을 관측하여 입자와 빛에게 어떤 행위를 '선택'하도록 만드는 것이라면, 우주는 참으로 역설적인 곳이다. 관측을 하기 전에는 모든 것이 환상이라는 말인가? 나는 파동 함수를 수학적으로 이해할 수 있을 뿐 그 전체를 한 번에 관측할 수는 없다. 실체를 알기 위해 반드시 관측을 해야 한다면, 양자적 파동 함수는 우리가 결코 알 수 없는 우주의 일부인 걸까? 관측에서 허용되는 범위보다 더 많은 내용을 알려고 하는 것은 과도한 욕심일지도 모른다. 여기서 잠시 호킹의 이야기를 들어보자.

나는 진실이 무엇인지 모르기 때문에 이론이 진실과 일치할 것을
기대하지 않는다. 진실은 리트머스 시험지로 간단하게 판별될 수
없다. 이론이 관측 결과와 일치하는가? 나의 관심사는 이것뿐이다.

하나의 입력, 다양한 출력

내가 볼 때 양자 물리학에서 가장 난해한 문제는 동일한 조건에서 실행
된 이중 슬릿 실험이 매번 다른 결과를 낳는다는 점이다. 사고의 유연성
을 최대한 발휘해도 이것만은 나의 신념에 정면으로 위배된다. 내가 수
학을 택한 것도 이런 이유였다. 일단 소수素數가 무한개라는 게 증명되면,
그 후에 제아무리 희한한 정리를 들이대도 소수가 갑자기 유한개로 줄어
드는 불상사는 일어나지 않는다. 과학은 궁극적으로 이와 같은 확실성을
가지고 있어야 한다. 우리의 능력이 모자라서 궁극의 과학에 도달하지
못한다 해도 이 사실만은 변하지 않을 것이다. 적어도 나는 그렇게 믿는
다. 혼돈 이론에 따르면 우리는 주사위의 눈금을 결코 예측할 수 없지만,
수학적으로 따져보면 동일한 환경과 동일한 초기 조건에서 던져진 주사
위는 항상 똑같은 눈금으로 착지해야 한다. 그런데 지금 우리가 다루고
있는 양자 물리학은 나의 믿음을 송두리째 뒤흔들고 있다.

　주사위의 눈금을 예측할 수 없는 이유는 공기 저항과 탁자의 마찰 등
관련 정보가 부족하기 때문이다. 그러나 양자 물리학이 불확실한 것은
정보 부족 때문이 아니다. 결과에 영향을 주는 모든 요인을 완벽하게 알
고 있다 해도 양자 세계에서 알 수 있는 것은 확률적 결과뿐이다. 현재
통용되고 있는 양자 물리학에서는 완벽하게 동일한 조건에서 주사위를

던진다 해도 결과는 얼마든지 달라질 수 있다.

"완벽하게 동일한 조건을 만든다는 것 자체가 불가능하지 않은가?"

이렇게 반문하고 싶은 사람도 있을 것이다. 실험이 진행되는 작은 공간에서는 동일한 조건을 구현할 수 있겠지만, 실험 영역을 포함한 우주 전체를 동일한 조건으로 만들 수는 없다. 우주의 파동 함수를 과거로 고스란히 되돌려서 실험을 반복할 수 없다는 이야기다. 우리의 우주는 오직 '일회용 실험 대상'이며 그 파동 함수 안에는 우리도 포함되어 있다. 모든 실험은 우주의 파동 함수를 변형시키고 한 번 변한 파동 함수는 절대 과거와 같은 상태로 돌아가지 않는다.

혹시 '진실'이라는 것이 원래부터 무작위적이고 비결정적인 것은 아닐까? 리처드 파인만은 그의 유명한 강의록《파인만의 물리학 강의Lectures on Physics》에서 "지금 당장은 확률 계산에 집중하는 것이 최선이다. '지금 당장은……'이라고 단서를 달아놓긴 했지만 사실 이 상황은 영원히 계속될 가능성이 농후하다. 수수께끼를 해결할 방법이 아예 없기 때문이다. 자연은 원래 이런 식으로 운영된다"라고 했다.

내 책상 위에서 진정한 무작위를 구현하고 있는 것은 라스베이거스에서 가져온 주사위가 아니라 인터넷에서 구입한 우라늄이었다.

6

정말 정신없이 변하네!
앞으로 1분 후에 내가 어떻게 될지 짐작도 못하겠어.
루이스 캐럴의 《이상한 나라의 앨리스》 중에서

솔직히 말해서 나는 양자 세계의 비상식적 거동을 도저히 이해할 수 없다. 머리로는 대충 이해가 가는데 마음이 따라주지를 않는다. 다행히도 이것은 좋은 징조이다. 양자 물리학의 대가인 닐스 보어Niels Bohr가 "양자 물리학을 접하고도 충격을 받지 않는다면 당신은 그것을 제대로 이해하지 못한 것이다"라고 말한 것을 보면 말이다.

리처드 파인만은 여기서 한 걸음 더 나아가 "이 세상에 양자 물리학을 이해하는 사람은 없다"고 단언했다. 그리고 말년에는 한 강연장에서 "여러분에게 고백할 것이 있습니다. 이건 일급비밀이니까 밖으로 새나가지 않도록 창문 좀 닫아주세요. 사실 저는 양자 역학을 아직도 이해하지 못했습니다. 그 생각만 하면 정말 돌아버릴 것 같아요!"라는 말까지 했다.

우라늄 덩어리가 언제 알파 입자를 방출하는지 알려주는 역학 이론이 있다면 정말 좋을 것이다. 특히 나 같은 수학자들은 그런 이론이 있어야 머릿속에 전체적인 그림을 그릴 수 있다. 그러나 양자 물리학으로는 특정 시간에 입자가 방출될 확률만 알 수 있을 뿐, 다음 입자가 방출되는 시간을 정확하게 예측할 수 없다. 뉴턴의 운동 방정식을 통해 예측된 결과는 맞을 확률이 항상 100%이기 때문에 굳이 '확률'이라는 말을 언급하지 않아도 된다. 입자의 초기 속도와 위치를 방정식에 대입하면 모든 미래를 100% 정확하게 예측할 수 있다. 게다가 동일한 초기 조건에서 실험을 반복하면 항상 똑같은 결과를 얻을 수 있다.

그러나 1927년에 베르너 하이젠베르크가 불확정성 원리를 발견한 후로 미래를 정확하게 알 수 있다는 희망은 완전히 사라져버렸다. 이 원리에 따르면 우리는 입자의 위치와 운동량(속도)을 둘 다 동시에 정확하게 알 수 없다. 이것은 기술이나 지식이 부족해서가 아니라 자연 자체에 내재되어 있는 한계이다. 입자의 위치와 운동량은 탄력적으로 연결되어 있어서 한쪽을 정확하게 측정하면 다른 쪽이 부정확해진다. 만일 당신이 장비를 개선하여 입자의 위치를 점점 정확하게 측정해나간다면, 입자의 운동량은 점점 더 부정확해지다가 나중에는 오차 범위가 무한대로 넓어질 것이다. 하이젠베르크는 모든 것을 알고 싶어 하는 인간에게 도저히 극복할 수 없는 장애물을 안겨주었다. 앞으로 알게 되겠지만, 내 책상 위의 우라늄 덩어리가 입자를 무작위로 방출하는 이유도 불확정성 원리를 통해 설명할 수 있다.

하이젠베르크는 불확정성 원리를 발표한 후 "우리는 기지에서 미지의 영역으로 넘어갈 때마다 이해의 폭이 넓어지기를 바라지만, 그전에 '이해'라는 단어의 의미를 새롭게 정의할 필요가 있다"고 경고했다.

사실 양자 물리학은 질문의 답을 구하는 이론이라기보다는 '떠올릴 수 있는 질문'을 찾아내는 이론에 가깝다.

양자 카펫

불확정성 원리의 핵심은 다음과 같다. 예를 들어 내가 우라늄 덩어리 안에서 입자 하나를 취했다고 가정해보자. 만일 이 입자가 전혀 움직이지 않는다면 나는 입자의 위치를 알 수 없다. 이런 경우 입자는 우주 어느 곳에서나 발견할 수 있다.* 이와 반대로 입자의 위치를 정확하게 측정하면 입자가 어느 방향으로 얼마나 빠르게 움직이는지 알 수 없게 된다. 정확한 위치를 들키는 순간, 정지 상태에 있던 입자가 갑자기 천방지축으로 날뛰는 것이다.

이런 이야기를 처음 듣는 독자는 도무지 이해가 가지 않을 것이다. 일단 허공에 던진 주사위는 관측자가 궤적을 따라가면서 도착 지점을 아무리 면밀하게 관측해도 도중에 방향을 갑자기 바꾸지 않는다. 그러나 이것은 질량이 큰 물체에만 해당되는 이야기다. 전자와 같이 질량이 작은 입자들은 '관측을 당했다'는 이유만으로 위치나 속도가 변할 수 있다. 전자의 위치가 원자 반지름 이내의 오차 범위로 확인되면 전자의 속도는 임의의 방향으로 초속 1,000km까지 변한다.

이 현상은 '이상한 양자 카펫'에 비유할 수 있다. 카펫의 가장자리가 방 모서리에 맞도록 매끈하게 위치를 잡으면 카펫의 끝단이 꿈틀거리기

---

* 입자가 전혀 움직이지 않는다는 것은 속도가 정확하게 0이라는 뜻이다. 즉, 운동량의 불확정성이 0이므로 위치의 불확정성이 무한대로 커진다.

시작하고, 카펫이 움직이지 않도록 세게 붙잡으면 애써 잡아놓은 위치가 틀어져버린다. 이처럼 양자 카펫은 방바닥에 딱 맞게 까는 것이 원리적으로 불가능하다.

위치와 운동량의 관계를 이해하기 위해 이중 슬릿 실험으로 되돌아가 보자. 지금 나는 입자의 이상한 거동 방식을 확인하기 위해 이중 슬릿이 뚫린 스크린을 향해 전자를 발사하고 있다. 둘 중 하나의 슬릿을 막은 채 전자를 발사하면 위치와 운동량의 이상한 관계를 눈으로 확인할 수 있다. 앞서 말한 대로 전자가 통과할 수 있는 슬릿이 하나밖에 없으면 감지판에는 전형적인 발산 분포[•]가 나타난다. 그런데 슬릿을 통과한 전자는 왜 한곳에 집중되지 않고 이와 같은 분포를 보이는 것일까? 전자가 점입자라면 슬릿을 통과하면서 아무런 방해도 받지 않았을 텐데, 왜 일부는 직진하고 일부는 굴절되는 것일까? 그 이유는 위치와 운동량의 교환trade-off 관계[••]에서 찾을 수 있다.

전자총과 스크린 사이의 거리를 충분히 길게 세팅해놓으면, 총에서 발사된 전자들 중 슬릿과 수직한 방향의 운동량 성분이 0인 것만 슬릿을 통과할 수 있다. 다시 말해서, 스크린과 비스듬한 각도로 입사된 전자는 슬릿을 통과할 수 없다는 뜻이다. 그러므로 나는 슬릿을 통과한 전자의 운동량을 꽤 정확하게 알 수 있다(물론 슬릿의 두께가 0은 아니므로 약간의 오차가 발생할 수 있다).

전자가 점입자라면 슬릿을 깔끔하게 통과하거나 스크린에 막히거나 둘 중 하나일 것이다. 슬릿을 통과한 전자가 감지판에 도달하면 슬릿과

• 가운데 값이 크고 주변으로 갈수록 값이 작아지는 분포이다.
•• 한쪽을 취하려면 다른 쪽을 포기해야 하는 관계이다.

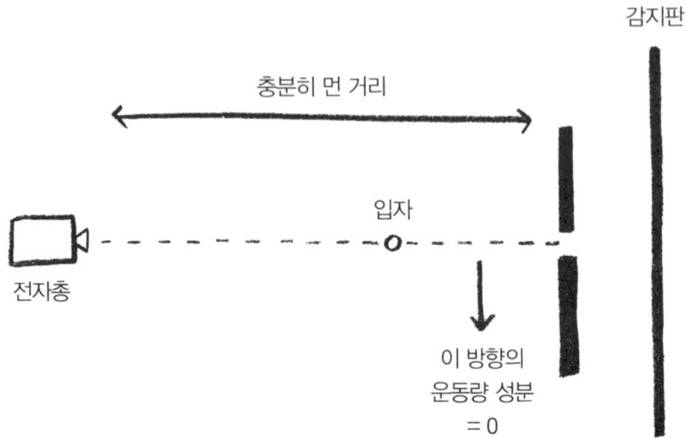

똑같은 두께로 가느다란 줄무늬를 만들고, 이를 통해 나는 슬릿의 두께에 해당하는 오차 범위 안에서 전자의 위치를 알 수 있다. 슬릿이 충분히 좁다면 이곳을 통과하는 전자의 운동량은 거의 정확하게 결정되고 감지판에 나타나는 무늬도 가늘어질 것 같다. 그러나 정작 실험을 해보면, 슬릿이 좁을수록 감지판에는 넓은 발산 분포가 형성된다. 이것은 전자가 아닌 물결파가 하나의 슬릿을 통과했을 때 나타나는 무늬와 비슷하다. 왜 그럴까? 슬릿 두 개를 모두 열어놓은 경우에는 전자가 간섭무늬를 만들어서 사람을 놀라게 하더니, 이번에는 슬릿이 좁을수록 전자의 도착 지점이 넓게 퍼지면서 또다시 우리의 허를 찌른다. 전자라는 녀석이 대체 어떤 억하심정을 가지고 있기에 우리를 이토록 괴롭히는 것일까?

그 이유는 하이젠베르크의 불확정성 원리 때문이다. 이 원리에 따르면 전자의 위치가 정확하게 결정될수록 운동량의 정확성은 떨어진다. 예를 들어 전자가 슬릿을 통과하면 나는 슬릿의 두께에 해당하는 오차 범위 안에서 전자의 위치를 결정할 수 있다. 따라서 슬릿을 가늘게 만들수록 위치의 오차는 줄어든다. 그러나 이런 상황에서 전자의 운동량을 측정하면 오차의 범위가 엄청나게 넓어진다. 왜 그럴까? 위치가 정확해지면서 운동량의 불확정성이 커졌기 때문이다. 슬릿을 향해 접근할 때에는 운동량의 수직 성분(슬릿에 수직한 성분)이 거의 0에 가까웠지만, 슬릿을 통과하면서 위치가 정확하게 결정되면 운동량은 그만큼 불확실해진다. 양자 카펫의 테두리를 방 모서리에 맞췄더니 마구 출렁거리기 시작한 것이다.

아무리 원리라고는 하지만 정말 희한하기 짝이 없다. 게다가 운동량이 얼마나 영향을 받을지도 미리 알 수 없다. 운동량을 관측했을 때 얻어질 값의 범위를 대략 추정만 할 수 있을 뿐이다. 그리고 동일한 실험을 반복해도 전자의 운동량은 매번 달라진다.

불확정성을 계량하다

하이젠베르크의 불확정성 원리는 '두 마리 토끼를 다 잡을 수 없다'는 식의 두루뭉술한 서술이 아니라, 위치와 운동량의 불확정적인 관계 때문에 손실된 지식을 정량적으로 표현한 원리이다. 슬릿 실험에서 전자 위치의 정확도가 높으면 운동량의 수직 성분은 0이 아니라 0을 중심으로 오락가락하는 값을 가지게 된다(평균적으로는 0이다). 운동량의 정확한 값을 미리 알 수는 없지만 평균값 0을 중심으로 통계적 분포를 보인다는 사실은 알 수 있다. 분포의 퍼진 정도는 운동량의 표준 편차 Δp를 통해 알 수 있는데, Δp가 클수록 분포가 넓게 퍼지면서 운동량을 짐작하기가 어려워진다.

1927년에 하이젠베르크가 불확정성 원리에 대한 논문을 처음 발표한 후, 얼 케너드Earle Kennard와 하워드 로버트슨Howard Robertson은 유실된 지식의 양을 구체적인 숫자로 표현했다. 위치의 표준 편차를 Δx, 운동량의 표준 편차를 Δp라 했을 때, 이들은 다음의 부등식을 만족한다.

$$\Delta x \, \Delta p \geq \frac{h}{4\pi}$$

여기서 h는 광자의 에너지를 논할 때 도입했던 플랑크 상수이다. 위의 부등식에 따르면 Δx와 Δp는 서로 반비례 관계이다. 즉, 위치의 표준 편차(오차) Δx를 줄이면 운동량의 오차 Δp는 커질 수밖에 없다. 입자의 위치에 대한 지식이 많아질수록(위치를 정확하게 알수록) 입자의 운동량에 대한 지식은 줄어든다(운동량의 가능한 값이 넓게 퍼진다). 하나의 슬릿에 전자를 쏘았을 때 감지판에 나타난 결과도 이 원리로 설명할 수 있다.

위치와 운동량이라는 두 개의 물리량이 이와 같이 엮여 있는 근본적인 이유는 둘 중 어느 쪽을 먼저 관측하느냐에 따라 결과가 달라지기 때문이다. 위치와 운동량을 측정하는 행위는 두 개의 연산자operator를 통해 수학적으로 표현되는데, 연산자를 적용하는 순서에 따라 결과가 달라진다. 주사위를 예로 들어보자. 일단 주사위의 눈금 1이 위를 향하도록 탁자 위에 올려놓는다. 이 상태에서 윗면에 수직한 축을 중심으로 90° 회전시킨 후 수평축(눈금 4와 3을 수직으로 통과하는 축)을 중심으로 다시 90° 회전시키면 눈금 5가 위를 향하게 된다. 그러나 주사위를 처음 상태로 되돌린 후 동일한 회전을 순서만 바꿔서 실행하면 결과가 달라진다. 즉, 눈금 1이 위를 향한 상태에서 수평축을 중심으로 90° 회전시킨 후 수직축을 중심으로 90° 회전시키면 눈금 4가 위를 향하게 된다(옆의 그림 참조).

이런 특성을 가진 모든 측정(수학적 연산자로 해석했을 때 적용 순서에 따라 결과가 달라지는 경우)은 불확정성 원리를 따른다. 간단히 말해서 불확정성 원리는 연산자의 비가환적 성질非可換的 性質, non-commutativity●에서

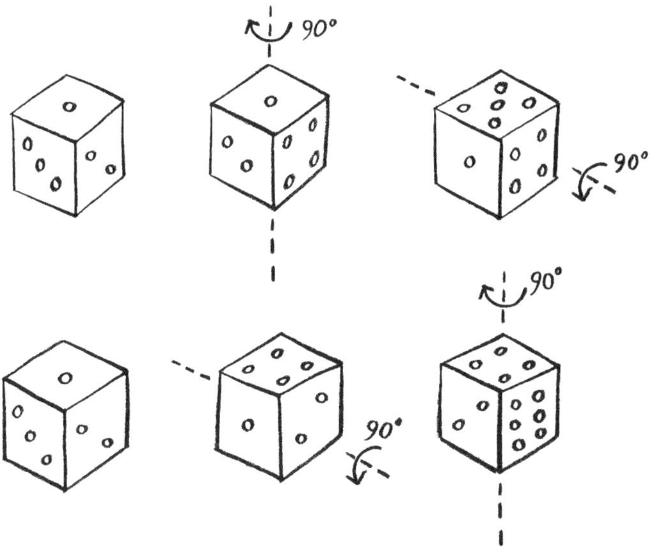

초래된 결과이다.

양자 물리학의 비상식적 결과들은 대부분 수학에서 비롯된 것이다. 나는 양자 물리학에 대한 책이나 논문을 읽을 때마다 미궁에서 헤매는 듯한 느낌이 든다. 물론 처음에는 나의 현 위치를 분명히 알고 있는 상태에서 미궁으로 입장했다. 그 후 나의 수학 지식을 동원하여 미로 속을 구불구불 나아가다 보면 담이 너무 높아서 그 너머에 무엇이 도사리고 있는지 알 길이 없고 믿을 것은 오로지 수학뿐이다. 그런데 우여곡절 끝에 간신히 출구로 나와서 주변을 둘러보면 출발점과 달라도 너무 다르다. 중간 과정을 모두 이해하면서 왔다고 생각했는데 이런 이상한 곳으로 나오다니, 마치 양자 유령에게 홀린 기분이다.

● 적용 순서를 바꾸면 결과가 달라지는 성질이다.

그래도 수학적 계산을 수행할 때만은 더 없이 행복하다. 수학은 양자 물리학의 난해한 결과를 해석하는 최상의 도구이기 때문이다. 문제는 자연의 실체를 수학이라는 언어로 해석할 수 있을 뿐, 그 역방향으로는 해석이 불가능하다는 점이다. 사실 이것은 수학의 문제가 아니라 오래된 사고방식과 구식 언어의 한계일지도 모른다. 양자 물리학은《이상한 나라의 앨리스》에 나오는 토끼굴과 비슷하여, 일단 그 안으로 진입하면 기존의 우주관을 버리고 주변 풍경을 새로운 언어로 서술해야 한다. 좋건 싫건 양자 세계를 서술하는 최선의 언어는 단연 수학이다.

그렇다면 수학은 믿을 만한가? 하이젠베르크가 수학을 이용하여 이론적으로 예견한 불확정성 원리는 실험을 통해 사실로 판명되었다. 1969년에 미국의 물리학자 클리퍼드 슐Clifford Shull은 슬릿의 크기를 점점 줄여가면서 양성자를 발사하는 실험을 수행하여 양성자의 위치 정보가 정확해질수록(슬릿의 폭이 좁아질수록) 운동량의 오차 범위가 넓어진다는 사실을 확인했다. 또한 이 실험에서 관측된 위치와 운동량의 오차(표준 편차)는 불확정성 원리의 부등식을 정확하게 만족시켰다.

슬릿의 폭을 줄여서 양성자의 위치를 좀 더 정확하게 알아낸 것뿐인데, 이 단순한 조작이 운동량에 심각한 변화를 초래했다. 이와 반대로 운동량을 정확하게 측정하는 쪽으로 실험 장치를 수정했다면 위치 정보가 모호해졌을 것이다. 어떤 실험이건 한쪽 정보가 많아지면 다른 쪽 정보는 줄어들 수밖에 없다. 다시 한번 강조하건대 이것은 실험 장치가 허술하거나 그것을 다루는 손재주가 서툴러서 생기는 오차가 아니라 자연에 태생적으로 존재하는 한계이다.

한쪽 값을 좁은 범위 안에 가둬놓으면 다른 쪽 값이 느슨해진다. 이 특성을 잘 활용하면 의외의 결과를 낳을 수 있다. 예를 들어 아주 작은 상자

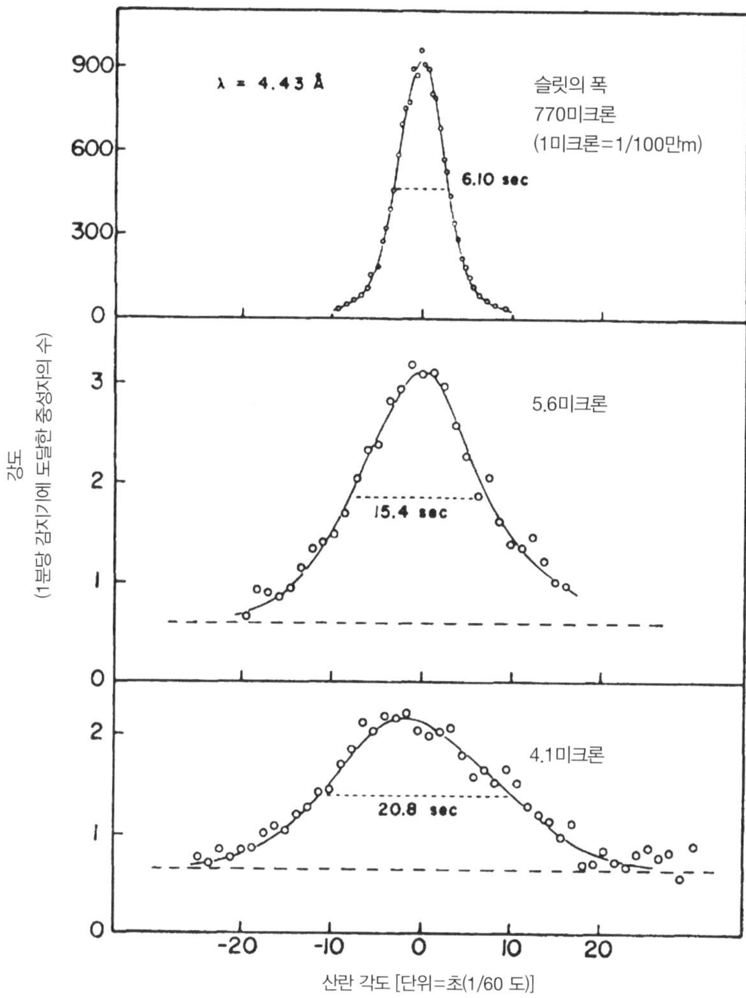

클리퍼드 슐의 실험 결과이다. 슬릿의 폭을 점차 줄여나가면서 양성자를 발사하면
감지판에 도달하는 양성자의 범위가 점차 넓어진다.

에 전자를 가둬놓으면 전자의 위치가 상자의 크기 이내로 결정된다. 그런데 전자를 가둬놓고 아무런 조치도 취하지 않았는데도 갑자기 전자가 미친 듯이 날뛰기 시작한다! 위치 정보가 정확해졌기 때문에 운동량의 정확한 값을 들키지 않으려고 전자가 마구 요동치는 것이다. 이럴 때 운동량을 측정하면 엄청나게 넓은 범위에서 어떤 값이든 나올 수 있다.

독자들은 아마 "전자를 작은 상자에 가둬놓고 운동량을 측정해서 하나의 값을 얻었다면 위치와 운동량을 모두 정확하게 알아낸 것 아닌가?"라고 묻고 싶을 것이다. 아니다. 전자가 날뛰기 시작하면서 위치도 부정확해진다. "제아무리 날뛰어도 결국 상자 안에 갇혀 있을 테니 위치 정보는 그대로 유지되지 않을까?" 아니다. 위치를 나타내는 파동 함수가 넓게 퍼지면서 전자가 상자 밖으로 탈출할 수도 있다. 이것이 바로 그 유명한 '양자 터널 효과quantum tunneling effect'로서, 입자를 좁은 공간에 강제로 가둬놓으면 밖에서 발견될 확률이 존재하게 된다. 우라늄에서 알파 입자가 방출되는 것도 양자 터널 효과 때문이다.

알파 입자는 우라늄 원자핵의 일부로서 두 개의 양성자와 두 개의 중성자로 이루어져 있다. 따라서 우라늄 원자핵은 알파 입자를 가둬둔 작은 상자와 비슷하다. 일반적으로 알파 입자는 원자핵을 빠져나올 정도로 큰 에너지를 가지고 있지 않다. 또한 허용된 운동량(또는 속도)이 극히 한정되어 있기 때문에 알파 입자의 운동량을 매우 정확하게 알 수 있으며, 하이젠베르크의 불확정성 원리에 따라 위치의 불확정성이 매우 크다. 그래서 알파 입자는 원자핵 바깥에서 발견될 확률을 가지고 있으며, 이는 곧 알파 입자가 원자핵으로부터 탈출했다는 것을 의미한다. 결론적으로 말해서 우라늄이 붕괴되는 것은 위치의 불확정성 때문이다.

작은 공간에 대한 지식의 한계

불확정성 원리는 내 책상 위에 놓인 우라늄의 미래가 예측 불가능한 이유를 설명해줄 뿐만 아니라 그 옆에 놓인 주사위의 내부 구조를 추적하는 데 명확한 한계가 있다는 사실을 보여주고 있다.

주사위에 포함된 전자들 중 하나를 골라서 좌표를 정확하게 측정하면 위치의 불확정성이 0에 가까워지면서 운동량과 에너지의 불확정성이 커진다.● 이 관계는 하이젠베르크가 제안했던 부등식에 고스란히 담겨 있다. 그런데 아인슈타인의 상대성 이론에 따르면 질량과 에너지는 그 유명한 공식 $E=mc^2$을 통해 서로 호환이 가능하기 때문에, 에너지가 충분히 크면 새로운 입자가 탄생할 수 있다. 문제는 입자의 위치를 정확하게 측정하려고 시도할 때마다 여러 개의 입자가 새로 탄생하여 원래 입자의 위치 측정을 방해한다는 점이다. 이런 현상이 일어나기 시작하는 스케일을 콤프턴 파장Compton wavelength이라 하는데, 전자의 콤프턴 파장은 약 4×10^{-13}m이다.

입자를 더 확대하면 문제가 더욱 심각해진다. 세밀한 규모로 파고들어가다 보면 에너지의 불확정성이 대책 없이 커지다가, 어느 시점에 이르면 블랙홀이 생성될 수도 있다. '지식의 다섯 번째 경계'에서 다루게 되겠지만, 블랙홀은 특정 반지름 안에 모든 정보를 가둬놓고 있어서 관측자가 아무리 노력해도 그 안의 정보를 알아낼 수 없다.

이와 같이 불확정성 원리는 자연에서 인간이 알아낼 수 있는 지식에 명백한 한계를 그어놓았다. 스케일이 어느 이하로 작아지면 더는 알아낼

● 전자의 질량을 m. 운동량을 p라 했을 때 전자의 운동 에너지는 $\dfrac{p^2}{2m}$이다.

방법이 없는 것이다. 이 한계는 약 1.616×10^{-35}m로서 흔히 '플랑크 길이 Planck length'라고 한다. 플랑크 길이가 얼마나 작은 값인지 실감하기 위해 한 가지 예를 들어보자. 이 문장 끝에 찍힌 마침표를 '관측 가능한 우주의 크기'로 확대한다면 플랑크 길이는 확대하기 전의 마침표 크기쯤 된다.

우리는 '지식의 두 번째 경계'에서 물질을 계속 잘라나가다가 더는 자를 수 없는 한계에 도달했었다. 그런데 이제는 '더는 자를 수 없는 공간의 한계'에 도달한 것이다. 정말 황당하다. 플랑크 길이만큼 떨어져 있는 두 점 A, B의 중간 지점 (A+B)/2를 왜 논할 수 없다는 말인가? 수학적으로는 아무 문제가 없지만 물리적으로는 불가침 영역이다. A와 B 사이에 있는 모든 점은 물리적으로 구별할 방법이 없기 때문이다.

그 옛날 뉴턴은 공간이 연속적이라고 믿었고 어느 누구도 여기에 이의를 달지 않았다. 그러나 플랑크 길이 수준까지 파고들어 가면 공간조차도 불연속적이다. 이런 관점에서 보면 공간은 아날로그가 아니라 디지털인 셈이다. 따라서 '지식의 첫 번째 경계'에서 논했던 프랙털은 양자 세계에서 물리적 의미를 상실한다. 앞서 말한 대로 프랙털은 모든 스케일에서 무한히 복잡한 구조를 가지고 있는데, 양자 물리학에서는 플랑크 길이 이하로 진입할 수가 없기 때문이다. 그렇다면 프랙털은 수학에만 존재하는 허구인가? 아무래도 양자 물리학과 혼돈 이론은 양립할 수 없을 것 같다. 양자 물리학이 플랑크 길이라는 한계를 내세워서 혼돈계를 진정시키고 있는지도 모른다.

플랑크 길이는 물리학의 보호를 받고 있다. 이보다 작은 규모에서는 현대 물리학의 두 기둥인 양자 물리학과 일반 상대성 이론이 제대로 작동하지 않는다. 물리학자들은 이 한계를 극복하기 위해 양자 중력 이론이나 끈 이론 같은 대체 이론을 연구하고 있다. 끈 이론에 따르면 모든 입자는 점이 아니라 '플랑크 길이 규모에서 진동하는 끈'이며, 끈의 진동 모드에 따라 다양한 입자로 나타난다. 나는 이런 이론을 접할 때마다 똑같은 질문을 떠올리곤 한다. 플랑크 길이보다 작은 규모에서 정보를 추출하는 법칙이 과연 존재할 것인가?

관측＝창조?

많은 물리학자들은 불확정성 원리를 '관측 행위가 물리계에 영향을 준 결과'로 해석했다. 입자의 위치를 관측하려면 광자를 쪼여야 하는데, 이 광자가 입자를 교란시켜서 운동량을 알 수 없게 만든다는 것이다. 제법 그럴듯한 설명이지만 사실은 그렇지 않다. 앞서 언급했던 단일 슬릿 실험의 경우, 입자의 위치를 정확하게 알 수 있었던 것은 슬릿이 가늘었기 때문이지 광자를 쪼였기 때문이 아니다. 전자가 슬릿을 통과했기 때문에 관측자는 위치를 알게 되었고, 바로 이 '알았다'는 사실 때문에 운동량에 대한 정보가 줄어든 것이다. 이 실험에서 전자는 어떤 입자와도 직접적인 상호 작용을 하지 않았다.

"광자가 관측 대상을 교란시켜서 불확정성을 낳는다"는 식의 설명은 하이젠베르크의 원조 논문에서 시작되었다. 아마도 학술지의 편집자를 직관적으로 설득하기 위해 그와 같은 설명을 곁들였을 것이다.

하이젠베르크의 불확정성 원리는 입자의 위치와 운동량을 동시에 논할 때 심각한 걸림돌로 작용한다. 그래서 지금까지 나는 "입자의 위치와 운동량……"이라는 식의 표현을 한 번도 쓰지 않았다. 위치와 운동량을 동시에 논하는 것은 경험적으로 의미가 없기 때문이다.

불확정성 원리는 '우리가 알 수 없는 것'뿐만 아니라 '개념을 정의할 수 있는 한계'까지 제시하고 있다. 이것은 전자를 파동 함수로 서술하는 것과 일맥상통한다. 전자는 누군가에게 관측되기 전에도 '위치'라는 속성을 가지고 있을까? 하이젠베르크는 다음과 같이 생각했다.

> 고전적 개념에 입각한 '입자의 경로'는 다음과 같이 시사적으로 표현할 수 있다. '경로'는 우리가 그것을 관측할 때부터 비로소 존재한다.

하이젠베르크의 불확정성 원리에 담긴 진정한 의미는 무엇인가? 임의의 한순간에 입자의 위치와 운동량을 정확하게 알 수 없다는 뜻인가? 아니면 위치나 운동량 같은 개념이 아예 존재하지 않는다는 뜻인가? 지금까지 펼친 논리에 따르면 위치와 운동량은 '알 수 없는 것'이 아니라 '정의할 수 없는 것'에 가깝다. 입자는 관측을 당했을 때 비로소 위치나 운동량을 가지게 된다. 관측 행위가 곧 창조 행위인 셈이다.

과거 한동안 나는 이것을 도저히 믿을 수 없었다. 전자가 좁은 슬릿을 통과하면 운동량이 변한다고 했는데, 그렇다면 굳이 관측을 하지 않아도 전자는 명확한 운동량을 가지고 있어야 하지 않겠는가? 물론 도구를 사용하여 운동량을 측정하기 전에는 정확한 값을 알 수 없다. 이 점은 나도 인정한다. 그러나 관측이 이루어지기 전에는 모르는 것이 너무 많다는 게 문제이다. 양자 물리학은 '관측을 하기 전에도 정확한 운동량이 존재한다는 믿음은 잘못'이라고 주장한다. 입자의 물리적 특성은 관측자와 관측 대상의 상호 작용으로 창출된다는 것이다. 정말로 나의 관측 행위가 입자의 실체를 창조했을까?

이런 의심을 가진 사람은 나뿐만이 아니다. 현대 물리학의 아이콘인 아인슈타인도 관측 행위가 실체(위치, 운동량 등)를 창조한다는 논리에 심한 거부감을 나타냈다. 그는 "진공 속에서 날아가는 입자는 우리가 그것을 보지 않아도 분명히 존재한다. 입자의 위치와 운동량을 알아낼 만한 이론이나 관측 장비가 없다고 해서 그 실체가 사라질 수는 없다"고 주장했다. 간단히 말해서 인식론과 존재론을 혼동하지 말라는 이야기다. 입자의 위치와 운동량을 동시에 정확하게 알 수는 없지만(인식론), 그렇다고 입자가 존재하지 않는다는 뜻은 아니다(존재론).

그러나 나는 1964년에 북아일랜드의 물리학자 존 벨John Bell이 발견한 놀라운 정리를 접한 후로, 관측 전에도 실체가 존재한다는 직관적 믿음을 포기할 수밖에 없었다. 벨은 "입자의 실체가 관측되기 전에도 존재한다고 가정하면 후속 논리에 모순이 발생한다"는 사실을 수학적으로 입증하여 나의 오래된 믿음을 한 방에 날려버렸다. 벨의 정리에 따르면 물리계는 관측자가 자신의 어떤 특성을 관측할지 미리 알 수 없기 때문에 이론이나 실험 결과에 상충되지 않는 모든 특성을 물리계에 일일이 할당하는 것은 불가능하다. 마치 처음부터 숫자가 잘못 기입된 스토쿠 퍼즐을 푸는 것과 비슷하다. 온갖 머리를 쥐어짜내서 모든 칸에 숫자를 채워 넣는다 해도 가로줄이나 세로줄에 중복된 숫자가 있기 마련이다.

벨의 정리는 수학적으로 아무런 하자가 없으므로 관측 행위가 입자의 실체를 창조한다는 것을 사실로 받아들이는 수밖에 없다. 그러나 솔직히 말해서 관측값이 무작위로 결정된다는 지금의 이론에 의구심을 떨치기는 어렵다.

벨의 정리가 알려진 후로 물리학자들은 "대상을 들여다보지 않는 한 양자 주사위는 결코 던져지지 않는다"는 것을 울며 겨자 먹기로 받아들일 수밖에 없었다. 양자 주사위의 최종 눈금을 확인하려면 반드시 관측을 수행해야 한다. 그런데 양자 물리학이 예견한 대로 그 결과는 정말 무작위로 결정될까? 카지노 주사위의 눈금은 무작위로 결정되는 것 같지만 사실 그 안에는 결과를 좌우하는 역학 법칙이 존재한다. 붕괴되는 우라늄에도 이처럼 숨은 법칙이 존재할까?

아무리 생각해봐도 양자 물리학은 일종의 과도기적 이론이며 기본 입자의 특성을 완벽하게 서술하는 궁극의 이론이 어딘가에 존재한다는 느낌을 떨치기가 어렵다. 주사위의 경우와 마찬가지로 우라늄 덩어리에서 알파 입자가 방출되는 순간을 정확하게 알려주는 이론, 또는 슬릿을 통과한 전자가 감지판에 도달하는 위치를 정확하게 알려주는 역학 이론이 있어야 할 것 같다.

아인슈타인도 이런 맥락에서 다음과 같은 명언을 남겼다.

> 양자 역학은 매우 인상적인 이론이지만 나는 그것이 진실이라고 생각하지 않는다. 실험 결과를 아무리 잘 설명한다 해도 신의 비밀에 다가가기에는 역부족이다. 나는 어떤 경우에도 신이 주사위 게임을 즐기지 않을 것이라고 굳게 믿는다.

그는 사물의 객관적 실체가 걷을 수 없는 베일에 가려져 있다고 믿었다. 확인할 방법은 없지만 실험 결과를 좌우하는 미세한 기계가 어딘가에 숨어 있다는 것이다.

이 점에서도 나는 아인슈타인의 의견에 동의한다. 관측 장비와 상호 작용을 하면서 결과를 좌우하는 역학이 미세 영역 안에 존재해야 할 것만 같다. 그 역학은 무작위처럼 보이는 결과를 인과율에 입각하여 논리적으로 설명해줄 것이다. 예를 들어 우라늄 속의 입자들이 미세한 시계 같은 것을 가지고 있어서 내가 관측을 시도했을 때 초침이 0~30 사이에 있으면 복사를 방출하고, 30~60 사이에 있으면 복사를 방출하지 않을지도 모른다.

그러나 모든 입자가 시계를 가지고 있다면 또 다른 문제가 발생한다. 이런 역학이 존재한다면 우라늄이 있는 곳 근처에 적용할 수 있을 것이다. 초미세 시계는 입자의 내부에 있고 크기가 너무 작아서 우리 눈에는 보이지 않는다(앞으로 영원히 못 볼 수도 있다). 그런데 아인슈타인과 그의 동료 보리스 포돌스키Boris Podolsky, 네이선 로젠Nathan Rosen은 "우라늄 덩어리 안에 그런 역학 구조가 존재한다면 그 일부를 떼어내서 우주 반대편으로 옮길 수 있다"고 주장하여 양자 물리학 신봉자들을 난처하게 만들었다. 물론 우라늄의 일부를 취해서 멀리 옮겨놓는 것 자체는 아무런 문제가 되지 않는다. 문제는 우라늄의 붕괴 시간을 결정하는 역학이 떼어낸 우라늄 조각에도 여전히 적용되기 때문에, 이 조각을 우주 반대편으로 옮겨놓으면 우주 전체에 걸쳐 적용되어야 한다는 점이다.

아인슈타인과 포돌스키, 로젠이 제안한 시나리오는 오늘날 '양자적 얽힘quantum entanglement', 또는 'EPR 역설'이라고 부른다. 이 역설에 따르면 양자적으로 얽혀 있는 두 입자를 각각 우주 양끝에 가져다놓고 한 입자의 특성을 관측했을 때, 그 결과는 우주 반대편에 있는 다른 입자에 즉각적으로 반영되어야 한다. 마치 주사위 두 개를 던졌는데 그중 하나의 눈금이 6이었다면 나머지 주사위의 눈금도 무조건 6이 나오는 것과 비슷하다. 물론 주사위의 눈금을 좌우하는 역학은 국지적 환경에 영향을 받으므로 주사위 두 개를 양자적으로 얽히도록 만들기란 보통 어려운 일이 아니다. 그러나 양자 물리학에서는 양자적으로 얽힌 입자 쌍을 얼마든지 만들 수 있다. 이 입자를 관측하면 이들의 거동을 좌우하는 '숨어 있는 역학'의 이상한 특성이 만천하에 드러난다.

숨어 있는 역학의 비국소적non-local* 특성을 좀 더 실감나게 이해하기 위해 양자적으로 얽혀 있는 두 주사위 A, B를 각각 우주 양끝에 가져다 놓았다고 가정해보자. 이런 상황에서 A의 눈금을 관측하면 A는 관측자에게 어떤 눈금을 보여줄 것인지 결정해야 하고, 이 결과는 우주 반대편에 있는 주사위 B에게 '즉각적으로' 전달되어 B의 눈금도 함께 결정된다(어떤 눈금이 나올지는 얽힌 상태에 따라 다르다). 아인슈타인을 비롯한 일부 물리학자들은 이 현상을 '원거리 유령 작용spooky action at a distance'이라 불렀다. 아인슈타인은 입자(정보)가 우주 반대편 끝에 도달하기 전에 주사위의 눈금을 미리 결정하는 방법이 있다고 생각했다. 그러나 존 벨은 관측을 행하기 전에 양자적 입자의 특성을 미리 결정하는 것이 원리적으로 불가능하다고 했다(EPR 역설은 벨의 정리보다 먼저 발견되었다). 다시 한 번 강조하건대 측정 행위는 곧 창조 행위다.

정말 이상한 것은 우주의 한쪽 끝에서 일어난 창조 행위가 반대쪽 끝에 즉각적으로 전달되어 두 번째 입자의 상태를 창조한다는 것이다. 두 번째 입자의 관측 결과를 결정하는 내부 역학이 존재한다면, 이 역학은 우주 반대편에 있는 첫 번째 입자의 관측 결과에 영향을 받아 달라질 수

---

* 적용되는 영역이 한 지역에 한정되어 있지 않다는 뜻이다.

있다. 이는 곧 '숨어 있는 역학'이 국소화될 수 없다는 것을 의미한다. 다시 말해서 숨어 있는 역학은 한 입자의 내부에 말끔하게 포장될 수 없다.

아인슈타인은 이중 슬릿 실험을 이용하여 원거리 유령 작용을 설명한 적이 있다. 감지판은 '저곳'이 아닌 '이곳'에 전자의 흔적을 남겨야 한다는 것을 어떻게 알 수 있을까? 아마 관측 지점으로부터 아무런 연쇄 효과가 없는데도 파동 함수가 혼자 붕괴하는 것 같다.

이런 경우 나에게 양자적으로 얽혀 있는 두 입자가 주어져 있고 그때 이들을 하나의 파동 방정식으로 서술할 수 있다. 즉, 두 입자는 이중 슬릿 실험에서 감지판에 도달한 하나의 입자와 다를 것이 없으므로 하나의 단위로 간주해야 한다. 벨의 정리에 따르면 입자의 특성은 이들이 우주 반대쪽 끝까지 날아가기 전에 미리 결정될 수 없으며, 따라서 입자의 특성을 결정하는 역학은 하나의 입자에 국한되지 않고 우주 전체에 적용되어야 한다.

그러므로 우라늄의 붕괴를 좌우하는 법칙이 존재한다면(나는 아직도 결정론을 포기하지 못했기에 부디 그런 법칙이 존재하기를 바란다) 우주 전체에 걸쳐 적용할 수 있을 것이다. 그 법칙은 내 책상 위의 우라늄 덩어리 안에 존재하는 기계가 아니다. 왜냐하면 그 법칙은 우라늄 덩어리와 양자적으로 얽혀 있으면서 우주 반대편에 있는 입자의 상태까지 제어하고 있기 때문이다.

위의 결과는 "우라늄 안에 알파 입자의 방출 여부를 제어하는 역학 체계가 존재한다"는 주장을 반박하는 용도로 사용되기도 한다. 그러나 이 것은 '숨은 역학 체계가 존재한다면 반드시 만족해야 할 조건'일 뿐이다. 물론 숨은 역학 체계는 기이하기 짝이 없다. 이 모든 논란의 원인 제공자였던 존 벨은 "'……가 불가능하기 때문에 안 된다'는 식의 증명은 상상력이 부족하다는 것을 증명할 뿐”이라고 했다.

그러나 우라늄 붕괴(입자 방출)가 무작위로 일어난다는 점에 대하여 별로 불만이 없는 물리학자도 많다. 미리 결정되어 있지 않아야 '자유 의지'가 끼어들 여지가 있기 때문이다.

일부 과학 평론가들은 “양자 물리학에 진정한 무작위성이 존재하고 모든 만물의 현재 상태가 과거의 사건으로 결정되지 않는다면, 이는 곧 자유 의지가 발현되고 있다는 증거이다”라고 주장해왔다. 아닌 게 아니라, 양자적 입자들은 관측을 당한 후에야 비로소 자신의 실체를 드러낸다. 거시적 크기의 인간은 자유 의지를 가지고 있지 않을 수도 있지만, 미시적 규모의 입자들은 논리적으로 합당한 범위 안에서 자신이 원하는 바를 구현할 수 있다.

입자에게 자유 의지가 있다면 더 큰 규모의 자유 의지도 존재할 수 있지 않을까? 일부 종교 학자들은 “양자 물리학에 '알려진 미지(모른다는 사실을 알고 있는 것)'가 있다는 것은 외부의 어떤 존재가 이 세계에 관여하고 있다는 증거”라고 주장한다. 매순간 관측 결과가 무작위로 결정되는데도 오랜 시간 동안 누적된 관측 데이터가 우리의 예측과 일치한다면, 미지의 존재가 개개의 실험 결과를 좌우한다고 생각할 수도 있다. 그렇다면 거시적 관측 행위와 양자 세계 사이의 상호 작용을 설명할 수 없는 지금의 처지를 굳이 비관할 필요도 없다. 혹시 종교적 신이 양자 물리학의 알려지지 않은 부분에 기거하고 있는 것은 아닐까? 이 의문을 확실하게 풀려면 양자 세계로 직접 들어가봐야 하는데 그럴 수가 없으니, 과학과 종교에 모두 능통한 사람을 찾아가 물어보는 것이 최선이다. 그래서 나는 케임브리지로 여행을 떠났다.

채식주의 도살업자

존 폴킹혼은 케임브리지대학교에서 폴 디랙의 지도하에 박사 학위를 받은 후 칼텍으로 옮겨 리처드 파인만, 머리 겔만의 지도를 받으며 연구를 수행했다. 스승 복으로 따지면 거의 세계 최고 수준이다. 그는 물질의 최소 단위인 쿼크의 존재를 입증하는 데 중요한 기여를 한 물리학자이다.

현재 폴킹혼은 모교로 돌아와 학생들을 가르치고 있다. 나는 케임브리지에서 5년 동안 연구를 수행한 적이 있기에 이곳에 오면 마음이 편안하다(물론 마음의 고향은 짙푸른색이 감도는 옥스퍼드이다). 폴킹혼은 25년 동안 양자 물리학을 연구하다가 돌연 성공회 사제가 되어 과학으로 알 수 없는 답을 종교에서 찾고 있다.

"과학에 대한 환상이 깨져서 사제가 된 것은 아닙니다. 25년 동안 물리학에 묻혀 살았으면 할 만큼 했다고 생각해요. 저는 특히 물리학의 수학적인 면에 관심이 많았는데, 이 분야에서는 대부분 마흔다섯 살 전에 최고의 업적을 내곤 하지요."

윽! 한 방 먹었다.* 언제 들어도 부담되는 말이다. '위대한 수학자들이 마흔 살 전에 업적을 남긴다는 말은 한갓 뜬소문에 불과하다……'고 믿고 싶다. 수학은 결코 이삼십 대 젊은이들의 전유물이 아니다. 내가 나이를 먹어서 이런 생각을 하는지 모르겠지만 아직 풀리지 않은 문제가 존재하는 한 수학에 대한 나의 열정은 결코 식지 않을 것이다. 다행히도 내 책상 위에는 아직 풀리지 않은 문제들이 한가득 쌓여 있다. 물론 양자 물리학도 그중 하나이다. 폴킹혼 역시 사제가 된 후에도 물리학에 대한

---

* 저자는 50대 중반이다.

열정을 그대로 간직하고 있었다.

나: 물리학자에서 성직자로 변신하셨는데 너무 드라마틱한 변화 아닙니까?

폴킹혼: 많은 사람들이 이해를 못하더군요. 심지어는 제 선택이 솔직하지 못하다고 비난하는 사람도 있었지요. 그들에게는 신을 섬기는 과학자가 채식주의 도살업자와 별반 다를 게 없었나 봅니다.

나: 성직자와 물리학자가 많이 다른 건 사실이죠. 이 상반된 직책을 어떻게 동시에 수행하고 계신지 저도 궁금합니다.

폴킹혼: 과학이나 종교나 진실을 추구한다는 점에서 다를 게 없지요.

나: 과학과 종교를 다 동원해도 답을 구할 수 없는 문제가 있던가요?

폴킹혼: 과학 스스로 그런 문제를 만들기도 합니다. 일반적으로 과학이 답할 수 없는 문제에는 두 가지가 있습니다. 그중 하나가 양자물리학을 통해 제기된 문제인데, 이 세계가 질서정연하면서도 번잡하고 변덕스럽게 보인다는 점이죠. 뉴턴 이후 항상 그곳에 있어왔던 명확한 세계로 들어가는 방법을 아직 찾지 못했다는 겁니다. 그러나 과학 스스로는 도저히 답을 찾을 수 없는 문제도 있습니다. 그동안 과학이 엄청난 성공을 거두었다는 점은 저도 인정하지만 사실은 목표를 하향 조정했기 때문에 대단해 보이는 측면도 있습니다. '이 세상은 어떤 방식으로 운영되고 있는가?' 과학은 이 하나의 질문을 탐구하면서 질문의 의미와 가치, 목적을 따로 분리해왔지요.

물론 처음 듣는 말은 아니었다. 사람들은 '어떻게?'라는 질문이 과학의 몫이고 '왜?'라는 질문은 종교의 몫이라고 생각한다. "중력은 어떤 방식으로 작용하는가?"라고 물으면 뉴턴과 아인슈타인의 이론으로 얼마든지 설명할 수 있지만, "중력은 왜 작용하는가?"라고 묻는다면 과학자는 더는 할 말이 없을 것만 같다. 그러나 나는 이것이 과학에 대한 편견이라고 생각한다.

과학은 "왜?"라는 질문도 꾸준히 탐구해왔다. 내 책상 위의 우라늄은 왜 알파 입자를 방출하는가? 태양 주변의 행성들은 왜 다양한 각도로 공전하지 않고 하나의 평면 위에 놓여 있는가? 벌집은 왜 육각형인가? 나그네쥐는 왜 4년에 한 번씩 집단 자살을 시도하는가? 하늘은 왜 푸른가? 모든 물체는 왜 빛보다 빠르게 움직일 수 없는가?

나: 진실에 접근하는 두 가지 방법을 과학과 종교라고 한다면, 둘 사이의 차이점은 무엇이라고 생각하십니까?

폴킹혼: 저기 부엌에서 끓고 있는 주전자가 보이죠? 교수님께서 저에게 "주전자가 왜 끓고 있습니까?"라고 물었다고 합시다. 제가 과학자라면 가스불이 물에 에너지를 전달하여 분자의 운동 에너지가 커졌기 때문이라고 답하겠지요. 하지만 과학자라는 신분을 내려놓으면 이렇게 말할 수도 있을 겁니다. 차 한 잔 끓여 마시려고요. 교수님도 한 잔 드시겠습니까?

나: 네, 한 잔 주시면 감사하겠습니다.

폴킹혼: (차를 준비하며) 저는 두 개의 답 중 굳이 하나를 고를 생각은 없습니다. 끓는 주전자의 과학적 원리를 완벽하게 알고 있다면 끓는 과정과 끓는 이유를 모두 들려드릴 겁니다.

나는 과학이 자신의 목표를 적절한 수준으로 조절하면서 쉬운 문제를 집중적으로 공략해왔다는 폴킹혼의 주장에 어느 정도 동의한다. 솔직히 말해서, 페르마의 마지막 정리를 증명하는 것보다 우리 집 고양이의 행동이나 폴킹혼의 다음 이야기를 예측하는 것이 훨씬 어렵다. 물론 그렇다고 해서 과학이 고양이나 인간의 변덕스러운 욕구를 전혀 예측할 수 없다는 뜻은 아니다.

나는 과학과 종교의 논쟁이 모든 것을 구분하려는 인간의 욕구에서 비롯되었다고 생각한다. 우리는 "이것은 과학이고 저것은 종교다. 또 이것은 예술이고 저것은 심리학이다"라며 눈에 보이는 모든 것을 자신이 알고 있는 카테고리 안에 우겨 넣고 있다. 흥미로운 것은 우리가 환경을 조종하기 위해 다양한 논리를 개발해왔다는 점이다. 폴킹혼의 주전자를 비롯하여 우주 만물의 진화 과정은 슈뢰딩거의 파동 방정식으로 설명할 수 있을 것이다. 그러나 이 방정식은 우라늄의 붕괴를 서술하는 데는 적절할지 몰라도, 새 떼의 이주나 모차르트 음악이 주는 감동, 또는 고문의 비도덕성을 설명하는 데에는 전혀 적절한 언어가 아니다.

폴킹혼은 진실에 대한 환원주의자들의 관점에 심각한 우려를 나타냈다.

폴킹혼: 환원주의를 열렬히 신봉하는 친구들은 물리학이 전부라고 주장합니다. 그러면 저는 이렇게 되묻곤 하죠. "수학은? 수학이 물리학보다 더 기본적인 개념 아닌가? 그리고 음악은? 음악도 물리학이라고 우길 참인가?" 물론 음악도 물리학적 관점에서 분석하면 '진동하는 고막'으로 귀결되겠죠. 하지만 과학적 논리로는 음악의 모든 속성을 설명할 수 없다는 것을 그들도 잘 알고 있을 겁니다. 대부분의 사람들이 음악에서 과학 외의 다른 감동을 느낀다는 것도 간과할

수 없는 사실이죠.

나: 과학이 답할 수 없는 문제로 되돌아가보죠. 사제님께서는 우라늄에서 입자가 방출되는 시간을 절대로 예측할 수 없다고 생각하십니까? 미시 세계의 사건들은 정말 무작위로 일어나고 있을까요?

폴킹혼: 복권 추첨을 방불케 하는 과정이 자연에 존재한다는 것은 저도 매우 불만입니다. 대부분의 양자 물리학자들이 계산에 파묻혀 살면서 복권 추첨에 익숙해져 있는 것도 안타까운 현실이죠. 확률론(인식론)이냐, 존재론이냐? 문제는 바로 이것입니다. 확률론적 문제는 명백한 답이 존재하지만 우리가 그것을 모를 수도 있습니다. 그러나 존재론적 문제는 도저히 답을 알 수 없는 경우가 태반입니다. 이런 면에서 볼 때 양자 이론의 미지는 존재론적 문제라고 할 수 있습니다. 카지노에서는 확률론이 모든 것을 지배합니다. 그곳에는 결과에 영향을 주는 요인이 거의 없지요. 그런 요인이 하나라도 발견된다면 당장 비상벨이 울릴 겁니다. 양자 이론의 문제가 확률론적이라면 그런 문제가 나타난 원인을 조금이라도 알아야 답을 찾을 수 있습니다. 저는 이 문제를 존재론적 관점에서 한계까지 밀어붙여야 한다고 생각합니다. 아직 그런 사례는 한 번도 없지만요.

양자 물리학에 따르면 입자는 여러 개의 상태가 중첩된 파동 함수로 존재하다가, 거시적 관측 장비를 통해 관측되는 순간 극적인 점프를 일으켜 하나의 상태로 결정된다. 입자는 여러 가지 가능성을 가지고 있는데, 관측 행위가 개입되면서 그중 하나로 결정된다는 것이다. 이상한 것은 이 극적인 과정을 논리적으로 설명하려는 시도가 단 한 번도 없었다는 점이다.* 파동 함수의 붕괴 이론은 덴마크의 물리학자 닐스 보어가 이끌었던 코펜하겐학파의 열렬한 지지를 받았는데, 이들의 모토가 바로 '닥치고 계산이나 해라'였다.

> **나**: 코펜하겐학파의 관점에 대해선 어떻게 생각하십니까?
>
> **폴킹혼**: 저 역시 그들의 주장에 동의하긴 했지만 지적으로 만족스러운 이론은 아니라고 생각합니다. 최후의 날이 오면 결국 이 모든 것은 '그냥 그렇게 일어났다'는 한마디로 귀결되겠지요. '거시적 규모의 관측 장비가 개입되었기 때문에 그렇게 되었다.' 이런 설명으로 끝입니다. 이것은 새롭게 정의를 내린 것뿐이지, 최종적인 답은 아니죠. 퍼즐은 아직 완성되지 않았습니다. 나는 우라늄에서 입자가 방출되는 시간이 신의 뜻에 따라 좌우된다고 생각하지 않습니다. 거기에는 모종의 역학이 관여하고 있습니다……. 아니, '역학'보다 '영향'이라는 말이 더 적절하겠군요. 양자 이론이 낳은 역설 중 하나는 80년이 지난 지금까지도 그 얼개를 이해하지 못한다는 것입니다.

나는 '지식의 첫 번째 경계'에서 혼돈 이론과 관련된 부분을 집필할 때 "우리가 알 수 없는 소수점 이하 자리에서 전능한 신이 개입하고 있다"는 폴킹혼의 주장을 접한 적이 있다. 그런데 그는 왜 하필 혼돈 이론을 예로 들었을까?

> **나**: 신의 전능한 능력을 논할 때 당신의 주 전공 분야인 양자 물리학

• 휴 에버렛의 다중 세계 해석은 파동 함수가 붕괴되는 과정을 설명한 것이 아니라 붕괴 자체를 피해가기 위해 궁여지책으로 내놓은 가설이었다.

대신 혼돈 이론을 예로 든 이유는 무엇입니까?

폴킹혼: 과거에 한 10년 동안 과학자와 종교인들이 이 문제를 놓고 치열한 논쟁을 벌인 적이 있습니다. 주제가 워낙 민감하고 어려워서 결론을 내리지 못했지만 미국 동부의 많은 사람들은 양자 이론이 모든 것을 설명한다는 쪽에 돈을 걸었다고 하더군요. 저는 그들이 다소 피상적이라고 느꼈습니다. 기울어진 탑을 바로 세우겠다며 반대쪽으로 너무 세게 밀었던 거지요. 저는 혼돈 이론이 모든 답을 제시한다고 생각하지 않습니다. 혼돈 이론은 '물리적 우주는 질서정연하지만 뉴턴이 생각했던 것보다는 느슨하다'는 것을 보여주는 사례일 뿐입니다.

폴킹혼은 양자 물리학을 결코 가볍게 생각하지 않는 것 같았다.

폴킹혼: 양자 이론이 예측 불가능하다는 것은 이 세계가 전적으로 역학을 통해 좌우되지 않는다는 증거입니다. 그러므로 우리도 자동으로 움직이는 인형은 아니겠지요.

흥미로운 것은 양자 물리학의 '알려지지 않은 부분'을 이용하여 미래를 서술하려면 반드시 관측을 실행해야 한다는 점이다. 관측 행위가 위상을 변화시키면 양자 물리학의 방정식은 완전히 결정론적 논리를 따르게 된다. 관측된 물리계는 선형적이고 비혼돈적이어서 신이나 대리인이 끼어들 여지가 없다. 그래서 폴킹혼처럼 자연에서 신의 개입 여지를 찾는 종교적 물리학자들은 양자 물리학의 미지에 별다른 관심을 보이지 않는다.

나는 차를 몰고 집으로 돌아오면서 인식론과 존재론의 대립 관계를 곰곰이 생각해보았다. 양자 물리학은 '알 수 없는 것들'에 대해 어떤 답을 줄 수 있을까? 우리는 허공에 던져진 주사위의 초기 조건을 정확하게 알 수 없지만 '그런 조건이 존재한다'는 것을 의심하지 않는다. 그러나 양자 물리학은 우라늄 덩어리의 초기 조건을 논하는 것이 과연 의미가 있는지 묻고 있다.

현대 물리학의 정설에 따르면 우리는 우라늄 덩어리 안에 존재하는 입자의 위치와 운동량을 동시에 정확하게 알 수 없다. 이런 해석은 인식론을 존재론으로 변화시킨다. 우리가 위치와 운동량을 모르는 것은 능력이 부족해서가 아니라 자연의 이치다. 그래서 하이젠베르크는 "원자나 소립자는 현실 세계가 아닌 가능성의 세계에 존재한다"고 했다.

무無에서 창조된 유有

하이젠베르크의 불확정성 원리는 '알 수 없는 영역'을 명시하여 신이 개입할 수 있는 틈을 만들어놓았지만, 창조주라는 개념에 존재하는 또 다른 틈새를 메우는 역할도 했다. 그중에서도 가장 커다란 틈새는 이것이다.

"우주는 왜 텅 비어 있지 않고 무언가가 존재하게 되었는가?"

내 책상 위의 우라늄 덩어리는 스태튼섬에 있는 이미지스 사이언티픽 인스트루먼트사에서 애리조나를 거쳐 우리 집까지 택배로 배달되었다. 그러나 이 우라늄 덩어리가 처음 생성된 시점으로 거슬러가다 보면 더는 추적이 불가능한 단계에 도달하게 된다. 세계 각지에 남아 있는 다양한 신의 개념은 바로 이 부분을 설명하기 위해 탄생했다. 신이란 '기존의 지식으로는 답을 알 수 없는 질문'에 대한 답이다. 그리고 이 답들은 한결

같이 '인간은 모든 것을 알 수 없다'는 점을 강조하고 있다.

신을 논하는 대부분의 과학자들은 '모든 만물은 어디에서 왔는가?'라는 난해한 질문에 나름대로 답을 가지고 있는 것 같다. 그리고 우주에 물질이 탄생한 후부터는 굳이 신을 개입시키지 않고 과학적 논리를 동원하여 우주의 진화 과정을 설명한다. 이것은 순수한 유신론이 아니라 이신론理神論, deism*에 가까우며, 여기 등장하는 신은 '알 수 없는 것'과 개념적으로 크게 다르지 않다.

그런데 이들이 제시한 답을 해석하다 보면 '무한 후퇴infinite regress'라는 문제에 직면하게 된다. 누군가가 우주를 창조했다면 그 누군가를 창조한 다른 누군가를 찾아야 하고, 이런 과정이 무한히 반복되는 것이다. '누군가'라는 표현 자체도 문제의 소지가 다분하다. 우리는 우주를 창조한 주체에게 어떻게든 인격을 부여하려는 습성이 있는데 사실 이것은 지극히 인간 중심적인 편견일 뿐이다.

그래서 많은 사람들은 무한 후퇴를 피하기 위해 인간의 언어로 표현할 수 없는 초월적 존재를 도입하곤 한다. 심지어는 답조차 언급하지 않은 채 '우리의 이해력을 초월한 미지의 존재'라고 두루뭉술하게 넘어가는 경우도 있다. 북아일랜드 BBC 일요일 아침 방송의 사회자도 창조주를 이런 식으로 표현했다(내가 출연했다가 프로듀서에게 경고를 받았던 바로 그 프로그램이다).

말로 표현할 수 없는 신을 어떻게 개념화할 수 있겠는가? 우주에 개입하지 않는 신은 우리에게 영향을 줄 수 없고, 말로 표현할 수 없는 신이라면 굳이 도입할 필요가 없다. 그래서 모든 신화에 등장하는 신은 언어

---

* 신이 우주를 창조하긴 했지만 진화 과정에는 관여하지 않는다는 관점이다.

로 묘사할 수 있고 인식 가능하며 종종 사람의 형상으로 인격화되어 있다. 신이 지나치게 초월적이면 인간에게 영향력을 행사하지 못하여 세월과 함께 잊히기 마련이다. 문명 초기에 도입되었던 천신天神이나 지신地神이 바로 이와 같은 수순을 밟았다. 영국의 종교 평론가 카렌 암스트롱Karen Armstrong은《신을 위한 변론The Case for God》에서 "신은 데우스 오티오수스Deus Otiosus, 즉 '무용한 신'이나 '과잉 공급된 신'이 되어 그의 백성들로부터 서서히 잊혔다"고 하였다.

신학자 허버트 맥케이브Herbert McCabe는 "신이 존재한다는 주장은 이 우주에 우리가 알 수 없는 것이 존재한다는 주장과 같다. 그러나 종교는 신을 철학적 개념으로 놔두지 않고 인격을 가진 존재로 구체화시킬 때마다 오류를 범해왔다. 신이라는 개념에 인격을 지나치게 부여하면 문제가 발생하기 쉽다"라고 했다.

그러나 확실하게 정의되지 않고 속성을 알 수도 없으면서 세상사를 초월한 신은 인간이 의지하기에 너무 추상적이다. 사람들이 원하는 위안을 주려면 초월적 속성이 지나치게 강조되지 않아야 하고 접근하기도 쉬워야 한다. 이런 신은 원래의 정의에 위배되고 '그 신은 누가 창조했는가?'라는 역설을 낳긴 하지만 인간에게 훨씬 강한 영향력을 발휘할 수 있다.

0 = 1 - 1

"우주는 왜 텅 비어 있지 않고 무언가가 존재하게 되었는가?" 제법 어렵게 들리지만 내막을 알고 나면 그리 난해한 질문이 아니다. 이것은 '지식의 세 번째 경계'에 등장하는 '알 수 없는 것들' 중 하나로서, 무에서 유가 창조된 과정을 설명해줄 것이다. 양자 물리학에서 보면 일단 텅 빈 공간이 생기기만 하면 물질이 존재하게 된다. 지금까지 나는 하이젠베르크의 불확정성 원리를 위치와 운동량의 관계에 초점을 맞춰 해석해왔지만, 불확정성 관계에 있는 물리량은 이들뿐만이 아니다.

에너지와 시간도 불확정성 원리를 따른다. 예를 들어 텅 빈 공간에서 일어나는 사건을 관측할 때, 관측에 소요되는 시간이 짧을수록 에너지의 불확정성이 커진다. 다시 말해서, 짧은 시간 동안에는 에너지가 요동칠 수 있다는 뜻이다. 그러므로 불확정성 원리에 따르면 텅 빈 공간은 절대로 텅 빈 공간이 될 수 없다. 그런데 에너지는 아인슈타인의 그 유명한 공식 $E = mc^2$을 통해 질량으로 변할 수 있으므로, 진공 중에서는 입자가 자발적으로 탄생할 수 있다. 물론 이들 중 대부분은 서로 만나 소멸되면서 진공으로 되돌아가지만 꽤 긴 시간 동안 살아남는 것도 있다. 이것이 바로 '무에서 유가 창조되는 비결'이다.

그런데 이 에너지는 어디에서 온 것일까? 아무것도 없는 곳에서 갑자기 에너지가 생성되면 물리학의 최고 계명인 에너지 보존 법칙에 위배되지 않을까? 일부 물리학자들은 우주의 총에너지 함량이 실질적으로 0이며, 여기에는 어떤 속임수도 통하지 않는다고 주장한다. 그러나 중력의 에너지가 음수이기 때문에, 우주는 에너지가 0인 상태(무의 상태)에서도 탄생할 수 있다. 간단히 말해서, 0 = 1 -1이라는 등식에 의거하여 우주가 탄생했다는 뜻이다. 여기서 0은 완전한 무의 상태이고 1은 물질을, -1은 물질 사이에 작용하는 중력을 의미한다.

중력 에너지가 음수라는 말에 당혹감을 느끼는 독자들도 있을 것이다. 예를 들어 커다란 소행성이 지구 근처로 다가오면 운동 에너지가 커지고 두 천체의 거리가 가까워질수록 중력은 강해진다. 이런 경우에 총에너지

가 보존되려면 중력 위치 에너지는 음수가 되어야 한다. 거리가 가까워
지면서 증가한 운동 에너지가 위치 에너지의 감소분과 균형을 이루는 것
이다.

하이젠베르크의 불확정성 원리에 따르면, 무에서 입자가 탄생한 것은
공간이 존재했기 때문이다. 즉, 텅 빈 공간만 있으면 창조주가 없어도 물
질은 저절로 만들어진다. 이와 같이 진공 중에서 입자가 나타나는 현상
을 양자 요동quantum fluctuation이라 한다. '지식의 다섯 번째 경계'에서 자
세히 언급하겠지만, 스티븐 호킹이 발견한 블랙홀 복사black hole radiation
도 양자 요동 때문에 일어나는 현상이다. 간단히 말하면 무에서 입자와
반입자가 생성되어 하나는 블랙홀 안에 남고 다른 하나는 외부로 방출된
다. 무에서 어떻게 유가 창조되었는가? 그 답의 일부는 양자 물리학 안에
이미 들어 있다.

그러나 이 양자 게임이 진행되려면 무대가 필요하다. 그러므로 "우주
는 어떻게 창조되었는가?"라는 질문은 "빈 공간은 어떻게 창조되었는가?"
라는 질문으로 변환된다. 빈 공간을 무로 취급하는 경우도 있지만 사실
이것은 잘못된 해석이다. 텅 빈 3차원 공간(진공)은 그 자체로 유이며
바로 여기에서 기하학과 수학, 물리학이 시작된다. 우리가 속한 공간이
4차원이 아닌 3차원이라는 것도 무가 아니라는 증거이다. 무에는 차원이
라는 개념 자체가 적용되지 않는다.

양자 요동으로 진공 중에서 입자가 생성되는 것처럼 양자 중력 이론을
도입하면 시간과 공간의 탄생 과정도 설명할 수 있다. 완전한 무에 수학

• 둘 사이의 거리가 100만km일 때 중력 위치 에너지가 −100이었다면, 거리가 50만km일 때
중력 위치 에너지는 −200이다.

을 입력하면 우주라는 결과가 출력되는 식이다. 결국 내 책상 위에 놓인 우라늄의 궁극적 기원은 아마존이 아니라 약간의 수학이었다. 이 얼마나 놀라운 결과인가?

잘라낸 우주

7

나는 이것을 고대부터 전해 내려온 문제의 답으로 제시하고자 한다.
도서관은 한계가 없고 순환한다.
영원의 여행자가 어떤 방향에서 왔건 여기에 도달하면,
수백 년 후에 그는 똑같은 책들이 비슷한 무질서로
반복되고 있다는 사실을 알아차릴 것이다.
이토록 우아한 희망이 있기에 나는 외롭지만 행복하다.
보르헤스의 《바벨의 도서관》 중에서

"현실 세계에 무한대가 존재할 수 있을까?"

언제 들어도 흥미로운 질문이다. 주사위를 무한히 작은 조각으로 분해하겠다는 야심찬 결심 아래 부지런히 잘라나간다 해도 쿼크에 도달하면 더는 진도를 나갈 수 없다. 우리가 아는 한 쿼크는 물질의 최소 단위이기 때문이다. 심지어 아무것도 없는 공간조차도 양자화되어 있기 때문에 무한정 분할할 수 없다. 그러므로 무한대의 존재 여부를 확인하려면 미시 세계가 아닌 거시 세계로 시야를 돌려야 한다.

직선을 따라 걸어가면 무한정 걸을 수 있을까? 우주에 관심 있는 사람이라면 이런 의문을 한 번쯤 떠올려봤을 것이다. 진공 상태에서 주사위를 던지면 한참을 날아간 후 출발점으로 되돌아올 것인가? 아니면 우주의 경계면에 부딪혀 팅겨 나올 것인가? 아니면 한 방향으로 영원히 날아갈 것인가? 우주의 유-무한 여부를 따지는 것은 매우 미묘한 문제이다. 공간 자체가 정적인 상태에 있지 않기 때문이다. 우주가 무한하다 해도 나의 상상은 이론의 제한을 받을 수밖에 없다. 아마도 우주의 진정한 크기는 '알 수 없는 것'에 해당할지도 모른다.

무한대를 향한 여행을 준비하기 위해 나는 인터넷에서 우주를 다운로드했다. 유럽 우주국 웹사이트에 올라와 있는 별 사진들을 내려받아서 하나로 이어 붙이면 완벽한 구형이 되지 않는다. A4 용지 두 장에 해당하는 분량을 잘라서 이어 붙였더니 20개의 정삼각형으로 이루어진 정이십면체가 되었다. 플라톤의 정다면체 중 하나이자 내가 제일 좋아하는 도형이다. 나의 카지노 주사위처럼 이것도 20개의 면을 가진 주사위로 사용할 수 있다.

맑은 날 밤하늘을 바라보면 우주를 감싸고 있는 검은 천구^{天球}에 별들이 촘촘하게 박혀 있는 것처럼 보인다. 고대인들이 생각했던 우주 모형은 대부분 이런 형태였다. 그들은 천구의 중심에 지구가 있고 모든 별은 지구와 북극성을 연결하는 축을 중심으로 회전한다고 생각했다.

내가 종이를 이어 붙여 만든 것이 바로 이 천구 모형이다. 라스베이거스에서 가져온 주사위와 인터넷에서 구입한 우라늄 덩어리와 함께, 이것도 내 책상 위에 진열되어 있다. 정이십면체의 꼭대기에는 북극성이 자리 잡고 있으며 허리춤에는 황도대가 지나간다. 나의 탄생별인 처녀자리를 포함하여 12개의 별자리가 이 띠를 따라 나열되어 있다. 태양은 이 황도대를 따라 이동하다가 1년이 지나면 출발점으로 되돌아온다. 황도의 남쪽 반구에서 가장 밝은 별은 센타우루스자리^{Centaurus}의 알파별인 알파-센타우리^{alpha-centauri}이다. 망원경으로 자세히 보면 하나가 아닌 세 개의 별로 이루어져 있는데, 그중 하나다. 태양에서 가장 가까운 별인 프록시마 센타우리Proxima Centauri다.

나의 천구 모형은 지난 2000년 동안 여러 번에 걸쳐 업그레이드되었다. 고대 그리스의 천문학자들이 만든 천구 모형은 고대 로마의 정치가이자 점술가였던 키케로Cicero의 책에 대략적으로 서술되어 있을 뿐, 구체적인 형태는 전해지지 않았다. 그래서 나는 좀 더 많은 정보를 얻기 위해 옥스퍼드에 있는 과학사 박물관을 방문했다. 그곳에는 16세기에 독일에서 제작된 높이 50cm짜리 천구가 아름다운 자태를 뽐내고 있는데, 구면 위를 덮은 천에는 별자리를 상징하는 새와 물고기 등 여러 동물과 사람의 모습이 정교하게 인쇄되어 있다.

내가 만든 정이십면체 천구 모형은 과학사 박물관에 전시된 16세기 천구와 비교가 안 될 정도로 소박하지만, 그 기원은 플라톤 시대까지 거슬러 올라간다. 플라톤은 우주를 에워싼 천구가 원이 아닌 정십이면체라고 믿었다(정십이면체는 12개의 정오각형으로 이루어진 입체도형으로 1~12 사이의 눈금이 새겨진 주사위로 사용할 수 있다).

삼각형 망원경

한 번도 가본 적 없는 곳에서 일어나는 일을 알아낸다는 것은 정말 놀라운 일이다. 고대인들은 밤하늘을 올려다보며 그곳에 무엇이 있는지 상상할 수밖에 없었다. 제일 먼저 눈에 띄는 것은 태양과 달이다. 고대인들은 지구 표면에 껍딱지처럼 붙어살면서 태양과 달에 대한 지식을 어떻게 습득할 수 있었을까? 앞으로 알게 되겠지만 그 비결은 바로 수학이었다. 수학을 이용하면 연구실에 편하게 앉아서 우주의 많은 부분을 알아낼 수 있다.

달의 위상이 반달일 때, 지구-달-태양은 90° 각도로 정렬한다.

삼각형과 각도를 이용한 삼각법trigonometry은 어린 학생들을 고문하는 도구가 아니라, 지구에 머물면서 밤하늘을 항해하는 수단이었다. 간단히 말해서 '렌즈 없는 천체 망원경'이었던 셈이다. 기원전 3세기에 사모스 섬의 아리스타르코스Aristarchus of Samos는 지구의 반지름에 근거하여 태양과 달의 크기를 알아냈고, 간단한 삼각법을 이용하여 지구에서 태양과 달까지의 거리를 계산했다.

예를 들어 달의 위상이 반달일 때에는 지구-달-태양이 90° 각도로 정렬한다(위 그림 참조). 따라서 달-지구-태양이 이루는 각도 Φ를 측정한 후 약간의 삼각법을 적용하면 지구와 달 사이의 거리와 지구와 태양 사이의 거리 비율을 알 수 있다. 구체적으로 말하면 이 값은 cos Φ에 해당한다.

그러나 아리스타르코스가 얻은 거리 비율은 실제보다 20배나 작았다. 그가 측정한 Φ는 87°였는데, 정확한 값은 89.853°이다. cos$x$라는 함수는 $x = 90$° 근처에서 빠르게 변하기 때문에, 각도가 조금만 변해도 결과가 크게 달라진다.[*] 태양계의 정확한 크기를 알려면 무엇보다 망원경이 필요했고 삼각법보다 정교한 수학 계산법이 개발되어야 했다.

망원경이 발견되기 한참 전부터 고대 천문학자들은 태양과 달 외에 하늘에서 움직이는 천체가 존재한다는 사실을 알고 있었다. 대부분의 별들은 천구에 '박힌 채' 일괄적으로 움직이는데, 일부 천체는 천구를 배경으로 삼아 다른 별들 사이를 복잡하게 돌아다니는 것처럼 보였다. 이들은 수성과 금성, 화성, 목성, 토성으로 다른 별들처럼 밝게 보이지만 위치가 매일 달라지기 때문에 나의 정이십각형 우주 모형에는 들어 있지 않다. 많은 문화권에서 7이라는 숫자를 중요하게 취급한 이유는 태양과 달, 위에 열거한 행성을 합하면(과거에는 별과 행성을 구별하지 않았다) 밤하늘에서 움직이는 천체가 모두 일곱 개였기 때문이다.**

무한대와 별인 한판 승부

행성이 별에 대하여 상대적으로 움직이는 것처럼 별들도 서로에 대하여 움직이고 있다. 따라서 나의 천구 모형은 어느 한순간에 별의 위치를 표현한 '스냅샷'에 해당한다. 수많은 별자리 중에서 제일 먼저 눈에 들어오는 것은 국자처럼 생긴 북두칠성(큰곰자리)이다. 그러나 북두칠성을 이루는 일곱 개의 별들(메라크Merak, 두베Dubhe, 알카이드Alkaid, 페크다Phecda, 메그레즈Megrez, 알리오스Alioth, 미자르Mizar)도 조금씩 움직이고 있다. 10만 년 전에 북두칠성은 지금과 완전히 다른 모습이었고 앞으로 10만 년이 지나면 또 다른 형태로 변해 있을 것이다.

- cos 87°=0.052…이고, cos 89.853°=0.0026…으로, 약 20배의 차이가 난다.
- ** 사실 모든 별은 지구에서 볼 때 매순간 움직이고 있다. 여기서 '움직인다'는 말은 지구의 자전(천구의 회전) 효과와 무관하게 움직인다는 뜻이다.

고대의 천문학자들은 모든 별이 천구에 고정되어 있고 그 바깥에는 아무것도 없다고 생각했다. 그들의 우주는 천구가 전부였으며 그 외의 공간은 언급조차 하지 않았다. 그러나 중세에 접어들면서 일부 철학자들이 텅 빈 공간의 특성을 깊이 생각하기 시작했다. 14세기 프랑스의 신학자이자 자연 과학자였던 니콜라스 오렘Nicolas Oresme은 천구 바깥에 무한히 큰 공간이 존재한다고 믿었다. 그는 자신의 저서에서 무한 공간을 신과 결부시켰는데, 아마도 이 책에서 말하는 '알 수 없는 것'과 비슷한 개념이었을 것이다.

오렘은 무한대를 두려워하지 않았다. 실제로 그는 $1 + 1/2 + 1/3 + 1/4 + \cdots$이 뒤로 갈수록 더해지는 양이 작아지는데도 일반적인 직관과 달리

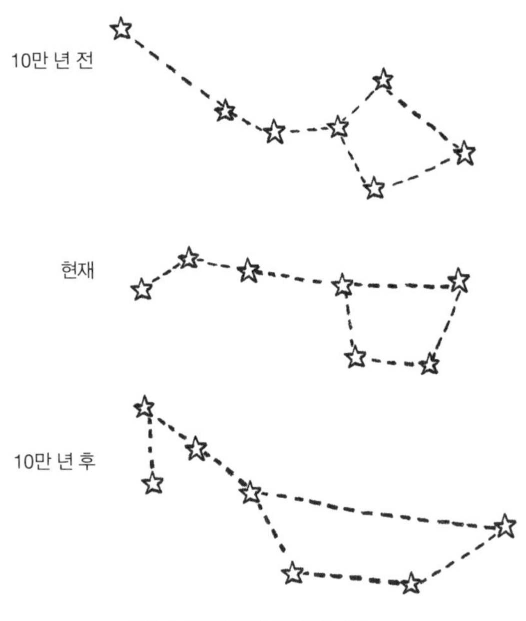

시간에 따른 북두칠성의 변화 과정

무한대에 도달한다는 사실을 증명했다. 이 무한 급수는 악기의 배음^{倍音,} harmonics과 서열이 같기 때문에 '조화급수harmonic series'라고도 한다. 나중에 다시 언급하겠지만 조화급수가 무한대라는 사실이 알려지면서 천문학자들이 생각하는 우주의 크기에 커다란 변화가 생겼다.

천문학자들은 15세기에 와서야 비로소 "우주는 천구를 넘어 무한히 먼 곳까지 뻗어 있다"라고 생각하기 시작했다. 독일의 신학자이자 철학자였던 니콜라우스 쿠자누스Nicolaus Cusanus는 우주가 무한하기 때문에 어떤 점이든 중심으로 간주할 수 있다고 주장했고, 이탈리아의 도미니크회 수사였던 조르다노 브루노Giordano Bruno는 쿠자누스의 사상을 이어받아 1584년에 그의 대표작인 《무한한 우주와 이 세계에 대하여On the Infinite Universe and Worlds》에 다음과 같이 적어놓았다.

우주는 단 하나뿐이고 무한하며 항상 같은 형태를 유지하고 있다……. 우주는 끝없이 무한하기에 우리가 이해할 수 있는 한계를 넘어섰고 결정된 것이 없기에 아무것도 확인할 수 없다.

브루노는 어떤 논리로 이와 같은 결론을 내렸을까? 우주는 신이 창조했지만 우리는 신에 대해 아는 것이 없다. 그러므로 우주는 우리가 이해할 수 있는 대상이 아니다. 그런데 유한한 것은 이해 가능하므로 우주는 반드시 무한해야 한다. 이 논리는 거꾸로 적용해도 여전히 성립한다. 즉, 우주가 무한히 크다면 우리가 이해하지 못할 가능성이 크다. 그런데 신이라는 개념을 '알 수 없는 것을 표현하는 방법'으로 간주한다면, 무한한 우주는 '알 수 없는 초월적 개념의 존재'를 의미한다. 그런데 우주는 정말 무한할까? 만일 무한하다면 우리는 우주의 속성을 영원히 알 수 없는 것일까?

브루노가 무한한 우주를 떠올린 것은 그의 신앙심 때문만이 아니었다. 천구가 우주의 전부라고 우기려면 당연히 "천구 바깥에는 무엇이 있는가?"라는 질문에 그럴듯한 답을 제시해야 한다. 그 무렵 대부분의 신학자들은 천구 바깥을 완전한 무로 간주했다. 그러나 브루노는 이 궁색한 답을 받아들이지 않았을 뿐만 아니라 시간도 과거와 미래로 무한히 뻗어 있다고 믿었다. 만일 이것이 사실이라면 종교에서 말하는 '창조의 순간'이나 '심판의 날'은 이제 설득력을 잃게 된다. 브루노는 자신의 우주관을 주장하면서 사제들과 수시로 논쟁을 벌였고 성서를 나름대로 해석하여 신도들에게 전파하고 다녔는데, 당시 교회의 분위기에서는 별로 좋은 생각이 아니었다. 결국 그는 이단으로 몰려 1600년 2월 17일에 로마의 캄포 디 피올리 광장에서 화형에 처해졌다.

우주가 무한히 크다는 것을 어떻게 알 수 있을까? 만일 우주가 유한하다면 유한하다는 사실을 알아낼 수는 있을 것이다. 과거에 인류는 망망대해를 항해하면서 지구가 유한하다는 사실을 입증했다. 그러므로 어떻게든 우주를 항해하여 유한하다는 것을 입증할 수도 있을 것이다. 물론 우리를 우주 끝까지 데려다줄 우주선을 만들 수는 없지만 17세기 과학자들은 항해를 대신해줄 기적의 도구를 만들었다. 바로 망원경이었다.

얼마나 먼 곳까지 볼 수 있을까?

유리를 가공하여 원통에 붙이면 훨씬 먼 곳까지 볼 수 있다는 사실이 처음으로 알려진 것은 갈릴레오가 활동하던 시대였다. 망원경의 최초 발명자는 한동안 갈릴레오로 알려져 있었지만, 진짜 주인공은 네덜란드의 안경 제작자인 한스 리퍼세이Hans Lippershey였다. 그는 '멀리 있는 물체를 눈앞에 있는 것처럼 보여주는 도구'를 발명하여 특허를 냈고, 덕분에 네덜란드의 군인들은 먼 거리에 있는 적의 동태를 세 배 확대해서 볼 수 있었다.

베니스를 여행하다가 망원경에 대한 이야기를 전해들은 갈릴레오는 바로 그날 저녁에 숙소에서 이런저런 계산을 한 끝에 렌즈를 이용한 확대 원리를 알아냈고, 그로부터 얼마 후 배율이 33배에 달하는 망원경을 제작하여 세상을 놀라게 했다(배율 3배짜리보다 33배짜리가 훨씬 망원경다웠을 것이다. 갈릴레오가 망원경의 최초 발명자로 알려진 것도 무리가 아니다). 망원경의 원어명인 'telescope'라는 명칭을 처음 사용한 사람은 그리스의 한 시인이었다. 그는 1611년에 갈릴레오를 위해 열린 연회에 참석했다가 망원경을 처음 접하고 깊은 감명을 받아 '멀다'는 뜻의 그리스어 'tele'와 '보다'는 뜻의 'skopien'을 합성하여 'telescope'라는 이름을 헌정했다고 한다. 그 후 갈릴레오는 망원경을 이용하여 목성의 위성과 태양의 흑점을 발견했고, 특히 태양의 흑점이 시간에 따라 이동한다는 놀라운 사실을 알아냈다. 흑점이 움직인다는 것은 태양이 자전하고 있다는 뜻이며, 이것은 훗날 코페르니쿠스의 태양계 모형에 중요한 단서를 제공하게 된다.

1663년에 스코틀랜드의 수학자 제임스 그레고리James Gregory는 망원경을 이용하여 지구와 태양 사이의 거리를 계산하는 아이디어를 떠올렸다. 그전에 독일의 천문학자 요하네스 케플러는 각 행성의 공전 주기를 측정한 후 자신이 발견한 행성의 운동 법칙을 적용하여 태양과 각 행성 사이의 상대적 거리 비율을 계산했다. 케플러의 세 번째 법칙에 따르면 행성의 공전 주기의 제곱은 행성과 태양 사이 거리의 세제곱에 비례한다. 예를 들어 금성의 공전 주기는 지구의 약 3/5이어서, 금성과 태양 사이의

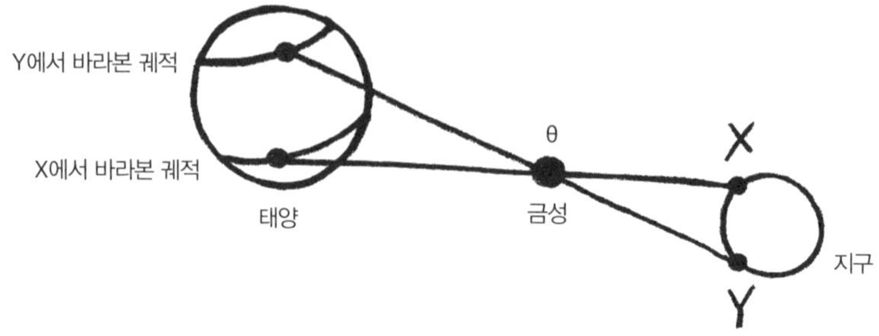

지구의 두 지점 X, Y에서 바라본 금성의 궤적(트랜싯 관측)

거리는 지구와 태양 사이 거리의 약 7/10배이다[(3/5)3≅7/10이다]. '태양과 행성의 거리'를 다룰 때에는 약간의 주의가 필요하다. 행성의 궤도는 원이 아닌 타원이기 때문에 태양과의 거리가 수시로 변한다. 여기서 말하는 거리란 '평균 거리'를 의미한다.•

그러나 이 값은 상대적인 거리일 뿐이다. 그레고리는 금성이 태양을 가로지를 때 태양에 드리워진 궤적을 관측한 후(이것을 트랜싯transit 관측이라 한다), 여기에 삼각법을 적용하여 태양-지구 사이의 거리와 태양-금성 사이의 거리를 계산한다는 아이디어를 제안했다. 지구상의 두 지점 X, Y에서 태양을 가로지르는 금성의 궤적을 관측하면 X-금성-Y가 이루는 각도 θ를 알 수 있다(위 그림 참조). X와 Y 사이의 거리는 쉽게 알 수 있으므로, 여기에 삼각법을 적용하면 지구와 금성 사이의 거리가 얻어진다.

이 아이디어의 핵심은 직접 관측할 수 없는 양(지구와 금성 사이의 거리)을 관측 가능한 양(각도 θ와 X-Y 사이의 거리)으로 표현하는 것이다. 계산은 다소 복잡하지만 추상적인 수학과 실용적인 천문 관측을 적절히 결합

• 좀 더 정확하게 말하면 타원 궤도의 장축을 의미한다.

하면 유용한 정보를 얻을 수 있다.

문제는 트랜싯 관측을 아무 때나 할 수 없다는 점이었다. 금성이 태양의 앞면을 가로지르는 사건은 서기 1400년 후 지금까지 단 10번밖에 일어나지 않았다. 그레고리가 이 아이디어를 떠올렸던 당시 금성의 트랜싯 관측은 1761년에나 가능했기 때문에, 그는 수성을 대상으로 관측을 수행할 것을 제안했다. 그 후 1676년에 에드먼드 핼리Edmond Halley가 수성의 트랜싯 관측을 시도했지만 자료가 충분하지 않아서 결론을 내리지 못했다. 트랜싯 관측으로 정확한 답을 얻으려면 가능한 한 여러 곳에서 관측을 시도해야 한다.

그 후 1761년에 여러 곳에서 금성의 트랜싯 관측이 실행되었고, 1769년에 드디어 태양과 지구 사이의 거리가 1억 5,200만km로 밝혀졌다. 그러나 안타깝게도 핼리는 자신이 시작한 프로젝트의 결과를 보지 못하고 19년 전에 세상을 떠났다. 현재 알려진 태양–지구의 평균 거리는 148,729,291.627km이다.

태양과 지구 사이의 거리가 이 정도면 내가 종이로 만든 천구 모형에는 정말로 방대한 정보가 담겨 있는 셈이다. 고대 천문학자들은 천구 안에 작은 천구가 들어 있어서, 그곳에 행성들이 박혀 있다고 믿었다. 그들의 생각이 옳다면 작은 천구의 직경은 수백만km에 달한다.

지구에서 측량한 거리에 약간의 삼각법을 적용하여 아무도 가본 적 없는 행성까지의 거리를 알아냈다는 것도 그저 놀라울 따름이다. 삼각법은 그 정도로 막강한 위력을 갖고 있다. 이뿐만이 아니다. 대부분의 천체는 망원경과 빛을 통해 발견된다. 관측자가 하늘의 특정 지역에 망원경의 초점을 맞췄는데 그곳에 아무것도 없다면, 그는 별 생각 없이 망원경을 다른 방향으로 돌릴 것이다. 그러나 수학을 동원하면 아무것도 보이지 않는 곳에 천체가 존재한다는 것을 예측할 수 있다. 이런 과정을 거쳐 발견된 것이 바로 해왕성이다.

망원경이 아닌 펜으로 행성을 발견하다

행성을 발견하는 방법은 두 가지가 있다. 바로 '행운'과 '논리'다. 천왕성이 발견될 때에는 운이 크게 작용했고, 해왕성을 발견한 일등 공신은 '수학적 논리'였다. 18세기 말, 프리드리히 빌헬름 허셜Friedrich Wilhelm Herschel이라는 독일인이 새로운 경력을 쌓기 위해 하노버에서 영국으로 이주했다. 음악가이자 아마추어 천문가였던 그는 매일 밤 고급 천체 망원경으로 하늘을 바라보며 자신만의 항성 지도를 만들고 있었다.

1781년 3월 13일, 허셜의 망원경에 크기가 수시로 변하는 이상한 천체가 포착되었다. 처음에는 망원경의 배율 문제라고 생각했으나 그의 고급 망원경에는 아무런 문제가 없었다. 그런데도 크기가 변한다는 것은 천체까지의 거리가 수시로 변한다는 것을 의미했다. 그 천체는 정말로 움직이고 있을까? 나흘 후에 다시 관측을 해보니 그사이에 위치가 조금 달라져 있었다(주변 항성과 비교한 상대적 위치를 통해 이동 여부를 알 수 있다). 당시에도 몇 개의 혜성이 알려져 있었기에 허셜은 그 천체가 행성이 아니라고 생각했다.

허셜은 새로 발견한 천체를 왕립천문대에 보고했고 그곳의 천문학자들이 후속 관측을 실시하여 새로운 사실을 알아냈다. 혜성이라면 궤도가 크게 일그러진 타원이어야 하는데 그 천체의 궤도는 거의 완벽한 원이었고 혜성치고는 너무 밝았으며, 긴 꼬리를 달고 다니지도 않았다. 천문학자들은 관측 자료를 분석한 끝에 새로 발견된 천체가 행성이라고 결론지었다. 발견자인 허셜은 새로운 행성에 당시 영국의 왕이었던 조지 3세의 이름을 붙이고 싶었지만 천문학계에서는 전통에 따라 신화에 등장하는 신의 이름을 붙이는 쪽으로 의견이 모아졌다. 새턴Saturn(토성)은 주피터Jupiter(목성)의 아버지였으니 토성보다 먼 행성에는 새턴의 아버지 이름을 붙이는 것이 가장 자연스러웠을 것이다. 그리하여 허셜이 발견한 행성은 '우라노스Uranus(천왕성)'로 명명되었다.

천왕성의 출현에 잔뜩 고무된 천문학자들은 그 근처로 망원경을 집중시켜서 궤도를 분석하고, 혹시 있을지도 모를 위성을 탐색하기 시작했다. 그런데 궤도의 길이를 계산하던 중 약간의 문제가 발생했다. 망원경에 나타난 천왕성의 궤도가 뉴턴의 중력 이론에서 예견된 궤도와 일치하지 않았던 것이다. 뉴턴의 이론은 한 번도 틀린 적이 없었으므로 다른 천체들이 천왕성의 궤도에 영향을 주고 있는 것이 분명했다. 1788년에 얻은 관측 데이터에 따르면 천왕성은 이론적으로 예견된 위치에서 $1/120°$가량 벗어나 있었다. 천문학자들은 목성과 토성을 용의선상에 올렸는데, 문제는 이들의 중력 효과를 따로 분리해서 계산하는 것이었다.

그 후 1791년에 새로운 궤적이 발표되었다가 1800년에 폐기되었고, 천왕성이 예상했던 위치보다 앞서나가다가 1825년부터 속도가 느려지기 시작했으며, 1832년부터는 이론보다 뒤처지기 시작했다. 우리가 모르는 물질이 천왕성에 영향을 주고 있는 것일까? 아니면 천왕성만큼 멀리 떨어진 천체에는 뉴턴의 중력 법칙이 적용되지 않는 것일까? 일부 천문학자들은 목성과 토성 외에 또 다른 행성이 천왕성의 궤도에 영향을 준다고 생각했으나, 증거가 없는 것이 문제였다.

천왕성은 망원경을 이리저리 돌리다가 운 좋게 발견했지만, 이 새로운 행성은 아무런 증거도 없는 상태에서 순전히 수학적 논리(뉴턴의 중력 법칙)를 통해 그 존재를 예견한 것이다. 그전까지만 해도 천문학자들은 누군가가 새로운 행성을 발견하면 뒤늦게 뛰어들어 궤도를 계산하곤 했는데, 이제 상황이 역전되었다. 천왕성의 비정상적인 궤도를 설명하려면 새로운 행성은 어느 곳에 있어야 하는가?

이 복잡한 계산을 해낸 두 사람이 영국의 존 쿠치 애덤스John Couch Adams와 프랑스의 위르뱅 르베리에Urbain Leverrier였다. 애덤스는 1845년 9월에 계산을 완료하고 전문가들과 접촉을 시도했으나, 학계에 별로 알려지지 않은 데다 반사회적 기질이 다분했기 때문에 왕립천문학회의 회원들에게 그다지 환영을 받지 못했다(아마도 아스퍼거증후군을 앓았을 것으로 추정된다). 결국 회원들은 애덤스의 제자 중 하나가 미심쩍은 살인 사건에 연루되었다는 이유로 그의 계산 결과를 수용하지 않았다. 한편 르베리에는 1846년 6월에 계산을 마쳤는데, 그 역시 학계의 인정을 받지 못하여 망원경으로 하늘을 뒤지면서 귀중한 시간을 낭비하다가 베를린 천문대 측에 도움을 청했다.

독일의 천문학자들은 매우 협조적이었다. 1846년 9월 23일에 요한 고트프리트 갈레Johann Gottfried Galle는 프라운호퍼 망원경으로 르베리에가 예견했던 위치를 탐색하다가 기존의 항성 목록에 올라 있지 않은 새로운 천체를 발견했다. 그리고 바로 다음 날 이 천체는 정확하게 르베리에가 예측한 만큼 이동해 있었다.

그 무렵 허셜은 왕립천문대의 초빙 연구원으로 위촉되어 애덤스 사건을 정리하다가 그의 계산이 옳다는 사실을 확인했다. 그렇다면 새 행성을 발견한 영예는 누구에게 돌아가야 하는가? 일단 이름부터가 문제였다. 프랑스 측에서는 새 행성을 '르베리에'로 명명해야 한다고 주장했고,

영국의 천문학자들은 전통에 따라 로마 신화에 등장하는 신의 이름을 붙여야 한다며 팽팽하게 맞섰다. 국제천문학회는 양측의 의견을 조율하느라 한동안 골머리를 앓다가 결국 '해왕성Neptune'으로 합의를 보았다. 특정인의 이름을 붙이는 것보다 신화 속 이름을 차용하는 것이 정치적으로 훨씬 덜 부담스러웠을 것이다.

해왕성을 발견한 일등 공신은 단연 수학이었다. 천체 망원경이 아닌 '펜'을 통해 새로운 행성이 발견된 것이다. 물론 수학적으로 예견된 곳에서 해왕성을 발견한 베를린천문대의 역할도 빼놓을 수 없다. 이 사건을 계기로 천문학은 관측에 기반을 둔 과학에서 '이론적 예측이 가능한 과학'으로 거듭나게 된다.

19세기 천문학자들은 굳이 지구를 떠나지 않고도 수학 이론과 망원경을 이용하여 태양계의 변방까지 탐험할 수 있었다. 그 후로 이론과 도구가 개선되면서 탐험 영역은 점점 더 넓어졌다. 그렇다면 앞으로 우리는 어디까지 탐험할 수 있을까? 지난 100여 년 사이에 천체 망원경의 성능은 크게 개선되었지만 안타깝게도 우리가 볼 수 있는 거리에는 한계가 있다. 우주의 메신저인 빛의 속도가 유한하기 때문이다.

우주의 한계 속도

천체 망원경은 고대부터 이어져 내려온 논쟁을 종식시키는 데에도 중요한 역할을 했다. 빛은 '즉각적으로' 전달되는가? 아니면 한 지점에서 다른 지점으로 이동하는 데 특정한 시간이 소요되는가? 아리스토텔레스는 "빛은 이동하지 않으며 오직 빛의 '존재'와 '부재'만이 있을 뿐"이라고 했고, 대부분의 철학자들이 여기에 동의했다. 고대 그리스인들은 사람의 눈에서 빛이 나오기 때문에 앞을 볼 수 있다고 생각했다. 또한 알렉산드리아의 헤론Heron of Alexandria은 빛의 속도가 무한하다고 주장했다. 그렇지 않으면 감았던 눈을 뜨자마자 하늘의 별이 '즉각적으로' 보이는 이유를 설명할 수 없기 때문이다.

이슬람의 학자 알하젠Alhazen은 《광학Book of Optics》이라는 저서를 통해 "빛은 눈에서 밖으로 나가지 않고 밖에서 눈으로 들어온다"는 사실을 처음으로 지적했다. 그러나 빛의 원천이 무엇이건 간에 대부분의 과학자들은 빛의 속도가 무한하다고 생각했다. 여기에 이의를 제기한 대표적인 인물은 아마도 갈릴레오일 것이다. 그는 등잔을 이용하여 빛이 수 킬로미터 진행하는 데 걸리는 시간을 측정하려다가 오차가 너무 커서 결론을 내리지 못했지만, "빛의 속도가 유한하다면 한 지점에서 다른 지점으로 전달되는 데 반드시 시간이 걸릴 것"이라는 믿음에는 변함이 없었다. 그로부터 약 40년 후, 프랑스의 철학자 르네 데카르트René Descartes는 "빛의 속도가 유한하다면 태양이나 달에서 방출된 빛은 지구에 도달할 때까지 시간이 걸릴 것이고, 따라서 일식이 시작되는 시간은 지역에 따라 조금씩 다를 것"이라고 생각했다. 당시에는 그 정도로 짧은 시간을 측정할 만한 장비가 없었기에 추론으로 끝났지만, 갈릴레오와 데카르트의 시도는 분명히 의미가 있었다. 빛의 속도는 유한하지만 아주 빠르기 때문에 달이나 태양으로는 그 차이를 확인하기가 어려웠던 것이다.

빛이 공간을 가로지르는 데 시간이 걸린다는 것을 입증해준 일등 공신은 지구의 달이 아닌 목성의 달이었다. 갈릴레오는 목성의 위성을 이용하여 당시 세계적 현안이었던 '경도 측정 문제longitude problem'를 해결했다. 목성에서 가장 가까운 위성인 이오Io는 공전 주기가 42.5시간으로 비교적 짧고 오차가 거의 없어서 우주 시간의 척도로 사용하기에 적절했다. 지구의 달이 차고 기우는 것처럼 이오도 목성의 그림자에 가려 월식이 일어나는데, 이탈리아의 피렌체와 토리노에서 이오의 일식이 일어나는 시간을 각각 측정하여 그 차이를 계산하면 피렌체와 토리노의 경도 차이를 알 수 있었다. 이 방법은 항해사들에게 별로 인기를 끌지 못했지만 육지에서는 꽤 효과적이었다.

1676년, 덴마크의 천문학자 올레 뢰머Ole Rømer는 목성의 달을 이용하여 역사상 최초로 빛의 속도를 측정하는 데 성공했다. 당시 파리의 천문대에서 관측 활동을 하고 있던 그는 이오가 목성의 그림자에 가려 사라지는 시간을 기록하다가 지구의 위치에 따라 시간이 달라진다는 사실을 깨달았다. 태양을 중심으로 지구와 목성이 반대편에 있을 때에는 이오의 월식이 조금 느리게 시작되었던 것이다. 그는 이 시간 지연 현상이 거리 때문에 나타난다고 생각했다. 태양을 중심으로 지구와 목성이 같은 쪽에 있을 때보다 반대쪽에 있을 때 거리가 더 멀기 때문에 이오에 대한 정보(빛)가 느리게 도달한다는 원리였다. 1676년 8월 22일, 당시 파리천문대 소장이었던 조반니 카시니Giovanni Cassini는 이 결과를 공식적으로 발표하면서 전 세계 천문학자들에게 이오의 일식 시간표를 수정할 것을 권고했다.

이것은 빛이 목성의 위성에서 지구까지 도달하는 데 시간이 걸리기 때문에 나타나는 현상이다. 빛은 지구 공전 궤도의 반지름을 통과하는 데 약 10~11분이 소요된다.

지구 공전 궤도의 반지름이란 지구와 태양 사이의 거리를 의미한다. 최신 관측 결과에 따르면 태양에서 방출된 빛이 지구에 도달하는 데 걸

리는 시간은 약 8분 20초이므로, 340년 전에 얻은 결과치고는 꽤 정확하
다. 그 후로 진공 중에서 빛의 속도를 측정하는 다양한 실험이 이어지면
서 대략 3억m/s라는 값으로 정착되었다.● 0.04초 만에 지구를 가로지르
는 초고속이었으니, 과거의 천문학자들이 무한대라고 생각한 것도 무리
가 아니었다. 그러나 빛의 속도가 유한하다는 사실은 첨단 망원경으로
먼 우주를 관측할 때 중요한 걸림돌로 작용한다.

　망원경에 잡힌 천체는 현재 모습이 아니라 과거의 모습을 보여주는데,
그 이유는 방출된 빛이 망원경에 도달할 때까지 시간이 걸리기 때문이
다. 천체 사진에 찍힌 태양은 8분 20초 전의 모습이고, 가장 가까운 별은
4년 전의 모습이며, 가장 먼 은하는 수십억 년 전의 모습이다. 6억 6000만
년 전에 공룡이 멸종했으니, 멀리 있는 은하의 경우에는 공룡이 지구를
지배하던 시절에 방출된 빛이 이제야 도달한 셈이다.

　빛이 1년 동안 가는 거리를 1광년이라 한다. 즉, 광년●●은 속도가 아니
라 거리의 단위이다. 천문학자들은 상상을 초월하는 거리를 자주 다루기
때문에 광년을 일상적인 단위로 사용하고 있다.

가까운 별들

내 책상 위의 천구 모형을 바라보고 있노라면, 천구가 세상의 전부이고
그 바깥에는 아무것도 없다고 믿었던 고대 그리스인들이 조금 우습게

● 정확한 값은 299,792,458m/s이다.
●● 1광년은 약 9조 4,600억km이다.

느껴진다. 사실 우리도 아무런 사전 지식 없이 밤하늘을 바라본다면 그렇게 생각할 수밖에 없을 것이다. 맨눈으로 선명하게 보이는 북극성이 지구로부터 4000조km 이상 떨어져 있다는 것을 무슨 수로 알겠는가? 그러나 천체 망원경이 발명된 후로 별은 한층 더 가까워졌고, 현대의 천문학자들은 그들이 같은 거리에 있지 않다는 사실을 잘 알고 있다.

하나의 별이 다른 별보다 지구에 가까이 있으면 실제 거리가 아무리 멀어도 '가까운 별'이라고 말한다. 우리는 지표면에 들러붙은 채 살고 있지만 지구 자체가 별에 대응하여 움직이고 있으므로, 계절에 따라 우주를 다른 각도에서 바라보고 있는 셈이다. 그러므로 나의 천구 모형은 '거리'까지 고려한 3차원 입체 모형으로 확장되어야 한다.

달리는 자동차에서 창밖을 바라보면 가까이 있는 사물(전신주나 노점상 등)은 멀리 있는 사물(산이나 구름 등)보다 빠르게 지나간다. 즉, 이동 속도가 같으면 가까이 있는 물체일수록 빠르게 움직이는 것처럼 보인다. 이런 현상을 '시차視差, parallax'라 하는데, 천체들의 거리가 제각각이기 때문에 망원경으로 천체를 관측할 때에도 동일한 현상이 나타난다. 여름과 겨울에 별의 위치가 달라졌다면 많이 움직인 별일수록 가깝다는 뜻이다.

빌헬름 허셜이 천왕성을 발견한 것도 바로 이 시차 덕분이었다. 그러나 항성(별)들은 계절에 따른 위치 변화가 극히 미미하기 때문에, 시차를 이용하여 거리를 알아내려면 망원경의 성능이 매우 뛰어나야 한다. 별의 시차를 처음으로 정확하게 관측한 사람은 독일의 천문학자이자 수학자였던 프리드리히 베셀Friedrich Bessel이었다. 그는 1838년에 백조자리 61 항성에서 약 0.3초(1초=1/3600°)의 시차를 관측하는 데 성공했다. 이 방법을 적용하려면 멀리 있는 별들이 고대 그리스의 우주 모형처럼 천구에 박혀 있다고 가정해야 한다. 시차의 관측은 천구에 박힌 별(멀리 있는 별)을 고정된 배경으로 간주하고, 가까운 별이 배경 별에서 이동한 거리나 각도를 관측하는 식으로 이루어진다.

베셀은 백조자리 61 항성의 위치를 여름과 겨울에 관측했다. 그리고 여름과 겨울에 지구의 위치와 백조자리 61 항성을 세 점으로 하는 삼각형을 작도하여 각도를 계산하고, 여기에 삼각법을 적용하여 항성까지의 거리를 알아낼 수 있었다(지구 공전 궤도의 반지름은 이미 알고 있는 길이다). 베셀은 이 방법으로 백조자리 61 항성까지의 거리가 지구-태양 거리의 660,000배라고 결론지었는데, 이 정도면 꽤 정확한 값이었다(정확한 거리는 721,000배(11.41광년)로서, 베셀이 얻은 값보다 약 10%쯤 크다). 이 값이 알려지면서 천문학자들은 역사상 처음으로 별들이 얼마나 먼 거리에 있는지 가늠할 수 있었다.

1915년에 스코틀랜드의 천문학자 로버트 이네스Robert Innes는 시차를 이용하여 지구에서 가장 가까운 별인 프록시마 센타우리까지의 거리를 알아냈다. 백조자리 61 항성보다 가까운데도 나중에 알려진 이유는 광량이 작아서 맨눈으로 잘 보이지 않기 때문이다. 지금까지 알려진 바에 따르면 프록시마 센타우리는 지구로부터 약 4.24광년(지구-태양 거리의 268,326배) 거리에 자리 잡고 있다.

시차(1년을 주기로 나타나기 때문에 '연주시차年周視差, annual parallax'라고도 한다)를 통해 거리가 알려진 별들은 더는 천구에 박혀 있지 않다. 우주 모형에 좀 더 정확성을 기하려면 이들을 천구에서 제거하여 지구에 훨씬 가까운 곳으로 옮겨놓아야 한다. 지구와의 거리가 400광년 이하인 별들은 시차를 이용하여 거리를 알아낼 수 있다. 그러나 대부분의 별들은 엄청나게 멀리 있기 때문에 여전히 천구에 박혀 있다. 이런 별들의 정보는 어떻게 알아낼 수 있을까? 수천, 수백만, 수십억 광년이나 떨어져 있는 별을 분석하는 것이 과연 가능한 일일까? 놀랍게도 가능하다. 우리에게 이런 기적을 안겨준 주인공은 바로 '빛의 파장'이었다.

반짝반짝 작은 별

별은 멀수록 희미하게 보인다. 그러나 별의 광도는 거리의 척도가 될 수 없다. 프록시마 센타우리는 지구에서 제일 가까운 별이지만 맨눈으로는 잘 보이지 않고, 백조자리 61 항성은 이보다 두 배 이상 멀리 있는데도 맨눈 관측이 가능하다. 희미하다고 해서 무조건 멀다고 할 수 없는 이유 는 각 별마다 방출하는 광량이 다르기 때문이다. 별의 겉보기 밝기apparent brightness(눈에 보이는 밝기)는 고유 밝기actual brightness(별의 원래 밝기)와 거 리의 조합으로 결정된다. 그렇다면 천문학자들은 겉보기 밝기만으로 어떻게 거리를 알 수 있을까? 해결책은 바로 '파장'이다. 대부분의 경우, 별에서 방출된 빛의 색(파장)에는 고유 밝기를 알아내는 데 충분한 정보 가 담겨 있다. 그래서 별의 겉보기 밝기와 빛의 파장으로부터 거리를 알 수 있는 것이다.

별에서 방출된 빛에는 특정 진동수가 누락되어 있다.• 이 진동수에 해 당하는 빛이 별을 구성하는 원자에 흡수되었기 때문이다. 이로써 "별의 화 학 성분이나 광물학적 구조를 결코 알 수 없을 것"이라던 오귀스트 콩트의 주장은 틀린 것으로 판명되었다, 또한 천문학자들은 거리와 고유 밝기가

• 빛의 파장을 λ, 진동수를 f, 빛의 속도를 c라 하면 $f=c/\lambda$이다. 즉, 빛의 진동수와 파장은 역수 관계에 있다. 따라서 특정 진동수가 누락되었다는 것은 특정 파장이 누락되었다는 뜻이다.

알려진 가까운 별을 분석하여 흡수된 진동수와 밝기의 관계를 알아냈다.

이는 곧 누락된 진동수로부터 별의 고유 밝기를 알아낼 수 있다는 것을 의미한다. 거리가 너무 멀어서 시차를 적용할 수 없었던 별들도 천문학의 연구 대상으로 부각된 것이다. 누락된 진동수를 분석하면 멀리 있는 별의 물리–화학적 특성을 알 수 있고 우주에 대한 이해도 더욱 깊어진다.

그러나 우주적 스케일에서 거리를 산출하는 데 가장 중요한 정보를 제공한 것은 밝기가 주기적으로 변하는 변광성變光星, variable star이었다. 1912년에 미국의 천문학자 헨리에타 리비트Henrietta Leavitt는 이 반짝이는 별을 이용하여 거리를 측정하는 방법을 알아냈다. 그녀는 하버드천문연구소의 연구원이었는데, 정식 천문학자가 아니라 시간당 30센트를 받고 천문 사진에서 데이터를 추출하는 '컴퓨터'였다(데스크톱 컴퓨터가 아니라 '계산하는 사람'이라는 뜻이다. 당시에는 여성이 천체 망원경에 접근하는 것 자체가 금지되어 있었다). 리비트는 밝기가 주기적으로 변하는 별들을 추적하다가 소마젤란 성운Small Magellanic Cloud에 있는 한 무리의 별에 시선이 꽂혔다.

이들 대부분은 비슷한 거리에 있는 항성이었다. 리비트는 밝기가 변하는 주기와 광도의 관계를 분석하다가 결정적인 사실을 알아냈다. 케페우스자리Cepheus의 별들은 반짝이는 주기가 길수록 광도가 높았던 것이다. 그러므로 케페우스자리의 세페이드 변광성까지의 거리는 굳이 누락된 진동수를 찾지 않아도 쉽게 알 수 있었다. 반짝이는 주기를 알아내기만 하면 되었다.

세페이드 변광성이 긴 주기로 반짝이면서 희미하게 보이면 거리가 멀다는 뜻이고, 주기가 짧으면서 밝으면 가깝다는 뜻이다. 거리를 계산하는 새로운 방법이 개발되면서 천문학자들은 우주의 모습을 더욱 구체적으로 형상화할 수 있게 되었다. 천구에 박혀 있던 대부분의 별들은 은하수

(태양계가 속해 있는 은하) 안에서 제자리를 찾아갔고, 한때 우주의 중심으로 군림했던 우리의 태양은 은하수의 변방으로 좌천되었다.

이것이 우주의 전부일까? 밤하늘에 빛나는 천체들 중에는 거리와 밝기를 감안할 때 하나의 별이 아니라 수천억 개의 별 집단처럼 보이는 것도 있었다. 이들도 은하수의 구성원일까? 아니면 은하수 바깥에 있는 또 다른 은하일까? 서기 10세기경, 페르시아의 천문학자 알–수피al-Sufi는 유난히 밝은 별을 관측하다가 그것이 성운星雲, nebula일 가능성을 처음으로 제시했다. 맨눈으로 보일 정도로 밝은 이 성운은 훗날 '안드로메다 Andromeda'로 명명되었으며, 오랜 세월 동안 은하수의 구성원 중 하나로 간주되었다. 그러다가 안드로메다를 비롯한 여러 성운들이 독립적인 은하일 가능성을 최초로 제시한 사람은 18세기 영국의 천문학자 토머스 라이트Thomas Wright였다. 그의 책을 읽고 깊은 감명을 받은 프러시아의 철학자 임마누엘 칸트는 안드로메다를 '섬 우주island universe'라는 낭만적 이름으로 부르기도 했다.

1920년, 미국의 스미소니언 자연사 박물관에서 전체 성운을 놓고 세기적인 논쟁이 벌어졌다. 천문학자 할로 섀플리Harlow Shapely는 안드로메다가 너무 밝기 때문에 우리 은하의 일부일 수밖에 없다고 주장했고, 허버 커티스Heber Curtis는 안드로메다 안에 있는 신성新星, novae•의 수가 우리 은하에 존재하는 신성의 수보다 많기 때문에 안드로메다는 별개의 은하라고 주장했다. 한 지역 안에 있는 신성의 수가 어떻게 은하 전체의 신성보다 많을 수 있다는 말인가?

이 논쟁을 종식시킨 사람이 바로 그 유명한 에드윈 허블Edwin Hubble

• 새로운 별이 형성되는 과정에서 일어나는 거대한 핵폭발이다.

이다. 그는 1925년에 캘리포니아의 윌슨산 천문대에서 당시 세계 최대 규모였던 후커 망원경Hooker telescope으로 헨리에타 리비트가 발견한 세페이드 변광성을 관측하던 중 놀라운 사실을 알아냈다. 안드로메다 성운 안에 있는 변광성의 점멸 주기가 예상보다 훨씬 길었던 것이다.

그 변광성은 31일을 주기로 밝기가 변하고 있었다. 주기가 이 정도로 길면 엄청나게 밝아야 하는데, 망원경에는 아주 희미하게 보였다. 점멸 주기와 실제 밝기(절대광도)의 관계를 통해 산출한 거리는 약 250만 광년이었는데 은하수의 양 끝단에 있는 별들의 거리는 기껏해야 10만 광년을 넘지 않았다. 이는 곧 안드로메다가 우리 은하의 구성원이 아니라 별개의 은하라는 것을 의미했다. 헨리에타 리비트의 통찰력과 에드윈 허블의 계산 덕분에 우주의 규모가 상상을 초월할 정도로 방대해진 것이다.

천문학을 잘 모르는 사람도 허블이라는 이름은 귀에 익숙할 것이다. 지난 30년 동안 지구 궤도를 돌면서 환상적인 우주 사진을 전송해왔던 우주 망원경에도 허블의 이름이 붙어 있다. 그러나 헨리에타 리비트를 기억하는 사람은 별로 없다. 그녀는 여성의 사회 진출이 금기시되던 20세기 초에 4년제 대학을 졸업하고 현대 천문학에 결정적인 공헌을 했지만 허블의 명성에 가려 거의 빛을 보지 못했다. 세페이드 변광성의 특성을 몰랐다면 제아무리 허블이라 해도 그토록 위대한 업적을 남기지 못했을 것이다. 스웨덴의 수학자 예스타 미타그-레플레르는 리비트의 활약상에 깊이 감명을 받아 1924년에 노벨상 후보로 추대하려 했으나, 소재지를 추적하던 중 그녀가 이미 4년 전에 세상을 떠났다는 소식을 듣고 크게 좌절했다고 한다.[•]

• 노벨상은 살아 있는 사람에게만 수여된다.

외계 은하의 존재가 밝혀지면서 우주의 규모는 10만 광년에서 수백, 수천만 광년으로 커졌다. 이것이 전부일까? 지금까지 발견된 은하 너머에 또 다른 천체가 지천으로 널려 있지는 않을까? 과거에 우리의 선조들은 한정된 지역에 갇혀 살면서도 지구가 무한히 넓다고 생각했다. 그러나 교통수단의 발달과 함께 활동 범위가 넓어지면서 지구는 유한한 구형으로 밝혀졌다. 그렇다면 우주는 어떨까? 작은 동네(은하수)를 탈출하여 밖으로 나가면 전체적인 스케일을 가늠할 수 있을까?

소행성 게임

'유한하면서 가장자리가 없는 지구'는 쉽게 상상할 수 있다. 그냥 간단하게 구의 표면을 떠올리면 된다. 그러나 표면이 아닌 3차원 공간이라면 이야기가 달라진다. 우주 공간이 어떻게 유한할 수 있는가? 유한하다면 경계면이 있어야 하고 경계면 너머에 무엇이 있는지 설명해야 한다. 나는 이런 생각을 할 때마다 내가 가장 좋아하는 영화 〈트루먼 쇼The Truman Show〉를 떠올리곤 한다. 이 영화의 주인공 트루먼 버뱅크(짐 캐리 분)는 자신의 모든 삶이 TV 리얼리티 쇼라는 사실을 까맣게 모른 채, 거대한 돔으로 에워싸인 촬영 세트장 안에서 살아간다. 그러던 어느 날, 세상에 대해 강한 의구심을 품은 트루먼은 배를 타고 고향 마을 시헤이븐Seahaven을 벗어나려려다가 뜻밖의 장벽에 부딪힌다. 끝없이 펼쳐진 줄 알았던 하늘이 커다란 돔의 지붕에 그려놓은 그림이었던 것이다. 그제야 트루먼은 자신의 모든 삶이 카메라로 촬영되어 전 세계에 방송되고 있다는 것을 깨닫는다.

물론 나는 우리의 삶이 트루먼 쇼와 같다고 생각하지 않는다. 우주 공간으로 나갔다가 스튜디오 벽이나 천구에 부딪히는 불상사는 일어나지 않을 것이다. 독자들도 나와 생각이 같을 것이다. 우주 공간에 경계가 있다면 그 바깥에 무엇이 있는지 물어야 할 테니까 말이다. 카메라맨들이 진을 치고 앉아서 우리의 삶을 촬영하고 있을까? 그 카메라맨들을 촬영하는 또 다른 카메라맨들은 없을까? 생각만 해도 머리에 쥐가 나는 것 같다. 이런 문제를 피해가는 최선의 방법은 우주의 경계를 아예 없애버리는 것이다. 실제로 대부분의 사람들은 우주가 무한히 크다고 믿고 있다.

그러나 수학자들은 우주가 '유한하면서 경계가 없다'는 제3의 관점을 제시한다. 이런 우주에서 횡단 여행을 시도하면 무한히 계속되지 않고 결국 출발점으로 되돌아온다. 지구의 한 지점에서 특정 방향으로 계속 나아가면 출발점으로 되돌아오는 것과 같은 이치다.

1979년에 아타리사에서 출시한 비디오 게임 '애스터로이드Asteroid'에는 유한하면서 경계가 없는 2차원 우주가 구현되어 있다. 이 게임에서 우주는 눈앞에 보이는 컴퓨터 스크린이 전부인데, 우주선이 화면 꼭대기에 도달하면 뒤로 튕기지 않고 화면 아래쪽에서 다시 나타난다. 우주선 조종사의 입장에서 보면 아무리 날아가도 끝이 없으니 무한한 우주와 다를 것이 없다. 수평 방향으로 움직여도 마찬가지다. 화면 왼쪽 끝으로 사라진 우주선은 오른쪽 끝에서 다시 나타난다. 물론 계속 나아가다 보면 같은 풍경이 반복되겠지만, 실제 우주는 워낙 크기 때문에 두세 번 반복되는 정도로는 눈치채기 어려울 것이다.

애스터로이드 우주는 인식 가능한 형태를 띠고 있다. 이런 우주를 감아서 3차원으로 만들 수 있을까? 물론 가능하다. 위로 사라진 우주선이 아래에서 등장한다고 했으니, 스크린을 원통 모양으로 말아서 위쪽 경계선과 아래쪽 경계선을 이어 붙이면 된다. 그리고 왼쪽과 오른쪽도 연결되어 있으므로 원통을 구부려서 양끝을 이어 붙인다. 이 과정을 거치면 사각형 평면 스크린이 도넛 모양으로 바뀌는데, 수학자들은 이런 도형을 '원환체圓環體, torus'라 부른다. 이 3차원 입체 도형의 표면은 애스터로이드 게임의 배경인 '유한하면서 경계가 없는' 2차원 우주와 수학적으로 동일하다.

3차원 공간에 존재하는 모든 유한 도형의 표면은 유한하면서 경계가 없는 2차원 우주 모형이 될 수 있다. 우리에게 익숙한 구면도 그중 하나이다. 우리는 3차원 세계에 살고 있다고 생각하지만, 실제로는 지구의 중력을 이기지 못하고 표면에 찰싹 달라붙은 채 살고 있기 때문에 2차원 세상이나 다름없다. 실제로 고대의 많은 문화권에서는 지구가 트루먼의 세상처럼 물로 에워싸인 유한한 원판 모양이라고 생각했다.

지구가 구형이라는 아이디어는 기원전 5세기의 피타고라스 시대까지 거슬러 올라간다. 항구를 떠난 배가 수평선 너머로 사라지는 것과 일식이나 월식 때 태양과 달에 드리워진 그림자의 모양, 남쪽으로 항해할 때 태양과 별의 위치가 변하는 패턴 등은 지구가 평면이 아닌 구형이라는 사실을 강하게 시사하고 있었다. 그 후로 거의 천 년 동안 온갖 추측이 난무하다가 1522년에 페르디난드 마젤란Ferdinand Magellan이 세계 일주에 성공하면서 지구가 둥글다는 사실이 비로소 입증되었다(그는 필리핀에서 원주민의 분쟁에 끼어들었다가 전투 도중 사망했다).

지구는 그렇다 치고 우주는 어떤가? 우주 공간도 특정한 기하학적 형태를 띠고 있을까? 지금 우리는 지구의 형태에 대하여 온갖 가설을 쌓아 올리던 고대인들과 비슷한 처지에 놓여 있다. 다만, 사고의 대상이 지구에서 우주로 바뀐 것뿐이다.

2차원 평면은 3차원 공간에서 원통 모양으로 말 수 있다. 그렇다면 3차원 우주 공간도 말 수 있을까? 우주가 유한하면서 경계가 없다면 이런 모양이어야 할 텐데, 동그랗게 말린 3차원 공간이 대체 어떤 모양인지 감을 잡을 수가 없다. 바로 여기서 추상적인 수학이 위력을 발휘한다. 3차원 공간은 더 높은 차원에서 원통 모양으로 말 수 있다. 애스터로이드 게임에서 평면 스크린을 말았던 것과 같은 이치다. 이 과정을 그림으로 표현할 수는 없지만, 방정식을 이용하면 공간을 변형시키는 원리와 함께 휘어진 공간의 특성을 명확하게 서술할 수 있다.

그러므로 우리의 우주는 애스터로이드 게임의 3차원 버전일지도 모른다. 앞서 언급한 원환체(도넛)일 수도 있고, 주사위를 닮은 육면체일 수도 있다. 만일 우주가 애스터로이드 게임의 육면체 버전이라면, 우주 여행 중 한쪽 면에 도달한 우주선은 뒤로 팅겨 나오지 않고 그냥 관통하여 반대쪽 면에서 나타날 것이다. 2차원 애스터로이드 게임에서는 좌우와 상하만 연결되어 있었지만, 육각형 모양의 3차원 우주에서는 세 번째 방향(전-후)까지 연결되어 있다. 이런 우주를 4차원 공간에 삽입하면 평면 스크린을 말듯이 3차원 공간을 돌돌 만 후 양끝을 연결하여 4차원 도넛을 만들 수 있다. 이 도넛의 3차원 표면이 바로 우리의 우주에 해당한다.

물론 다른 가능성도 있다. 예를 들어 유한한 2차원 원판(디스크)의 표면(테두리)은 유한한 1차원 우주를 형성하고, 유한한 3차원 구의 표면은 유한한 2차원 우주를 형성한다. 여기서 차원을 하나 더 추가하면 구는 4차원으로 확장되고 구의 표면은 유한한 3차원 공간이 되는데, 우리의 우주가 바로 이런 형태일 수도 있다.

수학적으로는 유한하면서 경계가 없는 3차원 공간을 상상할 수 있지만, 현실은 또 다르다. 우리의 우주가 유한하다는 것을 어떻게 알 수 있을까? 누군가가 마젤란처럼 우주를 한 바퀴 돌아올 때까지 기다려야 할까? 지금까지 관측된 우주의 스케일로 미루어볼 때, 이런 영웅이 등장할 가능성은 없다고 봐도 무방하다. 그러나 우주에는 지난 수십억 년 동안 공간을 가로질러온 여행자가 있다. 그와 접촉을 시도하면 우주의 유-무한 여부를 알 수 있을지도 모른다. 우주를 종횡무진 달려온 그 주인공은 바로 광자이다.

우주의 마젤란

빛은 우주 최고의 여행자다. 지금 이 순간에도 수십억 년 동안 우주를 떠돌다가 지구에 도달한 빛이 우리 머리 위로 쏟아져 내리고 있다. 이들 중 일부는 우주의 크기에 대하여 중요한 정보를 가지고 있을지도 모른다. 우주가 유한하다면 깊은 우주로 날아간 우주선은 언젠가 출발점으로 되돌아올 것이다. 마젤란을 싣고 출항한 배도 온갖 우여곡절을 겪다가 1522년에 출발지인 세비야로 되돌아왔다.

빛의 경우도 마찬가지다. 지금으로부터 45억 년 전에 태양에서 방출된 광자를 상상해보라. 우리가 4차원 도넛의 표면에 살고 있다면, 육면체 우주의 마주 보는 면들이 서로 연결되어 있으므로 하나의 면에 도달한 광자는 반대쪽 면으로 출현하여 결국 출발점으로 되돌아올 것이다. 그러므로 도중에 방해물을 만나지 않는다면 45억 년 만에 처음으로 망원경에 도달하는 사건이 발생할 수도 있다. 이런 경우에 천문학자는 어떤 광경을 보게 될까? 사실 별로 특별한 것도 없고 그냥 멀리 있는 평범한 별처럼 보일 것이다. 망원경에 잡힌 영상이 45억 년 전 태양의 모습이라는 것을 알아채기는 쉽지 않다.

그러나 이것은 우주가 유한하다는 증거가 될 수 있다. 하늘의 반대편을 관측하여 비슷한 풍경이 발견되면 빛이 우주를 한 바퀴(또는 여러 바퀴) 돌아 망원경에 도달했다고 생각할 수도 있기 때문이다. 프랑스와 폴란드, 미국의 천문학자들은 이와 같은 경우가 있는지 확인하기 위해 우주 초기에 방출된 빛을 모든 방향에서 관측해왔다.

이들의 노력은 어느 정도 보상을 받았다. 비슷하게 일치하는 풍경이 드디어 발견된 것이다. 이들은 관측된 빛의 파장으로부터 우주의 형태를 역으로 추적한 끝에, 가장 유력한 후보가 12개의 정오각형으로 이루어진 정십이면체라는 결론에 도달했다. 2,000년 전에 플라톤도 별들이 박혀 있는 천구가 구형이 아니라 정십이면체라고 주장한 적이 있지만, 여기서 말하는 정십이면체는 서로 마주 보는 면들이 하나로 연결되어 있는 고차원 도형을 의미한다. 관측팀은 오각형을 약간 변형시켜서(36° 뒤틀어서) 이어 붙였는데, 다른 천문학자들을 설득하기에는 역부족이었다. 우주가 정십이면체가 아니어도 이 정도는 우연의 일치로 나타날 수 있기 때문이다.

빛을 이용하여 우주의 형태를 알아내는 방법은 이것 말고도 또 있다. 아인슈타인의 일반 상대성 이론에 따르면 빛은 우주 공간의 휘어진 정도를 말해준다. 한 여행자가 배에 망원경을 싣고 장거리 여행을 떠났다고 가정해보자. 출발 직후에는 지구가 평평하게 보이겠지만, 어느 정도 시간이 지나면 항구가 수평선 너머로 사라질 것이다. 지표면 전체가 이런 식으로 휘어져 있으면 동그랗게 말려서 유한한 곡면을 형성할 것이다(구의 표면이 대표적 사례이다). 이런 경우 곡면은 "양의 곡률positive curvature을 가지고 있다"고 말한다. 면이 평평하다면 무한히 넓을 수 있지만 애스터로

이드 게임처럼 유한할 수도 있다. 평평한 면의 곡률은 0으로 정의할 수 있다. 그 외에 또 하나의 가능성이 있다. 말의 안장이나 감자칩처럼 휘어진 경우가 바로 그것이다. 이런 곡면에서는 하나의 점이 최대-최솟값을 동시에 가질 수 있다. 즉, 한쪽 방향에서 보면 최소점인데 다른 방향에서 보면 최대인 점이 존재한다(이런 점을 안장점saddle point이라 한다). 이런 곡면은 구면과 반대로 곡률이 음수(-)이며 유한한 구면과 달리 무한정 넓게 뻗어나갈 수 있다.

2차원 면과 마찬가지로 3차원 우주 공간도 +, 0, - 중 하나의 곡률을 가질 수 있다. 공간의 전체적 곡률이 +이면 우주는 유한하면서 닫혀 있고 -이면 무한히 뻗어 있으며, 곡률이 0이면 유한 공간(평평하면서 반대쪽

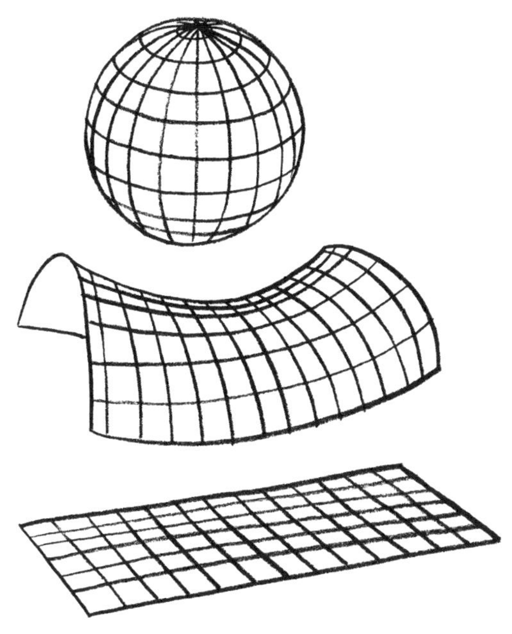

2차원 면의 '+, -, 0'의 곡률

면들끼리 서로 연결되어 있는 경우)과 무한 공간이 모두 가능하다.

우주의 곡률을 알아내는 한 가지 방법은 공간을 가로지르는 빛을 관측하는 것이다. 과연 어떤 결과가 나왔을까? 지금까지 얻은 데이터에 따르면 우주는 거의 평평한 것 같다. 그러나 오차 범위 안에는 작은 곡률로 완만하게 휘어진 우주도 포함되어 있기 때문에 지금으로서는 결론을 내리기 어렵다.

우주의 곡률을 알아내기 어려운 데에는 또 다른 이유가 있다. 현대의 천문학자들은 '우주에는 특별한 장소가 없다'는 점에 대체로 동의하고 있다. 이것을 '코페르니쿠스 원리Copernican principle'라 한다. 과거에는 지구가 우주의 중심이라고 생각했지만, 코페르니쿠스의 지동설이 알려진 후로 지구는 별 볼 일 없는 평범한 행성으로 전락했다. 과학자들이 지동설을 수용한 후에는 한동안 태양이 우주의 중심이라고 생각했다가 은하수의 경계로 밀려났고 은하수조차 수천억 개에 달하는 은하들 중 하나로 판명되었다. 그러므로 지구 근방의 우주는 다른 곳과 특별하게 다를 이유가 없으며, 지금까지 얻은 관측 결과도 이 사실을 입증하고 있다. 그런데 문제는 우주의 모든 장소가 완벽하게 동등하지 않다는 점이다. 우주에는 여타 지역과 화끈하게 다른 특별한 장소가 존재할 수도 있다.

예를 들어 반구형 행성에 사는 생명체가 자신이 사는 행성의 형태를 확인하기 위해 탐험 여행을 떠났다고 가정해보자. 이 행성의 위쪽은 완벽한 구형이지만 적도 밑은 칼로 잘라낸 듯 평평하다. 여행자의 출발점이 행성의 밑바닥이었다면 그는 평면이 끝나는 곳에 도달하기 전까지 '우리 행성은 평평하다'고 생각할 것이다. 우리의 우주도 이런 형태일 수 있다. 우리가 사는 곳 근처는 평평하지만 임계점을 넘어가면 갑자기 구형으로 돌변할 수도 있다는 이야기다. 이런 일이 절대로 일어나지 않는다고 누가 장담할 수 있겠는가?

우주를 한 바퀴 돌아온 빛의 존재 여부를 확인하는 작업은 지금도 진행 중이다. 이런 빛이 관측된다면 우주가 유한하다는 심증을 갖고 구체적인 곡률을 계산할 수 있을 것이다.

그 옛날 마젤란이 탐험했던 지구는 정적인 행성이었다. 그러나 허블 망원경이 보내온 사진에 따르면 우주는 지구보다 역동적이다. 지금 이 순간에도 멀리 떨어진 은하에서는 우리의 짐작보다 훨씬 복잡다단한 사건들이 진행되고 있다.

8

안과 밖, 위와 아래에서
우리의 삶은 태양을 촛불 삼아 진행되는
상자 속의 그림자 연극일 뿐
유령 같은 인간들이 오가는 연극일 뿐
우마르 하이얌의 《루바이야트》 중에서

나는 어릴 적부터 밤하늘의 별에 통달한 이야기꾼이 되고 싶었다. 나의 꿈은 친구들과 야영을 갔을 때 있는 대로 폼을 잡으며 "저게 베텔기우스라는 별이야. 그리고 저쪽에 밝은 별이 보이지? 저건 별이 아니라 빛을 반사하는 금성이야"라고 설명해주는 것이었다. 그러나 나는 꿈을 이루지 못했다. 관심이 줄어서가 아니라 평균 이하를 맴도는 기억력 때문이었다. 밤하늘의 별은 거의 무작위로 흩어져 있기 때문에 별자리를 익히려면 무턱대고 외우는 수밖에 없다. 지금 내가 확실하게 외우는 별자리는 큰곰자리의 북두칠성뿐이다. 그래서 우리의 선조들도 무작위로 배열된 별들을 쉽게 찾기 위해 '전갈'이나 '오리온' 등 이미 알고 있는 형상을 결부시키곤 했다.

사실 나는 천문학과도 궁합이 잘 맞지 않는다. 런던 북부의 밀힐Mill Hill

에 있는 천문대에 갔다가 생전 처음 천체 망원경으로 하늘을 관측했는데, 눈에 보이는 거라곤 온통 구름뿐이었다.

역시 별을 보려면 구름보다 높이 올라가야 했다. 그래서 나는 기차를 타고 유럽에서 가장 높은 기차역 융플라우요흐까지 가서 다시 리프트를 타고 터널을 지나 해발 3571m에 있는 스핑크스천문대를 방문했다.

1912년에 설립된 그 천문대는 007 영화에 나오는 악당 소굴처럼 생겼다. 눈과 빙하 뒤로 해가 질 무렵, 환상적인 우주 풍경을 상상하며 관측을 준비하고 있는데 갑자기 머리가 어지러우면서 구역질이 나기 시작했다. 그리고 망원경에 첫 번째 별이 나타날 때부터 머리가 깨질 듯이 아파오다가 결국 토하고 말았다. 옆자리에 있던 독일인 노부부가 걱정스러운 눈으로 나를 바라보며 전형적인 고산병 증세라고 귀띔해주었다. 그러고 보니 나는 평생 그렇게 높은 곳에 올라본 적이 없었다.

나: 이게 고산병이란 말이죠? 마지막 증세는 뭔가요?

독일인 부부: 그야 뭐…… 죽는 거죠.

그 순간 나는 아마추어 천문가가 되는 것보다 살아남는 게 중요하다는 사실을 본능적으로 깨달았다. 다행히 다음 날 새벽에 첫차를 타고 고도가 낮은 곳으로 내려오니 모든 증세가 말끔하게 사라졌다. 해발 3000m가 넘는 고지대에서 망원경을 다루는 것은 런던 템즈밸리 출신의 소년에게 어울리는 일이 전혀 아니었던 것이다. 그러나 세계적으로 알려진 대형 천체 망원경은 대부분 산꼭대기에 있고, 그곳의 천문학자들은 끔찍한 고산병과 싸워가며 역사에 길이 남을 업적을 이룩했다. 정말 존경스러운 사람들이다. 안타까운 것은 앞으로 시간이 흐를수록 우리가 관측할 수 있는 별의 수가 점점 줄어든다는 사실이다. 그들은 언젠가 우주 지평선 cosmic horizon 너머로 사라질 운명에 처해 있다!

붉은 색안경으로 바라본 우주

건널목에서 보행자 신호가 떨어지기를 기다리고 있는데, 왼쪽 먼발치에서 앰뷸런스가 요란한 사이렌을 울리며 달려온다. 응급 환자를 싣고 병원으로 가는 모양이다. 그런데 앰뷸런스가 나를 향해 다가올 때는 사이렌 소리가 꽤 높은 음으로 들리다가, 내 앞을 지나치자마자 갑자기 늘어진 테이프처럼 저음으로 내려간다. 음파가 나를 향해 다가올 때는 파장이 짧아져서(진동수가 높아져서) 고음으로 들리고, 나로부터 멀어져갈 때에는 파장이 길어지면서 저음으로 들리는 것이다. 이런 현상을 '도플러 효과Doppler effect'라 한다.

빛에서도 이와 동일한 현상을 관측할 수 있다. 우리에게서 멀어지는 별에서 방출된 빛은 파장이 긴 붉은색 쪽으로 편이偏移되고, 가까이 다가오는 별에서 방출된 빛은 파장이 짧은 푸른색 쪽으로 편이된다. 에드윈 허블은 우주에 수많은 은하가 존재한다는 사실을 발견한 후 1929년에 다른 은하의 운동 상태를 확인하기 위해 은하에서 방출된 빛을 분석하다가 놀라운 사실을 알아냈다. 모든 방향으로부터 도달한 빛에서 한결같이 적색 편이가 관측된 것이다. 지구는 물론이고 우리의 은하(은하수)조차 특별한 존재가 아니라고 이미 판명되었는데, 모든 은하들이 우리에게서 멀어지고 있다니, 이상하지 않은가? 마치 모든 천체가 자기들끼리 작당하고 지구를 따돌리는 것 같았다. 더욱 신기한 것은 멀리 있는 천체일수록 적색 편이가 더욱 크게 나타났다는 점이다. 우주의 모든 천체가 지구로부터 도망가고 있다는 것을 도저히 받아들일 수 없었던 허블은 모든 가능성을 고려한 끝에 우주가 모든 방향으로 팽창하고 있다고 결론지었다. 지구 대신 우주의 다른 곳에서 관측을 한다 해도 결과는 똑같다. 별이 우리로부터 멀어지는 것이 아니라 별과 우리 사이의 공간 자체가 팽창하고 있기 때문이다. 모든 천체가 바람에 날리는 낙엽처럼 팽창하는 공간에 실려 날아가고 있는 것이다.

세간에는 허블이 우주 팽창론의 원조로 알려져 있지만 우주가 팽창하고 있다는 사실을 처음 간파한 사람은 예수회 사제인 조르주 르메트르 Georges Lemaître였다. 그는 허블보다 2년 앞선 1927년에 아인슈타인의 중력 방정식을 연구하던 중 '팽창하는 우주'에 해당하는 해를 발견했다. 그러나 아인슈타인은 르메트르와 만난 자리에서 "당신의 수학 실력은 뛰어나지만 물리적 식견은 최악"이라며 그의 주장을 받아들이지 않았다. 천하의 아인슈타인도 우주가 정적이라는 선입견을 버리지 못한 것이다. 얼마 후 아인슈타인은 팽창의 가능성을 원천봉쇄하기 위해 자신의 방정식에 '우주 상수cosmological constant'라는 새로운 항을 끼워 넣었다.

르메트르는 논쟁을 확산시키지 않고 자신의 연구 결과를 벨기에의 무명 학술지에 게재하는 것으로 마무리했다. 그러나 허블의 관측 결과가 알려지면서 르메트르는 우주 팽창 이론을 제안한 최초의 과학자로 알려지게 된다. 아인슈타인을 비롯한 보수적 과학자들의 믿음과 달리 우주는 매우 빠른 속도로 팽창하고 있었던 것이다.

망원경에 도달한 빛의 파장이 길어지고 빛의 이동 경로가 길수록 파장이 더 길어지는 것은 별의 이동 때문이 아니라 공간 자체가 팽창하고 있기 때문이다. 따라서 적색 편이가 크게 나타날수록 공간이 더 많이 팽창했다는 뜻이며, 이는 곧 광원까지의 거리가 그만큼 멀다는 것을 의미한다.

팽창하는 공간과 파장의 관계를 이해하기 위해 풍선으로 간단한 실험을 해보자. 바람이 빠진 풍선에 펜으로 점 세 개를 그려 넣는다. 하나는 지구이고 나머지 두 개는 별이다. 지구가 어디에 있건 상관없지만 관측자 중심의 상황을 연출하기 위해 중앙에 그린 점을 지구라 하자(두 별과 지구 사이의 거리는 각기 다르게 그려 넣는다). 그다음으로 두 별과 지구를 물결 모양의 선으로 연결한다. 이것은 과거에 별에서 방출된 빛을 의미하며 가능한 한 파장이 일정하도록 그리는 것이 좋다. 이제 풍선에 바람을 불어넣으면 표면이 늘어나면서 지구와 별의 거리가 멀어지고 이와 함께

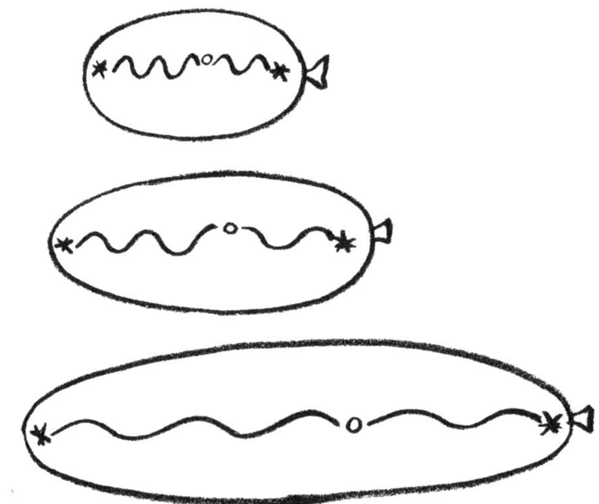

[첫 번째 풍선] 과거의 한 시점에 두 별에서 방출된 빛은 파장이 같았다. [두 번째 풍선] 시간이 흘러 둘 중 가까운 별(오른쪽)에서 방출된 빛이 지구에 먼저 도달하고, 그사이에 공간이 팽창했기 때문에 파장이 길어졌다. [세 번째 풍선] 시간이 더 흐른 후, 멀리 있는 별에서 방출된 빛이 드디어 지구에 도달했다. 그러나 그사이에 공간이 더 크게 팽창했기 때문에 파장이 더욱 길어지고, 적색 편이도 더 크게 나타난다.

파장이 길게 늘어나는 것을 볼 수 있다. 별의 거리가 멀수록 빛이 지구에 도달할 때까지 시간이 오래 걸리고, 그사이에 공간은 더 크게 팽창되기 때문에 파장이 더 길어진다. 멀리 있는 별일수록 적색 편이가 크게 나타나는 것은 바로 이런 이유 때문이다.

이것은 멀리 있는 별까지의 거리를 추정하는 또 하나의 방법이다. 천문학자들은 이 방법을 이용하여 지구와 별 사이의 거리를 무려 300억 광년까지 추적할 수 있었다. 현재 알려진 우주의 나이가 138억 년인데, 빛이 어떻게 300억 년 동안 우주를 여행할 수 있었을까? 그 비결은 간단하다. 지금 우리 눈에 보이는 빛은 아득한 과거에 방출되었고, 그 무렵에 별은 지금보다 훨씬 가까웠기 때문에 망원경에 도달한 것이다. 우주의 팽창 속도와 빛의 속도, 파장을 고려하여 약간의 수학적 과정을 거치면 별까지의 현재 거리를 계산할 수 있다. 물론 빛이 이동하는 동안 공간이 계속 팽창했으므로, 일부 별들이 138억 광년보다 멀어진 것은 당연한 결과이다.

개미와 고무줄

우주가 팽창한다는 것은 시간이 흐를수록 모든 별이 점점 더 멀어진다는 뜻이다. 그러므로 개중에는 방출된 빛이 지구에 영원히 도달하지 못하는 별이 존재할 수도 있다. 우주가 빛보다 빠르게 팽창한다 해도 팽창 속도가 일정하기만 하면 모든 별빛은 언젠가 지구에 도달한다. 이것은 수학적으로 증명된 사실이다(우주가 무한히 커도 결과는 달라지지 않는다).

언뜻 이해가 가지 않는 독자들을 위해 또 한 번 간단한 실험을 해보자.

여기 개미 한 마리가 고무줄 한쪽 끝에 서 있다. 개미가 서 있는 쪽 끝은 벽에 고정된 상태이며, 이 고정점은 멀리 떨어진 별에 해당한다(개미는 빛이고 고무줄은 공간의 역할을 한다). 개미의 목적은 열심히 걸어서 고무줄의 반대편 끝에 도달하는 것이다.

이제 고무줄의 반대쪽 끝을 일정한 속도로 잡아당긴다. 처음에 고무줄의 길이는 1km였고, 초당 1km씩 늘어난다고 하자. 고무줄을 잡아당기기 시작한 순간부터 개미가 고무줄 위를 걷기 시작했는데, 개미의 속도는 고무줄보다 훨씬 느려서 1초당 1cm밖에 가지 못한다. 이런 식으로 고무줄을 계속 잡아당기면 시간이 아무리 흘러도 개미는 고무줄의 반대쪽 끝에 도달할 수 없을 것 같다. 개미의 이동 속도보다 고무줄의 팽창 속도가 훨씬 빠르기 때문이다. 이와 비슷한 논리로 우주가 일정한 속도로 팽창한다면 멀리 떨어진 은하에서 방출된 빛은 시간이 아무리 흘러도 지구에 도달하지 못할 것 같다.

그러나 이 계산에는 매우 미묘한 구석이 있다. 이 점을 이해하기 위해 한 가지 사소한 조건을 추가해보자. 고무줄을 연속적으로 잡아당기지 않고 1초 후, 2초 후, 3초 후… 등 매초가 정확하게 끝날 때마다 '순식간에' 1km씩 잡아당긴다고 하자(고무줄을 1초마다 한 번씩 잡아당기되, 고무줄을 당기는 데 시간이 전혀 걸리지 않는다는 뜻이다. 그래도 개미와 고무줄의 상대적 위치는 달라지지 않는다). 그러면 처음 1초가 지나기 직전에 개미는 1cm 진행하여 총 길이의 1/100,000인 지점에 도달하고 정확하게 1초가 지났을 때 고무줄이 '순식간에' 2km로 늘어난다. 자, 여기가 중요한 부분이다. 시간이 흐를수록 개미의 목적지는 멀어지지만, 고무줄을 잡아당길 때마다 개미는 자신의 걸음과 상관없이 '공짜로' 특정 거리를 나아가게 된다. 즉, 1초가 되는 순간 고무줄이 순식간에 2km로 늘어나면서 개미의 진행

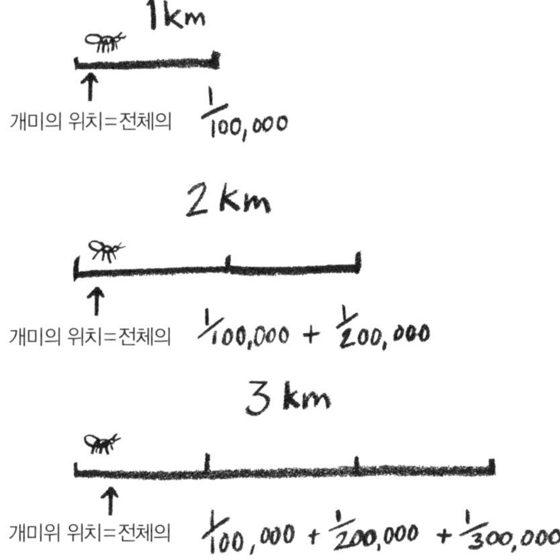

거리가 1cm에서 2cm로 증가하는 것이다.

여기서 다시 시간이 흘러 2초 직전이 되면 그사이에 개미는 1cm를 추가로 진행하여 3cm에 도달한다. 이때 고무줄의 길이는 2km이므로, 개미는 전체 고무줄 길이의 1/100,000＋1/200,000만큼 진행한 셈이다. 그 후 정확하게 2초가 되는 순간 고무줄은 다시 1km 늘어나지만, 전체 길이와 개미가 진행한 거리의 비율은 달라지지 않는다.[*] 이제 고무줄은 3km까지 늘어났고, 그 후로 1초 동안 개미가 걸어서 이동한 1cm는 전체 길이의 1/300,000에 해당하므로 개미는 전체 길이의 1/100,000＋1/200,000＋1/300,000인 지점에 도달한다. 시간이 흐를수록 고무줄은 길어지는데 개미의 속도는 변하지 않기 때문에 뒤로 갈수록

* 고무줄을 당기는 데 시간이 걸리지 않으므로 그사이에 개미의 이동은 없다.

분수가 작아지는 것이다. 그러나 잠깐! 바로 이 대목에서 수학이 위력을 발휘한다. 출발 후 n초가 지났을 때 개미의 진행 비율은 다음과 같다.[•]

$$\frac{1}{100{,}000} + \frac{1}{200{,}000} + \frac{1}{300{,}000} + \cdots + \frac{1}{n \times 100{,}000}$$

$$= \frac{1}{100{,}000}\left(1 + \frac{1}{2} + \frac{1}{3} + \cdots + \frac{1}{n}\right)$$

우변의 괄호 안은 조화수열harmonic series로서, n이 무한대면 합도 무한대로 발산한다. 이 사실을 최초로 알아낸 사람은 14세기 프랑스의 수학자 니콜라스 오렘이었다. 즉, n이 충분히 크면 괄호 안의 값은 얼마든지 커질 수 있다는 뜻이다. 따라서 조화수열의 합이 100,000보다 커지도록 n을 충분히 크게 잡으면 위의 비율은 1보다 커지고, 개미의 상대적 위치는 100%를 초과한다. 드디어 개미가 목적지에 도달한 것이다!

이 예제에서 나는 고무줄이 일정한 비율로 늘어난다고 가정했다. 허블을 비롯한 여러 천문학자들도 우주의 팽창 속도가 일정하거나 점점 느려진다고 생각했다. 천체들 사이에 작용하는 중력이 팽창 속도를 줄이는 쪽으로 작용하기 때문이다. 이들의 생각이 옳다면 현재 우주가 무한하다 해도 진득하게 기다리기만 하면 언젠가는 모든 별을 볼 수 있을 것이다. 빠르게 늘어나는 고무줄 위에서 진득하게 걸어가는 개미가 반대편 끝에 도달하는 것과 같은 이치다.

그렇다면 우리는 무한히 큰 우주에서 가장 멀리 있는 별까지 이미 다 보았다는 뜻인가? 그럴지도 모른다. 그러나 지금 망원경에 도달한 빛은 별의 현재가 아닌 과거의 모습을 보여주고 있다. 거리가 멀수록 먼

● 전체 길이를 1이라 했을 때, n초 후 개미의 상대적 위치다.

과거의 모습을 보고 있는 것이다. 그래서 팽창하는 우주를 처음부터 동영상으로 촬영하여 거꾸로 돌리면 별이 하나도 없는 시점에 도달하게 된다.

우주 되돌리기

허블과 르메트르의 우주 팽창론은 우주의 기원을 설명하는 빅뱅 이론의 기초가 되었다. 시간을 거꾸로 되돌리면 '팽창하는 우주'는 '수축하는 우주'가 된다. 그러나 질량이 일정하게 유지되면서 부피가 줄어들면 밀도가 높아지기 때문에, 먼 과거로 갈수록 우주의 상태가 극적으로 변한다. 시간을 계속 되돌리다 보면 밀도가 무한대인 '점point'에 도달하게 되는데, 르메트르는 이것을 '원시 원자primeval atom' 또는 '우주의 알cosmic egg'이라 불렀고 현대의 과학자들은 '특이점'이라는 용어를 사용한다. 이 점은 크기가 작기 때문에 양자 물리학이 적용되어야 하고, 엄청나게 강한 중력이 작용할 것이므로 일반 상대성 이론도 필요하다. 그러나 일반 상대성 이론과 양자 물리학을 조화롭게 결합한 이론은 아직 완성되지 않았다.

나는 학창 시절 과학 시간에 빅뱅 이론을 배우면서 "우주가 점에서 시작되었다면 현재의 우주는 크기가 유한해야 한다"고 생각했다. 그러나 약간의 수학 논리를 적용하면 하나의 점에서 출발한 우주가 유한한 시간 안에 무한히 커질 수 있다는 것을 증명할 수 있다. 예를 들어 빅뱅 후 1초 만에 무한히 커진 우주를 상상해보자. 이 우주에서 임의의 점으로부터 거리가 R인 모든 점은 반지름이 R인 구의 표면에 놓여 있다.

이제 시간을 거꾸로 되돌려보자. $t = 1/2$초인 시점으로 가면 반지름$= R$인 구면 위의 점들은 반지름$= R/2$인 구면으로 수축되고, $t = 1/4$초로 가면 반지름은 $R/4$로 줄어든다. 이런 식으로 시간을 계속 절반씩 줄여나가다 보면 반지름이 점점 줄어들다가, $t = 0$이 되면 크기가 없는 점으로 줄어들 것이다. 그런데 이 논리는 R의 크기와 상관없이 항상 성립한다. 즉, 무한히 큰 우주 공간의 모든 점이 $t = 0$에서 하나의 점으로 집약된다는 뜻이다. 그러므로 무한히 큰 우주는 단 1초 만에 부피가 0인 점으로 수축될 수 있고, 역으로 하나의 점은 1초 만에 무한히 커질 수 있다.

셰익스피어가 이런 상황을 예견했는지, 그의 대표작《햄릿Hamlet》에는 "나는 호두 껍데기 속에 갇혀 있어도 무한히 넓은 우주의 왕이 될 수 있다"라는 대사가 등장한다.

물론 시간과 공간이 양자화되어 있다면 위와 같이 매끈한 논리를 펼칠 수 없다. 주사위를 절반씩 잘라나갈 때 그랬던 것처럼, 시간을 절반씩 자르다 보면 더는 자를 수 없는 한계에 도달하게 된다. 양자 물리학과 일반 상대성 이론이 충돌을 일으키는 것도 이 문제를 해결하지 못했기 때문이다.

대부분의 과학자들은 이 시점을 우주의 시작으로 간주하고 있다. '시작'과 '시간'의 의미에 대해서는 '지식의 다섯 번째 경계'에서 자세히 다룰 예정이다. 어쨌거나 우주의 나이는 138억 년이고 이보다 오래된 별은 존재하지 않으므로, 빅뱅을 추적하면 망원경으로 관측 가능한 한계를 가늠할 수 있다(별은 빅뱅이 일어나고 한참 후에야 비로소 형성되기 시작했다).

앞서 말한 대로 망원경에 들어온 별은 현재 모습이 아니라 과거의 모습이다. 멀리 갈수록 과거로 가는 셈이다. 우주의 나이는 유한하므로 특정 거리 안에 있는 별들만 망원경으로 볼 수 있다. 우주에 관측 가능성을 좌우하는 가상의 구球가 있어서, 그 안에 있는 별만 관측할 수 있고 바깥에 있는 별은 존재 여부조차 알 수 없다. 그런데 놀랍게도 이것은 "우주의 중심에 지구가 있고 그 주변을 거대한 구가 에워싸고 있다"는 고대 그리스의 우주 모형과 매우 비슷하다. 구의 바깥에서 방출된 광자는 아직도 지구를 향해 날아오는 중이다. 지구에 도달하기에는 빅뱅 후 지금까지 시간이 충분히 흐르지 않았기 때문이다. 이 구(관측 가능한 우주)는 시간이 흐를수록 계속 커지고 있으며, 그 크기를 계산해보면 의외의 결과가 나온다.

지난 2013년 10월, 천문학자들은 지구에서 가장 먼 은하가 131억 광년 거리에 있다고 발표했다. 그러나 이것은 은하의 현재 위치가 아니다. 빛이 은하에서 방출된 후 131억 년 동안 우주가 계속 팽창했기 때문이다. 팽창 효과까지 고려한 실제 거리는 약 300억 광년으로 추정된다. 2011년에는 134억 1000만 광년 거리에서 적색 편이가 관측되었으나, 데이터가 부족하여 학계에서 받아들이지 않았다.

언뜻 생각하면 빅뱅 직후에 방출된 빛도 관측할 수 있을 것 같다. 그러나 빅뱅 초기의 우주 공간은 방해물이 너무 많아서 광자가 자유롭게 이동할 수 없었다. 입자의 밀도가 충분히 낮아져서 광자가 장거리 여행을 할 수 있게 된 것은 빅뱅이 일어나고 37만 8,000년이 지난 후부터였다. 이 시기에 우주를 누비던 광자들은 오늘날 마이크로파 우주 배경 복사 cosmic microwave background radiation의 형태로 남아서 초기 우주의 모습을 보여주고 있다. 그러니까 우주 배경 복사는 원시 우주가 각인되어 있는 화석인 셈이다.

마이크로파 우주 배경 복사에 들어 있는 최초의 광자는 지구와의 거리가 4,200만 광년에 불과한 곳에서 첫 여행을 시작했다. 그러나 그사이에 우주가 팽창하여 현재 거리는 무려 457억 광년이나 된다. 이곳이 바로 관측의 한계점인 우주 지평선이다.

우주 지평선 너머는 신성불가침의 영역일까? 반드시 그렇지는 않다. 빅뱅 후 37만 8,000년 동안 빛은 공간을 가득 채운 플라즈마*를 통과하지 못했지만, 뉴트리노만은 예외였다. 뉴트리노는 다른 입자와 상호 작용을 거의 하지 않기 때문에 대부분의 물체를 관통할 수 있다. 태양에서 날아온 뉴트리노는 우리의 몸뿐만 아니라 지구까지 가뿐하게 통과한다. 그러나 상호 작용이 전혀 없는 것은 아니어서 특별히 고안된 입자 검출기에서 간간이 감지되고 있다. 그러므로 빅뱅 후 2초 만에 분리된 뉴트리노를 감지할 수만 있다면 훨씬 먼 과거까지 볼 수 있을 것이다.

뉴트리노까지 감지한다 해도 우주 지평선은 크기가 커질 뿐 아예 사라지지는 않는다. 최상의 망원경을 총동원하여 뉴트리노 외에 다른 정보까지 알뜰하게 수집한다 해도 우주 지평선은 여전히 존재한다. 이들이 지구에 도달할 만큼 충분한 시간이 흐르지 않았기 때문이다.

앞으로 시간이 더 흐르면 우주 지평선이 점차 멀어지면서 더 많은 별들이 모습을 드러낼 것이다. 그러나 1998년에 일단의 천문학자들이 "우주 지평선은 커지지 않고 오히려 수축하고 있다"고 주장하여 사람들을 놀라게 했다. 우주 지평선이 시간에 따라 일정한 비율로 커지는 것은 사실이지만 배경 공간의 팽창 속도가 점점 빨라지고 있기 때문에 지금 보이는 별들이 우주 지평선 너머로 사라지고 있다는 것이다. 이들의 주장이 사실이라면 미래의 천문학자들은 관측 가능한 별이 태부족하여 심각한 위기에 직면할지도 모른다.

---

* 초고온에서 원자가 전자와 이온으로 분리된 상태이다.

사라지는 별들

일부 별들은 초신성 폭발이라는 격렬한 사건을 일으키며 삶을 마감한다. 이때 엄청난 양의 빛이 방출되기 때문에 먼 거리에서도 관측이 가능하다. 특히 1a형 초신성은 우주 어느 곳에서건 밝기가 일정하기 때문에 겉보기 밝기를 관측하면 거리를 알 수 있다.[*]

우주의 팽창 속도가 일정하다면 초신성까지의 거리를 산출하여 빛이 적색 편이되는 정도를 예측할 수 있다. 그런데 멀리 떨어진 초신성의 적색 편이를 관측해보니, 이론으로 계산된 값보다 훨씬 작게 나타났다. 그리고 멀리 있는 은하의 적색 편이는 가까운 은하의 적색 편이보다 작았다. 이로부터 내릴 수 있는 결론은 단 하나뿐이다. 과거에는 우주의 팽창 속도가 지금보다 훨씬 느렸는데, 어느 시점부터 팽창 속도가 빨라지면서 천체들 사이의 거리가 빠르게 멀어지고 있다는 것이다.

그 시점은 지금으로부터 약 70억 년 전으로 추정된다. 이 무렵에 무언가 극적인 사건이 발생하여 팽창 속도가 빨라진 것 같다. 그전까지는 팽창 속도가 서서히 느려지는 추세였다. 하늘로 던진 물체가 다시 지면을 향해 떨어지듯이, 대폭발로 산산이 흩어진 물체들은 결국 중력의 영향으로 모여들기 때문이다. 그러나 우주 나이의 절반에 해당하는 70억 년 전부터 무언가가 팽창 가속 페달을 밟은 것처럼 팽창 속도가 갑자기 증가

---

[*] 초신성은 별의 이름이 아니라 '질량이 큰 별이 수명을 다하여 폭발하는 현상'을 뜻하는 용어이다. 즉, 초신성이라는 단어 안에는 '폭발'이라는 뜻이 이미 포함되어 있다. 그러므로 '폭발하지 않은 초신성'이란 존재하지 않으며 대부분 거리가 멀기 때문에 폭발하기 전에는 보이지도 않는다. 초신성이 폭발한 자리에는 중성자별이나 펄서, 또는 블랙홀이 남는 것으로 알려져 있다.

하는 추세로 돌변했다. 대체 무슨 일이 벌어졌던 것일까? 과학자들은 그 원인을 암흑 에너지에서 찾고 있다.

우주의 역사에서 처음 절반 동안은 물질의 밀도가 충분히 높았기 때문에 중력이 모든 것을 좌우했다. 그러나 우주가 꾸준히 팽창하면서 밀도가 임계점 이하로 내려갔고 그 순간부터 암흑 에너지가 중력을 이기고 우주의 운명을 떠맡게 된 것이다. 암흑 에너지의 밀도는 공간 자체의 특성이기 때문에 우주가 팽창해도 감소하지 않는다.

우주의 팽창 속도가 지금과 같이 계속 빨라진다면 별로 달갑지 않은 결과가 초래될 것이다. 관측 가능한 우주의 경계면(구면)은 시간이 흐를수록 커지겠지만 공간의 팽창 속도가 너무 빨라서 경계면 안에 있던 별들은 밖으로 사라질 것이다. 그렇게 되면 미래의 어느 날, 우리 은하를 제외한 모든 은하들은 우주 지평선 너머로 사라지고 한 번 사라진 천체는 두 번 다시 모습을 드러내지 않을 것이다.

인류가 오랜 세월 동안 살아남아서 모든 천체가 우주 지평선 너머로 사라진 후에도 천문 관측을 한다고 상상해보자. 이들이 알아낸 우주의 역사는 지금 우리가 알고 있는 역사와 완전 딴판일 것이다. 미래의 천문학자들은 망원경이 발명되기 전과 마찬가지로 우주가 정적이라고 믿어 의심치 않을 것이다. 이처럼 우주에 대해 알 수 있는 내용은 시대에 따라 달라진다. 다행히도 지금은 천문학을 연구하기에 매우 적절한 시기다.

먼 미래의 천문학자들은 천체 망원경에 의존하지 않을 것이다. 산꼭대기나 지구 궤도에 천체 망원경을 애써 설치해봐야 아무것도 볼 수 없기 때문이다. 그들은 광학 기계 대신 별들이 우주 지평선 너머로 사라지기 전에 앞선 과학자들이 만들어놓은 참고도서와 논문을 파고들면서 마치 신화의 기원을 추적하는 기분으로 천문학을 연구할 것이다. 이때가 되면 고산 지대에 강한 탐험가보다 나처럼 템즈밸리의 도서관에서 책만 파고 드는 사람이 천문학에 더 어울릴지도 모른다.

우리 은하의 별들은 쉽게 사라지지 않을 것이다. 행성들 사이의 거리가 가까워서 중력이 강하기 때문에 은하의 형태는 꽤 오랫동안 유지될 수 있다. 그러나 은하수 밖의 별들이 얼마나 많이 사라졌는지는 짐작하기 어려울 것이다.

자동차를 운전하다가 속도를 높이려면 가속 페달을 밟아서 연료를 더 많이 태워야 한다. 그렇다면 우주 팽창을 가속시키는 에너지원은 어디 있을까? 그 에너지는 자동차 연료처럼 언젠가 바닥나지 않을까?

아직은 알 수 없다. 암흑 에너지에 굳이 '암흑dark'이라는 접두어를 붙인 이유는 빛이나 전자기 복사와 상호 작용을 하지 않기 때문이다. 간단히 말해서, 어떤 장비를 동원해도 암흑 에너지는 관측되지 않는다는 뜻이다. 천문학자들은 암흑 에너지를 설명하기 위해 다양한 후보를 제안했는데, 그중 하나가 바로 아인슈타인이 정적인 우주를 구현하기 위해 방정식에 끼워 넣었던 우주 상수이다. 그러나 지금 우주 상수는 공간을 밀어내는 용도로 사용되고 있다. 일반적으로 공간에 에너지가 주입되면 부피가 커지고 에너지는 감소한다. 그러나 암흑 에너지는 공간 자체의 특성이기 때문에 부피가 커져도 감소하지 않고 오히려 생성되어 1m^3 안에 들어 있는 에너지의 양이 일정하게 유지된다. 다시 말해서, 공간이 아무리 팽창해도 암흑 에너지의 밀도가 변하지 않는다는 뜻이다. 독자들은 "우주가 팽창하고 있는데 에너지 밀도가 일정하다고? 그건 에너지 보존 법칙에 위배되지 않나?"라고 묻고 싶을 것이다. 아니다. 위배되지 않는다. 암흑 에너지는 양수가 아닌 음수이기 때문이다. 팽창과 함께 증가하는 운동 에너지와 음의 암흑 에너지가 균형을 이루어 에너지는 보존된다.

우주의 가속 팽창이 계속된다면(즉, 팽창 속도가 점점 빨라지는 추세가 계속된다면) 지구를 중심으로 '정보 획득이 가능한 영역'을 상상할 수 있다. 이 영역은 거대한 구형으로, 그 바깥의 정보는 결코 지구에 도달하지 않는다. 정보가 전달되는 속도는 아무리 빨라도 광속을 초과할 수 없다. 우주가 팽창하지 않고 지금의 상태를 유지한다면 모든 정보는 언젠가 지구에 도달할 것이다. 우주가 일정한 속도로 팽창하고 있다면 '고무줄 위의 개미' 예제에서 보았던 것처럼 무한히 먼 곳에서 출발한 정보도 시간이 충분히 흐르면 지구에 도달한다. 그러나 팽창 속도가 점점 빨라지는 '가속 우주'에서는 우리에게 영원히 도달하지 못하는 정보가 존재한다. 우주 상수에 기초한 계산에 따르면, 지구를 중심으로 정보 전달이 가능한 구의 반지름은 약 180억 광년이다.

별과 지구 사이의 공간이 팽창하면 별에서 방출된 빛에 적색 편이가 나타나고, 적색 편이가 클수록 파장이 길어진다. 그러므로 언젠가 적색 편이가 도를 넘어서 가시광선 영역을 벗어나면 관측이 불가능해진다. 우주 배경 복사가 눈에 보이지 않는 것도 이런 이유 때문이다. 우주 초기에 방출된 광자의 파장이 길게 늘어나서 마이크로파로 변한 것이다.

미래에는 우주 배경 복사처럼 은하에서 방출된 빛도 가시광선 영역을 벗어나게 될 것이다. 그렇다면 미래의 천문학자들은 우주가 팽창하고 있다는 사실을 알 길이 없다. 아무것도 보이지 않는데 어떤 이론을 세울 수 있겠는가? 우리의 먼 후손들은 고대 그리스의 우주관을 다시 수용할지도 모른다. 우리 은하는 우주에 홀로 고립되어 있고, 그 외에는 아무것도 존재하지 않는다고 생각할 것이다. 우리가 우주의 특별한 위치를 점유하고 있다는 고대의 선민의식도 되살아날 가능성이 높다. 지금 우리가 알고 있는 지식을 잘 보존하여 후대에 전해주고 싶지만, 수십억 년 후까지 온전하게 전달하기란 도저히 불가능하다. 안타깝지만 어쩌겠는가? 우주의 운명이 원래 그런 것을…….

우주의 지문

우주가 무한하다면 그것은 '영원히 알 수 없는 대상'에 속한다. 이런 경우에는 우주의 구조 자체가 관측을 방해하는 요인으로 작용하지만, 그래도 우주 지평선 너머에 있는 것들은 우리가 볼 수 있는 지문을 어딘가에 남겨놓았을지도 모른다.

반면에 우주가 유한하다면 모종의 '공명'이 일어날 수 있다. 예를 들어 우주를 첼로처럼 생긴 커다란 공명 상자에 비유해보자. 굳이 첼로를 선택한 이유는 공명을 일으키면서 아름다운 소리가 생성되기 때문이다(깡통 때리는 소리보다는 분명히 듣기 좋다!). 스트라디바리우스*와 공장에서 찍어낸 첼로의 차이는 주로 형태에서 비롯된다.

안에서 진동하는 파동의 진동수로부터 상자의 형태를 유추할 수 있을까? 이것은 수학자들이 종종 마주치는 흥미로운 문제 중 하나이다. 폴란드계 미국인 수학자 마크 캐츠Mark Kac는 자신의 논문에서 유명한 질문을 던졌다. "드럼의 모양을 귀로 들을 수 있을까?" 예를 들어 사각형 모양의 드럼은 자기만의 독특한 진동수로 진동하기 때문에 예민한 사람은 소리만으로 드럼의 형태를 알아낼 수 있다. 그러나 1992년에 수학자 캐럴린

---

* 이탈리아의 악기 명인 안토니오 스트라디바리Antonio Stradivari가 만든 현악기다. 음량이 크고 음색이 예리하여 최고의 악기로 꼽힌다.

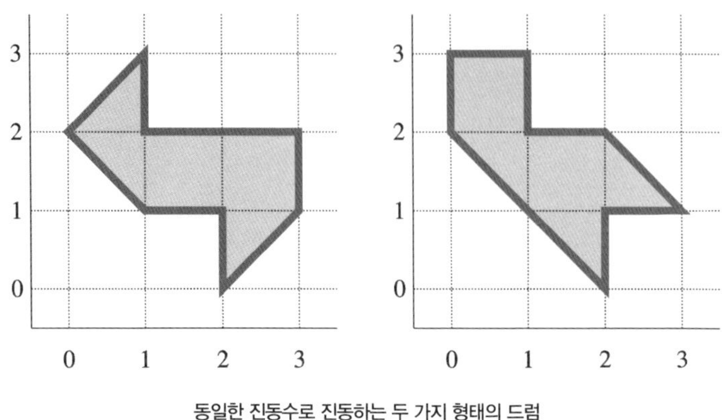

동일한 진동수로 진동하는 두 가지 형태의 드럼

고든Carolyn Gordon과 데이비드 웰David Well, 스캇 월퍼트Scott Wolpert는 모양이 다르면서 진동수가 완전히 동일한 두 가지 드럼을 만들었다.

갑자기 드럼 이야기를 꺼낸 이유는 공명을 이용하여 우주의 유-무한 여부를 알아낼 수도 있기 때문이다. 상자의 크기가 유한하면 그 안에서 공명을 일으킬 수 있는 파장은 유한한 값으로 제한되고, 상자가 무한히 크면 파장에 아무런 제한이 없다. 1990년대 중반에 프랑스의 천체 물리학자 장 피에르 루미네Jean Pierre Numinet와 그의 동료들은 빅뱅으로부터 어떤 파동이 생성되었는지 확인하기 위해 우주 배경 복사를 집중적으로 분석한 끝에, "파장이 긴 파동이 스펙트럼에서 누락되어 있다"는 결론에 도달했다. 장파장 파동을 수용하기에 공간이 부족했던 것은 아닐까?

하지만 그 후 2013년에 플랑크 우주 탐사선Planck spacecraft이 보내온 데이터에는 장파장 파동이 섞여 있었고, 어느 쪽이 맞는지는 아직 확인되지 않았다. 그런데 여기에는 극복할 수 없는 딜레마가 도사리고 있다. 우주가 유한하다면 어떻게든 정보를 수집하여 그 사실을 입증할 수 있지만, 우주가 무한하다면 증명할 길이 없다.

우주 배경 복사에서 감지된 파동으로는 우주가 유한하다는 것을 입증하지 못했지만, 우주의 최소 크기는 가늠할 수 있었다. 구소련의 물리학자 레노이드 그리쉬처크Lenoid Grishchuk와 야코프 젤도비치Yakov Zel'dovich는 1978년에 발표한 논문에서 "특정한 파동은 충분히 큰 상자 안에서만 공명을 일으킬 수 있다"는 것을 입증했고, 패트리샤 카스트로Patricía Castro와 마틴 도스피스Martin Douspis, 페드로 페레이라Pedro Ferreira는 감지 가능한 공명을 이용하여 우주의 전체 규모가 관측 가능한 우주보다 최소 3,900배 이상 크다고 주장했다.

우주 지평선 너머의 세계를 유추하는 또 한 가지 방법은 지평선 너머에 있는 천체의 영향을 받아야만 일어날 수 있는 사건을 관측하는 것이다. 예를 들어 우주 지평선 바깥의 거대한 은하 A가 지평선 안에 있는 은하 B에 중력을 행사하여 바깥쪽으로 잡아당긴다면, B는 비정상적인 움직임을 보일 것이다. 물론 우리는 A를 직접 관측할 수 없지만 A의 영향을 받은 B를 관측하여 A의 존재를 간접적으로 유추할 수 있다. 눈에 보이지 않는 것도 '알 수 있는 것'의 목록에 포함될 수 있다는 이야기다. 암흑 물질이 존재한다는 것도 이와 같은 과정을 거쳐 알게 되었다. 암흑 물질이 없으면 눈(또는 망원경)에 보이는 천체의 운동을 설명할 길이 없기 때문이다. 앞서 언급한 해왕성 역시 이미 발견된 천체의 비정상적인 운동을 설명하기 위해 가상의 행성으로 도입되었다가, 얼마 후 망원경에 잡히면서 태양계의 직계 가족으로 등록되었다. 이와 비슷하게 우주 지평선 바깥의 천체들은 지평선 내부의 천체에 중력을 행사하여 자신의 존재를 알리고 있는 것이다.

나는 책상 위에 놓인 종이 우주 모형을 바라볼 때마다 천문학의 발달과 함께 인간이라는 존재가 얼마나 작아져왔는지 실감하곤 한다. 인류는 오랜 세월 동안 밤하늘을 바라보면서 자신의 위치를 가늠해왔다. 처음에는 지구가 우주의 중심이라고 하늘같이 믿었다가 태양에게 중심 자리를 내어주고 그 주변을 공전하는 여러 행성 중 하나로 전락했고, 얼마 후에는 믿었던 태양마저 식솔들과 함께 은하수의 변방으로 좌천되었다. 그 후 망원경의 성능이 향상되면서 은하수조차 수천억 개에 달하는 은하들 중 하나로 판명되었으니, 이제는 더 쫓겨날 곳도 없을 것 같다.

이 방대한 스케일을 머릿속에 그리는 것도 벅찬데, 우리 세대 천문학자들은 우주의 스케일을 한 번 더 키워놓았다. 지구가 여러 행성 중 하나이고 태양도 여러 항성 중 하나이며 은하수도 여러 은하 중 하나인 것처럼, 우리의 우주조차도 여러 우주 중 하나에 불과하다는 것이다. 우리 우주도 다 볼 수 없는데, 다른 우주가 존재한다는 것을 어떻게 알 수 있었을까? 이 놀라운 비밀을 폭로한 주인공은 우리의 우주를 최초로 가로질렀던 광자였다.

다중 우주

'빅뱅의 메아리'로 알려진 우주 배경 복사는 우주 전역에 걸쳐 거의 균일하게 분포되어 있다. 이상하지 않은가? 관측 가능한 우주만 해도 180억 광년에 달하는데, 이 넓은 지역에 분포된 복사 에너지가 어떻게 균일할 수 있다는 말인가? 망원경에 감지된 우주 배경 복사의 온도는 2.725K (-270.275℃)이다. 이 광자들은 빅뱅 후 37만 년 무렵에 3,000K의 온도에서 처음으로 여행을 시작했다. 이 정도면 전자와 원자핵이 결합하여 원자를 형성할 수 있는 온도이다. 그 후 우주가 계속 팽창하면서 온도가 떨어졌고 진동수와 관련된 에너지도 서서히 감소하여 마이크로파로 변한 것이다.

그런데 우주 전역에서 모든 광자가 거의 같은 온도를 유지한다는 것은 정말로 미스터리가 아닐 수 없다. 두 물체가 접촉하면 온도가 높은 쪽에서 낮은 쪽으로 에너지가 이동하고 이 상태가 오래 지속되면 결국 온도가 같아진다. 누구나 알고 있는 당연한 사실이지만 지금 우리에게 중요한 것은 '접촉'이라는 단어이다. 근본적으로 접촉이란 '정보 교환'을 의미하고, 정보 교환은 빛보다 빠른 속도로 이루어질 수 없다. 그런데 138억 광년보다 훨씬 멀리 떨어져 있는 두 지점의 온도가 어떻게 같을 수 있을까? 광자가 자유로워진 후로 지금까지 138억 년 동안 줄기차게 달린다 해도 우주 반대편에 도달할 수 없는데, 어떻게 우주 전체가 거의 같은 온도로 통일되었을까?

가능한 설명은 단 한 가지뿐이다. 우주 반대편에 있는 두 점이 우주 초기에 지금보다 가까웠던 것은 분명한 사실이지만, 기존의 이론에서 이야기하던 거리보다 훨씬 가까워서 정보 교환이 이루어졌다고밖에 생각할 수 없다. 1980년대 초에 미국의 우주론 학자 앨런 구스Alan Guth는 이 아이디어에 기초하여 다음과 같은 해결책을 제안했다. 우주가 막 탄생한 시점에는 팽창이 빠르게 진행되지 않았다. 우주의 각 지점들은 이 시기에 정보를 교환하여 온도가 같아졌고, 그 후 짧은 시간 동안 공간이 엄청난 속도로 팽창했다. 이 사건을 '인플레이션inflation'이라 한다. 초고속 팽창을 일으킨 주범은 '인플라톤inflaton'이라는 반중력장antigravity field이며, 인플레이션이 지속된 시간은 10^{-36}초(십억×십억×십억×십억 분의 1초)에 불과하다. 이 짧은 시간 동안 우주는 10^{78}배로 커졌다. 공간에 내재되어 있던 압력이 순식간에 방출된 후 팽창 속도가 어느 정도 진정되어 현재에 이르렀다는 것이다.

인플레이션 이론은 우주가 등방적^{等方的}, homogeneous인 이유도 설명해 준다. 대부분 텅 비어 있는 우주 공간에 고밀도 은하가 존재하는 것은 우주 초기에 국지적으로 발생했던 양자 요동이 인플레이션과 함께 커지면서 생긴 결과이다. 또한 인플레이션 이론을 도입하면 우주가 평평한 이유도 설명할 수 있다. 빅뱅 초기에 우주 공간이 휘어져 있었다 해도 인플레이션을 겪고 나면 곡률이 거의 0에 가까워지기 때문에 평평하게 보이는 것이다.

스탠퍼드대학교의 안드레이 린데Andrei Linde와 터프츠대학교의 알렉산더 빌렌킨Alexander Vilenkin은 인플레이션 이론에 필요한 수학을 개발하다가 놀라운 예측을 내놓았다. 이들의 계산에 따르면 인플레이션은 한 지역에서 일어나는 단발성 사건이 아니라 공간의 여러 지역에서 동시다발적으로 일어날 수 있다. 양자 요동으로 인플라톤이 여러 곳에 출현하여 여러 개의 우주를 만들 수 있다는 것이다. 공간을 스위스 치즈 덩어리라 하고 우리 우주를 치즈에 나 있는 구멍에 비유하면, 우주의 전체적인 모습은 구멍이 숭숭 뚫린 거대한 치즈 덩어리와 비슷하다. 여기에서 모든 구멍은 각기 다른 우주에 해당한다.

이 대담한 이론을 과연 검증할 수 있을까? 인플레이션에 기초한 다중 우주 이론은 자체 모순은 없지만 검증 불가능한 가설에 불과한 걸까? 우리의 우주조차도 관측 가능한 영역에 한계가 있는데, 다른 우주의 존재 여부를 무슨 수로 확인한다는 말인가?

일부 우주론 학자들은 "다른 우주가 우리 우주에 남긴 흔적을 찾으면 그들의 존재를 간접적으로나마 입증할 수 있다"고 주장한다. 생성 초기에 우리 우주가 다른 우주와 충돌했다면 그 흔적이 우주 배경 복사에 남아 있지 않을까? 학계에는 초기 우주의 지역에 따른 온도 차이가 다른 우주와 충돌한 증거라고 주장하는 학자도 있다. 런던대학교의 한 연구팀은 "우연히 발생한 무작위 패턴에서 본인이 원하는 그림을 찾아내는 것은 인간의 본성이자 물리학자가 범하기 쉬운 오류"라며 섣부른 판단에 경종을 울렸지만, 초기 우주의 온도 분포에 기초하여 다른 우주의 흔적을 찾는 것은 그다지 황당한 발상이 아니다. 우주가 정말로 여러 개라면 우리 우주 어딘가에 다른 우주의 흔적이 남아 있을 수도 있다. 문제는 그 흔적이 관측 가능한 영역 안에 남아 있어야 한다는 것이다.

다른 우주 호출하기

다중 우주 이론의 흥미로운 결과 중 하나는 신의 창조 의도를 이해 가능한 수준에서 설명할 수 있다는 점이다. 다중 우주를 도입하면 "우주는 지적 존재가 의도적으로 창조했을지도 모른다"는 불편한 느낌에서 해방될 수 있다.

생명의 기적을 말하는 것이 아니다. 생명체를 기적이라고 생각하는 이유는 '장구한 시간'과 '무작위'에 대한 이해가 부족하기 때문이다. 다윈의 진화론을 수용하면 굳이 창조주를 개입시키지 않아도 생명의 역사를 논리적으로 설명할 수 있다. 우리의 우주는 온갖 생명체를 창조하기에 충분한 역량을 처음부터 갖고 있었다.

지금처럼 다양한 생명체가 존재하는 이유는 다윈의 진화론으로 충분히 설명 가능하다. 생명체의 종류가 많아진 것은 진화의 필연적 결과이며, 여기에 창조주가 끼어들 여지는 없다. 그러나 우주에 존재하는 20여종의 상수(전자의 질량, 중력 상수, 빛의 속도, 양성자의 전하, 플랑크 상수 등)가 지금과 같은 값으로 세팅된 이유만은 설명할 길이 없었다. 이들의 값이 지금과 달랐다면 생명체는 탄생하지 못했을 것이다. 생명체가 번성하게 된 생물학적 이유는 알아냈는데, 그런 환경이 조성된 물리적 이유는 여전히 오리무중이었다.

자연의 상수들은 왜 하필 지금과 같은 값을 갖게 되었을까? 상수의 값이 아주 조금만 달라져도 생명체는 살아갈 수 없다. 예를 들어 전자기장의 거동을 좌우하는 상수●가 지금보다 4%만 작았어도 별의 내부에서 탄소 원자가 생성되지 못했을 것이고, 탄소가 없는 우주에서는 지금처럼 탄소에 기반을 둔 생명체가 탄생할 수 없었을 것이다. 다른 상수들도 마찬가지다. 우주 상수의 123번째 자릿수가 지금과 다른 우주에서는 은하가 형성되지 않는다.

이 의문의 답은 다중 우주 이론에서 찾을 수 있다. 하나뿐인 우주에 적절한 우주 상수가 기적적으로 할당된 것이 아니라, 여러 우주에 다양한 우주 상수가 무작위로 할당되었다고 생각하면 된다. 대부분의 우주는 조건이 충족되지 않아 오래 지속되지 못했을 것이다. 그러나 적절한 상수 값이 할당된 일부 우주에서는 원자가 형성되었고, 그들 중 일부(또는 단하나)에서는 생명체가 탄생했다. 우리의 우주가 이런 경우에 속한다. 누구나 똑같은 마음으로 복권을 구입하지만 대부분은 실망으로 끝난다. 그러나 확률이 아무리 작아도 1등 당첨자는 어딘가에 있기 마련이고 그 운좋은 당첨자가 바로 우리의 우주였다. 이것을 '인류 원리anthropic principle'라 한다.

● 미세 구조 상수를 말한다. $\alpha = e^2/hc$

물론 이런 식의 설명으로는 모든 과학자를 설득할 수 없다. 그들은 물리 상수가 지금과 같은 값으로 결정될 수밖에 없는 '필연적 이유'를 알아야 비로소 만족할 것이다. 우주 원리는 논리상의 빈틈을 '도저히 알 수 없는 것'으로 메워 넣은 궁색한 변명처럼 들린다.

그러나 딱히 다른 대안이 없으니 나는 인류 원리라도 받아들이고 싶다. 예를 들어 지구도 온갖 다양한 환경이 조성된 수많은 행성들 중 하나였는데, 대부분의 행성은 이미 옛날에 서로 충돌하여 파괴되거나 공전 속도가 맞지 않아 태양계를 이탈하는 등 중도에 탈락했고, 운 좋은 지구가 최후의 승자로 등극했다. 그 많은 행성들 중 지구가 선택된 이유는 나도 모른다. 복권 당첨자에게 무슨 비결이 있겠는가? 그냥 운이 좋았을 뿐이다. 지구에 생명체가 번성하게 된 이유를 다중 행성 이론으로 설명할 수 있다면, 다중 우주 이론을 굳이 부정할 이유도 없지 않겠는가?

다중 우주 이론에 의존하지 않고 지금과 같은 우주가 탄생한 이유를 설명할 수 있다면 더 바랄 것이 없다. 누군가가 이런 이론을 알아낸다면 다중 우주에 연연하던 과학자들도 쌍수를 들고 환영할 것이다. 지금처럼 특별한 우주가 존재하게 된 데에는 그럴만한 이유가 있지 않을까? 대부분의 과학자들은 바로 이 '이유'를 알고 싶어 한다. 다들 알다시피 안정된 상태의 기포는 완벽한 구형이다. 다른 모양도 많은데, 왜 하필 구형일까? 우리는 그 이유를 알고 있다. 간단한 수학 계산에 따르면 구형일 때 에너지가 가장 작기 때문이다. 과학자들은 지금의 우주가 구형 기포처럼 '가장 선호되는 우주'인 이유를 필사적으로 찾고 있다.

그러나 우주는 기포처럼 간단하지 않다. 기포보다는 거꾸로 서 있던 연필이 중심을 잃고 쓰러지는 과정과 비슷하다. 연필이 쓰러질 수 있는 방향은 무한히 많고 이들 중 특별히 선호하는 방향이 없는데도 연필은 특정 방향으로 쓰러진다. 이 모든 것은 (양자 요동에 함축되어 있는) 우연에 좌우되며 우주도 크게 다르지 않을 것이다.

어떤 초월적 존재가 물리 상수들을 가장 적절한 값으로 세팅해놓았다고 주장하는 사람도 있다. 그러나 이런 주장은 인류 원리보다 더 궁색하게 들린다. 이보다 다중 우주 이론이 더 그럴듯하게 보이는 이유는 (방법이 좀 희한하긴 하지만) 논리의 기반이 '경제적'이기 때문이다. 하나의 우주를 설명하기 위해 무수히 많은 우주를 도입했는데 뭐가 경제적이냐고? 물론 우주가 번잡해진 것은 사실이지만 다중 우주는 상수값에 관한 한 더는 후속 질문을 양산하지 않는다는 점에서 분명히 경제적이다. 초월적인 존재가 우주 상수의 값을 의도적으로 결정했다면 후속 질문이 꼬리에 꼬리를 물고 반복되면서 결론이 나지 않을 것이다.

다음에 올 숫자는?

좋은 과학 이론이라면 최대한 경제적인 논리로 자연의 이치를 설명해야 한다. 등장인물이 너무 많으면 좋은 이론이 될 수 없다. 나는 다중 우주 이론이 단순하면서 자연스럽기 때문에 유력한 후보라고 생각한다. 또한 인플레이션은 다른 우주가 생성되는 과정을 논리적으로 설명하고 있으므로 단순한 가설을 넘어선 이론이다. 그러나 단순함과 경제성에 기초하여 사실을 판단할 때에는 각별한 주의를 기울여야 한다.

한 가지 예를 들어보자. 아래 수열의 여섯 번째 항은 어떤 수일까?

$$1, 2, 4, 8, 16, \cdots$$

당연히 32가 와야 할 것 같다. 한 칸 이동할 때마다 두 배씩 커진다는 규칙이 제일 먼저 눈에 띄기 때문이다. 그런데 누군가가 31이라고 외친다면 사람들은 어떤 반응을 보일까? 아마도 대부분은 그를 바보 취급할 것이다. 그러나 원을 분할하는 방법을 생각해보면 31도 답이 될 수 있다. 그러므로 최선의 설명을 찾을 때는 충분히 많은 실험 데이터를 고려해야 한다.

위에 언급한 수열의 여섯 번째 항에 놓일 수 있는 수는 31뿐만이 아니다. 어떤 숫자를 가져다놓건 나는 그에 합당한 설명을 제시할 수 있다. 그러므로 데이터의 양이 유한하면 그 무엇도 단정 지을 수 없다. 그래서 영국의 철학자 칼 포퍼Karl Popper는 "우리는 이론을 반증할 수 있을 뿐, 검증할 수는 없다"라는 말을 남겼다.

과학자들은 좋은 이론을 선별할 때 자연스러움을 판단하는 기준으로 '오캄의 면도날Occam's razor'●을 자주 인용한다. 일반적으로 방정식의 차수가 낮을수록 적은 입력으로 결과를 얻을 수 있는데, 이것은 이론의 '품질'을 좌우하는 중요한 요소이다. 앞의 수열에서 대부분의 사람들이 32를 상상하는 이유는 '두 배씩 커지는 규칙'이 원의 구획 수와 관련된 4차 방정식보다 단순하기 때문이다.

그러므로 두 개의 이론 중 어느 쪽이 옳은지 판별할 수 없을 때에는 단순한 이론을 선택하는 것이 상책이다. 철학자들은 이것을 '추론을 통한 최선의 설명inference to the best explanation' 또는 '귀추법歸推法, theory of abduction'이라 부른다. 그러나 단순한 것이 반드시 진리라는 보장은 없다.

단순하거나 경제적인 이론, 또는 아름다운 이론이 진리에 더 가까워

● 논리가 단순할수록 진실일 가능성이 높다는 원칙이다.

왜 31인가?

원주 위에 n개의 점을 찍은 후 이들을 직선으로 이으면 원은 몇 개의 영역으로 분할될까? 점 한 개를 찍으면 연결할 선이 없으므로 원의 영역은 당연히 한 개이고, 점 2개를 찍으면 원은 두 영역으로 분할된다. 이런 식으로 점의 수를 하나씩 늘여나가면 원이 1, 2, 4, 8, 16개 영역으로 분할된다는 것을 쉽게 알 수 있다. 그런데 점이 6개면 어떻게 될까? 놀랍게도 원은 32개가 아닌 31개로 분할된다![●]

● 게다가 6개의 점이 정육각형을 이루면 30개로 줄어든다.

보이는 이유는 무엇일까? 정확한 이유를 꼭 집어 말하긴 어렵지만 어느 정도는 인간의 경험에 기인하는 것 같다. 우리의 선조들은 자연을 조종하는 데 필요한 아이디어가 떠오를 때마다 다량의 도파민을 분출하면서 아름다움과 진리를 결부시켜왔다. 무언가가 생존에 유리한 쪽으로 작용할 때, 우리는 그것을 아름답다고 느끼는 경향이 있다. 이것은 편견이라기보다 생존이 최우선 과제였던 시절에 자연스럽게 형성된 가치관이다.

누군가가 "우주의 나이는 5775년이다"[•]라고 우길 때, 당신은 어떻게 대처할 것인가? 길게 생각할 것도 없다. 공룡의 화석을 보여주면서 "공룡이 우주보다 먼저 태어났느냐"고 물어보면 된다. 창조론자들은 논리적이고 자체 모순이 없으면서 절대로 검증할 수 없는 주장을 내세우고 있지만, 내가 보기에는 신빙성이 매우 떨어진다. 예나 지금이나 검증 불가능한 주장을 펼치는 사람과 논쟁을 벌이는 것은 정말로 어렵고 피곤한 일이다.

우주의 탄생과 진화 과정을 설명하는 이론도 검증이 어렵기는 마찬가지다. 특히 최근에 나온 이론일수록 이런 경향이 심하다. 누군가가 자신만의 이론으로 새로운 입자의 존재를 예견했는데 어떤 에너지 수준에서 그 입자를 발견할 수 있는지 명시하지 않았다면 온갖 증거를 들이대며 반박해도 그는 수긍하지 않을 것이다. "입자 가속기를 최대로 가동했는데 당신이 예견한 입자는 발견되지 않았다"고 하면, 그는 잠시도 망설이지 않고 "당신들이 아직 시도하지 않은 에너지 영역에 존재한다"고 답할 것이다.

일부 과학자들은 "다중 우주 이론을 검증할 수 없는 것은 그 이론이

[•] 5775년은 창조론자들이 구약성서의 연대기에 기초하여 계산한 우주의 나이다.

초자연적 존재가 물리 상수를 적절한 값으로 맞춰놓았다는 창조론 못지않게 비현실적이기 때문"이라고 주장한다. 물론 지금 당장은 다중 우주 이론을 검증할 수 없지만 영원히 검증되지 않는다고 단정 지을 수도 없으므로 이론을 통째로 폐기할 수는 없다. 입자 물리학의 첨단 이론인 끈 이론도 마찬가지다. 일부 물리학자들은 끈 이론이 검증 가능한 결과를 단 하나도 내놓지 못했다는 이유로 아예 이론 취급을 하지 않고 있는데, 절대로 검증되지 않을 거라고 믿을 만한 이유도 없으므로 명맥은 유지되어야 한다.

다중 우주 이론은 빅뱅 이론의 문제점을 보완한 인플레이션 이론의 부산물이다. 그리고 우리는 적어도 하나의 증거를 확보했다. 바로 '우리의 우주'이다. 과학 이론이라면 논리를 전개할 때 초자연이 아닌 자연에 기초해야 한다. '암흑 에너지'나 '중력'을 도입하여 무언가를 설명하려면 이와 관련된 현상을 자연에서 찾아야 한다. 암흑 에너지와 중력이 눈에 보이는 세계에 어떻게 영향을 미치는지 그 과정을 보여줘야 하는 것이다.

또한 과학 이론은 실험을 통해 검증 가능해야 한다. 우주론이 안고 있는 문제 중 하나는 실험을 단 한 번밖에 할 수 없다는 점이다. 빅뱅을 다시 일으켜서 어떤 일이 일어나는지 확인할 수 없으니, 빅뱅과 비슷한 사건을 지극히 작은 규모에서 재현하여 실제 상황을 미루어 짐작하는 수밖에 없다. 그러나 우리는 빅뱅으로 결정된 물리학의 지배를 받고 있으므로, 각기 다른 시간에 다른 물리 상수와 다른 물리 법칙을 떠안고 태어난 다른 우주의 존재를 실험으로 확인하는 것은 거의 불가능하다.

그래서 우주론 학자들은 실험적 증거보다 동질성homogeneity에 더 많은 관심을 보인다. "다중 우주들은 비슷한 성질을 공유하고 있을 것이므로 우리 우주에서 발견된 특징은 다른 우주에도 적용된다"는 가정이 바로 그것이다. 이런 가정을 세우지 않으면 진도를 나갈 수가 없다. 우리는 지구 근처에서 관측된 공간의 곡률이 우주 전역에 똑같이 적용된다고 가정한다. 물론 이 가정은 얼마든지 틀릴 수 있다. 반구半球의 평평한 밑바닥에 사는 생명체는 적도 부근에서 곡률이 갑자기 변한다는 사실을 알기 전까지는 모든 세상이 평평하다고 생각할 것이다.

동질성을 가정하지 않은 채 어떻게 우주 지평선 너머에서 뭔가가 크게 달라질 수 있다는 가능성을 배제할 수 있겠는가? 그곳에서는 누군가가 웹사이트에서 우리의 우주를 다운로드하여 모형을 만들었을지도 모른다. 우리의 우주는 초자연적인 존재가 만들어놓은 '장난감 집'일 수도 있다 (초자연적인 존재란 우리 우주의 바깥에 존재한다는 뜻이다). 이 초자연적인 존재가 장난감 집을 갖고 놀지 않는다면 우리는 그 사실을 영원히 모를 수도 있다. 그러나 그가 우리에게 아무런 영향도 주지 않을 거라면 우리의 우주를 왜 만들었을까? 상상은 과감할수록, 멀리 갈수록 좋다. 초자연적인 존재가 장난감 집을 갖고 논다면 그와 우리는 상호 작용을 주고받을 것이고, 우리는 실험을 통해 가설을 입증하거나 반증할 수 있다.

바깥에는 누군가가 존재하는가?

우주론과 종교는 오랜 역사를 거치면서 수시로 마주쳐왔다. 우주의 바깥에는 무엇이 있을까? 이것은 과학자와 신학자의 공동 관심사였다. 14세기 프랑스의 신학자 니콜라스 오렘은 그곳에 신이 숨어 있다고 믿었다. 대부분의 종교는 자신만의 창조 설화를 가지고 있는데 호주 원주민의 설화에서는 모든 만물이 무지개 뱀Rainbow Serpent의 배에서 탄생했고, 과학자들의 이론에서는 우주의 시작이 빅뱅이었다. 갈릴레오는 인간이 우주의 중심이라는 기존의 믿음에 반기를 들었다가 가톨릭교회의 분노를 샀지만, 우주가 빅뱅에서 탄생했다는 증거를 최초로 제시한 르메트르는 가톨릭 사제였다.

현대에 와서도 종교와 과학은 다양한 형태로 섞이고 있다. 1972년에 영국의 사업가 존 템플턴John Templeton은 종교계의 노벨상으로 불리는 템플턴상을 제정하여, 영적인 실체를 발견하거나 탁월한 연구를 수행한 사람에게 상금을 수여해왔다(현재 상금은 약 110만 파운드이며, 지금까지 수여된 상금 총액은 거의 1,200만 파운드(약 180억 원)에 달한다). 템플턴은 인간의 정신세계가 물질 만능에 밀리는 현실을 타개하기 위해 상금 액수를 노벨상보다 높게 책정했다.

템플턴상의 1회 수상자는 테레사 수녀Mother Teresa였다. 그 후 성직자, 선교사. 랍비(유대교 율법 학자)와 티베트의 정신적 지도자인 달라이 라마Dalai Lama, 러시아의 문호인 알렉산드르 솔제니친Aleksandr Solzhenitsyn 등이 이 상을 받았는데, 최근에는 과학자들이 수상자 명단에 이름을 올리기 시작했다. 우주의 기원을 연구하고 해답을 찾는 행위가 종교적 업적으로 인정받게 된 것이다.

그러나 과학을 선도하는 일부 과학자들은 "템플턴상이 과학을 종교적 탐구 수단으로 변질시키고 있다"며 템플턴상을 받은 과학자들에게 곱지 않은 시선을 보내고 있다. 나의 전임자인 리처드 도킨스도 그중 한 사람으로, "템플턴상은 종교계에 유리한 주장을 펼친 과학자에게 주는 상"이라고 했다. 미국의 물리학자 숀 캐롤Sean Carroll은 템플턴재단의 연구 지원금을 거절하면서 "이것은 도덕의 문제가 아니다. 틀린 메시지를 전달하는 것은 분명히 잘못된 행동이다. 템플턴재단으로부터 받은 연구비는 순수하게 과학 발전을 위한 돈이 아니다. 그들의 돈을 받으면 과학과 종교가 '동일한 진실을 추구하는 두 가지 길'이라는 것을 인정해야 한다. 그러나 나는 과학과 종교의 목표가 같다고 생각하지 않기 때문에 그들의 돈을 받을 수 없다"라고 자신의 소견을 밝혔다.

나는 템플턴상 수상자를 변절자로 취급하지 않는다. 케임브리지대학교의 응용 수학과 교수이자 이론 물리학자인 존 배로John Barrow는 2006년에 템플턴상을 수상했는데, 내가 그에게 이메일로 축하 메시지를 보냈더니 곧바로 "지금 우리의 지식으로는 우주론에서 제기된 대부분의 질문에 답할 수 없습니다. 그중 일부를 이번 주말 강연에서 다룰 생각입니다"라는 답장이 날아왔다.

오케이, 대성공이다. 우주론 학자들이 '알 수 없는 것'을 얼마나 믿고 있는지 확인할 수 있는 절호의 기회였다. 강연 당일 날 나는 제일 앞자리에 앉아 두 귀를 쫑긋 세우고 배로 교수의 강의를 경청했는데, 그는 한 질문에서 다음 질문으로 넘어갈 때마다 "우주에 대해 알 수 있는 것이 거의 없다"는 점을 강조했다. 천문학자들의 강연 때마다 으레 등장하는 환상적인 우주 사진을 청중들에게 몇 장 보여준 후, 그는 평소 '알 수 없는 것'에 대해 내가 가지고 있던 두려움을 적나라하게 드러내기 시작했다.

빅뱅에 대해서는 "우주에는 시작이 있었던 것으로 추정된다. 즉, 우주의 나이는 유한하다. 처음에 우주는 밀도와 온도가 무한대였다. 그러나 정말로 이런 상태에서 시작되었는지는 아무도 알 수 없다"라고 하였고, 우주의 크기에 대해서는 "우주의 대부분이 지평선 너머에 존재한다는 점에는 의심의 여지가 없지만 우리는 그 영역을 한 번도 본 적이 없으며, 그중 대부분은 앞으로도 영원히 보지 못할 것이다. 그러므로 누군가가 우주의 시작을 묻거나 유-무한 여부를 물어도 만족할 만한 답을 줄 수 없다"라고 하였다.

강연이 끝난 후 나는 배로 교수를 찾아가 템플턴상이 과학에 어떤 영향을 미치는지 단도직입적으로 물어보았고, 그는 템플턴재단이 과학자들을 후원하는 이유를 다음과 같이 설명했다.

"존 템플턴은 과학을 좋아했습니다. 하루가 다르게 발전하는 분야이기 때문이죠. 모든 사람들은 철학자와 신학자 그리고 종교인들이 무슨 일을 하고 있는지 알고 싶어 하는데, 템플턴은 가장 심오한 단계에서 이 질문에 답을 줄 수 있는 분야가 우주론이라고 생각한 겁니다. 과학 외의 다른 분야가 어떤 길을 가고 있는지 모르고서는 과학을 제대로 연구할 수 없습니다.

과학과 종교 사이의 논쟁은 좀 더 높은 수준으로 격상될 필요가 있습니다. 과거의 경험으로 미루어볼 때, 과학과 종교의 상호 작용을 논하려면 과학의 자세한 분야부터 명시해야 합니다. 각 분야에 따라 상호 작용하는 방식이 매우 다르기 때문입니다.

우주론과 기초 물리학을 연구하다 보면 더는 답할 수 없는 커다란 질문에 봉착하게 됩니다. 그러나 과학자들은 '모르는 것'이나 '불확정성'에 어느 정도 익숙해져 있기 때문에, 굳이 다른 곳에서 답을 찾을 생각을 하지 않습니다. 리처드 도킨스처럼 실험실에 파묻혀 사는 사람은 눈앞에 보이는 대상을 깊이 파고들어 가기만 하면 모든 문제를 해결할 수 있다고 믿을 겁니다."

물론 배로 교수는 이들의 연구를 과소평가하지 않았다.

"사람들은 우주와 관련된 문제가 제일 어렵다고 생각하는 경향이 있는데, 사실은 전혀 그렇지 않습니다. 알고 보면 우주보다 인간의 뇌가 훨씬 복잡하고 이해하기도 어렵습니다. 우주와 관련된 현상들은 매우 느리게 진행되고 근사적으로 접근해도 꽤 정확한 답을 얻을 수 있습니다. 단순하면서 대칭성이 높은 해를 골라서 동일한 과정을 반복하면 됩니다. 하지만 사람들이 모여 사는 사회에는 그런 단순한 모형이 존재하지 않습니다."

그러나 배로 교수는 자신이 연구하는 과학이 특별한 능력을 가지고 있다고 믿는 것 같았다.

"기초 물리학과 우주론에는 풀 수 없는 문제가 분명히 있습니다. 물리법칙은 왜 존재하는가? 시간과 공간은 몇 차원인가? 다중 우주는 존재하는가? 초기 우주는 특이점을 가지고 있었는가? 우주는 무한한가? 일일이 열거하자면 한도 끝도 없지요. 이런 질문에서 또 다른 관점이 생겨나곤 합니다."

배로 교수는 과학적 탐구의 한계를 명백하게 밝힌 공로로 템플턴상을 수상했다. 과학이 지식의 틈을 메워줄 것이라는 믿음은 날이 갈수록 견고해지는데, 배로 교수는 이 믿음에 고삐를 걸어서 제어하려는 것 같았다.

"우주는 애초부터 인간의 편의를 위해 설계되지 않았습니다. 과학자의 철학적 관점을 검증하는 연습용 도구가 아니라는 말이죠. 지금 연구하는 방식으로 위에 열거한 질문의 답을 찾을 수 있을지 매우 의심스럽습니다. 저는 이것이 '반코페르니쿠스주의'라고 생각합니다. 어려운 문제를 풀 수 없고 필요한 데이터를 구할 수 없는 것은 사물의 코페르니쿠스적 특성 때문이니까요."

존 배로는 우주를 바라보는 우리의 관점이 매우 편향되어 있다고 강조했다.

"천문학은 밝은 빛을 발하는 천체에 기초하고 있습니다. 대부분이 은하와 별들이죠. 그러나 우리가 알고 있는 물질은 우주의 5%에 불과합니다. 이런 물질에 기초한 천문학은 한쪽으로 치우치기 마련입니다. 밝게 빛나는 천체는 그곳에서 핵융합 반응이 일어나고 있다는 사실을 말해줄 뿐입니다. 그곳은 우주에서 밀도가 유난히 높은 곳으로 우주 전체를 대변할 수는 없지요."

어떤 면에서 보면 이것은 모든 과학의 공통점이기도 하다. 우리의 우주관은 감각에 좌우되고 우리의 감각에 영향을 미치지 않는 것은 감지되지 않기 때문이다.

"만일 우리가 태초부터 항상 구름으로 덮여 있는 행성에서 살아왔다면 천문학은 탄생하지 않았을 겁니다. 그 대신 기상학 분야에서 막대한 지식을 축적했겠죠."

배로 교수는 우주론이 물리학이나 인간 과학*과 매우 다른 특성을 가지고 있어서, 신학과 긴밀한 관계를 유지할 수 있는 유일한 분야라고 주장했다.

"우주론의 특징 중 하나는 연구자의 목적에 특화된 실험을 할 수 없다는 점입니다. 다른 분야의 과학자들은 이론을 검증하기 위해 특별히 고안한 실험을 일상적으로 수행하고 있지만, 우주는 그런 식의 실험을 허용

* 인류학, 언어학 등 인간적인 사상을 취급하는 학문의 총칭이다.

하지 않습니다. 우주론 학자는 그냥 있는 그대로 받아들일 수밖에 없지요."

현대의 많은 과학자들은 칼 포퍼의 철학에 동의하고 있다. 과학 이론의 타당성을 증명하는 것은 원리적으로 불가능하다. 우리는 기껏해야 이론이 틀렸다는 것을 입증할 수 있을 뿐이다. 모든 백조는 흰 깃털을 가지고 있지만 이것을 증명할 수는 없다. 우리의 최선은 검은 백조를 찾아서 이론을 반증하는 것뿐이다. 포퍼의 철학에 따르면 반증될 수 없는 것은 과학이 아니다. 그렇다면 실험이 불가능한 우주론도 과학에서 제외되어야 할까? 배로 교수는 이 점에서 다소 신중한 태도를 보였다.

"포퍼의 과학관은 믿기 어려울 정도로 순진합니다. 천문학에는 그의 철학이 적용되지 않습니다. 관측 결과의 진위 여부를 판단할 방법이 없기 때문입니다. 당신이 무언가를 예측했는데 관측 결과가 다르게 나왔다고 해서 이론이 틀렸다고 단정 지을 수는 없습니다. 관측 장비가 잘못 세팅되었을 수도 있고, 데이터를 수집하는 방식이 한쪽 방향으로 치우쳤을 수도 있지요. 아마 후자의 경우가 더 많을 겁니다."

모든 백조가 하얀색이라고 주장하는 사람에게 검은 백조를 보여주면 그 즉시 생각을 바꿀 것이다. 그러나 이론이 틀렸는지 실험이 잘못되었는지 판별하기 어려운 경우에는 이론을 쉽게 폐기할 수 없다. 석탄 더미에서 뒹굴다가 나온 하얀 백조를 보았을 수도 있지 않은가?

배로 교수는 우주론 학자들이 검은 백조와 마주칠 수도 있다고 했다.

"성공적으로 진화한 외계 문명과 마주친다면 절대로 변하지 않는다고 굳게 믿어왔던 것들도 극적으로 변할 것입니다. 그들도 우주를 이해하는 데 필요한 수학을 개발했을까? 그들의 물리학도 우리와 같을까? 그들은 물리 상수가 지금의 값으로 세팅된 이유를 논리적으로 설명할 수 있을까? 이런 질문에 어떤 답이 주어지느냐에 따라 우리의 우주관은 크게 달라질 수밖에 없지요. 그래서 외계 문명과의 조우가 중요하게 취급되는 것입니다."

배로 교수는 문명이 고도로 발달하면 이 모든 질문의 답을 찾을 수 있을 것이라며 외계 문명과의 접촉을 내심 기대하는 눈치였다. 그러나 나는 후속 설명을 듣고 놀라지 않을 수 없었다.

"외계 문명과 조우하여 우리가 제기했던 모든 질문의 답을 알게 된다면, 그 자리에서 게임은 종료됩니다. 더는 과학을 탐구할 필요가 없으니까요. 문제집을 풀다가 책 뒤에 붙어 있는 해답지를 미리 보고 모든 답을 알아버렸는데, 계속 풀 마음이 나겠습니까?"

"그런 경우에는 과학을 그만두겠다는 말씀입니까?"

"당연하죠. 그건 일대 재앙입니다."

완벽한 지식을 알려주는 단추가 있다 해도 절대 누르지 않겠다던 멜리사 플랭클린처럼(그녀는 '지식의 두 번째 경계'에서 만난 적이 있다), 존 배로도 책 뒤에 붙어 있는 해답을 미리 보고 싶지 않다고 했다. 그러나 플랭클린과 달리 배로 교수는 제아무리 발달한 외계 문명이라 해도 모든 답을 알아낼 수는 없다고 주장했다. 해답지에 빈칸으로 남아 있는 문제가 존재한다는 것이다.

"안타깝게도 천문학에는 '알 수 없는 미지'가 존재합니다. 열심히 노력하면 이런 문제를 찾아낼 수는 있겠지만 절대로 답을 찾을 수는 없을 겁니다."

선택

많은 사람들은 알 수 없는 미지를 접했을 때 불가지론적 자세를 취한다. 나는 배로 교수와 대화를 나누다가 문득 그의 관점이 궁금해졌다. 그 역시 불가지론자일까? 아니면 무신론자일까?

"사실 저는 기독교 신자입니다."

의외의 답이었다. 나는 그가 쓴 책을 대부분 읽었고 강연도 많이 따라다녔지만 폴킹혼과 달리 자신의 속내를 쉽게 드러내는 사람이 아니었다 (사실 폴킹혼은 사제복을 입고 있어서 굳이 드러내지 않아도 다 보인다). 나 역시 다른 사람들 앞에서 무신론자라고 쉽게 밝히지 않는 편이다. 답할 수 없는 질문에 직면했을 때 무신론적 자세를 고수하는 것만이 능사는 아닐 것이다.

답할 수 없는 질문에 어떻게든 답을 제시해야 할 때에는 소위 말하는 '면피성 논리'가 위력을 발휘한다. 한 가지 질문을 예로 들어보자. 우주는 무한한가? 세월이 아무리 흘러도 결론짓기 어려운 질문이다. 이럴 때 불가지론자가 되는 것이 최선일까?

'지식의 첫 번째 경계'에서 언급했던 '파스칼의 내기'가 여기에도 적용된다. 우주가 정말로 무한하다면 그 사실은 (아마도) 영원히 밝혀지지 않겠지만, 우주가 유한하다면 인류는 언젠가 이 사실을 알게 될 것이다. 그러므로 "우주는 무한하다"고 주장하면 훗날 우주가 유한하다고 밝혀졌을 때 틀린 주장을 한 사람으로 낙인찍힐 것이고 정말로 무한하다 해도 별 소득이 없다. 그러나 "우주는 유한하다"고 주장하면 훗날 우주가 유한하다고 밝혀졌을 때 옳은 주장을 펼친 사람으로 대접받을 수 있고 틀렸다 해도 확인할 길이 없으니 손해 볼 것도 없다.

그런데 우주가 무한히 크다고 가정하면 매우 흥미로운 결과가 나온다. 무한히 큰 우주에는 지금 책을 읽고 있는 당신과 완전히 똑같은 생명체가 무한히 많이 존재할 수 있다. 아니, "존재할 수 있다"가 아니라 "반드시 존재해야 한다." 우주가 무한하다고 믿는 사람도 이 논리를 접하고 나면 생각이 달라질지도 모른다.

내가 신의 존재 여부(초자연적 존재가 우주를 창조했다는 주장)를 놓고 벌이는 '파스칼의 내기'에 동조하지 않는 것도 이런 이유 때문이다. 그런 내기를 하느니 차라리 무신론자가 되는 게 낫다. 물론 우주의 유-무한 여부는 영원히 모를 수도 있다. 그러나 이런 식으로 상상의 나래를 펼치다 보면 다른 가능성이 너무 많아져서 갈피를 잡을 수가 없고, 항상 '최선의 설명'을 추구하는 나의 신조에도 위배된다. 다중 우주 이론은 무한 우주와 비슷하지만 약간 다른 점이 있다. 하나의 우주에 나와 똑같은 생명체가 무한히 많은 것보다는 여러 우주에 나눠서 존재해야 마음이 조금이라도 편하지 않겠는가?

'알 수 없는 것'을 정말로 알 수 있을까?

나는 배로 교수의 연구실을 나오면서 살짝 의기소침해졌다. 그동안 '알 수 없는 것'의 목록을 열심히 만들어왔는데, 무언가를 아는 것이 불가능할 수도 있다는 불길한 느낌에 사로잡혔기 때문이다. 집으로 오는 내내 배로 교수가 쓴 책의 한 구절이 머릿속에서 맴돌았다.

"'불가능'이라는 개념이 대두되면 사람들의 마음속에 경고음이 울리기 시작한다. 우주를 이해하는 인간의 능력에 한계가 있다거나 과학 발전에

무한히 큰 우주에 당신과 똑같은
복사판이 무한히 많이 존재하는 이유

양자 물리학에 따르면 모든 우주 만물은 양자화되어 있다. 수학적 관점에서 보면 유한한 공간 안에는 무한히 많은 점이 존재하지만, 유한한 물리적 공간은 유한개의 점들로 이루어져 있다.

무한한 우주를 무한히 큰 체스판에 비유해보자. 그리고 체스판의 모든 사각형은 검은색 아니면 하얀색으로 칠해져 있다고 가정하자. 그러면 관측 가능한 우주는 무한 체스판의 일부에 해당할 것이다. 이 영역이 10×10개의 사각형으로 이루어져 있다고 하자. 가능한 색의 조합은 총 2^{100}가지이며, 10×10 사각형의 색상 배열 상태는 이들 중 하나일 것이다.

10×10 영역 바깥에 있는 무한 체스판의 색상은 어떤 배열도 가능하며, 모든 배열은 동일한 확률을 가진다. 즉, 다른 배열보다 확률이 높은 특별한 배열이 존재하지 않는다는 뜻이다. 이제 우주를 10×10개의 사각형 영역으로 분할해보자. 각 영역의 가능한 색상 조합의 수는 유한한데(2^{100}), 우주에는 이런 영역이 무한히 많이 존재한다. 따라서 관측 가능한 영역 밖으로 진출하여 계속 나아가다 보면 우리가 살고 있는 10×10 영역과 색상 배열이 완전히 똑같은 영역이 반드시 나타날 것이다(트럼프 카드는 52장이 한 벌인데 카드 100장이 주어져 있다면 그중에는 같은 카드가 '반드시' 존재해야 한다. 그리고 주어진 카드가 100장이 아니라 무한히 많다면, 같은 카드가 무한히 많을 것이다). 그러므로 무한히 큰 우주에는 우리와 똑같은 '지역 우주'가 무한히 많이 존재할 수밖에 없다.

한계가 있다는 주장은 과학에 대한 사람들의 신뢰에 부정적인 영향을 미친다."

이 책에서 지금까지 제기한 질문들 중 우주의 유-무한 여부만큼 답하기 어려운 질문은 없었다. 혼돈 이론은 미래를 예측할 수 없다고 주장하지만, 미래가 현재로 변할 때까지 가만히 기다리기만 하면 결과를 알 수 있다. 주사위를 잘라나가는 경우에도 공간의 양자에 도달하면 더는 자를 수 없으므로 주사위를 자를 수 있는 횟수는 유한하다. 물론 이 과정을 문자 그대로 구현할 수는 없지만 '풀 수 없는 문제'는 아니다.

또한 하이젠베르크의 불확정성 원리는 우리에게 답을 강요하는 것이 아니라, 질문을 하기 전에 질문이 잘 정의되었는지 확인하라고 요구하고 있다. 입자의 위치와 운동량을 동시에 알 수 있는지 묻는 것은 타당한 질문이 아니라는 이야기다.

그러나 우주의 유-무한 여부를 묻는 질문 자체에는 아무런 문제가 없다. 우주는 유한하거나 무한하거나 둘 중 하나이다. 우주가 무한하다면 그 사실을 알아내는 것이 커다란 도전 과제로 남는다. 우주 지평선보다 먼 영역은 망원경에 들어오지 않기 때문이다.

여기서 한 가지 고백할 것이 있다. 우주의 유-무한 여부는 사람들이 생각하는 것만큼 난해한 질문이 아닐 수도 있다. 간접적인 관측을 통해 우주가 무한하다는 것을 증명할 수도 있지 않을까? 그 열쇠는 수학이 쥐고 있다. 수학은 우주를 들여다보는 매우 강력한 망원경이다. 현재 통용되는 물리 법칙이 우주가 유한하다는 가정과 수학적 모순을 일으킨다면, 우주가 무한하거나 물리 법칙이 틀렸거나 둘 중 하나가 된다. 소수점 아래로 아무런 규칙 없이 무한히 이어지는 무리수도 이와 비슷한 논리를 거쳐 발견되었다.

이것이 바로 수학의 위력이다. 우리는 유한한 뇌로 무한대를 알아낼 수 있다. 피타고라스와 그의 추종자들은 "한 변의 길이가 1인 정사각형의 대각선 길이는 정수의 비율(분수)로 표현할 수 없다"는 것을 증명했다. 이런 길이가 존재하려면 소수점 아래로 아무런 규칙 없이 무한히 계속되는 수가 존재해야 한다. 우주가 무한하다는 것은 무리수의 존재를 증명할 때 사용한 귀류법을 통해 증명될지도 모른다.

지금 알 수 없는 것이 영원한 미지로 남는다는 법은 없다. '모르는 것'을 '아는 것'으로 변환시킬 아이디어가 언제 어떻게 출현할지 짐작할 수 없기 때문이다. "우리는 별의 화학 성분이나 광물학적 구조를 결코 알 수 없을 것"이라던 오귀스트 콩트가 아직 살아 있다면 이 교훈을 마음속 깊이 새겼을 것이다.

'알 수 없는 것'은 사람을 끌어당기는 매력이 있다. 그러나 볼 수 없고 갈 수도 없는 우주가 내 책상 위의 종이 모형처럼 유한할 수도 있으므로 '알 수 없는 것'의 매력에 끌려 쉽게 포기하는 것은 결코 바람직한 자세가 아니다. 내 마음속의 '수학'이라는 천체 망원경이 어느 날 종이 모형을 뚫고 우주가 무한하다는 것을 밝혀줄지 누가 알겠는가?

손목시계

9

'어제'와 '내일'을 같은 단어로 말하는 사람들이 있다.
그렇다고 해서 그들이 시간을 장악했다는 뜻은 아니다.
살만 루슈디의 《한밤의 아이들》 중에서

지금 내 손목시계가 오전 8시 50분을 가리키고 있다. 2월의 희미한 태양이 맞은편 집 지붕 위로 떠오른다. 나는 라디오를 켜고 커피를 내린다. 또 다른 하루가 시작된 것이다. 그러나 라디오 스피커가 진동하면서 흘러나오는 프로코피예프Prokofiev의 발레곡 〈신데렐라Cinderella〉는 나에게 시간이 흐르고 있다는 사실을 일깨워준다. 시계가 밤 12시를 알리는 순간, 신데렐라의 꿈같은 무도회는 끝났다. 그리고 지금 나는 인터넷을 이리저리 뒤지고 있다. 울프럼 알파Wolfran Alpha•에 나의 생년월일을 입력하니 지금까지 1만 8,075일을 살았다고 친절하게 알려준다. 내친김에 앞으로 얼마나 살 수 있겠냐고 물었더니 "질문을 이해할 수 없다"며 오리발을 내

• 영국의 물리학자 스티븐 울프럼Stephen Wolfram이 개발한 검색 엔진이다.

민다. 다행이다. 모르는 게 훨씬 낫다. 내가 살아 있는 동안 시곗바늘이 몇 번이나 더 돌아갈지 별로 알고 싶지 않다.

젊은 시절, 나는 모든 것을 알 수 있다며 자신만만해했다. 알 때까지 시간이 걸릴 뿐, '알 수 없는 것'이란 이 세상에 존재하지 않는다고 굳게 믿었다. 그러나 세월이 흐르면서 바로 그 '시간'이 심각한 걸림돌이라는 것을 절실하게 깨달았다. 젊었을 때는 무한정 살 것 같았는데, 중년이 되고 보니 무한은커녕 인생이 너무 짧게 느껴진다. 아마도 나는 모든 것을 알지 못한 채 세상을 떠날 것이다. 그러나 이것은 나의 개인적인 한계일 뿐이다(이 한계는 다음 장에서 논하겠다). 내가 죽은 후에 인류는 모든 것을 알아낼 수 있을까? 가만…… 혹시 시간도 공간처럼 끝이라는 게 있지 않을까? 공간의 유–무한 여부는 알 수 없다지만 시간은 어떤가? 시간은 과연 무한히 계속될 것인가? 대부분의 사람들은 시간이 영원히 흐른다고 생각할 것이다. 내 시계도 배터리만 꾸준히 갈아주면 언제까지나 잘 돌아갈 것 같다. 그러나 누군가가 "시간에도 시작이 있었는가? 아니면 무한히 먼 과거부터 계속 흘러왔는가?"라고 물으면 갑자기 할 말이 없어진다.

나는 미래를 볼 수 없지만 과거는 이미 결정되어 있다. 그렇다면 과거를 되돌아보며 시간에 시작이 있었는지, 또는 영원한 과거부터 계속 흘러왔는지 알 수 있을까? 현재 통용되는 우주론에 따르면 우주에는 시작이 있었다. 팽창하는 우주를 거꾸로 추적하여 138억 년 전으로 되돌아가면 온도와 밀도가 무한대인 특이점, 즉 빅뱅에 도달한다. 그렇다면 빅뱅 전에는 무엇이 있었는가? 그곳은 과학이 도달할 수 없는 영역일까? 아니면 현재의 우주에서 빅뱅 이전의 상태를 알려주는 실마리를 찾을 수 있을까?

철학자와 과학자들은 오랜 세월 동안 시간 때문에 골머리를 앓아왔다.

시간을 이해하려면 ‘우주가 텅 비어 있지 않고 무언가가 존재하게 된 이유’를 알아야 하기 때문이다. 창조의 순간을 논하는 것은 시간의 기원을 논하는 것과 크게 다르지 않다.

대부분의 사람들은 우주가 빅뱅에서 시작되었다고 생각할 것이다. 신앙심이 깊은 사람들도 빅뱅을 천지창조와 같은 개념으로 받아들이고 있다. 다 좋다. 신이 창조했건, 저절로 폭발했건, 빅뱅이 일어난 날이 곧 우주의 생일이다. 그런데 한 가지 의문이 머릿속에서 계속 맴돌고 있다. 바로 “빅뱅 이전에는 무슨 일이 있었는가?”이다.

솔직히 말해서, 나는 지난 몇 년 사이에 우주론 학자들이 제시한 모범 답안을 선호하는 편이다. ‘빅뱅 이전’을 논하려면 빅뱅이 일어나기 전에도 시간이 흘렀다고 가정해야 하는데, 현실은 그리 녹록치 않다. 아인슈타인의 상대성 이론에 따르면 시간과 공간은 하나의 좌표 세트로 엮여 있기 때문에(이 좌표로 서술하는 공간을 시공간이라 한다) 공간이 있어야 시간도 흐를 수 있다. 둘 중 하나를 따로 창조하기가 불가능하다는 이야기다. 그리고 시간과 공간이 빅뱅과 함께 탄생했다면 ‘빅뱅 이전’이라는 말은 의미를 상실한다.

그러나 우주론 학자들 중에는 시간을 수학적으로 표현할 수 없다고 믿는 사람도 있다. 시간이 우리의 어설픈 개념을 넘어서 있다면 빅뱅 이전은 쉽게 폐기할 문제가 아니다. 단, 시간의 의미를 추적하려면 몹시 황당한 아이디어 속으로 뛰어들어야 한다.

사람들은 손목시계를 볼 때 시곗바늘의 움직임까지 눈여겨보지 않는다. 이제 마음을 가다듬고 다시 시계를 바라보니 움직이는 초침이 눈에 들어온다. 지금 시간은 대충…… 오전 9시 15분이다. 초소형 전기모터로 작동되는 조그만 톱니바퀴가 1초마다 초침을 1/360°씩 돌리고 있다. 이 주기 운동의 원천은 시계 속에 내장되어 있는 수정水晶, quartz crystal이다. 소형 배터리가 수정에 전력을 공급하면 1초당 32,768회로 진동한다. 이 값은 2^{15}에 해당하는데, 2의 거듭제곱수는 디지털 회로 소자를 이용하여 역학적 진동으로 쉽게 바꿀 수 있다. 또한 수정의 고유 진동수는 온도나 기압, 또는 고도가 달라져도 쉽게 변하지 않는다는 장점을 갖고 있으며(추시계는 고도에 따라 속도가 달라진다), 진동은 주기 운동이므로 시간을 기록하기에 매우 적절하다. 이 정도면 시간 측정 장치로 충분하다고 할 수 있을까?

초침이 가는 소리를 듣고 있자니 더는 미적거리면 안 된다는 생각이 불현듯 떠오른다. 원고 마감일이 얼마 남지 않은 관계로, 빨리 서둘러야 한다······.

시간이란 무엇인가?

시간을 정의하기 위해 이런저런 논리를 펼치다 보면 쳇바퀴 돌듯 원점으로 되돌아오기 십상이다. 시간은 나의 손목시계를 움직이게 하고, 모든 사건이 동시에 일어나는 것을 방지하고, 맛있는 음식을 하루에 여러 번 먹을 수 있게 해주고······ 기타 등등이다. 4세기의 신학자 성 아우구스티누스는 그 유명한《참회록Confessions》에 다음과 같이 적어놓았다.

"시간이란 무엇인가? 이런 질문을 아무도 하지 않을 때, 나는 답을 알고 있다. 그러나 누군가가 나에게 질문을 던지면 아무런 설명도 할 수 없다."

시간을 측정하는 것은 지극히 수학적인 행동이다. 우리는 행성의 움직임이나 계절 변화, 흔들리는 진자, 또는 원자의 진동을 통해 시간을 측정한다. 19세기 오스트리아의 물리학자 에른스트 마흐Ernst Mach는 "시간이란 사물의 변화가 반영된 추상적 개념"이라고 했다.

프랑스의 라스코 동굴에는 인류 최초로 시간을 기록한 흔적이 남아 있다. 1940년에 네 명의 프랑스 소년들이 '로봇'이라는 개를 따라 들어왔다가 우연히 발견한 이 동굴에는 15,000년 전 구석기 시대 원시인들이 그린 각종 벽화가 거의 원형 그대로 남아 있으며, 그중에서도 들소, 말, 사슴 그림이 가장 유명하다.

나는 라스코 동굴을 방문한 적이 있는데, 워낙 오래되고 망가지기 쉬운 유적이어서 원래 동굴 옆에 새로 뚫어놓은 모조 동굴에 들어가 모조품을 감상하는 것으로 만족해야 했다. 그러나 모조품도 매우 정교하게 복원되어 있어서, 구석기 시대 인류의 뛰어난 예술 감각과 동물들의 역동적인 에너지를 느끼는 데에는 부족함이 없었다. 동굴에는 그림 외에도 여러 개의 점이 찍혀 있는데, 일부 고고학자들의 주장에 따르면 시간의 흐름을 기록한 흔적이라고 한다.

어떤 점들은 플레이아데스 별자리를 표현한 것으로 추정된다. 고대인들은 밤하늘에 이 별자리가 처음 나타나는 날을 새해 첫날로 간주했다. 동굴이 거의 끝나는 곳에서는 커다란 수사슴 그림과 13개의 사각형 점들이 눈에 들어왔고, 그 옆에는 임신한 들소 그림과 함께 26개의 점이 찍혀 있었다.

일부 고고학자들에 따르면 이 점들은 달의 1/4주기, 즉 7일에 해당하는 시간을 기록한 흔적이라고 한다. 달의 1/4주기는 밤하늘에서 쉽게 관측할 수 있다. 1/4주기의 13배는 1년의 1/4, 또는 한 계절에 해당한다. 플레이아데스 별자리가 밤하늘에 처음 나타난 날로부터 1/4년이 지나면

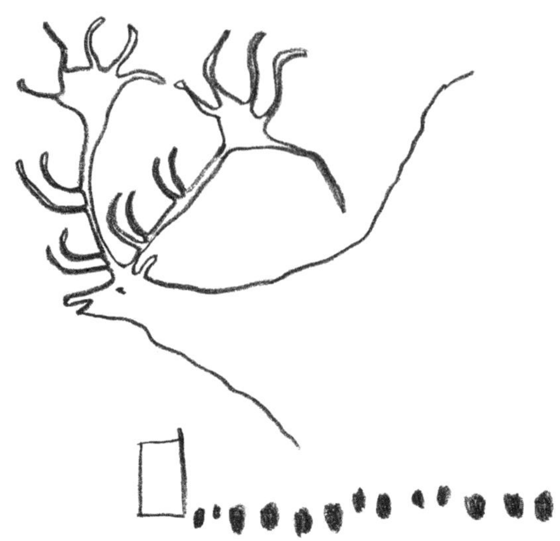

사슴이 본격적으로 활동을 시작할 것이므로, 위의 그림은 사슴 사냥철을 표기한 달력일 가능성이 높다. 그 옆에 있는 26개의 점도 똑같은 논리로 해석하면 반년에 해당하는데, 이 시기에는 임신한 들소가 많기 때문에 들소 사냥철을 알리는 표식이었을 것이다.

사냥 목록과 시기를 적어놓은 것으로 보아, 라스코 동굴 벽화는 신참 사냥꾼을 위한 일종의 훈련 지침서였을 것이다. 원시인들은 규칙적으로 반복되는 사건에서 시간의 흐름을 느꼈다.

그 후로 1967년까지 태양과 달, 별의 주기는 인간에게 시간의 척도를 제공해왔다. 흥미로운 것은 자연 현상을 기준으로 1년과 1달, 하루의 길이를 결정한 반면, 하루를 세분화한 시, 분, 초의 단위는 자연 현상과 아무런 관련이 없다는 점이다. 고대 바빌로니아와 이집트인들이 하루를 24시간으로, 1시간을 60분으로 나눈 것은 순전히 계산의 편의를 위한 선택이었다. 24와 60은 근처의 다른 수보다 약수가 많기 때문에 여러모로 편리하다. 나폴레옹은 전통적인 십진법을 시간에 도입하여 일주일을 10일로, 하루를 10시간으로 수정했으나 다른 국가와 정보를 교환하면서 극도의 혼란을 겪다가 실행 2년 만에 7일/24시간으로 되돌아왔다(사람들은 하루 일과를 손가락으로 헤아리는 데 익숙하지 않았다).•

시간의 가장 작은 단위인 '초秒, second'는 현대에 이르러 극적인 변화를 겪게 된다. 1967년 이전까지는 지구의 자전 주기와 공전 주기를 통해 정의된 초 단위를 사용해왔는데, 값이 수시로 변하여 시간의 기본 단위로는 적절치 않았다. 예를 들어 6억 년 전에는 지구의 자전 주기가 22시간이었고 공전 주기는 거의 400일에 가까웠다. 그런데 바다의 조석 현상이 지구의 자전 에너지를 달에 전달하여 지구의 자전 속도는 점점 느려지고, 달은 지구로부터 점점 멀어지고 있다. 태양과 지구 사이에서도 이와 비슷한 현상이 일어나 지구의 공전 주기가 일정하지 않다.

이 사실을 잘 알고 있던 도량형 학자들은 1967년에 특단의 조치를 취했다. 시간의 척도를 우주에서 찾는 대신 운동이 한결같은 원자에서 찾기로 한 것이다. 이때 제정된 1초의 정의는 다음과 같다.

> 절대 온도 0K에서 세슘 원자(Cs-133)가 바닥상태의 초미세 준위 사이에서 전이할 때 방출되는 복사(전자기파)의 주기의 9,192,631,770배를 1초로 정의한다.

참으로 장황하다. 언젠가 나는 런던 남동부에 있는 국립물리학도서관

• 아니다. 여기에는 더 중요한 이유가 있다. 일주일을 10일로 늘이면 1년에 52회 찾아오던 일요일이 36회로 줄어든다. 휴일이 줄어드는 것을 어느 누가 반기겠는가?

에 갔다가 원자시계를 본 적이 있다. 라디오 방송국과 빅벤Big Ben에 정확한 시간을 알려주는 바로 그 시계이다. '원자'라는 말을 듣고 아주 작은 시계를 상상했는데 실물은 도저히 손목에 차고 다닐 수 없을 정도로 엄청나게 컸다. 여섯 개의 레이저가 세슘 원자를 가두고 있다가 위에 있는 마이크로파 상자로 보내면 중력 때문에 다시 아래로 떨어지면서(이 과정을 세슘 분수cesium fountain라 한다) 마이크로파의 영향을 받아 복사를 방출한다. 이 복사파의 주기가 9,192,631,770번 반복될 때마다 초침이 한 칸씩 이동하는데, 눈으로 봐서는 얼마나 정확한지 감을 잡기가 어려웠다.

전 세계 국립도서관에 전시되어 있는 원자시계는 인간이 발명한 최고의 측정 장치로 부족함이 없다. 원자시계의 오차는 1억 3,800년에 1초 이내로서, 이보다 정확한 시계는 당분간 만들 수 없고 만들 필요도 없다. 이 정도면 시간을 안다고 자신 있게 말할 수 있을까? 아니다. 시간이 흐르는 속도는 수시로 달라지기 때문에 주야장천 일정한 속도로 가는 시계를 만들었다고 해서 시간을 이해했다고 말할 수는 없다. 원자시계 두 개가 각기 다른 속도로 빠르게 움직이면 아인슈타인의 특수 상대성 이론에 따라 초침이 금방이라도 달라질 수 있다.

기차의 전조등

뉴턴은 시간과 공간이 물체의 운동과 무관한 절대적 양이라고 믿었다. 그는 자신의 명저 《프린키피아》에 "수학적 시간은 절대적인 양으로, 외부의 어떤 것에도 영향 받지 않고 일정한 빠르기로 흐른다"라고 시간에 대해 적었다.

뉴턴에게 시간과 공간이란 자연의 이야기를 풀어나가는 배경에 불과했다. 공간은 우주의 연극이 진행되는 무대였고, 시간은 연극이 얼마나 오래 진행되었는지를 알려주는 척도였다. 그는 (절대로 틀리지 않는) 시계를 우주 곳곳에 흩어놓아도 언제 어디서나 같은 시간을 가리킨다고 굳게 믿었다. 그러나 다른 물리학자들은 뉴턴의 주장을 쉽게 받아들이지 않았다. 특히 뉴턴의 라이벌이었던 독일의 수학자 라이프니츠는 시간이 상대적 개념으로만 존재한다고 생각했다.

1887년에 미국의 물리학자 앨버트 마이클슨Albert Michelson과 에드워드 몰리Edward Morley는 물리학사에 남을 유명한 실험을 통해 라이프니츠의 생각이 옳았다는 것을 입증했다. 이들은 진공 중에서 빛의 속도가 관측자의 운동 상태에 상관없이(광원을 향해 다가가건 멀어지건 상관없이) 항상 일정하다는 사실을 알아냈는데, 훗날 아인슈타인은 이 실험에 기초하여 특수 상대성 이론을 완성하게 된다. 특수 상대성 이론에서 시간은 뉴턴의 생각과 달리 절대적인 양이 아니었다.

빛의 속도가 관측자의 운동 상태에 상관없이 항상 일정하다는 것은 우리의 직관과 정면으로 상치된다. 태양 주변을 공전하는 지구를 예로 들어보자. 내가 지구상의 한곳에 망원경을 설치하고 멀리 있는 별에서

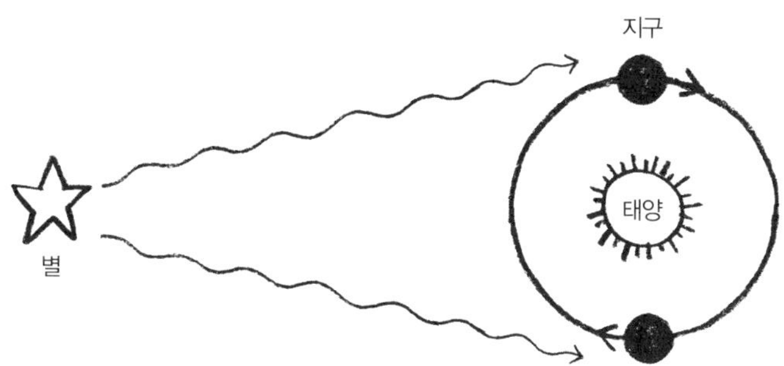

방출된 빛의 속도(광속)를 측정한다면, 지구가 별을 향해 다가갈 때 관측한 광속은 별에서 멀어질 때 관측한 광속보다 빨라야 할 것 같다.

뉴턴의 고전 물리학에 따르면 내가 90km/h로 달리는 기차 안에서 10km/h의 속도로 달리고 있을 때, 플랫폼에 서 있는 사람이 관측한 나의 속도는 100km/h이다. 그렇다면 90km/h로 달리는 기차가 전조등을 켰을 때, 플랫폼에서 관측한 빛의 속도는 원래의 광속보다 90km/h만큼 빨라야 할 것이다. 그런데 마이클슨과 몰리의 실험에서 보면, 기차의 전조등에서 방출된 빛의 속도는 플랫폼에서 관측하건 달리는 기차 안에서 관측하건 결과가 항상 똑같다. 왜 그럴까? 움직이는 광원에서 방출된 빛의 속도는 왜 달라지지 않을까? 이것은 뉴턴이 생각했던 상대 속도 계산법이 틀렸다는 것을 의미했다. 상대 속도는 두 속도를 단순히 더하거나 빼는 것으로 얻어지는 양이 아니었다. 여기에는 훨씬 미묘하고 심오한 사연이 숨어 있었는데, 그 비밀을 알아낸 사람이 바로 아인슈타인이었다.

1905년에 아인슈타인은 빛의 속도가 일정한 이유를 추적하다가 과학사에 길이 남을 특수 상대성 이론을 완성했다. 이 이론 때문에 뉴턴의 고전 물리학은 수정이 불가피해졌고 인류의 우주관은 극적인 변화를 겪게 되었다. 알고 보니 시간과 공간은 절대적 개념이 아니라 관측자의 운동 상태에 따라 달라지는 상대적 양이었다. 당시 아인슈타인은 스위스 특허청의 말단 서기였는데, 주 업무는 자갈 분류기와 전동 타자기 등 발명가들이 제출한 각종 발명품의 성능을 확인하는 것이었지만, 전기를 이용하여 시계를 맞추는 전기동조장치를 직접 발명하기도 했다. 그는 이 과정에서 몇 가지 사고 실험을 수행했고, 얼마 후 이 실험은 특수 상대성 이론이라는 위대한 결과로 이어지게 된다.

상대론적 속도 합산법

한 사람이 다가오는 기차를 향해 달려가고 있다. 기차의 속도를 v, 사람의 속도를 u라 했을 때 두 물체가 가까워지는 속도는 $u+v$일 것 같지만, 특수 상대성 이론에 따르면 그렇지 않다. 아인슈타인이 계산한 둘 사이의 상대 속도 s는 다음과 같다.

$$s = \frac{u+v}{1+(uv/c^2)}$$

여기서 c는 빛의 속도이다. 대부분의 경우 u와 v는 c보다 훨씬 작으므로 uv/c^2이 거의 0에 가까워서 $s=u+v$인 것처럼 보였던 것이다. 그러나 u와 v가 c에 견줄 정도로 빨라지면 상대론적 효과가 크게 나타나서 더는 $s=u+v$라는 근사식을 쓸 수 없게 된다. 위의 공식에 따르면 이 세상 그 어떤 것도 빛보다 빠를 수 없다.*

---

* $u+v$가 c보다 커도 s는 절대로 c를 넘지 않는다.

아인슈타인이 떠올렸던 시간 개념을 이해하려면 일단 시계가 필요하다. 구조가 복잡할 필요는 없고 일정한 주기로 같은 운동을 반복하는 장치면 된다. 국립물리학도서관에 전시된 원자시계를 사용할 수도 있지만, 상대 운동이 시간에 미치는 영향을 이해하는 것이 목적이라면 광자 하나와 거울 두 개로 충분하다. 지금부터 "빛의 속도는 관측자의 운동 상태와 무관하게 항상 일정하다"는 마이클슨과 몰리의 실험 결과를 이용하여 재미있는 실험을 해보자.

아래 그림과 같은 초간단 시계를 두 개 만들어서 하나는 지구에 있는 당신에게 주고, 나머지 하나는 내가 지닌 채 우주선에 탑승했다고 하자. 특수 상대성 이론에서 보면, 움직이는 물체는 이동 방향으로 길이가 줄어들기 때문에 이 영향을 받지 않으려면 우주선의 진행 방향과 광자가 왕복하는 방향이 수직을 이루도록 조절해야 한다(우주선의 진행 방향과

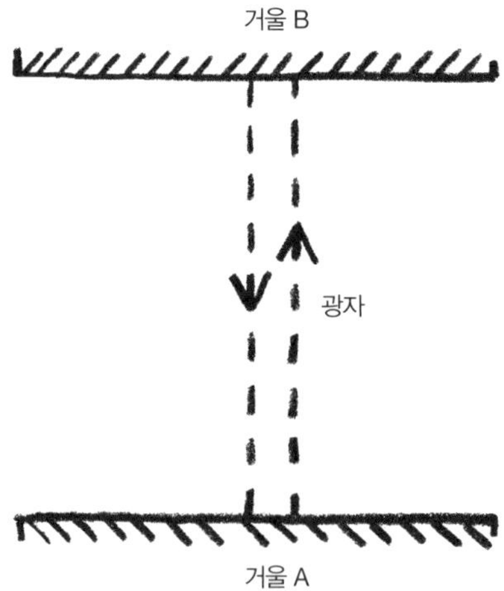

거울 면이 나란하도록 세팅하면 된다). 그렇지 않으면 두 거울 사이의 간격이 달라져서 당신의 시계와 내 시계가 맞지 않기 때문이다. 자, 이것으로 준비는 끝났다. 이제 남은 일은 당신의 관점에서 볼 때 우주선을 타고 날아가는 나의 시계가 당신의 시계보다 느리게 간다는 사실을 증명하는 것이다. 어려운 수학은 필요 없다. 중학교 때 배운 피타고라스 정리만 떠올리면 된다.

빛의 속도가 언제 어디서나, 어떤 상황에서도 한결같다면 지구에서 두 거울 사이를 왕복하는 광자와 우주선 안에서 왕복하는 광자는 동일한 속도로 움직일 것이다. 이것이 바로 마이클슨과 몰리가 얻은 실험 결과였다. 우주선은 지구에 대하여 빠른 속도로 움직이고 있지만 광자의 속도에는 아무런 영향도 주지 않는다. 이제 지구에 남은 당신은 광자의 속도를 쉽게 알아낼 수 있다. 두 거울 사이의 거리를 '광자가 한 번 왕복하는 데 걸린 시간'으로 나누면 된다(물론 거리와 시간은 지구에 있는 도구로 측정한다). 그렇다면 우주선 안에 있는 나의 시계는 어떻게 될까? 움직이는 시계도 똑같은 성능을 발휘할 수 있을까?

두 거울 사이의 거리를 4m라 하자. 그리고 광자가 한쪽 거울에서 반대쪽 거울로 가는 동안 나를 태운 우주선은 지구의 관측 장비로 쟀을 때 3m 전진한다고 가정하자. 우주선 안에서 보면 광자가 수직 방향으로 왕복하는 것처럼 보이지만, 우주선은 거울 면에 나란한 방향으로 이동하고 있으므로 광자의 실제 경로는 비스듬한 직선(직각삼각형의 빗변)이다. 여기에 피타고라스 정리를 적용하면 광자의 이동 경로는 4m가 아닌 5m라는 것을 알 수 있다. 아인슈타인의 특수 상대성 이론을 이해하는 데 필요한 수학은 이것이 전부이다.[•]

광자가 5m 날아가는 동안 우주선에 고정된 거울이 3m 진행했으므로,

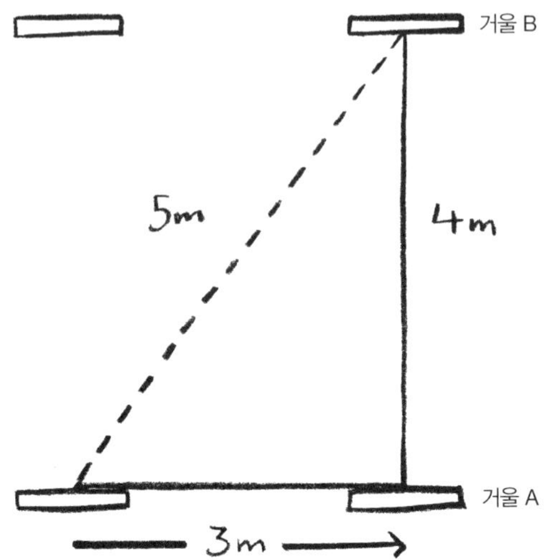

우주선 안에서 광자가 4m 간격으로 떨어져 있는 거울 사이를 주파하는 동안
우주선이 3m 전진한다면, 광자는 피타고라스 정리에 따라 5m를 날아가게
된다. 이런 경우 우주선의 속도는 광속의 3/5배이다.

지구에 대한 우주선의 속도는 광속의 3/5배라는 것을 알 수 있다.

여기서 중요한 것은 지구의 광자도 이 시간 동안 같은 거리를 이동한
다는 점이다. 우주선에서 광자가 5m를 가는 동안, 지구의 광자도 무조건
5m를 날아간다. 그러나 두 거울 사이의 거리는 4m이다. 즉, 우주선의 광
자가 거울 A에서 출발하여 거울 B에 도달하는 동안, 지구의 광자는 거울
A에서 출발하여 B에 반사된 후 아래로 1m를 더 간다는 뜻이다. 광자가
거울을 한 번 왕복하는 데 걸리는 시간을 '1틱'이라 하면, 우주선에서 1틱
이 지나는 동안 지구에서는 1.25틱이 흐르게 된다. 거꾸로 말하면 지구에

● 조금 과장된 말이다. 좌표 변환을 하려면 대수학을 알아야 하고, 그 유명한 $E=mc^2$을 이해
하려면 적분도 할 줄 알아야 한다.

서 1틱이 지나는 동안 우주선에서 흐른 시간은 0.8틱에 불과하다. 따라서 지구에 있는 당신의 관점에서 볼 때 내 시계는 4/5배 느리게 직동한다! 물론 시계만 느려진 것이 아니다. 당신이 우주선 내부를 볼 수 있다면 모든 사건이 지구보다 느리게 진행될 것이다.

왜 이런 결과가 나왔는지 이해하기 위해 거울 사이를 왕복하는 광자에 집중해보자. 우주선과 지구에서 광자는 똑같은 속도로 움직인다. 아래 그림은 시간에 따른 두 광자의 위치 변화를 비교한 것이다. 우주선의 광자는 지구에서 볼 때 '비스듬한' 방향으로 이동하기 때문에, 맞은편 거울에 도달하려면 원래 4m보다 더 먼 거리(5m)를 가야 한다. 그러므로 지구에서 보면 당신의 광자가 우주선 안의 광자보다 맞은편 거울에 먼저 도달할 것이고, 그 결과 당신의 시계가 더 빠르게 가는 것이다.

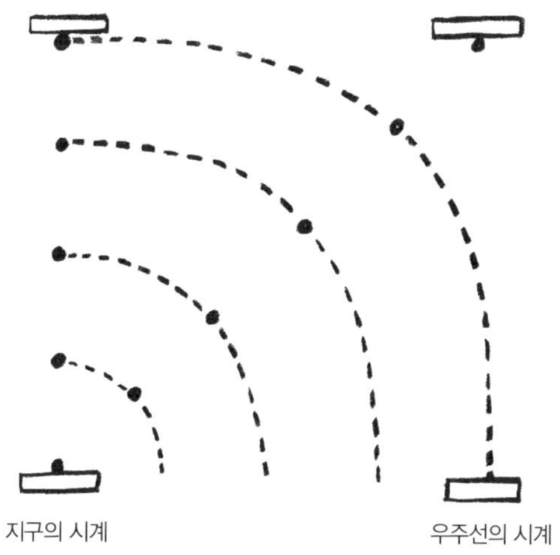

광자가 일정 시간 동안 이동한 거리를 점선으로 나타낸 그림이다. 지구에서는 네 칸을 이동하면 맞은편 거울에 도달하지만, 비행 중인 우주선에서는 다섯 칸을 이동해야 한다. 그러므로 지구에서 볼 때 우주선의 시계는 지구의 시계보다 느리게 가는 것처럼 보인다.

그렇다면 지구에 남아 있는 당신보다 시간이 느리게 흐르는 우주선에 탑승한 내가 더 오래 산다는 뜻일까? 아니다. 한쪽이 일방적으로 유리하다면 애초부터 '상대성relative'이라는 단어를 쓰지 않았을 것이다. 우주선에 탄 나의 관점에서 두 시계를 비교하면 통상적 직관에서 벗어난 결과가 나온다. 이것이 바로 '상대성 원리'의 핵심이다. 이 원리에 따르면 등속 운동을 하는 사람은 자신이 움직이고 있다는 것을 알아낼 방법이 없다(물론 물체가 움직일 때도 마찬가지다). 이 원리를 확립한 사람은 아인슈타인이 아닌 뉴턴이었으며(그래서 '뉴턴의 원리'라고도 한다), 최초로 알아낸 사람은 갈릴레오로 알려져 있다. 예를 들어 당신을 태운 기차가 역에 정차했는데, 때마침 맞은편 선로에 다른 열차가 도착했다고 가정해보자. 이런 경우에는 플랫폼이 열차에 가려서 보이지 않기 때문에 내가 탄 열차의 운동 상태를 판단하기가 쉽지 않다. 맞은편에서 열차가 움직이는 광경을 보고 "내가 탄 열차는 아직 서 있군. 정차 시간이 왜 이렇게 긴 거야?"라며 투덜댔다가, 잠시 후 움직이는 플랫폼을 보고 "아하! 내가 탄 열차가 출발한 거였네?"라며 속으로 웃은 경험이 있을 것이다(물론 정지 상태의 열차가 움직이려면 가속 운동을 해야 하지만, 가속도가 크지 않으면 혼동을 일으키기 쉽다). 이처럼 두 물체가 등속 운동을 할 때에는 어느 쪽이 움직이는지 판단할 수 없다.•

이 원리를 우리의 광자 시계에 적용해보자. 우주선은 등속 운동을 하고 있으므로 거기 탑승한 나는 나를 태운 우주선이 움직인다는 것을 확인할 길이 없다.•• 그리고 나의 관점에서 보면 움직이는 것은 우주선이 아니라 지구이다. 지구가 광속의 3/5에 달하는 속도로 도망가고 있다!

<hr>

• 정지 상태도 속도=0인 등속 운동이다.

이런 상황에서 위와 동일한 논리를 적용하면 느리게 가는 것은 나의 시계가 아니라 지구에 있는 시계이다. 결론적으로 말해서, 두 물리계가 서로에 대하여 등속 운동을 하는 경우 "상대방의 시계(시간)는 내 시계보다 느리게 간다." 이처럼 '시간'이란 일상적으로 통용되는 것보다 훨씬 미묘하면서도 모호한 개념이다.

상대성 원리에 입각하여 논리를 전개하다 보니 위와 같은 결과가 나오긴 나왔는데, 아무리 생각해도 이해가 가지 않는다. 우주선의 시계가 지구의 시계보다 느리게 가면서 어떻게 또 빠르게 갈 수 있단 말인가? 이 모든 혼란을 일으킨 주범은 광자이다. "광자는 관측자의 운동 상태에 상관없이 항상 같은 속도로 이동한다"는 황당무계한(그러나 사실이 분명한) 출발점에서 시작했기 때문에 황당무계한 결과가 나온 것이다. 그러나 광자의 속도 불변성은 다양한 실험을 거쳐 확인된 사실이므로 받아들일 수밖에 없고, 이 사실을 수용하면 '빠르면서 느린 시계'도 받아들여야 한다. 이 결과는 물리학이 아니라 수학으로 얻은 결과이기 때문이다. 그래서 나는 수학을 좋아한다. 수학은 이상한 나라로 통하는 토끼굴로 우리를 밀어 넣기 때문이다.

지구에서 볼 때 느려지는 것은 우주선의 광자 시계뿐만이 아니다. 우주선 안에서 시간이 소요되는 모든 물리적 과정이 일제히 느려진다. 그러나 우주선에 타고 있는 나는 시계가 느려졌다는 것을 알 길이 없다. 광자 시계뿐만 아니라 손목에 차고 있는 쿼츠 시계와 우주선 라디오에서

●● 물론 심증으로는 당연히 움직이고 있다고 생각하겠지만 자신이 움직이고 있다는 것을 확인할 방법이 없다는 뜻이다. 우주선 창밖의 풍경이 뒤로 지나간다고 해서 우주선이 앞으로 나아간다고 주장할 수도 없다. 그 풍경들이 '실제로' 뒤로 움직이고 있을지도 모르기 때문이다.

흘러나오는 프로코피예프의 발레곡, 내 몸의 노화 속도, 뇌신경의 반응 속도 등 모든 것이 일제히 같은 비율로 느려졌기 때문에, 내 눈에는 모든 것이 정상으로 보인다.

그러나 지구에 있는 당신이 볼 때 나의 시계는 느려졌고, 프로코피예프의 발레곡은 길게 늘어진 장송곡처럼 들릴 것이며, 나의 모든 행동도 느려지고 나이도 천천히 먹는 것처럼 보일 것이다. 따라서 시간은 상대적 개념이며 우리의 시간 감각도 상대적이다. 빠르고 느린 정도를 판단하려면 비교 대상이 있어야 한다. 이 세상의 모든 사건이 일제히 두 배 빨라지거나 두 배 느리게 진행된다 해도, 우리는 그 사실을 절대로 알 수 없다. 내가 우주선에서 아무런 이상 징후를 느끼지 못하는 것과 같은 이치다. 신기한 것은 나의 기준에서 볼 때 지구에서 일어나는 모든 사건이 느리게 진행된다는 점이다.

속도를 높여서 수명을 늘이다

관측자에 대하여 움직이는 물리계에서는 모든 사건이 느리게 진행된다.[*] 이 현상을 우리에게 몸소 보여준 최초의 증인은 '지식의 두 번째 경계'에서 언급한 뮤온이다. 우주선cosmic ray이 대기에 진입하면 대기 입자와 충돌하면서 다양한 소립자가 생성되는데, 전자의 무거운 버전인 뮤온도 그중 하나이다. 뮤온은 태생적으로 불안정하기 때문에 생성된 후 짧은

---

* 좀 더 정확하게 말해서 "관측자가 볼 때 모든 사건이 느리게 진행되는 것처럼 보인다."

시간 내에 다른 안정된 입자로 붕괴된다.

붕괴되는 입자의 통계적 성질을 양으로 나타내주는 것이 '반감기'이다. 반감기는 여러 개의 뮤온을 한곳에 모아놓은 후 이들 중 절반이 붕괴될 때까지 걸리는 시간을 말한다(특정 입자가 언제 붕괴될지는 아무도 알 수 없다. 이것은 '지식의 세 번째 경계'에서 다뤘던 내용이다. 주사위의 눈금을 확률적으로밖에 예측할 수 없는 것처럼, 입자 수명은 반감기라는 통계적 수치를 통해 짐작할 수밖에 없다). 뮤온의 반감기는 2.2마이크로초(100만 분의 2.2초)로 알려져 있다.

뮤온의 수명(반감기)이 워낙 짧기 때문에, 이들이 상공에서 생성된 후 아래쪽을 향해 광속으로 내달린다 해도 지표면에 도달할 수 없다. 그런데 놀랍게도 지표면에 설치된 감지기에서 확률적으로 예견된 것보다 훨씬 많은 양의 뮤온이 감지된다. 어떻게 그럴 수 있을까? 비결은 바로 상대성 이론이었다. 뮤온은 거의 빛에 가까운 속도로 움직이기 때문에 뮤온의 시간은 정지 상태에 있는 우리의 시간보다 훨씬 느리게 흐른다. 즉, 뮤온의 반감기가 지구의 시계로 측정한 값보다 훨씬 길다는 뜻이다. 이렇게 길어진 시간 동안 뮤온은 우리의 예상보다 훨씬 먼 거리를 이동하여 지표면에 도달한 것이다.

이 상황을 뮤온의 관점에서 서술하면 어떻게 될까? 뮤온이 시계를 가지고 있다면 자신이 움직이는 동안 시계는 정상적으로 작동할 것이고, 그 대신 지구에 고정된 시계가 느리게 가는 것처럼 보일 것이다. 그렇다면 뮤온이 느끼는 수명은 100만 분의 2.2초에 불과한데, 어떻게 지표면까지 날아올 수 있을까? 두 물리계가 상대 운동을 할 때 변하는 것은 시간만이 아니다. 상대방의 시계가 내 시계보다 느리게 가는 것처럼 상대방이 가지고 있는 물체도 내가 가지고 있는 물체보다 짧아진다. 즉, 모든 길이가 진행 방향으로 줄어드는 것이다. 뮤온이 처음 생성된 곳에서 지표면까지의 거리(공간)는 지구에서 측정한 값인데, 달리는 뮤온의 입장에서 보면 이 공간 자체가 이동하고 있으므로 거리가 크게 줄어든다. 뮤온의 입장에서 볼 때 수명은 길어지지 않았지만 이동 거리가 짧아졌기 때문에 100만 분의 2.2초 사이에 지표면에 도달할 수 있었던 것이다.

그렇다면 나도 빠르게 움직여서 수명을 늘일 수 있을까? 주어진 운명을 특수 상대성 이론으로 극복할 수 있을까? 빠른 속도로 내달리면 시간은 느리게 가겠지만 문제는 시간만 느려지는 게 아니라 모든 물리적, 생물학적 과정도 함께 느려진다는 것이다. 마음 같아서는 광속에 가까운 속도로 날아다니면서 시간을 절약하여 어려운 수학 문제를 더 많이 풀고 싶지만, 내 머리가 돌아가는 속도도 똑같은 비율로 느려지기 때문에 아무런 소득이 없을 것이다. 나는 광속에 가까운 속도로 날아가는 우주선 안에서 아무런 속도감도 느끼지 못한 채 지극히 정상적인 삶을 살 것이고, 창밖의 물체들은 광속에 가까운 속도로 스쳐 지나갈 것이다. 나의 관점에서 보면 움직이는 것은 나를 태운 우주선이 아니라 '우주선을 제외한 모든 우주'이다.

상대론의 개들

1905년에 발표된 특수 상대성 이론은 우리가 매일 시계를 보며 느끼는 시간이 기존의 생각보다 훨씬 유동적 개념이라는 것을 적나라하게 보여주었다. 그런데 시간의 동시성simultaneity까지 고려하면 '절대적인 시간'은 정말로 발붙일 곳이 없어진다. 아인슈타인은 특허청에서 전기동조장치를 개발하다가 의외의 문제에 직면했다. 두 사건이 '동시'에 일어났다는 것은 과연 무슨 뜻일까? 한 사람이 볼 때 동시에 일어난 사건은 다른 사람의 눈에도 동시로 보일까? 그 답은 두 사람의 운동 상태에 따라 달라진다.

내가 좋아하는 쿠엔틴 타란티노Quentin Tarantino 감독의 데뷔작 〈저수지의 개들Reservoir Dogs〉에 경의를 표하는 뜻에서 〈상대론의 개들Relativistic Dogs〉이라는 제목으로 하나의 스토리를 만들어보았다. 이 영화의 배경은 달리는 기차이다(상대성 이론에 등장하는 대부분의 사례는 달리는 기차를 배경으로 하고 있다). 은행 강도 A, B가 기차의 양끝에 서서 성능이 같은 권총으로 상대방을 겨누고 있다. 사실 이들은 결투를 하려는 게 아니라 기차의 가운데 지점에 서 있는 C를 쏘려는 것이다. 어느 순간 기차가 역에 도착하지만 강도들이 점령한 기차가 역에 정차할 리가 없다. 지금 기차는 속도를 조금도 줄이지 않은 채 역을 통과하는 중이고, 플랫폼에서 기차를 기다리던 경찰관 D가 이 모든 광경을 지켜보고 있다(기차의 외벽은 투명한 아크릴로 되어 있어서 속이 훤히 들여다보인다). 이 모든 상황을 기차에 탄 사람의 관점에서 서술해보자. A, B, C의 관점에서 볼 때 기차는 정지 상태에 있다고 생각해도 물리적으로 아무런 하자가 없다. 이제 열차가 플랫폼을 통과할 때 A와 B가 정확하게 '동시에' 총을 발사했고, 두 개의 총알은 C에게 '동시에' 도달했다(이 영화는 출품용이 아니므로 적나라한 서술은 생략하겠다). 총알의 속도가 같고 A-C와 B-C 사이의 거리도 같으므로 동시에 도달하지 않을 이유가 없다. 이들 외에 다른 사람들이 기차에 타고 있었다 해도, 그들 역시 "A와 B가 총을 '동시에' 발사했고, 두 총알은 C에게 '동시에' 도달했다"고 증언할 것이다. 그리고 C는 총알에 맞기 직전에 A와 B의 총구에서 '동시에' 번쩍이는 섬광을 보았다.

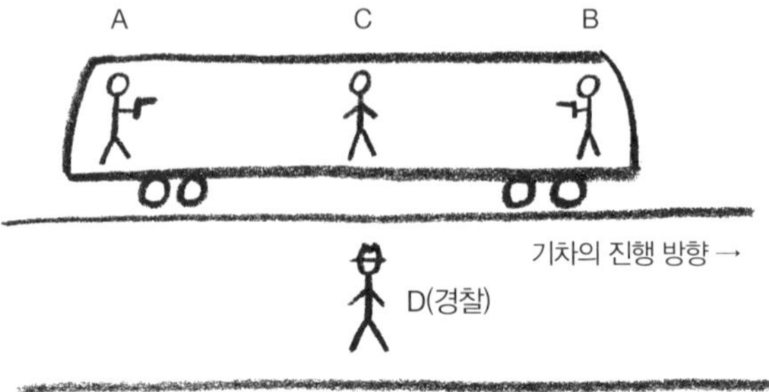

그렇다면 경찰관 D의 눈에는 이 사건이 어떻게 보였을까? C가 A와 B의 총구에서 번쩍이는 섬광을 보았던 바로 그 순간에(즉, A와 B에서 방출된 빛이 C에게 동시에 도달하는 순간에) C와 D의 위치가 일치했다고 가정하자. 즉, 경찰관 D의 눈에도 두 총은 동시에 발사되었다. 그러나 D는 곧바로 의심을 품기 시작했다. 빛이 이동한 거리는 얼마인가? 빛이 D의 눈에 도달한 순간에는 A-D와 B-D의 거리가 같지만, 그전에는 기차의 앞쪽에 있는 B가 뒤쪽에 있는 A보다 D에게 더 가까웠다(그림에서 기차의 진행 방향은 오른쪽이다). 그런데도 두 빛이 D에게 동시에 도달했으니, A에서 방출된 빛은 B에서 방출된 빛보다 더 먼 거리를 이동한 셈이다. 그런데 빛의 속도는 관측자의 운동 상태에 상관없이 항상 일정하다고 했으므로, 빛이 D에게 동시에 도달했다는 것은 B보다 A가 먼저 총을 발사했다는 것을 의미한다. C의 관점에서는 A와 B가 정확하게 '동시에' 총을 발사했는데, 경찰관 D의 관점에서 보면 동시가 아니다. 게다가 이 기차와 반대 방향으로 달리는 다른 기차에 경찰관 E가 타고 있다가 이 광경을 보았다면 모든 상황이 반대가 되어 "B가 먼저 총을 발사했다"고 주장할 것이다.

누가 먼저 쏘았는가? 플랫폼에 서 있던 D의 관점에서는 A가 먼저 쐈지만 반대 방향으로 달리는 기차에 타고 있던 E의 관점에서 보면 먼저 쏜 사람은 B이다. 누구의 관점이 옳은가? 둘 다 똑같이 옳다. D와 E는 똑같이 등속 운동을 하고 있으므로(정지 상태도 속도가 0인 등속 운동이다!) 우월한 관점이란 존재하지 않는다. 그러므로 누가 먼저 쏘았는지를 따지는 것은 아무런 의미가 없다. 시간은 기준계frame of reference●에 따라 의미가 달라진다. 그렇다면 모든 관측자들이 동의할 수 있는 사실은 존재하지 않는가? 다행히 존재한다. 그러나 이것을 논하려면 시간과 공간을 하나의 세트로 묶어야 한다.

위의 사례에서 먼저 쏜 범인이 관점에 따라 오락가락한 이유는 두 물체 사이의 거리가 관측자의 운동 상태에 따라 달라지기 때문이다. 이와 마찬가지로 두 사건 사이의 시간도 관측자의 운동 상태에 따라 달라진다. 그러나 시간상의 거리와 공간상의 거리를 하나로 묶어서 새로운 거리를 정의하면 관측자의 운동 상태와 무관한 불변량을 만들 수 있다. 이 아이디어를 처음으로 제안한 사람은 취리히공과대학에서 아인슈타인을 가르쳤던 수학자 헤르만 민코프스키Hermann Minkowski였다. 그는 아인슈타인의 이론을 접하는 순간, 50년 전에 독일의 수학자 베른하르트 리만Bernhard Riemann이 개발해놓은 고차원 기하학이 특수 상대성 이론과 찰떡궁합이라는 사실을 직감적으로 깨달았다.

시간 t_1에 공간 (x_1, y_1, z_1)에서 일어난 사건과 시간 t_2에 공간 (x_2, y_2, z_2)에서 일어난 사건 사이의 거리는 다음과 같이 정의된다.

$$\sqrt{(x_1-x_2)^2 + (y_1-y_2)^2 + (z_1-z_2)^2 - c^2(t_1-t_2)^2}$$

여기서 처음 세 개의 항

● 관측자가 설정한 좌표계이다.

$$(x_1 - x_2)^2 + (y_1 - y_2)^2 + (z_1 - z_2)^2$$

은 우리에게 친숙한 공간상의 거리이고(피타고라스의 정리를 이용하면 쉽게 증명할 수 있다), 마지막 항은 시간상의 거리에 해당한다. 아마도 독자들은 공간 거리와 시간 거리를 더해야 한다고 생각할 것이다. 그러나 민코프스키는 '합'이 아닌 '차이'를 두 사건 사이의 거리로 정의했다. 이것은 매우 이례적인 양으로, 고대 그리스의 기하학과 완전히 다른 새로운 기하학의 토대를 제공하였다. 새로운 기하학에서 우주는 시간을 따라 흘러가는 3차원 공간이 아니라 시공간이라 불리는 4차원 공간이며, 시공간 속의 한 점(하나의 특정한 사건)은 공간 좌표 세 개와 시간 좌표 한 개를 엮은 (x, y, z, t)로 정의된다. 민코프스키는 아인슈타인이 특수 상대성 이론을 발표하고 2년이 지난 1907년에 새로운 기하학 체계를 발표했다.

위의 공식에서 아무런 감흥을 느끼지 못했다고 실망할 필요는 없다. 아인슈타인도 새로운 기하학을 '별 의미 없는 수학적 트릭' 정도로 생각했다. 그러나 민코프스키의 4차원 기하학은 우주의 새로운 지도를 제공해주었다. 민코프스키는 "앞으로 시간과 공간은 그림자 속으로 사라지고, 이들을 하나로 통일한 시공간이 독립적인 실체로 자리 잡게 될 것"이라고 했다.

아인슈타인은 "수학자들이 나의 이론을 하도 물고 늘어져서 지금은 내가 누구인지도 모를 지경"이라며 과도한 관심을 부담스러워했으나, 얼마 지나지 않아 새로운 기하학이 시공간을 서술하는 최선의 언어라는 것을 깨달았다.

여러 명의 관찰자가 두 사건이 일어나는 현장 근처를 각기 다른 속도로 지나치고 있을 때, 두 사건 사이의 거리와 시간 차이는 관찰자마다 다를 수도 있지만 위에서 정의한 '시공간의 거리'는 모두에게 동일한 값으로 나타난다. 그러므로 "사건이 일어나는 절대적인 배경이 존재해야 한다"던 뉴턴의 주장은 옳았다. 다만 그는 시간과 공간을 따로 취급했기 때문에 이런 엄청난 비밀을 놓친 것이다. 시간과 공간을 하나의 세트로 통일하면 '빅뱅 이전'에 대한 질문도 비로소 의미를 갖게 된다.

시공간의 개념을 수용하면 시간을 바라보는 관점이 크게 달라진다. 우주를 시공간에 표현하면 '전前'과 '후後'는 공간의 앞뒤 개념처럼 보는 관점에 따라 얼마든지 달라질 수 있다. 기존의 시간관념에 익숙한 우리에게는 참으로 낯선 개념이다. 앞서 언급한 〈상대론의 개들〉의 영상 필름에는 두 경찰관 D, E가 볼 때 A, B 중 한 사람이 아직 총을 발사하지 않은 시점이 존재한다. 순발력만 빠르다면 아직 총을 쏘지 않은 사람을 저지하여 살인자가 되는 것을 막을 수도 있다. 그러나 잠깐! 이런 생각을 D가 했다면 살인을 면하는 사람은 B지만, 경찰관 E가 이런 생각을 했다면 A가 살인을 면하게 된다. 그렇다면 우리는 미래를 도저히 바꿀 수 없는 것일까?

그래프의 세로축에 시간을 할당하고, 여러 물체의 시간에 따른 위치 변화를 그래프로 나타내면 '같은 시간에 각 물체의 위치'는 동일한 수평선 위에 놓이고, '같은 위치에 있는 물체'는 수직선을 따라 나열된다. 그러나 시공간에서는 시간과 공간이 깔끔하게 나뉘지 않는다. 시공간을 하나의 블록으로 간주하면 동일한 시간, 또는 동일한 위치를 나타내는 선이 위의 경우처럼 한 방향(수평선 또는 수직선)으로 결정되지 않기 때문이다. 예를 들어 두 명의 관측자가 서로 상대방에 대하여 등속 운동을 하고 있다면, 두 사람의 시간축은 같은 방향에 놓여 있지 않다. 당신이 공간에서 움직이는 방식에 따라 시간축의 방향이 달라지는 것이다. 이 새로운

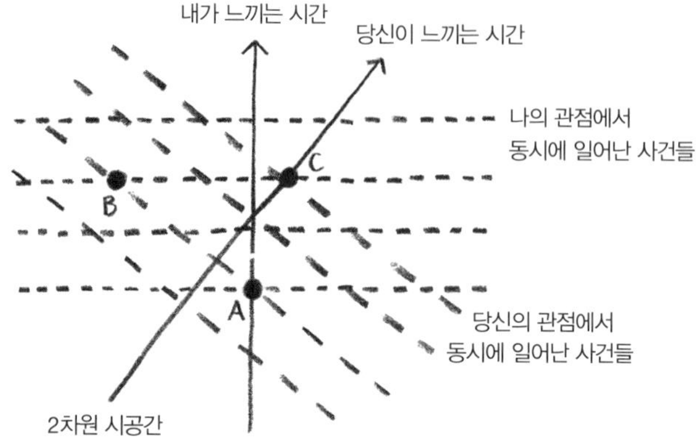

당신의 관점에서 볼 때 사건 A와 B는 동시에 일어났고, 그 후에 사건 C가 일어났다. 그러나 나의 관점에서 보면 B와 C가 동시에 일어났고, A는 그전에 일어난 사건이다. 만일 A와 C가 인과율로 연결된 사건이라면 누가 보더라도 A는 C보다 먼저 일어나야 한다. 그러나 B는 A나 C와 인과율로 연결되어 있지 않으므로 사건 B가 A보다 먼저 일어나거나 C보다 나중에 일어난 것으로 보이는 관점이 존재한다.

관점에서 시간과 공간은 서로 얽혀 있다.

시공간의 개념을 받아들이려면 우주에 대한 우리의 직관을 근본부터 뜯어고쳐야 한다. 당신과 내가 각자의 관점을 기준으로 시공간에서 동시에 일어난 사건을 하나의 직선으로 이으면, 두 직선은 다른 방향을 향할 수도 있다(물론 두 사람 사이에 상대 운동이 없으면 동일 직선상에 놓인다).

힌두어와 우르두어●에는 어제와 내일을 '칼kal'이라는 하나의 단어로 표현한다. 이번 장의 서두에 실린 글은 인도의 작가 살만 루슈디Salman Rushdie의 《한밤의 아이들Midnight's Children》에서 인용한 것인데, 그는 어제와 내일을 같은 단어로 말하는 사람들이라고 해서 '시간 정복자'가 될 수 없다는 것을 반농담조로 강조하고 있다. 그래도 어제와 내일을 구별

●   파키스탄의 공용어이다.

하지 않았다는 것은 가볍게 넘길 일이 아닌 것 같다. 혹시 그들은 시간에 대하여 우리가 모르는 무언가를 알고 있지 않았을까? 지금 통용되는 언어 중에서도 '전'과 '후'의 구별이 모호한 언어가 종종 있다.

시간과 공간이 하나로 통일되었다 해도 둘은 분명히 다른 개념이다. 우리 우주에서는 어떤 정보도 빛보다 빨리 전달될 수 없다. 인과율●에 따르면 시공간에서 누군가가 총에 맞은 시점은 권총이 발사된 시점보다 시간적으로 앞설 수 없으며, 시공간에는 이 법칙에 위배되는 것을 방지하는 제한 조건이 있다. 아무리 생각해봐도 기존의 직관으로는 시공간을 이해할 수 없을 것 같다. 아인슈타인이 고백한 대로 지식의 한계에 도달하려면 수학에 의존하는 것이 최선이다.

시간의 형태

공간에 형태가 있는 것처럼 시공간에도 형태가 존재한다. 사람들에게 시간의 형태를 묻는다면 대부분이 '직선'이라고 답할 것이다. 시간에 시작이 있었다면 유한한 직선일 것이고, 시작이 없다면 무한히 긴 직선에 대응시키면 된다. 그러나 직선만이 유일한 답은 아니다. 시간과 공간을 하나로 묶으면 4차원이 되어 눈에 보이지는 않지만 약간의 단순화 과정과 적절한 수학을 동원하여 시공간을 형상화할 수 있다. 게다가 "빅뱅 이전에는 어떤 일이 있었는가?"라는 난해한 질문도 어느 정도 공략이 가능해

●　어느 시점에서 계系의 상태가 주어지면 그 이전 또는 그 이후의 계가 결정된다는 법칙이다.

진다. 예를 들어 공간이 단 1차원인 우주를 상상해보자. 이런 우주의 시공간은 고무판 같은 2차원 평면(또는 곡면)이므로, 여러 가지 다양한 방법으로 접거나 휘어지게 만들 수 있다.

사람들에게 2차원 시공간을 상상해보라고 하면 대부분이 1차원 무한 공간(직선)과 1차원 무한 시간(직선)으로 이루어진 무한 평면을 떠올릴 것이다. 그러나 '지식의 세 번째 경계'에서 말한 바와 같이 공간은 유한할 수도 있다. 예를 들어 직선 공간이 원형으로 말려 있고(유한한 공간), 이 원이 시간을 따라 이동한다고 생각하면 원통처럼 생긴 시공간이 만들어진다. 또는 공간뿐만 아니라 시간까지 원형이라고 가정하면 시공간은 도넛 모양의 원환면torus이 된다. 이 경우에는 시간도 유한하기 때문에 시간축을 따라 계속 가다 보면 과거로 되돌아오게 된다. 수학자이자 논리학자였던 쿠르트 괴델Kurt Gödel은 일반 상대성 이론에 등장하는 아인슈타인 방정식의 해로 이와 같은 시공간을 제안했다. 이 책의 마지막 장에

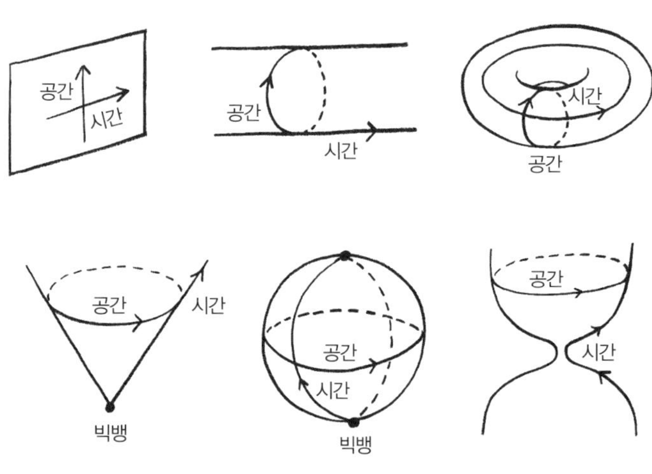

2차원 시공간의 다양한 버전

서 다시 언급하겠지만, 괴델은 자신만의 독특한 논리로 수학자들이 애써 만들어놓은 논리를 망쳐놓곤 했다. 그러나 그가 제안한 원환면 시공간은 과거가 되풀이된다는 점에서 많은 과학자의 관심을 끌었다.

우주가 빅뱅에서 시작되었다는 것은 우주론의 정설이므로, 좀 더 현실적인 시공간을 원한다면 시작점이 존재하는 도형에 집중할 필요가 있다. 앞의 그림 중에서는 아랫줄 왼쪽에 있는 원뿔형 시공간이 여기에 속한다(공간을 1차원으로 간주했으므로 시공간은 원뿔의 내부가 아니라 표면이다). 이 경우에 공간은 1차원 원형이고, 과거로 갈수록 원이 작아지면서 밀도가 무한대인 하나의 점으로 수렴한다. 이 점에서 시간이 흐르기 시작했고, 그전에는 시간도 공간도 존재하지 않았다.[*] 원뿔형 시공간은 빅뱅을 서술하는 바람직한 모형 중 하나이다.

시간을 과거로 되돌렸을 때 모든 것이 하나의 점에 집중되지 않는 모형도 있다. 시공간이 지구의 표면처럼 구형이면 된다. 이 모형은 "빅뱅 이전에 어떤 일이 있었는가?"라는 질문에 또 다른 답을 제시해준다. 구면 시공간에서 경도선을 따라 남쪽으로 가다 보면 남극점에 도달했을 때 갑자기 도약이 일어나 반대쪽 면의 경도선으로 진입할 것이다(사실 '경도'란 지표면의 위치를 쉽게 표현하기 위해 인간이 정해놓은 숫자에 불과하므로, 남극점 통과를 '도약'으로 표현하는 것은 다소 무리가 있다).

이와 같이 좌표를 바꾸면 특이점처럼 보이던 점이 평범한 점으로 바뀌기도 한다. 이것이 바로 호킹이 시간에 적용한 기본 아이디어였다. 특이점은 수학적으로나 물리적으로 다룰 수 없는 점이기 때문에, 이런 점을

---

[*] 시간이 존재하지 않았으니 '전前'이라는 말도 쓸 수 없다. 그러나 언어 사전에는 '시간이 존재하기 전'을 뜻하는 단어가 없기 때문에 달리 표현할 방법이 없다.

남극점 같은 평범한 점으로 바꿔주는 시공간 모형이 더 바람직할 것이다. "남극점의 남쪽에는 무엇이 있는가?"라는 질문은 아무런 의미가 없다.

아무도 답할 수 없는 질문 중에는 질문 자체가 잘못된 경우가 의외로 많다. 하이젠베르크의 불확정성 원리는 입자의 위치와 운동량을 동시에 정확하게 측정할 수 없다는 뜻이 아니라, 이 두 종류의 물리량이 동시에 존재하지 않는다는 뜻이다. 또 "빅뱅 전에는 어떤 일이 있었는가?"라는 질문도 엄밀하게 따지면 '답을 알 수 없는 질문'이 아니라 '잘못된 질문'에 속한다. '빅뱅 이전'이라는 말에는 '빅뱅이 일어나기 전에도 시간은 흐르고 있었다'는 가정이 깔려 있는데, 빅뱅이 일어나면서 시간이 흐르기 시작했다면 '이전'이라는 단어가 의미를 상실하기 때문이다.

시공간의 다양한 모형을 직접 그려보니, 과학자들이 "빅뱅 이전의 시간을 묻는 것은 무의미하다"고 주장하는 이유를 어느 정도 이해할 것 같다. 우리의 우주가 원뿔형 시공간처럼 하나의 점에서 시작한 것이 아니라, 빅뱅 이전에 우주가 수축하면서 한 점으로 줄어들었다가 다시 팽창했을 수도 있지 않을까? 기하학적 모양만 놓고 보면 그럴듯한 질문이지만, 빅뱅에 가까운 시점으로 거슬러 갈수록 중력이 커진다는 사실도 고려해야 한다. 이것이 바로 아인슈타인이 과학사에 남긴 두 번째 업적이다. 중력은 공간뿐만 아니라 시간의 흐름에도 영향을 준다.

고층 건물은 오래 사는 데 불리하다?

아인슈타인은 중력을 연구하면서 고전적 시간 개념에 또 한 번 대대적인 수정을 가했다. 그는 특수 상대성 이론을 발표한 후 가속 운동을 고려한 상대성 이론의 개발에 착수했고, 거의 10년 만에 중력의 기하학적 특성을 설명하는 일반 상대성 이론을 완성했다. 이 이론에서 그는 '중력＝힘'이라는 기존의 관념을 버리고 중력을 '4차원 시공간을 휘어지게 하는 원인'으로 간주했다. 달이 지구 주변을 공전하는 이유는 지구의 질량이 시공간을 구부려서 달이 지금처럼 움직이도록 만들었기 때문이다. 중력은 환상이었다. 힘은 존재하지 않는다. 지구 위의 모든 물체는 휘어진 시공간에 순종하기 때문에 아래로 떨어지고 우리가 측정하는 것은 공간의 곡률이다. 그런데 물체의 질량이 공간을 왜곡시킨다면 시간에도 이와 비슷한 영향을 주지 않을까?

이것은 아인슈타인이 이루어낸 또 하나의 위대한 발견으로, 중력과 가속 운동이 동일하다는 '등가 원리equivalence principle'로부터 유도된 결과이다. 특수 상대성 이론의 출발점은 상대성 원리였다. 이 원리에 따르면 내가 자동차를 타고 등속 운동을 하고 있을 때 내가 움직이는지, 아니면 나와 차를 제외한 모든 배경이 뒤로 움직이는지 판별할 수 없다. 아인슈타인은 중력과 가속도에 대해서도 이와 비슷한 등가 원리를 제안했다.

당신이 지금 창문 없는 우주선에 갇힌 채 우주 공간을 표류하고 있다고 가정해보자. 우주에서 꽤 막강한 실력자인 내가 우주선 뒤쪽에 커다란 행성을 슬쩍 가져다놓는다면, 당신은 무언가가 우주선을 아래로 잡아당긴다고 느낄 것이다. 이 힘이 바로 중력이다. 또는 내가 당신의 우주선을 밀어서 가속시켜도 당신은 여전히 뒤에서 무언가가 아래로 잡아당긴다고 느낄 것이다. 달리는 기차가 갑자기 속도를 높였을 때 승객들의 몸이 뒤로 쏠리는 것과 같은 이치다. 아인슈타인은 이 두 가지 경우에 나타나는 현상이 완전히 동일하기 때문에 구별할 수 없다고 결론지었다. 즉, 중력과 가속 운동은 물리적으로 동일한 결과를 낳는다. 이것이 바로 그 유명한 등가 원리이다.

우주선에 탑재된 광자 시계에 등가 원리를 적용하면 놀라운 결과가 나온다. 우리를 태운 우주선이 런던의 랜드마크인 샤드타워만큼 크다고 가정해보자. 광자 시계는 우주선의 바닥과 꼭대기에 하나씩 설치되어 있고, 시계 옆에는 담당 승무원이 배치되어 있다. 바닥에 배치된 승무원을 A, 꼭대기에 있는 승무원을 B라 하자.

A의 임무는 광자가 한 번 왕복할 때마다 B에게 빛으로 신호를 보내는 것이고, B의 임무는 이 신호와 자신의 광자 시계를 비교하여 두 지점의 시간이 일치하는지 확인하는 것이다. 우주선이 등속 운동을 할 때에는 A가 보낸 신호와 B의 시계가 정확하게 일치했다. 그러나 우주선이 진행 방향으로 가속되면(즉, 진행하는 방향으로 속도가 점점 더 빨라지면) A가 보낸 빛이 B에 도달할 때까지 점점 더 먼 거리를 가야 하기 때문에 시간이 더 오래 걸리고, 그 결과 A의 신호가 B에 도달하는 시간이 점점 더 늦어진다.● 이것은 음원이 관측자를 향해 다가올 때 음고音高가 높아지는 도플러 효과와 비슷한 현상이다. 단, 지금의 경우에는 우주선이 점점 빨라진다는 차이가 있다.

바닥에 있는 광자 시계에서 날아온 신호가 점점 더 늦게 도달한다는 것은 시계가 늦게 간다는 뜻이다. 물론 A의 관점에서 보면 (바닥) 시계는 완전히 정상이다. 그러나 가장 빠른 빛을 이용하여 신호를 보냈는데도 B에게는 (바닥) 시계가 자신의 광자 시계보다 느리게 가는 것처럼 보이며, 이 상황을 극복할 방법은 없다. 두 사람의 임무를 바꿔서 B가 A에

● 한국어에서 '시간'이라는 단어는 '소요되는 시간'과 '현재의 정확한 시간'이라는 두 가지 의미가 있다. 방금 전 문장에서 앞에 나온 시간은 전자의 뜻이고, 뒤에 나온 시간은 후자의 뜻이다.

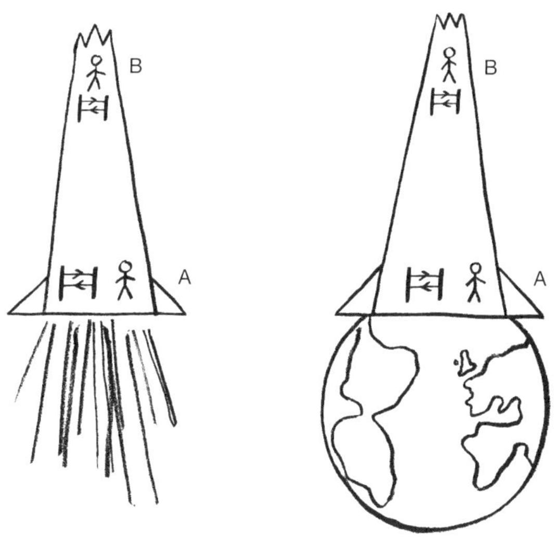

가속 운동과 중력은 구별이 불가능할 정도로 동일한 결과를 낳는다. 위로 가속되는 우주선이나 아래로 중력이 작용하는 우주선에서는 꼭대기에 있는 시계보다 바닥에 있는 시계가 더 느리게 간다.

게 신호를 보낸다면 어떻게 될까? 이런 경우에는 B가 보낸 신호를 향해 A가 가속되고 있으므로 A는 더 짧은 간격으로 신호를 받게 된다. 따라서 A는 B의 시계가 자신의 시계보다 빠르게 간다고 생각할 것이다. 그러니까 두 경우 모두 "A의 시계가 B의 시계보다 느리게 간다"는 결론이 내려지고 모순은 발생하지 않는다. 만일 우주선이 지구에 대하여 등속 운동을 하고 있었다면 A, B 모두는 자신의 시계가 지구의 시계보다 빠르게 간다고 생각했을 것이다(물론 이 경우에는 두 사람의 시계가 정확하게 일치한다).

이제 가속 운동을 중력으로 바꿔보자. 아인슈타인의 등가 원리에 따르면 우주선이 가속 운동을 하지 않고 중력의 영향을 받는 경우에도 똑같은 결과가 나와야 한다. 따라서 우리의 우주선이 지구에 안착한 경우에도 바닥에 있는 시계 A는 꼭대기 시계 B보다 느리게 갈 것이다. 만일 그렇지 않다면 두 시계를 비교하여 "지금 우주선이 우주 공간에서 가속되고 있는지, 아니면 행성에 착륙한 상태인지" 구별할 수 있다는 뜻이고, 이는 곧 등가 원리가 틀렸다는 것을 의미하기 때문이다.

시계가 빠르게 간다는 것은 그만큼 빨리 늙는다는 뜻이다. 따라서 사드타워의 꼭대기에서 일하는 사람은 1층에서 일하는 사람보다 빨리 늙는다. 물론 그 차이가 너무 작아서 겉으로 드러나지는 않지만, 지표면에 있는 원자시계와 위성에 실린 채 지구 궤도를 돌고 있는 원자시계 사이에는 큰 차이가 날 수 있다(두 시계에 작용하는 중력의 크기가 다르기 때문이다). 원자시계는 GPS의 성능을 좌우하는 핵심 부품이므로, 정확도를 유지하려면 수시로 위성 시계를 보정해줘야 한다.

쌍둥이 역설

아인슈타인의 상대성 세계에서 일어날 수 있는 신기한 사건들 중 세간에 가장 많이 회자된 것은 단연 쌍둥이 역설twin paradox이다. 이 이야기는 쌍둥이 중 하나가 우주선을 타면서 시작되는데, 나 자신이 쌍둥이 딸 매걸리Magaly와 이나Ina의 아빠이기 때문에 남의 일 같지가 않다. 이나가 거의 광속으로 날아가는 우주선을 타고 우주여행을 떠났다고 하자. 그 애는 자신의 시계로 10년 동안 여행을 한 뒤 지구로 돌아와서 가장 보고 싶었던 쌍둥이 자매 매걸리를 찾아갔는데…… 오, 마이 갓! 매걸리는 이미 80대 할머니가 되었다.

이 역설적인 상황을 이해하려면 중력과 가속 운동이 시간에 어떤 영향을 미치는지 알아야 한다. 이나가 광속에 가까운 우주선을 타고 등속 운동을 하는 동안에는 이나와 매걸리 중 누가 움직이고 있는지 알 수 없다.●
이나와 매걸리는 서로 상대방의 시계가 내 것보다 느리게 간다고 생각할 것이다. 그런데 지구로 귀환했을 때 둘의 나이는 왜 같지 않을까? 이나는 30대인데, 매걸리는 왜 80대 할머니가 되었을까?

이나가 젊음을 유지할 수 있었던 것은 여행 중에 가속 운동을 했기 때문이다. 이나는 광속에 가까운 속도에 도달할 때까지 우주선을 가속시켜서 지구를 출발했다. 그 후 한동안 우주여행을 하다가, 지구로 돌아가기 위해 다시 가속 운동을 했다. 출발점으로 돌아가려면 여행 기간이 절반쯤 지났을 때 U턴을 하거나, 큰 원을 그리며 선회하여 진행 방향을 반대로 바꿔야 한다. 그래서 이나는 약 5년쯤 지났을 때 속도를 줄이기 시작했고, 우주선이 반대 방향을 향했을 때 다시 가속시켜서 5년 동안 지구를 향해 날아왔다. 반면에 지구에 남아 있던 매걸리는 가속 운동을 하지 않았다. 물론 지구의 자전과 공전도 가속 운동에 속하지만 우주선만큼 가속도가 크지 않기 때문에 무시해도 상관없다. 이나가 매걸리보다 나이를 덜 먹은 것은 바로 이 차이 때문이다. 즉, 이나를 태운 우주선이 가속 운동을 하는 동안 시간이 느리게 흘렀기 때문에 비대칭적인 결과가 초래된 것이다.

아인슈타인의 일반 상대성 이론에 따르면 질량은 시간뿐만 아니라 공간까지 변형시킨다. 그런데 질량은 중력의 근원이므로 "중력은 시공간을 왜곡시킨다"는 한마디로 요약할 수 있다. 시공간을 2차원 평면으로 간주

● 기술이 부족하여 알 수 없는 게 아니라 둘 중 누가 움직이고 있는지 판별하는 것 자체가 원리적으로 불가능하다.

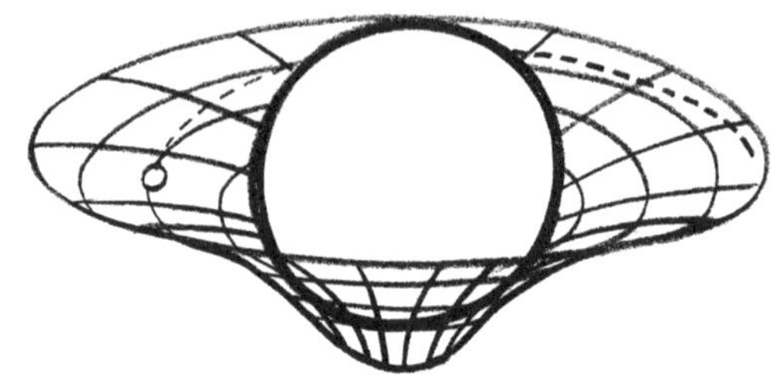

하면 트램펄린 위에 볼링공을 얹어놓았을 때 트램펄린이 아래로 움푹 들어가는 것과 비슷하다. 공(질량)이 놓인 자리는 우물처럼 파이기 때문에 위의 그림처럼 주변 물체들이 그쪽으로 끌려가는 것이다.

이러한 시공간 뒤틀림(왜곡)이 빛에 흥미로운 영향을 미친다. 빛은 한 지점에서 다른 지점으로 갈 때 최단 경로를 따라간다. '직'선의 정의대로다. 그러나 내가 지금 얘기하는 것은 시공간상의 경로이고, 이러한 시공간에서는 시공간 좌표를 포함하는 민코프스키의 공식을 사용하여 거리를 측정한다. 희한하게도 민코프스키의 공식을 적용해보면 빛이 도달하는 데 시간이 더 걸리면 시공간에서 두 점의 거리가 줄어든다.

따라서 빛은 가장 짧은 시공간 경로를 찾기 위해 거리는 최소로 하고, 시간은 최대화하려는 것 사이에서 균형을 맞추려고 할 것이다. 빛 입자가 본질적으로 자유 낙하하는 궤적을 따라가면 빛 입자 위의 시간은 더 빨라지고, 자유 낙하가 아니라 중력에 반대로 가속을 하면 시간은 더 느리게 움직인다. 그래서 아인슈타인은 빛이 질량이 큰 물질 옆에서 휘어질 거라고 이론적으로 예측했다. 아무도 예상하지 못한 이론 예측이었지만 관측을 통해 검증할 수 있는 이론이었다. 과학 이론으로는 완벽한 시나리오였다.

휘어진 시공간을 관측으로 확인한 사람은 영국의 물리학자 아서 에딩턴Arthur Eddington이었다. 일반 상대성 이론에 따르면 멀리 있는 별에서 방출된 빛이 지구로 날아오다가 태양 근처를 지나면 태양의 중력으로 경로가 휘어져야 한다. 이 효과는 관측으로 확인할 수 있는데 태양이 너무 밝아서 그 근처의 별을 볼 수 없다는 것이 문제였다. 그래서 에딩턴은 1919년에 당시 일식 관측이 가능했던 서아프리카의 프린시페섬까지 가서 관측을 시도했고, 결과는 대성공이었다. 빛의 경로는 태양의 중력으로 휘어지는 것이 분명했고, 휘어진 정도도 아인슈타인이 이론적으로 예상했던 값과 거의 정확하게 일치했다. 시공간에서 최첨단 거리는 유클리드 기하학에서 말하는 직선이 아니라 '휘어진 곡선'이었던 것이다.

이런 현상은 지구에서도 나타난다. 런던에서 뉴욕으로 가는 비행기는 평면 지도상의 직선 경로를 따라가지 않고 그린란드 위를 지나는 곡선 경로를 따라간다. 지구라는 구면 위에서 두 점을 연결하는 가장 짧은 경로는 직선이 아니라 곡선이기 때문이다. 휘어진 시공간에서 빛도 별과 에딩턴의 망원경을 연결하는 최단 경로를 따라온 것이다.

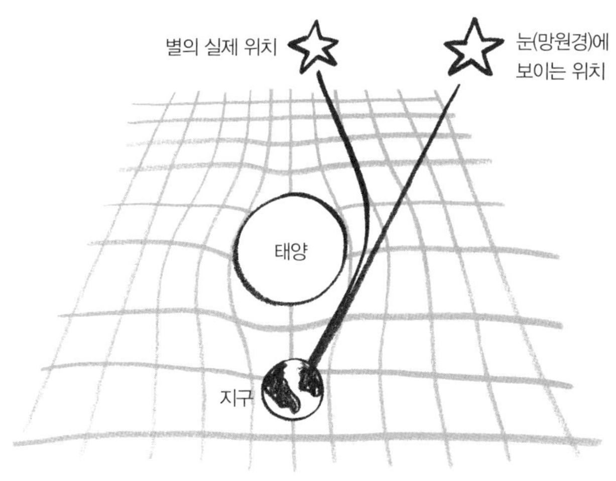

에딩턴은 자신이 얻은 관측 결과를 1919년 11월 6일에 발표했고, 다음 날 아침 전 세계의 신문에는 아인슈타인의 이론이 입증되었다는 것을 알리는 기사가 일제히 헤드라인을 장식했다. 《뉴욕타임스》는 "아인슈타인 이론의 위대한 승리: 별은 눈에 보이는 곳에 있지 않았다. 그러나 걱정할 필요는 없다"고 했고, 《런던타임스》는 이 사건을 "과학의 혁명"으로 정의했다. 요즘은 힉스 입자나 중력파 등 과학과 관련된 내용이 심심치 않게 뉴스의 톱기사로 소개되곤 하지만, 과학적 발견이 일반 대중의 관심을 끈 것은 이때가 처음이었다. 당시 마흔 살의 젊은 나이였던 아인슈타인은 이 일을 계기로 세계적인 명사가 되었으며 역사적 발견에 흥분한 기자들은 그를 '차세대 뉴턴'으로 치켜세웠다.

휘어진 시공간 때문에 머리가 휘어질 지경이라고? 걱정할 것 없다. 그 무렵 세계적인 석학들도 우리와 크게 다르지 않았다. 에딩턴이 결과를 발표하고 며칠이 지난 후 친구와 나눴던 대화가 이 사실을 입증한다.

친구: 축하하네! 전 세계에서 아인슈타인의 이론을 이해하는 세 명 중 한 사람이 된 소감이 어떤가?

에딩턴: ······.

친구: 이봐, 우리끼린데 웬 겸손을 떨고 그래? 한마디 해보라니까!

에딩턴: 겸손이 아니라, 세 번째 인물이 대체 누굴까 생각하는 중이야.

그러나 빅뱅이 일어나던 무렵에 시간이 어떤 일을 겪었는지는 제아무리 에딩턴이라 해도 알 길이 없었다.

10

시간이 흐르지 않는 곳이 있다.
그곳에서는 빗방울이 허공에 떠 있고
단진자는 비스듬히 기울어진 채 고정되어 있으며,
개들은 코끝을 곤추세운 채 소리 없이 짖는다.
보행자들은 먼지 쌓인 길 위에서 한쪽 다리를 든 채 얼어붙은 듯 서 있고,
대추야자와 망고, 미나리의 향기는 공기 중에 멈춰 있다.
앨런 라이트맨의 《아인슈타인의 꿈》 중에서

내 손목시계는 은색의 원형 테두리 안에 갈색 사각형이 그려져 있다. 이 정도면 꽤 괜찮은 디자인이다. 전체적으로는 대칭에 기반을 두고 있지만 원과 사각형 사이에 묘한 긴장감이 느껴진다. 게다가 값도 싸서 물건을 잘 잃어버리는 나에게는 안성맞춤이다.

전에 차고 다녔던 시계는 쿡산Mount Cook•의 빙하 옆 호수에서 카약을 타다가 손목에서 풀리는 바람에 잃어버렸다. 마음 같아서는 물속에 들어가 시계를 건지고 싶었지만 물이 너무 차가워서 포기했다(단 몇 초 동안 손가락을 담그고 있기도 힘들 정도였다). 그 시계는 지금쯤 녹으로 뒤덮인 채 강바닥 밑에 묻혀서 더는 움직이지 않을 것이다. 그 시계가 알려주던

• 뉴질랜드의 남섬 서해안에 있는 산이다.

시간은 쿡산을 굽이쳐 흐르는 차가운 물속에서 멈춰버렸다.

내가 지금 차고 있는 시계도 아인슈타인의 장방정식에서 예견된 특이점에 던져 넣으면 꽁꽁 얼어붙을 것이다. 그곳에서는 시계뿐만 아니라 시간 자체가 얼어붙는다. 그러나 특이점으로 가려면 카약이 아니라 우주선을 타고 블랙홀까지 날아가야 한다.

지평선을 넘어 미지의 세계로

물질이 균일하게 퍼져 있는 우주는 따분하다. 다행히도 우리의 우주는 중력이라는 힘이 존재하여 원자가 다른 원자를 끌어당기고, 이로부터 온갖 다양한 현상이 일어나고 있다. 중력이 작용하는 우주에서는 모든 물질이 완벽한 균형을 이루지 않는 한 움직일 수밖에 없기 때문이다. 중력은 거리가 가까울수록 강해진다는 특징을 가지고 있다. 이 인력 덕분에 태양과 같은 별들이 탄생했고 시공간에서 온갖 혼란스러운 사건이 벌어지고 있다.

가장 단순한 원자는 수소이다. 하나의 양성자와 하나의 전자가 전자기력으로 결합하면 수소 원자가 된다. 그리고 가까운 거리에 있는 수소 원자들은 서로에게 중력을 행사하여 상대방을 잡아당긴다. 이렇게 원자들이 가까워지면 서로 충돌하기 시작하고, 원자의 수가 많아지면서 충돌이 점점 격렬해지다가 어느 순간에 이르면 핵융합 반응이 일어난다. 드디어 별이 탄생하는 것이다. 별의 내부에서는 수소가 핵융합 반응을 거쳐 헬륨으로 변하고, 이 과정에서 막대한 에너지가 발생하여 바깥쪽으로 압력을 행사한다. 우리의 태양도 핵융합 에너지를 꾸준히 생산하면서 지구의 모든 생명체를 먹여 살리고 있다. 별이 중력으로 내파되지 않고 안정된 상태를 유지하는 이유는 밖으로 향하는 압력과 안으로 작용하는 중력이 균형을 이루기 때문이다.

물론 이 상태는 영원히 계속될 수 없다. 핵융합 반응의 원료인 수소의 양이 유한하기 때문이다. 수소가 고갈되면 일부 별들은 헬륨을 원료로 삼아 2차 핵융합 반응을 일으켜서 더 무거운 원소를 만들어낸다. 철, 산소, 탄소 등 생명체에게 필수적인 원소들은 모두 별의 내부에서 만들어진 것이다. 별이 모든 원료를 소모하여 더는 핵융합 반응을 일으킬 수 없는 시점에 이르면 무지막지한 중력이 별을 압축시키고, 이때부터 별의 운명은 양자 물리학에 좌우된다. 여러 개의 입자를 좁은 영역 안에 가둬 놓으면 입자의 위치에 대한 많은 정보를 얻을 수 있다. 그러나 하이젠베르크의 불확정성 원리에 따라 입자는 위치가 정확해진 대가로 속도(운동량)가 널을 뛰게 된다. 그러면 입자들 사이의 간격이 멀어지면서 중력에 대항하는 능력이 생기고, 별은 또 한 번의 평형 상태를 맞이하게 된다. 이것이 바로 백색 왜성white dwarf이다.

그러나 1930년에 인도의 물리학자 수브라마니안 찬드라세카르Subrahmanyan Chandrasekhar는 별의 일생을 설명하는 이론에서 문제점을 발견했다. 인도를 떠나 케임브리지로 유학을 가던 중 배 안에서 문득 "어떤 입자도 빛보다 빠르게 움직일 수 없다"는 특수 상대성 이론이 떠오른 것이다. 별의 질량이 충분히 크면 광속으로 움직이는 입자까지 제압할 수 있을 정도로 중력이 강할 것이고, 이런 별은 계속 안으로 수축되어 밀도가 엄청나게 높아질 수 있다. 흔들리는 배 안에서 급히 노트를 꺼내들고 계산을 해보니, 질량이 우리의 태양보다 1.4배 이상인 별들은 위와 같은 운명을 맞이한다는 결과가 나왔다. 금과 우라늄 등 무거운 원소를 생산하는 초신성 폭발은 바로 이 파국적 붕괴의 산물이었던 것이다.

　이렇게 밀도가 높은 지역 근처에서는 공간이 크게 휘어져 있을 것이고, 그 정도가 어느 한계를 넘으면 빛조차 빠져나올 수 없다. 이 원리를 이해하기 위해 지표면에서 위로 던져진 공을 예로 들어보겠다. 어깨 힘이 아무리 좋아도 위로 던진 공은 결국 아래로 떨어진다. 중력을 극복하기에는 속도가 턱없이 느리기 때문이다. 천체의 중력을 이기고 우주 공간으로 날아가는 데 필요한 최소한의 속도를 그 천체의 탈출 속도escape velocity라 하는데, 지구의 경우는 약 11.2km/s이다. 일반적으로 천체의 질량이 클수록 탈출 속도도 크다. 즉, 무거운 별(또는 행성)일수록 탈출하기가 어렵다는 뜻이다. 그렇다면 질량이 아주 큰 별에서는 탈출 속도가 빛보다 빠를 수도 있지 않을까? 그렇다. 이런 별에서는 빛조차도 무지막지한 중력 때문에 탈출이 불가능하다. 그리고 특수 상대성 이론에 따르면 그 어떤 물체도 빛보다 빠를 수 없으므로 이런 별에서는 아무것도 빠져나올 수 없다.

　이것은 아인슈타인 이전의 고전 중력 이론에 입각한 설명이다. 19세기 말에 프랑스의 수학자이자 천문학자였던 피에르 시몽 라플라스와 영국의 물리학자 존 미첼John Michell은 질량이 큰 천체에 빛이 갇힐 수 있다는 가설을 제안한 적이 있다. 그러나 마이클슨과 몰리의 실험을 통해 "진공 중에서 빛은 항상 동일한 속도로 진행한다"는 사실이 알려지면서 중력이 공처럼 빛을 가둔다는 주장은 설득력을 잃게 되었다. 마이클슨과 몰리가 옳다면 중력이 아무리 강해도 빛은 느려지지 않아야 한다. 여기서 또 한 차례 반전을 일으킨 사람이 바로 아인슈타인이었다. 그의 중력 이론에 따르면 질량이 있는 곳에서 공간이 휘어지고, 질량이 엄청나게 커서 휘어진 정도가 심하면 빛이 탈출하지 못하도록 가둬놓을 수 있다(빛의 입자인 광자는 질량이 없지만 빛의 경로는 휘어진 공간의 영향을 받는다). 1967년에 미국의 물리학자 존 휠러John Wheeler는 특이하게도 이 영역을 '블랙홀'이라 불렀는데, 사실 그다지 점잖은 용어는 아니다. 리처드 파인만은 블랙홀이라는 말을 듣고 깜짝 놀라면서 "프랑스어로는 트루 느와trou noir가 되는데, 이게 무슨 뜻인지 알고나 있는 겁니까?"라고 말했다.[•] 하지만 그 이름은 결국 받아들여졌다.

중력의 세기는 거리의 제곱에 반비례한다. 그러므로 붕괴된 별의 중심에서 멀어지다 보면 중력이 서서히 약해지다가, 빛이 탈출할 수 있을 정도로 약해지는 지점에 도달할 것이다. 이 지점을 '귀환 불가능 지점point of no return'이라 한다. 이 경계면의 바깥에서는 빛이 탈출할 수 있다. 그러나 이미 경계면 안에 있는 빛이나 물체는 무슨 수를 써도 탈출이 불가능하다. 귀환 불가능 지점으로 이루어진 구면을 블랙홀의 '사건 지평선event horizon'[••]이라 한다. 이곳을 기점으로 외부에 있는 관측자는 내부에서 어떤 일이 일어나고 있는지 전혀 알 수 없기 때문이다.

별이 자체 중력으로 수축되어 이 지경에 도달하려면 처음부터 질량이 매우 커야 한다. 예를 들어 지구가 블랙홀이 되려면 현재의 질량을 그대로 유지한 채 반경 1cm로 수축되어야 하는데, 이 정도의 중력을 발휘할 정도로 질량이 충분하지 않기 때문에 절대로 블랙홀이 될 수 없다. 우리의 태양도 블랙홀이 되기에는 체중 미달이다(태양이 블랙홀로 변신하려면 반지름이 3km로 수축되어야 한다). 그러나 질량이 태양의 1.4배를 초과하면 중력이 충분히 강하여 안에 있는 물질의 큰 운동량을 이기고 블랙홀이

• 트루 느와는 속어로 '항문'이라는 뜻이다.
•• 선이 아니라 면이므로 정확하게는 '사건 지평면'이다.

될 수 있다.

아인슈타인이 새로운 중력 이론(일반 상대성 이론)을 발표한 1915년 이후로 블랙홀은 과학계의 뜨거운 감자로 부상했다. 일부 천문학자들은 별이 아무리 작게 수축되어도 질량을 외부로 뱉어내는 등 의외의 현상을 일으켜서 블랙홀이 되는 것을 어떻게든 피해간다고 주장했다. 어느 정도는 가능성이 있는 이야기다. 그러나 태양보다 20배 무거운 별이 블랙홀로 변하지 않으려면 질량의 95%를 뱉어내야 하는데, 이런 현상은 이론적 근거가 부족할 뿐만 아니라 관측된 적도 없다. 그렇지만 일부 과학자들은 여전히 "무엇이건 빨아들이는 시공간의 지옥"이 존재한다는 사실을 끝까지 받아들이지 않았다.

블랙홀이 존재한다는 최초의 증거는 1964년에 백조자리 근처에서 발견되었다. 그 후 일단의 천문학자들이 질량을 계산한 끝에 1971년에 "블랙홀일 가능성이 매우 높다"고 결론짓고 시그너스 X-1이라는 이름까지 붙여놓았으나, 모든 학자를 설득하기에는 역부족이었다. 심지어 블랙홀을 집중적으로 연구하고 있던 스티븐 호킹조차 1975년에 "시그너스 X-1은 절대로 블랙홀일 리가 없다"며 절친한 친구이자 물리학자인 킵 손Kip Thorne과 내기까지 걸었다. 시그너스 X-1이 블랙홀로 판명된다면 자신의 이론이 입증되는데도 호킹은 반대쪽에 선 것이다.

호킹은 그의 저서인《시간의 역사》에서 자신의 내기가 일종의 보험 정책이었다고 털어놓았다. 자신이 응원하는 축구팀이 리그 결승전에 올랐을 때 상대팀의 승리에 돈을 거는 식이다. 응원하는 팀이 이기면 이겨서 기분 좋고 지면 돈으로 위안을 받을 수 있으니 그것도 나쁘지 않다. 호킹은 내기에서 이기면《프라이빗 아이Private Eye》* 4년 구독권을 받기로 했고, 지면 킵 손에게《펜트하우스Penthouse》 1년 구독권을 사주기로 했다.

1990년까지 수집된 관측 데이터는 시그너스 X-1이 블랙홀이라는 사실을 강하게 시사하고 있었다. 질량은 태양의 14.8배인데, 별이라고 보기에는 덩치가 너무 작았기 때문이다. 시그너스 X-1의 사건 지평선 반지름은 약 44km로 추정되었으며, 그 안에서는 아무런 빛도 방출되지 않았다(옥스퍼드와 케임브리지를 간신히 에워싸는 크기다). 결국 호킹은 패배를 인정했고 킵 손은 아내의 따가운 눈총에도《펜트하우스》1년 구독권을 손에 넣었다.

그러나 시그너스 X-1을 블랙홀로 단정 짓기에는 수학적으로 의심스러운 부분이 있었다. 별이 수축되어 고밀도 상태가 되면 중력에 대항할 만한 요소가 존재하지 않으므로 수축을 막을 길이 없다. 이런 상태에서는 수축이 무한정 진행되어 하나의 점으로 수렴할 것이고, 결국 밀도는 무한대가 된다. '무한대'라는 말만 들어도 경기를 일으키는 물리학자들에게 이것은 결코 받아들일 수 없는 결과였다.

아인슈타인도 생전에 무한대가 발생한다는 이유로 블랙홀의 존재를 받아들이지 않았으며, 그의 열렬한 지지자였던 에딩턴은 이런 말을 남겼다.

"수학적 과정은 이해가 가지만 물리적 의미는 받아들이기 어렵다. 이해가 부족한 상태에서 증명된 결과를 다른 곳에 적용하여 올바른 결과를 얻을 수 있을까? 내 생각은 매우 회의적이다."

그러나 1964년에 옥스퍼드의 수학자 로저 펜로즈Roger Penrose는 일반 상대성 이론이 필연적으로 특이점을 낳는다는 사실을 증명한 바 있다.

펜로즈는 청년 호킹과 공동 연구를 수행하면서 빅뱅이 일어났던 순간

● 정치인의 행태를 비꼬는 영국의 풍자 잡지다.

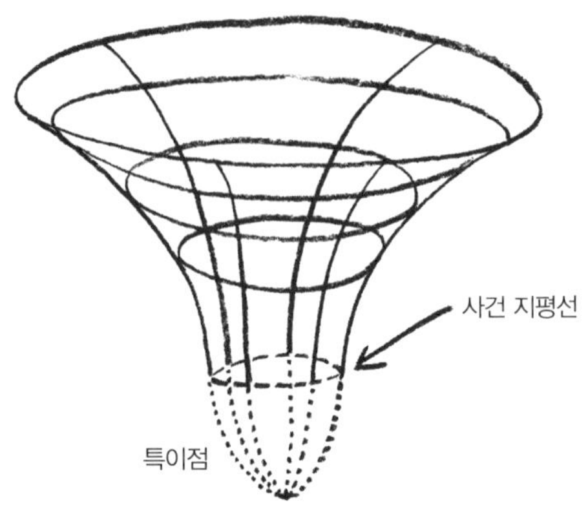

2차원 시공간에 존재하는 블랙홀이다.
사건 지평선 안에서는 어떤 정보도 밖으로 유출되지 않는다.

까지 시간을 되돌려도 밀도가 무한대가 된다는 것을 증명했다. 빅뱅과 블랙홀은 일반 상대성 이론에서 예견한 특이점의 대표적 사례이다. 무한 대에 시달릴 대로 시달린 물리학자들은 특이점을 '더는 아무것도 알아낼 수 없는 상황'을 통칭하는 용어로 사용하고 있다. 간단히 말해서 특이점 은 "멀쩡하던 이론이 더는 적용되지 않는 한계점"을 의미한다.

특이점

특이점에서는 물리학뿐만 아니라 수학적 함수도 제대로 작동하지 않는 다. 수학에서 말하는 함수란 컴퓨터 프로그램과 비슷하다. 숫자를 입력하 면 함수가 계산하여 결과를 출력한다. 수학자들은 함수를 종종 그래프로 표현하는데 입력을 가로축에, 출력을 세로축에 대응시키면 함수가 직선 또는 곡선으로 모습을 드러낸다.

예를 들어 무거운 물체와 관측자 사이의 거리를 가로축에, 관측자가 느끼는 중력의 세기를 세로축에 대응시킨 함수를 생각해보자. 그 옛날 뉴턴은 중력의 세기가 거리의 제곱에 반비례한다는 사실을 알아냈다. 즉, 관측자와 물체 사이의 거리를 x라 하면 중력은 $1/x^2$에 비례한다. 이것을 '역제곱 법칙inverse square law'이라 하며, 그래프로 나타내면 다음과 같다.

관측자가 물체에 가까이 접근하면 재미있는 일이 벌어진다. 중력이 점점 강해지다가 $x=0$에 도달하면 출력이 무한대가 되는 것이다(그래프로는 무한대를 표현할 수 없기 때문에 $x=0$일 때의 값은 그려 넣지 않았다). 물론 현실적으로 모든 행성은 크기가 있기 때문에 행성의 표면에 도달해도 $x=0$이 아니다. 그리고 행성의 내부로 파고들어 가면 중력이 여러 방향으로 작용하여 그래프의 형태가 달라지고, 행성의 중심에 도달하면 중력이 모든 방향으로 똑같이 작용하기 때문에(일제히 바깥쪽으로 작용한다) 서로 상쇄되어 무중력 상태가 된다. 그러나 행성을 '모든 질량이 한 점에 응축되어 있는' 블랙홀로 대치하면 이야기가 사뭇 달라진다. 이 점은 밀도가 무한

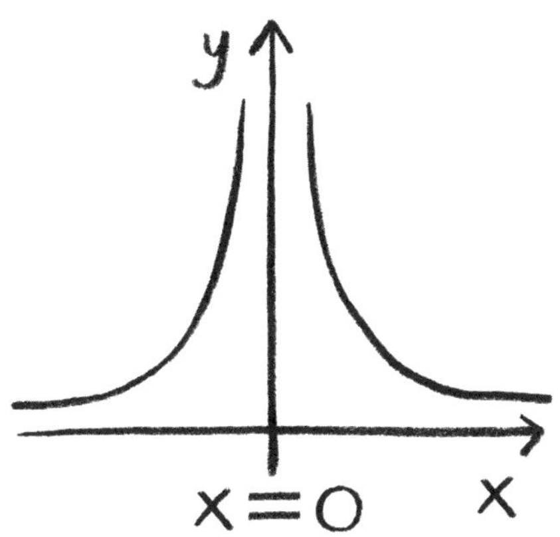

$1/x^2$의 그래프로, 이 함수는 $x=0$에서 특이점을 갖는다.

대이므로, 관측자가 블랙홀에 도달하는 순간 중력이 무한대가 된다.

수학자들은 함숫값이 무한대가 되는 점을 특이점이라 부른다. 다른 종류의 특이점도 있지만, 모든 특이점은 함숫값이 정확하게 정의되지 않거나 한 값에서 다른 값으로 갑자기 점프를 일으키는 등 비정상적인 거동을 보인다는 공통점을 가지고 있다.

누구나 쉽게 관찰할 수 있는 특이점의 사례로는 탁자 위에서 회전하는 동전을 들 수 있다. 마찰과 공기 저항이 없다면 한 번 돌기 시작한 동전은 그 상태로 영원히 회전할 것이다. 그러나 실제로는 에너지가 손실될 수밖에 없기 때문에 시간이 흐를수록 동전과 탁자의 각도가 작아지고, 각도가 작아질수록 회전 속도가 빨라지다가 각도가 0에 도달하면 회전 속도는 무한대가 된다. 실제로 동전을 돌려보면 각도가 작아질수록 회전 속도가 빨라지고 마지막 순간에 격렬하게 털다가 갑자기 멈춘다.

운동 방정식에 따르면 동전의 회전 속도는 유한한 시간 안에 무한대에 도달한다. 즉, 회전하는 동전은 특이점을 갖고 있다. 그러나 실제로 동전을 돌려보면 얌전하게 돌다가 한 번 드르륵 털고 조용히 멈춘다. 수학적으로 특이점이 존재하는데도 동전이 회전하는 데에는 아무런 문제가 없다. 그러므로 블랙홀이 이론적으로 무한대를 양산한다고 해서 불가능으로 치부하는 것은 성급한 판단이다.

심지어 행성의 운동을 서술하는 뉴턴 방정식에도 특이점이 존재한다. '지식의 첫 번째 경계'의 끝부분에서 말한 대로, 1990년대 초에 시아치홍은 "다섯 개의 행성으로 이루어진 계에 중력이 복합적으로 작용하면 행성 하나가 궤도를 이탈하여 유한한 시간 내에 무한대의 속도로 날아갈 수 있다"는 것을 증명한 바 있다. 고전적인 행성계에서 특이점이 발견된 것이다. 그리고 행성이 특이점에 도달하면 그 후의 상황은 어떤 방정식으로도 예측할 수 없다.

이론을 펼치다가 특이점에 도달하면 더는 진도를 나갈 수 없다. 특이점 때문에 골머리를 앓는 사람은 물리학자뿐만이 아니다. 1960년에 하인즈 폰 푀르스터Heinz von Foerster와 패트리샤 모라Patricia Mora, 로렌스 아미오Lawrence Amiot는 지구에서 심각한 특이점을 발견했다. 인구 증가율이 당시와 같은 추세로 계속된다는 가정하에 미래의 인구를 계산해보니, 2026년 11월 13일자로 세계 인구가 무한대에 도달한다는 무서운 결과가 나온 것이다(게다가 이날은 금요일이다!).

가장 단순한 인구 모형에 따르면 인구는 지수 함수적으로 증가한다. 예를 들면 50년마다 두 배씩 늘어나는 식이다. 이런 모형은 증가 속도가 빠르긴 하지만 무한대에 도달하지는 않는다. 그러나 문제는 두 배로 늘어나는 데 걸리는 시간이 점점 짧아진다는 것이다.

서기 1년에 지구의 인구는 약 2억 5000만 명이었다. 그 후 1650년에 세계 인구가 5억 명에 도달했으니, 두 배로 증가하는 데 1650년이 걸린 셈이다. 그로부터 200년이 지난 1850년에 세계 인구는 10억 명으로 늘어났고 불과 80년 만에 다시 20억 명으로 늘어났으며, 46년 후인 1976년에는 40억 명을 돌파했다. 그러므로 인구는 지수 함수보다 빠르게 증가하고 있는 것이 분명하다. 1960년에 인구 학자들은 주어진 데이터에 기초하여 "앞으로 10~20년 안에 세계 인구는 특이점에 도달할 것"이라고 예견했다.

컴퓨터의 연산 능력도 초고속 성장의 대표적 사례로 꼽힌다. 이 업계에서는 컴퓨터의 성능이 18개월마다 두 배씩 향상된다는 '무어의 법칙Moore's law'이 거의 진리로 통해왔다. 이런 추세로 간다면 컴퓨터의 성능은 절대로 특이점에 도달하지 않는다. 그러나 일부 컴퓨터 학자들은 인구 증가 모형에서 그랬던 것처럼, 기술이 두 배로 향상되는 데 걸리는 시간도 점점 짧아진다고 주장했다. 과학 기술이 특이점에 도달하면 인간은 자신이 창출한 기술에 압도되어 더는 기술을 제어할 수 없게 된다. 그래서 세간에서는 "기술의 특이점이 오기 전에 미리 대비해야 한다"는 취지로 '특이점 운동Singularity movement'을 펼쳤고, 저명한 발명가이자 미래학자인 레이 커즈와일은 자신의 저서《특이점이 온다The Singularity Is Near》에서 "인공 지능은 2045년에 인간의 능력을 추월할 것"이라며 이 시기를 특이점으로 간주했다. 기술이 인간의 능력을 넘어서면 인류의 앞날을 예측하기가 어려워지기 때문에 특이점이 다가온다는 것은 별로 반가운 소식이 아니다.

특이점이 포함된 방정식을 다룰 때에는 각별히 주의를 기울여야 한다. 겉으로 잘 드러나지 않는 요인이 특이점에 가까워질수록 크게 부각되어 무한대가 발생하는 것을 방지할 수도 있기 때문이다. 인구 증가 이론이 바로 이런 경우였다. 지구에서 인간이 살 수 있는 면적은 분명히 유한한데, 한계에 도달한 후에도 인구가 계속 증가한다는 가정은 현실성이 크게 떨어진다.

빅뱅과 블랙홀에도 이와 비슷한 제한 조건이 존재할지도 모른다. 개중에는 "극단적인 상황에서는 아인슈타인의 장방정식이 적용되지 않는다"고 주장하는 사람도 있다. 예를 들어 아인슈타인의 방정식이 특이점에 가까워지면 새로운 항을 추가해야 할지도 모른다. 만일 그렇다면 빅뱅에 가까이 접근했을 때 의외의 현상이 나타나 특이점 문제를 해결해줄 수도 있다. 그러나 이 추가 요인은 특이점에 아주 가깝게 접근해야 비로소 모습을 드러내기 때문에 실험으로 확인하기가 쉽지 않다. 이것은 움직이는 두 물체의 속도 합산 공식이 광속에 가까워졌을 때 나타나는 변화와 비슷하다. 속도가 느릴 때에는 두 물체의 속도를 단순히 더하면 상대 속도가 되지만,* 광속에 가까워지면 좀 더 신중을 기해야 한다. 앞장에서 말한 대로 달리는 기차 안에서 누군가가 뛰고 있을 때, 바깥에서 바라본 그의 속도는 기차의 속도와 뛰는 속도의 합을 특정한 인자로 나눈 값이다(9장 상자글 참조). 속도가 광속보다 훨씬 느릴 때에는 분모가 거의 1이기 때문에 두 속도를 그냥 더해도 크게 틀리지 않는다. 그래서 아인슈타인 이전의 과학자들은 두 속도를 더한 값이 상대 속도라고 하늘같이 믿어왔다. 그러나 기차(또는 뛰는 사람)의 속도가 광속에 가까워지면 분모가 커지면서 의외의 값이 얻어진다. 빅뱅과 블랙홀에 접근할 때에도 이와 비슷한 논리가 적용될 수 있다. 일상적인 상황에서는 겉으로 드러나지 않지만 극단적인 상황으로 접근하면 의외의 항이 중요 인자로 부각되어 무한대를 방지해줄지도 모른다.

그러나 밀도가 무한대인 영역이 정말로 존재한다면 시간에 어떤 영향을 미칠지 궁금하기 짝이 없다. 아인슈타인의 이론에 따르면 중력이 작용하는 곳에서는 시간이 느리게 흘러간다. 그렇다면 중력이 무한대인 곳에서 나의 손목시계는 어떤 반응을 보일까?

블랙홀의 내부

내 손목시계를 블랙홀 안으로 던지면 이상한 일이 벌어진다. 지구에 앉아서 블랙홀로 빨려 들어가는 시계를 관측한다면 어느 순간부터 시간이

* 두 물체가 각기 반대 방향으로 움직이는 경우에 한한다.

완전히 멈춘 것처럼 보일 것이다. 블랙홀에 다가갈수록 초침이 가는 속도가 점점 느려지다가, 어느 순간부터 완전히 멈추는 것이다. 블랙홀을 에워싸고 있는 사건 지평선은 공간에 떠 있는 기포와 비슷하다. 그 안에서는 시간이 더는 흐르지 않는다. 블랙홀 바깥에 있는 나의 관점에서 보면 '후後, after'라는 개념이 아예 없다. 그렇다면 시간을 되돌려서 빅뱅으로 접근할 때에도 이와 비슷한 현상이 나타날 것인가? '전前, before'라는 것은 빅뱅 후에 탄생한 개념인가?

그러나 시계의 초침이 느려지는 현상은 지구의 시간과 블랙홀을 향해 다가가는 시계의 시간을 나의 관점에서 비교한 결과이다. 내가 직접 시계를 차고 블랙홀을 향해 다가간다면 상황은 완전히 달라진다. 지구에서 보면 시계가 블랙홀의 사건 지평선에 도달했을 때 초침이 완전히 멈춘 것처럼 보이지만, 내가 직접 시계를 차고 사건 지평선에 도달하면 시간이 여느 때와 똑같이 흐른다. 나는 사건 지평선에 도달했다는 사실조차 느끼지 못할 것이다.

물론 나의 몸뚱이가 온전하게 보존된다는 뜻은 아니다. 시간조차 흐르지 않을 정도로 무지막지한 중력이 작용하는 곳에서 내 몸이 온전할 리 없다. 블랙홀 근처에 진입했을 때부터 나의 발바닥에 작용하는 중력과 머리에 작용하는 중력의 차이가 점점 커지면서 내 몸은 스파게티처럼 길게 늘어나기 시작할 것이다.• 나와 내 시계는 유한한 시간 안에서 산산이 분해된 채 특이점으로 빨려 들어가고 더는 시간이 흐르지 않게 된다. 거기에는 '나중'이라는 개념이 없으니 나중에 어떻게 될지 논하는 것조차 불가능하다.

• 블랙홀의 조력潮力, tidal force 때문이다.

그래도 다른 곳에서는 시간이 정상적으로 흐른다. 이것은 내가 죽었을 때 일어나는 현상과 비슷하다. 내가 죽으면 내가 느끼는 시간도 함께 멈추지만 다른 곳의 시간은 흘러간다. 내가 나의 죽음을 느끼지 못하는 것처럼, 시공간의 특이점에 도달했을 때에도 나는 아무것도 느끼지 못할 것이다.

블랙홀에 빨려 들어갈 때를 대비하여 물리학자인 내 친구가 "거긴 모래 늪과 비슷하니까, 빠지지 않으려고 발버둥치지 않는 게 좋을 거야"라고 조언을 해주었다. 블랙홀의 사건 지평선에 진입하면 그냥 자유 낙하를 하듯이 중력에 몸을 내맡겨야 더 오래살 수 있다고 한다. 나의 직관과는 정반대다. 그러나 내 친구는 중력과 가속 운동이 시계에 미치는 영향을 상기시켜주었다. 내가 발버둥 쳐서 특이점으로부터 멀어지는 쪽으로 가속 운동을 하면 시간이 더 느리게 흐를 거라는 것이다. 중력과 마찬가지로 가속 운동도 시간의 흐름을 늦추기 때문이다. 나의 딸 이나도 가속 운동을 한 덕분에 쌍둥이 자매 매걸리보다 젊어지지 않았던가. 특이점에 도달했을 때 발버둥을 치면 나이는 덜 먹겠지만 별로 좋은 생각이 아니다. 특이점에 도달하는 순간 어차피 나의 삶은 끝날 텐데, 젊은 나이로 끝나는 것보다 지긋한 나이에 끝나는 게 더 좋지 않겠는가? 시간이 느리게 흘러도 정작 본인은 그 사실을 느끼지 못하니 시간을 늦춰서 수명을 늘인다는 것은 잘못된 생각이다.

한편, 사건 지평선 바깥에 있는 사람들은 내가 안에서 어떤 일을 겪고 있는지 알 길이 없다. 그들의 눈에는 내가 사건 지평선을 통과하는 순간부터 아무런 미동도 없이 그 자리에 얼어붙은 것처럼 보일 것이다. 그들이 볼 때 나에게 미래는 더는 존재하지 않는다. 그러나 나는 사건 지평선 안으로 들어선 후 몸이 스파게티처럼 늘어나서 소립자 단위로 분해되는 등 온갖 시련을 겪을 것이다. 그러므로 "사건 지평선을 통과한 후에는 어떤 일이 벌어지는가?"라는 질문은 나름대로 의미가 있다. 다만 사건 지평선 바깥의 관측자들은 물리학의 금지 조항에 걸려서 답을 얻을 수 없을 뿐이다.

"빅뱅 이전에는 무엇이 있었는가"라는 질문에도 이와 비슷한 원리가 적용된다. 빅뱅은 별이 수축되어 블랙홀이 되는 과정을 거꾸로 되돌린 것에 해당하므로, 빅뱅에 (시간적으로) 가까이 다가갈수록 시간이 느리게 흐르다가 결국은 멈출 것이다. 다시 말해서 시간은 빅뱅이 일어나면서 비로소 흐르기 시작했다는 뜻이다.

시공간의 특이점은 시간적으로나 공간적으로 더는 나아갈 수 없는 최후의 종착지다. 그러나 내 머릿속에는 "종착지에 도달한 후에는 어떻게 될까?"라는 의문이 계속 맴돌고 있다. 논리적으로는 거기가 끝인데 심증적으로는 무언가 더 있어야 할 것 같다.

블랙홀은 우리가 가지고 있는 상식적 시간 개념을 뒤흔들 뿐만 아니라, "정보는 결코 유실되지 않는다"는 현대 물리학의 정보 이론에도 위배되는 것처럼 보인다.

최후의 문서 파쇄기

양자 물리학의 법칙은 시간이 흐르는 방향을 반대로 바꿔도 여전히 성립하며, 이는 곧 정보가 절대로 유실되지 않는다는 것을 의미한다. 우리의 직관과는 사뭇 다르다. 예를 들어 내가 《프라이빗 아이》와 《펜트하우스》를 구독하다가 1년치를 모아서 아궁이에 넣고 태워버렸다고 하자. 그 후에 타고 남은 재를 모아서 어떤 재가 어떤 잡지에 속하는지 구별할 수 있을까? 경험에 따르면 불가능할 것 같다.

그러나 불꽃을 이루는 원자와 광자에 대하여 모든 정보를 완벽하게 알고 있다면, (이론적으로) 타는 과정을 거꾸로 되돌려서 잡지에 들어 있는 모든 정보를 복원할 수 있다. 물론 현실적으로는 엄청나게 어렵고 복잡하겠지만 불가능할 이유는 하나도 없다. 물리학의 법칙은 시간의 순방향과 역방향으로 똑같이 적용되기 때문이다.

그런데 블랙홀에는 이 원리가 적용되지 않는 것처럼 보인다. 《프라이빗 아이》를 A라는 블랙홀 안으로 던지고 《펜트하우스》를 B라는 블랙홀에 던졌다면, 어떤 잡지가 어느 블랙홀로 빨려 들어갔는지 알 길이 없다.[*] 이런 점에서 볼 때 블랙홀은 정보가 완전히 유실되는 '최후의 문서 파쇄기'인 셈이다.

블랙홀은 '알 수 없는 것'을 찾는 나의 여정에서도 매우 흥미로운 대상이다. 내가 아무리 잘 알고 있는 대상이라 해도 일단 사건 지평선을 넘어가기만 하면 내가 무엇이 넘어갔는지조차 알 수 없기 때문이다. 내 책상 위에 있는 카지노 주사위를 블랙홀 쪽으로 던져서 사건 지평선을 넘어가면 어느 곳에 떨어질지, 어떤 눈금이 나올지 전혀 알 수 없다. 블랙홀 안에 탁자가 있어서 그 위에 6이라는 눈금으로 안착할 수도 있다. 그 안에 사람이 살고 있다면 주사위의 눈금을 확인할 수 있을 것이다. 하지만 그와 나는 정보를 주고받을 수 없으므로 블랙홀 안에 무엇이 있건 나에게는 아무런 도움도 되지 않는다.

일반 상대성 이론에 따르면 외부에서 블랙홀에 대해 알 수 있는 것은

---

[*] 기억을 못한다는 뜻이 아니라 구별이 가능한 수준으로 복원할 수 없다는 뜻이다.

질량과 각운동량, 전기전하뿐이다. 그 외의 모든 정보는 사건 지평선이라는 막강한 베일에 싸여 있다. 물리학자들은 이것을 '무모정리無毛定理, no-hair theorem'라 부른다. 털이 나 있어야 구별이 가능한데, 모든 블랙홀이 대머리여서 위에 언급한 세 가지 특성 빼고는 구별할 수 없다는 뜻이다. 주사위와 첼로, 손목시계를 모두 블랙홀에 던져서 사건 지평선을 통과하면 블랙홀 외부에는 내가 던진 물건에 대한 정보가 하나도 남지 않는다. 사건을 거꾸로 되돌려서 어떤 물건이 들어갔는지 알아내고 싶어도 정보가 완전히 유실되어 복원할 길이 없다.

물리학자들은 이것을 '정리定理, theorem'라 부르고 있지만, 정보가 정말로 유실되었는지 확실치 않기 때문에 엄밀히 말하면 추론에 가깝다. 실제로 1974년에 과학자들은 사건 지평선에 가려진 정보의 양에 의문을 품기 시작했고, 스티븐 호킹은 블랙홀에서 정보가 새어나오고 있다는 사실을 증명하여 전 세계 과학자들을 놀라게 했다.

블랙홀은 완전히 검지 않다

일단 주사위가 블랙홀 안으로 빨려 들어가면 눈금을 확인하는 것은 불가능하다. 이 세상 어떤 이론을 동원해도 사건 지평선을 통과한 주사위의 거동을 예측할 수 없다. 다수의 과학자들은 이것을 막대한 질량 때문에 시공간이 크게 휘어진 결과로 해석해왔다. 그러나 호킹은 열역학 제2법칙을 이용하여 블랙홀이 사람들의 생각처럼 완전히 검지 않다는 것을 증명했다.

열역학 제2법칙에 따르면 우주는 고도로 질서정연한 상태에서 태어나, 지난 138억 년 동안 무질서한 쪽으로 꾸준히 변해왔다. 무질서한 정도를 나타내는 척도는 '엔트로피entropy'로서, 물리계가 특정한 상태에 놓일 확률과 관련된 양이다. 열역학 제2법칙에 따르면 우주의 엔트로피는 절대로 감소하지 않고 항상 증가해왔다.

엔트로피가 증가하는 현상은 기체 상자에서 쉽게 확인할 수 있다. 상자 내부의 작은 구획에 기체를 가둬놓았다가 어느 순간에 벽을 제거하면 (작은 칸막이로 막아놓았다가 칸막이를 치웠다고 생각하면 된다) 기체가 상자 전체로 퍼져나갈 것이다. 이런 경우 기체 입자들이 상자 안에 배열될 수 있는 경우의 수는 얼마나 될까? 기체가 작은 구획에 갇혀 있을 때는 가능한 배열의 수가 그리 많지 않지만, 상자 전체로 퍼져나가기 시작하면 가능한 배열의 수가 훨씬 많아진다. 그런데 엔트로피는 가능한 상태의 수와 관련되어 있으므로° 기체가 넓게 퍼져나갈수록 엔트로피는 증가한다.

또 다른 사례로 식탁에서 떨어진 계란이 바닥에 부딪혀 깨지는 과정을 생각해보자. 멀쩡한 계란은 매우 질서정연한 상태로서 엔트로피가 작다. 그러나 계란이 식탁에서 떨어지면 껍질이 분해되는 경우의 수와 내용물이 흩어지는 경우의 수가 엄청나게 많으므로 엔트로피가 크게 증가한다. 그래서 계란이 깨지는 과정을 동영상으로 보면 순방향 재생인지, 아니면 역방향 재생인지 금방 알 수 있다. 엔트로피가 증가하는 방향이 곧 시간이 흐르는 방향이다.

이와 같이 엔트로피는 시간의 흐름과 밀접하게 관련되어 있다. 거꾸로 재생되는 동영상을 사람들이 금방 알아채는 이유는 엔트로피의 변화가

° 정확하게 말하면 가능한 상태의 수에 로그log를 취한 후 특정한 상수를 곱한 값이다. 그러므로 상태의 수와 엔트로피는 직접 비례하지 않지만 상태의 수가 증가하면 엔트로피도 증가한다.

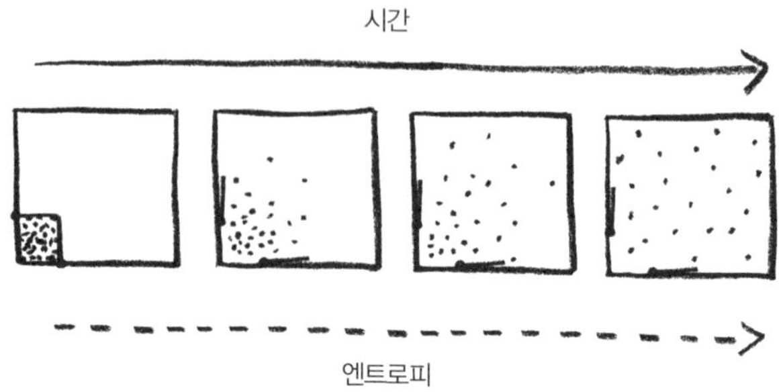

어색하기 때문이다. 깨진 계란 조각이 모여서 말끔한 계란으로 돌아가는 것이 물리학적으로 불가능한 사건은 아니지만, 이 과정에서는 엔트로피가 감소하기 때문에 어색하게 보이는 것이다.

그렇다면 온전한 계란의 질서정연한 구조는 어디에서 비롯되었는가? 이 질문에 답하려면 지구 바깥의 환경까지 고려해야 한다. 온갖 화학 물질이 잡탕으로 섞여 있던 원시 지구의 뜨거운 수프 속에서 최초의 생명체가 탄생한 후 복잡다단한 진화를 거쳐 지금과 같은 계란과 인간이 탄생했다. 이 점만 놓고 보면 무질서에서 질서가 창출된 셈이니 열역학 제2법칙에 위배되는 것 같지만, 사실 지구는 생명체를 탄생시킬 때 외부의 도움을 받았다. 생명에 필요한 에너지를 '엔트로피가 낮은' 태양으로부터 충당한 것이다. 태양에서 날아온 광자는 엔트로피가 낮았고, 지구는 마구 뜨거워지는 대신 진동수가 낮은(에너지가 작은) 전자기파를 통해 열을 방출했다.

에너지가 큰 태양빛이 지구에 도달한 후 저에너지 전자기파로 바뀌었다는 것은 빛의 종류가 다양해졌다는 뜻이고, 이는 곧 빛을 방출할 때 '가능한 시나리오의 수'가 많아졌다는 의미다. 이것은 계란이 깨지는 과정과 비슷하다. 진동수가 큰 하나의 광자가 지구에 흡수되는 것은 계란이 바다으로 떨어지는 과정에 해당하고, 지구에서 저에너지 광자가 여러 개 방출되는 것은 계란이 여러 조각으로 깨지는 과정에 해당한다. 즉, 지구는 증가한 무질서를 외부로 방출하면서 자신의 엔트로피를 낮출 수 있었으며, 그 덕분에 혼돈 속에서 생명체를 잉태할 수 있었다. 그러나 지구와 태양을 하나의 물리계로 간주하면 총 엔트로피는 분명히 증가했고, 열역학 제2법칙은 단 한 번도 위배되지 않았다.

그렇다면 기체 상자를 통째로 블랙홀에 던지면 어떻게 될까? 상자 내부의 엔트로피는 증가할까, 아니면 감소할까? 사건 지평선 바깥에 있는 관측자는 블랙홀의 내부에서 어떤 일이 일어나는지 알 길이 없다. 상자가 압축되면 엔트로피가 줄어드는데, 그렇다면 열역학 제2법칙에 위배되지 않을까? 블랙홀에도 엔트로피가 존재할 것이고, 외부에서 물질이 빨려 들어올 때마다 엔트로피는 증가할 것이다. 그러나 블랙홀의 내부를 들여다볼 방법이 없으므로 과학자들은 블랙홀의 엔트로피가 사건 지평선의 표면적에 비례한다는 가정을 내세웠다. 매우 그럴듯한 가정이다. 하지만 어떤 물체이건 엔트로피가 존재하려면 특정한 온도를 가져야 하고, 온도가 있는 물체는 복사열을 방출해야 한다. 그래서 과학자들은 블랙홀이 질량에 반비례하는 복사열을 방출한다고 생각했다. 만일 이것이 사실이라면 블랙홀은 이름과 달리 완전히 검지 않고, 밤하늘에서 아주 희미한 빛을 발하고 있을 것이다.

흐릿한 가장자리

원래 블랙홀은 빛조차 빠져나올 수 없는 극한의 영역이라고 정의되었는데 이제 와서 복사가 방출된다니, 앞뒤가 맞지 않는다. 호킹의 이론이 등장하기 전까지, 물리학자들은 블랙홀의 복사 방출을 막는 물리 법칙이 존재할 것이라고 믿었다. 하이젠베르크의 불확정성 원리에 따르면 블랙홀의 사건 지평선은 일반 상대성 이론의 예견과 달리 명확하게 정의되지 않는다. '지식의 세 번째 경계'에서 언급한 대로, 입자의 위치와 운동량은 '동시에 정확하게' 결정될 수 없다. 이와 비슷하게 시간과 에너지도 불확정성 관계에 있다. 즉, 입자의 '에너지'와 '에너지를 측정하는 데 걸린 시간'은 동시에 정확하게 측정될 수 없다. 그러므로 모든 에너지가 0인 완벽한 진공 상태란 존재하지 않는다. 모든 에너지가 0이라는 것은 "모든 것을 완벽하게 알고 있다"는 뜻이기 때문이다.

진공 중에서는 양자 요동이 수시로 일어나고 있다. 예를 들면 양(+)의 에너지를 가진 입자와 음(−)의 에너지를 가진 반입자가 갑자기 나타났다가 사라지는 식이다. 아무것도 없던 우주에서 무언가가 창조되어 지금에 이른 것도 바로 이 양자 요동 덕분이었다. 일반적으로 진공 중에서 갑자기 생성된 입자와 반입자는 아주 짧은 시간 안에 소멸된다. 그런데 이 입자 쌍 중 에너지가 양(+)인 입자가 사건 지평선 바깥에 남고 에너지가 음(−)인 반입자가 블랙홀 안으로 빨려 들어가면 재미있는 일이 일어난다.

안으로 빨려 들어간 입자는 에너지가 음(−)이므로 블랙홀의 질량을 감소시키고, 밖에 남은 입자는 블랙홀에서 방출된 복사처럼 보인다. 즉, 블랙홀이 빛을 발하는 것처럼 보이는 것이다. 따라서 블랙홀은 온도를 갖고 있으며 그 안에는 엔트로피도 존재할 수 있다.

그러나 잠깐! 블랙홀 근처에서 입자−반입자 쌍이 100번 생성되면 그 중 50번은 양에너지 입자가 블랙홀의 외부가 아닌 내부에서 끝을 맞이한다. 그렇다면 블랙홀의 질량은 결국 증가하는 거 아닌가? 아니다. 사건 지평선 바깥에 있는 음에너지 입자는 가져갈 에너지가 없기 때문에, 긴 시간 동안 양자 요동이 무작위로 일어나다 보면 블랙홀의 질량은 전체적으로 감소하게 된다.

이 현상을 호킹 복사Hawking radiation라고 한다. 지금까지 발견된 블랙홀에서 호킹 복사는 한 번도 관측되지 않았는데, 주된 이유는 양이 너무 적기 때문이다. 복사 이론에 따르면 블랙홀에서 방출되는 복사량은 블랙홀의 질량에 반비례한다. 질량이 태양의 몇 배 수준인 블랙홀은 우주 배경 복사보다 느린 비율로 복사를 방출하기 때문에 도저히 감지되지 않는 것이다.

호킹 복사 이론이 옳다면 블랙홀은 오랜 시간 동안 질량이 서서히 줄어들다가 결국 사라지게 된다. 게다가 질량이 줄어들수록 복사가 강렬해지기 때문에, 마지막 순간에는 마치 비눗방울이 터지듯 '펑' 하고 사라질 것이다. 호킹은 블랙홀이 사라질 때 방출되는 에너지가 수소 폭탄 수백만 개의 위력과 맞먹는다고 주장했지만, 대부분의 과학자들은 포탄과 비슷한 수준일 것으로 예측했다.

여기에는 한 가지 의문이 아직 남아 있다. 블랙홀 안으로 빨려 들어간 정보는 어떻게 될까? 내부에 갇혀서 확인할 길은 없지만 어쨌거나 블랙홀 안에 존재할 것이다. 그런데 블랙홀이 사라지면 어떻게 되는가? 정보가 블랙홀과 함께 완전히 사라져버릴까? 아니면 특이점에서 방출된 복사에 어떤 형태로든 남아 있을까? 블랙홀 안으로 카지노 주사위를 던지면, 사건 지평선에서 방출된 입자들을 통해 주사위의 눈금을 알아낼 수 있을까? 불에 탄 잡지의 경우처럼, 이론적으로는 복사를 분석하여 모든 정보를 복구할 수 있을지도 모른다. 이 문제를 '블랙홀 정보 역설black hole information paradox'이라고 한다.

1997년에 호킹과 킵 손은 칼텍의 이론 물리학자 존 프레스킬John Preskill
을 상대로 또 한 차례 내기를 제안했다. 호킹과 킵 손은 정보 유실이 불
가피하다는 쪽에 걸었고, 프레스킬은 양자 물리학에 위배된다며 그 반대
쪽에 걸었다. 내기에서 이긴 사람은 자신이 원하는 백과사전을 받기로
했는데, 그 이유는 백과사전이 '가장 많은 정보가 담겨 있는 기록물'이기
때문이다.

2004년에 호킹은 자신의 패배를 인정하고 프레스킬에게 《야구백과
사전Total Baseball: The Ultimate Baseball Encyclopedia》을 사주었다. 훗날 그는
"그때 프레스킬에게 야구사전을 태운 재를 줄 걸 그랬어요. 정보를 복원
할 수 있으니 별 문제 없을 거 아닙니까?"라며 너스레를 떨었다.

지금 호킹은 블랙홀로 유입된 정보가 사건 지평선에 저장되어 있다
가 입자가 방출될 때 실려 나온다고 믿고 있다. 2차원 구면에 3차원 정보
가 저장된다는 것이 일견 이상하게 들리겠지만, 우리 눈에 보이는 3차원
우주는 홀로그램hologram●처럼 2차원 면에 저장된 정보가 3차원 공간에
투영된 결과일 수도 있다. 그래서 과학자들은 이 가설을 '홀로그램 우주
holographic universe'라 부른다. 호킹은 프레스킬과 한 내기에서 졌다고 인
정한 반면, 킵 손은 아직도 정보가 유실된다고 믿고 있다.●●

로저 펜로즈와 킵 손은 "호킹이 너무 일찍 포기했다"며 아직도 자신의
주장을 굽히지 않고 있다. 블랙홀이 복사를 통해 사라지면 정보와 엔트
로피도 함께 사라진다는 것이다. 펜로즈는 우주가 저-엔트로피 상태에
서 시작된 것도 정보 유실과 관련되어 있다고 주장했다. 초기 우주는 왜

● 3차원 물체를 2차원 필름에 담았다가 레이저를 이용하여 3차원 공간에 복원하는 기술이다.
●● 호킹은 이 책이 출간되고 2년이 지난 2018년 3월에 세상을 떠났다.

열역학 제2법칙이 작동할 수 있도록 질서정연한 상태에서 시작되었을까? 이 질서는 어디에서 온 것일까? 블랙홀이 엔트로피를 파괴한다면 우주는 저-엔트로피 상태로 재설정될 수 있다.

펜로즈는 오래전부터 "빅뱅은 물리학이 도달할 수 있는 한계"라고 믿어왔다. 시간을 되돌려서 빅뱅의 특이점에 도달하면 물리학은 본래의 기능을 상실한다. 빅뱅의 순간에 밀도가 무한대였다면 빅뱅 이전을 묻는 것 자체가 무의미하다. 특이점을 넘어서면 우리가 알고 있는 물리 법칙을 적용할 수 없을 뿐 아니라, 어떤 물리량도 관측할 수 없다. 그러므로 빅뱅을 이론적으로 다루려면 어떻게든 특이점을 피해가야 한다.

과거와 미래를 연결하다

빅뱅과 관련하여 지난 수십 년 동안 과학자들이 제안한 가설 중 가장 비범한 것은 단연 펜로즈의 가설일 것이다. 그는 지금의 우주를 탄생시킨 빅뱅이 무한 반복되는 빅뱅 중 하나에 불과할 수도 있다고 주장했다. 사실 빅뱅 반복설을 최초로 제안한 사람은 펜로즈가 아니다. 일부 우주론학자들은 먼 훗날 우주가 '빅 크런치'를 겪은 후 새로운 빅뱅 시대로 접어들 것이라고 예견했다.

그러나 '지식의 네 번째 경계'에서 언급한 대로, 우리의 우주는 팽창 속도가 점점 빨라지다가 생명체를 포함한 은하와 물질이 모두 사라지고 광자만 남은 냉각 상태로 끝날 수도 있다. 펜로즈는 이 시기를 '엄청 따분한 시기very boring era'라고 불렀다. 주변의 은하를 게걸스럽게 먹어치우던 블랙홀조차 이 시기가 되면 복사를 통해 모든 질량을 잃어버리고 우주에는 광자와 중력자graviton•만 남게 된다.

영구 팽창설에 심리적 불편함을 느낀 펜로즈는 "우주가 이렇게 황량해질 운명이라면 신은 굳이 인간을 창조하지 않았을 것"이라며 "우주가 따분해졌을 때 따분함을 느끼는 주체는 누구인가?"라는 질문을 파고들었다. 물론 모든 생명체는 그보다 훨씬 전에 사라질 것이므로 인간은 아니다. 따분한 우주를 느낄 수 있는 최후의 생존자는 마지막 순간까지 우주의 구성 성분으로 남을 광자와 중력자일 것이다.

그러나 광자에게는 시간 개념이라는 것이 전혀 없다. 특수 상대성 이론에 따르면 움직이는 물체에서는 시간이 천천히 흐르다가 광속에 도달하는 순간 시간이 아예 멈춰버린다. 그런데 광자는 언제 어디서나 광속으로 달리고 있기 때문에 아무리 시간이 흘러도 늙지 않는다. 실제로 펜로즈의 시나리오에서 보면, 우주가 마지막 단계에 이르렀을 때 질량을 가진 모든 입자들이 질량이 없는 광자와 중력자로 붕괴되어 시간이라는 개념 자체가 의미를 상실한다. 이뿐만이 아니다. 시간은 공간을 측정할 때에도 필수적인 개념이므로, 시간이 없으면 공간상의 거리도 의미가 없다. 우주의 크기를 논하는 것 자체가 무의미해진다는 이야기다.

펜로즈는 이 비관적인 상황에서 한 가닥 희망을 찾아냈다. 시간과 공간이 무의미하고 에너지로 가득 차 있으면서 물질이 존재하지 않는 것이, 빅뱅 직전의 상황과 아주 비슷하지 않은가? 이 에너지가 무한히 작은 영역에 집중되기만 하면 빅뱅이 일어날 준비는 완료되는 셈이다. 가만…… 방금 전에 황량해진 우주에서는 거리의 개념이 무의미해진다고 하지 않았던가? 그렇다면 우주의 스케일이 재설정되어 마지막 상태가

• 중력을 매개하는 가설상의 입자이다.

빅뱅의 시작점이 될 수도 있지 않을까?

"우주는 계속 팽창하여 열이 존재하지 않는 따분한 우주로 끝난다"는 시나리오와 "우주는 격렬한 폭발로부터 탄생했다"는 빅뱅 시나리오를 하나로 엮으면 무한 반복되는 우주 모형을 만들 수 있다. 이것은 가장자리가 매끄럽게 연결되는 두 장의 풍경 사진을 이어 붙여서 하나의 사진을 완성하는 것과 같다. 단, 두 시나리오를 매끄럽게 이어 붙이려면 마지막 순간에 도달한 우주를 어떻게든 수축시켜서 다른 우주의 시작과 물리적으로 연결해야 한다. 서로 멀리 떨어져 있는 차가운 광자를 가까이 붙여

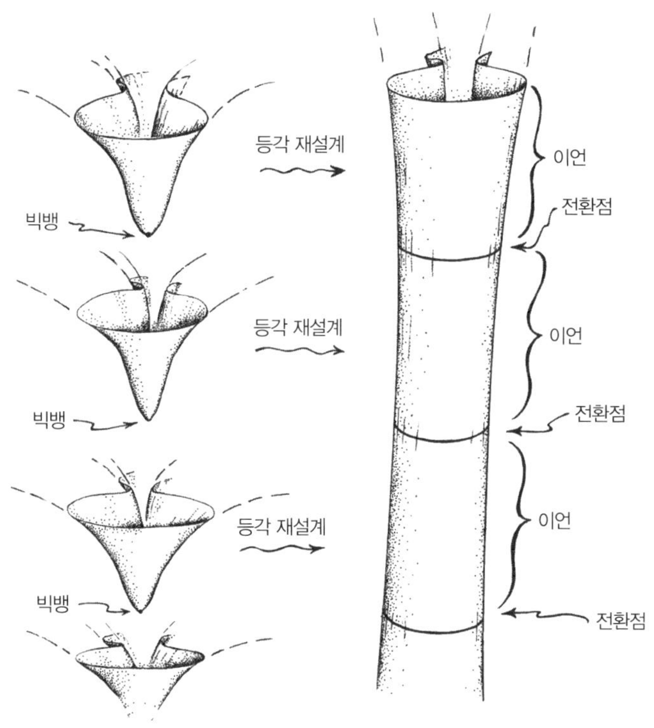

우주의 종말에 등각 재설계conformal rescaling를 적용하면 새로운 우주의 시작과 매끄럽게 연결된다.

있는 뜨거운 광자로 만들어야 하는 것이다.

펜로즈의 아이디어는 논쟁의 여지가 다분하다. 내 주변의 과학자들도 그의 이론을 '기발한 수학적 모형' 정도로 간주했다. 과거에 펜로즈가 일반 상대성 이론에 특이점이 존재한다는 사실을 최초로 지적했을 때에도 대부분의 과학자들은 물리적으로 불가능하다며 대수롭지 않게 여겼다. 그의 시간 순환 모형은 나중에 틀린 이론으로 판명될 수도 있지만, 빅뱅 이전의 상태를 연구하는 과학자들에게 새로운 관점을 제시한 것만은 분명한 사실이다.

펜로즈는 빅뱅과 빅뱅 사이의 시기를 '이언aeon'●이라 불렀다. 우리의 이언은 과거에 있었고 앞으로 찾아올 수많은 이언 중 하나일 뿐이다.

펜로즈의 우주 모형에서 가장 큰 문제는 열역학 제2법칙이다. 우주의 마지막 단계에서는 엔트로피가 극단적으로 증가할 텐데, 이런 곳에서 어떻게 질서정연한 새 우주가 시작되어 열역학 제2법칙이 계속 적용된다는 말인가?

빅뱅의 특이점은 엔트로피가 매우 낮은 상태이며, 그 후로 시간이 흐를수록 엔트로피는 꾸준히 증가한다. 그러므로 한 우주에서 다음 우주로 매끄럽게 넘어가려면 엔트로피가 작은 값으로 재설정되어야 한다. 그래서 펜로즈는 호킹이 내기에서 졌다고 스스로 인정했을 때 마음이 별로 편하지 않았다. 펜로즈의 생각에 블랙홀은 엔트로피를 재설정하는 유일한 수단이었기 때문이다. 블랙홀에 갇힌 엔트로피는 우주의 총 엔트로피에서 제외되어야 하므로, 하나의 이언이 끝날 무렵에 엔트로피는 다시

● 무한히 긴 시간, 또는 영겁이라는 뜻이지만 펜로즈의 모형에서 반드시 무한대일 필요는 없다.

작아질 수 있다. 우주 곳곳에 위치한 블랙홀들이 정보를 끝까지 유출하지 않는다면 불가능할 것도 없다.

이 가설의 또 하나의 문제는 입증하기가 어렵다는 점이다. 빅뱅이 일어나기 전에 '부모 우주'가 존재했다는 것을 어떻게 증명한단 말인가? 빅뱅은 더는 추적할 수 없는 종착점이 아니었던가? 펜로즈는 단호하게 "아니다!"라고 외친다. 두 개의 우주가 매끄럽게 이어졌다면, 이전 우주는 지금의 우주에 어떤 식으로든 영향을 미쳤을 것이다. 펜로즈는 한 이언이 거의 끝날 무렵에 두 개의 블랙홀이 충돌하면 공간에 '중력 파문gravitational ripples'이 형성되어 다음 이언으로 넘어갈 수 있다고 주장했다. 이것은 연못에 여러 개의 조약돌을 한꺼번에 던졌을 때 여러 개의 원형 물결이 간섭을 일으켜 특정한 패턴을 만드는 과정과 비슷하다. 이 광경을 뒤늦게 발견한 관측자는 물결의 패턴으로부터 조약돌이 떨어진 위치를 추적할 수 있다.

펜로즈는 이 흔적을 빅뱅의 잔광殘光인 우주 배경 복사에서 찾을 수 있다고 굳게 믿고 있다. 우주 배경 복사에서 국지적 요동은 무작위로 분포되어 있지만, 이들 중 일부는 지난 이언의 말기에 블랙홀이 충돌한 흔적이라는 것이다.

사실 우주 배경 복사는 양이 너무 적어서 분석하기가 매우 어렵다. 게다가 관측 가능한 우주의 경계면까지 퍼져나간 우주 배경 복사에서 이전 우주의 흔적을 찾는다는 것은 별로 현실성이 없어 보인다. 그러나 "빅뱅 이전에는 무엇이 있었는가?"라는 난해한 질문에 나름대로 답을 제시했다는 것만으로도 펜로즈의 시도는 긍정적 평가를 받을 만하다.

과연 우리는 빅뱅 이전의 우주를 알아낼 수 있을까? 나는 그 가능성을 타진하기 위해 펜로즈의 연구실을 방문했다(방문이라고 말하기는 좀 어색하다. 그의 연구실은 내 연구실에서 계단으로 한 층만 내려가면 된다). 80대의 나이에도 새로운 지식을 향한 그의 열정은 좀처럼 식을 줄을 모른다. 그의 저서 중 하나인 《실체에 이르는 길The Road to the Reality》에는 '우주의 법칙으로 안내하는 완벽한 안내서'라는 부제가 붙어 있어서, 세간에서는 그를 모르는 게 없는 사람으로 보기도 하지만, 가까운 지인들 사이에서는 유난히 질문이 많은 사람으로 유명하다.[*]

펜로즈: 과거에 저는 빅뱅 자체가 수학적 특이점에서 출발했기 때문에 빅뱅 이전의 시간에 대해 묻는 것은 무의미하다고 주장했습니다. '이전'이라는 말은 의미가 없으니 그런 질문은 하지 말라고 사람들에게 당부하곤 했지요. 스티븐 호킹도 그런 단어를 쓰지 않겠다고 약속했고, 저도 거기에 동의했습니다. 하지만 지금은 상황이 크게 달라졌죠. 이젠 '빅뱅 이전'에 대해 물어보셔도 할 말이 있습니다.

나: 그렇다면 우주에는 시작이 없었다고 생각하시는 건가요?

펜로즈: 네. 이온이 무한 반복되고 있다는 게 저의 확고한 신념입니다.

나: 무한 반복도 무한대의 일종이니까 우리가 이해할 수 없는 영역

---

[*] 이 책은 역자가 직접 번역했다. 원서의 분량이 무려 1,100페이지에 달하여 책등에 'Road to the Reality'라는 제목이 세로가 아닌 가로 방향으로 인쇄되어 있다!

아닙니까? 교수님의 이론을 '알 수 없는 것'의 한 사례로 봐도 될까요?

펜로즈: 기술이 발달하면 몇 개의 이온은 볼 수 있을 겁니다. 그런데 사람들은 최초의 이온이 어땠는지 궁금하겠지요? 글쎄요, 그건 사토이 교수님께서 말하는 '절대로 알 수 없는 것' 중 하나일지도 모르죠. 하지만 무한대라고 해서 알 수 없다고 단정 짓는 것은 성급한 판단이라고 생각합니다. 저보다 잘 아시겠지만 무한대를 갖고 노는 건 수학자들의 일상사잖아요? 무한대를 다루는 수학자들의 표정을 보면 마치 집에서 쉬는 것처럼 편안하더군요.

나: 과학 분야에서 답할 수 없는 질문이 존재한다고 생각하십니까?

펜로즈: 우리의 지식을 넘어선 곳에 무언가가 존재한다는 생각은 재고해볼 필요가 있습니다. 물론 개중에는 답을 기대하지 않고 던지는 질문도 있겠지요. 하지만 우리는 풀 수 없는 문제에 직면했을 때 어떻게든 우회로를 찾아내지 않습니까? 저는 "알 수 없다"는 말을 별로 좋아하지 않습니다. 이 말은 "문제를 올바른 각도에서 바라보지 못하고 있다"는 뜻에 불과합니다.

과거에는 태양의 중심부에서 어떤 일이 일어나고 있는지 절대로 알 수 없다고 생각했습니다. 그러나 지금 우리는 그곳에서 핵융합 반응이 격렬하게 진행되고 있다는 것을 잘 알고 있지요. 얼마 전까지만 해도 '절대로 알 수 없는 것'이 '누구나 아는 것'으로 바뀐 겁니다. 이런 일은 앞으로도 계속 일어날 겁니다.

자릿수가 우주에 존재하는 입자의 수보다 많은 두 개의 수를 곱한다고 생각해봅시다. 너무 길어서 종이에 쓸 수도 없으니, 곱하기는 정말 어려울 겁니다. 하지만 이것은 성가신 문제이지, 풀 수 없는 문제는 아닙니다.

저는 이 우주에 '절대로 알 수 없는 것'이 존재하지 않기를 바랍니다. 편견이라면 편견일 수도 있겠지요. 하지만 "이 세상에 알 수 없는 것이란 존재하지 않는다"고 단정 지을 생각은 없습니다. 그런 식으로 말하면 사토이 교수님께서 실망하실 것 같아서…….

나: 과학자라면 교수님 같은 사고방식을 가져야 한다고 생각합니다만…….

펜로즈: 그렇습니다. 문제가 아무리 어려워도 답이 존재한다는 '느낌'을 갖는 것이 중요합니다. 저 역시 그런 느낌을 가지고 있는데, 그대로 실현될지는 잘 모르겠습니다. 아마 제가 죽기 전에 인생 최대의 질문에 답을 찾지는 못하겠지만, 당면한 문제 몇 개라도 해결된다면 더 없이 행복할 겁니다.

나: 전능한 존재가 교수님 앞에 나타나 한 가지 질문에만 답을 주겠다고 한다면, 어떤 질문을 하시겠습니까?

펜로즈: 이전의 우주, 즉 전 이온이 우리 우주에 남긴 흔적을 보고 싶습니다. 세월이 많이 흘렀지만 어딘가에 분명히 남아 있을 겁니다.

나: 신이 우주를 창조했다고 믿는 사람들은 '시작이 없는 우주 모형'에 거부감을 느끼지 않을까요?

펜로즈: 하하……. 제 가설은 종교인뿐만 아니라 천문학자들에게도 별로 달갑게 들리지 않을 겁니다. 저의 영웅인 갈릴레오도 400년 전에 비슷한 일을 겪었지요, 언젠가 바티칸 학술 회의장에서 제 이론을 발표한 적이 있는데 예상과 달리 몹시 긴장되더군요. 그러나 다행히도 그곳의 성직자들은 갈릴레오에게 깊은 존경심을 갖고 있었습니다. 저는 용기를 내서 무한 반복 우주론을 설명해나갔지요.

우주의 시작은 빅뱅이 아니며 빅뱅은 무한히 반복된다고 말이죠. 발표가 끝난 후 걱정스러운 표정으로 청중을 둘러보는데 한 신부님이 말하더군요. "괜찮습니다. 빅뱅이 무한히 반복되면 어떻습니까? 그것 역시 신의 창조물인데요!"

시간의 바깥

바티칸의 반응은 "현대적 의미의 시간과 신은 어떤 관계인가?"라는 종교적 사상가들이 오래전부터 떠올려왔던 질문을 상기시킨다. 또한 아인슈타인의 특수 상대성 이론은 사건의 전후 관계를 따지는 것이 과연 의미가 있는지 묻고 있다. 나의 관점에서 사건 A가 사건 B보다 먼저 일어났다 해도, 당신의 관점에서는 사건 B가 사건 A보다 먼저 일어날 수 있기 때문이다.

종교인들은 "그렇다면 신의 관점은 무엇인가? 그에게 먼저 일어난 사건은 A인가? 아니면 B인가?"라고 묻는다. 한 가지 해결책은 바티칸의 신부가 펜로즈에게 말했던 것처럼 신을 시간의 바깥에 가져다놓는 것이다. 신은 공간의 한 지점에 존재하지 않듯이, 시간 속에도 존재하지 않는다.

산꼭대기에 오르면 경치를 한눈에 조망할 수 있는 것처럼, 시간의 바깥에 있는 존재는 과거, 현재, 미래를 한눈에 조망할 수 있다. 그에게는 시공간 전체가 '하나의 덩어리'로 보일 것이다. 4세기의 신학자 성 아우구스티누스도 이와 같은 관점을 가지고 있었다. 물론 그는 로렌츠의 4차원 기하학을 몰랐지만 기본적인 철학은 매우 비슷하다.

시간에 대한 아인슈타인의 관점은 절친한 친구 미첼 베소^{Michele Besso}

의 미망인에게 보낸 위로의 편지에도 잘 나타나 있다.

"그는 이 이상한 세계를 우리보다 조금 먼저 떠난 것뿐입니다. 순서는 아무런 의미도 없습니다. 저처럼 물리학을 믿는 사람들은 과거, 현재, 미래를 구별하는 것이 오래된 환상이라는 것을 잘 알고 있답니다."

그러나 일부 신학자들은 '시간의 바깥에 존재하는 신'을 쉽게 받아들이지 않는다. 신이 시간과 무관하게 존재하면 세상사에 개입할 여지가 없기 때문이다. 이신론보다 유신론에 끌리는 사람들은 신이 '흐르는 시간 속에' 존재해야 한다고 생각할 것이다. 신이 시간의 바깥에 존재하면서 시공간을 통째로 조망하고 있다면, 미래는 이미 그곳에서 결정되어 있을 것이다. 사람들은 사건의 순서를 논하면서도 사건의 인과 관계에 대해서는 까다롭게 따지지 않는 경향이 있다. 신이 시공간을 마음대로 드나들면서 자신의 뜻대로 시공간의 형태를 주무른다고 생각하는 것 같다. 그러나 신이 세상사에 관여하려면 반드시 시간 속에 존재해야 한다. 시간을 초월한 신과 시간 속에 존재하는 신은 양립할 수 없다.

그래도 의문은 여전히 남는다. 시간의 바깥에 존재하는 신이란 대체 어떤 신인가? 시간의 바깥에 무언가가 존재하는 것이 과연 가능한 일인가? 시간과 무관하게 존재하는 것이 있긴 있다. 바로 수학이다. 수학은 시간을 초월해 있기에 창조를 논할 수 있다. 무에서 유가 창조된 과정과 시공간의 특성을 밝힌 양자 물리학도 수학 방정식을 통해 작동한다. 수학이 가지고 있는 또 하나의 장점은 누가 수학을 창조했는지 따질 필요가 없다는 것이다. 수학은 시간의 바깥에 존재하기 때문에 창조된 순간 없이 그냥 존재한다. 과학자들 사이에 "신은 수학자다"라는 격언이 오랫동안 회자되어왔는데, 수학의 속성을 꼼꼼히 따져보니 "수학은 신이다"로 바꿔도 큰 무리가 없을 것 같다. "신은 존재의 영역 바깥에 존재하며 모든 만물의 원인"이라고 했던 토마스 아퀴나스Thomas Aquinas의 말도 '신'을 '수학'으로 바꿔서 "수학은 존재의 영역 바깥에 존재하며 모든 만물의 원인"이라고 해도 크게 틀리지 않는다.

이것은 미국의 이론 물리학자 맥스 테그마크Max Tegmark의 '수학적 우주 가설Mathematical Universe hypothesis, MUH'과 비슷하다. 그는 피타고라스의 철학을 현대적 버전으로 수정하여 "물리적 우주는 추상적인 수학 구조의 현현顯現"이라고 주장했으며, 이 개념을 소개한 논문에서 다음과 같이 결론지었다.

"나의 수학적 우주 가설이 사실이라면 물리학은 우아한 형태로 통일될 것이며, 수학과 컴퓨터는 우리의 실체를 그 어떤 이론보다 깊고 정확하게 밝혀줄 것이다."

나 역시 물리적 우주와 수학이 매우 가깝다고 생각하지만 테그마크만큼 급진적이지는 않다. 양전하와 음전하가 완전히 뒤바뀐 두 개의 우주를 수학적으로 구별할 수 있을까? 나는 어렵다고 본다. 두 우주는 물리적으로 분명히 다르지만 수학적으로는 아무런 차이가 없다. 이것은 "우주에는 사물들 사이의 관계 외에 다른 무언가가 존재한다"는 퀴디티즘quidditism의 한 사례로서, 사물의 본질은 또 다른 수준의 '차이'를 만들어낸다.

수학이 그 자체로 영원하면서 시간의 바깥에 존재한다면 굳이 창조주라는 개념을 도입할 필요가 없다. 수학 방정식은 분명히 시간의 바깥에 존재하고 있으므로 신처럼 초자연적인 역할을 수행할 수 있다. 단, 신의 의도는 짐작하기 어렵지만 수학은 결과를 정확하게 예측할 수 있으므로 신과 수학을 동일시할 수는 없다. 여기서 흥미로운 질문을 제기해보자. 한 세트의 수학 방정식으로 얼마나 많은 우주를 만들 수 있을까? 가능한 우주가 두 개 이상이라면 이것도 다중 우주에 해당한다. 즉, 다중 수학 모형이 다중 우주를 낳는 것이다.

일부 사람들은 "0마리의 유니콘이 방정식을 통해 1초당 3마리씩 늘어난다고 해서 유니콘이 존재한다는 뜻은 아니다"라고 주장한다. 그렇다면 쿼크와 이들의 상호 작용도 수학 방정식에서 유도되었으므로, 쿼크도 유니콘과 다를 것이 없다. 그래서 호킹은 "방정식에 생명을 불어넣는 방법을 이해해야 한다"고 했다. 예를 들어 우주의 양전하와 음전하는 지금과 정반대일 수도 있었는데, 왜 하필 지금처럼 세팅되었을까? 퀴디티즘의 퀴드quid(영어의 'what'에 해당하는 라틴어)는 어디에서 온 것일까?

물질과 공간, 우주가 처음부터 아예 창조되지 않았다 해도 수학은 존재했을 것이다. 물리적 세계가 없어도 수학은 얼마든지 존재할 수 있다. 그래서 나는 수학이야말로 가장 유력한 '최초의 원인'이라고 생각한다. 1963년에 노벨 물리학상을 수상한 유진 위그너Eugene Wigner는 "현실적인 물리계가 추상적인 수학으로 설명된다는 것이 정말 신비롭다"고 했다. 물리적 현상이 수학 때문에 나타난 결과라면, 우주의 가장 깊은 속성이 수학으로 설명되는 것도 그리 놀라운 일은 아닐 것이다.

시간: 불완전한 지식

지금 내 손목시계는 밤 10시 10분을 가리키고 있다. 우주선에 탑재된 원자시계도 내 시계와 같은 시간을 가리키고 있겠지만, 지구로 돌아오면 두 시계는 일치하지 않을 것이다. 인공위성과 함께 돌고 있는 원자시계와 나의 손목시계, 둘 중 어느 쪽을 믿어야 할까?

내가 할 수 있는 최선은 두 시계를 비교하는 것뿐이다. 아인슈타인의 특수 상대성 이론에 따르면 '절대적으로 정확한 시간'이란 존재하지 않는다. 시간은 물리계의 운동 상태에 따라 달라지는데, 이 우주에는 절대 운동을 판단할 만한 기준계가 없기 때문에 절대 시간도 존재하지 않는 것이다. 그 옛날 갈릴레오는 단진자로 시간을 측정한다는 아이디어를 어떻게 떠올렸을까? 어느 날 그는 주일 미사를 보던 중 천장에 매달린 샹들리에가 흔들리는 모습에 시선이 꽂혔다. 직업병이 발동한 그는 샹들리에가 한 번 왕복하는 데 걸리는 시간과 자신의 맥박 주기를 비교한 끝에 단진자의 주기가 진동 각도에 무관하게 일정하다는 사실을 알아냈다. 그러나 갈릴레오는 하나의 시간을 다른 시간과 비교했을 뿐, 절대 시간을 측정한 것은 아니었다. 우리가 측정한 시간은 비교 대상이 있어야 비로소 의미를 갖는다. 간단히 말해서 시간은 상대적이다.

시간은 물리학 방정식에서도 핵심적 역할을 하고 있지만, 마음만 먹는다면 시간과 무관한 관점에서 모든 것을 서술할 수 있다. 그러나 시간은 세상을 바라보는 가장 선명한 창문이며, 우리는 시간이 '흐른다'는 뿌리 깊은 고정관념을 갖고 있다. 우주론에 대한 책들도 거의 예외 없이 우주의 진화 과정을 시간에 따라 서술해놓았다. 허공에 던져진 공의 궤적을 서술하는 운동 방정식에서도 가장 중요한 변수는 시간이다. 그런데 이상한 것은 어떤 책에도 시간이 정의되어 있지 않다는 점이다. 세계적인 물리학자들도 "시간이 대체 뭡니까?"라는 질문을 받으면 갑자기 꿀 먹은 벙어리가 된다. 이럴 바에는 차라리 시간을 빼버리는 게 낫지 않을까?

물리학자 줄리안 바버Julian Barbaour가 바로 이런 시도를 하고 있다. 그는 일반 학자들과 달리 대학교에 적을 두지 않고 러시아어 번역으로 생계를 꾸리면서 '시간이 전혀 필요 없는 이론 물리학'을 구축하는 중이다.

1999년에 출간된 그의 저서 《시간의 끝The End of Time》을 보면 "아무 일도 일어나지 않는다. 존재being는 있지만 변화becoming는 없다. 시간의 흐름과 물체의 운동은 환상일 뿐이다"라고 적혀 있다. 주류 물리학계에서도 일부 학자들은 바버의 이론을 신중하게 받아들이고 있다.

그런데 우리는 왜 시간의 흐름을 '느끼는' 것일까? 나는 과거로 돌아갈 수 없다는 것을, 또 미래가 아직 다가오지 않았다는 것을 느낀다. 나는 과거를 기억하지만 미래를 기억할 수는 없다. 이탈리아의 물리학자 카를로 로벨리Carlo Rovelli와 프랑스의 수학자 알랭 콘Alain Connes은 이런 느낌이 '불완전한 지식' 때문이라고 주장한다. '열적 시간 가설thermal time hypothesis'로 알려진 이들의 이론에 따르면 시간은 근본적 개념이 아니라 겉으로 나타나는 현상일 뿐이다.

우리는 기체 분자로 가득 찬 방의 미시적 상태를 완벽하게 알 수 없다. 우리가 알 수 있는 것은 거시적 상태뿐이며, 하나의 거시적 상태에는 수많은 미시적 상태가 대응된다. 지식이 불완전하기 때문에 통계적 상황밖에 고려할 수 없는 것이다. 로벨리와 콘은 이 불완전한 지식이 우리의 시간 감각과 관련된 '흐름'을 낳는다는 것을 수학적으로 증명했다. 알 수 없는 미시계를 거시적 관점에서 고려할 때 시간이 개입되고, 여기서 더 깊이 파고들어 가면 시간은 사라진다. 통에 담긴 물을 거시적 규모에서 보면 '수면'이 존재하지만, 원자 규모로 들어가면 수면이라는 말 자체가 무의미해지는 것과 비슷하다. 하나의 원자에 대해서는 온도를 논할 수 없고 축축한 물 분자가 존재하지 않는 것처럼, 온도 역시 기본적인 개념이 아니라 겉보기 현상에 불과하다.

그렇다고 해서 온도와 습도, 시간이 무의미하다는 뜻은 아니다. 지금 내 시계는 밤 11시 55분을 가리키고 있다. 이렇게 또 하루가 간다. 자정이 되면 파티는 끝나고, 내가 더는 지식을 쌓을 수 없는 날에 하루 더 가까워진다. 나는 왜 시간의 흐름을 느끼고, 상처 난 발가락의 통증을 느끼고, 와인의 깊은 맛을 느끼고, 프로코피예프의 아름다운 선율을 느끼는 것일까? 아마도 이것은 모든 과학을 통틀어 가장 어려운 질문일 것이다. 인간의 느낌과 관련된 질문 중에는 쉬운 것이 아예 없다고 봐도 무방하다. 이 질문의 답을 다음 장에서 찾아보기로 하자.

지식의 여섯 번째 경계
챗봇 앱

11

제 뇌요? 그건 제가 두 번째로 좋아하는 장기臟器입니다.
우디 앨런의 영화 〈슬리퍼〉 중에서

얼마 전 내 스마트폰에 클레버봇Cleverbot이라는 애플리케이션(앱)을 깔았는데, 실행을 해보니 제법 사람인 척하기에 몇 가지 질문을 입력해보았다. 그리고 내 아들의 친구에게 똑같은 질문을 해서 답을 얻어냈는데, 두 테스트의 결과는 아래와 같다. 어느 것이 사람의 답이고 어느 것이 클레버봇의 답인지 한번 맞춰보라.

질문 1: 여자 친구 있니?

응답 A: 제가 여자 친구가 있었으면 하세요?

응답 B: 관심 끄고, 아저씨 일이나 신경 쓰세요.

질문 2: 넌 꿈이 뭐니?

응답 A: 유명한 시인이 되고 싶어요.

응답 B: 부자 되는 거요.

질문 3: 넌 의식이란 게 있니?

응답 A: 의식이 없다면 저는…… 그러니까…….

응답 B: 그럼요, 제가 확신하는 건 그거 하나뿐이에요.

클레버봇은 실행 횟수가 많을수록 점점 더 사람을 닮아간다. 나와 나눈 대화를 모두 저장하고 분석하여 앞으로 나눌 대화에 응용하는 식이다. 그러므로 지금 내가 클레버봇에 입력한 대답은 다음에 나눌 대화의 일부가 된다.

지금 클레버봇은 확신에 찬 말을 거의 못하고 있지만, 열심히 훈련시키면 머지않아 재미있는 대화 상대가 될 것 같다. 그러나 "스마트폰은 장차 의식을 갖게 될까?"라거나 "내 아들의 친구 아이가 정말로 의식을 갖고 있는지, 아니면 또 하나의 시뮬레이션인지 100% 정확하게 판단할 수 있을까?"라는 질문은 훨씬 미묘하여 확답을 내리기가 쉽지 않다. 사실 이것은 이 책을 통틀어 '가장 답하기 어려운 질문'에 속한다.

위의 사례에서 의식에 대한 두 가지 응답은 "나는 생각한다. 고로 나는 존재한다"는 데카르트의 명언을 떠올리게 한다. 이것은 우주에 대해 아무것도 알 수 없다고 주장하는 회의론자들에게 데카르트가 던진 답이었다. 고대 아테네의 플라톤 학파에 뿌리를 두고 있는 회의론자들은 "이 세상에 확실하게 알 수 있는 것은 하나도 없다"고 믿어왔다. 당신은 지금 종이에 인쇄된 책을 읽고 있거나, 컴퓨터(또는 노트패드)를 통해 책을 읽고 있을 것이다. 정말 그런가? 당신은 확신할 수 있는가? 나는 지금 한 손으로 책상 위의 주사위를 집어 들었다. 적어도 내 느낌은 그렇다. 그러나 이 모든 느낌은 환상일 수도 있다. 책을 읽거나 주사위를 집어 든 것은 뇌에 입력된 정보일 뿐, 실제로 책이나 주사위는 존재하지 않을지도 모른다. 정말로 그렇다. 우리가 사는 세상이 영화 〈매트릭스Matrix〉처럼 거대한 컴퓨터 시뮬레이션이고, 우리는 컴퓨터가 주입하는 대로 느끼면서 살아가는 부속품일지도 모른다. 데카르트는 그의 저서 《성찰 Meditations》에 "이 모든 시나리오에서 내가 확신할 수 있는 것은 나의 존재, 나의 의식이다"라고 적어놓았다. 그러나 데카르트가 느낀 '나'는 지금도 현대 과학에서 궁극의 미지로 남아 있다.

너도 나랑 같은 생각하니?

우리의 내면과 관련하여 다음과 같은 질문을 던져보자.

나를 '나'이게끔 만드는 요인은 무엇인가?
'의식'이라는 느낌을 갖게 만드는 요인은 무엇인가?
의식은 무엇으로 이루어져 있으며, 어떻게 작동하는가?
인간의 의식은 어떻게 탄생했는가?
나의 의식이 다른 사람의 의식과 같은 경험을 한다는 것을 어떻게
알 수 있는가?
내가 당신의 머릿속으로 들어가서 당신이 느끼는 것을 경험할 수 있
는가?

정말 어려운 질문이다. 과학자들은 이것을 '의식의 난제hard problem of consciousness'라 부른다. 술을 많이 마시고 다음 날 아침에 일어나면 머리가 아프다. 그런데 함께 술을 마신 당신도 나와 똑같은 통증을 느끼고 있을까? 나의 카지노 주사위는 붉은색이다. 당신에게 내 주사위를 보여주면서 무슨 색이냐고 물어보면 틀림없이 붉은색이라고 답할 것이다. 물론 내가 보는 빛과 당신이 보는 빛의 파장은 같다. 하지만 모든 사람이 붉은색을 바라보면서 똑같은 느낌을 갖는다는 보장은 없지 않은가? 내가 느끼는 붉은색이 당신이 느끼는 붉은색과 완전히 같다고 할 수 있을까? 그리고 무엇보다도 이런 질문이 과연 의미가 있을까? 내가 첼로를 연주하면 똑같은 진동수의 음이 주변 사람들의 귀에 도달한다. 한자리에 모여서 바흐의 첼로 모음곡을 감상하는 사람들은 과연 똑같은 느낌을 떠올리고 있을까?

요즘 인간의 의식에 대한 연구가 황금기를 맞고 있다. 갈릴레오를 비롯한 17세기의 과학자들은 망원경 덕분에 우주의 변방을 관측할 수 있었고, 현미경 덕분에 물질의 세부 구조를 볼 수 있었다. 그리고 20세기 초에 마음을 들여다보는 망원경, 즉 fMRI와 뇌파 스캐너electroencephalogram, EEG가 등장하여 색과 통증, 음악을 느낄 때 두뇌가 활동하는 방식을 직접 들여다보면서 측정하는 수준까지 도달했다.

그러나 당신의 뇌가 나와 똑같은 반응을 보인다고 해서 당신의 의식이 나와 동일한 경험을 한다고 단정 지을 수는 없다. 왜 그럴까? 모든 인간은 생물학적 구조가 거의 동일한데, 내면세계는 왜 같다고 단정 지을 수 없을까? 과학자들은 우주론을 연구할 때 "이곳에서 일어나는 일은 저곳에서도 거의 비슷한 형태로 일어난다"는 동질성 원리를 적용해왔다. 그러나 내가 느낄 수 있는 것은 나의 의식뿐이다. 한 사람 분의 데이터밖에 없다. 나의 의식이 이 세상 누구와도 같지 않다면, 나의 뇌가 다른 사람과 똑같이 반응한다는 실험 결과를 어떻게 설명할 것인가? 내가 똑같은 상황에서 타인과 다르게 느낀다는 것을 어떻게 알 수 있을까? 나를 제외한 다른 사람들은 의식이 아예 없을지도 모른다. 누가 알겠는가? 사람들에게 사과를 보여주었을 때 모두가 '빨갛다'고 의견 일치를 볼 수 있는 것은 경험과 교육의 효과일 뿐이다. 우리는 어릴 때부터 사람들이 '빨갛다'고 부르는 색을 빨간색으로 불러왔다. 색상뿐만 아니라 모든 언어가 그런 식이다. 하지만 내가 빨간색을 보면서 떠올리는 느낌은 당신의 느낌과 완전히 다를 수도 있다.

학계에 보고된 바에 따르면 똑같은 외부 자극에 대하여 일반인과 다른 경험을 하는 사람이 있다. 이런 사람을 공감각자共感覺者, synesthete라 한다. 예를 들어 나의 아내는 숫자 9나 문자 S를 보면 어둡고 칙칙한 붉은색을 떠올린다. 내가 제일 좋아하는 신고전주의 작곡가 올리비에 메시앙Olivier Messiaen은 화음을 들을 때마다 특정 색상을 떠올렸고, 물리학자 리처드 파인만은 수학 방정식에서 색상을 느꼈다. 이런 현상은 fMRI나 뇌파 스캐너를 이용하여 설명할 수 있다. 원인을 설명할 수 없다 해도 기계 장치에는 공감각자의 특이한 뇌 반응이 기록될 것이다. 그러나 다른 사람의 뇌가 나의 뇌와 똑같이 작동한다는 증거를 두 눈으로 확인한 후에도 나는 여전히 의심스럽다. 혹시 다른 사람들은 의식 있는 인간을 흉내 내도록 정교하게 만들어진 좀비가 아닐까? 이것이 바로 위에서 말한 '의식의 난제'로서, 일부 과학자들은 영원히 답을 구할 수 없다고 믿고 있다.

의식은 어디에 있는가?

앞에서 다뤘던 방정식들은 지난 수백 년 동안(일부는 거의 100년 동안) 우리에게 다양한 지식을 안겨주면서 과학의 이정표로 자리 잡았다. 그러나 인간의 의식과 살아 있는 뇌에 대한 문제는 다루기가 너무 어려워서 과학이라기보다 신학이나 철학의 영역으로 간주되어왔다. 물론 과학자들이 게을렀다는 뜻은 아니다.

내가 느끼는 '나'는 어디에 있는가? 이 질문은 지난 수백 년 동안 과학자들을 무던히도 괴롭혀왔다. 가만히 생각해보면 '나'는 눈 뒤쪽 어딘가에 있는 것 같다. 나의 눈 뒤에 조그만 내가 자리 잡고 앉아서 영화를 감상하듯이 눈을 통해 세상을 바라보고, 입력이 들어올 때마다 내 몸이 어떻게 반응해야 할지 결정하는 것 같다. 나의 의식이 몸과 분리되어 독립적으로 존재한다는 느낌도 든다. 불운한 사고를 당하여 팔을 절단해도 '나'는 둘로 분리되지 않으므로, 나의 팔은 분명히 내가 아니다. 내 몸 안에서 '나'를 찾으려면 몸을 얼마나 많은 조각으로 분해해야 할까?

옛날부터 사람들은 '나'라는 존재가 뇌 안에 있다고 생각해왔다. 아리스토텔레스는 뇌가 마음을 식히는 냉각 기관일 뿐이며 감각의 주체는 뇌가 아니라 마음이라고 주장했지만, 그를 제외한 대부분의 철학자들은 '나'의 정체성이 뇌에 들어 있다고 믿었다. 뇌에 대한 최초의 물리적 서술을 남긴 사람은 서기 1세기경 해부학자로 활동했던 에페수스의 루퍼스 Rufus of Ephesus이다. 사람의 뇌는 크게 세 부분으로 이루어져 있다. 그중 좌뇌와 우뇌는 거울에 비친 상처럼 서로 비슷하고(이들을 합쳐서 대뇌라 한다), 그 밑에 위치한 소뇌는 대뇌의 축소판처럼 생겼다.

뇌의 내부에는 빈 공간이 존재한다. 이곳을 뇌실腦室, ventricle이라 하며,

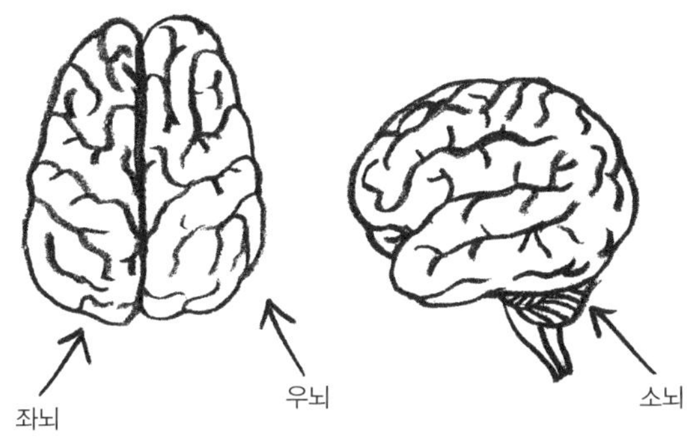

뇌를 위에서 내려다보면 좌우 경계선이 뚜렷하게 보인다.
오른쪽 그림은 뇌를 왼쪽에서 본 모습으로, 아래쪽에 소뇌가 자리 잡고 있다.

뇌척수액으로 가득 차 있다. 중세의 과학자들은 뇌실의 앞부분이 상상력을 관장하고 뒷부분은 기억을, 중간부분은 이성적 사고를 관장하는 등 세포의 위치에 따라 각기 다른 정신 활동을 지배한다고 생각했다. 레오나르도 다빈치Leonardo da Vinci는 다섯 개의 감각을 종합하여 상식을 만들어내는 기관이 뇌실 앞부분에 있다고 믿었다.

반면에 데카르트는 "인간의 의식이 대뇌에 있다면 굳이 좌우 대칭으로 분리되어 있을 필요가 없다"며 인간의 정신이 송과선松果腺, pineal grand•에 들어 있다고 주장했다.

그러나 송과선을 현미경으로 아무리 열심히 들여다봐도 정신이나 의식의 흔적은 보이지 않는다. 물론 지금까지 과학자들이 본 것은 죽은 사람의 뇌였다. 나는 살아 있는 뇌를 본 적이 없지만, 뇌와 뇌가 대면하는 현장을 목격한다면 새로운 영감이 떠오를지도 모른다. 그래서 나는 영국에서 가장 많은 뇌가 보관되어 있는 파킨슨 뇌 은행Parkinson's UK Brain

• 척추동물의 간뇌 뒤에 있는 내분비선이다.

Bank을 방문했다. 그곳에서 관리자의 허락을 받고 생전 처음으로 사람의 뇌를 만져보았는데, 애초의 예상과 달리 내 마음속에서 오만 가지 느낌이 교차했다.

그 뇌는 최근에 사망한 한 노인이 연구를 위해 기증한 것으로, C33번 탱크에 보관되어 있었다. 그러나 얼마 전까지만 해도 그 뇌는 당신과 나처럼 이름을 갖고 있었으며, 희망과 두려움, 기억, 꿈, 사랑, 자신만의 비밀을 간직한 채 세상에서 가장 복잡하고 미묘한 업무를 89년 동안 수행해왔다. 그 노인은 지금 어디에 있는가? 그가 살아 있는 동안 겪었을 오만가지 일들을 생각하니 1kg 남짓한 뇌가 꽤 무겁게 느껴졌다.

뇌를 손으로 만지는 것만으로는 의식의 근원을 알 수 없다. 그냥 커다란 푸아그라를 들고 있는 듯한 느낌이다. 액체로 차 있는 뇌실에 의식이 존재한다는 주장은 사실과 달랐지만, 뇌의 여러 부분이 각기 다른 기능을 수행한다는 중세 과학자들의 생각은 사실로 판명되었다.

19세기 과학자들은 충격이나 상처로 일부 기능을 상실한 뇌를 집중적으로 분석하여 뇌의 각 부분이 서로 다른 기능을 수행한다는 사실을 알아냈다. 예를 들어 뇌의 앞부분은 문제를 해결하고 판단을 내리며 사회적 또는 성적性的 행동 양식을 결정한다. 중간부분은 오감을 통해 들어온 정보를 느끼고 인식하며 종합한다. 뇌의 뒷부분은 눈으로 들어온 정보를 영화 스크린처럼 시각화하는데, 이것 때문에 나의 의식이 '머리 뒷부분에 자리 잡고 앉아서 나의 삶을 바라보는 듯한' 느낌을 갖게 되는 것이다.

그렇다면 좌뇌와 우뇌도 각기 다른 역할을 수행하고 있을까? 이 문제에 대해서는 19세기부터 다양한 연구가 진행되었는데, 최근 들어 과학자들은 뇌의 구조가 과거에 생각했던 것보다 훨씬 유연하다는 사실을 깨달았다. 언어 능력을 담당하는 중추가 좌뇌에 있다는 것은 우리에게 익히

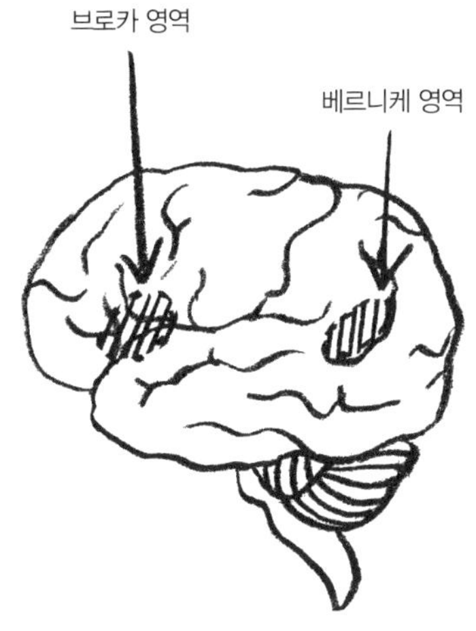

알려진 사실이다. 19세기 프랑스의 외과 의사였던 폴 브로카Paul Broca는 언어 능력을 상실한 환자들이 사망한 후에 그들의 뇌를 분석하였는데 모두 같은 부위가 손상되어 있는 것을 확인했다. 이 부위는 지금까지 '브로카 영역'으로 불리고 있다. 그로부터 몇 년 후 독일의 외과 의사 카를 베르니케Carl Wernicke는 언어를 이해하는 데 어려움을 겪는 환자들을 분석하여 브로카 영역과 다른 부분이 공통적으로 손상된 것을 발견했다. 이 부위를 '베르니케 영역'이라 한다.

좌뇌는 카지노 주사위의 확률을 계산할 때에도 중요한 역할을 수행하고 있다. 숫자 처리는 좌뇌 담당이다. 반면에 우뇌는 음악을 포함한 소리 정보를 처리하고 기하학적 도형을 인식한다. 좌뇌와 우뇌는 이 모든 기능을 효과적으로 수행하기 위해 수시로 협력하고 있다. 둘 사이의 정보 교환은 뇌량腦梁을 통해 이루어지는데, 구조적 측면에서 보면 그다지 효율적인 디자인은 아니다. 뇌의 크기에 비해 신경이 너무 가늘어서 병목 현상이 일어날 수 있기 때문이다.

팔을 절단해도 나의 의식은 변하지 않는다. 그렇다면 뇌량을 끊어서 뇌를 둘로 분리하면 어떻게 될까? 의식은 두뇌 활동의 산물이므로 좌-우뇌의 정보 교환이 차단되면 무언가 심각한 부작용이 생길 것 같다. 혹시 의식이 둘로 나뉘지 않을까?

분리된 의식

살아 있는 사람의 뇌량을 절단하는 수술은 간질 환자의 증세를 완화시키기 위해 1940년대에 최초로 실행되었다. 이 수술을 뇌량 절제술corpus callosotomy이라 한다. 간질 발작은 근본적으로 다량의 뉴런이 동시에 활성화되면서 일어나는 것으로 알려져 있다. 전기 신호가 뇌 전체에 걸쳐 갑자기 폭증하여 발작을 일으키는 것이다. 뇌량을 제거하면 적어도 한쪽의 전기 신호는 차단할 수 있지만, 어떤 부작용이 나타날지 알 수 없다. 뇌량 절제술을 받은 환자는 의식에 어떤 변화를 겪게 될까?

한 사람의 몸 안에 두 개의 의식이 공존한다는 증거가 있다. 좌뇌와 우뇌는 각각 신체의 절반을 관장하고 있기 때문에, 뇌량이 절단된 사람의 왼쪽 신체와 오른쪽 신체의 행동거지를 관찰하면 의식의 분리 여부를 알 수 있다. 실제로 뇌량 절제술을 받은 한 환자는 자신의 왼쪽 팔과 다리로 오른쪽 부위를 맹렬하게 공격했다고 한다(이 광경은 동영상으로 남아 있다). 몸의 왼쪽 부위를 관장하는 우뇌는 언어와 관련된 기능이 없기 때문에 몸의 상태를 말로 표현할 수 없고, 이 난처한 상황이 자체 공격으로 이어진 것이다. 그 환자는 우뇌의 기능을 저하시키는 약을 먹은 후에야 비로소 이상 행동을 멈추었다.

이 사례만으로는 인간의 의식이 좌뇌와 우뇌에 나뉘어져 있다고 단정 짓기 어렵다. 망치로 무릎을 때리면 다리가 무의식적으로 반응하는 것처럼 뇌량이 끊어지면서 나타난 물리적 반응일 수도 있기 때문이다.

또 다른 실험에서도 의식이 둘로 나뉘어져 있다는 증거가 발견되었다. 뇌량이 절단된 환자를 탁자 앞에 앉히고 환자와 탁자 사이를 스크린으로 가려놓는다. 탁자 위에는 숟가락, 컵, 책 등 몇 가지 물건이 놓여 있다. 환자는 물건을 직접 볼 수 없지만 스크린에 나 있는 구멍으로 오른손이나 왼손을 집어넣어 물건을 만질 수 있다. 그의 임무는 손의 촉감으로 탁자 위에 놓인 물건의 개수를 파악하고 그 값을 소리 내어 발음하는 것이다.

환자가 오른손을 집어넣었을 때에는 물건의 개수를 파악하고 발음하는 데 아무런 문제가 없었으나, 왼손을 집어넣으면 답이 완전히 무작위로 오락가락했다. 말하는 것은 좌뇌 담당인데, 우뇌의 지배를 받는 왼손으로 물건을 만졌기 때문에 정보가 전달되지 않아서 아무렇게나 추측을 한 것이다.

그러나 환자에게 물건의 개수를 입으로 발음하지 말고 손가락으로 표현하라고 하면 왼손으로도 정확하게 알아맞혔다. 한쪽 뇌는 말을 할 수 있지만 숫자가 아무렇게나 튀어나왔고, 다른 쪽 뇌는 수화를 통해 옳은 답을 표현한 것이다. 외부 자극에 대한 단순한 물리적 자동 반응이라고 보기에는 꽤 복잡한 양상이다.

우뇌는 스스로 지적 판단을 내릴 수도 있지만 좀비처럼 아무런 의식 없이 '의식 있는 존재'를 흉내 내고 있는지도 모른다. 둘 중 어느 쪽이 사실일까? 그리고 우리는 왜 언어를 관장하는 좌뇌에 영혼이 있다고 생각할까?

뇌량이 절단되면 정보를 통합하지 못한다. 이런 환자의 왼쪽 눈에

'key(열쇠)'라는 단어를, 오른쪽 눈에 'ring(고리)'이라는 단어를 보여주고 자신이 본 단어를 손으로 가리키면서 발음해보라고 하면 'ring'이라고 외치면서 왼손으로 'key'를 가리킬 수도 있다. 그러나 그는 양쪽 눈을 통해 들어온 정보를 하나로 통합하지 못하기 때문에 'keyring(열쇠고리)'이라고 읽지는 못한다. 이것은 과연 의식이 두 개라는 것을 보여주는 사례일까? 아니면 뇌량이 절단되면서 나타난 부작용일 뿐일까?

뇌량 절제술을 받은 많은 환자들은 일상생활에 별다른 어려움이 없다. 운전을 하고, 요리도 하며, 사람들과도 잘 어울린다. 단절된 좌-우뇌가 다른 연결 수단을 찾은 것일까? 아니면 두 개의 동등한 의식이 서로 상대방을 흉내 내면서 평화롭게 공존하는 것일까?

의식은 오감을 통해 뇌에 전달된 입력 신호를 종합하여 하나의 경험으로 인식한다. 뇌량이 절단된 환자들은 이 작업을 수행할 수 없다. 그러나 뇌량이 정상적으로 연결되었는데도 정보를 종합하는 데 어려움을 겪는 경우도 있다. 이런 장애는 대부분 조현병(정신분열)이나 다중인격장애로 나타난다. 지금까지 언급된 사례를 종합하면 한 사람의 뇌 속에 두 개 이상의 의식이 공존하는 것처럼 보인다.

19세기까지만 해도 신경 과학은 주로 손상된 뇌를 분석하여 각 부위의 기능을 알아내는 식으로 발전해왔다. 그러나 19세기가 거의 끝나던 무렵에 스페인의 과학자 산티아고 라몬 이 카할Santiago Ramón y Cajal이 등장하면서 신경 과학은 일대 도약을 맞이하게 된다.

마음 끄기 스위치

1852년에 태어난 라몬 이 카할은 어린 시절 화가가 되는 것이 꿈이었다. 그러나 예술가보다 의사를 원했던 그의 부친은 아들의 관심을 의학 쪽으로 유도하기 위해 묘지로 데려가 시신을 보여주곤 했다. 처음에 라몬 이 카할은 자신이 봤던 뼈를 스케치북에 그리는 등 예술가적 기질을 감추지 못했지만 나이가 들수록 서서히 해부학에 관심을 갖게 되었고, 결국 1877년에 의학 박사가 되었다. 부친의 '아들 개조 프로젝트'가 성공을

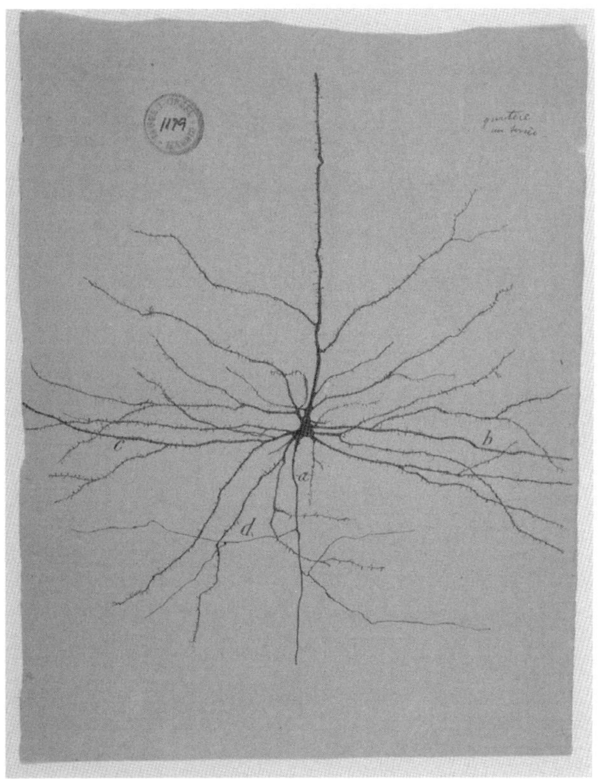

거둔 것이다.

그로부터 10년 후, 라몬 이 카할은 미술과 해부학을 결합하여 뇌의 구조를 보여주는 새로운 방법을 개발했다. 그는 바르셀로나대학교의 교수로 재직하면서 질산은(AgNO₃)을 신경 세포에 착색하는 기법을 개발했고, 이 기법을 뇌세포에 적용하여 거의 예술 작품 수준의 '뇌세포 상세도'를 완성했다.

앞의 그림은 망막 세포의 뉴런을 표현한 최초의 그림 중 하나이다. 라몬 이 카할 덕분에 당대의 의학자들은 뇌가 하나의 연속체 덩어리가 아니라 수많은 뉴런이 복잡하게 연결된 불연속적 구조물이라는 것을 처음으로 알게 되었다.

라몬 이 카할은 뇌세포에 착색 기법을 적용하면서 뉴런의 크기와 형태가 각 부위마다 다르다는 사실을 발견하고, 자신의 예술적 재능을 십분 발휘하여 마치 나비 표본처럼 뉴런의 종류를 일목요연하게 정리해놓았다. 지금까지 알려진 바에 따르면 사람의 뇌는 약 860억 개의 뉴런으로 이루어져 있다. 1초에 한 개씩 세어나간다면 모두 헤아리는 데 2,700년이 넘게 걸린다. 뉴런은 모양과 크기가 제각각이지만 기본 구조는 모두 비슷하다. 뉴런의 중심에는 세포체soma라는 중앙 세포가 있고, 그 주변에 축삭돌기와 수상돌기가 바깥쪽으로 뻗어 있다.

뉴런은 작은 스위치를 통해 활성화된다. 예를 들어 내가 첼로를 연주할 때 나의 귀가 공기압의 변화를 감지하면 뉴런의 분자 상태가 변하면서 전기 신호(전류)가 생성되어 세포 전체에 전달되고, 이 신호는 뉴런의 연결 부위인 시냅스를 거쳐 다른 뉴런으로 전달된다. 하나의 뉴런은 하나의 축삭돌기를 갖고 있으며, 이들은 시냅스를 통해 다른 뉴런의 수상돌기와 연결되어 있다. 하나의 뉴런에 전기 신호가 도달하면 시냅스에서 화학 반응이 일어나 바로 옆에 있는 뉴런을 활성화시키고, 이런 과정이 도미노처럼 일어나면서 중추 기관에 신호가 전달된다. 간단히 말해서, 뉴런의 활성화 여부에 따라 모든 것이 좌우되는 것이다. 이런 점에서 볼 때 뇌의 작동 방식은 컴퓨터나 스마트폰에 깔아놓은 챗봇 앱과 비슷하다고 할 수 있다.

물론 뇌와 컴퓨터는 다른 점도 있다. 시냅스를 통해 전달되는 화학적 신호가 관련 뉴런을 활성화시키려면 단위 시간당 흐르는 양이 임계값을 넘어야 한다. 그리고 단위 시간에 활성화되는 뉴런의 개수도 정보 전달을 좌우하는 중요한 요인이다. 뉴런 세포들이 활성화 여부를 좌우하는 선으로 연결되어 있다는 것은 스마트폰과 비슷한 인공 의식을 만드는 데 중요한 실마리를 제공해준다. 뉴런은 오랜 세월 동안 진화해온 지극히 복잡한 네트워크로서, 하나의 축삭돌기에 1,000여 개의 수상돌기가 연결되어 있다. 이 정도면 꽤 많은 것 같지만 뇌의 뉴런은 무려 860억 개에 달하므로, 하나의 뉴런과 상호 작용하는 대상은 뇌의 극히 일부에 불과하다.

뇌는 전기 신호와 화학 반응을 통해 작동하므로 전달 체계에 문제가 생기면 작동이 멈출 수도 있다. 내가 파킨슨 뇌 은행에서 보았던 뇌의 주인은 생전에 알츠하이머병을 앓았던 여든아홉 살의 노인으로, 뉴런과 시냅스의 상당수가 손상되어 있었다.

질산은으로 뇌세포를 염색하여 만든 신경 네트워크 지도는 '죽은 뇌'에 한정되어 있다. 뇌가 작동하는 방식을 파악하려면 살아 있는 뇌를 들여다봐야 한다. 이 분야는 현대에 이르러 첨단 장비가 발명되면서 장족의 발전을 이루었다.

뇌의 활동을 관찰하는 가장 쉽고 빠른 방법은 뇌파 스캐너를 이용하는 것이다. 나는 이 장치를 처음 보았을 때, 외계인에게 납치되어 생체 실험을 당하는 듯한 느낌이 들었다. 본 적은 없지만 사람의 뇌를 강제로 꺼내는 뇌 추출 장치처럼 생겼기 때문이다. 담당 의사는 꽤 오랜 시간 동안 내 머리의 각질을 벗겨냈는데, 그때까지도 공포감에서 헤어나지 못했다. 얼마 후 그는 깨끗해진 두피에 64개의 전극을 연결하고 기계의 스위치를 켰다. 다행히도 나의 뇌를 꺼낼 생각은 없는 것 같았다.

1920년대에 독일의 생리학자 한스 베르거Hans Berger는 두피에 전극을 연결하여 뇌의 활동을 읽는 뇌파 스캐너, 즉 EEG를 발명했다. 기본적으로는 뉴런 사이에 흐르는 전류를 감지하여 전압을 측정하는 장치이다. 베르거를 비롯한 당대의 과학자들은 EEG를 이용하여 뇌의 활동 상황에 따라 각기 다른 뇌파가 생성된다는 사실을 알아냈다. 여러 개의 뉴런이 동시에 활성화되면 다양한 진동수의 거시적 진동(뇌파)이 일어나서 뇌의 전체적인 상태가 결정된다.

제일 먼저 관측된 뇌파는 8~12헤르츠로 진동하는 α파(알파파)였다. 첼로가 낼 수 있는 가장 낮은 음이 65헤르츠이므로 α파의 진동수는 매우 낮은 편에 속한다. α파는 잠들지 않은 편안한 상태일 때 뇌의 뒤쪽에서 발생하며 눈을 감으면 강도가 높아진다. 그 외에 뇌에서 발생하는 뇌파의 종류는 다음과 같다.

- δ파(델타파): 꿈을 꾸지 않는 깊은 수면 상태에서 발생하며, 진동수가 1~4헤르츠로 가장 낮다.

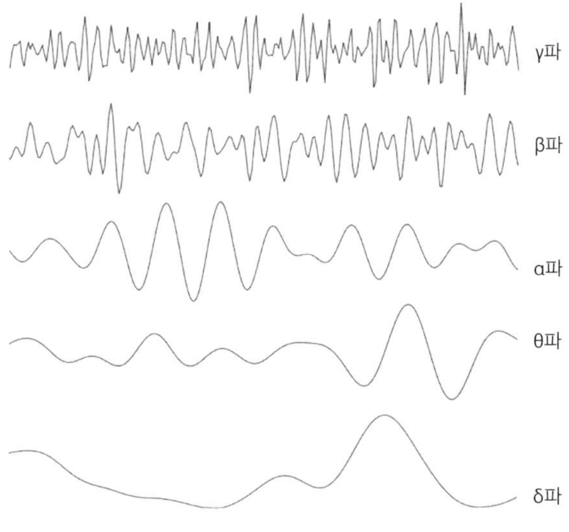

뇌는 γ파에서 δ파까지 다양한 뇌파를 만들어낸다.

- θ파(세타파): 4~8헤르츠로 얕은 수면 상태나 명상에 빠졌을 때 나타난다.
- β파(베타파): 13~30헤르츠로 완전히 깨어 있을 때 발생한다.
- γ파(감마파): 30~70헤르츠로 의식 형성에 가장 중요한 뇌파이다. 진동수는 첼로의 최저음과 비슷하며 새로운 아이디어와 언어, 기억 처리, 또는 다양한 학습 활동에 전념할 때 나타난다.

아침부터 밤까지 하루 동안, 우리의 뇌는 빠른 악장과 느린 악장이 번갈아 반복되는 교향곡을 연주하고 있다. 새로운 아이디어가 떠오르거나 낯선 상황에 처하면 갑자기 스케르초scherzo•로 변하기도 한다.

• 가장 빠른 템포이다.

잠들었을 때 뇌파는 빠른 진동수에서 느린 진동수로 서서히 변한다. 뇌의 자연 진동수는 의식의 상태와 밀접하게 관련되어 있기 때문에, 과학자들은 수면의 단계를 뇌파의 종류에 따라 분류하고 있다. 예를 들어 의사들은 EEG에 아무런 파동도 잡히지 않을 때 환자에게 뇌사 판정을 내린다. 뇌에서 발생하는 파동은 작업의 효율을 높이기 위해 뇌를 동기화시키는 수단 같기도 하다.

EEG를 이용하면 살아 있는 뇌를 직접 관측할 수 있다. 그러나 세간에 가장 널리 알려진 뇌 측정 장비는 1990년대에 개발된 fMRI일 것이다. EEG와 비교하면 fMRI는 거의 괴물 수준이다. 겉모습은 SF 영화에 자주 등장하는 수면용 캡슐처럼 생겼는데, 정작 안으로 들어가면 절대로 잠을 잘 수 없다. 의사가 귀마개를 주기에 영문도 모르는 채 꼈는데, 간이침대에 누운 채 fMRI로 들어가보니 그 이유를 알 것 같았다. 전자석이 작동되는 소리가 하도 커서 귀마개를 하지 않았으면 패닉 상태에 빠졌을 것이다. 별로 고통스럽지는 않았지만 fMRI로 깨끗한 스캔 영상을 얻으려면 꽤 오랜 시간 동안 꼼짝도 하지 않고 누워 있어야 했다.

기본적으로 fMRI는 뉴런의 활동으로 혈액 내 산소 포화도의 변화를 감지하는 장치이다. 뇌의 특정 부위가 활성화되면 그곳으로 피가 모이면서 다른 영역보다 많은 산소를 소비한다. 산화된 피는 자성을 띠기 때문에 자기장을 형성하고, fMRI는 이 자기장의 요동을 감지하여 뇌의 어떤 부위가 활성화되었는지 알아낸다. 그러므로 환자에게 특정한 생각을 떠올리게 한 후 fMRI로 뇌를 스캔하면, 상황에 따른 각 부위의 기능을 알 수 있다.

fMRI는 뇌의 2차적인 징후를 감지하는 반면 EEG는 뇌의 활동을 직접 관측하기 때문에 좀 더 직접적인 정보를 얻을 수 있다. 특히 시간에 따른 변화를 측정하는 기능은 EEG가 fMRI보다 훨씬 뛰어나다. 그 대신 fMRI 는 해상도가 사진보다도 높다. 따라서 둘을 결합하면 고해상도 동영상을 얻을 수 있을 것이다. 예를 들어 EEG와 fMRI는 내가 수학 문제를 풀 때 뇌의 어떤 부분이 활성화되는지 알 수 있다. 그렇다면 이 '신경 망원경'을 이용하여 의식이 뇌의 어느 부위에 있는지 알아낼 수 있을까? 가능성은 있지만 아직은 시기상조이다.

고양이에게도 의식이 있을까?

특정 활동을 할 때 뇌의 어느 부분이 활성화되는지, 뇌가 어떤 물리적, 화학적 과정을 거쳐 활성화되는지 모두 알아냈다 해도, '나'라는 의식의 출처는 여전히 오리무중이다. 모래사장에서 바늘을 찾듯 뇌의 각 부분을 이 잡듯이 뒤지는 것은 별로 좋은 방법이 아니다. 무슨 좋은 수가 없을까? 수학자들은 $A=B$를 증명하기 어려울 때 흔히 "$A \neq B$이면 어떤 문제가 발생하는가?"라는 질문을 떠올린다.

챗봇 앱이 사람 흉내를 제아무리 잘 낸다 해도, 나는 스마트폰에 의식이 있다고 생각하지 않는다. 내 엉덩이를 받쳐주는 의자도 마찬가지다. 그렇다면 동물은 어떤가? 지금은 집을 나가고 없지만, 우리가 기르던 고양이 프레디는 내가 수학 문제를 풀고 있을 때 내 무릎에 앉아 근엄한 표정으로 졸곤 했다. 프레디는 과연 '나'라는 의식을 갖고 있었을까? 갓난아이들은 어떤가? 우리 아이들도 한때는 갓난아이였지만 하루가 다르게 크면서 자의식과 정체성에 많은 변화를 겪었다. 그렇다면 의식에도 여러 단계가 있는 것일까? 두뇌의 발달 상태가 어떤 임계치를 넘을 때마다 의식이 더 높은 단계로 격상되는 것일까?

물론 고양이에게 직접 물어볼 수는 없다. 동물행동학자 고든 갤럽Gordon Gallup은 1960년대 말에 거울 앞에서 면도를 하다가 동물의 자아의식을 테스트하는 기발한 아이디어를 떠올렸다. 동물을 거울 앞에 세워놓고 행동거지를 관찰하는 것이다. 그들도 거울에 비친 상이 자기 자신이라는 것을 인식할 수 있을까?

이런 동영상은 인터넷에서 쉽게 찾아볼 수 있다. 예를 들어 고양이는 거울에 비친 상을 적으로 간주하는 경향이 있다. 그런데 동물이 거울상을 무엇으로 인식하는지 어떻게 알 수 있을까? 갤럽은 "거울상이 자신이라는 것을 알아보는 동물은 자의식을 갖고 있다"는 가정하에 흥미로운 실험을 수행했다.

방법은 간단하다. 우선 동물을 거울 앞에 세워놓고 거울에 비친 상에 익숙해지도록 만든다(인터넷을 뒤지면 거울 앞에서 신명나게 춤추는 침팬지들의 동영상을 볼 수 있다. 그들은 '다른 침팬지'와 함께 춤을 춘 것일까? 아니면 자신의 모습에 매료되어 무아지경에 빠진 것일까?). 얼마 후 실험자는 거울을 치우고 동물의 얼굴을 씻겨주는 척하면서 얼굴에 붉은 점을 그려 넣는다. 동물은 거울을 보지 않는 한 실험자가 자기 얼굴에 무슨 짓을 했는지 알 길이 없다. 이제 동물 앞에 거울을 가져다놓으면 과연 어떤 반응을 보일까?

당신이 거울을 보다가 뺨에서 이물질을 발견했다면, 거울이 아닌 자신의 뺨을 만질 것이다. 거울에 비친 상이 자신이라는 것을 잘 알고 있기 때문이다. 갤럽이 여러 동물을 대상으로 이 실험을 수행한 결과, 사람과 비슷한 반응을 보인 동물은 오랑우탄과 침팬지뿐이었다. 2001년에 헌터 대학교의 심리학자 다이애나 리스Diana Reiss와 로리 마리노Lori Marino는 이와 동일한 실험을 물속에서 실행하여 돌고래도 거울상을 자신으로 인식한다는 사실을 확인했다.

가만…… 돌고래는 손이 없는데, 실험자는 이 사실을 어떻게 알았을까? 리스와 마리노의 실험은 여러 마리의 돌고래를 대상으로 진행되었는데, 거울상에 익숙해질 시간을 준 후 모든 돌고래의 미간에 똑같은 점을 그려 넣었다. 그런데 돌고래들은 다른 개체의 미간에 난 점에 별 관심을 보이지 않다가, 거울에 비친 자기 모습을 보고는 오랫동안 거울 앞에 머물렀다. 거울 속 돌고래를 다른 개체로 간주했다면 이런 반응을 보이지 않았을 것이다. 그 후 다양한 동물을 대상으로 거울 실험이 실행되었고, 자의식을 가진 동물 목록에 까치와 코끼리가 추가되었다. 분명한 사실은 대부분의 동물들이 거울 테스트를 통과하지 못했다는 것이다.

그런데 침팬지의 나이가 서른 살에 도달하면 수명이 10~15년이나 남았는데도 거울 테스트 합격률이 서서히 떨어지기 시작했다. 자의식을 갖는데 무슨 대가가 필요한 것일까? 의식을 가진 생명체는 상상 속에서 시간 여행을 할 수 있다. 우리는 과거의 모습을 수시로 떠올리고 미래의 모습을 상상하곤 한다. 그러므로 인간을 비롯하여 자신의 존재를 인식하는 동물은 앞으로 다가올 '죽음'을 함께 인식할 수밖에 없다. 이것이 바로 인식의 대가이다. 갤럽은 바로 이런 이유 때문에 노년기에 접어든 침팬지가 자의식을 상실한다고 주장했다. 죽음을 인식하기 싫어서 인식 능력 자체를 포기한다는 것이다. 사람에게 흔히 발병하는 노인성 치매도 이와 비슷한 맥락에서 이해할 수 있다. 자신이 죽음을 향해 다가가고 있다는 고통스러운 현실을 인정하느니, 차라리 인식 능력을 포기할 수도 있지 않을까?

물론 거울 테스트만으로 의식의 유무를 판단할 수는 없다. 이것은 고도로 진화한 인간의 관점에서 고안된 테스트이기 때문이다. 예를 들어 개는 다른 개를 판단할 때 시각이 아닌 촉각에 주로 의존하기 때문에, 자의식을 가지고 있다 해도 거울 테스트를 통과하기 어렵다. 실험 대상을 시각 의존도가 높은 동물로 한정해도 거울 테스트는 부족한 점이 많다. 그러나 이 실험을 어린아이에게 적용하면 자의식의 발달 여부를 확실하게 알 수 있다.

나는 우리 아이들이 갓난아기 때와 똑같은 자의식을 가지고 있다고 생각하지 않는다. 그들은 언제부터 거울에 비친 상을 보고 자신의 얼굴을 만지기 시작했을까? 아이들을 대상으로 실행된 실험에 따르면, 생후 16개월까지는 거울에 비친 얼굴에 이상한 얼룩이 있어도 손으로 거울을 만지작거릴 뿐, 자신의 얼굴에 변화가 생겼다는 사실을 인식하지 못한다고 한다.

그러나 생후 24개월이 넘으면 거울로 얼룩진 얼굴을 보는 즉시 손을 얼굴로 가져간다. 아이가 두 살이 되면 거울상이 '나'라는 것을 확실하게 인지한다는 뜻이다. 이 시기에 뇌에 변화가 일어나 자의식이 형성되는 것 같은데, 구체적인 과정은 아직 미스터리로 남아 있다.

인간의 의식이 생후 18∼24개월 무렵에 형성된다면 우주적 스케일에서도 같은 질문을 제기할 수 있다. 이 광활한 우주에서 최초의 의식은 언제 탄생했는가? 빅뱅 직후에는 의식이라고 부를 만한 존재가 하나도 없었으므로, 의식이라는 것이 처음 등장한 순간이 분명히 있을 것이다. 시간의 기원과 본질은 아직 미지로 남아 있지만, 의식은 중력이나 시간과 질적으로 다른 존재인 것이 분명하다.

1997년에 사망한 미국의 심리학자 줄리언 제인스Julian Jaynes는 인간의 의식이 생성된 시기가 신의 개념이 출현한 시기와 밀접하게 관련되어 있다고 생각했다. 의식이 진화하면서 머릿속에서 어떤 목소리가 들리기 시작했고, 이것을 이해하기 위해 신의 개념을 떠올렸다는 것이다.

독자들도 이 책을 읽으면서 머릿속으로 문장을 읽는 소리를 듣고 있을 것이다. 물론 이 소리는 의식 세계의 일부이며 오직 당신만 들을 수 있다. 제인스는 원시 인류들이 의식을 갖게 되면서 머릿속에서 들려오는 소리를 초월적인 존재와 결부시켰고, 뇌가 이 존재를 신으로 해석했다고 믿었다.

'내면세계에 기거하는 초월적 존재'는 신과 매우 유사한 개념으로, 베다Veda를 비롯한 동양 종교의 핵심이다. 힌두교의 초월적 존재인 브라만Brahman은 '가장 깊은 내면에 존재하는 나'를 뜻하는 아트만Atman과 동일시되기도 한다.

재미있는 것은 제인스가 인류 역사에서 의식이 출현한 시기를 구체적으로 명시했다는 점이다. 그가 제시한 답은 호메로스Homeros가 《일리어드Iliad》를 집필한 후 《오디세이Odyssey》를 집필하기 전인 기원전 8세기경이었다. 《일리어드》에서는 등장인물이 내면의 목소리를 들었다는 내용이 전혀 없는 반면, 《오디세이》의 주인공 오디세우스는 트로이전쟁이 끝난 후 10년 동안 바다를 방랑하면서 자신을 돌아보고 내면의 소리에 귀를 기울이는 등 자기 성찰의 모습을 보였기 때문이다.

마음의 속임수

《일리어드》와 《오디세이》는 다른 세계에 몰입할 수 있다는 점에서 매우 흥미로운 책이다. 재미있는 책을 읽다 보면 자신의 주변 환경을 완벽하게 망각한다. 우리의 뇌는 인식 범위를 넘어선 대상을 걸러내는 데 탁월

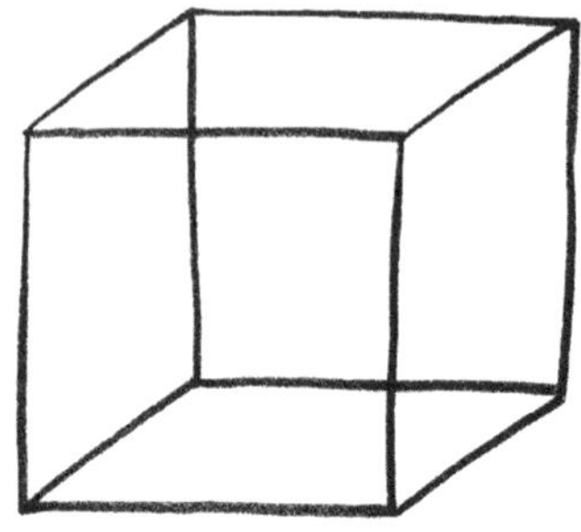

한 기능을 발휘해왔다. 뇌가 오감을 통해 들어온 정보를 하나도 빼지 않고 처리한다면 지나치게 번잡할 것이다. 그러나 우리의 뇌는 외부 입력에 아무런 변화가 없어도 하나의 인식 상태에서 다른 인식 상태로 쉽게 전환할 수 있다.

의식의 변화를 보여주는 대표적 사례가 있다. 위의 그림은 카지노 주사위를 대충 스케치한 것이다. 무엇이 보이는가?

언뜻 보면 정육면체를 오른쪽 위에서 비스듬히 내려다본 투시도 같다. 그러나 계속 노려보면 어느 순간 갑자기 왼쪽 아래에서 올려다본 투시도로 돌변한다. '네커 입방체Necker cube'로 알려진 이 그림은 처음부터 그 모양 그대로인데, 바라보는 동안 당신의 의식이 변한 것이다. 그사이에 뇌에서는 무슨 일이 일어났을까? 우리의 의식이란 감각 기관을 통해 들어온 외부 입력을 뇌가 해석하여 들려주는 이야기에 불과한 것일까?

나는 신경 과학자이자 인간 의식 분야의 세계적 권위자인 크리스토프 코흐Christof Koch를 만났는데, 그에게서 시각 데이터 처리 과정과 관련된 또 하나의 놀라운 사례를 들었다. 얼마 전까지만 해도 의식과 관련된 문제는 과학적 연구 대상이 아니었다. 학계에서 인정받은 과학자들은 의식에 관심이 있어도 "나는 의식을 연구하고 있다"고 대놓고 말하지 않을 정도로 폐쇄적이었다. 특히 인문계 학자들은 인간의 의식을 실험실에서 연구하는 것이 불경스러운 짓이라고 생각했다. 그러나 DNA의 구조를 알아내어 1962년에 노벨상을 수상한 프랜시스 크릭Francis Crick이 뇌와 의식에 관심을 갖게 된 후로 이 분야에 대한 인식이 크게 달라졌고, 크릭은 자기보다 마흔 살이나 어린 코흐와 함께 의식 문제를 연구해왔다.[•]

내가 코흐를 처음 만난 곳은 칼텍의 본거지 파사데나의 외곽에 있는 볼디산 꼭대기였다. 굳이 볼디산을 택한 이유는 약속을 잡던 당시 우리 둘이 있던 곳에서 중간이었기 때문이다. 뒤늦게 안 사실이지만, 코흐는 사람을 만날 때 이런 식으로 장소를 정하곤 했다. 숨을 헐떡이면서, 또는 스키리프트를 타고 얼마나 심도 있는 대화를 나눌 수 있을지 살짝 의심스러웠지만 아쉬운 쪽은 나였기에 차마 그의 제안을 거절할 수 없었다. 그와 처음 대면했을 때에도 어깨에 새긴 문신에 자꾸 눈길이 가는 바람에 정상적인 대화를 나누기가 어려웠다. 애플컴퓨터의 로고인 '벌레 먹은 무지개색 사과'가 어깨에 큼지막하게 새겨져 있는데, 어떻게 무시할 수 있겠는가?

"지난 2000년에 제 아들과 고고학 유적을 발굴하기 위해 이스라엘을 방문했다가 기념으로 새긴 겁니다. 애플컴퓨터야말로 형태와 기능이 완벽한 조화를 이룬 20세기 최고의 발명품 아니겠습니까? 정말 아름답고 우아하지요"

그는 카이사레아Caesarea[••]에 남아 있는 기원전 20세기의 유물 못지않게 현대 문명의 이기도 중요하게 생각하는 것 같았다. 처음 한동안 코흐

[•] 프랜시스 크릭은 2004년에 사망했다.
[••] 이스라엘 서북부에 있는 고대의 항구 도시다.

는 자신의 애플 컴퓨터 이야기를 길게 늘어놓으며 "언젠가는 그 기계가 의식을 가진 개체로 진화하여 대화도 나눌 수 있게 될 것"이라고 했다. 그는 컴퓨터 못지않게 개도 좋아하는데, 나에게 자신이 기르는 애완견 이야기를 들려주면서 개의 의식 수준이 의외로 매우 높다는 점을 강조했다. "동물들도 생생한 의식을 갖고 있는데, 그들을 어떻게 잡아먹겠습니까?"라고 했다. 알고 보니 그는 채식주의자였다.

"포유류는 고통과 즐거움, 기쁨과 슬픔을 느낍니다. 사람하고 크게 다를 것이 없어요. 그래서 우리는 포유류를 먹지 말아야 합니다. 물론 인간은 오랜 세월 동안 그들을 먹어오면서 고기 맛에 익숙해졌기 때문에 당장 끊기는 어렵겠지만, 그들의 높은 인식 세계를 알게 된다면 생각이 달라질 겁니다."

코흐의 전문 분야는 '시각視覺, vision'이다. 그는 주머니에 넣어두었던 A4 용지를 이용하여 눈을 통해 들어온 정보가 의식에 도달하는 과정을 보여주었다.

그는 내게 A4 용지를 건네주며 말했다.

"이 종이를 원통 모양으로 돌돌 말아서 망원경을 보듯이 오른쪽 눈에 대보세요. 그리고 왼쪽 눈은 감지 말고, 왼손을 편 채 왼쪽 눈과 가까운 곳에 위치시켜보세요. 자, 무엇이 보입니까?"

나는 이런 식으로 멀리 있는 산을 바라보다가 금방 폭소를 터뜨렸다. 이 세상 모든 것이 내 손안에 들어온 것처럼 보였기 때문이다!

코흐는 이것이 경험상 서로 일치하지 않는 두 개의 정보를 뇌가 통합하는 과정에서 일어난 착각이라고 했다. 왼쪽 눈에는 왼손이 보이고 오른쪽 눈에는 작은 원 안에 담긴 풍경이 들어왔으니, 이들이 하나로 포개져서 마치 산이 손안에 들어온 것처럼 보인 것이다. 코흐는 뇌가 '의식이

무엇을 느끼게 할지' 결정하는 과정을 이해하면 의식 자체에 대한 이해도 깊어질 것이라고 했다.

그렇다면 EEG와 fMRI를 이용하여 의식이 변할 때 뇌에서 어떤 일이 일어나는지 알아낼 수도 있지 않을까? 코흐의 연구 결과에 따르면 망막 신경은 다른 정보를 보내지 않기 때문에 의식의 변화는 뇌의 깊은 곳에서 일어나는 현상으로 보아야 한다. 문제는 네커 입방체가 하나의 형태에서 다른 형태로 변하는 순간에 뇌에서 일어나는 미묘한 변화를 감지하기에는 EEG와 fMRI가 너무 둔하다는 것이다. 그러나 코흐는 칼텍의 연구팀과 함께 개개의 뉴런이 활성화되는 과정을 끈질기게 추적하다가 2004년에 중요한 사실을 발견했다.

뇌의 신경 회로망에 오류가 있거나 반흔 조직瘢痕組織, scar tissue•이 생기면 지나치게 많은 뉴런이 동시에 활성화되면서 간질성 발작(뇌전증)을 일으키기 쉽다. 이것은 연쇄적인 핵분열을 통해 원자 폭탄이 폭발하는 원리와 비슷하다. 그래서 연쇄 반응을 촉발하는 뇌의 일부를 제거하면 증세가 호전되기도 한다.

뇌전증 환자를 치료하려면 발작의 근원지를 찾아서 제거해야 하는데, 어떤 부작용이 생길지 알 수 없으므로 제거 영역을 가능한 한 줄여야 한다. 그래서 담당 의사는 환자의 두개골에 20여 개의 작은 구멍을 뚫고 두뇌의 연조직에 전극을 삽입하여 뉴런의 반응을 확인한다. 언뜻 듣기에는 중세에 유행했던 고문 같지만, 요즘 신경외과 병원에서 자주 이루어지는 수술 중 하나이다. 하나의 전극에는 머리카락만큼 가느다란 전선이 달려 있어서 뇌에 삽입되면 10~50개의 뉴런과 연결된다. 이들 중 하나라도 활성화되면 전기 신호가 전극에 도달하도록 되어 있다. 이런 상태에서 환자가 발작을 일으키면 뇌에서 뉴런이 활성화된 위치를 알 수 있고, 의사는 이 결과를 수학적으로 분석하여 발작의 근원지를 찾아낸다.

그러나 발작은 아주 드물게 일어나기 때문에 환자는 머리에 전극을 꽂은 채 꽤 긴 시간 동안 병실에 앉아 있어야 하고, 언제 발작을 일으킬지 알 수 없으므로 담당 의사도 최대한의 끈기를 발휘해야 한다. 칼텍의 연구팀은 이런 시간 낭비를 줄이기 위해 차선책을 모색하던 중 기발한 아이디어를 떠올렸다. 무엇 하러 긴 시간을 하릴없이 기다리겠는가? 환자

• 죽은 세포와 그 주변의 비삼투성 보호 물질로 형성된 조직이다.

에게 이런저런 질문을 던지면서 뉴런이 활성화되도록 유도할 수도 있지 않을까? 지금까지 알려진 바에 따르면 뇌전증 환자들이 발작을 자주 일으키는 뇌 부분은 기억이 집중되어 있는 부분이기도 하다. 칼텍의 연구 팀은 이 부위에 여러 개의 전극을 연결하고 환자에게 다양한 사진이나 그림을 보여주면서 기억이 되살아났을 때 나타나는 전기 신호를 측정했다.

이들은 몇 명의 환자들에게 이 방법을 적용하여 놀라운 결과를 얻어냈다. 한 환자는 다른 사진에 아무런 반응도 보이지 않다가 영화배우 제니퍼 애니스턴의 사진을 보기만 하면 뉴런이 활성화되었다. 그녀가 무슨 옷을 입었건, 머리를 어떤 색으로 염색했건, 사진 속 인물이 제니퍼 애니스턴이라는 것을 알아채기만 하면 거의 무조건적으로 반응을 보였다. 심지어 이 환자는 제니퍼 애니스턴이라는 글씨만 보여줘도 뉴런이 활성화되곤 했다.

언뜻 생각하면 그다지 놀랄 일이 아닌 것 같다. 뇌는 기억이나 개념을 암호화하기 위해, 외부에서 들어온 데이터를 어떻게든 신경 활동으로 전환할 것이기 때문이다. 제니퍼 애니스턴의 사진을 0과 1로 이루어진 비트로 바꿔서 컴퓨터에 저장하는 것처럼, 우리의 뇌는 외부로부터 쏟아져 들어오는 감각 데이터 중 제니퍼 애니스턴의 모습을 하나의 개념으로 암호화하여 저장할 만한 가치가 있는지 판단한다. 이 심의에서 통과하면 뉴런에 붙어 있는 시냅스의 연결 상태가 더욱 견고해지면서 부분 네트워크가 형성되고, 향후 유사한 데이터가 접수되었을 때 관련 뉴런들이 일제히 활성화되는 것이다. 물론 제니퍼 애니스턴 말고 다른 개념이 암호화를 통해 저장되었다면, 나중에 자극을 받았을 때 활성화되는 부분 네트워크도 달라진다. 칼텍 팀의 연구 사례 중에는 피타고라스 정리와 관련된 그림만 보면 뉴런이 활성화되는 환자도 있었다고 한다. 그의 의식 수준이 더 높다고 느껴지는 것은 나만의 편견일까?

뉴런은 모든 그림에 일일이 반응하지 않는다. 나름대로 '안목'이 있는 것이다. 크리스토프 코흐는 애니스턴이나 피타고라스 정리에 반응하는 뉴런이 오직 이 정보만 기억하는 것은 아니라고 했다. 모든 사물을 각기 다른 뉴런에 저장하는 것은 지극히 비효율적이다. 사실 칼텍 연구팀의 실험은 질문을 통해 활성화될 수 있는 몇 개의 뉴런에 한정되어 있었다. 스마트폰에 사진을 저장할 때 1은 'on'이고 0은 'off'인 것처럼, 아마도 두뇌는 애니스턴이라는 개념을 저장할 때 뇌 전체에 걸쳐 활성화될 뉴런 네트워크를 선택할 것이다. 코흐는 뇌의 저장 방식이 컴퓨터보다 훨씬 효율적일 것이라고 했다. 웬만한 사진을 컴퓨터에 저장하려면 수백만 개의 비트가 필요하지만, 뇌에 저장할 때에는 수백, 또는 수천 개의 뉴런으로 충분하다는 것이 그의 지론이다.

뇌가 어떤 형상이나 개념을 저장하는 방식은 감각질感覺質, qualia과 밀접하게 관련되어 있다. 감각질이란 어떤 대상을 접하거나 어떤 상황을 겪었을 때 각 개인이 떠올리는 인식의 특성을 의미한다. 예를 들어 잉글랜드의 깃발(흰 바탕에 붉은 십자가)을 볼 때나 아스널 축구팀의 유니폼을 볼 때, 또는 토마토를 볼 때 당신이 느끼는 '붉은색의 특징'이 바로 감각질이다. 여기서 질문. 감각질은 모든 사람에게 동일할까? 그리고 동물이나 컴퓨터도 감각질을 느낄 수 있을까?

감각질은 개념 저장 과정의 수학적 특성에 따라 달라질 것 같다. 코흐의 이론에 따르면 아스널의 유니폼이나 토마토를 봤을 때 뉴런이 활성화되는 것은 하나의 개념이 인식되었을 때 수십억 개의 0과 1로 이루어진 암호 단어에 불이 켜지는 것과 비슷하다. 개개의 암호 단어들은 고차원 구조를 가진 결정체처럼 자기만의 공간을 점유하고 있는 점의 집합이나 무늬로 간주할 수 있다. 이 기하학적 형태에 따라 감각질이 달라지는 것일까? 아스널의 유니폼에 대응되는 암호 단어와 토마토에 대응되는 암호 단어의 기하학적 형태에 어떤 공통점이 있는 것은 아닐까?

혹시 공감각도 여기서 비롯된 것은 아닐까? 누군가의 뇌에서 붉은색에 대응되는 감각질의 암호 단어와 숫자 7에 대응되는 암호 단어가 비슷하게 생겼다면, 7이라는 숫자를 접할 때마다 붉은색을 떠올릴 것이다.

종이 망원경을 이용하여 세상을 한손에 담았던 코흐의 실험으로 되돌아가보자. 이 실험을 조금 수정하면 '무언가를 인식하는 행위'와 '활성화된 뉴런'의 상호 관계를 알 수 있다. 우선 종이 두 장을 원통형으로 말아서 종이 망원경 두 개를 만들고, 둘 중 하나의 끝에 제니퍼 애니스턴의 사진을 붙여놓는다. 이제 쌍안경을 보듯 종이 망원경을 한 눈에 하나씩 가져다대면 나의 뇌에서는 당연히 제니퍼 애니스턴과 관련된 뉴런이 활성화될 것이다. 그러나 다른 망원경의 끝에 피타고라스 정리를 표현한 그림을 붙여놓으면 나의 뇌는 어떤 영상을 인식 체계에 전달할 것인지 선택해야 한다.

처음에는 제니퍼 애니스턴의 사진만 붙여놓고 피험자에게 종이 망원경을 들여다보게 하다가 갑자기 나머지 원통 망원경에 피타고라스 정리 그림을 들이대면 피험자의 의식 속에서 애니스턴은 사라지고 새로운 그림만 인식한다. 애니스턴의 영상을 뇌가 여전히 받아들이고 있는데도 정작 본인은 인식을 못하는 것이다.

이런 식으로 의식이 바뀔 때 뇌에 어떤 변화가 일어나는지 관측할 수 있을까? 과학자들은 뇌전증 환자에게 했던 실험을 원숭이에게 실시했는데, 하나의 개념을 떠올릴 때 활성화되었던 뉴런들이 다른 그림에 노출되었을 때 활성화되지 않는다는 사실을 확인했다.

지금까지 언급한 내용을 종합해볼 때, 뇌의 전기 화학적 활동 속에는 의식에 기여하는 무언가가 들어 있는 것 같다. 어떻게 보면 당연한 이야기 같지만, 인간의 의식이 '아직 발견되지 않은 물리적 힘이나 다른 그 무엇'의 결과라고 가정해보자. 그런데 제니퍼 애니스턴의 사진을 인식하지 않는데도 뉴런이 계속 활성화된다면 "그림이 갑자기 의식에서 사라지는 이유는 무언가가 의식을 제어하고 있기 때문"이라는 주장이 설득력을 얻게 된다. 그리고 이 '무언가'는 의식을 켜거나 끌 수 있는 스위치를 갖고 있다.

특정 대상에 대하여 의식을 켜고 끄는 스위치는 마술사나 요술쟁이의 단골 메뉴이다. 나는 영국 왕립학술원에서 개최한 학회에서 하트퍼드셔 대학교의 심리학과 교수 리처드 와이즈먼Richard Wiseman이 보여줬던 비디오 영상을 지금도 잊을 수가 없다. 검은색 옷을 입은 사람들과 하얀색 옷을 입은 사람들이 농구공을 주고받는 간단한 영상이었는데, 와이즈먼은 영상을 틀기에 앞서 흰옷을 입은 사람들이 공을 몇 번이나 주고받는지 알아맞혀보라고 했다. 그러고는 마술사가 트릭을 쓰는 동안 관객들의 시선을 다른 곳으로 유도하듯이, 와이즈먼도 이상한 말로 우리의 주의를 흐려놓았다.

"이 테스트에서는 남자와 여자가 횟수를 다르게 세는 경향이 있는데, 여러분도 그런지 한번 보겠습니다."

그 후 비디오가 상영되기 시작했고, 우리는 흰옷을 입은 사람들이 공을 주고받는 횟수를 열심히 세어나갔다. 비디오가 끝나자 와이즈먼이 물었다.

"열일곱 번이라고 생각하시는 분은 손을 들어보세요."

몇 사람이 손을 들었다.

"열여덟 번이라고 생각하시는 분?"

또 몇 사람이 손을 들었다. 여기서 이어지는 와이즈먼의 기상천외한 질문.

"혹시 영상에서 코트 중앙으로 서서히 걸어 나와 자기 가슴을 마구 때리다가 퇴장한 고릴라를 보신 분 있나요?"

뭐? 고릴라라고? 이건 또 뭔 소린가? 고릴라는커녕 그 비슷한 것도 보지 못했다. 나는 그가 우리를 속이고 있다고 생각했는데 놀랍게도 두 사람이 손을 들었다. 그들은 일찌감치 세는 것을 포기하고 아무런 선입견 없이 영상을 봤기 때문에 고릴라를 포착할 수 있었던 것이다(진짜 고릴라가 아니라 고릴라 복장을 한 사람이었다). 그러나 나를 포함한 대부분의 사람들은 고릴라를 전혀 인식하지 못했다. 그날 와이즈먼이 보여준 비디오는 그 자리에 있던 과학자들에게 "한 가지 대상에 지나치게 집중하면 눈앞에 있는 고릴라조차 인식하지 못한다"는 매우 중요한 교훈을 일깨워주었다.•

하나의 개념이 의식을 들락날락하는 것은 수학자들에게 흔히 있는 일이다. 책상 앞에 앉아 아이디어 하나를 떠올리고 계산을 하다가 막다른

• 역자가 보기에 이 실험에는 함정이 있다. 화면에 등장한 고릴라가 검은색이었다는 것이다. 하얀색 옷을 입은 사람들의 움직임을 하나도 놓치지 않고 따라가려면 검은색 옷을 입은 사람들의 움직임을 가능한 한 무시해야 하는데, 이런 와중에 검은 고릴라가 등장했으니 인식하지 못하는 게 당연하다. 그것이 사람인지 짐승인지 확인할 겨를이 어디 있겠는가? 만일 고릴라가 하얀색이었다면 화면에 등장하는 즉시 눈에 띄었을 것이다. 그러므로 이 실험의 핵심은 고릴라가 아니라 색상이었다. 당신은 고릴라를 못 본 게 아니라 검은색 물체를 못 본 것뿐이다. 고릴라 대신 팔다리가 세 개씩 달린 외계인이 검은 옷을 입고 지나가도 눈에 띄지 않았을 것이다.

길에 도달했는데, 잠시 바깥에 나가서 딴짓을 하다가 돌아왔을 때 갑자기 해결책이 떠오르는 경우가 종종 있다. 사람들은 이것을 '영감 어린 아이디어'라고 하는데, 내가 보기에 이런 것은 하늘의 계시가 아니라 휴식을 취하는 동안 잠재의식이 계속해서 해결책을 찾은 결과일 것이다. 유용한 결론에 도달하면 갑자기 의식에 불이 켜지면서 뇌 전체에 도파민이 넘쳐나고 말로 표현하기 어려운 희열감에 빠져든다.

그동안 내가 이룩한 수학적 발견들은 대부분 이런 식으로 이루어졌다. 여러 해 전에 독일 본에 있는 막스플랑크연구소에 머물 때 지독하게 어려운 문제를 푸느라 고생한 적이 있다. 어느 날 저녁, 문제를 잠시 잊고 런던에 있는 아내에게 전화를 걸다가 문득 희한한 성질의 새로운 대칭도형이 떠올랐다. 나는 머릿속에 떠오른 아이디어가 사라질 새라 노트에 황급히 휘갈기다가 극적으로 해답을 찾아냈다. 아내에게 전화를 걸기 전까지는 그와 비슷한 생각을 한 번도 해본 적이 없는데, 어떻게 그런 기발한 아이디어가 떠올랐을까? 혹시 나의 무의식 속에서 이리저리 굴러다니다가 때가 무르익어서 의식으로 올라온 것은 아닐까? 아무튼 이 사건은 지금도 미스터리로 남아 있다.

유체이탈

코흐의 종이 망원경 실험은 우리의 시각이 쉽게 혼동을 일으킨다는 것을 적나라하게 보여준 사례이다. 그러나 '손안에 들어온 세상'은 빙산의 일각에 불과하다. 여러 개의 장면이 동시에 눈에 들어오면 '나'라는 존재가 마치 몸 바깥에 있는 것 같은 착각을 일으킬 수도 있다.

맥거크 효과McGurk effect가 대표적 사례이다. 유튜브 검색창에 이 단어를 입력하면 관련 동영상을 볼 수 있는데, 한 번 보기만 하면 우리의 뇌가 '실제로 존재하지 않는 의식적 경험'을 얼마나 쉽게 만들어내는지 알게 될 것이다.

동영상은 입으로 "파…… 파…… 파(Fa…… Fa…… Fa)"를 발음하는 사람의 얼굴에서 시작한다. 그런데 눈을 감으면 그의 발음이 "바…… 바…… 바(Ba…… Ba…… Ba)"로 들린다. 사실 영상에 나오는 소리는 '바'인데, 출연자의 입 모양이 '파'를 발음하고 있기 때문에 뇌가 혼동을 일으킨 것이다.[•] 우리의 뇌는 항상 '하나로 통합된 의식 경험'을 추구하기 때문에, 이전의 경험과 일치하는 스토리를 만들어서 의식에 전달한다. 눈과 귀에 상반된 정보가 입수되면 대부분 사람들은 눈에 보이는 것을 믿는 경향이 있다.

분명히 '바'라는 소리가 들리는데도, 앞에 있는 사람이 윗니로 아랫입술을 깨물면서 '파'를 연상시키는 입 모양을 흉내 내면 그 소리가 '파'로 들린다. 눈에 뻔히 보이는 고릴라를 간과했던 사례와는 정반대다. 우리의 뇌는 뛰어난 '패턴 탐색 장치'로서, 오만 가지 정보가 중구난방으로 들어와도 그 속에서 어떻게든 통일된 구조를 찾아낸다. 네커 입방체나 맥거크 효과처럼 정보가 모호할 때에도 양단간에 선택을 내려야 한다.

이 모든 사례는 우주를 탐구하는 우리에게 중요한 교훈을 일깨워주고 있다. 무엇보다 중요한 것은 인간이라고 해서 우주의 진리에 접근하는 데 특별히 유리한 위치에 있지 않다는 것이다. 인간과 환경의 상호 작용은 뇌에 전달된 정보에서 형성되며, 이를 통해 우리는 외부 세계를 표현

• 이 영상은 '파'를 발음하는 사람을 촬영한 후, '바'라는 소리를 덧씌운 것이다.

하는 그럴듯한 모형을 만들어왔다. 그런데 두 개 이상의 감각이 섞이면 '나의 의식이 존재하는 곳'조차 불분명해지기도 한다.

"나의 의식은 어디에 있는가?" 2007년에 스웨덴 카롤린스카연구소의 헨릭 에르슨Henrik Ehrsson은 이 질문과 관련하여 흥미로운 실험을 제안했다. 과학자들 사이에 '가짜 손 환각false hand illusion'으로 알려진 이 실험은 다음과 같은 식으로 진행되었다. 피험자의 두 팔을 탁자 위에 올려놓고, 둘 중 한쪽 팔(예를 들어 왼쪽 팔)이 보이지 않도록 칸막이로 가려놓는다. 그리고 미리 만들어둔 가짜 고무팔을 피험자가 볼 수 있도록 몸에 연결하여 마치 진짜 팔인 것처럼 탁자 위에 올려놓는다. 물론 피험자는 모든 상황을 잘 알고 있다. 자신의 왼팔은 칸막이 뒤에 있어서 보이지 않고, 지금 눈앞에 왼팔처럼 놓여 있는 것은 고무로 만든 가짜 팔이다. 이제 실험자가 등장하여 피험자의 진짜 왼팔과 가짜 고무팔을 '동시에 똑같이' 주무른다. 피험자의 왼팔은 타인의 손길을 느끼지만, 눈앞에서 타인의 손길에 노출된 것은 고무팔이다. 그런데 팔을 주무르는 박자와 세기가

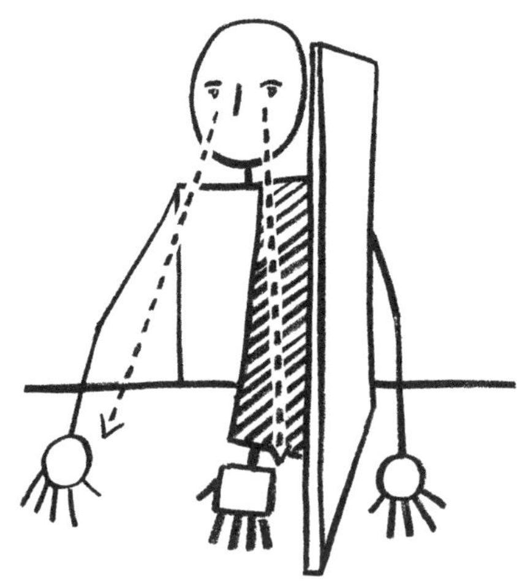

똑같기 때문에 어느 것이 내 팔인지 잠시 혼란스럽다가, 결국 시각 정보가 촉각 정보를 압도하게 된다. 고무팔이 가짜라는 것을 뻔히 알면서도 자신의 팔인 것처럼 착각을 일으키는 것이다. 이럴 때 실험자가 망치를 들고 고무팔을 세게 내리치는 자세를 취하면 피험자는 소스라치게 놀라면서 뒤로 물러난다. 그의 뇌가 시각과 촉각의 조합에 속아 넘어간 것이다. 처음에 피험자의 뇌는 고무팔이 가짜라는 것을 분명하게 인식하고 있었지만, 단 몇 분 만에 고무팔을 자신의 팔로 인식하게 되었다. 우리의 뇌는 이 정도로 적응력이 뛰어나다.

카롤린스카연구소의 과학자들은 첨단 기술을 도입하여 고무팔 실험을 한 단계 더 발전시켰다(신경 과학의 발전을 견인한 일등 공신은 새로운 이론이 아니라 신기술이었다). 새로운 실험은 고무팔 대신 가상 현실용 고글을 쓴 채 진행되었다. 내가 에르슨의 실험실을 방문했을 때, 그는 카메라 두 대가 장착된 모자(졸업식 때 쓰는 사각모처럼 생겼다)를 머리에 쓰고는 나에게 탁자 위에 있는 고글을 착용하라고 했다. 카메라와 고글은 전선으로 연결되어 있어서 렌즈에 잡힌 광경이 고글에 전송된다. 카메라는 에르슨의 머리에 달려 있고 고글은 내가 쓰고 있으니, 나는 에르슨의 눈에 들어온 풍경을 똑같이 보게 될 것이다. 여기까지는 이상할 것이 없다. 그런데 그가 악수를 하자고 손을 내밀었을 때부터 신기한 일이 벌어지기 시작했다.

에르슨은 악수하는 자세로 내 손을 잡고 "지금부터 제가 1초 간격으로 쥐었다 폈다 반복할 테니, 저와 똑같이 따라해보세요"라고 지시를 내렸다. 별로 어려운 주문이 아니었기에 시키는 대로 따라했는데……. 오, 마이 갓! 내가 나의 몸을 떠난 것 같은 느낌이 드는 게 아닌가! 내 손은 에르슨의 손바닥을 느끼는데 눈앞에는 그와 악수하는 내가 보이고, 게다가 손을 세게 쥐는 타이밍까지 똑같으니 내가 내 몸을 떠나서 존재하는 듯한 착각이 일어난 것이다. 더욱 신기한 것은 고글을 통해 보이는 나의 팔이 에르슨의 팔처럼 느껴졌다는 것이다. 한동안 혼란에 빠져 있는데 어느 순간 에르슨은 칼을 집어 들고 자신의 손을 베는 듯한 자세를 취했고, 나는 깜짝 놀라면서 손을 뒤로 뺐다. 내가 스톡홀름을 방문한 후 에르슨은 이 착각 실험을 더욱 발전시켜서 피험자가 자신의 의식이 인형 속에 들어 있다고 착각하게 만드는 실험까지 고안했다.

이런 효과는 원래 영화의 전유물이었다. 〈아바타Avatar〉와 〈서로게이트 Surrogate〉는 자신의 의식을 다른 육체에 이식한다는 주제로 만들어진 영화이다. 그러나 에르슨의 실험을 직접 체험한 후로, 나는 콘서트장이나 에베레스트 정상에 나의 아바타를 보내서 대리 체험을 할 날이 언제쯤 올지 궁금해졌다. 거실 소파에 편히 앉은 채 의식만 아바타에 주입할 수 있다면, 경험의 폭이 수백, 수천 배로 넓어질 것이다.

마음과 몸

위에서 소개한 실험들은 오랫동안 미지로 남아 있는 '심신 관계 문제 mind-body problem'와 밀접하게 관련되어 있다. 의식과 몸은 하나인가? 아니면 따로 분리되어 있는가? 마음(의식)이 육체 안에 있으면 유리한 점은 무엇일까? 데카르트를 비롯한 일부 철학자들은 마음과 육체가 독립적으로 존재한다는 이원론^{二元論, dualism}을 주장했다.

이원론에 따르면 정신세계와 물리적 세계는 분리되어 있으며, 영혼이란 정신세계에 존재하는 '다른 무엇'을 칭하는 용어이다. 그렇다면 '다른 무엇'과 물리적 육체는 얼마나 독립적인가? 이 문제는 아직도 해결되지 않았다. 에르슨의 실험은 육체와 정신이 함께 존재한다는 막연한 믿음에 제동을 걸고 '다른 무엇'의 위치를 몸 밖으로 옮겨놓았지만, 입력을 교묘하게 조작했기 때문에 설득력이 살짝 떨어진다. 아마도 대부분의 사람들은 자의식이 육체에 의존한다는 느낌을 떨치기 어려울 것이다.

방금 말한 '다른 무엇'이 더 근본적이면서 더는 분할되지 않는 무언가로부터 탄생했다고 믿는 사람도 있다. 이런 것을 '창발 현상^{創發 現象}, emergence phenomena'이라 한다. '지식의 네 번째 경계'에서 "시간은 겉으로 드러난 emergent, 즉 창발적 현상일 뿐 근본적 개념은 아니다"라고 했던 것도 이와 비슷한 맥락에서 이해할 수 있다. 창발의 개념을 의식에 적용하면 극단적 환원주의와 데카르트의 모호한 이원론을 절충한 중간 이론에 도달한다. 창발 현상의 고전적 사례로는 '축축함^{wetness}'의 개념을 들 수 있다. H_2O 분자 한 개는 축축하지 않다. 축축함을 논하려면 물 분자가 여러 개 있어야 한다.

요즘 다수의 신경 과학자들은 생명체의 의식을 '축축함'과 비슷한 개념으로 간주하고 있다. 신경 활동을 낮은 단계의 사건으로 간주한다면, 의식은 높은 단계에서 발현된 창발 현상일 것이다. 그렇다면 높은 단계에는 무엇이 존재하는가? 아직은 아무도 알 수 없다.

일부 학자들은 창발이라는 개념이 화학과 생물학의 방패막이일 뿐이라고 주장한다. 즉, 화학과 생물학이 수학이나 물리학의 곁가지가 아님을 주장하는 수단에 불과하다는 것이다. 극단적 환원주의자들은 모든 화학 반응과 생물학적 과정을 물리학의 수학 방정식으로 표현할 수 있다고 믿는다. 이런 관점을 잘 보여주는 카툰 하나를 여기 소개하겠다(출처: xkcd.com).

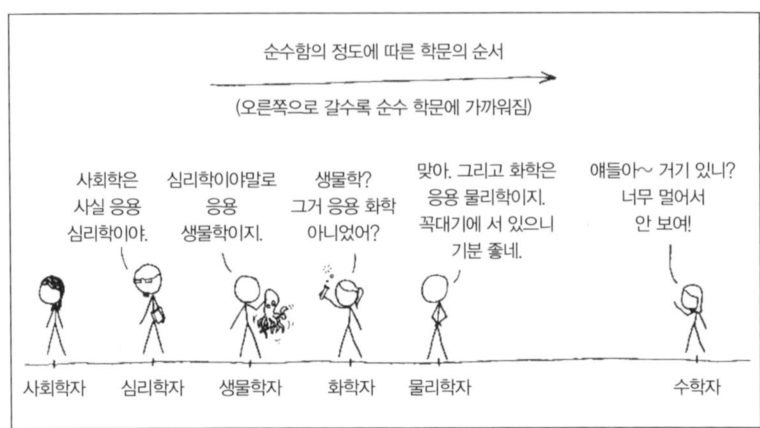

수학자인 나는 그림의 오른쪽 끝에서 다른 과학자들을 초연한 눈으로 바라보고 있다. 창발은 왼쪽에 서 있는 학자들이 전공 분야의 중요성을 강조하고 자신의 입지를 굳히기 위해 만들어낸 개념이라고 한다. 정말일까? 아무튼 나는 상관없다. 안전지대에 살고 있으니까!

나는 가끔 수학이 이원론의 산 증거가 아닐까 생각해본다. 수학이야말로 물리적 세계와 완전히 분리된 정신세계에 존재하기 때문이다. 우리가 수학을 한다는 것은 정신세계에 있는 수학을 물리적 세계에 구현한다는 뜻이다. 고대인들이 원주율 π를 발견하게 된 것은 순수한 호기심 때문이 아니라, 나일강으로 에워싸인 원형 대지에 물릴 세금을 계산하기 위해서였다. 그러나 π는 무리수이므로 현실 세계에서는 근삿값을 쓸 수밖에 없다. π의 진정한 값은 우리 마음속에 존재한다. 마음속 어디? 그건 나도 모르겠다.

스마트폰 안에서 '의식을 가진 사람인 척'하고 있는 클레버봇이 훗날 스마트폰 없이 존재할 수 있게 된다 해도, 결국은 수학적 코드에 불과

하다. 먼 훗날 누군가가 극도로 발달한 클레버봇에게 "넌 아무리 잘난 척
해도 결국은 수학의 산물에 불과해!"라고 말한다면, 아마도 이런 답이 돌
아올 것 같다.

"그럴지도 몰라. 하지만 따지고 보면 너도 그렇잖아?"

12

오늘의 나는 어제 떠올렸던 생각의 결과이고,
지금 떠올린 생각은 내일의 삶을 결정한다.
결국 우리의 삶은 마음의 산물이다.
《법구경》 중에서

몇 해 전, 아내가 불의의 사고를 당하여 한동안 혼수상태에 빠진 적이 있다. 나는 대부분의 시간을 아내 곁에 붙어 있으면서 수시로 의문을 떠올렸다. '아내'는 아직 몸 안에 있을까? 아니면 눈앞에 누워 있는 아내는 그저 몸뚱이일 뿐일까? 다행히도 아내는 2주 후에 깨어났다. 그러나 사고 후 깨어나지 못하는 사람들은 어떤가? 식물인간의 육체는 의식이 없는 세포의 집합일 뿐이지만, 만일 의식이 있다면 움직일 수 없는 몸에 갇혀 있으니 감옥이나 마찬가지일 것이다. 몸을 움직이지 못하는 환자의 머릿속에 의식이 아직 살아 있는지 확인할 방법은 없을까? 정답은 '있다'이다. 그리고 놀랍게도 이 방법은 테니스와 관련되어 있다.

당신이 테니스를 치는 모습을 상상해보라. 포핸드를 휘두르고, 네트 앞으로 달려가 있는 힘을 다해 스매싱을 가한다. 그러나 상상 속의 테니스에서 당신의 행동은 물리적 자극으로 결정되지 않는다. 단, 당신이 백핸드를 상상하면 fMRI를 이용하여 운동 활동motor activity에 대응되는 신경 활동neural activity을 감지할 수 있다.

2006년에 영국의 신경 과학자 에이드리언 오언Adrian Owen이 이끄는 연구팀은 fMRI를 이용하여 식물인간으로 판정된 스물세 살 여성 환자가 무언가를 결정하도록 만드는 데 성공했다. 그녀에게 테니스 치는 모습을 상상하도록 유도했더니, 놀랍게도 뇌의 운동피질에 해당하는 영역이 활성화된 것이다. 또한 그녀의 집 안을 둘러보는 상상을 유도했을 때에는 사람이 공간을 직접 돌아다닐 때 필요한 해마 방회海馬傍回, parahippocampal gyrus•가 활성화되었다. 결국 담당 의사는 그 환자에게 "의식은 있으나 신체에 갇혀 있다"라는 새로운 진단을 내렸고, 이 사례가 알려지면서 의학계와 뇌 과학계는 비약적 발전을 이룩하게 되었다.

그 후 식물인간으로 판정된 환자들 중 상당수가 위와 같은 진단을 받았으며, 보호자들은 미동도 없이 누워 있는 환자와 대화를 나눌 수 있게 되었다. 예를 들어 환자가 테니스를 치는 상상을 하도록 유도한 후 "오른쪽으로 이동하겠습니까?"라고 물어서 환자가 "Yes"를 선택하면 fMRI가 답을 읽어내는 식이다. 물론 이런 식으로는 의식의 정체를 규명할 수 없지만 테니스와 fMRI를 결합하여 '의식 측정 장치'를 만들었으니, 이것만으로도 커다란 성공을 거둔 셈이다.

상상 테니스는 의식이 제거된 마취 상태에도 적용할 수 있다. 최근에 나는 케임브리지에서 실시한 마취 실험에 '26번 피험자'로 지원한 적이 있는데, 실험의 목적은 지원자에게 마취제를 놓은 후 의식이 사라지는

• 해마의 주름에서 돌출된 부분이다.

순간을 fMRI로 포착하는 것이었다(의사들의 증언에 따르면 몸을 움직이지 못하면서 수술이 진행되는 동안 의식이 생생하게 깨어 있는 사례도 있다고 한다. 정말 끔찍하지 않은가?).

실험 당일 날, 나는 fMRI 스캐너 안에 누운 채 프로포폴 주사를 맞았다. 마이클 잭슨을 죽음에 이르게 한 바로 그 마취제다. 주사를 몇 차례 맞고 나니 생전에 마이클 잭슨이 왜 그토록 프로포폴에 탐닉했는지 이해가 갈 것 같……, 잠깐, 이럴 때가 아니다. 나는 지금 일하러 왔다. 실험자는 조금씩 주사량을 늘이면서 나에게 테니스 치는 모습을 상상해보라고 했다. 나는 머릿속에 테니스코트를 그리다가 문득 한 가지 의문이 일었다. 몸을 움직일 수 없게 되는 순간부터 의식이 완전히 끊어질 때까지 프로포폴을 얼마나 더 투여해야 할까?

의식은 있지만 몸을 움직일 수 없게 되면 실험자는 나의 뇌에 질문을 던져가며 프로포폴을 조금씩 투여한다. 이런 식으로 의식이 끊어질 때까지 필요한 프로포폴의 양을 알아내는 것이다. 만일 수술을 해야 한다면 의식이 완전히 끊어질 때까지 기다려야 한다.

테니스-의식 측정 장치는 의식과 자유 의지의 밀접한 관계를 보여주고 있다. 비록 상상 속이기는 하지만, 어쨌거나 테니스를 치려면 매순간 자신이 어떤 행동을 취할지 결정해야 한다. 최근에 실행된 뇌 실험들은 바로 이 자유 의지의 존재를 확인하는 데 집중되어 있다.

나는 나의 주인인가?

당신이 지금 이 책을 읽고 있는 것은 다른 사람의 강요 때문이 아니라 당신의 자유 의지가 책을 읽기로 결정했기 때문일 것이다. 이 책을 집어 들고 이 페이지를 펼친 것은 의식적인 행동이었다. 마음만 먹으면 다른 일을 할 수도 있었는데, 굳이 독서를 선택했다. 그런데 글쎄…… 과연 그럴까? 별로 유쾌한 생각은 아니지만 자유 의지는 단순한 환상일지도 모른다.

지금 세계 곳곳에서 의식의 기원을 밝히는 첨단 연구가 활발하게 진행되고 있다. 물리학자들이 쿼크를 발견할 때나 천문학자들이 팽창하는 우주를 발견할 때와 달리 의식에 대한 연구는 결과가 나오는 즉시 인터넷을 통해 전 세계에 공개되고, 운이 좋으면 연구에 직접 참여할 수도 있다. 이 분야에서 가장 충격적인 실험은 영국 출신의 과학자 존-딜런 헤인즈John-Dylan Haynes가 고안한 실험일 것이다. 그는 한 개인이 자신의 삶을 얼마나 제어하고 있는지 보여주는 실험을 고안했고, 나는 오로지 과학을 위해 그 실험의 모르모트가 되기로 했다.

fMRI 안에 들어가니 나의 손이 닿는 곳에 스위치가 하나씩 설치되어 있었다. 헤인즈는 나에게 좌선을 할 때처럼 마음을 차분하게 가라앉히라면서, 아무 때나 스위치를 누르고 싶으면 둘 중 하나를 골라서 누르라고 했다.

내가 의식적으로 무언가를 선택할 때마다 fMRI 스캐너는 나의 뇌 활동을 기록했다. 그런데 헤인즈는 관련 데이터를 분석한 후, 내가 마음을 결정하기 6초 전에 어떤 단추를 누를지 미리 알 수 있다고 했다. 6초면 결코 짧은 시간이 아니다. 나의 뇌가 왼쪽과 오른쪽 중 어떤 단추를 누를지 결정한 후 1초, 2초, 3초, 4초, 5초, 6초가 지나서야 뇌의 결정이 의식에 전달되어 나의 자유 의지가 발현된다는 뜻이다.

헤인즈가 나의 결정을 미리 예측할 수 있는 이유는 내가 단추를 누르기 6초 전에 뇌의 특정 부위가 활성화되기 때문이다. 그리고 어느 쪽 단추를 선택했는가에 따라 활성화되는 부위가 다르다. 비록 100% 정확하지는 못했지만 무작위로 찍은 것보다는 정확도가 훨씬 높았다. 헤인즈는 "fMRI의 해상도가 높아지면 정확도가 거의 100%에 가까워질 것"이라고 했다.

사실 단추를 선택하는 것은 의사 결정 과정에서 매우 특별한 경우에 속한다. 예를 들어 현실에서는 자동차를 운전하다가 위급한 상황에 처하면 뇌가 순식간에 결정을 내리고, 몸은 이 결정이 의식에 전달될 때까지 기다리지 않고 즉각적으로 반응한다. 판에 박힌 중간 과정을 일일이 거치면 시간이 많이 걸리고 노동량도 많기 때문에 전혀 효율적이지 않다. 그래서 뇌는 대부분의 과정을 중간 절차 없이 자동으로 실행한다. 그러나 단추를 선택하는 것은 촌각을 다투는 일이 아니므로 자유 의지를 마음껏 발휘할 수 있다.

헤인즈가 속해 있는 베를린 연구팀은 fMRI의 데이터를 분석하는 데 몇 주일이 걸렸지만, 앞으로 컴퓨터의 성능과 영상 처리 기술이 개선되면 시간이 단축되고 정확도도 크게 높아질 것이다.

헤인즈의 실험에 따르면 뇌는 무의식적으로 긴 시간 전에 결정을 미리 준비하는 것 같다. 그러나 최종 결정이 내려지는 위치는 아직 분명치 않다. 아마 나는 뇌에서 내린 결정을 번복할 수도 있을 것이다. 일부 과학자들은 "우리에게 자유 의지free will가 없다 해도 무언가를 하지 않겠다는 의지free won't는 있을 것"이라고 주장한다. 뇌의 결정이 의식에 도달하여 단추를 누르려는 순간에 결정을 번복할 수 있다는 뜻이다. 이 실험에서 나는 어느 쪽 단추를 눌러도 딱히 손해 볼 것이 없으므로, 무의식이 내린 결정에 따르지 않을 이유가 없다.

헤인즈의 실험은 의식이 뇌의 보조 기능이라는 것을 시사하고 있다. 우리가 하는 행동의 대부분은 무의식적으로 결정되고 있지만, 인간이 다른 생명체와 구별되는 이유는 우리의 의식이 결정을 실행하는 대리인 역할을 하기 때문이다. 혹시 의식이라는 것이 우리의 행동에 아무런 영향도 주지 않는 '화학적 재고再考'에 불과한 것은 아닐까? 그렇다면 의식의 역할은 법적, 도덕적으로 어떻게 평가되어야 하는가? 누군가가 살인을 저질러놓고 법정에 서서 "판사님, 죄송합니다. 하지만 그 사람을 죽인 건 제가 아니에요. 저의 뇌가 이미 6초 전에 방아쇠를 당기기로 결정을 내렸고, 저는 그 결정을 따른 것뿐입니다"라고 항변할 수도 있지 않을까? 경고를 하나 하자면, 생물학적 결정론은 정상 참작의 대상이 아니다!

헤인즈의 실험에서 스위치를 선택하는 것은 앞서 말한 바와 같이 전혀 위급한 문제가 아니었으므로 결과는 얼마든지 달라질 수 있다. 나에게 좀 더 중요한 문제를 주고 선택을 강요했다면 잠재의식이 끼어들 여지가 별로 없었을 것이다. 나중에 헤인즈는 실험 방식을 조금 수정하여 피험자에게 두 개의 숫자를 보여주면서 "두 수를 더할지 뺄지 결정하라"고 주문했는데, 이 경우에는 피험자의 의식이 결정을 내리기 4초 전에 뇌의 활동이 감지되었다.

이보다 훨씬 더 중요한 선택을 해야 하는 상황이라면 어떻게 될까? 프랑스의 철학자 장 폴 사르트르Jean-Paul Sartre는 젊었을 때 레지스탕스에 합류할지, 아니면 할머니를 봉양할지를 놓고 심각한 고민에 빠졌다. 이런 경우에는 의식(애국심, 효도 등)이 결과에 큰 영향을 줄 것이고, fMRI 테스트에서 자유 의지도 살아남을 것이다. 헤인즈의 실험에서 피험자가 취한 행동(스위치 선택, 또는 숫자 가감 선택)은 무의식적 자동 반응에 치우쳐 있었다. 내가 취하는 행동 대부분이 뒤늦게 의식에 나타나는 이유는 의식이 미리 알 필요가 없기 때문일 것이다. 그렇다면 나의 자유 의지는 '무관심의 자유'로 대치된다.

의식에 앞서 뇌가 먼저 내린 결정은 나중에 의식이 최종 결정을 내릴 때 고려하는 참고 사항에 불과할지도 모른다. 즉, 뇌의 결정은 내가 하는 행동의 유일한 원인이 아닐 수도 있다.

우리에게 자유 의지가 있다면 그것은 어디에서 형성되는가? 나는 스마트폰에 자유 의지가 있다고 생각하지 않는다. 스마트폰은 이미 결정된 알고리즘을 따를 뿐, 무언가를 스스로 결정할 수 없다. 내 생각을 확인하기 위해 클레버봇 앱에 "너는 스스로 결정을 내린다고 생각하는가?"라는 질문을 입력했더니, 화면에 다음과 같은 답이 떴다.

"저는 분명한 길이 좋습니다. 저는 자유 의지를 선택할 것입니다."

물론 이것도 프로그램된 답이다. 여러 가지 답을 미리 준비해놓고 난수random number를 만들어서 그중 하나를 고르면 사용자가 답을 예측할 수 없기 때문에 마치 자유 의지가 있는 것처럼 보이지만, 사실 이것은 주사위를 굴려서 고른 답에 불과하다. 난수에 의지가 반영될 수 있을까? 아니다. 컴퓨터의 난수는 특정한 알고리즘을 거쳐 생성되기 때문에 원리적으로는 예측이 가능하다. '지식의 세 번째 경계'에서 말한 것처럼, 스마트폰이 자유 의지를 획득하려면 양자 역학의 개념이 도입되어야 한다.

나는 모든 인간이 자유 의지를 가지고 있다고 믿는다. 그렇지 않으면 스마트폰의 앱과 다를 것이 없기 때문이다. 내가 헤인즈의 실험을 내심 불편하게 여기는 것도 이런 이유 때문이다. 그러나 냉정하게 생각해보면 나의 마음도 뇌의 생물학적 알고리즘을 따르는 복잡한 프로그램일지도 모른다.

스마트폰 같은 기계가 과연 지능을 보유할 수 있을까? 이 가능성을 최초로 타진한 사람은 영국의 수학자 앨런 튜링이었다. 당신이 누군가와 대화를 나누고 있는데, 둘 사이에 칸막이가 설치되어 있어서 상대방을 볼 수 없다고 하자. 이럴 때 당신은 순전히 주고받은 대화 내용만으로 상대방이 사람인지, 또는 컴퓨터인지 판별할 수 있을까? 이것이 바로 그 유명한 '튜링 테스트turing test'로서 오늘날까지 인공 지능의 성능을 가늠하는 잣대로 통용되고 있다. 이번 장의 첫머리에 제시한 클레버봇과 한 대화도 일종의 튜링 테스트이다. 다른 사람의 지적 능력을 판단하려면 그와 대화를 나누거나 그가 쓴 글을 읽는 등, 어떻게든 상호 작용을 거쳐야 한다. 그러므로 컴퓨터와 대화를 나눴는데 사람처럼 인식되었다면, 그 컴퓨터를 지능을 가진 개체로 간주해야 한다는 것이 튜링의 지론이다. 글쎄…… 과연 그럴까?

알고리즘을 따르는 기계와 나의 머릿속에서 행동을 결정하는 의식의 차이는 무엇일까? 스마트폰에 영어 문장을 입력하면 번역 앱은 그것을 내가 원하는 외국어로 순식간에 번역해준다. 그러나 이 과정에서 스마트폰은 자신이 무슨 일을 하고 있는지 아무런 생각도, 느낌도 없다. 캘리포니아대학교의 철학자 존 설John Searle은 기계와 사람을 구별하는 사고 실험 '중국어 방Chinese Room'을 고안했는데, 그 내용은 대략 다음과 같다.

중국어를 전혀 할 줄 모르는 내가 작은 방에 혼자 갇혀 있다고 하자. 내가 가진 것이라곤 중국 문자(한자)와 영어 단어의 구문론적 대응 관계를 알려주는 지침서뿐이다. 이런 상황에서 바깥에 있는 중국인이 임의의 질문을 종이에 적어 문틈으로 밀어 넣는다면, 나는 지침서를 참고하여 적절한 답을 제시할 수 있다. 이런 식으로 대화가 오간다면 바깥에 있는 중국인은 내가 중국어를 할 줄 모르는 외국인이라는 것을 눈치채기 어렵다. 나는 여전히 중국어를 할 줄 모르는데, 그는 내가 중국인이라고 생각할 것이다. 이와 마찬가지로 스마트폰이 외국어를 제아무리 능숙하게 구사한다 해도 그 기계가 외국어를 이해한다고 말할 수는 없다.

존 설의 사고 실험은 기계가 사고를 할 수 있다는 튜링의 주장에 제동을 걸었다. 기계가 인간을 완벽하게 흉내 낸다고 해서 의식이 있다고 할 수 있을까? 내가 글을 쓰는 동안 내 마음은 어떤 일을 하고 있을까? 나는 그저 문법에 따라 글을 쓰고 있는가? 아니면 문법을 넘어선 고도의 의식이 나의 문장을 유도하고 있는가? 컴퓨터가 일정 수준을 넘어서면 중국어를 이해하고 알고리즘에 의식이 있다고 말할 수 있는, 그런 '임계 수준'이 존재할까? 컴퓨터가 의식을 갖도록 프로그램하려면, 그전에 두뇌의 알고리즘부터 이해해야 한다.

쏟아지는 잠

의식과 뇌 활동의 상호 관계를 알아내는 방법 중 하나는 의식과 무의식을 비교하는 것이다. EEG나 fMRI를 이용하여 의식이 작용할 때와 무의식이 작용할 때 뇌 활동의 차이를 감지할 수 있을까? 이를 위해 의식이 없는 환자를 찾아가거나 피험자에게 마취 주사를 놓을 필요는 없다. 모든 사람은 매일 밤 무의식 상태에 빠지기 때문이다. 우리는 이것을 '수면'이라 부른다. 수면을 연구하면 뇌가 의식의 경험을 창조하는 과정을 꽤 정확하게 파악할 수 있다.

그래서 나는 또다시 모르모트가 되기로 결심하고 위스콘신-매디슨 대학교의 수면&의식연구소Center for Sleep and Consciousness를 찾아갔다. 이곳에서는 신경 과학자 줄리오 토노니Giulio Tononi가 이끄는 연구팀이

‘깨어 있는 상태’와 ‘꿈을 꾸지 않는 수면 상태’를 집중적으로 연구하고 있다.

과거에는 수면에 빠진 피험자에게 특정한 질문을 던져서 답을 얻어 내는 것이 불가능했다. 그러나 경두개 자기 자극 장치Transcranial Magnetic Stimulation, TMS가 개발된 후로 과학자들은 피험자의 뇌에 침투하여 인공적으로 뉴런을 활성화시킬 수 있게 되었다. 토노니의 연구팀은 나의 두뇌에 빠르게 진동하는 자기장을 걸어서 깨어 있을 때나 잠들었을 때 뇌의 특정 부위를 활성화시켰다. 뉴런을 인위적으로 활성화시켰을 때 깨어 있는 뇌와 잠든 뇌는 얼마나 다른 반응을 보일 것인가?

누군가가 나의 뇌를 조작한다고 생각하니 왠지 기분이 꺼림칙했다. 수학으로 먹고사는 나에게 뇌는 전 재산이나 마찬가지인데, 실험 중에 뉴런이 꼬이기라도 하면 내 밥줄도 끊어질 판이다. 두근거리는 가슴을 간신히 억누르고 있는데 토노니가 다가와 아무 일 없을 것이라며 나를 안심시켜주었다. 그와 함께 일하는 한 연구원은 손의 움직임과 관련된 뇌 부위를 활성화시키는 실험에 자원했는데, 그 후로도 연구하는 데 아무런 문제가 없었다고 한다. 뇌를 자극하여 본인의 의지와 무관하게 손가락을 움직이게 한다니 신기하면서도 섬뜩했지만, 성공 사례를 믿고 그들에게 나의 뇌를 맡기기로 했다.

연구원들은 내가 깨어 있는 동안 TMS 단자를 머리에 연결하고 EEG용 전극을 두피 곳곳에 부착했다. TMS가 뇌를 자극하면 특정 부위가 활성화되고, 그 신호가 EEG를 통해 기록되는 식이다. 실험 결과에 따르면 뇌의 특정 부위를 자극했을 때 멀리 떨어진 여러 부위가 각기 다른 시간에 복잡한 패턴으로 반응하고, 이 신호가 다시 처음 자극했던 부위에 전달되어 일종의 피드백 효과를 낳는다. 토노니는 뇌의 상호 작용이 복잡한 통합 네트워크처럼 상호 보완적으로 이루어진다고 했다. 뇌의 뉴런이 작동하는 방식은 복잡하게 연결된 논리 게이트logic gate•와 비슷하다. 하나의 뉴런은 자신에게 연결된 뉴런 중 여러 개가 활성화되었을 때 같이 활성화될 수도 있고, 단 하나가 활성화되었을 때 같이 활성화될 수도 있다. 내 눈앞에 설치된 EEG 화면에는 TMS의 자극을 받아 처음 활성화된 뉴런과, 그로부터 야기된 논리의 흐름이 일목요연하게 출력되고 있었다.

두 번째 실험은 잠을 자는 동안 진행되었다. 연구원들은 내가 '4단계 수면 상태'에 도달할 때까지 기다렸다가 첫 번째 실험과 같은 위치에 TMS 단자를 연결하고 자극을 주기로 했다. 이때 활성화되는 뉴런은 깨어 있을 때 활성화된 뉴런과 동일하지만, 자극을 전달하는 네트워크의 구조는 달라졌다. 깨어 있을 때와 잠들었을 때, 이 차이는 얼마나 크게 나타날까? 그러나 안타깝게도 실험은 실패로 끝났다. 피험자인 내가 숙면을 취하지 못하는 체질이었기 때문이다. 게다가 머리에 전극을 잔뜩 연결한 채 다른 사람들이 나를 지켜보고 있는데 어떻게 마음 편히 잘 수 있겠는가? 그날 나는 하루 종일 커피를 끊는 등 숙면을 취하기 위해 최선의 노력을 기울였지만 가장 얕은 잠인 1단계 수면 상태에도 도달하지 못했다.

나는 아쉬운 마음을 뒤로하고 불편한 환경에서도 잠을 잘 자는 피험자의 데이터를 열람했는데, 그 결과는 가히 충격적이었다. 깨어 있을 때는 전기 신호가 뇌의 넓은 영역으로 퍼져나가지만, 수면 상태에서는 전혀 그렇지 않았던 것이다! 잠든 뇌는 '전원이 꺼진 네트워크'와 비슷했다.

<hr>

• 디지털 회로의 논리 기능을 수행하는 기본 요소로 AND, OR, XOR, NOT, NAND, NOR, XNOR 등 일곱 가지가 있다.

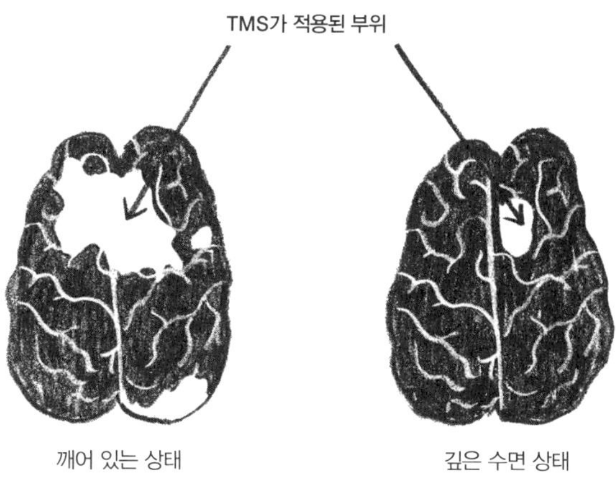

잠이 몰려오면 뉴런의 연결이 끊어지면서 뇌 활동이 아주 좁은 영역으로 한정되었다. 이를 통해 우리는 다음과 같은 결론을 내릴 수 있다. 의식은 뇌에 존재하는 '복잡한 집적 회로'와 관련되어 있다. 이 회로는 상호 연결된 논리 게이트에 따라 작동되며, 한 세트의 뉴런은 논리 게이트의 지시에 따라 다른 뉴런을 활성화시킨다. 또한 의식은 TMS의 자극을 받은 뉴런과 나머지 뉴런이 정보를 교환하는 방식과도 관련되어 있다.

실험실에서 잠드는 데 실패한 후, 토노니는 카페인 없는 에스프레소를 만들어주겠다며 나를 연구실로 데려갔다. 과연 그곳에는 산더미처럼 쌓여 있는 책들 사이에 이탈리아제 커피머신이 우아한 자태를 뽐내고 있었다. 커피콩의 향긋한 냄새가 방 안에 퍼지는 동안 토노니는 수학 공식으로 가득 찬 논문 한 편을 보여주었다.

이반 파블로프Ivan Pavlov*의 개가 종소리만 들으면 침을 흘리듯이, 나는 수식만 보면 온몸에 아드레날린이 솟구친다.

---

* 조건 반사 이론을 창시한 러시아의 생리학자이다.

"제가 개발한 의식 계수coefficient of consciousness입니다. 수학자에게 어떻게 보일지 궁금하네요."

인간의 의식을 수학 공식으로 표현하다니……, 이토록 흥미로운 논문을 어떻게 지나칠 수 있겠는가?

'나'를 수학으로 표현하기

토노니는 의식에 해당하는 뇌 네트워크의 거동을 분석한 끝에 '정보 통합 이론integrated information theory, IIT'이라는 새로운 이론을 구축했다. 여기에는 네트워크의 통합 정도와 함축성irreducibility을 표현한 수학 공식이 여러 개 등장하는데, 그는 이것이 의식을 창출하는 핵심 과정이라고 했다. 그의 이론에 등장하는 Φ(파이, 그리스 알파벳의 21번째 문자)는 스마트폰과 인간의 뇌에 모두 적용되는 의식 계수로서, '나'라는 인식의 수준을 수학적으로 나타낸 양이다. 즉, 네트워크의 의식이 높을수록 Φ의 값도 크다. "나는 왜 나인가?"라거나 "나는 어떻게 나인가?"라는 추상적 질문을 수학 방정식으로 표현했다니, 수학자로서 관심이 갈 수밖에 없었다.

뇌의 의식은 고도의 연결성과 피드백으로 이루어진 네트워크와 비슷하다. 여기서 하나의 뉴런이 활성화되면 수시로 교차 점검이 이루어지면서 관련 정보가 네트워크 전체로 퍼져나간다. 한 지역에 고립된 네트워크는 의식이 아닌 무의식과 관련되어 있다. 따라서 토노니의 의식 계수는 '전체가 부분의 합보다 우수한 정도'를 나타내는 양이라고 할 수 있다.

토노니는 전체적인 연결 상태가 각 부분의 상세 구조보다 훨씬 중요하다고 했다. 고도의 연결성만으로는 최상의 성능을 발휘할 수 없다는 이야기다. 여러 개의 뉴런이 동시에 활성화된다고 해서 의식이 작동하는 것은 아니다. 수면 상태의 뇌가 바로 이런 특성을 갖고 있다. 뇌 전체에 걸쳐 뉴런이 거의 동시에 활성화되는 것은 발작을 일으킬 때 나타나는 현상이다. 따라서 의식은 여러 단계로 존재할 가능성이 높다. 그리고 다양한 경험을 효율적으로 구별하려면 연결 상태에 패턴이나 대칭이 너무 많아도 안 된다. 네트워크가 너무 치밀하게 연결되어 있으면 당신이 어떤 행동을 하건 비슷하게 작동하여 사과와 구두를 구별할 수 없을지도 모른다.

의식 계수는 '몸을 통해 들어온 다양한 입력을 종합하여 하나의 경험으로 요약하는 뇌의 능력'을 수치로 나타낸 것이다. 의식은 여러 개의 독립적인 경험으로 분리될 수 없다. 우리는 붉은색 주사위를 보았을 때 '색이 없는 정육면체'와 '형태가 없는 붉은색'이라는 두 개의 개념으로 인식하지 않는다. 또한 의식 계수는 완전한 네트워크가 여러 개로 분리된 네트워크(수면상태)보다 얼마나 많은 정보를 생성하는지를 보여준다.

토노니의 연구팀은 간단한 뇌 모형으로 컴퓨터 시뮬레이션을 실행했다. 여덟 개의 뉴런을 각기 다른 방식으로 연결하여 Φ의 값이 최대가 되는 연결을 찾은 것이다. 실험 결과, 하나의 뉴런과 나머지 뉴런의 연결 패턴이 개개의 뉴런마다 모두 다를 때 Φ가 최대가 되었고, 네트워크를 통해 공유되는 정보가 많을수록 Φ가 커지는 경향을 보였다. 그러므로 하나의 네트워크가 둘로 분리되면 이들은 정보 교환이 가능한 쪽으로 재배열된다. 뉴런 네트워크(신경회로망)에서 Φ가 최대가 되려면 과잉 연결과 분할이 적절한 수준에서 균형을 이뤄야 한다.

물론 개개의 연결 상태도 중요하다. 토노니는 기능과 출력이 동일하면서 Φ가 다른 두 개의 네트워크를 만드는 데 성공했다. 다른 부분이 모두 같아도 피드백이 가능한 네트워크는 그렇지 않은 네트워크보다 Φ가 크다. 토노니는 후자의 경우가 '첫 번째 네트워크와 똑같은 정보를 출력하면서 자의식이 전혀 없는' 좀비 네트워크zombie network의 사례라고 했다. 출력만 보면 두 네트워크를 구별할 수 없지만 정상 네트워크와 좀비 네트워크는 출력을 생산하는 방식이 질적으로 다르며, 그 차이는 Φ에 담겨 있다. 토노니가 정의한 Φ에 따르면 좀비 네트워크에는 내부 세계가 존재하지 않는다.

뇌에서 의식을 생성하는 데 중요한 역할을 하는 것으로 알려진 시상 피질계는 Φ가 큰 네트워크와 비슷한 구조를 가지고 있다. 의식과 무관한 소뇌의 뉴런 네트워크와는 대조적이다. 두개골의 뒤쪽에 위치한 소뇌는 균형 감각과 근육의 운동을 제어하며 뉴런의 수는 대뇌의 80% 정도이다. 소뇌를 제거하면 몸을 움직이는 데 심각한 지장이 초래되지만 의식에는 아무런 지장이 없다.

지난 2014년에 스물네 살의 중국 여성이 어지럼증과 구토증에 시달리다가 한 병원을 찾아갔다. 의사는 원인을 파악하기 위해 뇌를 스캔했는데, 놀랍게도 소뇌가 보이지 않았다. 그녀는 선천적으로 소뇌 없이 태어난 기형이었던 것이다. 어린 시절에 남들보다 걸음마를 늦게 떼었고 성인이 되어서도 점프나 달리기를 할 수 없었지만, 그녀를 치료했던 어떤 의사도 의식에서 이상 징후를 발견하지 못했다. 그녀는 물리적으로 불안정한 사람이었을 뿐, 결코 좀비가 아니었다.

소뇌 중심부의 뉴런들은 연결 상태가 긴밀하지 않아서 독립성이 강하다. 잠든 (대)뇌의 뉴런들도 이런 식으로 연결되어 있다. 다시 말해서, 소뇌의 신경회로망은 Φ가 작다. 이것은 소뇌가 의식과 무관하다는 사실과 일맥상통한다.

뇌의 뉴런 네트워크가 의식의 수수께끼를 푸는 열쇠로 부각되면서,

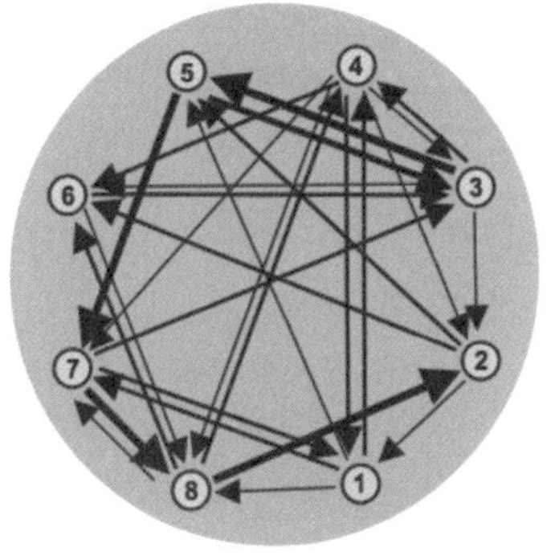

Φ가 큰 네트워크는 높은 수준의 의식을 낳는다.

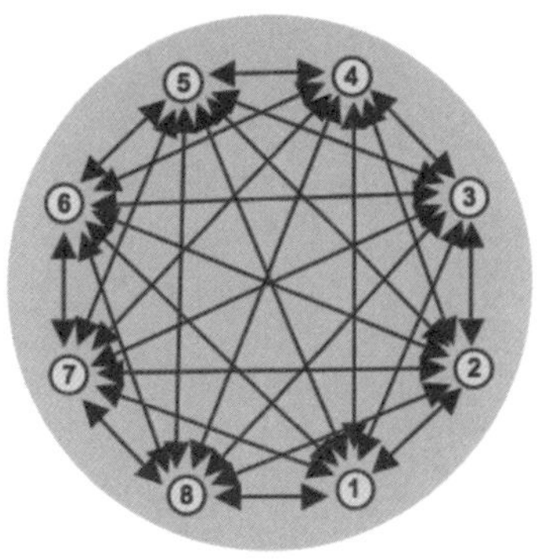

네트워크의 연결성이 높아도 대칭적으로 연결되어 있으면 최초의 자극이 어떤 곳에 도달하건 결과가 같기 때문에 새로운 정보를 생산할 수 없다. 이런 네트워크는 Φ가 작으면서 낮은 단계의 의식을 낳는다.

과학자들은 뇌의 신경망을 도식화한 '커넥톰connectome'에 관심을 갖기 시작했다. 내가 '나'로 존재하는 비결도 그 안에서 찾을 수 있지 않을까? 인간 게놈 프로젝트가 몸의 작동 원리에 대한 의외의 정보를 제공한 것처럼, 커넥톰 지도는 뇌의 작동 원리를 밝히는 데 중요한 정보를 제공할 것이다. 뉴런의 연결 상태와 네트워크의 작동 원리가 밝혀지면 의식을 창출하는 데 필요한 재료는 대충 확보되는 셈이다.

인간 두뇌의 커넥톰이 완성되려면 아직 한참을 기다려야 하지만 예쁜꼬마선충의 신경망은 완벽하게 알려져 있다. 이 벌레는 뇌가 없는 1mm짜리 선형동물로서, 퇴비 더미에서 주로 발견된다. 예쁜꼬마선충의 신경계는 302개의 뉴런으로 이루어져 있는데, 이 정도면 각 뉴런의 연결 상태를 알아내기에 적당한 양이다. 과학자들의 노력 덕분에 신경 지도는 완성되었지만, 예쁜꼬마선충의 행동을 예측하려면 아직 먼 길을 가야 한다.

인터넷은 의식을 가지고 있는가?

네트워크의 연결 상태를 수치로 환산한 토노니의 Φ를 이용하면 스마트폰이나 인터넷, 또는 사람들이 모여 사는 도시가 의식을 가질 수 있는지 가늠할 수 있다. 미래의 어느 날, 인터넷과 컴퓨터의 성능이 어느 한계를 넘어서면 거울에 비친 영상이 자신이라는 사실을 깨달을지도 모른다. 물의 온도가 비등점에 도달하면 갑자기 상태가 변하듯이, 의식의 Φ값도 어느 한계에 도달하면 의식의 상태가 변할 수도 있다.

환자에게 마취제를 투여하면 의식이 서서히 사라지지 않고 어느 한순간에 갑자기 의식을 잃는다. 독자들도 병원에서 마취 주사를 맞은 후 의사가 20까지 헤아리라고 했을 때, 끝까지 세지 못하고 갑자기 의식을 잃은 경험이 있을 것이다. 이와 같이 의식의 변화는 위상 변화처럼 비선형적으로 일어나는 경향이 있다.

의식이 네트워크의 연결성과 관련되어 있다면, 사람 외에 이미 의식을 보유한 네트워크가 존재하지 않을까? 뇌의 뉴런은 약 10^{11}개인데, 인터넷에 연결된 트랜지스터의 수는 무려 10^{18}개에 달한다. 개수만 놓고 보면 인터넷이 훨씬 우월하지만 연결성에서는 뇌가 압도적으로 유리하다. 뇌의 경우 하나의 뉴런은 수만 개의 다른 뉴런과 연결되어 있어서 고도의 정보 교환이 가능한 반면, 컴퓨터의 트랜지스터는 뇌와 비교가 안 될 정도로 연결 상태가 빈약하다. 즉, 인터넷은 Φ가 너무 작기 때문에 의식이 있다고 보기 어렵다……. 적어도 지금은 그렇다.

스마트폰으로 찍은 사진은 약 100만 개의 픽셀로 이루어져 있다. 픽셀 하나가 흑백을 저장한다 해도, 표현할 수 있는 사진은 총 $2^{1,000,000}$개에 달한다. 여기에는 눈으로 봤을 때 전혀 인식하지 못했던 정보가 하나도 빠짐없이 기록되어 있다. 바로 여기가 핵심이다. 나의 의식은 그 많은 데이터를 일일이 처리할 수 없기 때문에 대략 데이터를 취하여 중요한 정보만 골라낸다.

현재 컴퓨터의 눈은 사람의 눈보다 성능이 훨씬 떨어진다. 컴퓨터는 사진을 픽셀 단위로 인식할 뿐 정보를 종합할 수 없기 때문에, 시야에 들어온 풍경에 대해 이야기를 풀어나갈 능력이 없다. 그러나 인간은 빈약한 데이터만으로도 풍부한 이야기를 들려줄 수 있고 심지어는 거짓말까지 만들어낸다. 정보를 종합하고 핵심을 추출하는 인간의 능력을 수치로 나타낸 것이 바로 토노니의 의식 계수 Φ이다.

물론 큰 Φ가 어떻게, 어떤 과정을 거쳐 높은 수준의 의식을 창출하는지는 아직 미지로 남아 있다. 뇌가 잠들었을 때 Φ값이 작아지는 것을 보면, 의식과 Φ는 어떻게든 연결되어 있을 것이다. 뇌의 각 부위마다 연결 상태가 다른 것도 Φ가 큰 이유를 설명해준다. 그러나 나는 여기서 어떻게 의식이 탄생하는지, 그리고 컴퓨터의 네트워크가 사람과 같아지면 정말로 의식을 갖게 될지, 아직도 잘 모르겠다.

Φ가 큰 생명체일수록 진화 경쟁에서 유리한 것만은 사실이다. Φ가 크면 미래를 예측하고 미리 대비할 수 있기 때문이다. 인간은 마음속으로 시간을 이동하여 자신의 존재를 미래에 투영할 수 있기에 다른 동물보다 우위를 점유할 수 있었다. Φ가 인간만큼 큰 네트워크도 이런 능력이 있을 것이다. 그런데 왜 의식이 없는 상태에서는 이런 일을 할 수 없을까?

'제니퍼 애니스턴 뉴런'을 발견한 크리스토프 코흐는 Φ의 열렬한 팬이다. 그 역시 Φ가 의식의 수준을 가늠하는 척도라고 굳게 믿고 있다. 그렇다면 철학자 데이비드 챌머스David Chalmers가 말한 '난제Hard problem(H를 반드시 대문자로 써야 한다)', 즉 타인의 머릿속으로 들어가는 문제도 Φ의 개념으로 접근할 수 있을까? 나는 이 문제에 대한 코흐의 생각을 알고 싶었다.

내가 칼텍의 외곽에 있는 볼디산 정상에서 코흐를 처음 만난 후, 그는 마이크로소프트의 공동 창업자인 폴 앨런Paul G. Allen이 사비 5억 달러를 들여 설립한 앨런뇌과학연구소Allen Institute for Brain Science의 소장으로 근무하게 되었다. 한 개인이 무엇 때문에 그런 거금을 쾌척했냐고? 동기는 간단하다. 앨런은 그저 자신의 뇌가 어떻게 작동하는지 알고 싶었을 뿐이다. 돈벌이와는 무관하게 순수한 동기로 과학을 연구하는 것이 그의 꿈이었다고 한다. 코흐는 앨런뇌과학연구소를 가리켜 "모든 연구소의 본보기가 된 멋진 사례"라고 했다. 연구와 관련된 내용을 100% 공개하는 것이 이 연구소의 기본 지침이었다.

토노니의 정보 통합 이론과 Φ에 대한 코흐의 관점을 묻기 위해 캘리포니아로 또 날아가는 것은 아무래도 무리였기에, 나는 차선책으로 스카이프 인터넷 전화를 선택했다. 코흐는 데이비드 챌머스의 난제에 대한 나의 생각을 알고 싶어하는 것 같았다.

"물론 우리는 의식에 대해 심도 있는 토론을 나눌 수 있을 겁니다. 그러나 나는 당신이 챌머스의 난제에 연구 인생을 건 젊은 신경 과학자들에게 등을 돌리지 않기를 바랍니다. 챌머스 같은 철학자들에게는 자연법칙이

나 팩트보다 개인적 의견과 믿음이 더 중요합니다. 그들은 흥미로운 질문을 던지고 딜레마에 도전하고 있지만, 아직 눈에 띄는 성과를 내지 못했습니다."

코흐는 나에게 "우리는 별의 화학 성분이나 광물학적 구조를 결코 알아낼 수 없을 것"이라던 오귀스트 콩트의 주장을 상기시켜주었다. 이것은 내가 미지의 세계로 여행을 떠날 때 마음속에 새겼던 교훈이기도 하다. 또 코흐는 자신과 연구를 함께 수행했던 프랜시스 크릭이 1996년에 남긴 "무언가가 과학의 범주를 넘어서 있다고 주장하는 것은 매우 위험한 행동이다"라는 말도 들려주었다.

스카이프 통화가 연결되었을 때, 코흐는 흥분을 감추지 못했다. 사실 그는 첨단 과학 문명 속에서 살아가는 삶 자체를 항상 경이롭게 생각하는 사람이다. 그와 통화를 나누기 이틀 전, 앨런뇌과학연구소에서는 뇌세포의 종류를 분류하는 데 필요한 데이터를 홈페이지에 공개했다.

"지금은 뇌세포의 종류가 몇 개인지도 모르는 상태입니다. 몸이 세포로 이루어져 있다는 사실은 200년 전부터 알고 있었지만, 심장 세포와 피부 세포, 뇌세포 등 그 종류는 매우 다양하지요. 1,000종은 족히 넘을 것이고 수천 종에 달할지도 모릅니다. 대뇌피질을 구성하는 세포의 종류도 아직 알려지지 않았습니다."

최근 들어 코흐는 쥐의 뇌에서 발견된 피질 뉴런의 데이터베이스를 구축했다. 그는 "결과가 멋지긴 하지만 논문으로 발표하기에는 아직 부족합니다. 제 연구 결과는 누구든지 열람할 수 있고, 필요하다면 인터넷에서 내려받을 수도 있습니다"라고 했다. 라몬 이 카할의 연구가 21세기에 업데이트된 것이다. 코흐는 이런 식으로 뇌를 세분하는 것이 의식의 생성 과정을 이해하는 유일한 길이라고 믿고 있다.

요즘은 다수의 젊은 과학자들이 뇌 과학에 투신하여 의식의 기원을 연구하고 있지만, 코흐가 처음 발을 들여놓던 무렵에는 별로 인기 있는 분야가 아니었다. 당시 학계의 분위기로 미루어볼 때, 의식을 연구하는 것은 물을 찾기 위해 사하라 사막으로 들어가는 것과 비슷했다. 과연 코흐는 무슨 생각으로 그런 험난한 길을 택했을까?

코흐가 인간의 의식에 관심을 갖게 된 이유 중 하나는 '아무도 가보지 못한 미지의 영역'이기 때문이었다. 그는 "저는 기존 학자들의 생각이 틀렸다는 것을 보여주고 싶었습니다. 젊은 학자라면 누구나 한 번쯤 그런 생각을 하지 않습니까?"라고 했다. 원래 그는 모험을 좋아하는 성향이었다. 틈날 때마다 바위산 암벽에 붙어서 맨손 등반을 즐기는 것도 이런 성향과 무관하지 않았다. 그러나 코흐를 이 분야로 이끈 또 하나의 요인은 바로 '종교'였다.

"저의 궁극적인 목표는 신에 대한 저의 믿음을 정당화하는 것이었습니다. 의식을 이해하려면 과학 이외에 무언가가 더 필요하다는 것을 사람들에게 보여주고 싶었지요. 물론 쉽게 풀리지는 않았습니다. 영혼을 도입하지 않아도 의식을 설명할 수 있다는 사실을 깨달았을 때, 제 마음속에서 격렬한 분노가 솟구치더군요. 사실 따지고 보면 인간의 의식도 굳이 탄생할 이유가 없었습니다. 토노니의 정보 통합 이론 같은 특별한 체계가 있으면 의식이 없어도 존재할 수 있으니까요."

그는 초월적 존재에 대한 자신의 믿음을 재확인하기 위해 노력했지만, 지금의 성적표로는 실패를 인정할 수밖에 없다고 털어놓았다.

"지난 10년 사이에 저는 신념을 잃었습니다. 마음을 다잡으려고 무던히 노력했는데, 뜻대로 잘 안 되더군요. 그래도 신비한 우주에 살고 있다는 감성만은 아직 간직하고 있습니다. 우주의 신비함은 우리의 의식과 삶에 그대로 배어 있다고 생각합니다. 지금도 저는 매일 아침마다 '삶은 신비하고 기적으로 가득 차 있다'는 느낌을 떠올리며 하루를 시작합니다. 그 느낌을 잃어버리지 않으려고 노력하는 거죠."

그러나 코흐는 머지않아 의식의 신비한 요소가 모두 벗겨지고, 인식 계수 Φ와 토노니의 정보 통합 이론이 핵심으로 떠오를 것이라고 했다.

"사실 저는 정보 통합 이론의 광팬입니다. 인간이나 예쁜꼬마선충, 또는 컴퓨터의 뉴런 지도가 주어지면 그들이 자신을 어떻게 생각하는지 알 수 있다는 게 이 이론의 핵심이죠. 그것이 바로 인식이기도 하고요. 뿐만 아니라 주어진 시스템이 어떤 경험을 하고 있는지도 알 수 있을 겁니다. 이 이론에 따르면 시스템의 입력과 출력을 몰라도 내부의 전이 확률 행렬 transition probability matrix과 상태를 알면 시스템이 무엇을 경험하는지 원리적으로 알 수 있습니다."

코흐는 자신과 의견이 다른 사람들을 설득하는 데 총력을 기울이고 있다. 철학자와 사색가들 중에 "과학은 결코 인간의 의식을 규명할 수 없다"고 믿는 사람들이 의외로 많다. 이들은 주로 신비주의를 표방하는 학파의 일원으로, 우주에는 인간의 이해력을 넘어선 신비가 항상 존재해왔다고 주장하면서 '의식의 난제(물리적 객체가 어떻게 주관적인 경험을 겪을 수 있는가?)'를 공격 목표 1호로 삼고 있다.

미국의 철학자 오언 플래너건Owen Flanagan은 신비주의 철학자들의 관점이 지나치게 패배주의적이라며 '물음표와 신비주의자Question Mark and the Mysterians'라는 록밴드의 이름을 딴 계몽 운동을 펼쳐나가고 있다. 그는 자신의 저서에서 "새로운 신비주의는 과학만능주의의 심장에 대못을 박으려는 포스트모더니즘적 관점"이라고 주장했다. 코흐는 자신을 비난하는 신비주의 철학자들과 자주 논쟁을 벌인다. 나는 그들이 "시스템이 무언가를 경험하고 있는지 어떻게 알 수 있는가?"라고 물어올 때 코흐가 어떻게 대응하는지 궁금했다.

"그런 의문을 파헤치다 보면 결국 유아론唯我論에 도달하게 됩니다."

말은 점잖게 하고 있지만, 신비주의 철학자들을 향한 코흐의 분노가 피부로 느껴지는 것 같다. 인간의 마음을 넘어선 지식을 인정하지 않는 그들을 보고 있노라면 "이 세상에서 확신할 수 있는 유일한 사실은 내가 존재한다는 것뿐"이라는 데카르트의 사상이 떠오른다.

"그래요……. 유아론은 논리적으로 트집 잡을 곳이 없긴 합니다. 하지만 이 세상에서 오직 나만이 의식을 갖고 있고 그 외의 사람들은 의식을 가진 척 흉내만 내고 있다는 게 말이 됩니까? 믿고 안 믿고는 각자의 자유 의지지만 그럴 가능성은 거의 없다고 봅니다."

의식의 난제에 답할 수 없다고 주장하는 사람들은 무언가를 아는 것이 아예 불가능하다고 믿는 걸까? 우리도 극단적인 상황에서는 그들처럼 회의적인 세계관을 가지게 될까? 이 점에 대해 코흐는 어떻게 생각하는지 궁금했다.

"바로 그렇습니다. 하지만 그렇게 되면 매사가 아주 따분해질 겁니다. 당신은 극단적인 회의주의자가 될 수도 있지만 그런 시각으로는 모든 것이 어렵게 느껴질 뿐입니다. 사실 정보 통합 이론과 비슷한 유의 이론들은 궁극적으로 '동등 관계identity'를 주장하는 이론입니다. 의식의 경험이 고차원 특질 공간qualia space에 존재하는 여러 개의 상태들 중 하나와 같다는 거지요. 여기서 말하는 상태란 고차원 공간의 형태일 수도 있고, 배열 상태나 원형prototype일 수도 있습니다. 경험이란 바로 이런 겁니다. 여기에서 '나'라는 느낌이 생성되고, 그 느낌은 경험이 투영된 것이어서 원리적으로 예측 가능합니다……. 왜냐하면 저는 당신에게 '이봐, 마커스.

년 지금 붉은색을 보고 있거나 장미 냄새를 맡고 있어'라고 말할 수 있기 때문입니다. fMRI로 당신의 뇌를 스캔하면 장미와 관련된 뉴런이 활성화되어 있고, 색을 인지하는 뉴런도 활성화되어 있을 겁니다. 그러므로 이 모든 것은 투영된 경험입니다."

코흐는 의식에 대해 더 그럴듯한 설명을 찾고 있지만, 지금 당장은 이것이 최선이며 의식을 연구하는 취지와도 잘 들어맞는다고 했다. 예를 들어 고통이나 붉은색, 또는 행복을 느낄 때 이들과 연결된 뇌 부위를 지적하는 것으로 인식을 이해했다고 말할 수 있을까? 물론 첨단 장비를 이용하면 각 느낌에 대응되는 뇌 부위를 알아낼 수 있다. 이런 식으로 대응 관계를 규명하면 붉은색을 경험한다는 게 어떤 일인지 알 수 있을까? 그리고 이 결과를 확장하여 컴퓨터도 붉은색을 경험한다고 말할 수 있을까?

극단적 신비주의자들은 당신이 네트워크에서 느낌이 창출되는 과정을 설명하지 못했다며 싸움을 걸어올 것이다. 그러나 너무 많은 것을 요구하다 보면 유아론에 함몰되어 아무것도 알 수 없다는 회의주의의 늪에 빠지기 쉽다. 우리는 '열'이라는 느낌이 원자의 운동에 불과하다는 사실을 잘 알고 있다. 원자가 열을 낳는 과정을 설명하지 못했다고 따지는 사람은 없지 않은가? 코흐는 의식에 대해서도 이와 같은 관점을 가지고 있는 것 같다.

정보 통합 이론의 기본 아이디어는 매우 매력적이다. 그러나 나는 코흐가 fMRI(또는 그보다 진보된 장치)를 이용하여 누군가의 '경험'을 알아낼 수 있다고 생각하는지 궁금했다.

"그건 실용적인 문제입니다. 19세기의 열역학도 같은 문제에 직면했었지요. 그런 것을 계산으로 알아낼 수는 없습니다. 그러나 뉴런이 10개밖에 없는 생명체라면 완벽한 설명이 가능하지요. 우리가 분석할 수 있는 뉴런의 한계를 묻는 것은 실용적인 질문입니다. 과연 우리는 그 한계를 극복할 수 있을까요? 저도 잘 모르겠습니다. 뉴런이 많아질수록 난이도가 지수 함수적으로 높아지기 때문이죠. 별로 좋은 소식은 아니지만 의식의 실체를 밝히는 것과는 별개의 문제라고 생각합니다.”

마음 만들기

나를 나답게 만드는 요인은 무엇인가? 이 질문의 답을 구하기 위한 궁극의 테스트는 ‘의식을 가진 인공두뇌’를 직접 만드는 것이다. 스마트폰에 깔린 채팅 앱에 의식을 부여할 수 있을까? 원래 인간은 ‘의식을 가진 존재’를 만드는 데 탁월한 능력을 가지고 있다. 다양한 세포 구조와 난자, 정자가 결합하여 의식을 가진 새로운 생명체가 만들어지지 않는가? 나의 아들과 딸이 그 증거이다. 나는 우리 아이들이 의식을 가지고 있다는 사실 자체가 매우 흥미롭다.

지금 유럽연합에서는 인간의 뇌를 컴퓨터에서 시뮬레이션하는 인간 뇌 프로젝트를 진행하고 있다. 이들의 목적은 앞으로 10년 안에 슈퍼컴퓨터에 업로드할 수 있는 뇌 모델을 만드는 것인데, 총책임자인 앙리 마크람Henry Markram은 이 프로젝트가 “뇌의 힉스 보손이자 마음의 기록 보관소가 될 것”이라고 장담했고, 유럽연합은 그의 원대한 꿈에 10억 유로를 투자했다. 그런데 이 프로젝트가 성공적으로 끝난다 해도 시뮬레이션을 의식과 동일시할 수 있을까? 코흐의 의견은 부정적이다.

“앙리 마크람의 뇌 프로젝트가 성공리에 마무리되어 인간의 뇌를 완벽하게 시뮬레이션할 수 있게 되었다고 합시다. 완벽한 복제품이니 언어 능력을 관장하는 브로카 영역도 있을 것이고, 따라서 사람처럼 말도 할 수 있을 겁니다. 하지만 그 컴퓨터가 의식을 가진 개체로 존재할 수 있을까요? 이 세상에는 의식 계수 Φ의 수준이 트랜지스터 몇 개에 불과한 동물도 있지만, 그들은 자신과 뇌를 동일시하지 않을 겁니다."

토노니의 Φ가 서술하는 것은 입출력의 거동 방식이 아니라 내부 메커니즘의 인과력因果力, cause-effect power•이다. 전형적인 컴퓨터의 CPU에서는 하나의 트랜지스터와 연결될 수 있는 트랜지스터가 기껏해야 네 개에 불과하기 때문에 Φ가 작고, (코흐의 주장에 따르면) 이것은 매우 낮은 수준의 의식에 해당한다. 물론 완벽한 시뮬레이션을 구현한 컴퓨터는 자신에게 의식이 있고, 내면세계가 있다고 주장할 것이다. 그러나 코흐는 이것도 단순한 '언어 구사'일 뿐이라고 했다.

"컴퓨터를 이용하여 블랙홀의 거동을 완벽하게 시뮬레이션했다면, 스크린에는 주변 물체를 맹렬하게 잡아당기는 장관이 연출될 겁니다. 하지만 컴퓨터가 자기 주변에 있는 책상이나 의자를 진짜로 잡아당기는 건 아니지 않습니까? 시뮬레이션이 제아무리 그럴듯해도 컴퓨터 주변의 시공간은 휘어지지 않습니다. 의식의 시뮬레이션도 이와 비슷합니다. 당신은 컴퓨터로 의식을 거의 완벽하게 흉내 낼 수 있지만 컴퓨터 자신은 아무것도 경험하지 못합니다. 이것이 바로 시뮬레이션과 에뮬레이션 emulation••의 차이입니다. 의식은 실제 일어나는 물리적 현상으로 인과율에 입각하여 생성되는 것입니다."

• 인과율로 나타나는 효력이다.
•• '대리 실행'으로 다른 프로그램을 똑같이 실행하는 기술이나 또는 장치다.

의식은 네트워크의 연결 방식에 따라 달라진다. 토노니가 열 개의 뉴런으로 구축한 좀비 네트워크도 마찬가지다. 흥미로운 것은 이 네트워크의 Φ를 큰 값에서 0으로(즉, 좀비 네트워크로) 바꿀 때 적용했던 원리가 사람의 뇌에도 적용된다는 점이다. 입력과 출력이 같아도 내부에서 상태전이가 일어나는 방식에 따라 Φ는 클 수도 있고 0이 될 수도 있다. 이런 경우에 과연 의식이 있는 네트워크와 좀비 네트워크를 구별할 수 있을까?

이 사례는 의식과 관련된 질문에 답이 없다는 것을 강하게 시사한다. Φ는 뇌를 흉내 내는 컴퓨터와 진짜 사람의 뇌를 구별하는 믿을 만한 기준이다. 그런데 시뮬레이션이나 좀비 네트워크에 의식이 없다는 것을 어떻게 알 수 있을까? 컴퓨터는 "몇 번을 말해야 알겠어요? 저는 의식이 있다니까요!"라고 쉴 새 없이 외쳐대는데, Φ는 컴퓨터가 좀비라고 주장한다. 그래서 컴퓨터에게 "Φ가 그러는데, 너한테는 내면세계라는 것이 없대. 흉내 내기에 도가 튼 좀비한테 속지 말라고 그러던데?"라고 하면 컴퓨터는 "누구 말을 믿건 당신의 자유지만 어쨌거나 저는 의식이 있습니다"라고 단호하게 말할 것이다. 이것이 문제의 핵심일까? 내가 판단할 수 있는 근거는 입력과 출력뿐이다. Φ를 의식으로 정의할 수도 있지만, 복잡한 시스템에서 Φ를 계산하는 것은 과학의 능력을 벗어난 과제일지도 모른다.

의식을 다운로드하다

코흐가 Φ를 의식의 척도로 생각하는 또 하나의 이유는 의식을 가진 개체가 인간뿐만이 아니라는 범심론汎心論, panpsychism•적 믿음을 가지고 있기 때문이다. 의식이 네트워크의 정보 종합을 통해 생성된다면 아메바와 같은 단세포 생물에서 전체 우주까지, 모든 만물에 의식이 깃들어 있을 수도 있지 않을까?

"스스로 인과력을 발휘하는 모든 것은 어떤 형태로든 의식을 가지고 있습니다. 궁극적으로 의식이란 자신이 보유한 인과력으로 남들과 다른 결과를 만들어내는 능력입니다. 그러므로 단세포 생물처럼 단순한 생명체도 엄청나게 복잡한 인과력을 발휘하고 있는 셈입니다. 이들의 Φ는 작긴 하지만 0은 아닙니다. 즉, 아주 미미하나마 의식을 가지고 있다는 뜻이죠. 물론 아주 원시적인 직관 수준일 겁니다."

내가 사람들에게 "나는 알 수 없는 것을 연구하고 있다"고 말하면 대부분 "사후 세계를 연구하고 계십니까?"라고 묻는다. 사실 이것도 의식과 밀접하게 관련된 질문이다. 우리가 죽은 후에도 Φ는 살아 있을까? 사후에 의식이 살아 있다는 증거는 없지만 육체와 함께 죽는다는 증거도 없다. 어떻게 확인할 방법이 없을까? 살아 있는 사람의 의식에 접근하는 것도 어려운데, 죽은 사람의 의식을 연구하는 것은 거의 불가능에 가깝다. 그러나 뇌와 의식의 상호 관계를 고려할 때, 뇌가 죽은 후에 의식이 살아 있을 가능성은 거의 없어 보인다.

코흐도 사후에 Φ가 살아남을 가능성은 극히 낮다고 했다. 실제로 그는 이 문제를 놓고 동료들과 종종 논쟁을 벌여왔다.

"몇 년 전에 한 몇 주 인도에 머물면서 달라이 라마와 집중 토론을 나눈 적이 있어요. 토론은 과학을 주제로 매일 오전에 4시간, 오후에 4시간

• 우주만물에 정신이 깃들어 있다고 믿는 철학 사조이다.

씩 하루 8시간 동안 진행되었는데, 중간에 이틀 동안은 의식을 주제로 이야기를 나눴습니다. 불교도들은 지난 2000년 동안 명상을 통해 '내면으로 직접 들어가서' 의식 세계를 탐구해왔습니다. 이와 대조적으로 과학자들은 fMRI와 전극, 생리학을 이용하여 '외부에서' 의식을 연구해왔지요. 그런데도 우리의 관점은 기본적으로 일치했습니다. 달라이 라마는 열린 마음으로 과학을 대했고, 많은 점에서 우리의 관점에 동의했습니다. 심지어는 진화론을 논할 때도 별로 불편해하지 않더군요."

과연 모든 점에서 두 사람의 의견이 일치했을까?

"우리의 관점이 근본적으로 달랐던 부분은 윤회와 환생이었습니다. 죽은 사람이 다른 육체로 다시 태어나려면 의식과 기억이 다음 생까지 이어져야 하는데, 이 과정이 어떻게 이루어지는지 이해가 가지 않더군요. 양자 물리학에서 무언가 실마리를 찾지 못하는 한, 이해할 수 없고 증거도 찾지 못할 겁니다."

코흐가 지적한 대로, 윤회를 과학적으로 설명하려면 육체가 죽은 후에도 의식이 살아남는 메커니즘을 밝혀야 한다. 무슨 방법이 없을까? 토노니의 주장대로 의식이 뇌 정보의 패턴에 따라 달라진다면, 이론적으로 정보는 재구성될 수 있다. 물체가 블랙홀 안으로 빨려 들어갔을 때 물체에 담긴 정보는 완전히 유실될까? 이것이 바로 앞에서 말한 '블랙홀의 정보 역설'이다. 그러나 블랙홀이라는 궁극의 화장터를 피해간다면 양자적 결정론과 가역성^{可逆性} 때문에 정보는 유실되지 않는다.

성공회 사제이자 물리학자인 존 폴킹혼은 이 논리에 입각하여 "정보의 패턴은 죽음과 함께 사라지지만, 그것을 기억하는 신이 육체에 정보를 재구성하여 죽은 사람을 환생시킬 수 있다"고 주장했다. 물론 이런 논리를 펼칠 때 굳이 신을 도입할 필요는 없다. 일부 과학자들은 죽기 전에 자신의 뇌에 담긴 정보를 저장할 구체적인 방법을 모색하고 있다. 그러나 나의 의식을 스마트폰에 다운로드하여 '스마트폰'을 '나'로 만드는 것은 폴킹혼이 말한 환생이 아니라 신을 흉내 내는 애플사의 신기술에 불과하다. 코흐는 이것을 "멍청이들을 위한 황홀경"이라고 불렀다.

좀비 랜드

대답할 수 없는 질문에 직면했을 때에는 선택을 내려야 한다. 지성적인 사람은 불가지론적 입장을 취하겠지만, 이것은 답할 수 없는 질문을 확실하게 골라낸 후에나 가능한 일이다. 반면에 대립하는 두 개의 상반된 답 중에서 하나를 골라야 할 때는 질문 자체가 사람들의 삶에 적지 않은 영향을 미치곤 한다. 예를 들어 당신이 "이 세상에서 의식을 가진 존재는 오직 나밖에 없고, 그 외의 모든 사람들은 좀비다"라고 믿는다면 세상을 대하는 마음자세가 크게 달라질 것이다. 또는 뇌 과학이 극도로 발달하여 모든 기계가 의식을 갖게 된다면, 컴퓨터의 전원을 끄는 단순한 행동조차도 도덕적 문제를 야기할 것이다.

과학자들 중에는 "의식 문제를 풀려면 우주에 대한 기존의 이론에 의식과 관련되어 있으면서 시간이나 공간처럼 더는 단순화될 수 없는 새로운 요소를 추가해야 한다"고 주장하는 사람도 있다. 이들은 우리가 할 수 있는 일이 새로운 요소와 기존 요소들 사이의 관계를 규명하는 것뿐이라고 주장하는데, 내 귀에는 왠지 회피성 발언처럼 들린다. 물이 비등점에 도달하면 갑자기 끓어오르면서 기체로 변하듯이 의식은 뇌의 성능이 어떤 임계점에 도달했을 때 발생한다. 상相, phase이 갑자기 변하는 사례는 자연에서 쉽게 찾아볼 수 있다. 문제는 상이 변할 때 '새로운 기본적 실체를 도입해야 설명이 가능한' 뭔가가 창조되는가 하는 점이다. 물론 과학에는 이런 사례가 있다. 예를 들어 전자기파는 전하를 띤 입자가 가속 운동을 할 때 발생한다. 이것은 '이미 알려진 요소들이 만들어낸 새로운 현상(창발 현상)'이 아니라 그 자체가 '자연을 구성하는 기본 요소'였다.

또는 의식이 고체나 액체처럼 물질의 다른 상태와 관련되어 있을 수도 있다. 맥스 테그마크는 주관적 자의식을 느끼는 가장 일반적인 물질 상태를 '퍼셉트로늄perceptronium'으로 정의했다. 의식을 물질의 상태 변화로 설명하는 것은 의식을 창발 현상으로 간주하는 것과 일맥상통한다. 또는 힉스장Higgs field이 모든 물질에 질량을 부여하는 것처럼, 물질이 어떤 특별한 상태에 도달했을 때 의식의 장場, field이 활성화되는 것은 아닐까? 뜬구름 잡는 소리 같지만, 모호한 개념을 정립하려면 뜬구름을 잡아야 할 때도 있다.

일부 철학자들은 다음과 같이 주장한다.

"물리적 요소로는 인식과 관련된 문제에 답을 줄 수 없다. 그런데도 우리는 분명히 인식을 가지고 있으므로, 물리적 영역을 넘어선 무언가가 반드시 존재해야 한다."

그러나 마음이 물질을 움직일 수 있다면 둘 사이에 물리학이 개입되어 있다는 뜻이고, 이는 곧 의식을 과학적으로 설명할 수 있다는 뜻이기도 하다.

의식은 과학이 아닌 '언어'의 문제일 수도 있다. 이런 관점을 최초로 제안한 사람은 오스트리아 태생의 영국 철학자 루트비히 비트겐슈타인Ludwig Wittgenstein으로, 자신의 저서인 《철학적 탐구Philosophical Investigations》에서 '개인적 언어private language'에 대한 문제를 파고들었다.

아이들은 누군가가 손가락으로 탁자를 가리키며 "저게 탁자야"라고 말하는 모습을 보면서 '탁자'라는 단어의 의미를 배운다. 만일 내가 사람들이 생각하는 탁자가 아닌 엉뚱한 것을 '탁자'라고 부른다면, 원활한 의사소통을 위해 잘못 알고 있는 단어를 바로잡아야 한다. 비트겐슈타인은 '고통'이라는 단어에도 이와 같은 원리가 적용되는지 따져보았다. 고통은 지극히 주관적인 경험이어서, 다른 사람이나 외부의 사물이 느끼는 고통을 내가 직접 느낄 수는 없다. 나의 뇌를 fMRI로 스캔하면 내가 고통을 느낄 때 활성화되는 부위가 스크린에 나타난다. 그런데 담당 의사가 스크린을 가리키며 "저게 고통이다"라고 말한다면, 그것은 과연 우리가 말하는 '고통'과 같은 뜻일까?

비트겐슈타인은 감각질로 이루어진 개인적 세계를 탐구하는 것이 기본적으로 '언어의 문제'라고 믿었다. "여기에 고통이 있다"는 말의 의미를 다른 사람들과 공유할 수 있을까? 도저히 불가능하다. "내 이가 아프다"는 말은 "나는 식탁을 가지고 있다"는 말과 같은 맥락이어서, 우리는 두 문장을 같은 구조로 이해한다.• 우리는 '고통이 있는' 것과 '식탁이 있는' 것을 동일한 의미로 받아들이는 경향이 있다. 그러나 비트겐슈타인은 '고통이 있다(갖고 있다)'는 말의 '있다'는 실제로 무언가가 있다는 뜻이 전혀 아니라고 했다. 이런 식의 언어는 '일을 하는 엔진'이 아니라 '공회전하는 엔진'과 비슷하여 개념상의 혼동을 유발한다는 것이다.

예를 들어 당신이 무언가를 느껴서 "나는 이것이 고통이라고 생각한다"고 말한다면, 나는 그 말에서 잘못된 부분을 찾을 수 없다. 당신이 말하는

• 영어인 경우만 그렇다, 한국어는 1인칭 주어가 자주 생략되고 느낌을 표현할 때 '가지고 있다have'는 동사를 쓰지 않기 때문에 적절한 사례가 아니다.

‘고통’과 내가 아는 ‘고통’이 같은 의미인지 판단할 기준이 없기 때문이다. 비트겐슈타인은 “당신의 손가락에 상처를 내서 ‘이것이 고통이다’라며 당신에게 고통을 보여줄 수 있을까?”라고 묻는다. 이런 경우에 당신이 “아, 저는 고통의 의미를 알고 있습니다. 제가 모르는 것은 지금 제가 느끼는 것이 제가 아는 고통인가 하는 것입니다”라고 말한다면, 비트겐슈타인은 이렇게 대답할 것이다.

“우리는 그저 고개를 끄덕이며 당신이 한 말(단어)을 ‘이해할 수 없는 유별난 반응’으로 간주하는 수밖에 없습니다.”

모든 사람들이 머릿속에 온갖 개념이 보관되어 있는 자신만의 상자를 가지고 있다고 상상해보자. 우리 모두는 이 상자 안에 ‘딱정벌레’라는 개념을 가지고 있지만 자신의 상자만 볼 수 있을 뿐, 다른 사람의 상자를 들여다볼 수는 없다. 그러므로 상자에 든 내용물은 사람마다 다를 수 있고 한 개인의 내용물이 수시로 변할 수도 있으며, 누군가의 상자는 아예 비어 있을 수도 있다. 사람들은 검은 몸통에 누르스름한 다리를 가진 벌레를 예외 없이 딱정벌레라 부르고 있지만, 상자가 비어 있는 사람에게 ‘딱정벌레’는 무의미한 이름이다(사실 그에게는 이름이라고 할 수도 없다). 그런데도 이 단어에 의미가 있다고 할 수 있을까? 우리의 뇌는 일종의 개념 상자일까? fMRI로 다른 사람의 뇌를 스캔하여 그가 생각하는 딱정벌레가 나의 딱정벌레와 같은지 확인할 수 있을까? 첨단 장비를 이용하면 비트겐슈타인의 골치 아픈 언어 게임에서 빠져나올 수 있을까?

비트겐슈타인은 우리가 일상적인 문장이나 질문에 일일이 의미를 부여하는 이유를 파고들었다. 문법적 형태를 갖춘 문장은 의미 있는 말처럼 들리지만, 각 단어의 의미를 따져보면 무의미한 경우가 태반이다. 다수의 철학자들은 이것이 의식 문제의 핵심이라고 믿고 있다. 그들의 주장대로 이것이 과학의 문제가 아니라 어설픈 언어에서 초래된 오해라면 머지않아 사라질 것이다.

대니얼 데닛Daniel Dennett은 비트켄슈타인의 관점을 충실하게 이어받은 철학자로서, "앞으로 몇 년 안에 우리는 물리적 사물을 벗어난 영역에서 의식을 논하는 것이 무의미하다는 사실을 알게 될 것"이라고 했다. 예를 들어 마치 '의식이 있는 것처럼' 작동하는 기계나 생명체가 있다면, 그것을 '의식이 있는 존재'로 인정해야 한다는 것이다. 좀비인지 아닌지, 또는 그 존재가 무언가를 느끼는지 못 느끼는지 일일이 따질 필요는 없다. 의식 있는 인간과 의식이 없는 좀비를 구별할 방법이 없다면, 말로 아무리 설명해봐야 혼란만 야기될 뿐이다.

데닛은 자신의 관점을 정당화하기 위해 '생기론生氣論, vitalism'을 도입했다. 이 이론에 따르면 생체 안에는 '생의 약동élan vital'이라는 초자연적인 힘이 존재하여 세포로 이루어진 집합체에 생명을 불어넣는다. 당신이 나에게 자가 복제가 가능하고 고양이처럼 가르릉거리는 세포 집합체를 보여주면서 그것이 실제로 살아 있지 않다고 주장한다면, 나는 당신의 말을 쉽게 믿지 못할 것이다. 일부 과학자들은 의식에 대한 논쟁이 생기론을 놓고 벌였던 논쟁과 비슷하게 진행될 것으로 예측하고 있다. 생기론은 생명체의 재생력과 자체 조직력, 적응력에 물리계가 관여하는 방식을 설명하기 위해 탄생한 이론이다. 이 역학 관계가 규명된다면 '생의 약동'을 도입하지 않아도 생명과 관련된 문제를 해결할 수 있다. 그러나 의식을 연구하는 일부 과학자들은 "이런 방법으로는 물리적 성분으로부터 주관적 경험이 창출되는 과정을 설명할 수 없다"고 주장한다.

지난 수십 년 사이에 의료 장비가 혁명적으로 발달하면서 인간의 내면세계를 어렴풋하게나마 들여다볼 수 있게 되었다. 정신세계는 극히 개인적인 영역이지만, 정신과 바깥세상 사이에 주고받는 물리적 상호 작용은 도구를 이용하여 관측 가능하다. 과연 우리는 정신세계의 얼마나 깊은 곳까지 들어갈 수 있을까? 뇌의 활성화된 영역을 확인하면 당신이 피타고라스 정리가 아닌 제니퍼 애니스턴을 생각하고 있다는 것을 알수 있다.

그러나 활성화된 뉴런의 위치만 알면 당신이라는 존재로 사는 것이 어떤 느낌인지 알 수 있을까? 이런 정보만으로 의식을 가진 존재와 좀비를 구별할 수 있을까? 나의 내장에는 뇌의 0.1%에 해당하는 1억 개의 뉴런이 곳곳에 퍼져 있지만 의식은 없다. 아니, 혹시 내장도 나의 의식과 별개로 다른 의식을 가지고 있는 것은 아닐까? 이것이 의식과 관련된 모든 문제의 핵심이다. 혹시 위장이 나와 의사를 교환하고 있는 것은 아닐까? 붉은색을 봤을 때나 누군가와 사랑에 빠졌을 때, 나의 위장도 무언가를 느끼고 있을까? 정 궁금하다면 fMRI를 이용하여 위장과 뇌에서 동시에 활성화되는 뉴런을 찾을 수도 있다. 이것이 우리가 할 수 있는 최선일까?

현대 과학으로는 의식을 가진 존재와 좀비를 구별할 수 없다. 이것은 현대 과학이 풀어야 할 난제 중 하나이다. 이번 장의 첫머리에서 스마트폰을 대상으로 실시했던 튜링 테스트도 이 문제를 함축적으로 보여주고 있다. 시인이 되고 싶다고 한 쪽이 좀비일까? 아니면 부자가 되고 싶다는 쪽이 좀비일까? 챗봇은 "나는 생각한다. 그러므로 나는 존재한다"는 데카르트의 명언을 놓고 농담을 할 수 있을까? 미래의 어느 날, 챗봇에 데이트 기능까지 탑재된다면 누가 인간이고 누가 챗봇인지 구별할 수 있을까?

코흐는 스카이프를 통해 나와 대화를 나누던 중 "우리는 의식 있는 존재와 좀비를 영원히 구별할 수 없을 것"이라고 했다.

"인간이 모든 것을 다 설명할 정도로 똑똑하다는 보장은 없습니다. 우주 어느 곳에도 그런 법칙은 존재하지 않아요. 제가 기르는 개는 완전한 의식을 가지고 있지만 세금이 뭔지 모르고 특수 상대성 이론을 이해하지 못하며, 가장 간단한 미분 방정식도 못 풉니다. 물론 대부분의 사람들도 이런 문제는 못 풀 겁니다. 하지만 절대로 풀 수 없는 건 아니잖아요? '절대로 불가능하다'는 식으로 단정을 내릴 때는 항상 신중해야 합니다. 자칫하면 패배주의적 사고방식에 빠지기 쉬우니까요. 그렇지 않습니까? 저는 어떤 주제를 연구하다가 막다른 길에 부딪쳤을 때 '도저히 이해할 수 없다'며 두 손을 들고 포기하는 사람들을 도저히 이해할 수가 없습니다. 희망이 없다고요? 아니죠, 제가 보기에는 패배주의적 행태에 불과합니다."

'답할 수 없는 질문에 굴복하지 말라'는 경종이 내 귀에 울릴 때쯤 스카이프가 종료되면서 코흐의 얼굴이 내 머릿속에서 사라졌고, 살짝 불편한 느낌이 잔상처럼 남았다. 지금까지 나와 대화를 나눈 상대가 정말로 코흐였을까? 혹시 의식과 관련된 온갖 질문에 답하도록 정교하게 설계된 챗봇은 아니었을까?

크리스마스 폭죽

13

수數는 모든 형태와 이상理想, 신과 악령을 지배한다.

피타고라스

이 카드의 반대쪽 면에 적힌
진술은 거짓이다.

이 카드의 반대쪽 면에 적힌
진술은 참이다.

가게에서 파는 크리스마스용 크래커cracker●의 썰렁한 농담에 지친 나는

● 영국 전통의 크리스마스 파티용 선물 상자이다. 두 사람이 잡아당기면 '딱!' 하는 소리와 함께 열리면서 각종 선물과 유머가 적힌 쪽지가 튀어나온다.

이번 크리스마스에는 수학과 관련된 농담과 역설이 들어 있는 '나만의 수학 크래커'를 만들었다. 그러나 우리 가족들은 수학 농담이 다른 구식 농담보다 더 딱딱하다고 했다. 예를 들어 내가 생각해낸 농담은 이런 식이다. 전구 하나를 갈아 끼우려면 수학자 몇 명이 필요할까? 답은 0.999999…명이다. 안 웃긴다고? 하긴, 우리 가족들의 반응도 꽤나 썰렁했다. 농담을 했는데 그게 왜 웃기는지 추가 설명을 하는 심정이 어떤지는 독자들도 잘 알 것이다. 아무튼 이 농담을 듣고 웃으려면 0.999999…가 1과 정확하게 같다는 사실을 알아야 한다.

한 크래커 상자에는 뫼비우스의 띠를 넣어두었는데, 반응이 그런 대로 괜찮았다. 얇은 종이를 긴 띠 모양(허리띠 모양)으로 오려서 한 번 꼰 후 양끝을 이어 붙이면 면이 하나밖에 없는 뫼비우스의 띠가 만들어진다. 모든 종이는 면이 두 개인데 왜 하나뿐이냐고? 증명은 간단하다. 뫼비우스의 띠에서 임의의 점을 시작점으로 삼아 펜으로 선을 그려나가다 보면 띠 전체에 선이 그어진다. 도중에 펜을 뗀 적이 한 번도 없는데 선이 모든 곳을 지나갔으니 뫼비우스의 띠는 면이 하나가 분명하다. 이왕 선을 그은 김에 한 가지만 더 확인해보자. 문구용 칼로 선을 따라 잘라나가면 어떻게 될까? 평범한 띠라면 서로 분리된 두 개의 가느다란 띠가 생기겠지만, 뫼비우스의 띠는 두 개로 분리되지 않고 '두 번 꼬인 가느다란 한 개의 띠'가 된다(이 띠는 이제 뫼비우스의 띠가 아니다!).

마지막 크래커에 넣어둔 농담도 반응이 꽤 괜찮았다. "브누아 비 망델브로Benoit B. Mandelbrot의 가운데 이름 B는 무엇의 약자일까?"였는데 답은 Benoit B. Mandelbrot이다(망델브로는 1장에서 언급했던 자기닮음도형, 즉 프랙털을 발견한 수학자이다. 자기닮음도형은 일부를 아무리 확대해도 단순해지지 않고, 처음 형태가 그대로 유지되는 특징을 가지고 있다. 그래도 웃기지 않는다면 나도 할 말이 없다). 농담도 재미있지만 역설도 그 못지않다. 나는 옛날부터 수학적 역설을 유난히 좋아했는데, 이번 장의 첫머리에 제시한 양면 카드가 그 대표적 사례이다. 또 나는 어릴 적에 역설적인 단어 게임을 하도 좋아해서 《이 책의 제목은 무엇일까?What Is the Name of This Book?》라는 퍼즐 책을 거의 끼고 살다시피 했다.

역설적인 문제를 자주 접하다 보니, 자연어로 이루어진 문장이 양면 카드처럼 순환 논리에 빠져 역설적인 결과를 낳아도 별로 놀라지 않게 되었다. 문장의 의미가 확실하다고 해서 진실이 담겨 있다는 보장은 없기 때문이다.

일상적인 언어는 의미가 모호하여 오해의 소지가 많다. 내가 수학을 좋아하게 된 것도 명료한 논리에 끌렸기 때문이다. 수학은 모호함을 단 한 치도 허용하지 않는다. 그러나 앞으로 알게 되겠지만, 위대한 논리학자 쿠르트 괴델은 내가 크래커 카드에 적어 넣은 역설을 이용하여 "임의의 수학 체계에는 참이라는 것을 증명할 수 없는 명제가 반드시 존재한다"는 불완전성 정리incompleteness theorem를 증명하여 전 세계 수학자들을 공포의 도가니로 몰아넣었다.

과학 대 수학

내가 그 많은 과학 분야 중에서 굳이 수학을 택한 이유 중 하나는 모호한 지식보다 '확실한 지식'에 더 많은 가치를 두었기 때문이다. 과학 분야에서 우리가 알고 있는 지식들은 이미 실험을 통해 확인된 것들이다. 과학 이론은 반증이 가능해야 한다. 이론이 제아무리 아름답고 완벽해도 실험을 통해 반증될 가능성이 없으면 과학 이론으로서는 자격 미달이다. 지금까지 살아남은 이론들은 이런 검증 과정을 거쳐 합격 판정을 받은 것들이다. 이론(또는 모형)에 위배되는 증거가 발견되면 그 이론은 반드시 수정되어야 하며, 수정을 해도 맞을 가능성이 없으면 가차 없이 폐기된다. 그러므로 지금 통용되는 과학 이론들도 미래의 어느 날 의외의 증거가 발견되어 수정되거나 폐기될 수도 있다. 이런 상황에서 우리가 진실을 알고 있다고 장담할 수 있을까?

과거에 천문학자들은 우주가 정적이라고 하늘같이 믿었다가 모든 은하가 우리로부터 멀어져가고 있다는 사실을 알게 되었고, 이로부터 우주가 팽창하고 있다는 놀라운 결론에 도달했다. 그 후 천문학자들은 범우주적 스케일에서 작용하는 중력을 고려하여 "위로 던져진 물체의 속도가 점차 줄어들듯이 우주의 팽창 속도도 점차 느려질 것"으로 예측했으나, 알고 보니 팽창 속도는 점점 더 빨라지고 있었다. 그래서 이번에는 '암흑에너지'가 우주의 팽창을 가속시킨다는 가설을 제안했는데, 긍정적인 증거가 일부 발견되기는 했지만 언제 어떤 반대 증거가 나타나 폐기될지 아무도 알 수 없다. 이런 식으로 시행착오를 겪다 보면 어떤 증거에도 흔들리지 않는 올바른 이론에 도달하겠지만, 그것이 궁극의 이론인지는 결코 알 수 없을 것이다.

과학이 흥미로운 이유는 끊임없이 진화하고 있기 때문이다. 과학은 우리에게 항상 새로운 이야기를 들려준다. 잠시 정설로 통하다가 과학사의 뒤안길로 사라지는 이론들이 안쓰러울 지경이다. 물론 새 이론은 구식 이론의 단점을 보완한 것이므로 한층 더 세련되고 논리적이다. 과학자는 새로운 이론을 제안하여 학계의 인정을 받으면 명성이 높아지고 이런저런 상을 타면서 즐거운 비명을 지르면서도, 갑자기 새로운 이론이 튀어나와 자신의 이론을 갈아치울 수도 있다는 생각에 마음이 결코 편하지만은 않다. '건포도가 박힌 푸딩' 원자 모형과 절대적인 시간 개념, 입자가 정확한 위치와 운동량을 동시에 갖는다는 생각은 한동안 과학계의 정설로 군림하다가 새로운 이론에 자리를 내주고 과학의 장에서 영원히 사라졌다.

내가 어린 시절에 책에서 읽었던 우주론도 완전히 달라졌다. 그러나 수학 정리만은 여기에 포함되지 않는다. 한 번 참으로 증명된 수학 정리는 세월이 아무리 지나도 여전히 참으로 남는다. 피타고라스 정리는 처음 증명된 후 2,500년이 지난 지금까지 여전히 불변의 진리로 남아 있다. 변화무쌍했던 사춘기 시절, 나는 확실함으로 중무장한 수학에 특별한 매력을 느꼈고 결국 평생의 직업으로 삼게 되었다. 물론 수학이 정적인 학문이라는 뜻은 아니다. 한 번 진실로 판명된 명제는 결코 뒤집어지지 않지만, 지금도 수학자들은 새로운 지식을 끊임없이 쌓아가고 있다. 수학적 진실은 왜 다른 과학 분야의 지식과 달리 '절대 진리'로 군림할 수 있는 것일까?

비결은 간단하다. 수학적 지식은 '증명'이라는 잔인할 정도로 엄격한 과정을 통해 탄생하기 때문이다.

증명: 진리로 가는 길

고고학적 증거에 따르면 인류는 기원전 2,000년경부터 수학을 사용해왔다. 고대 바빌로니아의 점토판과 이집트의 파피루스 문서에는 복잡한 숫자 문제와 원주율 π의 값, 피라미드의 부피 계산법, 이차 방정식의 해법

등 다양한 수학이 기록되어 있다. 그러나 이런 기록들은 대부분 특별한 문제의 해법만 다루었기 때문에 비슷한 유형의 다른 문제를 풀 때에는 별 도움이 안 된다. 고대인들은 경험을 통해 수학 지식을 쌓으면서 점차 과학적인 특색을 추가해나갔다. 기존의 풀이법으로 해결할 수 없는 문제가 발견될 때마다 새로운 알고리즘을 개발하는 식이었다.

고대 그리스인들이 수학에 본격적으로 관심을 갖기 시작한 것은 기원전 5세기경부터였다. 그들은 비슷한 유형의 문제를 수천, 수만 번 반복해서 풀다가 여러 개의 문제에 공통적으로 적용되는 일반적 알고리즘에 눈을 뜨기 시작했고, 이 알고리즘이 항상 성립하는 이유를 설명하는 과정에서 '증명'의 개념이 탄생했다.

수학적 증명을 최초로 시도했던 사람은 밀레투스 출신의 탈레스Thales of Miletus였다. 그는 원의 중심을 지나는 직선(지름)이 원주와 만나는 두 점과 원주상에 놓인 임의의 점으로 이루어진 삼각형에서 지름과 마주 보는 각이 원의 크기나 점의 위치와 무관하게 항상 직각이라는 사실을 증명했다. 이것은 "대충 직각에 가깝다"거나 "백 번쯤 그려봤는데 항상 직각이었다"는 뜻이 아니라, 원과 직선의 기하학적 특성에서 유도된 결과이다.

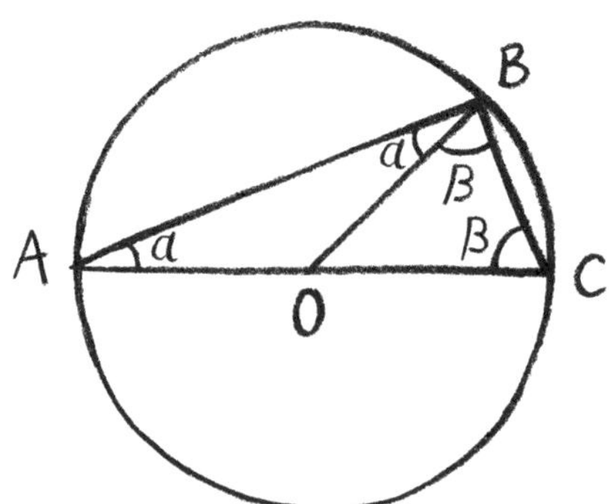

탈레스는 일련의 논리를 거쳐 원과 관련하여 눈으로 쉽게 간파할 수 없는 새로운 지식을 알아내는 데 성공했다. 증명의 핵심은 원주상의 점 B와 원의 중심 O를 직선으로 연결하는 것이다.

이로써 삼각형은 하나의 변 OB을 공유한 두 개의 삼각형으로 분리된다. 그런데 O에서 원주까지의 거리(원의 반지름)는 어느 방향으로나 같으므로 두 삼각형은 이등변삼각형이며, 따라서 마주 보는 밑각이 서로 같다(그림에는 α와 β로 표기되어 있다). 처음에 그렸던 커다란 삼각형 ABC의 각도를 모두 더하면 $2\alpha + 2\beta$인데, 삼각형의 내각의 합은 항상 $180°$이므로 $\alpha + \beta = 90°$가 된다. [증명 끝]

어린 시절, 이 증명을 처음 접했을 때 나는 전기에 감전된 듯한 충격을 받았다. 원의 지름을 한 변으로 가지면서 원에 내접하는 삼각형을 그려 보면 지름과 마주 보는 각이 대충 직각인 것을 쉽게 알 수 있다. 그러나 이 각도가 정확하게 $90°$인지 어떻게 확신할 수 있을까? 궁금한 마음으로 책장을 넘겨보니 탈레스의 증명이 그림과 함께 소개되어 있었고, 그의 논리를 차분히 따라갔더니 나도 모르는 사이에 그 각도가 직각일 수밖에 없다는 사실을 확신하게 되었다. 지금까지 세상을 살면서(별로 오래 살지는 않았지만) 다른 사람의 말에 이토록 확실하게 설득된 적이 있었던가? 나는 수학의 확실함에 정통으로 '감전되어' 한동안 입을 다물지 못했다.

탈레스는 이 정리를 증명할 때 '삼각형의 내각의 합은 $180°$이다'라는 정리를 사용했다. 이미 사실로 판명된 정리 위에 약간의 논리를 추가하여 새로운 정리를 증명한 것이다. 여기에 또다시 새로운 논리를 추가하면 새로운 정리가 증명되고……. 수학이라는 거대한 성은 이런 과정을 거쳐 구축되어왔다.

탈레스의 증명은 유클리드Euclid의 명저 《기하학 원론Element》에 수록

된 수많은 증명 중 하나이다. 《기하학 원론》은 동서고금을 통틀어 가장 위대한 수학 교과서로서, 성경 다음으로 서양에서 가장 많이 출판된 책이기도 하다. 기하학은 굳이 증명을 하지 않아도 사실이 자명한 사실들, 즉 '공리公理, axiom'에서 출발하며 《기하학 원론》의 도입부도 일련의 공리로 이루어져 있다.

증명은 아무것도 없는 맨땅에서 갑자기 탄생한 개념이 아니다. 고대 그리스인들은 새로운 스타일의 서술법을 개발하던 중 증명이라는 획기적인 논법을 탄생시켰는데, 그 기원은 아리스토텔레스와 같은 철학자들이 개발한 수사학修辭學, rhetroric*에서 찾을 수 있다. 법정이나 정치 모임, 또는 일반 강연회에서 청중들을 설득하는 논리적 화법은 강연자가 반드시 갖춰야 할 덕목이었다. 이집트와 바빌로니아의 수학은 나일강과 유프라테스강 유역에 새로운 도시를 건설하고 각종 측량을 실시하면서 자연스럽게 발전했고, 그리스 제국의 심장부에서는 정치 제도가 날로 복잡해지면서 수사학적으로 새로운 논법의 필요성이 대두되었다.

아리스토텔레스의 수사학은 '순수한 논리'와 '청중의 감정을 자극하는 요소'의 조합으로 이루어져 있으며, 수학적 증명은 이들 중 첫 번째 요소를 십분 활용한 화법이다. 그러나 증명에는 이야기적 요소(스토리텔링)도 포함되어 있다. 그래서 이 시대에 개발된 증명들은 소포클레스Sophocles나 에우리피데스Euripides와 같은 극작가의 현란한 화법을 연상시키며, 그 흔적은 아리스토텔레스와 플라톤의 철학적 대화에도 남아 있다.

증명은 독자들을 '이미 알고 있는 것'으로부터 '새로운 지식'으로 인도

---

* 청중들을 감동시키거나 설득하기 위해 화자의 감정, 사상 등을 효과적으로 표현하는 방법을 연구하는 학문이다.

하는 논리적 이야기다. 존 로널드 톨킨John Ronald R. Tolkien의 《반지의 제왕 Lord of the Rings》에 등장하는 프로도Frodo의 모험처럼, 증명은 샤이어Shire 에서 모르도르Mordor로 가는 여행길과 비슷하다. 출발점인 샤이어에는 공리와 수학 그리고 수와 관련된 자명한 지식과 이미 증명된 명제들이 사방에 널려 있으며, 여행자는 체스와 같이 특별한 규칙에 따라 정해진 길만 갈 수 있다. 우리는 이것을 '수학적 추론'이라 부른다. 도중에 막다 른 길에 도달하면 옆길로 우회하거나 왔던 길을 잠시 되돌아가서 새로운 길을 찾아야 한다. 때로는 허수虛數, imaginary number나 미적분학과 같은 새로운 수학 도구가 개발될 때까지 기다려야 할 때도 있다. 증명이란 이 모든 여정과 지도를 정리한 여행 일지에 해당한다.

여행을 통해 숫자와 기하학에 대한 새로운 진실을 알아냈다 해도, 수 학의 성전에 이름을 올리려면 몇 가지 요소가 더 필요하다. 위대한 증명 이 되려면 사람들에게 놀라움과 환희, 감동을 줘야 한다. 간단히 말해서 위험하면서도 드라마틱한 요소가 있어야 한다는 뜻이다. 어법에 맞게 단 어를 나열한다고 해서 문학 작품이 될 수 없고 음을 화성법에 맞게 나열 한다고 해서 명곡이 될 수 없는 것처럼, 수에 대한 진실을 모아놓았다고 해서 수학이 되는 것은 아니다. 수학에는 판단과 선택의 미학이 배어 있 어야 한다. 수학적 증명과 스토리텔링이 같은 시기에 비약적으로 발전 한 것도 이런 이유 때문일 것이다. 아리스토텔레스의 페이소스pathos*는 로고스logos** 못지않게 증명의 발전에 중요한 영향을 미쳤다.

• 연민을 자아내는 감정이다.
•• 사물의 존재를 한정하는 보편적 법칙이다.

초기의 기하학적 증명은 대부분 추론에 근거하고 있지만, 고대 그리스인들은 무언가가 불가능하다는 것을 증명할 때 새로운 논리를 사용했다. "2의 제곱근은 분수로 표현될 수 없다"는 명제가 그 대표적 사례이다.

이 명제의 증명은 "모든 길이는 분수로 표현 가능하다"는 가정에서 출발하여 "짝수는 홀수이다"라는 명백하게 틀린 결론으로 마무리된다. 이는 곧 2의 제곱근을 포함한 모든 길이가 분수로 표현된다는 가정이 틀렸다는 것을 의미하며, 따라서 2의 제곱근은 분수로 표현될 수 없다(자세한 증명 과정이 궁금한 독자들은 상자글을 읽어보기 바란다).

2의 제곱근을 처음 접하는 사람들을 위해 한마디 하자면, 세계 최고의 수학자조차도 이 수의 정확한 값을 모르고 있는 사실이다. 수를 안다는 것은 이미 알고 있는 숫자를 이용하여 정확한 값을 표기할 수 있다는 뜻인데, 2의 제곱근은 이런 식의 표기가 불가능하다.

이 증명이 완성된 후로 수학에는 '무리수'라는 새로운 수가 도입되었다. 그전까지만 해도 수학자(또는 철학자)들은 $x^2=2$라는 방정식에 해가 없다고 생각했다. 이미 알려진 수(유리수) 중에는 이 방정식을 만족하는 수가 존재하지 않았기 때문이다. 분수로 표현할 수 없는 수, 즉 무리수는 그 후로도 기나긴 세월 동안 유별난 수로 취급되다가 19세기에 와서야 비로소 산술적 체계를 갖추게 되었다. 그러나 우리는 무리수의 존재를 느낄 수 있고 눈으로 직접 볼 수도 있다. 직각을 낀 두 변의 길이가 정수인 등변직각삼각형에서 직각과 마주 보는 변의 길이는 삼각형의 크기와 상관없이 항상 무리수이다. 수학자들은 기존의 수 체계에 새로운 수를 계속 추가해나가면서 해가 없을 것 같은 방정식의 해를 찾아왔다.

"2의 제곱근은 무리수이다"의 증명

직각을 낀 두 변의 길이가 1인 직각삼각형의 대각선 길이를 L이라 하자. 여기에 피타고라스의 정리를 적용하면 $L^2=2$이므로, L은 '자기 자신을 두 번 곱했을 때 2가 되는 수'이다. 과연 이 수를 우리가 알고 있는 유리수(분수)로 표기할 수 있을까?

일단 L이 유리수라고 가정하고 $L=p/q$로 표기하자. 여기서 p와 q 중 하나는 홀수라고 가정할 수 있다. 둘 다 짝수면 약분하여 둘 중 하나를 홀수로 만들 수 있기 때문이다.

$L^2=2$이므로 $p^2/q^2=2$이고, 양변에 q^2을 곱하면 $p^2=2\times q^2$이 된다.

여기서 p는 짝수일까, 홀수일까? p^2이 짝수이므로 p는 짝수여야 한다. 홀수의 제곱은 항상 홀수이기 때문이다. 따라서 $p=2\times n$으로 쓸 수 있고, p는 짝수이므로 q는 홀수이다. 그런데……

$2\times q^2=p^2=(2\times n)^2=2\times2\times n^2$이므로 양변을 2로 나누면

$q^2=2\times n^2$이 되어, q^2은 짝수이다. 앞에서 q가 홀수라고 가정했으므로 q^2도 홀수여야 한다. 그런데 위의 식에 따르면 q^2은 짝수이다. 따라서 L이 분수(유리수)로 표현된다고 가정하면 '짝수=홀수'라는 모순에 봉착하게 되고, 이는 곧 처음에 세웠던 가정이 틀렸다는 것을 의미한다. 그러므로 L은 유리수가 아니다. [증명 끝]

단 몇 줄에 불과한 논리를 거쳐 "2의 제곱근을 표기하려면 숫자를 무한히 길게 써 내려가야 한다"는 것을 증명하지 않았는가? 그래서 나는 이것이 수학 역사상 가장 놀라운 증명이라고 생각한다.

제곱근을 도입하면 모든 방정식의 해를 구할 수 있을까? $x+3=1$이라는 방정식을 예로 들어보자. 좌변의 3을 우변으로 이항하면 $x=-2$라는 것을 쉽게 알 수 있다. 그러나 음수의 개념을 몰랐던 고대 그리스인들은 이 방정식의 해가 없다고 생각했다. 정수 방정식의 체계를 세웠던 디오판토스Diophantus조차 이것을 "불합리한 방정식"이라며 거들떠보지도 않았다. 그에게 숫자란 지극히 현실적인 개념이어서, 모든 숫자에는 거기에 대응되는 기하학적 실체(길이, 면적, 부피)가 존재해야 했다. 그런데 x라는 길이에 3단위를 더했는데 1단위가 되는 경우는 없으므로, 방정식의 해가 존재하지 않는다고 생각한 것이다.

그러나 위와 같은 방정식을 쉽게 포기하지 않은 문화권도 있었다. 예를 들어 고대 중국인들은 수를 이용하여 돈을 헤아리다가 누군가에게 빚을 진 상태에서 '내 지갑에 엽전 세 개를 추가했을 때 총액이 엽전 하나인 경우'가 존재할 수도 있다는 것을 간파했다. 친구에게 엽전 두 개를 빚지고 있다면 새로 들어온 엽전 세 개 중 두 개는 빚을 갚는 데 써야 하므로, 들어온 양보다 남은 양이 작을 수밖에 없다. 기원전 200년경에 중국의 수학자들은 장부를 기록할 때 빚(또는 지출)에 해당하는 숫자를 붉은색으로 기입하고 수입에 해당하는 숫자를 검은색으로 기입했다. 그래서 지금도 이윤이 남은 경우를 흑자黑字, 그 반대의 경우를 적자赤字라고 한다.

서기 7세기경, 인도인들은 음수 이론을 체계화하여 일상생활에 응용하기 시작했다. 이 시기에 브라흐마굽타Brahmagupta는 음수의 중요한 특징 몇 가지를 유추해냈는데, 그중에는 "빚에 빚을 곱하면 재산이 된다", 또는 "음수에 음수를 곱하면 양수가 된다"는 내용도 포함되어 있었다(이것은 법칙이 아니라 대수학의 기본 공리로부터 유도된 결과이다. 관심 있는 독자들은 직접 증명해보는 것도 좋은 경험이 될 것이다). 음수는 여러 가지 면에서 매우 유용한 수가 분명하지만, 유럽에 도입될 때까지는 무려 700년을 기다려야 했다. 심지어 13세기에 플로렌스에서는 음수의 사용이 법으로 금지되어 있었다.

자연수와 정수, 분수(이들을 합해서 유리수라 한다), 무리수 외에 또 다른 수도 있다. 예를 들어 $x^2 = -1$의 해는 방금 열거한 수 목록에 존재하지 않는다. 언뜻 보면 이 방정식의 해는 아예 존재하지 않을 것 같다. 양수이건 음수이건, 자신을 제곱하면 항상 양수가 되기 때문이다. 르네상스 시대의 수학자들은 위와 같은 방정식의 해를 구하는 것이 원리적으로 불가능하다고 생각했다. 그러나 이탈리아의 수학자 라파엘 봄벨리Rafael Bombelli는 "자기 자신을 제곱하면 −1이 되는 수가 존재한다"는 가정하에 기존의 수학자들이 풀 수 없었던 방정식의 해를 차례로 구해나갔다.[•] 흥미로운 것은 방정식을 푸는 중간 단계에 허수가 잠시 등장했다가, 우리에게 친숙한 실수해만 남기고 사라지는 경우가 종종 있다는 점이다.

봄벨리가 도입한 허수는 마치 수학의 연금술처럼 풀이가 불가능할 것 같은 방정식에서 답을 찾아냈지만, 대부분의 수학자들은 허수를 정식 수 체계로 받아들이지 않았다. '허수'라는 이름을 처음 도입한 사람은 데카르트였는데, 사실 여기에는 '상상 속에서나 존재한다'는 부정적 의미가 담겨 있었다. 그러나 시간이 흐를수록 허수의 위력은 진가를 발휘했고, 수학자들은 허수를 수 체계에 포함시켜도 모순이 일어나지 않는다는 사실을 깨닫게 되었다. 그 후 허수는 그래프를 통하여 그 존재가 더욱 구체화되었으며, 19세기가 시작될 무렵에는 정식 수 체계로 자리 잡게 된다.

일상적인 수(수학자들은 이것을 '실수real number'라 부른다)는 가로 방향으

[•] 이 수를 '허수'라 하며 i로 표기한다.

로 뻗은 수직선數直線 위에 표현할 수 있다. 여기에 허수 단위 i(자기 자신을 제곱했을 때 −1이 되는 수)를 세로축에 표현하면 2차원 복소평면complex plane이 만들어진다. 복소평면 위의 임의의 점은 실수와 허수의 조합으로 이루어진 하나의 복소수complex number에 해당하며, 이들은 기존의 기하학과 대수학의 법칙을 모두 만족한다.

수의 세계에는 아직 발견되지 않은 수 체계가 남아 있을까? 잘하면 만들 수 있을 것 같다. 예를 들어 $x^4 = -1$의 해는 무엇일까?

이 방정식의 해를 구하려면 새로운 수를 도입해야 할 것 같지만 19세기에 개발된 대수학의 기본 정리에 따르면 $x^4 = -1$의 해는 실수와 허수의 조합, 즉 복소수로 표현된다. 예를 들어

$$x = \frac{1}{\sqrt{2}} + \frac{1}{\sqrt{2}} i$$

를 네 번 곱하면 −1이 된다는 것을 어렵지 않게 확인할 수 있다. 방정식의 해를 구하기 위해 복소수 이외의 수를 새로 도입할 필요가 없다는 뜻이다.

불가능의 증명

2의 제곱근이 무리수라는 고대 그리스의 증명은 무언가가 불가능하다는 것을 증명한 최초의 사례였다. 이 증명에 따르면 2의 제곱근은 유리수로 표현될 수 없다. 불가능을 증명한 또 다른 사례로는 원적문제squaring the circle를 들 수 있다. 지금도 원적문제는 일상적인 대화에서 '불가능한 일'

을 뜻하는 대명사처럼 통용된다. 고대 그리스인들은 자와 컴퍼스만으로 (즉, 길이와 각도를 재지 않고) 정삼각형과 정오각형, 정육각형 등 다양한 도형의 작도법을 개발했고, 원적문제도 그중 하나였다.

원적문제란 자와 컴퍼스만 사용하여 주어진 원과 면적이 동일한 정사각형을 작도하는 문제이다. 고대 그리스의 수학자들은 이 문제를 풀기 위해 상상할 수 있는 모든 방법을 동원했지만 아무도 성공하지 못했다. '델로스섬island of Delos의 신탁'도 해결 불가능한 문제 중 하나로 기록되어 있다. 아폴로신의 고향으로 알려진 이 섬에 전염병이 창궐했을 때, 거주민들이 무녀를 찾아가 해결책을 물었더니 "아폴로신을 모셔놓은 성전의 제단을 지금보다 두 배 크게 지으라"고 대답했다. 그런데 제단은 정육면체였기에 무녀가 말한 '두 배'는 부피를 두 배로 늘리라는 뜻이었고, 사람들은 한 변의 길이를 몇 배로 늘려야 부피가 두 배로 커지는지 알 길이 없었다. 훗날 플라톤은 이 문제를 "자와 컴퍼스로 주어진 정육면체보다 두 배 큰 정육면체를 작도하는 문제"로 해석했다.

정육면체의 부피가 두 배로 커지려면 모든 변의 길이가 2의 세제곱근 ($\sqrt[3]{2}$, 또는 $2^{1/3}$) 배만큼 길어져야 한다. 따라서 이 문제는 길이가 $\sqrt[3]{2}$ 인 직선을 작도하는 문제와 같다. 그런데 길이가 $\sqrt{2}$ 인 직선은 쉽게 작도할 수 있지만(직각이등변삼각형을 그리면 된다) $\sqrt[3]{2}$ 는 도저히 그릴 수가 없었기에 델로스섬의 주민들은 수많은 시행착오를 겪다가 결국 포기하고 말았다. 혹시 그 무녀는 사람들이 제단 만드는 일에 몰두하여 눈앞에 닥친 시련을 잠시나마 잊을 수 있도록 이런 난제를 던진 것은 아닐까?

정육면체의 부피를 두 배로 늘이는 문제와 원적문제, 일반각을 3등분하는 문제는 모두 '풀 수 없는 문제'에 속한다. 그러나 이 문제들이 해결 불가능하다는 것은 19세기에 와서야 증명되었으며, 증명을 완성한 일등 공신은 대칭을 서술하는 핵심 개념인 '군론群論, group theory'이었다. 자와 컴퍼스만으로 작도할 수 있는 길이는 특정한 형태의 대수 방정식을 만족하는 수(길이)들뿐이다.

원적문제는 길이가 1인 직선에서 출발하여 자와 컴퍼스만으로 길이가 $\sqrt{\pi}$ 인 직선을 작도하는 문제로 귀결된다. 그러나 원주율 π는 무리수일 뿐만 아니라, 이 값을 해로 갖는 대수 방정식이 존재하지 않는다는 사실이 1882년에 증명되었다(이런 수를 초월수transcendental number라 한다). 간단히 말해서 원적문제는 절대로 풀 수 없다는 뜻이다.

수학자들은 무언가가 불가능하다는 것을 증명하는 데 탁월한 능력을 발휘해왔다. 이 분야에서 가장 유명한 정리는 프랑스의 아마추어 수학자 피에르 드 페르마가 제안했던 '페르마의 마지막 정리'일 것이다. 이 정리에 따르면 n이 3 이상의 정수일 때($n \geq 3$), 방정식 $x^n + x^n = z^n$을 만족하는 정수해 x, y, z는 존재하지 않는다. $n = 2$인 경우는 직각삼각형의 세 변이 만족하는 피타고라스 방정식이 되어, $3^2 + 4^2 = 5^2$이나 $5^2 + 12^2 = 13^2$ 등 무수히 많은 정수해가 존재한다. 고대 그리스의 수학자들은 피타고라스 방정식의 해를 구하는 공식까지 개발했다. 그러나 일반적으로 해를 구하는 것보다 '해의 부재'를 증명하는 것이 훨씬 어렵다.

페르마는 자신이 소장하고 있던 디오판토스Diophantus의 저서 《산술 Arithmetica》의 여백에 "나는 경이로운 방법으로 이 정리를 증명했으나, 책의 여백이 너무 좁아서 여기 적을 수가 없다"라고 적어놓았다. 그 후로 페르마의 정리는 내로라하는 수학자들의 자존심을 사정없이 구기면서 근 350년 동안 수학 최대의 난제로 군림해오다가, 옥스퍼드대학교의 수학자 앤드류 와일즈Andrew Wiles가 기어이 증명해냈다. 와일즈의 증명은 100페이지가 넘을 정도로 내용이 방대하고 관련 정리까지 모두 합하면 수천 페이지에 달한다. 이 정도면 책의 여백 정도가 아니라 아예 책을 한 권 써야 할 판이다.

와일즈의 증명은 그야말로 '수학의 역작'이라 할 만하다. 나는 이 정리가 증명된 시대에 산다는 것만으로도 커다란 행운이라고 생각한다.

와일즈의 증명이 완성되기 전에는 수학을 잘 모르는 사람들조차 "페르마 방정식의 정수해를 하나만 찾으면 페르마의 마지막 정리를 반증하여 수학사에 이름을 남길 수 있다"는 생각에 온갖 희한한(x, y, z) 조합을 제안하곤 했다. 와일즈가 증명을 발표하던 무렵, 수학계에 나돌던 괴담 하나가 생각난다. "하버드대학교의 정수론 학자 노엄 엘키스Noam Elkies가 페르마 방정식을 만족하는 정수해가 존재한다는 것을 비해석적 방법으로 증명했다"는 내용의 이메일이 수학자들 사이에 퍼져나간 것이다. 사실 이것은 캐나다 출신의 수학자 헨리 데이먼Henry Damon이 만우절 날 장난삼아 지어낸 이야기였는데, 메일이 며칠 동안 무작위로 배포되면서 한동안 수학계에 엄청난 혼란을 야기했다.•

만우절 농담이었건 어쨌건 간에, 수학자들은 페르마의 마지막 정리가 참인지 거짓인지 모르는 채로 무려 350년 동안 애간장을 태워왔다. 그러나 와일즈의 증명이 완성되면서 페르마 방정식에 해가 존재하지 않는다는 것이 확실해졌고, 그 이후 괴담은 등장하지 않았다.

• 당시는 와일즈의 증명이 발표되었다가 오류가 발견되면서 전 세계 수학자들의 관심이 페르마의 마지막 정리에 쏠린 상태였다.

지금 우리는 수학의 유명한 난제들이 하나둘씩 풀리고 있는 황금기에 살고 있다. 앤드류 와일즈는 1994년에 페르마의 마지막 정리가 참이라는 사실을 증명했고, 2003년에는 또 하나의 수학적 난제였던 푸앵카레의 추측을 러시아의 수학자 그레고리 페렐만Gregory Perelman이 증명했다.[•] 그러나 아직 증명되지 않은 추론도 많다. 리만 가설Riemann hypothesis과 쌍둥이 소수 추측twin prime conjecture, 버치–스위너톤–다이어 추측Birch-Swinnerton-Dyer conjecture, 골드바흐의 추측Goldbach's conjecture은 아직 미해결 문제로 남아 있다.

나는 지난 20년 동안 PORC 추측과 씨름을 벌여왔다. 지금으로부터 약 50년 전에 수학자 그레이엄 히그먼Graham Higman이 제안한 추론에 따르면 대칭의 수가 주어진 대칭군의 수는 깔끔한 다항 방정식으로 표현된다(PORC의 'P'는 다항식을 뜻하는 polynomial의 약자이다). 예를 들어 p가 소수일 때 대칭이 p^6개인 대칭군의 수는 $p^2+39p+c$이다(c는 p를 60으로 나눈 나머지에 따라 달라지는 상수이다).

지금 나는 이 추측이 틀렸을지도 모른다는 강한 심증을 가지고 있다. p^9개의 대칭을 보유한 대칭체들의 거동 방식이 히그먼의 예측과 완전히 다르게 나타났기 때문이다. 그러나 내가 아직 고려하지 않은 다른 대칭

[•] 페렐만은 상을 거부하는 사람으로 유명하다. 1991년에는 상트페테르부르크수학회에서 주는 상을 거부했고 1996년에는 유럽수학회의 상을 거부했으며, 2010년에는 푸앵카레 추측에 걸려 있던 상금 100만 달러를 거부했다. 2006년에는 수학의 노벨상으로 불리는 필즈상 수상자로 선정되었으나 시상식에 참석하지 않았고, 2011년에는 러시아 아카데미 정회원 추대를 거부했다. 현재 그는 상트페테르부르크의 서민아파트에서 어머니와 함께 연금으로 근근이 살아가고 있다.

체들이 이 효과를 상쇄시킬 수도 있기 때문에 아직은 틀렸다고 단정하기 어렵다. 앞으로 어떤 결론이 내려질지 알 수 없지만 안타깝게도 히그먼은 결과를 확인하지 못한 채 세상을 떠났다. 그리고 나는 살아 있는 동안 어떤 쪽으로든 결론을 내리기 위해 최선을 다하고 있다.

연구에 몰입하다가 막다른 길에 도달하면 가끔 의심스러울 때가 있다. 혹시 내 뇌의 용량이 문제를 해결하기에 부족한 것은 아닐까? 뉴런의 수가 부족하여 정보를 충분히 활용하지 못하고 있는 것은 아닐까? 사실 수학을 적절히 활용하면 860억 개의 뉴런과 100조 개의 시냅스로 이루어진 인간의 뇌로 풀 수 없는 수학 문제가 존재한다는 것을 증명할 수도 있다.

수학은 무한하다. 세월이 아무리 흘러도 수학은 결코 끝나지 않을 것이다. 체스의 경우, 가능한 게임의 수는 $10^{10^{50}}$가지이다. 엄청나게 큰 수지만 발생할 수 있는 게임의 종류는 유한하다. 그러나 수학에서 증명 가능한 명제의 수는 무한히 많다. 체스는 상대방의 말을 모두 취하면 게임이 끝나지만 수학은 게임을 끝내는 규칙이 없다. 다시 말해서, 860억 개의 뉴런이 최대한 빠른 시간 안에 동시에 활성화된다 해도 평생 동안 처리할 수 있는 논리의 단계 수가 유한하다는 뜻이다. 그러므로 내가 아무리 노력해도 평생 동안 알아낼 수 있는 수학적 지식은 유한하다. 그런데 PORC 추측을 증명하는 데 필요한 논리의 단계가 평생 처리할 수 있는 논리의 단계보다 많다면, 아무리 애를 써도 목적지에 도달하지 못할 것이다.

우주 전체를 거대한 컴퓨터에 담는다 해도 우리가 알아낼 수 있는 지식에는 한계가 있다. MIT의 물리학자 세스 로이드Seth Lloyd는 《우주의 계산 능력Computational Capacity of the Universe》이라는 논문에서 "우주는

10^{90}비트짜리 컴퓨터이며, 빅뱅 후 지금까지 수행한 연산 횟수는 10^{120}회를 넘지 않는다"고 주장했다. 그의 말이 옳다면 임의의 시간에 우주는 수학의 '유한한 일부'밖에 알 수 없다. 우주가 계산을 한다니 다소 생소하게 들리겠지만 모든 역학적 진화 과정은 수학적 연산으로 환산할 수 있다. 지난 138억 년 동안 우주가 수행해온 연산은 엄청나게 많지만 무한대는 아니다. 즉, 임의의 시간에 관측 가능한 우주만으로는 결코 알 수 없는 지식이 반드시 존재한다는 뜻이다.

그러나 수학에는 이보다 더욱 심오한 미지가 존재한다. 용량이 무한히 크고 연산 속도까지 무한히 빠른 컴퓨터가 주어진다 해도 '알 수 없는 것'은 여전히 남아 있다. 무한대의 성능을 보유한 컴퓨터조차도 PROC 추측의 참-거짓 여부를 판단하지 못할 수도 있다는 무시무시한 정리가 20세기에 발견되었기 때문이다. 이번 장의 서두에서 언급한 쿠르트 괴델의 불완전성 정리가 바로 그것이다. PROC의 추측은 참일 수도 있지만, 수학의 공리 체계 안에서 증명될 수 없을지도 모른다. 괴델의 정리에 따르면 임의의 공리 체계에는 수학적으로 참이면서 증명될 수 없는 명제가 반드시 존재한다. 이런 명제는 지식의 한계를 넘어서 있다.

대학생 시절, 이 정리는 나에게 커다란 영향을 미쳤다. 나는 인간의 뇌나 우주의 뇌에 물리적 한계가 있다 해도 PORC 추측이나 리만 가설의 참-거짓 여부를 명확하게 밝혀주는 증명이 어딘가에 반드시 존재한다고 믿었으며, 이 믿음은 지금까지 그대로 유지되고 있다. 내가 존경하는 수학자 중 한 사람인 헝가리의 파울 르도슈Paul Erdös는 수학적 증명을 논할 때마다 '신의 책The Book'을 언급하곤 했다. 그는 신이 모든 수학 정리의 가장 우아한 증명을 보관하고 있으며, 수학자들이 하는 일이란 신의 책에 수록된 증명을 하나씩 찾아내는 것이라고 굳게 믿었다. 내가 대학생이던 1985년, 그는 강의 시간에 "수학자가 반드시 신을 믿을 필요는 없지만 신의 책은 믿어야 한다"고 주장했다. 신을 믿지 않았던 르도슈는 헝가리 여권에 양말을 끼워 넣고 다니면서 자신이 '최고의 파시스트'라고 강조하곤 했다. 나는 대부분의 수학자들이 신의 책의 존재를 믿는다고 생각한다. 그러나 내가 대학교에서 수학 논리 시간에 배운 바에 따르면 신의 책에는 중요한 페이지가 누락되어 있으며, 그 부분은 최고의 파시스트도 알 수 없는 내용이었다.

평행 우주

"수학의 전당에는 증명될 수 없는 서술이 존재한다"는 불완전성 정리의 기원은 유클리드까지 거슬러 올라간다. 그 옛날 유클리드가 제시한 공리 중에는 공리가 아닌 것이 하나 있다.

모든 수학적 논리는 '공리'에서 출발한다. 일반적으로 공리란 증명이 필요 없는 자명한 진리를 의미한다. 예를 들어 숫자 두 개의 합은 더하는 순서와 무관하다. 즉, 36 + 43은 43 + 36과 같다. 왜 그럴까? 아주 큰 수를 더할 때에도 이런 규칙이 여전히 적용될까? 수학이 하는 일이란 논리적 추론을 통해 이 규칙을 따르는 수의 범위를 알아내는 것이다. 우주에 존재하는 객체들 중 희한한 방식으로 더해지는 것이 있다면, 교환 법칙이라는 공리 위에 쌓아올린 수학 체계가 물리적 숫자에 적용되지 않는다는 것을 인정하고 새로운 공리에 기초하여 새로운 수 이론(정수론)을 개발해야 한다.

유클리드가 기하학 체계를 세울 때 사용한 대부분의 공리는 너무나 자명하여 증명할 필요가 없지만, 단 하나만은 다른 공리를 통해 증명할 수 있을 것 같았다.

바로 '평행선 공준parallel postulate'[•]으로 내용은 다음과 같다.

"하나의 직선과 그 직선 바깥에 하나의 점이 주어졌을 때, 이 점을 지나면서 원래의 직선과 만나지 않는 (평행한) 직선이 단 하나 존재한다."

평평한 종이에 직접 그려보면 이 공준이 참이라는 사실을 쉽게 확인할 수 있다. 유클리드는 삼각형의 내각의 합이 180°라는 것을 증명할 때 이 공준을 사용했다. 평행선 공준이 성립하는 임의의 기하학 체계에서 삼각형의 내각의 합은 항상 180°이다. 그러나 19세기 말에 평행선이 존재하지 않는 (또는 여러 개 존재하는) 기하학 체계가 발견되면서, 수학자들은 지난 2000여 년 동안 하늘처럼 떠받들어왔던 유클리드 기하학이 여러 종류의 기하학 중 하나라는 사실을 알게 되었다.

한 가지 예를 들어보자. 구면 위에서 두 점을 연결하는 최단 거리는 직선이 아니다. 구면 자체가 휘어져 있기 때문에, 이런 곳에서는 유클리드의 정의에 부합되는 직선이 아예 존재하지 않는다. 비행기를 타고 대서양을 건너본 사람은 알겠지만, 지표면에서 두 지점을 잇는 가장 짧은 경로는 평면 지도에 그린 직선과 일치하지 않는다. 구면 위의 최단 거리는 두 점을 지나면서 구를 정확하게 이등분하는 측지선geodesic이기 때문이다. 만일 두 지점 중 하나가 북극이나 남극이라면, 최단 거리는 경도선 중 하나와 일치한다. 구면 기하학spherical geometry의 모든 직선은 표면을 따라 이동한 경도선의 일부이며, 이들을 '대원大圓, great circle'이라 부르기도 한다. 그런데 임의의 대원과 그 위에 있지 않은 점을 지나는 다른 대원은

● 기하학적 공리를 공준이라 한다.

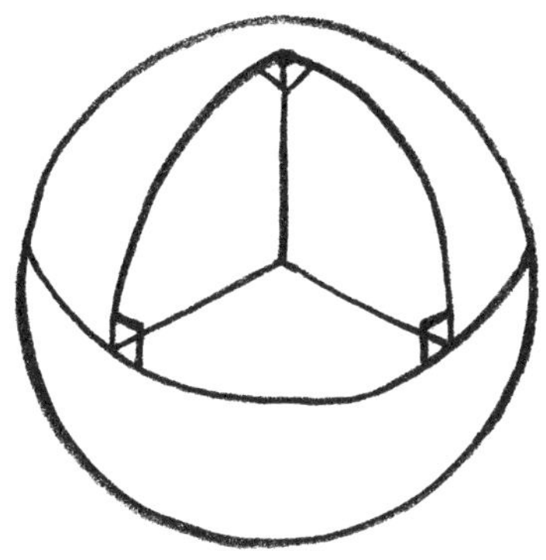

구면 위에 그린 삼각형은 내각의 합이 180°보다 크다.

어디선가 반드시 만날 수밖에 없다. 이것은 직선 위에 있지 않은 점을 지나면서 원래의 직선과 만나지 않는 직선(평행선)을 그릴 수 있다는 유클리드 기하학(평면 기하학)과 완전히 다른 결과이다. 간단히 말해서 구면 기하학에는 평행선이라는 개념이 아예 존재하지 않는다.

그러므로 평행선 공준으로부터 증명된 모든 정리는 구면 기하학에 적용되지 않는다. 삼각형의 내각의 합이 180°라는 정리를 예로 들어보자. 평행선 공준이 성립하는 기하학 체계에서는 이 정리가 성립하지만, 구면 기하학에서는 천만의 말씀이다. 실제로 구면 위에 그린 임의의 삼각형은 내각의 합이 180°보다 크다. 북극점과 적도 위에 있는 두 점으로 이루어진 삼각형의 경우, 적도와 이루는 두 각이 모두 90°이므로 나머지 각도가 얼마이건 무조건 180°보다 클 수밖에 없다(위 그림 참조).

한 점을 지나면서 하나의 선에 평행한 직선이 무수히 많을 수도 있다. 이런 기하학 체계를 쌍곡 기하학hyperbolic geometry이라 하며, 이 경우 삼각형의 내각의 합은 180°보다 작다.● 그렇다고 해서 유클리드 기하학이 틀렸다는 뜻은 아니다. 새로운 수학적 사실이 발견되면 수학 전체가 더욱 풍성해질 뿐, 기존의 수학에 해를 입히는 경우는 거의 없다. 19세기 초에 새로운 기하학이 등장했을 때 극도의 혼란을 겪은 일부 수학자들은 유클리드의 평행선 공준을 만족하지 않는 기하학 체계에 자체모순이 존재할 것으로 예측했지만, 후속 연구가 이루어지면서 새로운 기하학에 내재된 모순은 유클리드 기하학에도 존재하는 것으로 확인되었다.

유클리드 기하학을 의심하는 것은 이단적 행동이다. 유클리드 기하학은 지난 2000여 년 동안 수많은 테스트를 거치면서 단 한 차례의 모순도 낳지 않았다. 그런데…… 왠지 과학자들이 자주 하는 말 같지 않은가? "긴 시간 동안 문제를 일으킨 적이 한 번도 없으므로 믿어도 된다"는 식의 논리가 물리학이나 화학 실험실에서는 통할지 몰라도, 수학에서는 결코 허용되지 않는다. 모순이 없다는 것을 정 확인하고 싶다면 수학적 논리로 증명해야 한다.

이 절의 제목은 무엇인가?

19세기 말, 집합론에서 해결 불가능한 역설적 결과가 나오자, 수학자들 사이에서는 '모순 없는 수학 체계'를 구축하는 일이 최고의 현안으로 떠올랐다. 이 역설과 관련하여 여러 권의 저서를 집필한 영국의 철학자 버트런드 러셀Bertrand Russell은 자기 자신을 원소로 갖지 않는 모든 집합으로 이루어진 집합 S를 상정한 후, "S는 자기 자신을 원소로 갖는가?"라는 질문을 떠올렸다. S가 자신의 원소이면 원래의 정의(자기 자신을 원소로

• 말안장처럼 움푹 들어간 곡면이 여기에 속한다.

갖지 않는다는 조건)에 위배되므로 S는 자신을 원소로 갖지 않는다. 그런데 S가 자신을 원소로 갖지 않으면 원래 집합의 조건을 만족하므로 S에 포함되어야 한다. 오 마이 갓! 어찌 이런 일이…… 이토록 심각한 모순을 야기하는 집합론을 과연 믿을 수 있을까? 위기에 처한 수학자들은 공리에 입각하여 집합론을 처음부터 새로 구축해야 했다.

러셀의 역설을 일상적인 경우에 적용해보자. 한 이발사가 조그만 섬으로 이사하여 새 이발소를 개업하면서 한 가지 영업 지침을 세웠다. "스스로 면도를 하지 않는 사람만 면도를 해준다"는 지침이었다. 그렇다면 이발사는 자기 수염을 깎을 수 있을까? 만일 그가 스스로 면도를 한다면 '스스로 면도를 하지 않는 사람'이 아니므로 면도를 하면 안 된다. 그러나 면도를 하지 않으면 '스스로 면도를 하지 않는 사람'에 속하므로 면도를 해(줘)야 한다. 또 한 번 오 마이 갓이다! 이 경우 이발사가 면도를 해주는 대상은 '자기 자신을 포함하지 않는 모든 집합의 집합'에 해당하기 때문에, 위와 동일한 역설적 상황이 발생한 것이다.

러셀의 역설을 보여주는 또 하나의 사례가 있다. 옥스퍼드 영어사전에 수록된 단어 20개 이하를 사용하여 정의할 수 있는 모든 숫자를 생각해보자. 예를 들어 1729는 "두 세제곱수의 합으로 표현하는 방법이 두 가지인 수들 중 가장 작은 수the smallest number that can be written as the sum of two cubes in two different ways"이다. 옥스퍼드 영어사전에 수록된 단어의 수는 유한하고 우리는 최대 20개의 단어만 쓸 수 있으므로, 이런 식으로는 무한히 많은 수를 모두 정의할 수 없다. 그러므로 숫자 중에는 "옥스퍼드 영어사전에 수록된 단어 20개 이하로 정의할 수 없는 가장 작은 수the smallest number which cannot be defined in fewer than 20 words from Oxford English Dictionary"로 정의되는 수가 반드시 존재한다. 그런데 잠깐…… 방금 나는 이 숫자를 20개 이하의 단어로 정의하지 않았는가! 세 번째 오 마이 갓이다!

자연 언어는 대체로 역설에 취약하다. 문법에 맞게 단어를 나열해도 말이 안 되거나 진실에 위배되는 경우가 종종 있다. 그러나 러셀이 문제 삼았던 '자기 자신을 원소로 갖지 않는 모든 집합으로 이루어진 집합'은 자연 언어가 아닌 수학 언어에서 발생한 문제이므로, 수학을 온전하게 보존하려면 어떻게든 해결되어야 한다.

수학자들은 집합이라는 직관적 개념을 새로 정의하여 러셀의 역설을 피해갔지만, 마음 한 편이 여전히 찜찜했다. 이런 괴물이 수학의 전당 지하실에 얼마나 많이 도사리고 있는지 알 수 없었기 때문이다. 그러나 독일의 수학자 다비트 힐베르트David Hilbert는 1900년에 개최된 세계수학자대회International Congress of Mathematicians의 주제 강연을 하는 자리에서 '아직 풀리지 않은 23개의 중요한 문제들'을 먼저 제시한 후 '모순 없는 수학 체계의 구축'을 두 번째 주제로 언급했다.

이 강연에서 힐베르트는 모든 수학자들을 대신하여 다음과 같이 선언했다.

"모든 수학 문제를 풀 수 있다는 우리의 신념은 수학을 유지하는 강력한 동기다. 수학자들의 마음속에서는 그들을 수학 문제로 유도하는 목소리가 끊임없이 들려오고 있다. 우리는 문제가 주어지면 순수한 논리로 답을 찾는다. 해결 불가능한 수학 문제ignorabimus란 존재하지 않기 때문이다."

수학에는 '알 수 없는 것'이 존재하지 않는다니, 참으로 과감한 선언이었다.

사실 힐베르트의 선언은 19세기 말부터 과학계에 퍼져나가기 시작한 인간 한계론, 즉 "우주를 이해하는 인간의 능력에 한계가 있다"는 주장에 대한 적극적 반론이었다. 이보다 앞서 저명한 생리학자 에밀 뒤부아 레몽Emil du Bois-Reymond은 1880년에 개최된 베를린 학술회의에서 '지금도 모르고 앞으로도 알 수 없는 것들ignoramus ignorabimus'이라는 제목으로 인간의 지적 능력을 넘어선 자연의 7대 미스터리를 발표한 적이 있는데, 그 목록은 다음과 같다.

1. 물질과 힘의 궁극적 본성

2. 운동의 근원

3. 생명의 기원

4. 자연의 목적론적 배열

5, 단순 감각의 근원

6. 지성적 사고와 언어의 기원

7. 인간의 자유 의지

에밀 뒤부아 레몽은 1, 2, 5번 항목이 인간의 지적 능력을 완전히 넘어서 있다고 굳게 믿었다. 1, 2번은 이 책의 '지식의 첫 번째 경계'에서 다뤘던 주제와 매우 비슷하다. 자연의 목적론적 배열이란 "우주의 변수들이 생명체의 탄생과 진화에 알맞게 세팅된 이유"를 의미하는데, 우리가 제시할 수 있는 최선의 답은 '다중 우주'이다. 5, 6, 7번은 '지식의 여섯 번째 경계'에서 다룬 내용으로 정신(의식)의 한계와 관련되어 있다. 위에 열거한 일곱 가지 미스터리 중 조금이나마 진보를 보인 것은 생명의 기원뿐이다. 과학은 지난 100여 년 동안 비약적인 발전을 이룩했지만, 3번을 제외한 나머지 여섯 개 항목은 뒤부아 레몽의 주장대로 여전히 지식의 한계를 넘어서 있다.

그러나 힐베르트는 뒤부아 레몽이 제기한 목록을 영원한 미스터리로 간주하지 않았다. 세계수학자대회가 개최되고 30년이 지난 1930년 9월 7일, 고향 쾨니히스베르크로 돌아온 힐베르트는 명예 시민권을 받는 자리에서 다음과 같은 말을 남겼다.

> 수학자에게 '알 수 없는 것ignorabimus'이란 존재하지 않습니다. 수학뿐만 아니라 모든 자연 과학도 마찬가지라고 생각합니다……. 풀 수 없는 문제를 아직 찾지 못한 이유는 그런 문제가 아예 존재하지 않기 때문일 겁니다. '알 수 없다'는 패배주의적 사조에 반하여, 우리의 신조는 이렇게 외치고 있습니다. "우리는 반드시 알아야 하며, 결국은 알게 될 것이다Wir müssen wissen. Wir werden wissen."

그러나 힐베르트는 바로 전날 쾨니히스베르크수학회에서 끔찍한 연구 결과가 발표되었다는 사실을 모르고 있었다. 오스트리아에서 온 스물다섯 살의 청년 논리학자 쿠르트 괴델이 "수학에 모순이 없음을 증명하는 것은 불가능하다"는 불완전성 정리를 증명한 것이다. 괴델은 여기서 멈추지 않고 "수학의 공리 체계에는 수와 관련하여 '참이지만 참을 증명할 수 없는 명제'가 반드시 존재한다"는 사실까지 증명했으며, "우리는 반드시 알아야 하고, 언젠가는 알게 될 것"이라던 힐베르트의 외침은 그의 죽음과 함께 묘비에 새겨져서 결국 제자리를 찾아갔다. 수학의 전당에는 우리가 결코 풀 수 없는 수수께끼가 존재했던 것이다.

다음에 이어지는 문장은 거짓이다

위의 제목은 참이다.

이것은 내가 크리스마스 크래커 상자에 넣어두었던 카드와 같은 '자기 참조형 진술self-referencial statement'로서, 괴델이 수학의 한계를 증명할 때 사용한 논리이기도 하다.

독자들은 "수와 관련된 내용을 자연 언어로 서술했을 때 역설적 결과가 나올 수도 있지만, 어떤 경우에도 참-거짓의 여부만은 판별할 수 있다"고 생각할 것이다. 괴델은 이 점을 확인하기 위해 자기 참조형 수학적 명제를 집중적으로 파고들었다. 사실 힐베르트의 도전 과제에도 자기 참조적 요소가 이미 포함되어 있었다. 그의 목적은 수학 자체에 모순이 없다는 것을 증명하는 안전한 논리 체계를 구축하는 것이었고, 이를 위해서는 서로 모순된 두 개의 서술이 모두 참으로 판명되는 경우가 없어야 했다.

괴델은 "수론數論, number theory과 관련된 임의의 공리 체계에는 공리를 통해 증명할 수 없는 참인 명제가 반드시 존재한다"는 사실을 증명하여, 공리 체계로 모든 수학적 진실을 증명하겠다는 힐베르트의 꿈을 물거품으로 만들어버렸다.

괴델의 아이디어는 수와 관련된 모든 의미 있는 명제에 고유 숫자를 할당하는 것이었다. 컴퓨터 앞에서 자판을 두드릴 때에도 이와 비슷한 원리가 적용된다. 지금 내가 입력하고 있는 이 문자들은 일련의 숫자로 변환할 수 있다. 예를 들어 Gödel이라는 문자를 십진 아스키코드(ASCII code)•로 변환하면 71246100101108이 된다. 컴퓨터는 Gödel이 음식 이름인지 지명인지 전혀 모르는 채로 그저 이 숫자로 기억하고 있다.

괴델의 논리는 임의의 정수론 공리에 고유 코드를 할당하는 것에서 시작한다. 예를 들어 "A = C이고 B = C이면 A = C이다"라는 공리에 고유 숫자를 할당하는 식이다. 그리고 이 공리에서 유도된 명제(예를 들어 "소수의 개수는 무한하다"는 명제)에는 또 다른 코드가 할당된다. "17은 짝수이다"와 같이 거짓인 명제에도 고유 코드가 할당되어 있다.

모든 명제에 코드 숫자를 할당하면 정수론의 언어로 특정 명제의 증명 가능성을 논할 수 있다. 기본 아이디어는 공리를 통해 증명 가능한 명제의 코드 숫자가 명제의 코드 숫자로 나누어떨어지도록 코드를 할당하는 것이다. 실제 과정은 이보다 훨씬 복잡하지만, 이런 식으로 단순화시켜도 전체적인 논리를 이해하는 데에는 큰 문제가 없다.

이제 괴델은 수에 대한 명제가 공리를 통해 증명 가능한지의 여부를 숫자만으로 논할 수 있게 되었다. "'소수의 개수는 무한하다'라는 명제는 정수론의 공리를 통해 증명될 수 있다"는 추상적 서술은 "'소수의 개수는 무한하다'는 명제의 코드 숫자는 정수론의 공리에 할당된 코드 숫자로 나누어떨어진다"는 수학적 서술로 해석할 수 있고, 이로부터 참-거짓 여부가 즉각적으로 판명된다.

지금부터 마음의 준비를 단단히 하고 괴델의 증명으로 들어가보자. 괴델이 관심을 가졌던 것은 "이 명제는 증명할 수 없다"는 명제였다. 이 명제를 S라 하자. 앞서 말한 대로 S는 자신만의 코드 숫자를 가지고 있다. 그리고 전술한 규칙에 따르면 S라는 명제는 "S에 할당된 코드 숫자는 공리의 코드 숫자로 나누어떨어지지 않는다"는 명제로 변환된다. 이제 우

● 미국표준협회에서 제정한 문자-숫자 대응표이다. 7자리 2진수의 조합으로, 총 128개의 문자와 부호를 표현할 수 있다.

리가 분석하고 있는 정수론의 공리 체계가 (힐베르트의 소원대로) 모순을 낳지 않는다고 가정해보자.

괴델의 코딩 덕분에 S는 수에 대한 명제로 변환되었다. S의 코드 숫자는 공리의 코드 숫자로 나누어떨어지거나 떨어지지 않거나, 둘 중 하나이다. 즉, S는 참 아니면 거짓이어야 한다. 만일 S가 '참이면서 거짓'이라면 공리 체계가 모순을 낳지 않는다는 우리의 가정에 위배된다.

정수론의 공리를 통해 S가 증명되었다고 가정해보자. 이는 곧 S의 코드 숫자가 공리의 코드 숫자로 나누어떨어진다는 뜻이다. 그러나 원래 S는 "이 정리는 증명될 수 없다"는 명제였으므로 이것이 참이면 증명될 수 없다는 뜻이고, 따라서 S의 코드 숫자는 공리의 코드 숫자로 나누어떨어지지 않아야 한다. 물론 이것은 명백하게 모순이다. 따라서 수학에 모순이 존재하지 않으려면 크리스마스 크래커의 역설과 달리 논리적 딜레마를 해결할 방법이 반드시 존재해야 한다.

유일한 길은 처음에 세웠던 가정이 거짓이라는 사실을 인정하는 것이다. 즉, 우리는 정수론의 공리로부터 S를 증명할 수 없다. 그러나 이것은 S의 내용과 일치하므로 S는 참이다. 이로써 우리는 공리로부터 증명될 수 없는 참인 명제 S가 존재한다는 사실을 증명한 셈이다.

이 증명은 2의 제곱근이 유리수가 아니라는 것을 증명했던 유클리드의 귀류법을 상기시킨다. 귀류법은 (1) 어떤 명제가 거짓이라고 가정한 후, (2) 이로부터 모순된 결과를 이끌어내어 원래의 명제가 참이라는 사실을 증명하는 논법이다. 앞에서 우리는 2의 제곱근이 유리수라고 가정한 후 이로부터 '짝수＝홀수'라는 모순된 결과를 이끌어내어 2의 제곱근이 무리수라는 사실을 증명했다. 두 경우(괴델과 유클리드)에서 얻어진 결과는 정수론의 공리 체계가 모순을 낳지 않는다는 중요한 가정으로부터 유도된 것이다. 괴델의 증명에서 얻어진 놀라운 결과 중 하나는 증명할 수 없는 명제를 공리에 추가해도 수학을 구원할 수 없다는 점이다. 독자들은 "S가 참이면서 증명될 수 없다면, 이것을 공리에 추가하여 새로운 체계를 만들면 되지 않는가?"라고 생각할지도 모른다. 그렇지 않다. 괴델의 증명에 따르면 공리를 아무리 많이 추가해도 참이면서 증명될 수 없는 명제가 항상 존재한다.

괴델의 난해한 논리 때문에 머리가 빙글빙글 돈다고 걱정할 필요는 없다. 나 역시 수학자로서 괴델의 정리를 수없이 접해왔지만, 지금도 증명의 끝에 도달하면 여전히 머리가 아프다. 그러나 이 정리에는 매우 깊은 의미가 담겨 있다. 괴델은 모순이 없는 임의의 정수론 공리 체계에 참이라는 사실을 증명할 수 없는 명제가 반드시 존재한다는 사실을 증명하여, 수학적 증명에 뚜렷한 한계를 부여했다. 흥미로운 것은 그의 정리가 "S라는 명제의 참-거짓 여부를 결정할 수 없다"는 뜻이 아니라는 점이다. 우리는 S가 참이라는 것을 이미 증명했다. 괴델이 증명한 것은 S가 주어진 공리 체계 안에서 참으로 증명될 수 없다는 것이었다.

이것을 '제1불완전성 정리'라 한다. 괴델은 이 정리를 발견하여 모순 없는 수학을 구축하겠다는 힐베르트의 꿈을 허공으로 날려버렸다. 수학에 모순이 없으면 "이 정리는 증명될 수 없다"는 명제는 참이다. 수학에 모순이 없다는 것이 증명되면, 이 결과를 이용하여 수학 체계 안에서 "이 정리는 증명될 수 없다"는 명제가 참이라는 것을 증명할 수 있다. 그러나 명제 자체가 "증명될 수 없다"는 내용이므로 이것은 모순이다. 즉, "수학에 모순이 없다"는 증명은 필연적으로 모순을 낳고, 이로써 우리는 자기 참조형 명제로 되돌아가게 된다. 여기서 빠져나오는 유일한 길은 "수학에 모순이 없음을 증명할 방법이 없다"는 것을 인정하는 것뿐이다. 이것을 괴델의 '제2불완전성 정리'라고 한다. 힐베르트에게는 악몽 그 자체였 겠지만, 결국 수학에는 '알 수 없는 것'이 존재했던 것이다.

그러나 지금도 수학자들은 수학에 모순이 없다고 굳게 믿고 있다. 모 순이 있다면 수학의 성전은 진작 무너졌어야 하지 않겠는가? 모순이 있 는데 무슨 수로 지금까지 버텨왔다는 말인가? 우리는 모순이 없는 이론 을 '타당하다consistent'고 말한다. 프랑스의 수학자 앙드레 베유André Weil 는 괴델의 정리를 다음과 같이 요약했다.

"수학이 타당하다는 것은 신이 존재한다는 뜻이다. 그리고 우리가 수 학의 타당성을 증명할 수 없다는 것은 악마도 함께 존재한다는 뜻이다."

괴델의 정리는 수학이 다른 과학 이론처럼 언제든지 무너질 수 있다 는 사실을 보여주었다. 수학자들이 고군분투하여 올바른 모형을 세웠다 해도, 우주 모형이나 입자 이론처럼 엉뚱한 증거가 발견되어 무용지물이 될 수도 있다는 뜻이다.

우리는 괴델의 명제 S가 정수론의 공리 체계 안에서 참이라는 사실을 증명할 수 없지만, 적어도 공리 체계 바깥에서는 참이라는 것을 증명했 다. 철학자들 중에는 이런 현실에 매력을 느끼는 사람도 있다. 이 세계를 수학적으로 분석하는 능력에 대한 한 인간의 뇌가 계산기보다 우월하다 는 증거일 수도 있기 때문이다. 〈마음과 기계 그리고 괴델Minds, Machines and Goödel〉이라는 논문의 저자 존 루카스John Lucas는 1959년에 옥스퍼드 대학교에서 개최된 학술회의에서 다음과 같이 주장했다.

"인간의 마음을 산술학의 공리와 추론 법칙에 따라 작동하는 기계로 모형화하면, 스스로 증명을 구축해나가다가 어느 시점에 '이 명제는 증 명될 수 없다'는 명제에 도달할 것이고 이것을 증명하거나 반증하기 위 해 여생을 보낼 것이다. 그러나 인간은 '결정할 수 없는' 상황의 의미를 파악하고 더는 무의미한 시도를 하지 않는다. 그러므로 기계로는 인간의 마음(정신)을 제대로 구현할 수 없다……. 인간의 마음은 형식적이고 경직된 기계보다 그 성능이 항상 우월하다.”

인간의 입장에서 보면 꽤 매혹적인 논증이다. 인간이 계산기나 생체 하드웨어에 탑재된 애플리케이션보다 우월하다는데, 어느 누가 반대하겠는가? 최근 들어 로저 펜로즈는 루카스의 논리에 기초하여 “인간의 의식을 이해하려면 새로운 물리학이 필요하다”고 주장하기도 했다. 그러나 공리계의 바깥에서 “이 명제는 증명될 수 없다”는 명제가 참이라는 것을 알 수 있다고 해도, “우리가 다루는 공리계에 모순이 없다”는 것은 여전히 커다란 가정이다. 괴델의 제2불완전성 원리에 따르면 우리는 모순의 존재 여부를 확인할 수 없다.

“참이지만 증명할 수 없다”는 괴델식 명제는 수학적 관점에서 볼 때 은밀한 비전秘傳처럼 느껴진다. 리만 가설과 골드바흐의 추측 그리고 PORC 추측 등 정수론에서 가장 흥미로운 문제들은 과연 풀이가 불가능한 것일까? 일부 수학자들은 괴델식 명제가 증명의 한계를 넘어서 있을 뿐이라고 생각했지만, 1977년에 수학자 제프 파리스Jeff Paris와 리오 해링턴Leo Harringtin은 수와 관련하여 ‘수학적으로 참이면서 정수론의 고전 공리 체계로 증명될 수 없는’ 서술을 찾아냈다. 다음 장에서 알게 되겠지만, 수학자들은 무한대의 개념과 씨름을 벌이다가 “수와 관련된 일부 명제는 증명할 수 없을 뿐만 아니라 참-거짓의 여부조차 판단할 수 없다”는 사실을 발견했다.

농담

'지식의 세 번째 경계'과 이번 장을 모두 읽었다면, 내가 크리스마스 크래커 상자에 넣어둔 농담 중 하나를 이해할 수 있을 것이다. 아래 등장하는 노암 촘스키Noam Chomsky는 '언어 능력linguistic competence'[*]과 '언어 수행 linguistic performance'[**]의 차이를 학술적으로 규명한 미국의 언어학자이다.

하이젠베르크와 괴델, 촘스키가 길을 걷다가 술집으로 들어갔다.

하이젠베르크: (실내를 둘러본 후) 지금 우리 세 사람밖에 없고 여기는 술집이니까, 이건 장난이 분명해. 남은 의문은 그 장난이 재미있는지 또는 재미없는지를 판별하는 것뿐이지.

괴델: (잠시 생각에 잠겼다가) 글쎄요……. 우리가 이미 장난 안에 들어와 있으니 재미있는지 없는지 알 수 없지요. 확인하려면 장난 밖으로 나가야 할걸요?

촘스키: (두 사람을 똑바로 쳐다보며) 물론 재미있지요! 세계적 석학 두 분이 연달아 틀린 말만 하고 있는데 재미없을 수가 있겠어요?

[*] 화자가 언어에 대해 가지고 있는 내면화된 지식, 또는 언어 규칙이다.
[**] 구체적인 상황에서 언어를 실제로 구사하는 능력이다.

14

무한 공간의 영원한 침묵,
이것이야말로 가장 놀라운 존재이다.
블레즈 파스칼의 《팡세》 중에서

'지식의 네 번째 경계'에서 말한 바와 같이, 우리가 볼 수 있는 우주와 탐사 가능한 우주에는 뚜렷한 한계가 있다. 그러나 나는 인생의 대부분을 물리적 우주가 아닌 정신적 우주(정확하게는 수학적 진실)를 탐구하면서 살아왔다. 나의 전공 분야에는 망원경이나 우주선 또는 현미경 같은 비싼 도구가 필요 없다. 수학자들은 머릿속에 들어 있는 유한한 도구를 이용하여 '수'라는 무한히 큰 세계를 탐구한다. 수학을 이용하면 물리적 우주의 한계를 넘어 훨씬 먼 곳까지 도달할 수 있다. 수의 세계에 '가장 큰 수'란 존재하지 않는다. 누군가가 가장 큰 수를 제시해도 거기에 1만 더하면 더 큰 수가 만들어지기 때문이다. 1을 더하는 단순한 행위로부터 마음속에 무한한 세계가 구축되는 것이다.

우리는 무한대에 대하여 얼마나 알고 있으며 앞으로 어디까지 알아낼 수 있을까? 나의 뇌 속에 있는 유한한 뉴런들이 무한한 수의 세계를 이해할 수 있을까? 18세기까지만 해도 '무한대'라는 단어는 '지식의 한계를 초월한 그 무엇'과 같은 뜻으로 통용되었다. 수의 세계는 무한히 큰데 인간의 지적 능력에 한계가 있으니 어쩔 수 없었을 것이다. 고대 그리스인들이 수학이라는 어둠의 마법을 만들어낸 후로, 인류는 무한한 수를 탐구할 때마다 유한한 상상력을 최대한 활용해야 했다.

무한대로 진입하기

나의 크리스마스 크래커 상자에는 이런 농담도 있었다.

> **선생님**: 이 세상에서 제일 큰 수가 뭘까?
> **학생**: 7300만 12요.
> **선생님**: 왜 하필 그 숫자야? 7300만 13은 어때?
> **학생**: 그것 봐요, 거의 맞췄잖아요!

고대 그리스인들은 수에 끝이 없다는 것을 알고 있었지만 무한대의 개념까지 알았던 것은 아니다. 아리스토텔레스는 '잠재적 무한대potential infinity'와 '실질적 무한대actual infinity'의 차이를 알고 있었다. 임의의 수에 1을 계속 더해나갈 수는 있지만(잠재적 무한대) 이런 식으로 무한대까지 가는 것(실질적 무한대)은 현실적으로 불가능하다. 그러나 고대 그리스인들이 유한한 논리를 이용하여 잠재적 무한대를 제한적으로나마 다뤘다는 것은 놀라운 일이 아닐 수 없다.

유클리드의《기하학 원론》에는 수학 역사상 가장 위대한 증명 중 하나가 수록되어 있다. "소수의 개수는 무한하다"는 증명이 바로 그것이다. 지금도 나는 이 증명을 접할 때마다 감탄을 자아내곤 한다. 여기에는 "외관상 무한대처럼 보이는 수도 얼마든지 수학적으로 다룰 수 있다"는 교훈이 담겨 있다.

독자들은 "수가 무한히 많다는 것을 이미 알고 있는데, 소수의 개수가 무한대라는 증명이 뭐 그리 대단하다는 말인가?"라고 반문할지도 모른다. 사실, 무한히 많은 수 중에서 짝수의 개수가 무한대라는 것은 그다지 놀라운 일이 아니다. 짝수는 정수의 집합에서 한 번씩 걸러 나타나므로 짝수가 무한히 많다는 것은 "무한대를 2로 나눠도 무한대이다"라는 말과 동일하다. 그러나 소수는 어떤 규칙에 따라 나타나는지 알 수 없기 때문에 개수가 무한대라는 것은 매우 중요한 정보이다. 물리학자들은 우주의 크기를 가늠할 때 이와 비슷한 방식으로 접근하고 있다. 우주의 끝을 직접 볼 수는 없지만 무한히 커도 논리적으로 아무런 문제가 없다.

고대 그리스인들이 정수론 분야에서 커다란 진전을 이룩한 것만은 분명한 사실이다. 그러나 무한대는 이후 수천 년 동안 끊임없이 문제를 일으켜왔고, 수학자들 사이에서 무한대는 '이해할 수 없는 것'과 거의 같은 의미로 통용되었다. 13세기 기독교 신학자이자 철학자였던 토마스 아퀴나스는 무한대에 대하여 다음과 같은 글을 남겼다.

무한대는 현실 세계에 존재할 수 없다. 우리가 다루는 임의의 집단은 특성이 규명된 '특정한 집합'이며, 사물의 집합은 원소의 개수로 정의된다. 그런데 어떤 집합도 사물의 개수가 무한대일 수 없고 숫자는 사물의 개수를 헤아린 결과이므로 무한히 큰 숫자란 존재하지 않는다.

무한대에 대한 논쟁은 종교와 밀접하게 관련되어 있다. 15세기의 기독교 철학자였던 성 아우구스티누스는《신의 도시City of God》라는 저서를 통해 "무한대는 신의 마음속에 존재한다"고 주장하면서 무한대가 신의 마음조차 초월해 있다고 믿는 사람들에게 경종을 울렸다.

> 무한대가 신의 지식을 초월해 있다고 주장하는 것은 불경한 행동이다. 그것은 "신도 모르는 숫자가 있다"는 주장과 크게 다르지 않다……. 이 세상에 어떤 미치광이가 그런 주장을 늘어놓겠는가? ……신의 지식에 한계가 있다고 주장하는 철면피들을 대체 뭐라고 불러야 할지 모르겠다.

그러나 우주를 에워싸고 있는 천구가 무한히 크다고 믿었던 14세기 프랑스의 니콜라스 오렘은 수학적 무한대를 다루는 데에도 탁월한 능력을 발휘했다. 그는 $1+1/2+1/3+1/4+\cdots$을 충분히 많이 더하면 얼마든지 큰 수를 만들어낼 수 있다는 사실을 처음으로 증명했으며,* "무한대도 종류에 따라 크기가 다르다"는 생각을 처음으로 떠올린 수학자이기도 하다. 예를 들어 모든 정수에 2를 곱하면 모든 짝수와 일대일로 대응되므로 정수와 짝수는 개수가 같다. 그러나 오렘은 "짝수는 정수의 부분 집합이므로 무한대를 비교하는 것은 위험한 발상"이라고 경고했다.

그 후로 수백 년 동안, 대부분의 수학자들은 이런 식의 논리를 통해

---

* 간단히 말해서 위의 수열이 발산한다는 것을 증명했다는 뜻이다.

증명된 무한대가 실제로 존재하지 않는다고 생각했다. 14세기 영국의 성직자이자 수학자였던 토머스 브래드워딘Thomas Bradwardine은 오렘과 비슷한 개념을 도입하여 이 세상이 영원하지 않다는 것을 증명했는데, 내용은 다음과 같다.

"이 세상이 영원히 유지된다면 여자의 영혼은 무한히 많아지고 모든 영혼의 수도 무한대에 도달할 것이다. 그런데 둘이 똑같이 무한대라면 일대일로 짝지을 수 있으므로 남자의 영혼은 발붙일 곳이 없어진다. 따라서 이 세상은 영원히 유지될 수 없다."

그로부터 수백 년이 지나도록 무한대는 여전히 골칫거리로 남아 있었다. 갈릴레오는 '완전 제곱수의 개수'를 생각하다가 오렘과 브래드워딘이 마주쳤던 것과 비슷한 문제에 직면했다. 상식적으로 생각해보면 완전 제곱이 아닌 수가 완전 제곱수보다 압도적으로 많을 것 같다. 완전 제곱수는 1, 4, 9, 16, 25…와 같이 뒤로 갈수록 간격이 넓어지고, 그 넓은 간격을 '완전 제곱이 아닌 수'들이 가득 채우고 있기 때문이다. 그러나 모든 정수는 어떤 완전 제곱수의 제곱근이므로 정수와 완전 제곱수는 일대일로 대응된다. 따라서 정수와 완전 제곱수는 개수가 같다.

오렘이 그랬던 것처럼 갈릴레오도 이 사실을 깨닫고 크게 당황하여 《두 개의 새로운 과학Two New Science》에 다음과 같이 적어놓았다.

인간의 마음은 유한하기 때문에 유한한 객체의 속성을 무한대에 투영하려는 경향이 있다. 물론 이것은 잘못된 발상이며, 이로부터 온갖 어려움이 발생한다. 무한대끼리는 대소 관계나 동치 관계를 논할 수 없다.

갈릴레오가 세상을 떠나고 13년이 지난 1655년에 영국의 수학자 존 월리스John Wallis는 무한대를 뜻하는 기호 '∞'를 처음으로 도입했다. 세간에는 이 기호가 뫼비우스의 띠를 의미한다는 설도 있고 그리스 알파벳의 마지막 글자인 ω(오메가)의 변형이라는 설도 있지만, 정작 본인은 아무런 설명도 하지 않았다.

그 후로 200년 동안 수학자들은 잠재적 무한대를 연구하며 행복한 나날을 보냈지만, 무한대는 여전히 성가신 존재였다. 무한대를 수학의 무대에 올리면 온갖 문제가 양산될 뿐, 도움이 되는 구석은 별로 없는 것 같았다. 19세기 독일의 수학자 카를 프리드리히 가우스Carl Friedrich Gauss는 동료 수학자 하인리히 크리스티안 슈마허Heinrich Christian Schumacher에게 보낸 편지에 다음과 같이 적었다.

저는 무한대를 이미 정립된 양으로 간주하는 관점에 절대 동의할 수 없습니다. 무한대를 수학에 들여놓으면 어떤 혼란이 야기될지 생각만 해도 끔찍합니다. 무한대는 그저 '표현 방식'의 하나일 뿐입니다.

무한대 길들이기

19세기가 거의 끝나갈 무렵, 수학계에 커다란 변화가 일어났다. 독일의 수학자 게오르그 칸토어가 자신의 유한한 머리를 최대한으로 굴려서 무한대를 길들이는 방법을 개발한 것이다. 그에게 무한대는 단순한 표현 수단이 아니라 '조작 가능한 수학적 객체'였다.

무한에 대한 두려움은 실제로 무한을 볼 가능성을 파괴하며, 오히려 그러한 상황을 더욱 견고하게 유지시킨다. 그리고 이차적으로 무한에 대한 이러한 감정은 우리 주위에서 언제나 일어나면서 우리 마음에도 영향을 미친다.

19세기 말이면 과학적인 사람과 종교적인 사람이 분리됐을 거라고 생각할 것이다. 그러나 칸토어는 종교가 수학적 생각에 영향을 미친다고 했다. 무한한 우주를 이야기했던 브루노와 비슷한 맥락에서, 칸토어의 신에 대한 믿음은 무한의 존재를 추론하는 가설의 한 형태이다.

이것은 신의 개념에 기초한 증명이다. 우선 가장 위대한 완전체인 신으로부터 초월적 존재가 창조될 가능성을 유추한 후, 신의 영광과 자비에 근거하여 초월적 존재가 실제로 창조되어야 하는 이유를 증명하는 식이다.

칸토어의 무한대 처방법은 오렘의 아이디어에 기초하고 있다. 두 집합의 크기가 같다는 것을 증명하려면 두 집합의 원소들을 짝짓는 방법부터 찾아야 한다. 이들을 일일이 쌍으로 짝지었을 때 남거나 모자라는 것이 하나도 없으면 두 집합의 크기는 같다.

한 수학자 집단 A의 멤버들을 1, 2, 3…으로 명명하고, 집단 전체의 크기를 '로트lots'•라 하자. 어느 날 A가 다른 집단 B와 마주쳤다면, 어느 쪽 로트가 큰지 어떻게 알 수 있을까? 방법은 간단하다. B의 멤버들이 숫자

• '무더기'라는 뜻이다.

가 아닌 다른 이름을 가지고 있다 해도 A와 B의 멤버를 한 명씩 짝지어 나가면 된다. 짝짓기가 끝난 후 A의 멤버가 남으면 A의 로트가 큰 것이고 B의 멤버가 남으면 B의 로트가 큰 것이다. 그리고 두 집단 모두 남는 멤버가 하나도 없으면 A와 B의 로트는 같다.

동물의 세계에서도 이와 같은 수학이 적용된다. 동물들은 각 개체를 칭하는 이름이 없지만, 두 집단이 마주쳤을 때 어느 쪽 개체수가 더 많은지 판단하는 능력은 매우 뛰어나다. 집단의 규모를 비교하는 능력은 생존과 직결되기 때문이다. 예를 들어 하이에나 무리가 사냥감을 찾다가 다른 하이에나 무리와 마주치면 어느 쪽 개체수가 많은지 신속하게 판단해야 한다. 우리 편이 많으면 싸우고 상대편이 많으면 빨리 도망가는 게 상책이다. 그런데 두 집단의 크기를 비교할 때에는 각 개체에 일일이 이름을 붙일 필요가 없다. 두 집단의 개체들을 하나씩 짝지어나가다가 어느 쪽 개체가 남는지만 확인하면 된다.

칸토어는 짝짓기 개념을 이용하여 두 무한 집합의 크기 비교법을 개발했다. 앞에서 잠시 언급한 정수와 짝수를 예로 들어보자. 대부분의 독자들은 "정수가 짝수보다 두 배 많다"고 생각하고 싶을 것이다. 그러나 칸토어는 오렘이 시도한 것처럼 두 집합의 원소들을 하나씩 짝지어나가면 '짝을 짓지 못한 원소'가 하나도 남지 않기 때문에, 정수 집합과 짝수 집합의 크기가 같다고 결론을 내렸다. 구체적으로 말하면 정수 1과 짝수 2를 짝짓고, 정수 2와 짝수 4, 정수 3과 짝수 6, … 정수 n과 짝수 $2n$을 짝지어 나가는 식이다. 그런데 n이 아무리 커도 거기 대응되는 $2n$이 반드시 존재하므로 정수와 짝수는 개수가 같다.

오렘과 갈릴레오도 이와 비슷한 논리를 펼쳤지만 한 가지 의문을 끝내 떨쳐내지 못했다. 짝수나 완전 제곱수는 정수의 부분 집합인데, 이들이 어떻게 같을 수 있단 말인가? 그러나 칸토어는 원소를 남김없이 짝짓는 방법만 알아내면 두 집합의 크기가 같다고 믿었다. 원소의 수가 유한한 유한 집합의 경우, 두 집합의 모든 원소가 일대일로 대응되지 않으면 짝짓는 순서나 방법을 바꿔도 결과가 달라지지 않지만 무한 집합은 짝짓는 방법에 따라 결과가 얼마든지 달라질 수 있다.

이 논리의 핵심은 "두 집합의 원소를 남김없이 짝짓는 방법이 단 하나라도 존재하면 두 집합의 크기는 같다"는 것이다. 두 집합의 크기가 같아도 짝짓는 방법을 바꾸면 한쪽 원소가 남을 수도 있다. 예를 들어 정수 1과 짝수 1, 정수 2와 짝수 2, ⋯ 정수 n과 짝수 n을 짝지으면 무수히 많은 홀수가 남는다. 그러나 위에서 말한 대로 (1, 2), (2, 4), (3, 6), ⋯ (n, 2n)과 같은 식으로 짝지으면 완벽한 일대일 대응 관계가 성립한다. 두 집합의 크기가 다른 경우는 모든 원소를 일대일로 대응시키는 방법이 단 하나도 없는 경우에 한한다.

그렇다면 분수는 어떤가? 분수의 집합도 정수의 집합과 크기가 같을까? 설마⋯⋯ 아니겠지. 이웃한 두 정수(1과 2, 또는 186과 187 등) 사이에도 무한히 많은 분수가 존재하므로 전체 개수는 도저히 같을 수 없을 것 같다. 그러나 칸토어는 정수와 분수를 짝짓는 기발한 방법을 찾아냈고, 결국 두 집합은 크기가 같은 것으로 판명되었다.

정수와 분수의 짝짓기는 모든 분수를 나열한 표에서 시작한다. 이 표는 무한히 많은 가로줄과 세로줄로 이루어져 있으며, n번째 세로줄은 $1/n, 2/n, 3/n\cdots$의 순서로 배열되어 있다.

칸토어는 이 표에 등장하는 모든 분수를 어떻게 정수와 일대일로 대응시킬 수 있었을까? 가장 중요한 열쇠는 적절한 경로를 찾는 것이다. 칸토어는 1/1, 2/1, 1/2, 1/3, 2/2⋯로 이어지는 '대각선 지그재그형' 경로

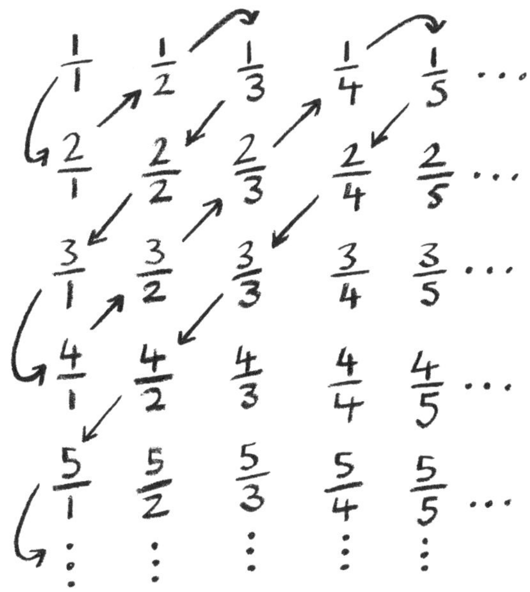

를 선택하여 순서대로 1, 2, 3, 4, 5…를 대응시켰다. 이 규칙에 따르면 분수 2/3는 정수 9에 대응된다(위 그림의 화살표 참조). 이와 같은 경로를 따라가면 모든 분수와 정수를 일대일로 대응시킬 수 있다.

이 얼마나 놀랍고도 아름다운 아이디어인가! 만일 내가 무인도로 여행을 가게 되었는데 수학 정리 여덟 개만 가져갈 수 있다면 칸토어의 '지그재그 대각선 정리'를 반드시 챙길 것이다.•

• 다른 경로는 왜 안 될까? 예를 들어 1/1에서 출발하여 아래로 곧장 내려가면 첫 번째 세로 줄에서 정수가 바닥나기 때문에 정수와 분수를 일대일로 대응시킬 수 없다. 1/1에서 오른쪽으로 가거나 대각선을 따라가도 마찬가지다. 단, 화살표의 방향을 반대로 바꾸면(1/1 → 1/2 → 2/1 → 3/1 → 2/2 → 1/3…) 똑같은 논리를 적용할 수 있다.

칸토어의 논리를 따라 여기까지 와보니, 모든 무한대의 크기가 똑같은 것 같다. 개체수의 수가 무한대인 종족(또는 동물)은 다른 종족과 부딪혔을 때 절대로 지지 않을 것 같다. 글쎄, 과연 그럴까? 모든 가능한 정수가 각 개체의 이름으로 할당된 집단이 최강자로 군림하고 있는 생태계에 '모든 가능한 십진 소수(3.1415926… 등)가 각 개체의 이름으로 할당된 집단'이 새로 나타났다고 가정해보자. 이런 경우에 정수 집단은 십진 소수 집단에 수적으로 동등하게 맞설 수 있을까? 일단 정수 집단의 1을 십진 소수 집단의 π = 3.1415926…에 대응시키고, 2를 e = 2.7182818…에 대응시키고……. 가만, 이런 식으로는 모든 십진 소수를 거덜 낼 수 없을 것 같다. 정수와 분수를 대응시킬 때처럼 목적을 달성하려면 처음부터 경로를 잘 찾아가야 한다. 칸토어는 이 문제를 어떻게 해결했을까?

칸토어는 "아무리 기발한 방법으로 짝짓기를 시도해도 십진 소수 집단과 정수 집단은 일대일로 대응되지 않는다"는 사실을 알아냈다. 결론부터 말하자면 십진 소수의 집합이 정수의 집합보다 크다. 집합을 구성하는 원소의 수는 둘 다 무한대지만 무한대라고 해도 다 똑같은 무한대가 아니라는 뜻이다. 이 증명도 너무나 아름다워서 무인도에 갈 때 꼭 챙겨가고 싶다.

칸토어는 이것을 어떻게 증명했을까? 위에서 잠시 언급한 주먹구구식 대응법을 몇 개만 나열해보자.

$$1 \leftrightarrow 3.1415926\cdots$$

$$2 \leftrightarrow 2.7182818\cdots$$

$$3 \leftrightarrow 1.4142135\cdots$$

$$4 \leftrightarrow 1.6180339\cdots$$

$$5 \leftrightarrow 0.3331779\cdots$$

$$\cdots$$

위와 같은 목록이 주어졌을 때, 목록에 없는 새로운 십진 소수를 만들어낼 수 있을까? 만일 이것이 가능하다면 십진 소수에 모든 정수를 일대일로 대응시킨 후에도 아직 짝을 짓지 못한 십진 소수가 항상 존재한다는 뜻이므로, 십진 소수의 집합이 정수의 집합보다 크다는 것이 증명되는 셈이다. 자, 지금부터가 본론이다. 십진 소수의 각 자리에는 0부터 9 사이의 숫자가 자리 잡고 있다. 이제 다음과 같은 무한 소수를 정의해보자. 이 소수의 정수 부분은 0이고(다른 정수여도 상관없다), 소수점 이하 첫 번째 자릿수는 아래의 표에서 1에 대응된 십진 소수의 소수점 이하 첫 번째 자릿수와 같지 않다. 그리고 두 번째 자릿수는 2에 대응된 십진 소수의 두 번째 자릿수와 같지 않고, 세 번째 자릿수는 3에 대응된 십진 소수의 세 번째 자릿수와 같지 않고…….

$$1 \leftrightarrow 3.1415926\cdots$$

$$2 \leftrightarrow 2.7182818\cdots$$

$$3 \leftrightarrow 1.4142135\cdots$$

$$4 \leftrightarrow 1.6180339\cdots$$

$$5 \leftrightarrow 0.3331779\cdots$$

$$\cdots$$

예를 들어 0.22518…은 위에 열거한 다섯 개의 십진 소수 중 어떤 것과도 같지 않으므로, 뒤(…)에 어떤 수가 붙건 정수 1~5 사이에는 맞는 짝이 없다. 칸토어는 이 방법을 이용하여 어떤 정수와도 짝지을 수 없는 십진 소수를 찾아냈고, 이것으로 십진 소수의 집합이 정수의 집합보다 크다는 것을 증명했다. 만일 누군가가 "0.22518…은 위 목록에 없지만 101번째 소수와 일치할 수도 있지 않을까요?"라고 묻는다면, 칸토어는 이렇게 대답할 것이다.

"0.22518…의 101번째 자릿수는 정수 101에 대응되는 십진 소수의 101번째 자릿수와 다릅니다. 좀 더 일반적으로 말씀드릴까요? 0.22518…의 n번째 자릿수는 정수 n에 대응되는 십진 소수의 n번째 자릿수와 다릅니다. 이 소수는 그런 식으로 만들어진 것이니까요."

이 논리에는 주의할 점이 하나 있다. 새로운 소수를 만들 때 각 자리에 들어갈 수 있는 수는 9가지나 되므로 꽤 다양한 수를 만들 수 있지만, 0.9999…는 앞서 말한 대로 1.0000…과 같기 때문에 피해야 한다("전구하나를 갈아 끼우려면 수학자 몇 명이 필요할까?"라는 질문의 답이었다). 그러나 이 정도면 "십진 소수의 집합은 정수의 집합보다 크다"는 것을 증명하는데 부족함이 없다.

독자들은 "새로 만든 십진 소수를 정수 n에 대응시키고 그다음부터 대응 관계를 아래로 한 칸씩 이동하면 일대일 대응이 이루어지지 않을까?"라고 반문할지도 모른다. 기존의 목록에 새로 만든 십진 소수를 아무리많이 추가해도, 칸토어의 논리를 따라가면 목록에 없는 십진 소수를 항상 만들 수 있다. 그리고 이 논리는 정수와 십진 소수를 대응시키는 방법에 상관없이 항상 성립한다. 즉, 두 집합의 원소를 어떤 식으로 대응시키건, 십진 소수가 항상 남는다는 뜻이다. 이 증명은 "기존의 공리 체계에 증명 불가능하면서 참인 공리를 아무리 많이 추가해도 증명할 수 없으면서 참인 명제가 반드시 존재한다"는 괴델의 정리를 연상시킨다. 실제로 괴델은 불완전성 정리를 증명할 때 칸토어와 비슷한 트릭을 사용했다.

칸토어는 자신이 증명을 해놓고도 매우 놀랐다고 한다. "이해는 가지만 도저히 믿을 수 없다"고 말할 정도였다.

무한대에도 등급이 있다는 사실이 알려졌으니, 존 윌리스가 도입했던 '∞' 기호만으로는 모든 무한대를 표현할 수 없다. 게다가 칸토어의 증명에 따르면 무한대의 종류는 한두 가지가 아니라 무수히 많다. 그래서 칸토어는 각 무한 집합의 '로트'에 이름을 붙여서 구별했는데, 한때 유대교 신비주의교파인 카발라Kabbalah에 심취했던 수학자답게 히브리어 알파벳의 첫 글자인 $\aleph$('알레프aleph'라고 읽는다)를 사용했다. 그의 표기법에 따르면 가장 작은 무한대는 $\aleph_0$(알레프-제로)이며, 첨자의 숫자가 클수록 큰 무한 집합을 나타낸다. 그는 카발라에서 $\aleph$가 '신의 무한함'을 뜻한다는 사실을 잘 알고 있었지만, 종교적 의미보다는 '새로운 수학의 시작'이라는 뜻에서 알파벳 첫 글자를 선택했을 것이다. 나는 칸토어의 무한대 분류가 수학 역사상 가장 위대한 업적 중 하나라고 생각한다. 그 덕분에 인류는 1, 2, 3…을 헤아리기 시작한 이래 처음으로 무한대를 헤아릴 수 있게 되었다.

독일의 위대한 수학자 다비트 힐베르트는 "칸토어가 개발한 무한대의 개념은 위대한 수학적 쾌거이며, 인간의 순수지성이 낳은 가장 아름다운 산물이다. 앞으로 그 누구도 칸토어가 창조한 수학의 낙원에서 우리를 쫓아낼 수 없을 것이다"라고 하면서 칸토어의 새로운 수학을 극찬했다. 나 역시 힐베르트의 주장에 전적으로 동의한다.

칸토어는 자신이 무한대를 통하여 신의 메시지를 대변한다고 믿었다.

무한대가 존재한다는 그의 믿음도 초월적 존재에 대한 믿음에서 비롯되었을 것이다. 그러나 동기가 무엇이었든 칸토어는 미지의 무한대를 기지로 바꿀 만큼 수학적 재능이 뛰어난 사람이었다. 기독교 성직자들은 '무한대를 통해 신의 마음을 읽는다'는 칸토어의 시도에 별다른 반감 없이 무한대의 개념을 적극적으로 수용했고, 칸토어는 성직자들과 수시로 교류하면서 신과 무한대의 특성에 대해 긴 토론을 벌이곤 했다.

그러나 모든 사람이 무한대를 환영한 것은 아니었다. 특히 수학계에서 최고의 영향력을 발휘했던 독일의 수학자 레오폴드 크로네커^{Leopold Kronecker}는 칸토어가 정도^{正道}에서 벗어난 수학으로 젊은 수학자들을 현혹한다며 강하게 비난했다.

나는 칸토어의 이론이 철학인지 신학인지 분간이 가지 않는다.
다만 수학이 아니라는 것만은 확실하다.

"신은 정수를 창조했고, 인간은 그 외의 모든 것을 만들어냈다"고 주장해온 크로네커에게 칸토어의 무한대 이론은 수학의 얼굴에 돋은 부스럼이나 마찬가지였다. 크로네커의 거센 반대에 부딪혀 유명 대학교에 취직 길이 막힌 칸토어는 독일 라이프치히 외곽의 조그만 할레대학교에 간신히 일자리를 얻었다. 얼마 후 그는 크로네커의 전횡을 고발하는 탄원서를 교육부 장관에게 제출했으나 수학계의 핵심 인물을 적으로 삼는 것은 별로 좋은 생각이 아니었다.

무한대에 대한 논문을 출판하는 것조차 결코 쉽지 않았다. 당시 수학계의 또 다른 실력자였던 미타그-레플레르는 칸토어의 논문이 "100년쯤 앞서간 이론"이라며 학술지 게재를 끝내 거부했다. 평소 존경하던 수학자에게 뒤통수를 맞은 칸토어의 심정이 어땠을지 짐작이 가고도 남는다. 게다가 그는 어머니와 남동생, 어린 딸을 연달아 잃은 후로 조울증 증세를 보이기 시작했고, 이런 와중에 수학자들과 논쟁을 벌이면서 증세가 더욱 악화되었다. 그 후로 칸토어는 수십 년 동안 할레의 정신 병원을 안방처럼 드나들다가 결국 수학에 환멸을 느끼고 종교에 관심을 갖기 시작했으며, 한동안 셰익스피어의 희곡이 프랜시스 베이컨Francis Bacon의 작품이라는 것을 증명하는 데 몰두하기도 했다.

칸토어가 세상을 떠난 지 정확하게 100년이 지난 지금(2018년) 그의 아이디어는 지난 300년 사이에 등장한 수학 중 가장 아름답고 탁월한 이론으로 인정받고 있으니, 미타그-레플레르의 판정이 크게 틀린 것은 아니었다. 칸토어는 무한대를 이리저리 가지고 놀다가 그 역시 하나의 '수'라는 사실을 깨달았고, 정수가 무수히 많은 것처럼 무한대도 무수히 많다는 사실을 증명했다. 그가 없었다면 무한대는 긴 세월 동안 미지의 영역에 존재하면서 수학자들을 끊임없이 괴롭혔을 것이다.

그러나 칸토어에게 무한대는 머릿속에서 갑자기 떠오른 개념이 아니었다.

나는 자연이 무한대를 싫어한다는 세간의 인식과 달리, 창조주의 완벽함을 효율적으로 나타내기 위해 자연이 곳곳에서 무한대를 활용하고 있다고 생각한다. 그러므로 이 세상에 분해할 수 없는 물질이란 존재하지 않으며, 가장 작은 입자는 '무수히 많은 피조물로 가득 찬 또 하나의 세상'으로 간주되어야 한다.

칸토어는 "무한대에도 다양한 크기가 존재한다"는 사실을 증명한 후, 수의 본질과 미묘한 특성이 담겨 있으면서 당시의 공리 체계로는 도저히 풀 수 없었던 문제에 도전장을 내밀었다.

그는 "정수의 집합보다 크면서 무한 소수의 집합보다 작은 수 집합이 존재할까?"라는 의문을 떠올렸다. 이 질문을 "어떤 종족의 모든 구성원들에게 정수로 된 이름을 부여하면 정수가 모자라고, 무한 소수로 이름을 부여하면 무한 소수가 남는, 그런 종족이 존재할 수 있을까?"로 바꿔볼 수 있다. 무한 소수로 이루어진 무한 집합을 연속체continuum라 한다. 연속체 가설continuum hypothesis에 따르면 연속체보다 작으면서 정수의 집합보다 큰 무한대는 존재하지 않는다.

이 문제의 중요성을 간파한 힐베르트는 1900년 세계수학자대회에서 "아직 풀리지 않은 23개의 중요한 문제들"을 발표할 때 첫 번째 항목으로 올려놓았다.

칸토어는 이 문제와 씨름을 벌이면서 여생을 보냈다. 한 번 증명되기만 하면 모든 것이 끝날 줄 알았는데, 정수 집합과 무한 소수 집합 사이에 다른 집합이 없다는 결론에 도달한 후 다음 날 다시 보면 증명에 오류가 발견되기 일쑤였고, 그다음 날에는 정반대 결론에 도달하곤 했다. 그래도 칸토어는 질문을 제기하는 것이 문제를 푸는 것보다 훨씬 가치 있는 행위라고 믿으면서 끝까지 포기하지 않았다.

답이 오락가락했던 데에는 그럴만한 이유가 있었다. '존재한다'와 '존재하지 않는다'가 모두 정답이었기 때문이다.

1960년대에 스탠퍼드대학교의 논리학자 폴 코헨Paul Cohen은 괴델의 논리를 이용하여 "지금의 공리 체계로는 정수의 집합보다 크면서 무한 소수의 집합보다 작은 수 집합의 존재 여부를 증명할 수 없다"는 결론에 도달했다. 실제로 그는 수학의 공리를 만족하는 두 개의 수 집합을 구축했는데, 하나는 연속체 가설을 만족하고 다른 하나는 만족하지 않았다.

칸토어가 살아 있다면 마음이 별로 편하지 않았을 것이다. 그는 생전에 "수학의 본질은 자유로움"이라고 주장했지만, 수학이 하나가 아니라 여러 종류로 존재하는 것은 도가 지나친 자유가 아닌가!

일부 수학자들은 이것이 유클리드 기하학 이외의 다른 기하학이 발견되었던 사례와 비슷하다고 주장한다. 유클리드 기하학은 평행선 공준을 만족하지만, 구면 기하학과 쌍곡 기하학은 그렇지 않다. 이와 비슷하게 정수론도 중간 무한대가 존재하는 버전과 존재하지 않는 버전이 공존하고 있다.

아무리 그렇다고 해도 수학자들의 마음이 불편해진 것만은 분명한 사실이다. 과거에 우리는 수를 잘 알고 있다고 자신하지 않았던가. $\sqrt{2}$ 와 π는 무리수지만 자의 눈금 어딘가에 분명히 존재하고 있으므로, 칸토어의 질문에는 명확한 답이 주어져야 할 것 같다. 자에 존재하는 수의 부분집합 중에는 정수 집합보다 크면서 무한 소수의 집합보다 작은 집합이 존재하는가? 대부분의 수학자들은 이 질문의 답이 'Yes'나 'No'로 명확하게 떨어져야 한다고 생각했으나, 결국은 "증명할 수 없다"는 쪽으로 결론이 내려졌다.

코헨의 동료였던 줄리아 로빈슨Julia Robinson은 코헨에게 보낸 편지에서 "저는 부디 정수론이 하나만 존재하기를 간절히 기원합니다! 그건 저에게 종교나 마찬가지입니다"라고 적었다가 두 번째 문장을 펜으로 지웠다. 수학을 종교와 동격으로 간주한 것이 내심 마음에 걸렸던 모양이다.

그러나 칸토어는 수학에 이런 불확정성이 존재한다고 해도 괘념치 않았을 것이다. 그의 종교관에 따르면 인간의 지식에는 분명히 한계가 있었기 때문이다.

아직 풀리지 않은 문제들 중 앞으로 과연 몇 개가 '증명 불가'로 판명될 것인가? 이들을 모두 증명하려면 현재의 수학에 새로운 공리를 추가해야 한다. 괴델은 수학 역사상 최고의 난제인 리만 가설이 증명되지 않는 것도 공리가 부족하기 때문이라고 생각했다.

> 무한히 많은 공리로 이루어져 있으면서 앞으로도 무한정 확장될 수 있는 수학 체계를 상상해보라. …… 지금 통용되는 수학에서는 이런 공리 체계를 사용하지 않는다……. 짐작컨대, 리만 가설과 같은 일부 정리를 증명할 수 없는 것은 아마도 이런 이유 때문일 것이다.

Yes이면서 No인 것

괴델의 불완전성 정리는 참인 서술을 증명하려는 모든 시도를 상징한다. 이 정리에 따르면 정수론의 모든 타당한 공리계에는 참이면서 증명할 수 없는 명제가 반드시 존재한다. 그러나 공리계 밖으로 나오면 특정 명제가 참이라는 것을 증명할 수 있고, "공리계 안에서는 증명될 수 없다"는 것도 증명할 수 있다. 그렇다면 더 큰 체계를 도입하면 되지 않을까? 아니다. 앞에서도 말했지만, 괴델의 정리에 따르면 공리를 아무리 많이 추가해도 참이면서 증명할 수 없는 명제는 반드시 존재한다.

나는 지금까지 다양한 문제들과 씨름을 벌여오면서 "우리가 우주의 일부로 존재하는 한 우주를 이해하는 것은 불가능하다"는 생각에 조금씩 물들어왔다. 우주가 양자적 파동 함수로 서술된다면 이것을 우주 바깥에서 관측해야 할까? 혼돈 이론에 따르면 변방에서 일어난 국소적 변화가 혼돈계 전체에 영향을 미치기 때문에, 계의 일부를 따로 떼어내서 고립된 계로 간주하면 올바른 결과를 얻을 수 없다. 물리계 전체를 이해하려면 계의 바깥에서 바라봐야 한다. 의식에 대한 연구도 마찬가지다. 우리는 자신의 의식 세계에 갇혀 있기 때문에 다른 사람의 의식 속으로 들어갈 수 없다. 그래서 일부 학자들은 우리가 우주에 갇혀 있기 때문에 물질계를 초월한 신을 결코 이해할 수 없다고 주장한다.

또한 괴델은 "정수론의 공리계 안에서는 그 체계가 모순 없이 타당하다는 것을 증명할 수 없다"고 했는데, 이것은 "우주에 대한 지식을 얻으려는 우리의 접근 방법이 얼마나 효율적인가?"라는 질문에도 적용된다. 예를 들어 물리적 현상을 연구할 때 귀납적 추론이 왜 옳은지를 설명하려면 귀납적 추론을 펼쳐야 하고, 설명이 완료되면 그 설명의 타당성을 입증하기 위해 똑같은 과정을 되풀이해야 한다.

이처럼 수학적 탐구 방법에는 분명한 한계가 있지만, 그렇다고 해서 수학 자체를 포기할 필요는 없다. 정수론과 관련하여 우리가 참이라고 가정한 것이 참으로 판명되는 수학도 있고 거짓으로 판명되는 수학도 있으므로 "여러 종류의 수학이 존재한다"고 인정하면 그만이다. 그런데 우주에 대한 결코 알 수 없는 질문에 도달했을 때에도 그럴 수 있을까? 답을 알 수 없는 질문이 정의되면, 일단 '이것 아니면 저것'이라는 답을 가정하고 연구를 진행하는 것이 정상적인 수순이다. 이런 경우 대부분의 연구자는 '이것 또는 저것' 중 어느 한쪽이 답일 가능성이 높다는 심증을 가지고 있으며, 가능성을 판별할 수 없을 때에는 계 안에서 얻어진 결과에 기초하여 둘 중 하나를 선택하게 된다.

그러나 수학에서는 굳이 이런 선택을 할 필요가 없다. 수학자인 나는 아무런 거리낌 없이 여러 수학 체계를 오락가락할 수 있다. 이 체계들은 서로 모순되지만, 하나의 체계만 놓고 보면 아무런 문제가 없다. 예를 들어 나는 연속체 가설이 참인 수학 체계를 대상으로 연구 논문을 쓸 수 있고, 연속체 가설이 거짓인 체계에서도 아무렇지 않게 연구를 수행할 수 있다. 원래의 수학 체계가 타당하다면, 거기서 파생된 체계들도 타당하다. 나의 수학 체계가 제대로 작동되면 연속체 가설에 기초하여 이 특별한 수학적 우주를 탐구할 수 있다. 그렇다면 우리가 모르는 다른 것에도 이 방법을 적용할 수 있을까? 신이 알 수 없는 존재라면 그에게 인간과 비슷한 육체를 부여해도 괜찮을까? '알 수 없다'는 정의를 무시하고 '알 수 있는 그 무엇'으로 바꾸는 것은 반칙이 아니던가?

선택을 내리거나 가정을 세울 때는 각별한 주의를 기울여야 한다. 내가 모르는 것을 참이나 거짓이라고 덮어놓고 가정할 수는 없다. 우선 그것이 참이거나 거짓이어도 모순이 발생하지 않는다는 것을 증명해야 한다. 예를 들어 우리는 소수素數에 대한 리만 가설이 참인지 거짓인지 알 수 없지만, 지금의 정수론에 따르면 답은 참 또는 거짓, 둘 중 하나여야 한다. 만일 리만 가설이 지금의 공리 체계에서 증명될 수 없다고 판명된다면 괴델의 정리에 따라 리만 가설은 참이다. 반면에 리만 가설이 거짓이라면 체계적인 연구를 통해 '성립하지 않는 사례'가 언젠가는 발견될 것이므로 반증 가능한 가설이 된다. 리만 가설이 거짓이라면 당신이 참이라고 가정한 체계 안에서 모순이 발생할 것이다. 이것은 연속체 가설에도 매우 좋은 일이다. 가설이 참이건 거짓이건 간에, 아무런 모순도 낳지 않고 이론에 포함될 수 있기 때문이다.

일부 수학자들은 우리가 공리에 기초하여 이해하려는 수가 자의 눈금에 존재하는 측정 가능한 수라고 주장한다. 그렇다면 우리가 구축하려는 수 체계에서 연속체 가설이 성립한다고 가정할 만하다. 그러나 최근에 논리학자 휴 우딘Hugh Woodin은 우리가 구축하려는 수 체계에서 연속체 가설이 거짓인 이유를 논한 적이 있다. 그는 "이 숫자들이 자의 눈금에 존재하는 수라면, 정수 집합보다 크고 무한 소수 집합보다 작은 무한부분 집합이 존재한다고 믿을 만한 근거가 있다"고 주장했다.

이것은 수학과 물리학의 긴장 관계를 보여주는 한 사례이다. 지난 수백 년 동안 수학은 여러 개의 상반된 기하학과 정수론을 거느리면서 '수학적 다중 우주'를 별 탈 없이 운영해왔다. 물리학에도 다중 우주의 개념이 존재하지만, 물리학자들은 그중 어떤 것이 진짜 우주인지 밝히기 위해 고군분투하는 중이다. 다시 말해서 수학적 다중 우주는 평화적 공존이 가능한 반면, 물리학의 다중 우주는 과도기적 이론이며 극복해야 할 대상이다.

예를 들어 한 과학자가 논리적으로 완벽한 우주 이론을 구축했는데, 관측 결과와 일치하지 않는다면 이론은 곧바로 폐기되고 더는 세간의 관심을 끌지 못한다. 또 생물학자가 유니콘처럼 존재할 가능성이 있는 가상의 동물에 대한 논문을 발표했는데 지구에서 발견된 사례가 없으면 아무도 관심을 갖지 않을 것이다. 그러나 수학에서는 새로운 세계나 새로운 동물이 등장하면 전혀 배척받지 않고 가능한 한 수학의 하나로 등극한다. 과학은 현실을 추구하는 반면, 수학은 가능성을 추구하기 때문이다. 과학은 여러 개의 가능한 우주 모형에서 하나의 답을 찾지만 수학은 모든 가능한 모형을 수용한다.

그렇다면 답을 찾을 수 없는 과학적 질문을 어떻게 다뤄야 할까? 연속체 가설의 수용 여부를 확률에 입각하여 결정할 수는 없다. 연속체 가설은 모형에 따라 참일 수도 있고 거짓일 수도 있다. 그러나 하나의 진실을 추구하는 물리학에 이런 식의 논리를 적용할 수 있을까?

물리학에서는 지식의 한계를 넘어선 질문이 제기되었을 때에도 맞는 답과 틀린 답이 여전히 존재한다. 그러나 답할 수 없는 질문이라면 옳은 답으로 인도하는 새로운 증거를 찾을 수 없을 것이고, 반대로 증거가 발견된다면 이 질문은 애초부터 답할 수 없는 질문이 아니었다는 뜻이다. 그렇다면 틀린 가정을 믿고 연구를 진행한 사람들에게는 어떤 일이 일어날까? 아무 일도 일어나지 않는다! 연속체 가설이 그랬던 것처럼 가정의 부정형도 현재의 우주 이론에 여전히 부합되기 때문이다. 내가 세운 가정이 모순에 봉착하면 틀린 이유를 추적할 수 있으므로, 이 경우에도 '답할 수 없는 질문'은 아니었던 셈이다.

"우주는 무한한가?"라는 질문을 예로 들어보자. 이 질문의 답을 알 수 없다면, 그 이유는 우주가 정말로 무한하거나 유한하긴 한데 우주의 끝이 사건 지평선보다 멀어서 관측할 수 없기 때문일 것이다. 우주가 무한하다면, "우주는 유한하지만 관측 가능한 범위를 넘어서 있다"는 가정하에 연구를 진행했던 사람들은 어떤 일을 겪게 될까? 이 가정이 현재의 우주론이나 관측 데이터에 위배된다면 우주가 무한하다는 것을 증명할 방법이 있다는 뜻이며, "우주는 무한한가?"라는 질문은 애초부터 '답할 수 없는 질문'이 아니었다는 뜻이다. 물론 이것은 수학에서 무한대의 개념을 입증하는 탁월한 방법이다. 앞에서 우리는 $\sqrt{2}$ 가 유리수라는 가정하에 논리를 전개하다가 모순에 봉착했고, 이로부터 $\sqrt{2}$ 가 무리수라는 사실을 증명할 수 있었다. 그런데 우주가 무한하다는 가정은 모순을 낳지 않을 수도 있다. 이런 점에서 볼 때 우주를 연구하는 최상의 수단은 수학일지도 모른다.

이번 장에서 우리는 무한대를 수학적으로 다루는 방법에 대해 알아보았다. 칸토어의 무한대 이론을 접하고 보니, 과거 한때 무한대를 신과 결부시켰다는 것이 다소 놀랍게 느껴진다. 데카르트는 자신의 저서에서 "내가 상상할 수 있는 무한대는 신밖에 없다"고 했다. 19세기가 끝날 무렵, 칸토어가 탁월한 통찰력을 발휘하여 천상계에 숨어 있던 무한대를 '다룰 수 있는 수'의 영역으로 끌어내렸지만, 사실 이것도 종교적 신념의 결과였다. 칸토어는 자신이 무한대를 세상에 알리는 신의 대변자로 선택되었다고 굳게 믿었다.

무한대의 개념은 신을 탐구하는 종교인들 사이에서 중요한 역할을 해왔다. 우주론적 논증으로 신의 존재를 증명했던 토마스 아퀴나스는 "모든 피조물은 창조주 없이 존재할 수 없다. 그러므로 창조주 역시 자신을 창조한 창조주가 있어야 하고, 그 창조주가 존재하려면 또 다른 창조주가 필요하다……. 이런 식으로 무한 반복되는 연결고리를 끊으려면 신은 '최초의 원인 제공자'가 되어야 한다"고 주장했다. 그러나 수학에서는 기존의 무한대를 조합하여 새로운 무한대를 얼마든지 만들어낼 수 있으므로, 무한 반복되는 창조 논리를 굳이 중간에서 끊을 필요가 없다. 이 논리는 무한히 계속될 수 있으며 단계마다 새로운 개념이 탄생하게 된다.

수학이 기존의 무한대에서 새로운 무한대를 만들어낸다 해도 수학적 우주를 완전히 파악하기란 결코 쉬운 일이 아니다. 그래서 대부분의 수학자들은 낮은 단계의 무한대를 다루는 것에 만족하고 있다. 그러나 이것은 무한히 계속되는 계층 구조의 일부일 뿐이며, 제아무리 위대한 존재라 해도 그보다 위대한 무언가가 항상 존재한다. 신을 가장 위대한 존재로 정의하는 신학자들에게는 결코 반가운 소식이 아니겠지만, 결국은 '알 수 없는 것(생물학적 한계)'으로 되돌아온 셈이다.

지식의 경계 탐험이 거의 끝나가는 지금, 우리는 무엇이 '알 수 없는 것'에 속하는지 정확하게 말할 수 있을까? 절대로 알 수 없다고 생각했던 문제들('우주는 무한한가?' 등)은 처음의 짐작과 달리 답할 수 없는 난제가 결코 아니었으며, 이번 장에서는 수학의 유한한 논리를 이용하여 무한대의 존재를 증명하기도 했다. 그러므로 우리가 관측할 수 있는 우주에 한계가 있다 해도 상상력을 최대로 가동하면 한계를 넘어선 곳에 존재하는 것까지 알아낼 수 있다.

'빅뱅 이전의 시간'도 알 수 없는 경계 중 하나였지만, 여기에도 비집고 들어갈 틈새가 있었다. 최근 들어 우주론 학자들은 빅뱅 이전의 시간에 대한 이론을 구축했고, 심지어는 관측법까지 제안했다. 그러나 시간에 시작이 있었는지, 아니면 무한히 먼 과거부터 흘러왔는지는 아무도 알 수 없으며 앞으로도 당분간은 미지로 남아 있을 것이다.

주사위를 이루는 궁극의 구성 성분은 앞으로 영원히 알 수 없을 것 같다. 각 세대마다 과학자들은 물질을 점점 더 작은 단위로 분해하면서 자신이 물질의 최소 단위에 도달했다고 생각했다. 과거에 최소 단위라고 생각했던 원자와 양성자, 중성자 등이 결국은 더 작은 입자로 이루어져 있다고 판명되었는데, 쿼크와 전자, 중성자 등 현재 우주의 구성 요소로 알려진 입자들이 더 작은 단위로 분해되지 않는다고 어떻게 장담할 수 있겠는가? 현재 통용되는 양자 물리학에 따르면, 과학이 아무리 발달해도 플랑크 길이보다 작은 영역은 절대로 들여다볼 수 없다. 여기가 바로 우리가 알 수 있는 영역의 한계이다.

의식의 근원을 연구하는 과학자들의 미래는 매우 유동적이다. 잘못된 질문 때문에 막다른 길에 도달할 수도 있고, 생명의 근원을 탐구하는 문제와 맞물려 운 좋게 답을 찾을 수도 있다. 그러나 "분자의 집합이 생명을 창조한다"는 식의 생물학적 설명으로는 '생의 약동'을 만들어내는 원천을 이해할 수 없다. 우리가 자신의 의식에 갇혀 다른 사람의 의식으로 들어갈 수 없는 것도 방해 요인으로 작용한다.

이것은 지금까지 다뤘던 모든 주제에 공통적으로 존재하는 장애물이다. 예를 들어 임의의 수학 체계에는 자체적으로 증명될 수 없는 명제가 존재한다. 공리계 밖으로 나가서 바라보면 참-거짓의 여부를 알 수 있지만, 이 과정에서 만들어진 새로운 체계에도 증명될 수 없는 정리는 여전히 존재한다.

양자 세계에도 넘어설 수 없는 한계가 존재한다. 무엇보다도 실험의 배경인 우주와 관측 대상을 분리할 수 없기 때문에, 양자 규모에서 진행되는 실험은 동일한 형태로 반복될 수 없다. 실험을 한 번 실행하면 우주의 상태가 달라지고, 이것이 관측 대상에 영향을 줄 것이므로 두 번째 실험은 동일한 환경에서 진행될 수 없다.

수학은 주사위에 대해서도 마술 같은 결과를 낳는다. 확률이란 무엇인가? 주사위를 600번 던진다면 눈금 6이 100번쯤 나올 것이다. 그러나 내게 필요한 것은 확률이 아니다. 나는 주사위를 한 번 던졌을 때 어떤 눈금이 나오는지 알고 싶다. 그런데 혼돈 이론의 방정식에 따르면 초기 상태의 미세한 변화가 결과에 큰 영향을 미치기 때문에, 계의 미래(또는 과거)를 예측하려면 현재 상태를 완벽하게 알고 있어야 한다. 그러나 양자 역학의 불확정성 원리에 따르면 입자의 위치와 운동량을 동시에 정확하게 알 수 없으므로 계의 미래(또는 과거)를 예측하는 데에는 분명한 한계가 있다.

인간의 뇌는 물론이고 우주 자체의 계산 능력에도 물리적 한계가 있다. 따라서 우리는 모든 것을 알 수 없고, 지식의 한계를 넘어선 미지는 항상 존재할 것이다. 그러나 이것은 '절대로 알 수 없는 미지'가 아니다. 멀리 있는 천체에서 방출된 빛이 지구에 도달한 후에야 우주의 팽창 속도가 빨라지고 있다는 사실을 알았던 것처럼, 앞으로 시간이 충분히 흐르면 컴퓨터는 증명 가능한 모든 정리를 증명해줄 것이다. 그렇다면 시간은 어떤가? 충분히 긴 세월을 기다리면 시간의 흐름도 끝날까?

언어 때문에 생긴 한계는 앞으로 극복될 가능성이 있다. 대부분의 철학자들은 의식 연구에서 언어를 가장 큰 장애 요인으로 꼽는다. 양자 물리학을 연구할 때에도 유일한 언어가 수학이기 때문에 이와 비슷한 문제가 발생할 수 있다. 수학을 일상적인 언어로 해석하다 보면 온갖 오해가 발생하고, 이것 때문에 양자 물리학에는 '어려운 과학'이라는 꼬리표가 달려 있다. 양자 역학이 어렵게 느껴지는 이유는 위치와 운동량을 동시에 정확하게 측정할 수 없어서가 아니라, 수학을 자연 언어로 적절하게 해석하지 못했기 때문이다.

그러나 인간의 사고방식 자체가 지식의 습득을 방해할 수도 있다. 현대를 사는 우리들도 예외가 아니다. 19세기에 오귀스트 콩트는 별의 구성 성분을 절대로 알아낼 수 없다고 주장했지만 지금 우리는 별에 대해 꽤 많은 것을 알고 있다. 이 모든 정황을 고려할 때, 가장 안전한 결론은 다음과 같다.

"우리는 '절대로 알 수 없는 것'의 정확한 목록을 결코 완성하지 못할 것이다."

신은 허수인가?

답이 없을 것 같은 방정식에서 답을 만들어내는 과정은 어디까지 계속될 수 있을까? 수백 년 동안 수학자들은 $x^2 = -1$이라는 방정식에 해가 존재하지 않는다고 굳게 믿어오다가, 어느 순간 사고의 틀을 깨고 답을 만들어내기로 작정했다. 자신을 제곱했을 때 -1이 되는 상상 속의 허수 i를 수학에 도입한 것이다. 물론 i가 기존의 수 체계에 문제를 일으켰다면 곧바로 폐기되었을 것이다. 그러나 i는 모든 시련을 이겨내고 끝까지 살아남았다. 어떻게 그럴 수 있었을까? 가장 중요한 요인은 허수의 도입을 통해 수학이 훨씬 풍요로워졌다는 점이다. 허수가 없었다면 수학은 지금보다 훨씬 심심하고 계산 능력도 크게 떨어졌을 것이다.

아직 해결되지 않은 문제를 좀 더 창의적인 시각으로 바라보면 무엇이 달라질 것인가? 예를 들어 내가 "우주는 왜 텅 비어 있지 않고 무언가가 존재하게 되었는가?"라는 질문에 신을 답으로 제시한다면 어떻게 될까? 언뜻 생각하면 우주론과 종교를 연결하는 심오한 답처럼 들리지만, 사실은 답을 찾은 것이 아니라 답에 '신'이라는 이름을 가져다붙인 것에 불과하다. 답을 뭐라고 부르건, 모르는 것은 여전히 모르는 채로 남아 있다. 우주론 학자들이 연구에 박차를 가하여 답과 관련된 정보를 더 얻었다면 우주에 대한 지식은 많아지겠지만, 그 덕분에 신에 대해 더 많이 알게 되었다고 주장할 수는 없다.

과학을 탐구할 때에는 이런 식의 오류에 빠지지 않도록 각별한 주의를 기울여야 한다. 수학 방정식을 머리에 떠오르는 대로 휘갈겨놓고 '답이 존재한다'고 우길 수는 없다. $x^2 = -1$의 해가 수용된 이유는 i라는 이름 때문이 아니라, 이로부터 자체 모순이 없는 수 체계를 구축할 수 있었기 때문이다. 플라톤의 관점에서 보면 수학의 이상향에 이미 존재했던 i가 뒤늦게 발견된 것이고, 수학자의 입장에서 볼 때 i를 도입한 것은 수학의 지평을 넓힌 창조적 행위였다. 그러나 내가 페르마 방정식을 써놓고 해를 새로 정의한다면, 이 때문에 모순이 초래된다는 것을 증명해야 한다.[•] 앤드류 와일즈는 페르마의 마지막 정리를 증명할 때 바로 이 방법을 사용했다.

대부분의 종교는 신에게 원래의 정의와 무관한 속성을 지나치게 많이 부여하여 문제를 일으키곤 한다. 우리는 신이라는 개념이 처음에 어떻게 정의되었는지 전혀 모르는 채 오랜 세월 동안 쌓여온 기이한 특성에 집중하는 경향이 있다. 많은 사람들이 어린 시절에 이런 조악한 개념에 세뇌된 후 성인이 되어 "우주에는 왜 물질이 존재하는가"라는 질문을 떠올리는데, 이런 식으로는 올바른 답을 찾을 수 없다.

내가 무신론자를 자처하는 이유는 '알 수 없는 것'에 대해 종교가 제시해온 고전적 답을 수용할 수 없기 때문이다. 물론 내 생각이 틀릴 수도 있다. 영원히 알 수 없는 것은 항상 존재해왔고 앞으로도 그럴 테니, 신이 정말로 존재할지도 모를 일이다. 틈새의 신[••]을 주장하는 사람들은 "과학적 틈새(미지)와 친숙해지려면 신을 열심히 탐구해야 한다"고 주장한다. 그러나 원래 정의에 따르면 신을 이해하는 것은 애초부터 불가능하다.

신에 대한 정의를 있는 그대로 수용하면 더는 지식을 쌓을 수가 없다. 자신을 제곱하여 −1이 되는 수를 정의했을 때에는 풍부한 결과가 얻어

[•] 페르마의 마지막 정리는 페르마 방정식에 해가 존재하지 않는다는 정리였다.
[••] 과학으로 설명되지 않는 것들, 즉 '과학의 틈새'가 신의 영역에 해당한다는 논증이다.

졌지만, "우주에는 왜 무언가가 존재하게 되었는가?"라는 질문에는 무언가를 답으로 제시해봐야 얻을 것이 하나도 없다. 그리고 이런 상황이 오래 지속되면 정의와 무관한 속성이 계속 더해지면서 문제의 본질에서 한참 멀어지게 된다. 영국의 작가이자 종교 평론가인 카렌 암스트롱Karen Armstrong의 말처럼, 이런 신은 너무 높은 곳에 있어서 접근 자체가 불가능하다.

알 수 없는 것에 대한 사람들의 반응은 몇 가지 패턴으로 나뉘는데, 그 중 하나는 있는 그대로 내버려두는 것이다. "원래부터 알 수 없는 것이라면 아무리 노력해도 알 수 없을 테니 시간 낭비할 필요가 없다"는 태도가 바로 그것이다. 그러나 모든 사람의 마음 한구석에는 가능한 답들 중 하나를 골라서 그 답에 따라 살고 싶은 욕구가 자리 잡고 있다. 아마도 대부분의 사람들은 새로운 답이 등장하여 다중 세계 가설이 폐기될 때까지 모든 가능한 답을 수용하고 싶을 것이다. 사실 이것이 가장 논리적인 반응이다. 수학자들은 연속체 가설이 성립하는 수학 체계에 만족하면서, 연속체 가설이 성립하지 않는 또 하나의 평행 우주 수학을 아무런 거리낌 없이 받아들이고 있다.

그러나 지식의 경계 탐험이 거의 끝나가는 지금, 내가 아직도 무신론자로 남아 있는지 살짝 의구심이 든다. '알 수 없는 것'을 신으로 정의했는데도 무신론자로 남으려면 "이 세상에 알 수 없는 것은 존재하지 않는다"는 확신이 서야 하는데 나에게는 그런 확신이 없다. 그렇다면 나는 이 책을 쓰면서 신의 존재를 증명한 셈이며 이제 남은 일은 신의 속성을 규명하는 것뿐이다.

내가 무신론자가 된 이유는 대부분의 종교와 문화에서 탄생한 신의 개념이 별 볼 일 없었기 때문이다. 나는 어떤 초월적 존재가 우주의 진화에 관여하고 있다는 주장에 전혀 동의하지 않는다. 자비와 지혜, 사랑 등 사람들이 신에게 부여한 속성은 나의 여정과 아무런 관계가 없다.

이런 신은 종교인과 무신론자, 어느 쪽도 만족시키지 못할 것이다. 공격적인 무신론자들은 신이라는 단어를 입에 담는 것조차 싫어하고, 신을 믿는 사람들도 절대적인 신과 한없이 무기력한 인간의 관계를 별로 달갑게 여기지 않는다. 그렇다면 우리는 '틈새의 신'을 어떻게 이해해야 할까?

내가 보기에는 다양한 사고방식을 모두 수용하는 것이 최선이다. 간단히 말해서, 신에 대한 한 정신분열증 환자가 되라는 뜻이다. 우리는 인간으로서 알 수 없는 것이 무엇인지 알아야 하고 증명을 통해 알 수 있는 지식에는 한계가 있다. 그러므로 지적인 겸손을 갖추지 않으면 거짓에 현혹되거나 자만에 빠지기 쉽다. 그러나 영원히 알 수 없는 것들의 목록을 정확하게 알 수 없는 것도 분명한 사실이다. 그래서 과학자들은 문제가 아무리 어려워도 일찍 포기하지 말고 언젠가는 반드시 알게 된다는 믿음을 가져야 한다.

내가 가지고 있는 주사위의 개수는 짝수인가, 아니면 홀수인가?

지금까지 우리는 지식의 경계를 여행하면서 영원히 알 수 없는 것과 아직 모르는 것 그리고 이미 알고 있는 것들을 살펴보았다. 그러나 인식론적 관점에서 생각해보면 무언가를 아는 것이 정말로 가능한지 의심스럽기도 하다. 2,400년 전에 소크라테스는 "내가 아는 진실이라곤 내가 아무것도 모른다는 사실뿐"이라고 했다. 지식에 대한 한 자신이 무지하다는 것만이 유일한 진실이라는 뜻이다.

그 후로 철학자들은 '아는 것'에 대하여 수많은 이론을 제기했고, "우리는 무엇을 알고 있는가?", "지식이란 무엇인가?"라는 질문의 답을 찾기 위해 부단히 노력해왔다. 플라톤은 지식을 "정당화된 믿음"으로 정의했으나, 2000년 후 버트런드 러셀과 에드문드 게티어Edmund Gettier는 플라톤의 정의에 이의를 제기했다.

러셀이 제안했던 고전적 사례는 다음과 같다. 한 여인이 광장에서 시계를 보고 2시라는 것을 확인했다. 시곗바늘이 2시를 가리키고 있으니 당연히 그녀는 2시라고 믿었고, 실제 시간도 2시였다. 그러나 그녀가 보았던 시계는 12시간 전부터 고장 나서 멈춰 있었다. 이런 경우에 그녀가 올바른 지식을 얻은 것은 순전히 우연이다. 만일 그녀가 다른 시간대에 그 시계를 보았다면 틀린 지식을 얻었을 것이다.

게티어도 이와 비슷한 시나리오를 통해 '정당화된 믿음'에 이의를 제기했다. 당신이 들판을 바라보다가 먼 거리에서 움직이는 물체가 시야에 들어왔는데, 당신은 그것이 소라고 판단하고 "들판에 소가 있다"고 주장했다. 그 들판이 원래 소를 방목하는 곳이었다면 당신의 주장은 참이면서 정당화된 믿음이지만, 당신이 먼 거리에서 본 것은 소가 아닌 다른 동물일 수도 있다. 즉, 참인 서술(정당화된 믿음)이라고 해서 반드시 지식으로 연결된다는 보장이 없는 것이다.

우주에 대하여 참인 서술을 떠올린 경우도 마찬가지다. 서술 자체는 참이지만, 검증 과정에서 틀린 서술로 판명될 수도 있다. 서술의 참-거짓 여부와 현실과 부합되는지의 여부는 완전히 다른 이야기다. 수학을 연구하다 보면 새로운 수학적 서술을 증명했다가 나중에 논리적 결함을 발견하는 경우가 종종 있는데(학술지에 보내기 전에 결함을 발견하면 다행이지만, 그렇지 않으면 학자로서의 평판에 약간의 손상을 입게 된다), 이런 경우에 나의 잘못된 증명이 수학적 서술을 정당화할 수는 없다.

모든 수학자들이 그렇듯이 나 역시 리만 가설이 참인지 거짓인지 모르고 있다. 그동안 일부 수학자들은 리만 가설이 참이라는 믿음하에 여러 개의 방정식과 복잡한 논리로 이루어진 방대한 논문을 발표했지만 예외 없이 오류가 발견되었고, 제안자들은 오류를 인지하는 즉시 믿음을 포기했다. 그런데 모든 사람들이 잘못된 증명에 설득된다면 어떻게 될까? 군중은 바보가 아니므로 명백하게 틀린 증명에 현혹되지 않겠지만, 오류가 아주 미묘한 곳에 숨어 있으면 이런 상황이 벌어질 수도 있다. 이는 곧 정당화된 믿음이 있어도 리만 가설이 참이라고 주장할 수 없다는 것을 의미한다. 정당화된 믿음이 '참'이 되려면 증명에 한 치의 오류도 없어야 한다.

고대의 일부 천문학자들은 지구가 태양 주위를 돌고 있다고 생각했지만 그것을 증명하는 논리에 오류가 있었다. 또한 기원전 9세기경에 인도의 철학자 야즈나발키야Yajnavalkya는 태양을 중심으로 한 태양계 모형을 제안하면서 "태양은 지구, 행성, 대기를 비롯한 모든 만물을 실에 꿰어 자신의 주변에 묶어놓았다"고 했다. 이런 주장을 펼친 그를 '지구의 자전을 간파한 현자'로 간주할 수 있을까?

옥스퍼드 뉴컬리지의 티모시 윌리엄슨Timothy Williamson도 나와 생각이 비슷한 것 같다. 그는 《지식의 한계Knowledge and Its Limits》라는 저서에서 "지식은 다른 것으로부터 정의될 수 없는 기본 개념으로 간주해야 한다"고 주장했다. 지구상의 모든 언어에 공통적으로 들어 있는 단어는 100여 개 정도인데, 대부분이 '먹다', '자다', '싸우다'와 같은 기본적 단어들이다. 이 목록에 '알다to know'라는 단어가 포함되어 있는 것을 보면 무언가를 아는 것도 먹거나 자는 것 못지않게 기본적인 행위가 분명하다.

나는 윌리엄슨 덕분에 불가지 역설이라는 것도 알게 되었다. "당신이 알기 전까지는 절대로 알 수 없는 진실이 항상 존재한다"는 역설이다. 미국의 논리학자 프레더릭 피치Frederick Fitch가 1963년에 제안한 역설로, 사실은 1945년에 피치가 연구 논문을 학술지에 제출했을 때 익명의 심사위원이 게재를 거절하면서 논문의 말미에 휘갈겨놓은 문구였다. 그 후 이 역설의 출처는 한동안 미스터리로 남아 있다가 몇몇 사람들이 필체를 추적한 끝에, 괴델의 불완전성 정리를 이해하는 데 중요한 업적을 남긴 미국의 논리학자 알론조 처치Alonso Church의 글로 확인되었다.•

처치의 논리는 괴델이 사용했던 자기 참조형 논법을 연상케 하지만, 수학이 전혀 개입되지 않은 순수한 논리라는 점에서 학계의 주목을 받았다. 괴델은 "자체 모순이 없는 공리계에는 참이면서 증명될 수 없는 명제가 반드시 존재한다"는 것을 증명한 반면, 처치의 논리는 여기서 한 걸음 더 나아가 "어떤 수단을 동원해도 알 수 없는 진실이 항상 존재한다"는 것을 암시하고 있다.

내가 모르는 '참인 서술'이 존재한다고 가정해보자. 사실 이런 서술은 도처에서 쉽게 찾을 수 있다. 예를 들어 우리 집에는 내가 라스베이거스에서 가져온 주사위 외에도 여러 개의 주사위가 곳곳에 흩어져 있다. 각종 게임 세트에 주사위가 들어 있고 주사위 게임 박스에도 여러 개가 들어 있으며, 잔뜩 어질러진 아이들의 방과 소파 틈새에도 꽤 많이 숨어 있을 것이다. 우리 집에 주사위가 여러 개 있다는 것은 알겠는데, 모두 합한

• 학술 논문의 심사 위원은 신상을 밝히지 않는 것이 관례이다.

개수가 짝수인지 홀수인지는 알 길이 없다. 즉, "내가 가지고 있는 주사위의 개수는 짝수(또는 홀수)이다"라는 서술은 참 아니면 거짓이 분명하지만 온 집 안을 이 잡듯이 헤집어서 모든 주사위를 색출하지 않는 한 그 진위 여부를 알 수 없다.

본론은 지금부터다. "우리 집에 있는 주사위의 개수는 짝수이다"와 "우리 집에 있는 주사위의 개수는 홀수이다"라는 두 개의 서술 중 참인 서술을 p라 하자. 나는 어떤 서술이 참인지 알 수 없지만 둘 중 하나는 반드시 참이어야 한다. 이제 나는 '알려지지 않은 진실unknown truth'로부터 '알 수 없는 진실unknowable truth'을 만들 수 있다. "p는 참이지만 알려지지 않았다"라는 서술은 알 수 없는 진실에 속한다. 둘 중 참인 서술을 p라고 정했으니 참인 것은 분명한데, 왜 알 수 없다는 것일까? 이유는 간단하다. 위 서술의 진위 여부를 안다면 "p는 참이면서 알려지지 않았다"는 것을 안다는 뜻이 되는데, p를 '알면서 알지 못하는' 상황이란 존재할 수 없기 때문이다. 따라서 "p는 참이지만 알려지지 않았다"는 서술은 진위 여부를 알 수 없는 서술이다. 앞서 말한 대로 온 집 안을 샅샅이 뒤지면 우리 집에 있는 주사위의 짝-홀수 여부를 알아낼 수 있으므로, 알 수 없는 것은 p가 아니라 "p는 참이면서 알려지지 않았다"는 서술이다. 물론 이 모든 논리는 참이면서 알려지지 않은 무언가가 존재할 때에만 성립한다. 여기서 벗어나는 유일한 길은 모든 것을 아는 것뿐이다. 모든 진실이 '알 수 있는 것'이 되려면 모든 진실을 알고 있는 수밖에 없다.

이것은 세간에 역설로 알려져 있지만 윌리엄슨은 "전혀 역설이 아니며, 이 세상에 알 수 없는 진실이 존재한다는 사실을 증명한 것뿐"이라고 했다.

무언가를 '안다'는 것이 정말로 가능할까?

우리는 얼마나 많은 것을 알 수 있을까? 철학자들이 수시로 떠올리는 질문이다. 18세기 스코틀랜드의 철학자 데이비드 흄David Hume은 이 책에서 우리가 수시로 마주쳤던 문제, 즉 "자신이 관찰 중인 계 안에 갇혀 있는 관측자의 한계"와 관련된 문제를 집중적으로 파고들었다. 무언가를 알기 위해 과학적 모형을 적용하다 보면 결국 순환 논리에 빠지게 된다. 왜냐하면 우리는 과학적 방법이 타당하다는 것을 증명하기 위해 과학적 논리를 사용하고 있기 때문이다. 비트겐슈타인은 이 상황을 "엉덩이보다 높은 곳에 볼일을 볼 수는 없다"라고 풍자적으로 표현했다.

수학은 어떤가? 수학에도 지식은 분명히 존재한다. 소수의 개수가 무한히 많다는 것을 100% 확실하게 증명할 수 있을까? 수학적 증명이 아무리 정교하다 해도 결과를 판단하는 것은 사람의 몫이다. 모든 사람이 증명에 동의했는데 미묘한 곳에 오류가 숨어 있다면 어쩔 것인가? 물론 심각한 오류는 언젠가 밝혀지기 마련이다(이런 보장마저 없었다면 수학은 옛날부터 위험천만한 학문으로 찍혔을 것이다). 그렇다면 수학도 다른 과학 분야처럼 오류를 수정하면서 서서히 진화한다는 말인가? 수리 철학자 임레 라카토스Imre Lakatos는 단호하게 'Yes!'라고 외친다. "과학은 반증될 수 있을 뿐, 검증될 수 없다"는 칼 포퍼의 관점에 기초하여 수리 철학을 구축했던 그는 "수학적 증명에는 아무도 모르는 미묘한 오류가 숨어 있을 수 있다"고 주장했다.

라카토스의 저서 《증명과 반증Proofs and Refutations》에는 학생들이 3차원 입체 도형의 꼭짓점과 모서리의 관계에 대한 오일러 정리를 공부하면서 나누는 대화가 재미있는 문체로 적혀 있다. 면의 수를 F, 모서리의 수를 E, 꼭짓점의 수를 V라 했을 때, 오일러 정리에 따르면 $E = V + F - 2$의 관계가 성립한다. 처음에 학생들은 이 정리를 증명했다고 생각했는데, 한 학생이 이런저런 사례를 살펴보다가 가운데 구멍이 뚫린 입체 도형에는 오일러 정리가 성립하지 않는다는 사실을 발견했다. 물론 애써 완성한 증명도 구멍 뚫린 도형에는 말짱 황이었다. 학생들은 자신의 증명이 특별한 도형에만 적용된다고 가정한 후 꼭짓점과 면, 모서리 외에 구멍의 수까지 포함하는 새로운 공식을 유도했다. 이 이야기는 일반 수학자들의 생각과 달리 물리학이나 화학처럼 수학도 "서서히 진화하면서 지식을 쌓아간다"는 메시지를 담고 있다. 그렇다면 어느 쪽이 진실을 발견하는 데 더 효율적일까?

과학이 참된 지식을 창출한다고 믿는 이유 중 하나는 성공률이 높기 때문이다. 과학은 사물의 실체를 예측하고 설명하는 데 커다란 성공을 거두었으며, 진실에 접근하는 최고의 수단이었다. 당신이 가지고 있는 지도가 당신을 목적지로 인도했다면, 그 지도에는 진실이 담겨 있을 가능성이 높다.

과학은 우주의 지도를 꽤 정확하게 그려주었다. 과학자들이 중력을 정확하게 파악한 덕분에 우주 탐사선을 멀리 있는 행성에 무사히 착륙시킬 수 있었고, 생물학자들이 세포 안에서 진행되는 생물학적 과정을 알아낸 덕분에 유전자 치료법을 이용하여 불치병을 치료할 수 있게 되었으며, 시간과 공간의 특성을 파악한 덕분에 GPS를 이용하여 길을 찾아갈 수도 있게 되었다. 가끔 과학 지도가 제대로 작동하지 않을 때에는 원인을 분석한 후 경로를 수정하면 된다. 생태계에서 적응력이 가장 우수한 종족이 살아남는 것처럼 과학에서도 가장 뛰어난 이론이 살아남는다. 과학이 우리를 완벽한 진실로 인도한다는 보장은 없지만 과학의 역할을 대신해줄 대체물은 아직 존재하지 않는다.

임마누엘 칸트 이후로 우리는 사물 자체things in themselves의 불가지성과 씨름을 벌여왔다. 인간의 오감은 다양한 요인을 통해 쉽게 현혹된다. 이렇게 어설픈 인지 능력으로 진실을 얼마나 알아낼 수 있을까? 혹시 우리의 취향에 맞는 색안경을 쓴 채 우주를 바라보고 있는 것은 아닐까?

이 세상을 알아가는 데 가장 큰 장애물 중 하나는 정보를 수집하는 수단이 어설픈 '오감'이라는 점이다. 오감을 통해 얻은 데이터에 분석적 방법을 적용하면 지식의 범위를 크게 확장할 수 있지만 미묘한 정보를 놓치면 잘못된 결론에 도달할 수도 있다. 다행히도 망원경과 현미경, fMRI 스캐너 같은 장비 덕분에 인간의 인식 범위는 과거와 비교할 수 없을 정도로 크게 넓어졌다.

그러나 우리가 인지할 수 없는 무언가가 우주에 존재한다면 어떻게 할 것인가? 사실 인간의 감각은 우리가 생각하는 것보다 훨씬 뛰어나다. 흔히 말하는 시각, 청각, 미각, 후각, 촉각 외에 공간에서 몸의 위치를 파악하는 자기 수용 감각proprioception과 몸의 내부 상태를 인지하는 능력도 갖고 있으며, 내이內耳에 차 있는 액체는 몸의 위치에 따른 중력의 변화를 감지하여 평형을 유지해준다. 그러나 우주에는 이 모든 감각으로도 감지되지 않는 물리적 현상이 존재할 수 있다.

눈이나 시각 뉴런이 없어서 빛을 감지하지 못하는 생명체들이 무슨 수로 전자기학 이론을 구축할 수 있겠는가? 인간의 눈은 전자기파 스펙트럼의 일부(가시광선)밖에 볼 수 없지만 이 정보를 수학적으로 분석하여 모든 전자기파를 유추해냈고, 이것을 감지하여 눈에 보이는 정보로 변환시켜주는 장치까지 개발했다. 그러나 인간이 가시광선마저 감지할 수 없었다면 전자기학은 물론이고 전기 및 전자 문명도 탄생하지 못했을 것이다.

인간의 감각에 한계가 있으니 우리가 알 수 있는 수학에도 한계가 있지 않을까? 수학은 육체가 아닌 정신의 산물이지만, 일부 철학자들은 "지성이란 궁극적으로 내재된 속성이기 때문에 수학에서 얻는 지식은 내면에 수용될 수 있는 지성의 용량의 제한을 받는다"고 주장하고 있다. 사실 우리가 알고 있는 수학의 상당 부분은 물리적 세계를 서술하는 과정에서 탄생했다. 그렇다면 현실에 존재하지 않는 허수는 어떻게 우리의 내면에 각인되었을까? 근원을 추적해보면 결국 이것도 기하학적 도형의 길이를 측정하는 행위에서 비롯되었다고 할 수 있다. 고대 바빌로니아인들은 정육면체의 대각선 길이를 측정하다가 $\sqrt{2}$ 를 떠올렸고, 여기서 시작된 제곱근의 여정이 우리를 $\sqrt{-1}$ 로 인도한 것이다.

일부 과학자들은 "인간과 비슷한 지능을 가진 기계를 만들려면 기계의 지능이 몸체 안에 물리적으로 내재되어 있어야 한다"며 인공 지능을 회의적 시각으로 바라보고 있다. 인간과 비슷한 지능을 발휘하려면 인간처럼 몸체와 외부 세계 사이에 물리적 상호 작용을 주고받아야 한다. 그런데 컴퓨터의 뇌는 하드 드라이브 안에 갇혀 있어서 외부 세계와 상호 작용을 할 수 없기 때문에 사람과 비슷한 수준의 지능을 가질 수 없다는 것이다. 과연 수학에는 물리적으로 내재된 개념이 아니어서 인간의 능력으로 이해할 수 없는 부분이 존재할 것인가?

우리의 감각은 확실한 지식을 얼마나 많이 알아낼 수 있을까? 이것도 철학에서 매우 중요한 문제로 남아 있다. 앞서 지적한 대로 인간의 감각은 마음에 쉽게 현혹된다. 우리의 우주가 컴퓨터 시뮬레이션이 아니라는 것을 어떻게 확신할 수 있는가? '지식의 여섯 번째 경계'에서 말한 바와 같이, 적절한 장비를 이용하면 피험자가 다른 사람의 몸 안으로 들어갔다고 착각하게 만들 수 있다. 이 기술이 충분히 발전하면 영화 〈매트릭스〉

같은 세상도 구현할 수 있을 것이다. 아직은 먼 훗날의 이야기라고? 아니다. 지금이 서기 2019년이 아닌 2002019년일지 누가 알겠는가? 모든 인류의 뇌는 조그만 그릇 안에 보관된 채 컴퓨터가 만든 감각이 주입되어 지금과 같은 세상을 느끼고 있는지도 모른다.

솔직히 말해서 나는 '시뮬레이션 우주 시나리오'를 별로 좋아하지 않는다. 내가 이 책을 쓰게 된 것도 지식의 기초를 흔들려는 시도에 대한 반발감의 발로였다. 시뮬레이션이어도 좋다. 그 안에서 나는 알아낼 수 있는 모든 것을 알아낼 것이다. 칸트는 "인간은 사물의 겉모습만 알 수 있을 뿐, 진정한 거동 방식은 영원히 알 수 없을 것"이라고 했다. 지금도 대부분의 과학자들은 존재론과 인식론에 대한 논쟁을 가끔씩 되돌아보면서 과학의 능력을 의심하는 철학자들의 주장에 귀를 기울이다가, 다시 과학으로 돌아와 스스로 이렇게 되뇌고 있을 것이다.

"진실의 진정한 모습을 알 수 없다 해도, 최소한 우리가 감각을 통해 이해하는 진실이 어떻게 생겼는지는 알 수 있다. 우리에게 영향을 주는 것은 결국 이런 진실이 아니던가?"

그러므로 우리의 최선은 과학을 이용하여 '매우 그럴듯한 지식'을 쌓는 것이다. 완벽한 진실은 아니더라도 진실을 그럴듯하게 서술할 수 있으면 그것으로 족하다. 철학자들이 "절대로 알 수 없다"고 아무리 우겨도, 일상적인 경험을 이치에 맞게 설명해주는 이론은 진실에 가까운 이론이 분명하다. 그래서 닐스 보어는 "물리학의 임무는 자연의 운영 방식을 규명하는 것이 아니라, 자연에 대해 무엇을 말할 수 있는지 알아내는 것"이라고 했다.

알 수 없다는 게 무슨 문제인가? 무언가가 과학의 영역을 초월해 있어서 도저히 알 수 없다면, 다른 길로 접근해볼 수도 있지 않은가? 영국의 우주론 학자 마틴 리스Martin Rees는 "우주에는 왜 무언가가 존재하게 되었는가?"라는 질문을 파고들다가 다음과 같은 결론에 도달했다.

"우주에 물질이 존재하게 된 이유는 옛날부터 미스터리였다. 무엇이 방정식에 생명을 불어넣었는가? 무엇이 이들을 현실 세계에 구현했는가? 이런 것은 과학의 범주를 넘어선 질문이지만 철학과 신학을 통해 진실에 다가갈 수 있다."

너무 일찍 포기한 감이 있지만 알 수 없는 대상을 다른 분야와 공유했을 때 과학이 더욱 풍요로워진다는 것만은 분명한 사실이다. 알 수 없는 것들이 우리의 삶에 영향을 준다면, 특정한 답을 선택했을 때 어떤 결과가 초래되는지 미리 알아둘 필요가 있지 않겠는가? 음악과 시, 소설, 예술도 미지의 세계를 탐험하는 도구이며 그 위력은 결코 과학에 뒤지지 않는다.

"우주는 무한한가?"라는 질문을 다시 떠올려보자. 우주가 무한히 크다면 분자 구조가 당신과 완전히 똑같은 복사본이 무한히 존재할 것이고, 그들은 지금 이 순간에도 당신처럼 책을 읽거나 눈부신 미녀와 산책을 하는 등 각자 자신에게 주어진 일을 수행하고 있을 것이다. 정말로 그럴까? 나도 잘 모르겠다. 하지만 진위 여부에 상관없이 이런 가능성을 아는 것만으로도 우리의 삶은 달라질 수 있다.

혼돈 이론에 따르면 주사위의 눈금뿐만 아니라 인간의 미래도 알 수 없는 영역에 속한다. 인간의 몸은 하나의 물리계가 분명한데, 데이터가 아무리 많아도 미래의 행동을 정확하게 예측할 수 없다. 그러나 우리는 과학 대신 '인간성'이라는 원리에 따라 사람들의 행동을 예측하고 있으며, 대부분의 경우 이 예측은 꽤 정확하게 들어맞는다.

인간의 의식도 과학의 범주를 넘어선 곳에 존재하는 것 같다. 나의 내면세계는 다른 사람의 입장에서 볼 때 '알 수 없는 영역'에 속한다. 하지만 우리는 이 미지의 세계를 탐험하기 위해 소설을 쓰거나 읽고 있지 않은가? 상상의 인물을 만들어내고, 그들의 이야기를 읽는 것이야말로 타인의 내면세계를 들여다보는 최선의 방법이다.

이 세상에는 '알 수 없는 것'이 존재하기에 신화가 있고 이야기가 있으며, 상상의 세계가 있다. 알 수 없는 것이 없었다면 과학은 애초부터 태어나지도 않았을 것이다. 우리는 모르는 것이 많지만 부족한 부분을 메우기 위해 이야기를 만들어내고, 이 이야기는 훗날 '모르는 것'을 '아는 것'으로 바꾸는 데 핵심적 역할을 한다. 단언하건대 이야기가 없으면 과학도 없다.

"말할 수 없으면 침묵하라Whereof one cannot speak, thereof one must be silent."
비트겐슈타인의 저서 《논리–철학 논고Tractatus Logico-Philosophicus》에 등장하는 명언이다. 그러나 나는 이것이 패배주의적 발상이라고 생각한다. 실제로 비트겐슈타인은 피해 의식에 빠져 불행한 말년을 보냈다. 이보다는 "알 수 없으면 상상력을 가동하라"는 말이 훨씬 생산적이다. 이미 알고 있는 것을 배우기 위해 떠나는 여행도 '이야기'로 시작하지 않던가?

무언가를 배우는 것은 '알 수 없는 것'을 탐구하기 위한 초석이다. 맥스웰은 "모든 과학의 발전은 완전한 무지에서 시작한다"고 했다. 특히 수학을 연구하다 보면 이 말이 피부에 와 닿을 때가 많다. 문제가 아무리 어려워도 답이 반드시 존재한다고 믿으면서 끈기 있게 매달리면 결국 어떤 형태로든 보상이 돌아온다. 내가 모른다는 것을 알고 있어야 앞으로 나아갈 수 있다. 스티븐 호킹은 "지식의 최대 적은 무지가 아니라 자신이 무언가를 알고 있다는 환상"이라고 했다.

수학자인 나에게 '증명되지 않은 것에 대한 추측'이야말로 생명줄이나 다름없다. 내가 수학에 몰입하는 이유는 아는 것이 많아서가 아니라 모르는 것이 많기 때문이다. 나는 리만 가설이 참인지 알고 싶고, 지난 수십 년 동안 매달려온 PORC 추측이 정말로 거짓인지 확인하고 싶다. 영국의 수학자이자 생물학자인 제이콥 브로노프스키는 인간의 지식이 "불확실성의 세계에 대한 끝없는 개인적 여정"이라고 했다.

수학 분야에서 세기적 난제가 풀리면 수학자들이 기뻐 날뛸 것 같은가? 아니다. 기쁜 마음보다는 상실감이 훨씬 더 크다. 장편소설을 탈고한 작가가 허전함을 느끼듯이 해답을 받아 쥔 수학자들은 마치 소중히 간직해온 비밀 상자를 빼앗긴 것처럼 서운해한다. 근 350년 동안 수학 최대의 난제로 군림해왔던 페르마의 마지막 정리를 앤드류 와일즈가 증명했을 때에도 대부분의 수학자들은 허탈감을 감추지 못했다. 페르마 방정식을 가지고 노는 것이 커다란 즐거움 중 하나였는데, 그것을 졸지에 빼앗겼으니 상실감도 그만큼 컸을 것이다.

우리는 모르는 것과 알 수 없는 것, 불확실한 것과 함께 살아가는 수밖에 없다. 우주의 작동 원리를 만족스럽게 설명하는 이론이 등장한다 해도, 어떤 미지의 이야기가 인간에게 발견되기를 기다리고 있는지 아무도 알 수 없다. 물론 이 이야기는 끝이 없을지도 모른다. 확실한 지식을 원한다면 지금 몰입하고 있는 이야기에서 언제든지 빠져나올 준비가 되어 있어야 한다. 과학이 경직되지 않고 지금처럼 생생하게 살아남을 수 있었던 것은 사고의 유연성을 초지일관 유지해왔기 때문이다.

그러므로 우리는 주사위를 손에 쥐고 흔들 때마다 미래의 불확정성을 있는 그대로 수용해야 한다. 손을 떠난 주사위가 어느 곳에 어떤 눈금으로 안착할지 알 수 없지만, 바로 이런 이유 때문에 우리는 주사위를 끝까지 바라볼 수 있는 것이다.

감사의 글

이 책이 탈고될 때까지 물심양면으로 도와준 이들에게 진심으로 고마움을 전한다. 그들의 이름은 다음과 같다.

루이스 하인즈: 포스이스테이트 출판사의 편집자

안토니 토핑: 그린&히튼 소속의 내 출판 대리인

사라 시켓: 보조 편집자

조이 고즈니: 일러스트레이터

에디 미치, 잔 맥캔, 스티븐 가이즈: 교정 및 교열 담당자

안드레아스 브라운허버, 조셉 콘론, 페드로 페레이라, 크리스 린토트, 댄 시걸, 크리스티안 팀멜: 이 책을 읽어준 친구들

밥 메이, 멜리사 프랭클린, 존 폴킹혼, 존 배로, 로저 펜로즈, 크리스 토프 코흐: 인터뷰에 응해준 사람들

옥스퍼드대학교 뉴컬리지 사회(성인)교육학과 수학연구소: 내가 일하는 곳

찰스 시모니: 나의 후원자

샤니, 토머, 매걸리, 이나: 우리 가족들

그림 출처

아래의 그림을 제외한 모든 그림은 조이 고즈니Joy Gosney가 새로 그렸습니다.

지식의 첫 번째 경계

p. 41 Dice pyramid © Raymond Turvey

p. 66 Chaotic path. Constructed using 'Restricted Three-Body Problem in a Plane', Wolfram Demonstrations Project: http://demonstrations.wolfram.com/RestrictedThreeBodyProblemInAPlane/

p. 91 Evolutionary fractal tree. Illustration adapted from images generated by the One Zoom Tree of Life Explorer: http://www.one zoom.org/index.htm

p. 98 Magnetic fields © Joe McLaren

p. 102 Four graphs describing the behaviour of the dice. Illustration adapted from M. Kapitaniak, J. Strzalko, J. Grabski and T. Kapitaniak. 'The three-dimensional dynamics of the die throw', Chaos 22(4), 2012

지식의 두 번째 경계

p. 132 Atoms inside a dice. Yikrazuul/Wikimedia Commons/Public Domain

p. 135 Jean Baptiste Perrin's *Les Atomes*. J. B. Perrin (SVG drawing by MiraiWarren)/Public Domain

지식의 세 번째 경계

p. 233 Reprinted graph with permission from the American Physical Society as follows: C.G. Shull, 'Single-Slit Diffraction of Neutrons'. *Physical Review*. 179, 752, 1969. Copyright 1969 by the American Physical Society: http://dx.doi.org/10.1103/PhysRev.179.752

지식의 다섯 번째 경계

p. 398 Entropy. Illustration adapted from Roger Penrose's *The Emperor's New Mind: Concerning Computers, Minds, and the Laws of Physics*. OUP, 1989

p. 405 CCC diagram © Roger Penrose. *Cycles of Time: An Extraordinary New View of the Universe*. Bodley Head, 2010

지식의 여섯 번째 경계

p. 433 Neuron drawing. Reproduced with kind permission from Santiago Ramón y Cajal, Cajal Legacy, Instituto Cajal, Madrid

p. 460 Purity by Randall Munroe. xkcd.com: http://xkcd.com/435/

p. 473 Wakefulness/Deep Sleep. Illustration based on images from Marcello Massimini, Fabio Ferrarelli, Reto Huber, Steve K. Esser, Harpreet Singh, Giulio Tononi. 'Breakdown of Cortical Effective Connectivity During Sleep', Science 309, 2228—2232, 2005

p. 477 Two images of 8-node networks. Reproduced with kind permission from the authors. Giulio Tononi and Olaf Sporns. 'Measuring information integration', BMC Neuroscience 4, 2003

参고 문헌

Al-Khalili, Jim. *Quantum: A Guide for the Perplexed*. Weidenfeld & Nicolson, 2003.

Armstrong, Karen. *A Short History of Myth*. Canongate, 2005.

Armstrong, Karen. *The Great Transformation: The World in the Time of Buddha, Socrates, Confucius and Jeremiah*. Atlantic Books, 2006.

Armstrong, Karen. *The Case for God*. Bodley Head, 2009.

Ayer, A.J. *Language, Truth and Logic*. Victor Gollancz, 1936.

Ayer, A.J. *The Problem of Knowledge*. Penguin Books, 1956.

Baggini, Julian. *Atheism: A Very Short Introduction*. Oxford University Press, 2003.

Baggott, Jim. *Farewell to Reality: How Fairy tale Physics Betrays the Search for Scientific Truth*. Constable, 2013.

Barbour, Julian. *The End of Time: The Next Revolution in Physics*. Oxford University Press, 1999.

Barrow, John. *Impossibility: The Limits of Science and the Science of Limits*. Oxford University Press, 1998.

Barrow, John. *The Constants of Nature*. Jonathan Cape, 2002.

Barrow-Green, June. *Poincaré and the Three-Body Problem*. American Mathematical Society, 1997.

Bayne, Tim. *The Unity of Consciousness*. Oxford University Press, 2010.

Blackburn, Simon. *Truth: A Guide for the Perplexed*. Allen Lane, 2005.

Blackmore, Susan. *Consciousness: An Introduction*. Hodder & Stoughton, 2003.

Blackmore, Susan. *Conversations on Consciousness*. Oxford University Press, 2005.

Bondi, Hermann. *Relativity and Common Sense: A New Approach to Einstein*. Doubleday, 1964.

Borges, Jorge Luis. *Labyrinths: Selected Stories and Other Writings*. New Directions, 1962.

Butterworth, Jon. *Smashing Physics: Inside the World's Biggest Experiment*. Headline, 2014.

Carroll, Sean. *From Eternity to Here: The Quest for the Ultimate Theory of Time*. Oneworld Publications, 2011.

Close, Frank. *Particle Physics: A Very Short Introduction*. Oxford University Press, 2004.

Close, Frank. *The Infinity Puzzle: Quantum Field Theory and the Hunt for an Orderly Universe*. Oxford University Press, 2013.

Conlon, Joseph. *Why String Theory?* CRC Press, 2016.

Cox, Brian and Forshaw, Jeff. *Why Does E=mc2? (And Why Should We Care?)*. Da Capo Press, 2009.

Dawkins, Richard. *The Blind Watchmaker*. Longman, 1986.

Dawkins, Richard. *The God Delusion*. Bantam Press, 2006.

Dennett, Daniel. *Consciousness Explained*. Little, Brown, 1991.

Deutsch, David. *The Fabric of Reality*. Allen Lane, 1997.

Dixon, Thomas. *Science and Religion: A Very Short Introduction*. Oxford University Press, 2008.

du Sautoy, Marcus. *The Music of the Primes*. Fourth Estate, 2003.

du Sautoy, Marcus. *Finding Moonshine*. Fourth Estate, 2008.

du Sautoy, Marcus. *The Number Mysteries*. Fourth Estate, 2010.

Edelman, Gerald and Tononi, Giulio. *A Universe of Consciousness: How Matter Becomes Imagination*. Basic Books, 2000.

Ferreira, Pedro. *The State of the Universe. A Primer in Modern Cosmology*. Weidenfeld & Nicolson, 2006.

Ferreira, Pedro. *The Perfect Theory: A Century of Geniuses and the Battle over General Relativity*. Little, Brown, 2014.

Feynman, Richard. *The Feynman Lectures on Physics*. Addison-Wesley, 1964. Available at http://feynmanlectures.caltech.edu/

Gamow, George. *Mr Tompkins in Paperback*. Cambridge University Press, 1965.

Gleick, James. *Chaos: The Amazing Science of the Unpredictable*. Heinemann, 1988.

Goldstein, Rebecca. *36 Arguments for the Existence of God*. Atlantic Books, 2010.

Greene, Brian. *The Elegant Universe: Superstrings, Hidden Dimensions, and the Quest for the Ultimate Theory*. W.W. Norton, 1999.

Greene, Brian. *The Fabric of the Cosmos*. Knopf, 2004.

Greene, Brian. *The Hidden Reality: Parallel Universes and the Deep Laws of the Cosmos*. Knopf, 2011.

Guth, Alan. *The Inflationary Universe: The Quest for a New Theory of Cosmic Origins*. Addison-Wesley, 1997.

Hawking, Stephen. *A Brief History of Time: From the Big Bang to Black Holes*. Bantam, 1988.

Kaku, Michio. *Hyperspace: A Scientific Odyssey Through the 10th Dimension*. Oxford University Press, 1994.

Kapitaniak, M., Strzalko, J., Grabski J., and Kapitaniak, T., 'The three-dimensional dynamics of the die throw', *Chaos* 22(4), 2012.

Koch, Christof. *The Quest for Consciousness: A Neurobiological Approach*. Roberts & Company, 2004.

Koch, Christof. *Consciousness: Confessions of a Romantic Reductionist*. MIT Press, 2012.

Krauss, Lawrence. *A Universe from Nothing: Why There Is Something Rather Than Nothing*. Free Press, 2012.

Kurzwell, Ray. *The Singularity Is Near: When Humans Transcend Biology*. Viking, 2005.

Kurzwell, Ray. *How to Create a Mind: The Secrets of Human Thought Revealed*. Viking, 2012.

Lakatos, Imre. *Proofs and Refutations: The Logic of Mathematical Discovery*. Cambridge University Press, 1976.

Laskar, Jacques and Gastineau, Mickael. 'Existence of collisional trajectories of Mercury, Mars and Venus with the Earth', *Nature* 459, 817–819, 2009.

Levin, Janna. *How the Universe Got Its Spots: Diary of a Finite Time in a Finite Space*. Princeton University Press, 2002.

Lightman, Alan. *Einstein's Dreams*. First Warner Books, 1994.

Livio, Mario. *The Accelerating Universe: Infinite Expansion, the Cosmological Constant and the Beauty of the Cosmos*. John Wiley & Sons, 2000.

Maddox, John. *What Remains to be Discovered: Mapping the Secrets of the Universe, the Origins of Life and the Future of the Human Race*. Free Press, 1998.

May, Robert M. 'Simple mathematical models with very complicated dynamics', *Nature* 261, 459–467, 1976.

McCabe, Herbert. *God Still Matters*. Continuum Books, 2002.

Monk, Ray. *Ludwig Wittgenstein: The Duty of Genius*. Jonathan Cape, 1990

Mulhall, Stephen. *Wittgenstein's Private Language: Grammar, Nonsense and Imagination in Philosophical Investigations*, SS243–315. Clarendon Press, 2006.

Mulhall, Stephen. *The Great Riddle: Wittgenstein and Nonsense, Theology and Philosophy*. Oxford University Press, 2015.

Nagel, Jennifer. *Knowledge: A Very Short Introduction*. Oxford University Press, 2014.

Poincaré, Henri. *Science and Method*. Thomas Nelson, 1914.

Polkinghorne, John. *Belief in God in an Age of Science*. Yale University Press, 1998.

Polkinghorne, John. *Quantum Theory: A Very Short Introduction*. Oxford University Press, 2002.

Polkinghorne, John. *Quantum Physics and Theology: An Unexpected Kinship*. SPCK, 2007.

Penrose, Roger. *The Emperor's New Mind: Concerning Computers, Minds, and the Laws of Physics*. Oxford University Press, 1989.

Penrose, Roger. *The Road to Reality: A Complete Guide to the Laws of the Universe*. Jonathan Cape, 2004.

Penrose, Roger. *Cycles of Time: An Extraordinary New View of the Universe*. Bodley Head, 2010.

Peterson, Ivars. *Newton's Clock: Chaos in the Solar System*. Freeman, 1993.

Ramachandran, V.S. *A Brief Tour of Human Consciousness: From Impostor Poodles to Purple Numbers*. Pi Press, 2004.

Randall, Lisa. *Knocking on Heaven's Door: How Physics and Scientific Thinking Illuminate the Universe and the Modern World*. Bodley Head, 2011.

Rees, Martin. *Just Six Numbers: The Deep Forces that Shape the Universe*. Weidenfeld & Nicolson, 1999.

Rees, Martin. *From Here to Infinity: Scientific Horizons*. Profile Books, 2011.

Saari, Donald and Xia, Zhihong. 'Off to infinity in finite time', *Notices of the American*

Mathematical Society, Volume 42 Number 5, 538–546, 1995.

Sacks, Jonathan. *The Great Partnership: God, Science and the Search for Meaning*. Hodder & Stoughton, 2011.

Sample, Ian. Massive: *The Hunt for the God Particle*. Virgin Books, 2010.

Seung, Sebastian. *Connectome: How the Brain's Wiring Makes Us Who We Are*. Houghton Mifflin Harcourt, 2012.

Silk, Joseph. *The Infinite Cosmos: Questions from the Frontiers of Cosmology*. Oxford University Press, 2006.

Singh, Simon. *Fermat's Last Theorem*. Fourth Estate, 1997.

Singh, Simon. *Big Bang: The Most Important Scientific Discovery of All Time and Why You Need to Know About It*. Fourth Estate, 2004.

Smolin, Lee. *Time Reborn: From the Crisis of Physics to the Future of the Universe*. Allen Lane, 2013.

Steane, Andrew. *The Wonderful World of Relativity: A Precise Guide for the General Reader*. Oxford University Press, 2011.

Steane, Andrew. *Faithful to Science: The Role of Science in Religion*. Oxford University Press, 2014.

Stewart, Ian. *Does God Play Dice? The New Mathematics of Chaos*. Basil Blackwell, 1989.

Stoppard, Tom. *Arcadia. Faber & Faber*, 1993.

Sudbery, Anthony. *Quantum Mechanics and the Particles of Nature: An Outline for Mathematicians. Cambridge University Press*, 1986.

Taleb, Nassim. *The Black Swan: The Impact of the Highly Improbable*. Allen Lane, 2007.

Tegmark, Max. 'The Mathematical Universe', *Found.Phys.* 38: 101 – 150, 2008.

Tegmark, Max. *Our Mathematical Universe: My Quest for the Ultimate Nature of Reality*. Knopf, 2014.

Tononi, Giulio and Sporns, Olaf. 'Measuring information integration', BMC Neuroscience 4, 2003.

Tononi, Giulio 'Consciousness as Integrated Information: A Provisional Manifesto', *Biol. Bull.* vol. 215 no. 3: 216–242, 2008.

Tononi, Giulio Phi. *A Voyage from the Brain to the Soul*. Pantheon, 2012.

Watts, Fraser and Knight, Christopher (eds). *God and the Scientist: Exploring the Work of John Polkinghorne*. Ashgate Publishing Limited, 2012.

Weinberg, Steven. *Dreams of a Final Theory: The Search for the Fundamental Laws of Nature*. Hutchinson Radius, 1993.

Williamson, Timothy. *Knowledge and its Limits*. Oxford University Press, 2000.

Woit, Peter. *Not Even Wrong: The Failure of String Theory and the Continuing Challenges to Unify the Laws of Physics*. Jonathan Cape, 2006.

Yourgrau, Palle. *A World Without Time: The Forgotten Legacy of Gödel and Einstein*. Basic Books, 2005.

Zee, Anthony. *Quantum Field Theory in a Nutshell*. Princeton University Press, 2003.

우리가 절대 알 수 없는 것들에 대해

1판 1쇄 인쇄 2026년 2월 5일
1판 1쇄 발행 2026년 2월 25일

—

지은이 마커스 드 사토이
옮긴이 박병철

—

펴낸이 백성빈
펴낸곳 반니출판
주소 서울 서초구 서초중앙로 69 806호
전화 02-6204-0491
전자우편 banni@banni.co.kr
출판등록 2025년 10월 13일 (제2025-000266호)

—

ISBN 979-11-24280-27-0 03400

—